KANGJUN FANGMEI
JISHU SHOUCE

抗菌防霉
技·术·手·册

第二版

顾学斌　王　磊　马振瀛　等编著

化学工业出版社
·北京·

本书为抗菌防霉领域具有重要参考价值的工具书，在简述微生物的形态构造、特点和生长条件、霉腐微生物造成的危害等内容的基础上，详细介绍了近400种抗菌防霉剂的化学结构式、化学名称、分子式、分子量、CAS登录号、理化性质、毒性、抗菌防霉效果以及应用情况等内容。另外，还介绍了抗菌防霉工作的具体步骤及有关试验方法。

本书可供广大抗菌防霉领域包括科研、教学、生产、应用、销售及管理等有关人员参考。

图书在版编目（CIP）数据

抗菌防霉技术手册/顾学斌等编著. —2版. —北京：化学工业出版社，2018.11

ISBN 978-7-122-32970-7

Ⅰ.①抗… Ⅱ.①顾… Ⅲ.①防霉剂-技术手册 Ⅳ.①TQ047.1-62

中国版本图书馆CIP数据核字（2018）第207373号

责任编辑：张　艳　刘　军　　　装帧设计：史利平

责任校对：宋　夏

出版发行：化学工业出版社（北京市东城区青年湖南街13号　邮政编码100011）

印　　装：中煤（北京）印务有限公司

710mm×1000mm　1/16　印张35　字数730千字　2019年1月北京第2版第1次印刷

购书咨询：010-64518888　　售后服务：010-64518899

网　　址：http://www.cip.com.cn

凡购买本书，如有缺损质量问题，本社销售中心负责调换。

定　　价：168.00元

京化广临字2018—17

前言

微生物给人类生活带来了很多益处，人们利用微生物制造出了酱油、醋、味精、白酒、黄酒、啤酒，乙醇、丙酮、丁醇，有机酸、氨基酸、核苷酸，抗生素、维生素、疫苗等。同时，微生物也给人类造成了不少危害，致使人类、动物、植物等患病甚至造成个体死亡。

由于霉菌、细菌等微生物广布于地球的生物圈内，它们的生长繁殖非常迅速，新陈代谢十分旺盛，而且容易适应和变异，所以在适宜条件下，它们就会在各种材料及其制品上生长繁殖，并由此而产生各种水解酶、有机酸及有害毒素等。这不仅影响物品的外观和质量，而且污染环境，危害人畜健康。由此，必须切实做好防范工作。

采用抗菌防霉剂是控制材料及其制品的霉变、腐败、腐蚀的重要手段之一。鉴于抗菌防霉剂种类繁多，物理化学性质各异，安全性有差别，抗菌防霉效果不同，应用对象亦不一样，这就需要经过筛选试验才能选择到适合于特定物品的抗菌防霉剂。同时，因抗菌防霉剂的抗性、毒性、法规等要求，还必须不断开发新品种、新配方。必须指出，选择两种或两种以上药物复配的使用效果更佳。

本书所介绍的工业抗菌防霉剂在第一版的基础之上，从品种种类上淘汰了部分不适合工业领域的药物，增加了国内外已经证实可用于工业领域的药物；从内容上进一步完善原有的项目内容，尤其是安全性和实际应用参考方面；并且新增了商品名称、IUPAC 名、EC 编码、制备技术以及国内外相关法规；同时对部分药物做了抗菌防霉效果检测和应用试验，使其内容更为完善。

本书注重实际需要，覆盖面广，技术信息来源准确可靠，是防腐防霉、抗菌行业科研、生产、应用、营销等相关专业人士不可缺少的工具书之一。

在本书的编写过程中，吴学众博士、胡安康、何喆等同事帮助整理部分资料和实验数据，在此深表谢意。

由于笔者水平有限，书中难免有疏漏和不足之处，希望读者不吝批评和指正。

编著者

2018 年 8 月于上海

第一版序一

由微生物引起的霉变以及腐败给人类的生产和生活带来了极大的影响，如何抵御有害微生物的侵袭，是人们长期以来奋战的课题。众所周知，抗菌防霉几乎涉及所有领域。除农业及日常生活外，还主要关系到纤维、皮革、塑料与薄膜、建筑材料、木材、金属加工液、工业用水、光学仪器、涂料、胶黏剂、食品、医药品、化妆品、饲料、造纸、电工材料、橡胶以及树脂等领域，也涉及国防、文物、水产养殖等领域。

由于抗菌防霉涉及面极广，迫切需要较为系统的资料予以全面介绍。在我国，虽然出版过几种相关的书籍，但年代一般久远，而且从品种、特性、试验方法等方面予以全面介绍的抗菌防霉类书籍近几年还是一片空白。《抗菌防霉技术手册》一书的出版正是顺应了社会的需求。

本书的一大特点是作者新老结合，其中长者传授了许多经验，年轻人也增添了许多新内容。

由于抗菌防霉剂的品种有限，且不少品种的毒性、抗性问题日益显现，有的在发达国家已禁用或限制使用，故亟需开发新的品种。而不少农用杀菌剂亦可在抗菌防霉领域中应用。书中三百余个品种中有三分之一以上为农用杀菌剂，其中有的品种还是本书作者所开发或正在开发的品种，此是本书的又一特点。

总之，本书的出版对抗菌防霉领域是一件大好事，对此领域工作具有一定的指导作用。我衷心祝贺本书顺利出版，并向有关读者推荐。

中国工程院院士 沈寅初

2011 年 3 月

第一版序二

抗菌防霉工作涉及的范围十分广泛，并日益引起人们的重视。随着社会的发展和环境生态保护意识的提高，研究工业抗菌防霉剂的任务除要不断提高抗菌防霉效果外，也更加注重解决使用安全和环境友好等问题。

本书作者长期从事抗菌防霉的研究开发和市场信息研究，近年来更致力于抗菌防霉的对外检测服务，同时在剂型配方及应用方面亦积累了丰富的经验。其中两位作者还曾编著过多本抗菌防霉领域方面的书籍。

该技术手册收录了 300 多个在工业领域曾使用、正使用或正在研发的抗菌防霉剂，详细叙述了工业抗菌防霉的研发方法。此书凝结了作者从事工业抗菌防霉工作的心血。

该书内容丰富，对我国工业领域从事抗菌防霉研发工作的科研人员，对从事抗菌防霉剂生产的管理、生产和市场营销人员以及抗菌防霉学科的教师和学生都是一部十分有益的参考书；同时，对从事农用杀菌剂开发和生产的企业或人员也有相当的参考价值，为此向大家推荐。

李钟华

2011 年 3 月

第一版前言

微生物给人类生活带来了很多益处，人们利用微生物制造出了酱油、醋、味精、白酒、黄酒、啤酒；乙醇、丙酮、丁醇；有机酸、氨基酸、核苷酸；抗生素、维生素、疫苗等。同时，微生物也给人类造成了不少危害，致使人类、动物、植物等患病而造成个体死亡。

但是，微生物对各种工业材料及其制品的霉腐变质和腐蚀破坏作用却没有引起人们的足够重视。由于霉菌、细菌等微生物广布于地球的生物圈内，它们的生长繁殖非常迅速，新陈代谢十分旺盛，而且容易适应和变异，所以在适宜条件下，它们就会在各种材料及其制品上生长繁殖，并由此而产生各种水解酶、有机酸及有害毒素等。这不仅影响物品的外观和质量，而且污染环境，危害人畜健康。由此，必须切实做好防范工作。

采用抗菌防霉剂是控制材料及其制品的霉变、腐败、腐蚀的重要手段之一。鉴于抗菌防霉剂种类繁多，物理化学性质各异，安全性有差别，抗菌防霉效果不同，应用对象亦不一样，这就需要经过筛选试验才能选择到适合于特定物品的抗菌防霉剂。同时，因抗菌防霉剂的抗性、毒性还必须不断开发新品种、新配方。必须指出，选择两种或两种以上的药物复配使用效果更佳。书中对一些已被禁、限使用的品种也专门予以指出。

本书所介绍的工业抗菌防霉剂包括已经在工业领域使用的药物，有些单位正在研制开发的药物，原来在其他行业使用而被实践证明可以用于工业领域的药物以及国外报道的新型药物等。同时对部分药物作了抗菌防霉效果检测和应用试验，使其内容更为完善。

工业抗菌防霉剂的应用范围广泛，其涉及的领域有：食品、饮料、粮食、饲料、烟草、中草药、化妆品、洗涤剂、胶黏剂、皮革及其制品、竹木藤草及其制品、塑料橡胶制品、纺织品、帆布、漆布、漆纸、墙纸、地毯、涂料、纸浆、铜版纸、包装材料、金属加工液、石油制品、混凝土、循环冷却水、油田注水系统、光学镜头、仪器仪表、电线电缆、航天航空器材、工艺美术品、墨水墨汁、美术颜料、感光胶片、乐器、文物以及档案图书等。

为方便读者查询，本书中的抗菌防霉剂以中文名称出现的药物，按汉字笔画排列，优先考虑通用名。

本书在编写过程中参阅和引用了不少专家、学者如陈仪本、欧阳友生、薛广波、吕嘉枥等的有关著作和数据，获益匪浅，特此感谢。

中国工程院沈寅初院士和中化化工科技研究总院李钟华副院长专门为本书撰写序言，深表谢意。

由于作者水平有限，有不妥之处，诚请读者提出宝贵意见。

编著者

2011 年 4 月于上海

目录

第一章　霉腐微生物概述

在工业、农业、医药等生产实践中常见和常用的微生物主要有病毒、细菌、放线菌、酵母菌和霉菌五大类，而引起物品的腐败、霉变，造成工业灾害的微生物主要是细菌、酵母菌和霉菌。

第一节　霉腐微生物的形态构造和特点

下面主要介绍细菌、放线菌、酵母菌和霉菌四种。

一、细菌

细菌是自然界中分布最广、数量最多、与人类关系最密切的一类微生物。日常生活中出现的低度酒类、果汁、乳品、蛋品、肉类等食品的变质，食物中毒，墨汁发臭，抹布发黏，化妆品产气发胀，某些传染病的发生，铁、铜、铝等金属制品的腐蚀等，主要是细菌活动的结果。

1. 细菌的形态和构造

（1）细菌的大小与形态　细菌的个体很小，它的大小通常以微米（μm）表示。细菌的形态多种多样，常随着菌龄和环境条件的不同而有所改变。各种细菌在幼龄和生长条件适宜时，表现正常的形态。根据细菌的外形不同，可将细菌分为球形、杆形和螺旋形三种基本形态，分别称为球菌、杆菌和螺旋菌。球菌的直径约为0.5～2μm，杆菌约为（0.5～1μm）×（1～5μm），弧菌约为（0.3～0.5μm）×（1～5μm），螺旋菌约为（0.3～1μm）×（1～50μm）。

① 球菌　这类细菌单个存在时，呈圆球形或扁圆形。几个球菌联合在一起，其接触面常呈扁平状态，如尿素小球菌（*Micrococcus ureae*）、金黄色葡萄球菌（*Staphylococcus aureus*）等。

② 杆菌　杆状的细菌，多数细菌为杆菌。杆菌的长短、形态差别很大。杆菌按其形态有短杆菌、链杆菌、分枝杆菌、棒状杆菌和芽孢杆菌等，如伤寒沙门菌（*Salmonella typhi*）、普通变形杆菌（*Proteus vulgaris*）、痢疾志贺菌（*Shigella dysenteriae*）等。

③ 螺旋菌　细胞呈弯曲、螺旋状的细菌，弯曲不足一圈的称为弧菌，如霍乱弧菌（*Vibrio cholerae*）、玫瑰色螺菌（*Spirillum roseum*）等。

(2) 细菌的细胞结构　细菌的细胞结构可分为一般结构和特殊结构两类。一般结构，这是任何细菌都具有的共同构造，主要由细胞壁、细胞膜、细胞质和核质体组成。鞭毛、荚膜和芽孢等，是某些细菌所特有的结构。

① 细胞壁　包在细胞表面的一层坚韧而具有弹性的结构，厚度一般在10～80nm，细菌的细胞壁约占菌体干重的10%～25%。

细菌细胞壁的主要成分是肽聚糖（又称黏质复合物）。肽聚糖是由*N*-乙酰葡萄糖胺、*N*-乙酰胞壁酸（*N*-乙酰羧乙基氨基葡萄糖）以及短肽聚合而成的多层网状结构大分子化合物。其中的短肽一般由4～5个氨基酸组成，如L-丙氨酸-D-谷氨酸-L-赖氨酸-D-丙氨酸等，而且短肽中常有D-氨基酸与二氨基庚二酸存在。不同种类细菌的细胞壁中肽聚糖的结构与组成不完全相同。肽聚糖是细菌、放线菌所特有的成分，它使细胞壁具有坚韧的特性。

细胞壁上有许多微细的小孔，可容许直径1nm的可溶性物质通过，对大分子物质有阻拦作用。

② 细胞膜　细胞膜也称细胞质膜或原生质膜，或简称为质膜，是紧靠在细胞壁内侧，在细胞壁与细胞质之间的一层柔软而富有弹性的半渗透性薄膜。细胞膜厚度一般为5～8nm，细菌细胞膜约占细胞干重的10%。细胞膜主要由蛋白质（60%～70%）和脂质（主要是磷脂，含20%～30%）组成，此外还有少量的糖类物质、固醇类物质以及核酸等，构成精细的膜结构。

细胞膜的基本结构是在液体的脂质双层中镶嵌着可移动的球形蛋白质。脂质双层由两排脂质分子排列构成膜的基本骨架，每个脂质分子是由一个可溶于水的"头部"（亲水部分）和两条脂肪酸链（疏水部分）组成。在脂质双层中，所有脂质分子的亲水端都朝向膜内外两表面，疏水端则朝向膜中央。镶嵌在脂质双层内的膜蛋白称嵌入蛋白质，对膜的通透性起着重要作用。附着在脂质双层内表面的膜蛋白称外在蛋白质，含有许多呼吸酶系、三羧酸循环酶系和脱氢酶系。

③ 细胞质及其内含物　细胞质是包于细胞膜内、除核质体之外的一种无色透明的胶状物。细胞质的主要成分是水、蛋白质、核酸、脂类及少量的糖类和无机盐类。细菌细胞质中核糖核酸的含量较高，可达固形物的15%～20%。

细胞质是细菌的内在环境，具有生命活动的所有特性，含有各种酶系统，是细菌进行新陈代谢的主要场所，通过细胞质使细菌细胞与周围环境不断进行物质交换。

④ 核质体　细菌属于原核生物，细胞内没有一个结构完整的核，不具有核膜和核仁，因此没有固定的形状，只有一个核质体。细菌核质体的主要成分是DNA（脱氧核糖核酸），细菌的核实际上是一个巨大的、连续的、环状双链DNA分子，长达1mm，比细菌本身长1000倍。

⑤ 鞭毛　某些细菌的表面长着一种从细胞内伸出的纤细而呈波状的丝状物，称为鞭毛。鞭毛着生在接近细胞膜的细胞质中的基粒上，通过细胞膜和细胞壁而伸出体外。鞭毛的长度常可超过菌体的若干倍，但直径很细，一般为10～20nm。

鞭毛的主要成分是蛋白质，只含有少量的多糖，或可能有脂类。鞭毛蛋白类似于动物肌肉中的肌球蛋白，能收缩。鞭毛是细菌的运动“器官”。鞭毛极其纤细，易于脱落，细菌在幼龄时期运动活泼，衰老的细胞鞭毛脱落而不运动。

大多数球菌不生鞭毛。杆菌中有的生鞭毛，有的不生鞭毛。螺旋菌都生有鞭毛。鞭毛着生的位置、数目与排列是细菌种的特征，有鉴定意义。

⑥ 荚膜　有些细菌在其细胞壁表面覆盖一层疏松、透明的黏液性物质，称为荚膜。荚膜的厚度一般可达200nm。荚膜含有大量的水分，约占90%以上。其化学成分随菌种的不同而不同，通常是多糖，少数革兰氏阳性菌的荚膜是单一的多肽。

荚膜的形成与环境条件密切相关。如炭疽杆菌只是在被它所感染的动物体内才形成荚膜；而肠膜状明串珠菌（*Leuconostoc mesenteroides*）只有在含糖量高、含氮量低的培养基中，才会产生大量的荚膜物质。

⑦ 芽孢　某些细菌生长到一定阶段，细胞内会形成一个圆形、椭圆形或圆柱形的对不良环境条件具有较强抗性的休眠体，称为芽孢。由于细菌芽孢的形成都在细胞内，故又称内生孢子。由于每一个细菌只产生一个芽孢，所以芽孢不是细菌的繁殖方式。

2. 细菌的繁殖方式

细菌一般进行无性繁殖，主要以裂殖的方式，由1个细胞分裂为2个大小基本相等的子细胞。

细菌细胞分裂可分为核与细胞质分裂、横隔壁形成和子细胞分离等过程。首先核分裂，同时在细胞赤道附近的细胞质膜从外向中心作环状推进，然后闭合而形成一个垂直于细胞长轴的细胞质隔膜，使细胞质分开。其次形成横隔壁。细胞壁向内生长，把细胞质隔膜分成两层，每一层分别形成子细胞的细胞质膜。随后横隔壁也分成两层，这样每一个子细胞就各具一完整的细胞壁。最后是子细胞的分离。

除无性繁殖外，细菌亦存在着有性结合。但细菌有性结合频率较低，主要以裂殖方式进行无性繁殖。

3. 细菌的菌落形态

细菌的形态很小，肉眼看不见单个细菌细胞。但是，当单个或少数细菌（或其他微生物的细胞、孢子）接种到固体培养基后，如果条件适宜，它们就会迅速生长繁殖。由于大量子细胞不能像在液体培养基中那样自由弥散，势必会以母细胞为中心形成一个较大的子细胞群体。这种由单个细菌细胞（或少数细菌细胞），在固体培养基的表面（有时在内部）繁殖出来的、肉眼可见的子细胞群体，称为菌落。

不同种的细菌所形成的菌落形态不同。同一种细菌常因培养基成分、培养时间等不同，菌落形态也有变化。但是，各种细菌在一定的培养条件下形成的菌落具有一定的特征。菌落的特征，对菌种的识别和鉴定有一定意义。

菌落形态包括菌落的大小、形状（圆形、假根状、不规则状等）、隆起形态（如扩散、台状、低凸、凸面、乳头状等）、边缘（如边缘整齐、波状、裂叶状、圆锯齿状等）、表面状态（如光滑、皱褶、颗粒状、龟裂状、同心环状等）、表面光泽（如闪光、不闪光、金属色泽等）、质地（油脂状、膜状、黏、脆等）、颜色以及透明程度（如不透明、半透明等）等项。

在观察细菌菌落时，一般要求分散度合适，并培养一定的时间，在这种情况下生长的菌落就可以比较充分地反映此细菌在这种培养条件下的典型菌落特征。

二、放线菌

放线菌由于菌落呈放射状而得名。它具有生长发育良好的菌丝体。放线菌在自然界分布很广，土壤是它们的大本营，一般在中性或偏碱性的土壤和有机质丰富的土壤中较多。

放线菌大部分是腐生菌，少数是寄生菌。寄生性放线菌可引起动物、植物病害，如一些放线菌（*Actinomyces*）和诺卡菌（*Nocardia*）会引起动物的皮肤、脚、肺或脑膜感染。放线菌引起的植物病害有马铃薯疮痂病与甜菜疮痂病等。放线菌具有特殊的土霉味，使食品变味。有些放线菌能使棉、毛、纸张等霉坏。

1. 放线菌的形态和构造

放线菌是一类介于真菌和细菌之间，但又接近于细菌的原核微生物。放线菌与细菌一样，细胞可被溶菌酶溶解，也可被特异性噬菌体感染，凡能抑制细菌的抗生素也多能抑制放线菌，而抑制真菌的抗生素（如多烯类抗生素）对放线菌无抑制作用。

放线菌的菌丝体无横隔膜，是多核的单细胞微生物，而丝状真菌一般是多细胞微生物，细菌也是单细胞微生物。

放线菌与细菌的区别在于：放线菌有真正分枝的菌丝体，而细菌没有菌丝体。

另外，放线菌会形成纤细的、没有横隔膜的、多核的分枝菌丝体，在固体培养基上有基质菌丝和气生菌丝的分化，在气生菌丝的顶端会形成分生孢子等，这些特点与丝状真菌相似。放线菌虽然是介于细菌和丝状真菌之间的一类微生物，但它在微生物中的分类位置应在细菌之中，而不属于真菌。

2. 放线菌的繁殖方式

放线菌主要是通过形成无性孢子的方式进行繁殖。在液体培养基中，菌丝断裂的片段即可繁殖成新的菌丝体。在固体培养基上生长时，气生菌丝分化为孢子丝，它通过分裂可形成一长串分生孢子或气生菌丝上形成孢子囊，产生孢子囊孢子。

3. 放线菌的菌落形态

放线菌由于产生大量基内菌丝而伸入培养基内，而气生菌丝又紧贴培养基表面互相交错缠绕，气生菌丝纤细、致密、生长缓慢，所以形成的菌落质地致密，表面呈较紧密的绒状或坚实、干燥、多皱，菌落较小而不致广泛延伸。

放线菌的基内菌丝和孢子常有不同的颜色，故菌落的背面、正面常呈相应的不同颜色。基内菌丝大部分呈黄、橙、红、紫、蓝、绿、灰褐色，甚至黑色，也有无色的，这些色素有水溶性的，可扩散至培养基中，脂溶性色素则不能扩散。放线菌孢子一般呈白、灰、黄、橙黄、红、蓝、绿等颜色。用放大镜仔细观察，可以看到菌落周围有放射状菌丝。

三、酵母菌

酵母菌通常是指一群以单细胞为主，以出芽方式进行营养繁殖，既能好气生长又能厌气生长的真菌。

在自然界，酵母菌主要分布在含糖量较高的偏酸性环境中，如浆果、蔬菜、花蜜及蜜饯上，特别是果园、葡萄园的土壤中较多。在油田和炼油厂周围的土壤中，则易找到石油酵母。

1. 酵母细胞的形态和构造

（1）酵母菌的形态大小　大多数酵母菌为单细胞，其细胞形态多样，如卵圆形、圆形、椭圆形、柠檬形或香肠形等，有的种类还可产生藕节状假菌丝，少数种类也可产生竹节状的真菌丝。这些形态因培养时间、营养状况以及其他条件的差异而有所变化。

酵母细胞的大小，根据种类的不同差别很大，一般在（1～5μm）×（5～30μm）。通常见到的椭圆形酵母，大小约为（3～5μm）×（8～15μm）。

（2）酵母菌的细胞结构　酵母菌具有典型的细胞结构，有细胞壁、细胞膜、细胞质及细胞核。细胞质中有液泡、线粒体及各种储藏物等。

酵母细胞壁是由特殊的酵母纤维素构成，它的主要成分是甘露聚糖（31%）、葡聚糖（29%）、蛋白质（6%～8%）、脂类（8.5%～13.5%）等，一般不含有真菌所具有的甲壳质或纤维素。酵母菌细胞壁不及细菌细胞壁坚韧。

酵母幼细胞的细胞质较稠密而均匀，老细胞的细胞质则出现较大的液泡。多数酵母，尤其是圆形与椭圆形的酵母只有一个液泡，长形酵母有的在细胞两端各有一个液泡。液泡的成分为有机酸及其盐类水溶液，液泡的颜色比周围细胞质淡。

酵母为真核微生物，酵母菌体中存在明显的定型的核，每个细胞只有一个细胞核，呈圆形或卵圆形，多在细胞的中央与液泡相邻。细胞核有核膜、核仁和染色体。细胞核的主要成分是DNA。

2. 酵母菌的繁殖方式

（1）无性繁殖

① 芽殖，出芽繁殖是酵母菌中最普遍的繁殖方式，如啤酒酵母、热带假丝酵母、解脂假丝酵母（*Candida lipolytica*）等均进行出芽繁殖；

② 裂殖，少数酵母菌，如八孢裂殖酵母（*Schizosaccharomyces octosporus*）进行分裂繁殖的过程是细胞伸长，核分裂为二，细胞中央出现隔膜，将细胞膜分为两个具有单核的子细胞。

（2）有性繁殖　酵母菌以形成子囊孢子的方式进行有性繁殖。凡具有有性繁殖产生子囊孢子的酵母称为真酵母，尚未发现有性繁殖的酵母称为假酵母。

3. 酵母菌的菌落形态

由于酵母菌与细菌一样，大多数呈单细胞状态，没有营养菌丝与气生菌丝的分化，细胞间隙充满着水分，所以在固体培养基上形成与细菌相似的菌落。菌落湿润、黏稠、表面光滑，易被接种环挑起。但酵母细胞比细菌大，故形成的菌落也比细菌大，具有较厚和隆起的特征。酵母菌落的颜色十分单调，多数呈乳白色，仅少数呈红色，如红酵母（*Rhodotorula*）与掷孢酵母（*Sporobolomyces*）等。

四、霉菌

霉菌在自然界分布很广，大量存在于土壤中，比其他微生物更能耐受较酸的环境，空气中也含有大量霉菌孢子。人们可以轻易地用肉眼看到这些生长在阴暗潮湿处，呈绒毛状、絮状或丝状的“霉”。霉菌是引起各种工业原料、农副产品、仪器设备、衣物、器材、工具和食品等发霉变质的主要微生物。

1. 霉菌的形态和构造

霉菌的菌体由菌丝构成，菌丝可无限制伸长和产生分枝，分枝的菌丝相互交织在一起形成菌丝体。

霉菌的菌丝有两类：一类菌丝中无隔膜，整个菌丝体可看作是一个多核的单细胞，如低等种类的根霉、毛霉、犁头霉等霉菌的菌丝均无隔膜；另一类菌丝体有横隔膜，每一段就是一个细胞，整个菌丝体是由多细胞构成，多数霉菌属这一类。

霉菌的菌丝细胞都由细胞壁、细胞膜、细胞质、细胞核和其他内含物组成。菌丝的宽度一般为 2～10μm，比细菌或放线菌宽几倍至几十倍。细胞壁的厚度为 100～250nm，成分各有差异，大部分霉菌的细胞壁由甲壳质组成（占干重的2%～26%）。

2. 霉菌的繁殖方式

（1）无性孢子繁殖　无性孢子主要有孢子囊孢子、分生孢子、节孢子、厚垣孢子等。

① 孢子囊孢子　是一种内生孢子，为毛霉、根霉、犁头霉等一些低等霉菌无性繁殖产生。

② 分生孢子　在菌丝顶端或分生孢子梗上，以类似于出芽的方式形成单个或成簇的孢子，称为分生孢子。分生孢子是青霉、曲霉、木霉等大多数霉菌所具有的一种外生孢子，其形状、大小、结构以及着生的情况多种多样。

③ 节孢子　亦称粉孢子，为白地霉等少数种类所产生的一种外生孢子。由菌丝中间形成许多隔膜，顺次断裂成许多竹节状的短圆柱形的无性孢子。

④ 厚垣孢子　又称厚壁孢子，很多霉菌可形成这类孢子。它们形成的方式类似于细菌的芽孢。这种厚垣孢子对外界环境有较强的抵抗力。

⑤ 芽孢子　由菌丝细胞如同发芽一般产生的小突起，经过细胞壁紧缩形成的一种耐受体，形似球状，如某些毛霉或根霉在液体培养基中形成，被称为酵母型细胞的，亦属芽孢子。

（2）有性孢子繁殖　有性孢子主要有卵孢子、接合孢子、子囊孢子、担孢子等。

霉菌的有性孢子是经过不同性别的细胞配合而产生的。

① 卵孢子　菌丝分化成雄器和藏卵器。藏卵器内有一个或数个卵球。当雄器与藏

卵器相配时，雄器中的细胞质和细胞核通过受精管而进入藏卵器，与卵球配合，配合后的卵球生出外壁，即成为卵孢子。

② 接合孢子　接合孢子是由菌丝生出形态相同或略有不同的配子囊接合而成。其形成过程为两个相邻近的菌丝相遇，各自向对方伸出极短的侧枝，称原配子囊，原配子囊接触后，顶端各自膨大并形成配子囊，然后两者接触处溶解，隔膜消失，细胞质与细胞核相互结合，形成一个深色、厚壁和较大的接合孢子。

③ 子囊孢子　子囊孢子是一种内生的有性孢子，各种子囊菌都能产生。子囊孢子产生于子囊中，子囊是一种囊形结构，呈圆球状、棒状或圆筒状。同一或相邻的两个菌丝细胞形成两个异形配子囊，即产囊器和雄器，两者进行配合，经过一系列复杂的质配和核配后，形成子囊。子囊中子囊孢子数目通常是 2 的倍数，一般为 8 个。大多数真菌子囊包在特殊的子囊果中。子囊的形状、大小、颜色、形成方式等，均为子囊菌的菌种特征，常作为分类的依据。

④ 担孢子　为各种担子菌所特有的外生有性孢子，经过两性细胞核配合后产生，着生在担子上，典型担子菌的担子都有 4 个担孢子。

此外，在液体培养基中，霉菌菌丝断裂的片段也可以生长成新的菌丝体而进行繁殖。

3. 霉菌的菌落形态

霉菌同放线菌一样，在固体培养基上有营养菌丝和气生菌丝的分化。气生菌丝较松散地暴露在空气中，因而形成干燥、疏松和不易从培养基中挑出菌丝的菌落。由于霉菌的菌丝细胞较粗长，生长速度较快，所以形成的菌落比放线菌的更大而疏松。也由于霉菌形成的孢子有不同的形状、构造与颜色，所以菌落表面往往呈现出肉眼可见的不同结构与色泽特征。不仅营养菌丝和气生菌丝的颜色不同，而且前者还会分泌不同的水溶性色素扩散到培养基中，因此菌落的正反面呈现不同的色泽。

同一种霉菌在不同成分培养基上形成的菌落特征可能有变化，但各种霉菌在一定培养基上形成的菌落形状、大小、颜色等相对稳定。菌落特征是鉴定霉菌的重要依据之一。

第二节　霉腐微生物的生长条件

研究环境因素与微生物间的相互影响，有助于了解霉腐微生物在自然界、工业制品、物品以及食品等中的分布及作用，使人们有可能采取有效措施来抑制甚至完全破坏霉腐微生物的生命活动，从而防止疾病的传染以及工业制品、物品、食品等的腐败霉变。

影响微生物生长繁殖的环境因素是复杂的、多方面的，它们相互之间又密切联系。本节主要介绍营养物质、空气、水分、温度、pH 值和渗透压等对微生物生长繁殖的影响。

一、营养物质

微生物具有一般生物所具有的生命活动规律，其需要从外界环境中不断吸收营养物质并加以利用，从而获得进行生命活动所需要的能量，并合成新的细胞物质，同时排出废物。

从各类微生物细胞物质成分的分析中得知：微生物细胞的化学组成和其他生物的化学组成并没有本质的区别，主要组成元素是碳、氢、氧、氮（占全部干重的90%～97%）和矿质元素（占全部干重的3%～10%）。由这些元素组成细胞中的蛋白质、核酸、碳水化合物、脂类等各种有机物质以及无机成分。

（1）碳源　凡可构成微生物细胞和代谢产物中碳架来源的营养物质称为碳源。碳源（碳素化合物）是构成菌体成分的重要物质，又是产生各种代谢产物和细胞内储藏物质的主要来源。微生物对碳素化合物的需要极其广泛，从简单的无机碳化物到复杂的天然有机碳化物都能被不同的微生物所利用。

（2）氮源　凡构成微生物细胞物质或代谢产物中氮素来源的营养物质称为氮源。氮源是构成微生物细胞蛋白质、核酸等重要物质的主要营养物质。氮源一般不提供能量，但硝化细菌能利用铵盐和亚硝酸盐作为氮源和能源。

氮源可分为无机氮和有机氮。就微生物的总体来说，从分子态氮到复杂的有机含氮化合物，包括硝酸盐、铵盐、尿素、酰胺、嘌呤碱、嘧啶碱、氨基酸、蛋白质等都能被微生物利用。

（3）无机盐类　无机盐类也是微生物生命活动所不可缺少的营养物质，其主要功能是：构成菌体的成分；作为辅酶或酶的组成部分或维持酶的活性；调节细胞渗透压、氢离子浓度以及氧化还原电位等。某些自养微生物可以利用无机盐作为能源。

无机元素包括主要元素和微量元素两类。主要元素有磷、硫、镁、钾、钙等；微量元素如铁、铜、锌、锰、钼、钴、硼等。

（4）生长素　凡能调节微生物代谢活动的微量有机物质，称生长素。广义的生长素包括氨基酸、嘌呤、嘧啶、维生素等；狭义来说生长素主要指B族维生素，B族维生素是构成辅酶的重要组成成分，或者本身就是辅酶。

生长素与碳源、氮源不同，它不是一切微生物所需要的营养要素，而仅为某些不能自己合成一种或几种生长素的微生物的必要的营养物质。

二、空气

空气对微生物的生长繁殖有极大的影响。根据微生物对氧的要求，可将微生物分为以下三类。

（1）专性好气菌　又称专性好氧菌。仅在空气或有氧的条件下才能生长，它们要求空气中的分子态氧作为呼吸过程中最终的电子（氢）受体。这类微生物包括全部霉菌、大部分放线菌及部分细菌。

(2) 专性厌气菌 又称专性厌氧菌。仅在没有空气或无氧条件下生长，它们不需要分子态氧，而需要其他物质作为生物氧化过程中的最终电子（氢）受体，分子态氧对它们往往有毒害作用。专性厌气菌包括部分细菌、放线菌。例如硫酸盐还原菌，生活在含有有机质及硫酸盐的厌氧环境中，产生大量 H_2S，引起土壤中、水中金属构件腐蚀，造成危害。

(3) 兼性好气菌或兼性厌气菌 它们既能在有空气或氧气的条件下生长，又能在没有空气或氧气的条件下生长。在有分子态氧的条件下，它们进行正常的有氧呼吸；在缺乏分子态氧的条件下，则进行无氧呼吸或发酵，以获得新陈代谢所必需的能量。这类微生物包括酵母菌、一些肠道菌和硝酸盐还原菌等。

三、水分

水分是微生物最基本的营养要素。微生物细胞中含有大量的水分，例如细菌平均含水量为 80%（73.35%～87.7%），酵母平均含水量为 75%（54.0%～83%），霉菌含水量为 85.79%～88.32%，霉菌的孢子含水量为 38.87%。微生物的生长繁殖和一切生命活动都离不开水。需水量的多少随微生物的种类而不同，一般来说水分的需要量是：细菌＞酵母菌＞霉菌。

与微生物的发育有密切关系的不是水分含量，而是水分活性（water activity，简写成 A_w）。微生物的繁殖与培养基或基质中的水分活性有关，水分活性低，繁殖就差，一旦水分活性低于某种水平时整个繁殖就停止。当水分活性在 0.995 附近，普通菌的发育最旺盛。表 1-1 列出了微生物的发育与水分活性的关系。

表 1-1 微生物的发育与水分活性的关系

微生物	发育的最低 A_w	微生物	发育的最低 A_w
普通细菌	0.90	好盐细菌	≤0.75
普通酵母菌	0.88	耐干性霉菌	0.65
普通霉菌	0.80	耐渗透压酵母菌	0.61

四、温度

在影响微生物生长繁殖的外界因素中，温度的影响最为密切。温度的影响表现在两方面：一方面，随着温度的上升，细胞中的生物化学反应速率加快；另一方面，组成细胞的物质如蛋白质、核酸等都对温度较敏感，随着温度的升高，这些物质的立体结构受到破坏，从而引起微生物生长的抑制，甚至死亡。因此只在一定的温度范围内，微生物的代谢活动和生长繁殖才随着温度的上升而增加。温度上升到一定程度，开始对微生物产生不良影响，如果温度继续升高，则微生物细胞功能急剧下降以致死亡。

温度对微生物的生长繁殖影响很大。一般来讲，微生物对低温的抵抗能力较之对高温的抵抗能力强。当环境温度超过微生物的最高生长温度时，引起细菌内核酸、蛋白质等物质的变性以及酶的失活，最终引起微生物的死亡。温度越高，微生物死亡越快。不同的微生物对高温的抵抗力不同。大多数细菌、酵母菌、真菌的营养细胞在 50～65℃加热 10min 就可致死。放线菌和霉菌的孢子比营养细胞抗热性强，在 76～80℃加热 10min 才致死。细菌的芽孢抗热性最强，要在 100℃高温下处理相当长时间才致死。

微生物的抗热性还取决于菌龄、基质成分及微生物的数量。一般老龄菌比幼龄菌抗热性强。基质成分对微生物的抗热性也有影响，基质中的脂肪、糖、蛋白质对微生物有保护作用，从而增强了微生物的抗热性。基质 pH 值偏离 7 时，特别是偏向酸性时，微生物的抗热性明显降低。微生物的数量越多，抗热性越强，这是因为菌体细胞能分泌对菌体有保护作用的蛋白质等。

五、pH 值

环境中的 pH（氢离子浓度）值对微生物的生长繁殖有很大的影响。pH 值对微生物生长繁殖的影响是多方面的，但不外乎是影响微生物细胞的外环境和内环境。前者如影响氧的溶解度、营养物质的物理化学状态以及氧化还原电位等。

各类微生物有其不同的最适 pH 值及可以生长的 pH 值范围。大多数细菌生长的 pH 值范围是 4～9，最适 pH 值接近 7。酵母菌和霉菌的最适 pH 值趋向酸性。放线菌的最适 pH 值一般在微碱性范围。人们可利用酸类或碱类物质，通过改变环境的 pH 值来达到抑制或杀死霉腐微生物的目的。酸、碱的浓度越高，则杀菌力越大。此外还与酸、碱的电离度有关，电离度越大，则灭菌效果越好。无机酸如硫酸、盐酸等杀菌力强，但由于腐蚀性大，实际上不宜用作消毒剂。食品工业中常应用苯甲酸、丙酸、脱氢乙酸等作为防腐剂，来抑制酵母菌、霉菌、细菌的生长。碱类物质由于毒性大，一般只用于仓库及棚舍等环境的消毒。

六、渗透压

渗透压对微生物的生命活动有很大的影响。微生物的生活环境必须具有与其细胞大致相等的渗透压，超过一定限度或突然改变渗透压，会抑制微生物的生命活动，甚至会引起微生物的死亡。在高渗透压溶液中，微生物细胞脱水，原生质收缩，细胞质变稠，引起质壁分离。在低渗透压溶液中，水分向细胞内渗透，细胞吸水膨胀，甚至破坏。在等渗溶液中，微生物的代谢活动最好，细胞既不收缩，也不膨胀，保持原形不变。常用的生理盐水（0.85% NaCl 溶液）就是一种等渗溶液。

适宜于微生物生长的渗透压范围比较广，微生物对渗透压有一定的适应能力，逐渐改变环境的渗透压，微生物能适应这种变化。在海水、盐湖、水果汁中生长的微生物，大部分可以逐渐适应在低渗透压的培养基中生长。有些微生物专性嗜高渗透压，必须在高渗环境中才能生长。中等嗜盐微生物可在 2%盐溶液中生长，极端嗜盐微生物可在 15%～30%盐溶液中生长。

综上所述，微生物的繁殖和生命活动需要一定的营养条件和生理条件，而且各种微生物都有自己最适合的生长条件。防霉防腐的目的，就是有目的地控制这些条件，人为地破坏霉腐微生物的最适生长条件，抑制甚至杀死霉腐微生物，从而防止制品和物品被微生物污染。

第三节 微生物灾害研究概况

微生物灾害的研究是一门新兴的边缘科学，近年来已引起世界各国的普遍重视。早在20世纪50年代初，欧美国家以及日本等就开始研究出口商品、军用品以及民用品等方面的微生物灾害及防治技术，主要对象是皮革制品、纺织品、木材及其制品、纸张、包装材料等。20世纪60年代以后，研究工作开始涉及塑料、橡胶、金属材料、光学仪器、精密仪器等范围。如“阿波罗”登月号所用的精密仪器都采用了有效的防霉措施。

国外许多高等院校、研究机构以及产业部门都开展了微生物灾害的研究，其任务是调查微生物灾害的实态，研究防治技术，确定综合性的防范措施等。在英国伯明翰阿斯顿大学设立了“国际生物灾害情报中心”（International Biodeterioration Information Center）。日本于1973年成立了防菌防霉学会，同时出版《防霉防菌》杂志，定期举办讨论会，日本的大阪大学、筑波大学、近畿大学、东京农业大学、井上微生物灾害研究所、东京综合防霉研究所等都开展这方面的研究工作。欧美国家有LONZA、DOW、THOR、TROY、S & M、Lanxess、Clariant等公司，国内如中石化北京化工研究院、广东省石油化工研究院、广东微生物研究所、陕西石油化工研究院、中国科学院理化技术研究所、上海市农药研究所、上海市微生物研究所、上海老顾实验室以及百傲、万厚、晋大、山的、新诺科、润河、迪美、新大地、中联、博雅、桑普、裕凯等研究机构和公司，都在全力开展这方面的研究和应用工作。

我国自20世纪60年代起开始重视微生物灾害及其防治的研究和系统控制。工业防霉防菌产业技术创新战略联盟（前身为全国防霉防菌协会筹委会，由国内16家从事防霉防菌技术开发、生产经营的企业、高校和科研院所组成，依托单位为中化化工科学技术研究总院）于2003年起至今已连续组织召开了15届全国防霉防菌技术研讨及产品交流会。

全国卫生产业企业管理协会抗菌产业分会是由抗菌行业的企业单位共同组成的全国性行业组织，业务主管单位是国家卫生和计划生育委员会。该协会2002年开始筹建，2007年获得民政部批复正式成立。全国卫生产业企业管理协会抗菌产业分会至今已经顺利召开11届中国抗菌产业发展大会。

随着人们追求健康意识的提高以及相关协会的大力宣传和推广，目前我国的防霉（防腐）抗菌工作即微生物灾害的研究取得了较大的成果，并将进一步发展并壮大。

第二章　抗菌防霉剂品种

氨(胺)溶性季铵铜(ACQ)
(ammoniacal copper quat)

其他名称　碱性铜季铵盐

理化性质　ACQ为氨溶铜季铵盐或碱性铜季铵盐，其主要活性成分是铜，以氧化铜（CuO）表示；另一活性成分是季铵盐，常用的季铵盐来源是二癸基二甲基氯化铵（DDAC）或十二烷基二甲基苄基氯化铵（BAC）。在市场上同时存在着四种ACQ防腐剂，其主要组成成分见表2-1。

表2-1　四种ACQ防腐剂的主要组成成分

型号	活性成分/%(m/m)			溶剂	
	CuO	DDAC①	BAC②	乙醇胺和/或氨水	氨水
ACQ-A	45.5～54.5(50.0)	45.5～54.5(50.0)		√	
ACQ-B	62.0～71.0(66.7)	29.0～38.0(33.3)			√
ACQ-C	62.0～71.0(66.7)		29.0～38.0(33.3)	√	
ACQ-D	62.0～71.0(66.7)	29.0～38.0(33.3)		√	

① DDAC：二癸基二甲基氯化铵或二癸基二甲基碳酸铵。
② BAC：十二烷基二甲基苄基氯化铵或十二烷基二甲基苄基碳酸铵。

毒性　ACQ防腐剂不含砷、铬、酚等有毒物质及其他有害挥发性有机化合物。在日本，未经稀释的ACQ原液就已不在有毒化学物质和医药用有毒化学物质之列，而属于一般化学物质。小鼠急性经口毒性LD_{50} 1080mg/kg，按标准评价其毒性分级为低毒级。并且ACQ的主要成分不易从处理材中流失，所以用ACQ处理的木材在使用环境中不会对人、畜、鱼类及植物造成危害。

抗菌防霉效果　ACQ中的主要活性成分铜对多种真菌有防治作用，另一种活性成分季铵盐对真菌、蛀虫及白蚁等都有杀灭和抑制作用，ACQ是铜和季铵盐的组合，具有优良的防腐、防虫和防白蚁的效果。ACQ浸注入木材以后，铜化物能稳定地附着于木材中不被水溶出，季铵盐也与木材成分发生离子交换作用固定在木材中而不流脱，故称ACQ是固定型的水载木材防腐剂。

应用　ACQ是由二价铜盐、烷基铵化合物（主要是二癸基二甲基氯化铵或十二烷基二甲基苄基氯化铵）、氨或胺和水按一定的比例组成的一种新一代木材防腐剂，由美国化学专业公司（CSI）于20世纪80年代末、90年代初研制开发，1992年列入美国AWPA（American Wood Protection Association）标准，其在抗生物危害的性能方面与CCA相媲美，而在对环境的安全性方面大大优于CCA，主要用于户内外木结构及可与土壤或淡水接触的木构件的防腐处理，CSI也由此获得了2002年美国总统绿色化学竞赛奖。

在四种型号的ACQ中，ACQ-A的防腐效果较强，而防虫的效果会弱一些，但是在有耐铜菌（如卧孔菌）存在时，其防腐效果则大大减弱；ACQ-B是用氨水作溶剂，产品的氨味很重，但价格比较便宜，氨的挥发性大，使得Cu能较好地固定在木材中，但经ACQ-B处理的木材颜色较鲜艳，有时呈不均匀状；ACQ-C和ACQ-D除了所用的烷基铵化合物不同外，其他方面完全相同，从分类使用和保持量方面看也是相同的，但从这两种烷基铵化合物的杀菌防虫的效果看，似乎DDAC要比BAC稍好一些。

注意：该制剂铜离子的流失性令人担忧。铜离子虽然毒性较铬和砷低，但对环境的影响也不容忽视，如何进一步提高铜氨（胺）基防腐剂的抗流失性，对这类环保防腐剂的应用至关重要。另外，ACQ和ACQ处理材对铜、铝、锌-铝合金等材料有一定的腐蚀作用，所以凡是和ACQ或ACQ处理材接触的处理设备或连接件需用有机涂料覆盖，或用热浸式涂锌的及不锈钢的固定件和连接件。

实际应用参考：

① 金重为报道ACQ防腐木材的处理工艺分真空/加压处理法和浸泡处理法两种。在设备条件允许的状况下，推荐采用真空/加压处理工艺。

真空/加压处理法：a. 处理前应控制木材的含水率＜30%，并将表面清理干净；b. 同一批处理的木材应是同一树种，尺寸大小相近，含水率相近；c. 将ACQ稀释至活性成分的质量分数为1%～1.5%；d. 处理工艺为前真空－0.08～－0.09MPa、30～60min，加压0.8～2.0MPa、1～4h，后真空－0.05～－0.08MPa、30min。

在具体实施时还应根据木材树种、规格、含水率以及防腐剂使用要求，经过试验最终确定操作工艺规程和工艺参数。

② 孙芳利等报道铜氨（胺）基防腐剂以碱性溶剂溶解铜制成水溶液，这种防腐剂在使用过程中存在颜色灰暗、腐蚀金属、易长霉和抗流失性差等缺点。将氧化铜、碳酸铜等含铜成分“微化”成极小颗粒分散到水中，再通过真空加压注入木材中，可有效改善铜的流失问题。

目前已经商业化的微化铜包括两种：一种是微化季铵铜（MCQ）代替ACQ；另一种是微化铜唑（MCA）代替铜唑。这类防腐剂中铜主要以单独的微粒子形态存在于大毛细管系统中，未进入细胞壁。木材腐朽菌主要降解细胞壁，因此微化铜对木材的防腐效果也存在争议。此外，以铜为主剂的防腐剂对耐铜腐朽菌效果较差，因此这类腐朽菌孢子中含有微化铜，含铜孢子在扩散中将危害环境和人体健康。为此，这两种防腐剂虽已得到美国环境保护署（EPA）认可，但亚微米和纳米铜粒子对人体和环境的危害引发争议，尚未得到美国木材防腐协会（AWPA）批准。

奥替尼啶盐酸盐 (octenidine dihydrochloride)

$C_{36}H_{62}N_4 \cdot 2HCl$，623.8，70775-75-6

其他名称　奥克太啶、奥替尼啶、奥替尼定盐酸盐

商品名称　Sensidin® DO

化学名称　*N*,*N′*-[1,10-亚癸基二-1(4*H*)-吡啶-4-亚基]双(1-辛胺)二盐酸盐

IUPAC 名　*N*,*N′*-(1, 10-decanediyldi-1 (4*H*)-pyridinyl-4-ylidene) bis (1-octanamine) dihydrochloride

INCI 名称　octenidine HCl

EC 编码　[274-861-8]

理化性质　白色结晶性粉末，纯度≥98%。熔点 215～217℃。堆积密度 0.36～0.56g/cm^3。溶解度：溶于水。稳定性：耐酸碱广泛，耐热可达 100℃以上。

毒性　大鼠急性经口 LD_{50} 800mg/kg（体重）。小鼠急性经口 LD_{50} 933mg/kg（体重）。(来源：舒美)。

抗菌防霉效果　奥替尼啶盐酸盐结构中含两个阳离子中心，可迅速结合带负电荷的细菌细胞壁，从而破坏细胞膜而发挥抗菌活性，对革兰氏阳性菌、革兰氏阴性菌等具有很好的抗菌作用，并且这种抗菌能力不受干扰物（如血液、黏液）影响。

制备　吕加国等报道由 4-辛氨基吡啶、癸二酸二乙酯等原料反应而得。

应用　该化合物属于双吡啶胺类化合物，杀菌作用类似季铵类化合物，可作抗菌剂、表面活性剂。

奥替尼啶盐酸盐常被用于皮肤、黏膜和开放性伤口的杀菌消毒。1990 年，英国率先推出奥替尼啶的三种剂型：奥替尼啶伤口凝胶（0.05%奥替尼啶）、奥替尼啶伤口冲洗液（0.05%奥替尼啶）和奥替尼啶洗涤化妆水（0.3%奥替尼啶）。

实际应用参考：

蒋超研究报道：钛及钛合金由于其良好的生物相容性和机械性能而被广泛用于骨科、牙科及整形外科等领域。细菌感染是导致移植体失败的最严重的术后并发症之一。本研究以钛材为基材，通过静电吸附在其表面加载奥替尼啶盐酸盐抗菌剂，在不影响钛材的细胞相容性前提下同时抑制钛材的细菌黏附，从而赋予钛植入体潜在的抗菌性能。首先，以 5%（质量分数）过氧化氢处理钛材 24h，进而在室温条件下将钛材浸泡在不同浓度（1μg/mL，5μg/mL 或 10μg/mL）的奥替尼啶盐酸盐溶液中 24h，以优化抗菌剂加载工艺。结果证实，在早期 6h 内，三种奥替尼啶盐酸盐加载钛材都能释放药物（平均达到 62%左右），这对早期抑菌非常重要。

1,2-苯并异噻唑-3-酮(BIT)
(1,2-benzisothiazolin-3-one)

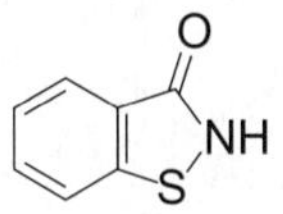

C_7H_5NOS，151.2，2634-33-5

其他名称　噻霉酮、菌立灭、苯并异噻唑啉-3-酮

商品名称　Proxel® GXL、Vancide® BIT20、万立净® 520XL、Mergal® K 10N

化学名称　1,2-苯并异噻唑啉-3(2*H*)-酮

IUPAC 名　1,2-benzisothiazol-3(2*H*)-one

INCI 名称　benzisothiazolinone

EC 编码　[220-120-9]

理化性质　纯品为白色或淡黄色粉末。沸点 327.6℃。熔点 155～158℃。蒸气压（25℃，1mmHg＝133.322Pa，余同）2.78×10^{-6} mmHg。相对密度（20℃）1.483。$\lg K_{ow}$＝0.76。溶解度（20℃，水）：1.1g/L，用热水可增加溶解度；可溶于乙醇、乙醚、丙酮等有机溶剂，其铵盐、钠盐有较高的水溶性。热稳定性：（控制温升速度 4℃/min）180℃开始会失重，至 250℃时明显失重。杀菌效率：pH 值在 4～12 之间稳定。与胺类相容，对金属无腐蚀作用。在土壤中可被迅速降解，半衰期＜24h。稳定性：DT_{50}（在水中生物降解）＝1d。商品通常为含有 10%、20%、33%有效成分的液剂或分散体。

毒性　雄大鼠急性经口 LD_{50} 670mg/kg。雌大鼠急性经口 LD_{50} 784mg/kg。大鼠急性经皮 LD_{50}＞2000mg/kg。可能导致皮肤接触过敏。眼睛接触会造成严重伤害。水生生物：虹鳟鱼 LD_{50}（96h）1.6mg/L。蓝腮翻车鱼 LD_{50}（96h）5.9mg/L。水蚤 EC_{50}

(48h) 4.3mg/L（来源：AVECIA）。

抗菌防霉效果 Morley J 等 1998 年研究异噻唑啉酮类化合物作用机制为：该系列化合物对受体细胞膜和细胞壁具有极强的穿透能力，在穿透细胞外围后可与细胞内含硫的蛋白质、酶或简单分子相互作用，使其 S—N 键断裂，从而与受体形成 S—S 键，破坏细胞的正常功能。BIT 对细菌、霉菌、酵母以及硫酸盐还原菌（SRB）等均有效，尤其对革兰氏阴性菌的效果突出。20% BIT 对一些微生物的最低抑制浓度见表 2-2。BIT 和卡松（CMIT/MIT）抑菌比较详见表 2-3。

表 2-2 20% BIT 制剂对常见微生物的最低抑制浓度（MIC）

微生物	MIC/(mg/L)	微生物	MIC/(mg/L)
黑曲霉	350	铜绿假单胞杆菌	250
出芽短梗霉	350	恶臭假单胞杆菌	250
链格孢	700	大肠杆菌	40
球毛壳霉	400	阴沟肠杆菌	80
枝状枝孢	400	金黄色葡萄球菌	40
特异青霉	125	枯草芽孢杆菌	40
混浊酿酒酵母	250	普通变形杆菌	125
深红酵母	400	乳酸乳球菌	15
白色拟内孢霉	200	粪肠球菌	40

（来源：AVECIA）

表 2-3 CMIT/MIT（有效成分）和 BIT（有效成分）的最低抑制浓度比较

测试菌株	MIC/(mg/L)	
	CIT/MIT(有效成分)	BIT(有效成分)
棒状杆菌	2.5	25
大肠杆菌	2.5	25
克雷伯氏菌	2.5	25
羽状变形菌	2.5	20
铜绿假单胞杆菌	2.5	150
恶臭假单胞杆菌	2.5	60
施氏假单胞菌	1.0	20
黑曲霉	5.0	100
绳状青霉菌	1.0	40
酿酒酵母	5.0	15

制备 杨俊伟等报道对于 BIT 的合成方法，归纳起来共有 4 条路线，均以二硫化二苯甲酸为起始原料，反应机理为以化学法使二硫化二苯甲酸的—S—S—键断裂，然

后在 NH_3 存在下合环生成 BIT。

应用　1990 年 Collier 和 Ramsey 合成了一种新型的异噻唑酮化合物 1,2-苯并异噻唑啉-3-酮（BIT），并且由英国帝国化学公司市场开发成功。该化合物主要作罐内防腐剂，可以帮助水性配方体系，尤其适用于其他防腐剂不起作用的高温和强碱性环境，有效防止有害细菌、真菌的侵蚀，解决了由此引起的有机产品发霉、发酵、变质、破乳、发臭等一系列问题。

BIT 可广泛用于涂料、水性高聚物、矿砂浆、淀粉分散体、混凝土外加剂、金属切割液、胶黏剂、油墨、染料分散液、皮革加脂剂、颜料分散剂、洗涤剂和清洁液等大多数水性产品领域作罐内防腐。一般使用浓度为 0.02%～0.04%（有效成分）。注意：过硫酸盐等氧化剂的存在导致 BIT 降解很快。

实际应用参考：

① BIT 属于苯并异噻唑啉酮类化合物，该系列化合物除了 BIT，迄今已经商品化的 N 取代苯并异噻唑啉酮化合物都为直链烷烃取代基化合物，主要有 *N*-甲基-1,2-苯并异噻唑啉-3-酮(MBIT)、*N*-正丁基-1,2-苯并异噻唑啉-3-酮(BBIT)和 *N*-正辛基-1,2-苯并异噻唑啉-3-酮(OBIT)。N 取代苯并异噻唑啉酮化合物的熔点随着 N 取代基碳原子数量的增加而降低，在上述 4 个化合物中 BIT 熔点最高，达到 156～158℃；MBIT 虽为固体，但熔点只有 50～55℃；BBIT 和 OBIT 在常温下均为液体。苯并异噻唑啉酮化合物难溶于水，BIT 可以与各种无机碱形成盐而溶于水，其他 N 取代苯并异噻唑啉酮化合物均不能形成盐而获得水溶性。N 取代苯并异噻唑啉酮化合物的热稳定性随着 N 取代基碳原子数量的增加而升高，其中 BIT 的热稳定性可达 200℃左右，而 BBIT 的热稳定性可达 300℃。

② 同样作为不含甲醛或甲醛释放剂的 BIT 和“卡松”（CMIT/MIT），由于化学性能不同，应用领域有所不同。具体区别详见表 2-4。

表 2-4　BIT 和传统“卡松”杀菌剂的区别

不同点	BIT	卡松(CMIT/MIT)
杀菌性能	杀菌速率慢、杀菌谱有缺陷	杀菌速率快、广谱高效
安全性	不含氯、不含重金属，致敏性中等	含氯、多以 Cu^{2+} 为稳定剂，致敏性高
pH 要求	多达 12(pH)稳定	多达 8.5(pH)稳定
温度要求	耐温可达 150℃，稳定	45℃以下稳定
相容性	化学稳定性优异，与胺类物质相容	化学稳定性稍差，遇胺类物质失活
GB/T 35602—2017	BIT $\leqslant 500\times10^{-6}$	CMIT/MIT$\leqslant 15\times10^{-6}$

在实际应用中，建议 BIT 和 CMIT/MIT 两者配合使用，有效弥补各自杀菌性能和化学性能方面的缺陷。比如万立净 521DX（活性成分由 BIT 和 CMIT/MIT 复配），水性产品，低 VOC，快速杀菌和持久防腐完美结合，同时可以符合 GB/T 35602—2017（绿色产品评价-涂料）。

③ 到目前为止，已有很多苯并异噻唑啉酮类衍生物被应用于除草剂和植物生长调节剂等。20 世纪 80 年代有文献报道，1,2-苯并异噻唑啉-3-酮-1,1-二氧化物衍生物具有一定的除草活性，可用于甜菜生产中的杂草防除，用药量为 $30g/hm^2$，可百分之百地杀死猪笼草、鸡尾草等杂草；1990 年 BIT 被 Collier P 等发现具有高效广谱的杀菌性能，对细菌、真菌、放线菌均有明显的抑制作用，因此可对植物的腐烂病、根腐病、早期落叶病等具有良好的防治作用；刘铁岩等人研发了一种可应用于农作物杀菌剂和水果辅助保鲜的苯并异噻唑啉酮衍生物，将其喷施在农作物的种子、叶、茎、芽、穗或果上，可杀灭多种菌并延长保鲜时间达 90d 以上，同时其在应用全过程中无味无臭，残留物可降解，被认为是一种优良的绿色保鲜剂。

法规

① 欧盟化学品管理局（ECHA）：根据指令 98/8/EC（BPD）或规则（EU）No. 528/2012（BPR）提交了批准申请的所有活性物质/产品类型组合为 PT-2（不直接用于人体或动物的消毒剂和杀藻剂）、PT-6（产品在储存过程中的防腐剂）、PT-9（纤维、皮革、橡胶和聚合材料防腐剂）、PT-10（建筑材料防腐剂）、PT-11（液体制冷和加工系统防腐剂）、PT-12（杀黏菌剂）、PT-13（金属工作或切削液防腐剂）。生物杀灭剂 1,2-苯并异噻唑-3(2*H*)-酮（BIT）申请目前处于审核进行之中。

② GB/T 35602—2017（绿色产品评价-涂料）规定：1,2-苯并异噻唑-3(2*H*)-酮（BIT）在涂料领域最大添加量不超过 500mg/kg。实施日期为 2018 年 7 月 1 日。

③ 欧盟玩具安全指令（第 2009/48/EC 号指令）：关于限制在玩具中使用某些化学物质的部分。这些限制针对供 36 个月以下幼儿使用的玩具，以及让幼儿放进口中的玩具。

欧委会指令 2015/2116：这项新指令管制苯并异噻唑啉酮（benzisothiazolinone，BIT）。BIT 用作水性玩具如手指颜料里的防腐剂，被视为主要的接触性过敏原，会影响消费者健康。欧盟已经禁止在化妆品添加 BIT。

按照 EN 71-10：2005 及 EN 71-11：2005 两项标准所列的方法，BIT 在水性玩具物料中的限值为 5mg/kg。从 2017 年 5 月 24 日起，成员国必须实施新规定。

吡啶硫酮
(pyridine-2-thiol-1-oxide)

O^-
N^+ SH

C_5H_5NOS, 127.2, 1121-31-9

其他名称 2-巯基吡啶氧化物

化学名称 2-巯基吡啶-*N*-氧化物

IUPAC 名 1-hydroxypyridine-2-thione

EC 编码 [214-328-9]

理化性质 纯品为类白色或微黄色粉末、带酸性。熔点 69～72℃。沸点 253.8℃。相对密度 1.43。闪点 107.3℃。$\lg K_{ow}=-0.300$。

毒性 小鼠急性经口 LD_{50} 535mg/kg。小鼠腹腔注射 LD_{50} 165mg/kg。小鼠皮下注射 LD_{50} 450mg/kg。小鼠静脉注射 LD_{50} 340mg/kg（来源：Pubchem）。

抗菌防霉效果 吡啶硫酮的抗菌防霉效果参考吡啶硫酮钠。

应用 吡啶硫酮属广谱抗菌剂。在塑料、化妆品、感光材料等领域可作为防霉、防腐剂以及抑臭剂使用。

吡啶硫酮钠(SPT)
(sodium pyrithione)

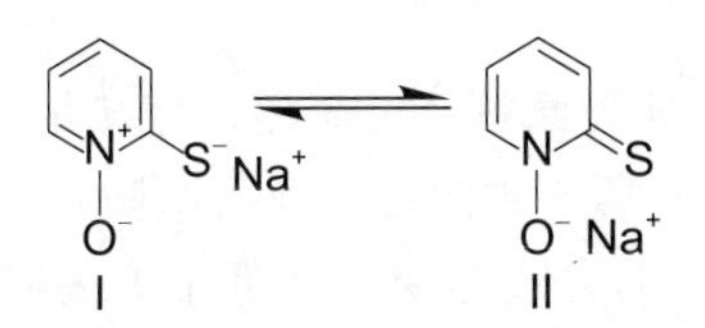

C_5H_4NOSNa, 149.2, 3811-73-2

其他名称 奥麦丁钠、吡硫霉净

商品名称 SODIUM OMADINE™ 2000、grotanol® FF 1 N、Sodium Omadine

化学名称 2-巯基吡啶-1-氧化钠盐

CAS 登录号 (Ⅰ)[3811-73-2]和(Ⅱ)[15922-78-8](两种互变异构体的混合物)

IUPAC 名 sodium；1-oxidopyridine-2-thione

EC 编码 [223-296-5]

理化性质 纯品为白色或类白色粉末。熔点 250℃（分解）。pH 值为（2%水溶液）8.0。

溶解度（25℃）：水＞500g/L，乙醇＞150g/L，聚乙二醇＞100g/L，异丙醇≈8g/L。

市售商品为 40%制剂，呈淡黄色到黄褐色透明液体。沸点（101kPa）109℃。密度（25℃）1.27g/mL。蒸气压（25℃）25.27hPa。pH 值为（4%水溶液，25℃）8.5～10.5。溶解度：溶于水和醇类溶剂。稳定性：耐热 100℃，稳定性不少于 120h；在酸性条件下使用持效下降，溶液在 pH 值 4.5～9.5 之间稳定，低于 pH 值 4.5 转化为吡啶硫酮，高于 pH 值 9.5 缓慢转化为吡硫磺酸盐。

毒性 大鼠急性经口 LD_{50} 1500mg/kg。大鼠吸入 LD_{50}（4h）2.7mg/L。兔急性经皮 LD_{50} 1800mg/kg。水生生物：蓝腮翻车鱼 LC_{50}（96h）8.6mg/L；虹鳟鱼 LC_{50}（96h）7.3mg/L（40%制剂，来源：ARCH）。

抗菌防霉效果 吡啶硫酮钠（SPT）对霉菌、细菌均有很好的抑制效果。其对一些微生物的最低抑制浓度见表 2-5。

表 2-5 吡啶硫酮钠对一些微生物的最低抑制浓度（MIC）

微生物	MIC/(mg/L)	微生物	MIC/(mg/L)
黑曲霉	8	枯草杆菌	10
黄曲霉	10	巨大芽孢杆菌	10
变色曲霉	6	大肠杆菌	8
橘青霉	6	荧光假单胞杆菌	15
宛氏拟青霉	3	金黄色葡萄球菌	8
蜡叶芽枝霉	3	酒精酵母	5
球毛壳霉	3	啤酒酵母	6

制备 该化合物由 2-氯吡啶为原料经过氧化、巯基化等系列反应而得。

应用 吡啶硫酮钠（SPT）属于水溶性工业防腐防霉剂，主要用于日用化工（洗发香波和护发产品），既防止产品的腐败霉变，又可止痒去屑；还可用于建筑涂料、胶黏剂、密封剂、农药、纺织品、皮革制品、造纸纸浆、油墨、金属加工液、水处理、油田注水系统等领域产品的抗菌防霉；也可配制消毒剂和医用广谱抗真菌皮肤科用药等产品；同时亦是果树、花生、麦类、蔬菜等农作物的有效杀菌剂和优良的蚕用消毒剂。注意：必须特别注意着色风险。

实际应用参考：

金属加工液：吡啶硫酮钠（SPT）具有很宽的杀真菌谱，既能加到水基加工液的母液中，又能加到加工液槽的使用稀释液中。这种化合物在 pH 值为 4.5～9.5 时有效，但在酸性条件下易变色，使用时需注意。强氧化剂和还原剂都能降低其杀菌效率。吡啶硫酮钠（SPT）的使用剂量为 50～60mg/kg（有效含量）。

法规 欧盟化学品管理局（ECHA）：根据指令 98/8/EC（BPD）或规则（EU）No.528/2012（BPR）提交了批准申请的所有活性物质/产品类型组合为 PT-2（不直接用于人体或动物的消毒剂和杀藻剂）、PT-6（产品在储存过程中的防腐剂）、PT-7（干膜防霉剂）、PT-9（纤维、皮革、橡胶和聚合材料防腐剂）、PT-10（建筑材料防腐剂）、PT-13（金属工作或切削液防腐剂），生物杀灭剂吡啶硫酮钠（sodium pyrithione）申请目前处于审核进行之中。

吡啶硫酮脲(PM)
[2-(2-pyridyl)isothiourea-*N*-oxide hydrochloride]

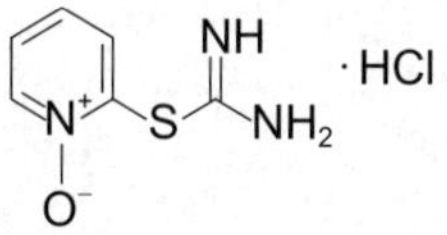

$C_6H_8ClN_3OS$，205.7，2770-93-6

化学名称 2-(2-吡啶基)异硫脲-*N*-氧化物盐酸盐

IUPAC 名 (1-oxidopyridin-1-ium-2-yl) carbamimidothioate；hydrochloride

EC 编码 [220-465-5]

理化性质 纯品为浅灰色或奶黄色粉末，略有微酸味。沸点（760mmHg）357.6℃。闪点 170.1℃。蒸气压（25℃）9.78×10^{-6} mmHg。熔点 157～159℃（分解）。溶解度：溶于水，微溶于甲醇、乙醇。稳定性：固体有一定升华作用。

毒性 小鼠急性经口 LD_{50} 970mg/kg，在使用浓度范围内，对皮肤和眼睛无刺激性。

抗菌防霉效果 吡啶硫酮脲（PM）对黑曲霉、黄曲霉、变色曲霉、橘青霉、宛氏拟青霉、球毛壳霉、蜡叶芽枝霉等多种霉菌和大肠杆菌、金黄色葡萄球菌、枯草芽孢杆菌、巨大芽孢杆菌、荧光假单胞杆菌等细菌以及酒精酵母、啤酒酵母等酵母菌都显示出良好的抑杀效果，其对各种微生物的最低抑制浓度（MIC）见表 2-6。

表 2-6 吡啶硫酮脲（PM）对一些微生物的最低抑制浓度（MIC）

微生物	MIC/(mg/L)	微生物	MIC/(mg/L)
黑曲霉	5	枯草杆菌	2
黄曲霉	2	巨大芽孢杆菌	2
变色曲霉	2	大肠杆菌	16
橘青霉	5	荧光假单胞杆菌	30
宛氏拟青霉	0.5	金黄色葡萄球菌	5
蜡叶芽枝霉	0.5	铜绿假单胞杆菌	50
球毛壳霉	0.5		

应用 吡啶硫酮脲（PM）属于水溶性高效防腐防霉剂。该化合物可用于日化产品、涂料、皮革制品、工业循环冷却水、胶黏剂、造纸等领域防腐防霉；亦可用于动植物标本保藏、文物保护、图书档案等处理保存；还用于医药，比如治疗脚气有特效；亦作农业杀菌剂、种子处理剂等。

吡啶硫酮铜(CuPT)
(copper pyrithione)

$2(C_5H_4NOS)\cdot Cu$, 315.9, 14915-37-8

其他名称 CPT、奥麦丁铜、2-巯基吡啶-*N*-氧化物铜盐

化学名称 1-氮氧化-2-巯基吡啶铜盐

IUPAC 名 copper；1-oxidopyridine-2-thione

EC 编码 [238-984-0]

理化性质 纯品为绿色粉末。沸点 253.8℃。熔点 282℃（分解）。堆积密度＜0.35g/mL。pH 值为（5%水悬液）6.0～9.0。$\lg K_{ow}=0.97$。溶解度：水＜1mg/L。稳定性：对强氧化剂敏感；直接暴露于紫外线辐射导致缓慢分解。

毒性 大鼠急性经口 LD_{50} 1000～2000mg/kg。兔急性经皮 LD_{50}＞2000mg/kg。水生生物：黑头呆鱼 LC_{50}（96h）0.0043mg/L。水蚤 EC_{50}（48h）0.022mg/L（来源：ARCH）。

抗菌防霉效果 吡啶硫酮铜（CuPT）对革兰氏阴性菌和革兰氏阳性菌的生长有明显的抑制作用，亦可抑制酵母菌和霉菌的生长，并能有效抑制藻类的生长。吡啶硫酮铜（CuPT）对一些微生物的最低抑制浓度见表 2-7。

表 2-7 吡啶硫酮铜（CuPT）对一些微生物的最低抑制浓度（MIC）

微生物	MIC/(mg/L)	微生物	MIC/(mg/L)
黑曲霉	20	枯草杆菌	8
黄曲霉	20	巨大芽孢杆菌	6
变色曲霉	18	大肠杆菌	8
橘青霉	8	荧光假单胞杆菌	18
宛氏拟青霉	8	金黄色葡萄球菌	6
蜡叶芽枝霉	6	酒精酵母	6
球毛壳霉	6	啤酒酵母	8

制备 该化合物由吡啶硫酮钠盐和硫酸铜为原料反应而得。

应用 CuPT 作为杀菌剂、杀藻剂广泛用于海洋涂料、民用涂料、胶黏剂、纺织地毯等工业领域；亦可作农业杀菌剂。

实际应用参考：

① 海洋防污：CuPT 对软污损海生物具有良好的防污活性，因此在防污涂料中通常与 Cu_2O 配合使用。建议添加量：3%～5% CuPT 加 30%～40%氧化亚铜（以涂料配方总质量计算）。

② 王科等报道 CuPT 是一种金属螯合物，性质较为稳定，在水中的溶解度较低（<1mg/L），并且其毒性会随海水温度而变化，例如在 15～31℃范围内，对日本虎斑猛水蚤的半致死浓度值随着温度的升高而降低。CuPT 能够发生生物降解、化学水解和光降解反应，在人工海水（初始浓度为 50μg/L，pH 值为 8）中的化学水解半衰期为 12.9d，在天然海水中的化学水解半衰期为 4d。CuPT 更易发生光降解反应，以过滤氙弧灯（154W/m^2）为光源，其在人工海水中的半衰期仅为 29.1min。CuPT 释放到海水中后，配位键断裂，分解为铜离子和羟基吡啶硫酮。羟基吡啶硫酮可再与金属离子形成复合物，而其稳定性取决于 pH 值、金属离子的种类和数量。羟基吡啶硫酮的化学转变产物均对光线非常敏感，如 1-氧-2-巯基吡啶（羟基吡啶硫酮的自由形态）经紫外线辐照后可形成羟基吡啶硫酮二聚体，并可被进一步氧化形成 1-氧-2-磺酸吡啶，其毒性已远低于母体化合物毒性。

法规 欧盟化学品管理局（ECHA）：2015 年 6 月 25 日，欧盟委员会发布法规（EU）2015/984，批准吡啶硫酮铜（copper pyrithione）作为第 21 类（海洋防污剂）生物杀灭剂产品的活性物质。批准日期为 2016 年 10 月 1 日。批准期满为 2026 年 10 月 1 日。

吡啶硫酮锌(ZPT)
(pyrithione zinc)

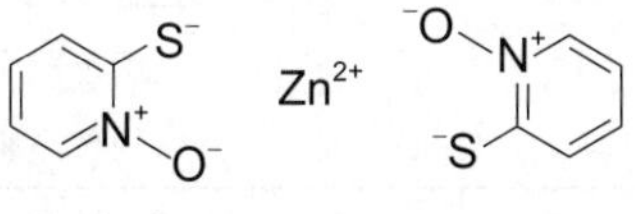

S⁻ Zn²⁺ ⁻O N⁺ N⁺ O⁻ ⁻S

$C_{10}H_8N_2O_2S_2Zn$, 317.7, 13463-41-7

其他名称 ZnPT、奥麦丁锌、吡硫镓锌

商品名称 Zinc Omadine® 48

化学名称 1-氮氧化-2-巯基吡啶锌盐

IUPAC 名 zinc；1-oxidopyridine-2-thione

EC 编码 [236-671-3]

理化性质 纯品为白色至类白色粉末。沸点 262.0℃。熔点 240℃（分解）。蒸气压 1.33×10^{-4} Pa。堆积密度（25℃）0.35g/mL。pH 值为（5%水悬液）6.5～8.5。$\lg K_{ow}=0.97$。溶解度（25℃）：水（pH 7）0.008g/L，乙醇 0.1g/L，丙二醇 0.2g/L，

异丙醇0.08g/L，聚乙二醇2g/L，氯仿3g/L，DMF 80g/L。稳定性：溶液在pH值4～8.5之间稳定，低于pH值3.5转化巯基吡啶，高于pH值8.5可能转化可溶性碱盐；热稳定性好，在100℃下至少能稳定存在120h。铁和铜存在下都可能引起明显的着色。

毒性 小鼠急性经口LD_{50} 361mg/kg。兔急性经皮LD_{50}＞2000mg/kg。小鼠ZPT腹腔和口服给药LD_{50}分别为22.5mg/kg和260mg/kg。腹腔毒性比口服给药强约10倍。其中毒症状为活动减少，后肢无力，呼吸抑制，唇、尾出现紫绀。大鼠每日口服ZPT 540mg/kg，1周后出现程度不等的食欲减退，活动减少，毛发不整和体重减轻症状。30d后病理检查未见显著变化，仅高剂量组部分动物出现肝细胞浑浊肿胀和空泡。水生生物：虹鳟鱼LC_{50}（96h）3.2μg/L。水蚤EC_{50}（48h）34μg/L。

抗菌防霉效果 张熠等报道吡啶硫酮锌（ZPT）作用于细菌细胞上，在不同酸碱度下杀菌机理稍有不同。在中性或酸性条件下，吡啶硫酮将K^+带出细菌细胞，将H^+带入细菌细胞；在碱性条件下，吡啶硫酮将K^+或Mg^{2+}带出细菌细胞，将Na^+带入细菌细胞。通过消除细菌获取营养的离子梯度，使细胞最终被“饿死”，所以，ZPT的杀菌机理与许多杀菌剂并不相同，它在杀死细菌的同时本身并未被消耗。

ZPT对霉菌、细菌及酵母均有很好的抑制效果，并且对革兰氏阳性菌的抑制作用强于对革兰氏阴性菌。其对一些微生物的最低抑制浓度见表2-8。

表2-8 吡啶硫酮锌（ZPT）对一些微生物的最低抑制浓度（MIC）

微生物	MIC/(mg/L)	微生物	MIC/(mg/L)
金黄色葡萄球菌6538	4	粪链球菌19433	16
大肠杆菌9637	8	铜绿假单胞杆菌9721	512
肺炎克雷伯菌4352	8	镰刀菌	32
黑曲霉9642	8	出芽短梗霉菌9348	2
球毛壳霉6205	2	绿粘帚霉9645	64
嗜松青霉9644	2	白色念珠菌11651	2
糠秕孢子菌	4	橘色藻属	0.06
绿球藻属	8	伪枝藻属	0.5

（来源：ARCH，细菌菌落数10^6cfu/mL，真菌孢子数10^5cfu/mL）

制备 ZPT由1-羟基吡啶硫酮钠盐和氯化锌等原料制备而成。

应用 ZPT是高效安全的止痒去屑剂。该化合物能有效杀死产生头皮屑的真菌，具有止痒、去屑、减少脱发和延缓白发产生作用，洗发香波加入该成分后可提高产品档次，可满足消费者对洗发用品的高要求；亦可用于塑料，地毯纤维，黏合剂，密封剂等工业领域抗菌防霉；还可用于海洋钻井平台、船舶防污漆，防止甲壳生物、海藻以及水生生物附着船壳板。

注意：ZPT在pH值为4.5～9.5之间稳定。在紫外线下会逐渐降解，从而导致失效。

实际应用参考：

① 海洋防污：王科等报道该化合物吡啶硫酮锌（ZPT、ZnPT）对软污损海生物具有良好的防污活性，因此通常与 Cu_2O 或吡啶三苯基硼（PTPB）配合使用。ZPT 也是一种金属螯合物，但其性质较不稳定，可与其他金属阳离子发生交换螯合反应。因此，当 ZPT 从含 Cu_2O 的防污涂料中释放出来后，会部分转变为 CuPT。与 ZPT 相比，CuPT 的性质更为稳定，毒性更强，但其溶解度较低（$<1mg/L$）。ZPT 在水中的溶解度为 6mg/L，从自抛光型防污涂料中的渗出速率约为 $3\sim11\mu g/(cm^2\cdot d)$，具有较低的吸附系数，不易被悬浮颗粒所吸附。ZPT 除能发生生物降解和化学水解反应外，更易发生光降解反应，其在人工海水中的化学水解半衰期大于 90d，在天然海水中的化学水解半衰期为 4d。以过滤氙弧灯为光源，ZPT 在人工海水中的半衰期仅为 17.5min，自然光照射下的半衰期更是小于 2min。Zn 作为微量元素，在生物代谢过程中发挥着重要作用，但浓度过高时却能降低鱼类的繁殖能力。总体来说，海洋环境对 Zn 的容忍度较高。

比如在防污涂料组合中的吡啶硫酮锌（干膜质量的 3%～5%）和氧化亚铜（35%～40%）。

② 家化日化：宋杰等报道使用吡啶硫酮锌（ZPT、ZnPT）时应注意，其极难溶于有机溶剂和水中，因此不宜配制透明香波。与 EDTA 不配伍，遇非离子表面活性剂会使其活性下降，因此在配制产品时，不能单独与 EDTA 和非离子表面活性剂接触。同时它的存在会对光产生散射，用它配制的洗发水有一定的消光作用，产品珠光效果会受到影响。而且应用于香波配方中经常会出现沉降，且遇铁离子容易变色，需加入悬浮剂和稳定剂。

③ 经典配方：BIT+ZPT 组合。零 VOC，不含甲醛和 APEO，不含 CMIT；双重活性成分协同杀菌，具有快速杀菌和长效保护双重功效；对细菌、酵母菌和霉菌具有广谱活性，假单孢菌特效；较宽的 pH 值范围，耐高温（150℃），可在任意阶段添加。比如 PROXEL BZ Plus、万立净 ZB-20。

法规

① 欧盟化学品管理局（ECHA）：根据指令 98/8/EC（BPD）或规则（EU）No.528/2012（BPR）提交了批准申请的所有活性物质/产品类型组合为 PT-2（不直接用于人体或动物的消毒剂和杀藻剂）、PT-6（产品在储存过程中的防腐剂）、PT-7（干膜防霉剂）、PT-9（纤维、皮革、橡胶和聚合材料防腐剂）、PT-10（建筑材料防腐剂）、PT-21（海洋防污剂）。吡啶硫酮锌（zinc pyrithione）申请目前处于审核进行之中。

② 我国 2015 年版《化妆品安全技术规范》规定：ZPT 在化妆品使用时最大允许浓度 0.5%；使用范围和限制条件：淋洗类产品。

③ 1981 年美国 FDA（食品和药物管理局）公布了被认可的 29 种含有 ZPT 成分的制剂，认为 ZPT 在微量用于日用品成分的情况下（各种洗发水的添加量上限是 1%～2%不等），对人体没有危害。

④ GB/T 35602—2017（绿色产品评价-涂料）规定：ZPT 在涂料领域不得大于

1500×10^{-6}。实施日期为2018年7月1日。

吡啶三苯基硼(PTPB)
(pyridine-triphenylborane)

$C_{23}H_{20}BN$, 321.2, 971-66-4

其他名称 TPBP

商品名称 Borocide® P、KH 101

化学名称 三苯基硼烷吡啶配合物

IUPAC名 pyridine triphenyl borane

理化性质 纯品白色微结晶粉末。沸点348℃。熔点240～270℃。蒸气压1.3×10^{-4}Pa。溶解度：水1.0mg/L。稳定性（人工海水）：5μg/L。吡啶三苯基硼（PTPB）的半衰期1d；50μg/L PTPB的半衰期6d；500μg/L PTPB的半衰期34d。PTPB易发生光降解作用，在人工海水中的光降解半衰期小于3h，分解产物为硼酸、苯酚、苯、联苯、二苯基硼氢氧化物、单苯基硼二氢氧化物等，其中苯酚、苯和联苯的稳定性较高，二苯基硼氢氧化物和单苯基硼二氢氧化物的稳定性较差。

毒性 由于PTPB是单纯作为海洋防污剂来开发的，使用时间较短，其分解产物对海洋生态环境的影响还不明确。

抗菌防霉效果 PTPB对动物类污损海生物和硅藻具有良好的防污效果。

制备 该化合物由四苯硼钠、溴化铜等反应制备而得。

应用 PTPB自1960年以来就已知具有杀菌、抗真菌和防污等性能。日本北兴化学工业株式会社（Hokko Chemical Industry Co.，Ltd.）于1993年引入日本防污涂料市场。该化合物可以与氧化亚铜合用或单独用于海洋涂料防污剂，替代2008年起全面禁用的有毒有机锡化合物；亦可用于烯烃聚合反应、农用化学品、车用燃料添加剂、阻燃剂、金属清除等领域。

实际应用参考：

绝大多数的辅助防污剂需要与Cu_2O配合使用才能发挥良好的防污效果，但PTPB对动物类污损海生物和硅藻具有良好的防污效果，可不需要Cu_2O的存在，而与吡啶硫酮锌（ZnPT）或吡啶硫酮铜（CuPT）配合使用就可发挥良好的防污效果，因此，PTPB成为能够制备无铜防污涂料的有机防污剂。

丙二醇月桂酸酯
(propylene glycol monolaurate)

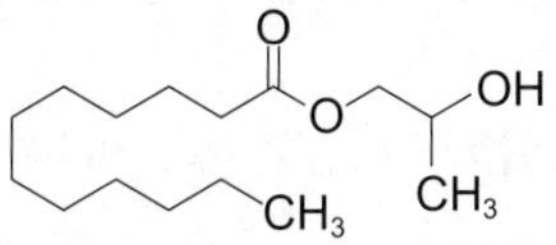

$C_{15}H_{30}O_3$, 258.4, 27194-74-7

其他名称　1,2-丙二醇单月桂酸酯

化学名称　十二烷酸-2-羟丙基酯（Ⅰ）、十二烷酸-2-羟基-1-甲基乙基酯（Ⅱ）

IUPAC 名　2-hydroxypropyl dodecanoate（Ⅰ），2-hydroxy-1-methylethyldodecanoate（Ⅱ）

CAS 登录号　[27194-74-7]（未注明异构体）；[142-55-2]（Ⅰ），[107328-11-0]（Ⅱ）

EC 编码　[248-315-4]

理化性质　丙二醇单月桂酸酯有两个位置的异构体，其中每个异构体原则上又包括一对旋光异构体。通常在商业产品中未标明异构体或异构体的比例，但被认为主要是外消旋的伯醇的酯。化学文摘中未注明的酯和每个结构特定的外消旋体的登录号是不一样的。

浅黄色液体。熔点 8.3℃。沸点 246.6℃。蒸气压（25℃）162mPa。相对密度（25℃）0.92。溶解度：4mg/L（25℃，水）；二氯甲烷、乙醇、丙酮、己烷、二甲苯和乙酸乙酯中溶解度＞1000g/L。

毒性　小鼠急性经口 LD_{50}＞40000mg/kg。大鼠急性经皮 LD_{50}＞2000mg/kg。对兔眼睛无刺激作用，对兔皮肤有轻微刺激作用，对豚鼠皮肤无致敏性。对鱼类和藻类中等毒性，鲤鱼 LC_{50}（96h）5.25mg/L。水蚤 EC_{50}（48h）0.52mg/L。藻类 E_bC_{50}（0～72h）1.99mg/L，NOE_bC 0.44mg/L。

抗菌防霉效果　液滴阻塞螨的气孔，导致其窒息，防治多种作物的螨类。

应用　该杀螨剂由日本 Riken Disvovery 研究所发现，2001 年在日本取得首次登记。该化合物可作食品添加剂和配方药剂。

1,3-苯二酚
(resorcine)

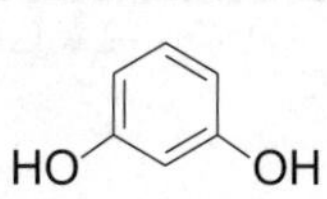

$C_6H_6O_2$, 110.1, 108-46-3

其他名称 雷锁酚、雷锁辛、1,3-苯二酚、间苯二酚、雷索酚

化学名称 1,3-二羟基苯

IUPAC 名 benzene-1,3-diol

EC 编码 [203-585-2]

理化性质 纯品为白色结晶。若含杂质，受光照射则带淡红色。熔点 110℃。沸点 281.4℃。

相对密度 1.272。溶解度：易溶于水、乙醇，可溶于乙醚、甘油，难溶于氯仿、二硫化碳。

毒性 小鼠急性经口毒性 LD_{50} 286.9mg/kg。1,3-苯二酚会刺激皮肤及黏膜，可经皮肤吸收引起中毒症。

苯二酚的致突变、致畸和致癌研究已有一些报道，其毒性国内外只有零星报道。本品车间空气中容许浓度在日本是 10mg/m^3。

抗菌防霉效果 作为酚类化合物，1,3-苯二酚对细菌、霉菌等微生物均有不错的抑制效果。以含 1,3-苯二酚浓度为 800mg/L 和 1200mg/L 的消毒剂溶液作用 10min，对载体上金黄色葡萄球菌杀灭率分别为 99.96%和 100%。含 1,3-苯二酚 400mg/L 和 800mg/L 的消毒剂分别作用 10min，对大肠杆菌的杀灭率分别为 99.98%和 100%。以含 1,3-苯二酚 6000mg/L 和 8000mg/L 的消毒液分别作用 10min 和 3min，对白色念珠菌的杀灭率分别为 100%和 99.98%（见表 2-9）。

表 2-9 1,3-苯二酚（间苯二酚）消毒剂杀菌试验结果

供试菌	间苯二酚含量/(mg/L)	对各细菌作用不同时间平均杀灭率/%			
		1min	3min	5min	10min
大肠杆菌(ATCC 8099)	400	74.15	90.78	99.34	99.98
	800	97.41	99.82	99.99	100.00
	1200	99.31	100.00	100.00	100.00
金黄色葡萄球菌(ATCC 6538)	800	60.32	88.56	99.75	99.99
	1200	75.62	99.96	99.99	100.00
	1600	89.00	99.99	100.0	100.00
白色念珠菌(ATCC 10231)	6000	23.61	64.73	99.04	100.00
	8000	90.78	99.98	100.00	100.00
	10000	94.02	100.00	100.00	100.00

注：阳性对照组平均菌数大肠杆菌为每片 1340000cfu，金黄色葡萄球菌为每片 2590000cfu，白色念珠菌为每片 1990000cfu。结果为 3 次试验的平均值。

制备 苯磺化碱熔法以苯为原料，经磺化得间苯二磺酸，再经中和碱熔、酸化而得。

应用　1,3-苯二酚（间苯二酚）是苯间位两个氢被羟基取代后形成的化合物，工业上重要的二元酚，稳定性好，有抗氧化、防腐、杀菌等特点。该化合物可广泛适用于染料、皮革、照相、橡胶、制药、化妆、塑料等工业领域。

实际应用参考：

手足癣是一种临床极为常见的发生于足或手部皮肤的癣疾，因为致病菌为丝状真菌，因此足癣和手癣更为常见。据报道，研制的复方间苯二酚酊处方为：水杨酸 25g，苯甲酸 25g，间苯二酚 20g，甘油（30%）30mL，酒精（75%）加至 100mL。该处方治疗手癣 60 例，足癣 136 例，均取得了满意疗效。处方中水杨酸、苯甲酸具有消毒防腐作用，可软化溶解角质层，抑制霉菌生长；间苯二酚具有杀菌作用；30%甘油具有保湿作用；75%酒精杀菌力最强。

法规　《化妆品技术规范》2015 年版规定，1,3-苯二酚（间苯二酚）允许使用，但主要用于护发类产品，如发露、香波等，其最大允许使用浓度为 5%。

苯酚
(phenol)

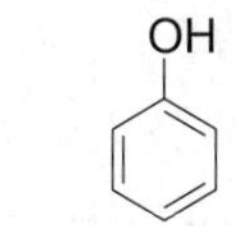

C_6H_6O, 94.1, 108-95-2

其他名称　石炭酸、羟基苯

EC 编码　[203-632-7]

理化性质　纯品为无色或淡红细长的针状结晶，或结晶性块状，有特殊臭味 。沸点 182℃。熔点 41～43℃。密度（20℃）1.071g/mL。蒸气压（20℃）6.19hPa。闪点 79℃（闭杯）。溶解度（16℃）：水 67g/L；易溶于乙醇、乙醚、甘油、氯仿、脂肪油；适量溶于苯和碱溶液。稳定性：不纯品在光和空气作用下变为淡红或红色，遇碱变色更快。

毒性　大鼠急性经口 LD_{50} 317mg/kg。大鼠急性经皮 LD_{50} 669mg/kg。苯酚对皮肤、眼睛和黏膜有腐蚀性。若人体长期受到苯酚气体的作用，能引起疲倦、头疼、贪睡，破坏血液的正常组成，从而引起慢性中毒。空气中允许苯酚的最大浓度为 0.1mg/L。水生生物：小球藻的 EC_{50}（24～96h）值为 230～850mg/L；衣藻的 EC_{50}（24～96h）值为 590～1680mg/L。

抗菌防霉效果　苯酚能杀死或抑制大部分细菌的繁殖体，对霉菌孢子则效果不大。苯酚杀菌所需要的浓度如表 2-10 所示，对一些微生物的最低抑制浓度如表 2-11 所示。

表 2-10 苯酚杀菌所需浓度

细菌种类	苯酚浓度/%	细菌种类	苯酚浓度/%
伤寒杆菌	1.1～1.2	化脓性链球菌	1.4～1.6
痢疾志贺氏菌	1.0～1.1	结核杆菌	1.6
金黄色葡萄球菌	1.2		

表 2-11 苯酚对一些微生物的最低抑制浓度（MIC）

微生物	MIC/(mg/L)	微生物	MIC/(mg/L)
黑曲霉	700	橘青霉	700
黄曲霉	1100	宛氏拟青霉	1100
变色曲霉	700	绿色木霉	600

制备 苯酚由氯苯在高温高压下与苛性钠水溶液进行催化水解而得。

应用 苯酚是最简单的酚类有机物，是生产某些树脂、杀菌剂、防腐剂以及药物（如阿司匹林）的重要原料；同时苯酚很稳定，有机物的存在不减弱其杀菌力，亦无腐蚀金属的作用。

实际应用参考：

浆糊防霉，用量1%；墨水防霉，用量0.1%；印泥防霉，用量0.2%；干酪素防霉，用量1%。但由于苯酚毒性较高且用量较大，故应控制使用。

法规 幼儿玩具限制使用苯酚：2017年5月4日，欧洲委员会在欧盟《官方公报》刊登欧委会第2017/774号指令，修订第2009/48/EC号指令（玩具安全框架指令）的附件Ⅱ附录C，为儿童玩具所含的苯酚订立特定限值。

玩具安全框架指令［第46（2）章］针对专为36个月以下幼儿而设的玩具或其他可放入口中的玩具，指明可为玩具内的化学品订立迁移限值，以及调低化学物的含量上限。上述欧委会指令则把苯酚纳入这个限制框架内。

苯酚存在于多种产品内，包括塑料和合成纤维，而这些物料可用于制造游戏主机、浴缸和充气玩具、帐篷、游戏隧道以及包装膜等。此外，苯酚可用作生产塑料或水性玩具（如毡头笔的墨水）的溶剂或防腐剂。

苯酚亦用于制造酚醛树脂和聚氯乙烯（PVC），而这些合成聚合物则在制造树脂黏合木制玩具或胶水时使用。

苯酚向来受欧盟的玩具规例监管。根据第1272/2008号规例（有关物质和混合物的分类、标签及包装规例），苯酚已列为第二类诱变物质。根据这种分类，苯酚在玩具的含量限制为不得多于10000mg/kg，在混合物的含量限制为1%。此外，规例未有为苯酚订立迁移限值。

欧委会考虑到有关苯酚毒性的科学证据，认为现行措施不足以保护儿童安全。苯酚毒性的健康风险包括对皮肤、器官、红细胞及免疫系统造成损害，甚至死亡。儿童接触化学物后，较成年人更易受到伤害；婴儿对苯酚的毒性更加敏感。

第 2017/774 号指令为聚合材料所含的苯酚订立迁移限值，最高为 5mg/kg，作为防腐剂的含量限值为 10mg/kg。

新限制指令将于 2018 年 11 月 4 日生效，届时欧盟成员国必须通过法例以符合新指令的要求。

苯氟磺胺
(dichlofluanid)

$C_9H_{11}Cl_2FN_2O_2S_2$, 333.2, 1085-98-9

其他名称 二氯氟磺胺、抑菌灵

商品名称 Preventol® A 4-S、Euparen、Preventol® A 4-D

化学名称 *N*,*N*-二甲基-*N*-苯基-(*N*-氟二氯甲硫基)磺酰胺

IUPAC 名 *N*-[dichloro(fluoro)methyl]sulfanyl-*N*-(dimethylsulfamoyl)aniline

EC 编码 [214-118-7]

理化性质 纯品无色无味结晶粉末。沸点 336.8℃。熔点 106℃。蒸气压（20℃）0.014mPa。$\lg K_{ow}=3.7$（21℃）。溶解度（20℃）：0.006 水 mg/L；二氯甲烷>200g/L、甲苯 145g/L、异丙醇 10.8g/L、正己烷 2.6g/L。稳定性：在碱性介质中分解；DT_{50}（22℃）>15d（pH 4）、>18h（pH 7）、<10min（pH 9）；对光敏感。

毒性 大鼠急性经口 LD_{50}>5000mg/kg。大鼠急性经皮 LD_{50}>5000mg/kg。对兔皮肤有轻微刺激作用，对眼睛有中等刺激作用，对皮肤有致敏现象。大鼠吸入 LC_{50}（4h）约 1.2mg/L（空气）。NOEL（2 年）大鼠<180mg/kg（饲料）；（2 年）小鼠<200mg/kg（临界值）；（1 年）狗 1.25mg/kg。动物：经口摄入，在大鼠体内苯氟磺胺被快速吸收并主要通过尿液排出体外，在器官和组织内无积累。苯氟磺胺被代谢为二甲基磺酰苯胺，进一步被羟基化或去甲基化。水生生物：虹鳟鱼 LC_{50}（96h）0.01mg/L，蓝腮翻车鱼 0.03mg/L。水蚤 LC_{50}（48h）>1.8mg/L（90%预混）。藻类 ErC_{50} 16mg/L。

抗菌防霉效果 苯氟磺胺为非特定硫醇反应物，抑制微生物呼吸作用。苯氟磺胺对很多真菌及藻类、苔藓、木材变色菌均有效，以较低的浓度就能阻止其繁殖，尤其对于木材染色真菌（蓝色染色霉菌）特别有效。该化合物对一些微生物的最低抑制浓度见表 2-12。

表 2-12 苯氟磺胺对一些微生物的最低抑制浓度（MIC）

微生物	MIC/(mg / L)	微生物	MIC/(mg / L)
黑曲霉	6	出芽短梗霉	3
黄曲霉	5	串珠镰孢霉	15
米曲霉	3	大肠杆菌	15
球毛壳霉	5	金黄色葡萄球菌	20
枝孢霉	10	枯草芽孢杆菌	30
树脂枝孢霉	5	啤酒酵母	50
木霉 T-1	40	铜绿假单胞杆菌	20
黑根霉	10	普通变形杆菌	30
链格孢	10		

制备 苯氟磺胺由硫酰氯依次与二甲胺和苯胺反应，生成二甲基苯基磺酰胺，再与氟二氯甲基硫氯化物反应制得。

应用 苯氟磺胺由德国拜耳公司 1965 年开发成功。工业领域：该化合物主要用于涂料（如海洋涂料）、木材、乳液等领域抗菌防霉。农用领域：该化合物主要能防治柑橘、葡萄等水果和蔬菜等真菌性病害。注意：与噻菌灵等复配，抗菌防霉增效明显。

实际应用参考：

按照总配方计算，溶剂型涂料建议添加量 1.5%～2.5%；海洋防污涂料建议添加量 2.5%～5.0%。

法规

① 欧盟化学品管理局（ECHA）：2007 年，欧盟生物杀灭剂产品委员会（BPC）发布法规 2007/20/EC，批准苯氟磺胺（dichlofluanid）作为第 8 类（木材防腐剂）生物杀灭剂产品的活性物质。批准日期 2009 年 3 月 1 日，批准期满 2019 年 3 月 1 日。

② 欧盟化学品管理局（ECHA）：2017 年，欧盟生物杀灭剂产品委员会（BPC）发布法规（EU）2017/796，批准苯氟磺胺（dichlofluanid）作为第 21 类（海洋防污产品）生物杀灭剂产品的活性物质。批准日期 2018 年 11 月 1 日，批准期满 2028 年 11 月 1 日。

丙环唑
(propiconazole)

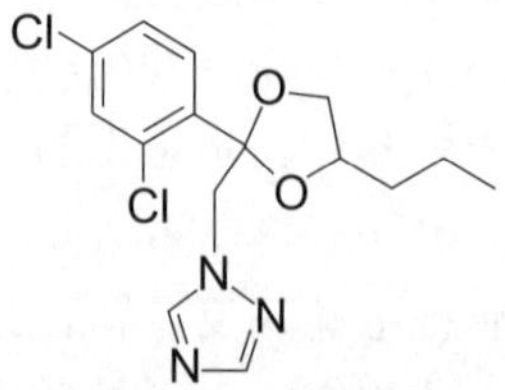

$C_{15}H_{17}Cl_2N_3O_2$, 342.2, 60207-90-1

其他名称　敌力脱

化学名称　(±)1-(2-(2,4-二氯苯基)-4-丙基-1,3-二氧戊烷-2-基)甲基-1*H*-1,2,4-三唑

IUPAC 名　1-2-(2，4-dichlorophenyl)-4-propyl-1，3-dioxolan-2-yl) methyl-1，2，4-triazole

CAS 登录号　[60207-90-1]（未注明立体化学）

EC 编码　[262-104-4]

理化性质　原药为黄色黏稠液体，轻微的特征气味。熔点 −23℃（玻璃化转变温度）。沸点 99.9℃（0.32Pa）。蒸气压（25℃）5.6×10^{-2} mPa。相对密度（20℃）1.29。$\lg K_{ow}=3.72$（pH 6.6，25℃）。溶解度：水 100mg/L（20℃）；正己烷 47g/L，与乙醇、丙酮、甲苯和正辛醇（25℃）完全混溶。稳定性：高达 320℃稳定，无明显的水解。$pK_a=1.09$，弱碱性。

毒性　急性经口 LD_{50}：大鼠 1517mg/kg，小鼠 1490mg/kg。大鼠急性经皮 $LD_{50}>$ 4000mg/kg；对兔皮肤和眼睛无刺激作用，对豚鼠皮肤有致敏性。大鼠吸入 LC_{50}（4h）$>$ 5800mg/m^3。NOEL：(2 年) 雄大鼠 18.1mg/(mg·d)，雄小鼠 10mg/(mg·d)，(1 年) 狗$>$8.4mg/(mg·d)。

动物：大鼠经口给药后，丙环唑被迅速吸收并通过尿液和粪便几乎完全排出。在动物组织中残留量普遍偏低，而且没有丙环唑或其代谢物的积累。酶攻击的主要部位是丙基侧链和二氧戊环的裂解，也会一起攻击 2,4-二氯苯基和 1,2,4-三唑环。在小鼠中，主要代谢途径是二氧环的裂解。水生生物：鲤鱼 LC_{50}（96h）6.8mg/L，虹鳟鱼 LC_{50}（96h）4.3mg/L。水蚤 EC_{50}（48h）10.2mg/L。

抗菌防霉效果　丙环唑在分子结构中含有两个手性 C* 原子，二者都有光学异构体。由于饱和五元环的存在，每个光学异构体都存在 2 种几何异构体（顺、反），这种独特的结构使其杀菌活性较高。就杀菌作用机制来看，丙环唑主要是通过干扰真菌类固醇生物合成和抑制麦角甾醇的形成，使大多数真菌缺乏麦角甾醇，导致细胞膜不可修复，从而达到使真菌死亡的目的。

在实际应用中，丙环唑对曲霉、青霉、木霉、壳霉等大多数真菌均有良好的抑制效果，同时对一些常见的细菌也有防治效果。丙环唑对一些微生物的最低抑制浓度见表 2-13。

表 2-13　丙环唑对一些微生物的最低抑制浓度（MIC）

微生物	MIC/(mg/L)	微生物	MIC/(mg/L)
黑曲霉	20	枯草杆菌	60
链格孢	100	巨大芽孢杆菌	60
橘青霉	65	大肠杆菌	30
宛氏拟青霉	20	荧光假单胞杆菌	1000
蜡叶芽枝霉	20	金黄色葡萄球菌	60
球毛壳霉	5	铜绿假单胞杆菌	1000
黄曲霉	40		

制备 首先2,4-二氯苯乙酮与1,2-戊二醇在有机溶剂中，酸性催化剂存在的条件下，进行常压回流脱水得到缩酮反应液，然后将缩酮反应液与溴素反应生成溴缩酮，再由溴缩酮与1,2,4-三唑钾盐在相转移催化剂的作用下，在极性溶剂中反应得到丙环唑粗品，最后将丙环唑粗品在抗氧化剂的作用下，在高真空、高温下蒸馏得到丙环唑成品（来源：CN101323612 A)。

应用 丙环唑是比利时Janssen药物公司20世纪70年代末合成，后由瑞士Ciba-Geigy公司首先将其应用到农业上。目前丙环唑作为防霉剂已开始在木材、竹材、草藤制品、皮革、帆布、塑料、橡胶、合成纤维等方面得到应用，另外还可用于农副产品的储存保鲜。

实际应用参考：

① 经试验表明，丙环唑有效成分抗流失、抗挥发，对木材有很好的渗透性，能长久保留在木材中。其对多种破坏木材的担子菌（褐腐菌、白腐菌)、半知菌、子囊菌（软腐菌、变色菌和霉菌）等都有很好的防腐作用，抗腐力为0.12～0.72kg/m^3（有效成分)。

② 专利CN103788711 A：一种防腐抗菌的氧化铁红颜料，其特征在于，该颜料由以下质量份的原料制成：氧化铁红280～300、聚乙烯吡咯烷酮1～2、矿物油1～2、超细二氧化钛3～4、分散剂MF 1～2、硼化铌6～8、丙环唑1～2、助剂4～5。所述的助剂由以下质量份的原料制成：氢氧化铝2～4、氨丙基三乙氧基硅烷1～2、罗望子胶0.5～1、膨胀珍珠岩10～12、石墨烯6～8、季戊四醇2～3、氧化镁1～3、磷酸二氢钠1～2、偏硅酸钠1～2。制备方法是先将罗望子胶、偏硅酸钠混合，加入适量的水，搅拌至混合物完全溶解分散即可，随后再加入其他剩余成分，充分搅拌均匀后，在50～60℃下恒温干燥3～4h，干燥后将混合物研磨成250～300目粉体，即得。

法规

① 欧盟化学品管理局（ECHA)：2008年，欧盟委员会发布法规（Directive）2008/78/EC，批准丙环唑（propiconazole）作为第8类（木材防腐剂）生物杀灭剂产品的活性物质。批准日期2010年4月1日，批准期满2020年4月1日。

② 欧盟化学品管理局（ECHA)：2013年，欧盟委员会发布法规（EU）955/2013，批准丙环唑（propiconazole）作为第9类（纤维、皮革、橡胶和聚合材料防腐剂）生物杀灭剂产品的活性物质。批准日期2015年6月1日，批准期满2025年6月1日。

③ 欧盟化学品管理局（ECHA)：2015年，欧盟委员会发布法规（EU）2015/1758，批准丙环唑（propiconazole）作为第7类（干膜防霉剂）生物杀灭剂产品的活性物质。批准日期2016年12月1日，批准期满2026年12月1日。

苯甲醇
(benzyl alcohol)

C_7H_8O, 108.1, 100-51-6

其他名称 苄醇、苄基醇

IUPAC 名 phenylmethanol

EC 编码 [202-859-9]

理化性质 无色透明，易燃液体，含轻微酒精气味。沸点（101kPa）205～206℃。熔点 −15.3℃。密度（20℃）1.050g/mL。蒸气压（25℃）0.094mmHg。折射率（n_D，20℃）1.538～1.541。闪点 93℃（闭杯）。$\lg K_{ow}$=1.10。溶解度（25℃）：水 42.9g/L；溶于苯、甲醇、氯仿、乙醇、乙醚和丙酮。稳定性：在暴露于空气中时，它被缓慢氧化成苯甲醛和苯甲酸。pK_a=15.40。

毒性 大鼠急性经口 LD_{50} 1230mg/kg。小鼠急性经口 LD_{50} 1360mg/kg。兔子急性经口 LD_{50} 1040mg/kg。豚鼠急性经口 LD_{50} 2000mg/kg。兔急性经皮 LD_{50} 2000mg/kg。大鼠腹腔注射 LD_{50} 400mg/kg（来源：Raw Material Data Handbook，1974.）。

抗菌防霉效果 苯甲醇显示广泛的抗菌效果，涵盖细菌、酵母菌和霉菌，该化合物抑制霉菌的性能强于其抑制细菌的性能（见表 2-14），杀菌速率较缓慢。

表 2-14 苯甲醇对常见微生物的最低抑制浓度（MIC）

微生物	MIC/(mg/L)	微生物	MIC/(mg/L)
产气杆菌	5000	大肠杆菌	4000
绿脓假单胞菌	3000	荧光假单胞杆菌	6000
金黄色葡萄球菌	5000	白色念珠菌	3500
假丝酵母	6000	球毛壳菌	2500
绿色木霉	4500	毛癣菌	3500

制备 氯化苄水解为目前国内外工业化的主要方法，通过氯化苄与碱的水溶液共沸水解得到苯甲醇，同时有副产物苄醚生成。

应用 苯甲醇也称苄醇，是最简单的含有苯基的脂肪醇，可以看作是羟甲基取代的苯或苯基取代的甲醇。该化合物既可用作防腐剂，又可作溶剂、香水和香料等；亦用于增塑剂、圆珠笔油等的制造。

实际应用参考：

日化：防腐剂复配使用更有利于日化产品防腐成功，比如苯甲醇＋卡松、苯甲醇＋咪唑烷基脲、苯甲醇＋对羟基苯甲酸酯组合都是很好的经典复配。

法规

① 我国2015年版《化妆品安全技术规范》规定：苯甲醇在化妆品中使用时，最大允许浓度为1.0%。

② 欧盟76/768/EEC［Regulation（EC）No.1223/2009］：防腐剂最大允许使用浓度1.0%，无其他限制条件；当用于香料时，必须标签标注（在非淋洗类产品中浓度≥0.001%，在淋洗类产品中浓度≥0.01%）。

③ 欧盟化学品管理局（ECHA）：根据指令98/8/EC（BPD）或规则（EU）No.528/2012（BPR）提交了批准申请的所有活性物质/产品类型组合为PT-6（产品在储存过程中的防腐剂）。生物杀灭剂苯甲醇（benzyl alcohol）申请目前处于审核进行之中。

苯甲醇单(聚)半缩甲醛 [bis(benzyloxy)methane]

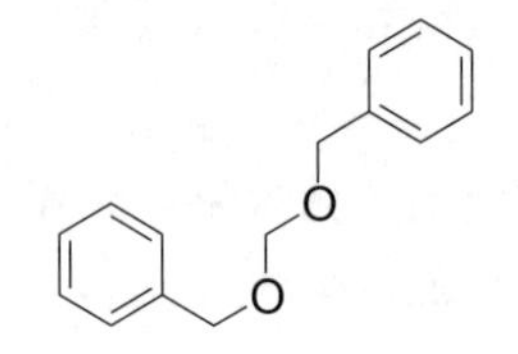

$C_{15}H_{16}O_2$, 228.3, 2749-70-4

商品名称 Preventol D2

化学名称 苯甲醇单（聚）半缩甲醛

IUPAC名 phenylmethoxymethoxymethylbenzene

理化性质 外观呈液体。沸点105℃。凝固点<60℃。蒸气压（50℃）45hPa。密度（20℃）1.11g/cm³。pH值（1%水溶液）5。闪点95℃。溶解度：易溶于有机溶剂，20℃时在水中的溶解度为2.5%。稳定性：pH值3～12之间稳定。

毒性 大鼠急性经口LD_{50} 1700mg/kg。大鼠急性经皮LD_{50}>1000mL/kg。对鱼没有影响的剂量是20mg/L（暴露时间4h）（来源：LANXESS）。

抗菌防霉效果 苯甲醇单（聚）半缩甲醛对常见微生物的最低抑制浓度详见表2-15。

表 2-15　苯甲醇单（聚）半缩甲醛对常见微生物的最低抑制浓度（MIC）

微生物	MIC/(mg/L)	微生物	MIC/(mg/L)
斑点气单胞菌	500	枯草芽孢杆菌	350
分枝杆菌	1000	铜绿假单胞杆菌	350
白色念珠菌	1500	克鲁斯氏念珠菌	2000
产蛋白圆酵母	1000	链格孢	500
球毛壳菌	500	黄曲霉	2000
土曲霉	1000	匍茎根霉菌	1000

（来源：LANXESS）

制备　该化合物由溴氯甲烷或二氯甲烷和苯甲醇等原料制备而成。

应用　苯甲醇单（聚）半缩甲醛属于广谱杀菌消毒剂，作用范围广泛。其可溶于油和水；对微生物的效应不受酸碱度值影响；亦不受阳离子、阴离子及非离子成分影响。该化合物适用于涂料、染料色浆、胶黏剂、油墨、金属加工液等各种水性体系杀菌防腐。

2-苯甲基苯酚
(2-benzylphenol)

$C_{13}H_{12}O$, 184.2, 28994-41-4

其他名称　邻苄基苯酚、2-苄基苯酚

IUPAC 名　2-benzylphenol

EC 编码　[249-361-8]

4-苯甲基苯酚（4-benzylphenol）

其他名称　4-羟基二苯甲烷

IUPAC 名　4-benzylphenol

CAS 登录号　[101-53-1]

EC 编码　[202-950-3]

理化性质

2-苯甲基苯酚　无色至粉红色或棕褐色固体。沸点（101kPa）312℃。熔点 51.5～53℃。闪点＞110℃。溶解度：微溶于水，极易溶于有机溶剂。

4-苯甲基苯酚 分子式为 $C_{13}H_{12}O$，分子量为 184.2。无色晶体。沸点（101kPa）325～330℃。熔点 84℃。溶解度：微溶于水，极易溶于有机溶剂。

毒性 混合物（2-苯甲基苯酚∶4-苯甲基苯酚＝40∶60）的大鼠急性经口 LD_{50} 3360mg/kg。

抗菌防霉效果 混合物（2-苯甲基苯酚∶4-苯甲基苯酚＝40∶60）对常规微生物的抑制效果见表 2-16。

表 2-16 苯甲基苯酚（混合物）对常见微生物的最低抑制浓度（MIC）

微生物	MIC/(mg/L)	微生物	MIC/(mg/L)
枯草芽孢杆菌	100	大肠杆菌	500
普通变形杆菌	200	铜绿假单胞杆菌	5000
荧光假单胞杆菌	5000	金黄色葡萄球菌	100
链格孢	75	黄曲霉	200
黑曲霉	200	土曲霉	200
出芽短梗霉	100	白色念珠菌	100
球毛壳菌	50	青霉	100
绿色木霉	200	毛癣菌	20

制备 2-苯甲基苯酚由溴苄和酚钠经缩合制得。

应用 2-苯甲基苯酚主要作消毒剂；亦作工业产品抗菌防霉。

2-苄基-4-氯苯酚 (clorophene)

$C_{13}H_{11}ClO$, 218.7, 120-32-1

其他名称 氯苄酚、苄氯酚、4-氯-2-苄基苯酚

商品名称 Dowicide® OBCP、Nipacide® BCP、Preventol® BP Tech

化学名称 4-氯-2-苄基苯酚

IUPAC 名 2-benzyl-4-chlorophenol

EC 编码 [204-385-8]

理化性质 无色至黄色薄片，酚气味。沸点（3.5mmHg）160～162℃。熔点 48～49℃。蒸气压（20℃）0.1mmHg。密度（20℃）1.22g/mL。闪点约 188℃。pH 值为（22.5℃）5.3（饱和水溶液）。$\lg K_{ow}=3.6$。溶解度（20℃）：水 0.5g/L；乙醇＞

3000g/L；10%氢氧化钠溶液 1000g/L。

毒性 大鼠急性经口 LD_{50} >5000mg/kg。大鼠急性经皮 LD_{50} >2500mg/kg。水生生物：圆腹雅罗鱼 LC_{50}（48h）约 0.5mg/L。斑马鱼 LC_{50}（96h）约 1.5mg/L（来源：BAYER AG）。

抗菌防霉效果 酚类化合物对大多数微生物均有一定抑制作用。该化合物 2-苄基-4-氯苯酚（氯苄酚）对常见微生物抑制浓度详见表 2-17。

表 2-17 2-苄基-4-氯苯酚（氯苄酚）对常见微生物的最低抑制浓度（MIC）

微生物	MIC/(mg/L)	微生物	MIC/(mg/L)
枯草芽孢杆菌	10	产气肠杆菌	20
大肠杆菌 EHEC DSM 8579	500～1000	分枝杆菌 DSM 43227	100
铜绿假单胞杆菌	5000	霍乱沙门氏菌 DSM 4224	1000～2000
金黄色葡萄球菌 MRSA	100	白色念珠菌	50
酿酒酵母	50	链格孢	100～200
黄曲霉	75	黑曲霉	50～100
球毛壳菌	20	青霉	30～50
根霉	50	毛癣菌	5～10

（来源：BAYER AG）

制备 2-苄基-4-氯苯酚（氯苄酚）由氯化苄和对氯苯酚反应制备。

应用 2-苄基-4-氯苯酚（氯苄酚）可作杀菌剂和消毒剂；亦作化妆品防腐剂。最佳 pH 值适用范围为 4.0～8.0。

法规 欧盟化学品管理局（ECHA）：根据指令 98/8/EC（BPD）或规则（EU）No. 528/2012（BPR）提交了批准申请的所有活性物质/产品类型组合为 PT-2（不直接用于人体或动物的消毒剂和杀藻剂）、PT-3（兽医卫生消毒剂）。氯苄酚（Clorophene）活性物质申请目前处于审核进行之中。

苯菌灵
(benomyl)

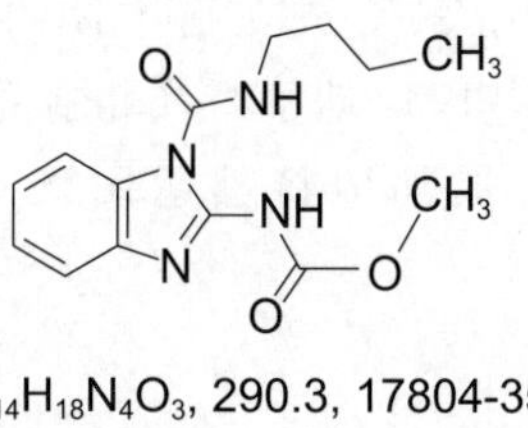

$C_{14}H_{18}N_4O_3$, 290.3, 17804-35-2

其他名称 苯来特、苯雷特

化学名称 1-丁基甲酰胺-2-氨基甲酸甲酯苯并咪唑

IUPAC 名 methyl *N*-[1-(butylcarbamoyl)benzimidazol-2-yl]carbamate

EC 编码 [241-775-7]

理化性质 纯品为无色结晶。熔点 140℃（分解）。蒸气压（25℃）$<5.0\times10^{-3}$ mPa。相对密度 0.38。$\lg K_{ow}=1.37$。溶解度：水 3.6mg/L（pH 5）、2.9mg/L（pH 7）、1.9mg/L（pH 9）（室温）；乙醇 4g/kg、氯仿 94g/kg、二甲基甲酰胺 53g/kg、丙酮 18g/kg、二甲苯 10g/kg、庚烷 0.4g/kg（25℃）。稳定性：水解 DT_{50} 3.5h（pH 5）、1.5h（pH 7）、<1h（pH 9）(25℃)；在某些溶剂中离解形成多菌灵和异氰酸丁酯；对光稳定，遇水及在潮湿土壤中即分解。

毒性 大鼠急性经口 $LD_{50}>5000$mg/kg。兔急性经皮 $LD_{50}>5000$mg/kg。对兔皮肤轻微刺激，对兔眼睛瞬时刺激。大鼠急性吸入 LC_{50}（4h）>2mg/L（空气）。NOEL（2 年）大鼠>2000mg/kg（饲料）（测试最大剂量），没有组织病理学上变化的证据；狗 500mg/kg（饲料）。动物：在动物体内，丁基氨基甲酰基基团脱离产生相对稳定的多菌灵，之后缓慢降解为无毒的 2-氨基苯并咪唑。苯菌灵及其代谢物通过尿液和粪便在数日内排出，不在动物组织内积累。水生生物：虹鳟鱼 LC_{50}（96h）0.27mg/L，金鱼 4.2mg/L。水蚤 LC_{50}（48h）640μg/L。藻类 EbC_{50}（72h）2.0mg/L、（120h）3.1mg/L。

抗菌防霉效果 苯菌灵主要附着在 β-微管蛋白上，抑制有丝分裂。对多种微生物显示抗菌效果，对霉菌的效果尤佳，其抗菌力与多菌灵相似。

制备 2-苯并咪唑氨基甲酸甲酯在惰性溶剂中与异氰酸正丁酯反应制备而得。

应用 苯菌灵可有效防治多种子囊菌纲、半知菌纲和一些担子菌纲真菌导致的病害，还可作螨虫杀卵剂；也可于水果、蔬菜收获前喷洒或储存期防腐烂；工业领域可以作为木材、涂料、皮革等工业材料及其制品的防霉剂。

实际应用参考：

① 苯菌灵兼具保护、铲除及杀螨卵作用，在植物体内代谢为多菌灵及具有挥发性的异氰酸丁酯，异氰酸丁酯易与叶、果表皮的角质层和蜡质层结合，苯菌灵药效常比多菌灵高。

② 卢姗等研究报道，马尔尼菲青霉菌是一种区域性流行于东南亚及中国南部地区的条件致病性温度依赖性双相型病原真菌，它能对免疫功能低下者造成致命的全身性感染，25℃时呈现菌丝状生长，而在 37℃或在宿主体内为酵母相生长。研究者通过用马尔尼菲青霉菌微管蛋白 β 亚基基因启动子替换粗脉孢菌苯菌灵抗性基因的启动子构建了一个苯菌灵抗性基因盒，并成功地将其运用于马尔尼菲青霉菌的遗传转化研究中。

N-苯基马来酰亚胺(NPMI)
(*N*-phenylmaleimide)

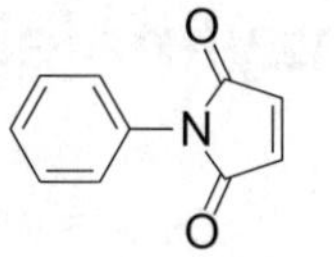

$C_{10}H_7NO_2$, 173.2, 941-69-5

其他名称　单马、*N*-苯基马来酰亚胺

化学名称　1-苯基的-1*H*-吡咯-2,5-二酮

IUPAC 名　1-phenylpyrrole-2,5-dione

EC 编码　[213-382-0]

理化性质　纯品为淡黄色片状固体，有较强烈的气味。熔点 86～90℃。沸点 (0.48kPa) 135℃。蒸气压（25℃）8.99×10^{-7} mmHg。$\lg K_{ow}=1.09$。溶解度（25℃）：水 0.11g/100g；易溶于乙醇、丙酮和甲苯等。

毒性　大鼠急性经口 LD_{50} 58mg/kg。小鼠急性经口 LD_{50} 78mg/kg（来源：Pubchem）。

抗菌防霉效果　*N*-苯基马来酰亚胺（NPMI）对霉菌、细菌均有相当的抑制效果。*N*-苯基马来酰亚胺对部分微生物最低抑制浓度见表 2-18。

表 2-18　*N*-苯基马来酰亚胺（NPMI）对一些微生物的最低抑制浓度（MIC）

微生物	最低抑制浓度/(mg/L)	微生物	最低抑制浓度/(mg/L)
黑曲霉	30	巨大芽孢杆菌	70
黄曲霉	30	大肠杆菌	60
变色曲霉	20	金黄色葡萄球菌	100
球毛壳霉	20	枯草杆菌	60
蜡叶芽枝霉	10	荧光假单胞杆菌	60
橘青霉	15	啤酒酵母	>500
宛氏拟青霉	50	酒精酵母	500
链格孢霉	500		

制备　NPMI 通过马来酸酐与苯胺反应制得。

应用　NPMI 可作海洋防污剂，应用到轮船、军舰、水下管道等设备或渔网上，可以有效防止水中有害生物的附着与繁殖，其对鱼类的毒性较低，同时具有不污染海域，不腐蚀设备和金属等特性；亦作硫化交联剂和耐热改性剂。

实际应用参考：

用含 15% NPMI 的涂料喷涂的钢制品，放在海水中 6 个月可以不长海蛎子和海藻，

1年后只有5%左右的表面被藻类和牡蛎类覆盖。而用其他一般涂料喷涂的钢板，在水中6个月就有100%的表面被贝壳和海藻覆盖。

N-苄基马来酰亚胺(NBMI)
(N-benzylmaleimide)

$C_{11}H_9NO_2$, 187.2, 1631-26-1

其他名称 *N*-苯甲基马来酰亚胺、PMI、BZMI

化学名称 1-苄基吡咯-2,5-二酮

IUPAC名 1-benzylpyrrole-2,5-dione

EC编码 [216-631-1]

理化性质 白色或类白色晶体。沸点177℃。熔点66～70℃。溶解度：不溶于水；可溶于二甲基甲酰胺、二甲基乙酰胺和*N*-甲基-2-吡咯烷酮等溶剂。

毒性 苄基马来酰亚胺（NBMI）按定量使用低毒。但对眼睛、皮肤、黏膜有刺激作用。使用时应做好防护措施。

抗菌防霉效果 苄基马来酰亚胺（NBMI）对细菌，特别是异养菌、铁细菌和硫酸还原菌等有很好的抑制效果。

NBMI和苯基马来酰亚胺（NPMI）对石化污水中的三种主要菌类即异养菌、铁细菌和硫酸盐还原菌的静态杀菌性能，并将其与目前常用的异噻唑啉酮和1227（十二烷基二甲基苄基氯化铵）进行了比较。结果表明，NBMI是一种高效杀菌剂，其性能优于异噻唑啉酮，与1227相比，其1h的杀菌效果稍弱，但其持久杀菌效果远好于1227。苯基马来酰亚胺（NPMI）对异养菌核铁细菌有一定的杀菌效果，但对硫酸盐还原菌无效。结果见表2-19。

表2-19 几种杀菌剂性能比较

项目		对异养菌的杀菌率/%		对铁细菌的杀菌率/%		对硫酸盐还原菌的杀菌率/%	
杀菌剂	药剂质量浓度/(mg/L)	1h	24h	1h	24h	1h	24h
NBMI	10	0	83.2	65.0	89.3	89.5	92.4
	30[①]	46.7	80.7	78.5	92.4	92.3	95.7
	50	83.3	97.1	85.4	99.1	94.5	99.1

续表

项目		对异养菌的杀菌率/%		对铁细菌的杀菌率/%		对硫酸盐还原菌的杀菌率/%	
杀菌剂	药剂质量浓度/(mg/L)	1h	24h	1h	24h	1h	24h
异噻唑啉酮	10	0	45.6	0	25.4	54.1	69.7
	30①	25.7	89.2	39.7	50.8	64.8	81.9
	50	56.3	91.4	79.4	85.4	79.4	90.3
1227	10	93.2	0	81.9	0	81.4	0
	30①	98.4	0	87.3	0	91.5	0
	50	99.1	0	92.4	45.2	94.7	0
NPMI	10			45.2	80.1		
	30	66.1	47.3	61.7	68.1		
	50	64.5	63.5	75.4	69.7		
现场水起始细菌数/(cfu/mL)		7.1×10^{6}	1.1×10^{5}	1.4×10^{4}			

①只有在测定药剂对异养菌的杀菌率时，采用的药剂质量浓度是20mg/L，而不是30mg/L；试验水样起始菌数分别为异养菌7.1×10^{6}cfu/mL、铁细菌1.1×10^{5}cfu/mL、硫酸盐还原菌1.4×10^{4}cfu/mL。

由表2-19可见，NBMI对异养菌有很好的杀菌作用。无论是瞬间还是持续杀菌性能，NBMI都优于异噻唑啉酮。并且苄基马来酰亚胺（NBMI）杀菌剂的药效有很好的持续性，在投入药品的24h内效果逐渐增强。可见，它是一种长效缓释型杀菌剂。而苯基马来酰亚胺（NPMI）的瞬间和持续杀菌率均在60%左右，效果不及NBMI、异噻唑啉酮和1227。

同时可以看出，NBMI对铁细菌的瞬间和持续杀菌性能均优于异噻唑啉酮。苯基马来酰亚胺对铁细菌的杀菌率与异噻唑啉酮大致相当。

针对硫酸盐还原菌的静态杀菌试验看出：苄基马来酰亚胺（NBMI）对硫酸盐还原菌的杀菌效果极佳，无论是瞬间杀菌效果，还是药效的持久性均优于市售杀菌剂异噻唑啉酮和1227，效果令人满意。

制备　NBMI由顺丁烯二酸酐和苄胺原料而得。

应用　NBMI是一种优良的防污剂，应用到轮船、军舰、水下管道等设备或渔网上；还可以用于工业冷却水处理、纸浆防腐等；亦是塑料改性剂和其他化学品的中间体。注意：NPMI对硫酸盐还原菌没有杀菌作用。

实际应用参考：

NBMI是一种水中生物回避剂，用含15%的涂料喷涂的钢制品，放在海水中8个月不长海蛎子和海藻。

苯甲醛
(benzaldehyde)

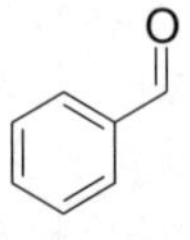

C_7H_6O, 106.1, 100-52-7

其他名称 安息香醛、苯醛、苦杏仁油

EC 编码 [202-860-4]

理化性质 纯品为无色或浅黄色、强折射率的挥发性油状液体，具有苦杏仁味，燃烧时具有芳香气味。沸点（760mmHg）178.9℃。熔点 −26℃。蒸气压（26℃）1mmHg。闪点 64℃。闪点（闭杯）64.5℃。$\lg K_{ow}=1.48$。溶解性（25℃）：水 6.95g/L；混溶于乙醇、乙醚、苯、氯仿。稳定性：能随水蒸气挥发。不稳定，遇空气逐渐氧化为苯甲酸。

毒性 兔急性经皮 LD_{50}＞1250mg/kg。豚鼠急性经口 LD_{50} 1000mg/kg。大鼠急性经口 LD_{50} 1300mg/kg。大鼠吸入（4h）LC_{50} 1.0～5.0mg/L。水蚤 LC_{50}（24h）50mg/L。

抗菌防霉效果 苯甲醛对大多数微生物均有一定的抑制效果。

制备 苯甲醛也在果仁和坚果中以和糖苷结合的形式（扁桃苷，amygdalin）存在。工业上氯苄水解得苯甲醇，再经氧化得苯甲醛。

应用 苯甲醛为苯的氢被醛基取代后形成的有机化合物。苯甲醛为最简单的，同时也是工业上最常使用的芳醛。在室温下其为无色液体，具有特殊的杏仁气味。可作食品香料等；亦可利用其挥发性开发一些气相杀菌产品。

百菌清
(chlorothalonil)

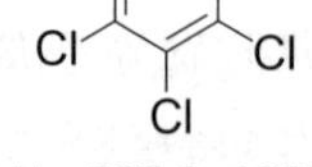

$C_8Cl_4N_2$, 265.9, 1897-45-6

其他名称 TPN、霉必清、达科宁、2,4,5,6-四氯-1,3-苯二腈

商品名称 Densil C40、ROCIMA™ 404D、ACTICIDE® C40、Nuocide® 960

化学名称 四氯间苯二腈

IUPAC 名　2,4,5,6-tetrachlorobenzene-1,3-dicarbonitrile

EC 编码　[217-588-1]

理化性质　纯品为无色、无味结晶性固体（原药略带刺激性臭味，纯度97%）。沸点（760mmHg）350℃。熔点252.1℃。蒸气压（25℃）0.076mPa。相对密度（20℃）1.732。lgK_{ow}=2.92（25℃）。溶解度：水0.81mg/L（25℃）；二甲苯74.4g/L、丙酮20.9g/L、乙酸乙酯13.8g/L、甲醇1.7g/L、正庚烷0.2g/L。稳定性：室温储存稳定，弱碱性和酸性水溶液以及对紫外线均稳定；pH>9时缓慢水解。

毒性　大鼠急性经口 LD_{50}>5000mg/kg。大鼠急性经皮 LD_{50}>5000mg/kg。严重刺激兔眼睛。轻度刺激兔皮肤。证据显示人体重复暴露后导致皮肤病。大鼠吸入 LC_{50}（1h）0.52mg/L（空气）；（4h）大鼠0.10mg/L（空气）。NOEL：大鼠和雄大鼠高剂量长期摄入后伴随肾脏增生和肾脏上皮肿瘤的发生。动物：百菌清经口摄入后吸收较少。在肠道和胃中与谷胱甘肽反应，或者立即吸收进入身体，形成单、双、三谷胱甘肽配合物。这些物质可能经粪便排出，也可能进一步代谢为硫醇或巯基脲酸衍生物，然后随尿液排出。水生生物：虹鳟鱼急性 LC_{50}（96h，静态）39μg/L，蓝腮翻车鱼59μg/L。水蚤 EC_{50}（48h，静态）70μg/L。羊角月牙藻 EC_{50}（120h）210μg/L。

抗菌防霉效果　作用机制与来自萌发的真菌细胞的硫醇类（特别是谷胱甘肽）轭合并将其消耗掉，干扰糖酵解和能量产生，从而达到抑菌和杀菌效果。百菌清对许多微生物均显示良好的抗菌效果，具有广泛的抗菌谱。百菌清对一些微生物的最低抑制浓度见表2-20。

表2-20　百菌清对一些微生物的最低抑制浓度

微生物	MIC/(mg/L)	微生物	MIC/(mg/L)
黑曲霉	250	巨大芽孢杆菌	15
变色曲霉	15	大肠杆菌	15
球毛壳霉	200	金黄色葡萄球菌	15
蜡叶芽枝霉	15	枯草杆菌	20
橘青霉	15	啤酒酵母	15
宛氏拟青霉	15	酒精酵母	大于200
链格孢霉	15		

制备　将间二甲苯、液氨进入反应器，经氨氧化反应，生成间二苯腈，再经氯化制备而得。

应用　百菌清也叫打克尼尔，1963年首先由美国钻石制碱公司开发，是一种保护性取代苯类杀菌剂。工业领域主要用于木材防霉及防蓝变，或者用于纤维、造纸、涂料、密封胶、皮革、海洋防污等工业领域的抗菌防霉；亦是重要的农业杀菌剂。

实际应用参考：

① 木材及其制品的防霉：1993年，经美国环保局（EPA）批准，美国木材防腐协

会（AWPA）将百菌清正式列入 AWPA 油溶性防腐剂标准 P-8。近年来，百菌清制剂广泛用于防止木材霉菌、变色菌、木腐菌、土栖白蚁及处理工艺的研究，霉菌及变色菌一般在木材表面滋生，经试验表明，百菌清浓度为 0.5%～1.0%，采用涂刷或喷雾等方法。若与多菌灵等药剂复配使用，效果更佳。将百菌清与多菌灵以 1%的比例配制成悬浮剂，用它来喷涂包装木箱的内外部，就可以防止箱子的发霉，使箱内物品免受霉菌之害。百菌清可湿性粉剂与 8-羟基喹啉铜（0.50%+0.50%），百菌清与二碘甲基-对甲基苯砜（DITS）（0.50%+0.10%）的混合剂对霉菌及变色菌抑制效果较好。

② 船用涂料中的防污：百菌清对藻类、藤壶、管蠕虫和其他海洋动物表现良好的功效，当与氧化亚铜一起使用杀菌时，百菌清已经证明了其协同增效作用，建议用量按总基料 5%～10%。

法规 GB/T 35602—2017（绿色产品评价-涂料）规定：百菌清在涂料领域不得添加。实施日期为 2018 年 7 月 1 日。

苯甲酸
(benzoic acid)

$C_7H_6O_2$, 122.1, 65-85-0

其他名称 安息香酸

IUPAC 名 benzoic acid

EC 编码 [200-618-2]

苯甲酸钠（sodium benzoate）

其他名称 安息香酸钠

CAS 登录号 [532-32-1]

EC 编码 [208-534-8]

理化性质

苯甲酸 纯品为白色结晶。沸点（101kPa）250℃。熔点 122℃（100℃升华）。密度（20℃）1.32g/L。蒸气压（132℃）13.3hPa。闪点 121℃。溶解度：难溶于冷水而略溶于热水，易溶于乙醇、乙醚、氯仿、苯、二硫化碳和松节油。稳定性：在酸性条件下容易同水蒸气挥发。加热至 370℃时，分解成苯和二氧化碳。pK_a=4.2。

苯甲酸钠 分子式 $C_7H_5NaO_2$，分子量为 144.1。纯品为白色的颗粒或结晶性粉末，无臭或带苯甲酸的气味，味微甜而有收敛性。在空气中稳定，易溶于水。

毒性 狗急性经口 LD_{50} 2000mg/kg。大鼠急性经口 LD_{50} 1700mg/kg。小鼠急性经口 LD_{50} 1940mg/kg。小鼠腹腔注射 LD_{50} 1460mg/kg。大鼠急性吸入 LC_{50}（1h）> 0.026mg/L。兔急性经皮 LD_{50} 5000mg/kg。水生生物：蓝藻 EC_{50}（静态，14d）9mg/L。苯甲酸可与人体内的氨基乙酸结合生成马尿酸而随尿液排出体外，剩余部分则与葡萄糖醛酸化合而解毒（来源：HSDB）。

抗菌防霉效果 苯甲酸具有抗菌性，仅以未解离的形式存在，根据其 pK_a 值可知，在 pH 4.5 或更低（最适 pH 4.2）条件下，其对霉菌、酵母和细菌均有抑制作用，但对产酸菌作用较弱。表 2-21 所列的是在不同 pH 值条件下，苯甲酸完全抑制各种微生物的最小浓度（以毫克/升表示）。

表 2-21 苯甲酸对一些微生物的最低抑制浓度（MIC）

微生物	pH 3.0	pH 4.5	pH 5.5	pH 6.0	pH 6.5
黑曲霉	130	1000	<2000	<2000	
娄地青霉	60	1000	<2000	<2000	
黑根霉	130	500	<2000	<2000	
啤酒酵母	130	500	2000	<2000	<2000
毕赤氏皮膜酵母	250	500	1000	<2000	
异型汉逊氏酵母	130	500	<2000	<2000	
纹膜乙酸杆菌		2000	2000	<2000	
乳酸链球菌		250	2000	<2000	
嗜酸乳杆菌		2000	2000	<2000	
肠膜状明串珠菌		500	4000	4000	<4000
枯草芽孢杆菌			500	1000	4000
凝结芽孢杆菌			1000	2000	<4000
浅黄色小球菌				1000	2000
薛基尔假单胞菌				2000	2000
普通变形杆菌			500	2000	<2000
生芽孢梭状芽孢杆菌				<2000	
丁酸梭状芽孢杆菌				2000	<2000
巨大芽孢杆菌			500	1000	2000

制备 苯甲酸由甲苯为原料的液相催化空气氧化法制备。

应用 苯甲酸又称安息香酸，是苯环上的一个氢被羧基（—COOH）取代形成的化合物。

苯甲酸一般常作为药物或防腐剂使用，有抑制真菌、细菌、霉菌生长的作用，药用时通常涂在皮肤上，用以治疗癣类的皮肤疾病。亦是合成纤维、树脂、涂料、橡胶等原料。

注意：①苯甲酸未解离的分子抑菌作用强，抑菌的最适 pH 值为 2.5～4.0，一般以低于 pH 值 4.5～5.0 为宜。②由于有叠加中毒现象的报道，在使用上有争议，虽仍为各国允许使用，但应用范围越来越窄，部分国家或领域禁止使用。③1g 苯甲酸相当于 1.18g 苯甲酸钠。也就是 1g 苯甲酸钠相当于 0.84g 苯甲酸。

实际应用参考：

苯甲酸及其盐类作为酸性防腐剂被用于食品工业已经有很多年的历史，一些国家还将其作为青储饲料添加剂使用，用于抑制青储饲料中霉菌和酵母的产生；亦可作为酸度调节剂用于饲料添加剂，许可的添加范围为饲料质量的 0.5%～1.0%之间。

法规

① 欧盟化学品管理局（ECHA）：2013 年，欧盟生物杀灭剂产品委员会（BPC）发布法规（EU）1035/2013，批准苯甲酸（benzoic acid）作为 PT-3（兽医卫生消毒剂）、PT-4（食品和饲料领域消毒剂）类型生物杀灭剂产品的活性物质。批准日期 2015 年 7 月 1 日，批准期满 2025 年 7 月 1 日。

② 我国 2015 年版《化妆品安全技术规范》规定：该防腐剂苯甲酸在化妆品中使用时，最大允许浓度为 0.5%（以酸计）。

百里酚
(thymol)

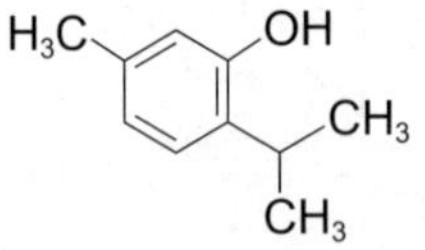

H_3C OH CH_3 CH_3

$C_{10}H_{14}O$, 150.2, 89-83-8

其他名称 百里香酚、麝香草酚、3-羟基对异丙基甲苯

化学名称 5-甲基-2-异丙基酚

IUPAC 名 5-methyl-2-propan-2-ylphenol

EC 编码 [201-944-8]

理化性质 纯品为无色或结晶性固体，有芳香性气味，也有具有酚气味的。沸点 232.5℃。熔点 51.5℃。密度 0.9699g/mL。蒸气压（25℃）0.016mmHg。折射率（n_D，20℃）1.5227。闪点 110℃（闭杯）。pH（0.1%水溶液）值为 10.62。$\lg K_{ow}$ = 3.30。溶解度（20℃）：水 900mg/L；微溶于甘油，可溶于醇、氯仿、乙醚等极性溶剂以及冰醋酸、碱性溶液。稳定性：挥发性。pK_a = 10.62。

毒性 大鼠急性经口 LD_{50} 980mg/kg。小鼠急性经口 LD_{50} 640mg/kg。小鼠静脉注射 LD_{50} 100mg/kg。大鼠急性经皮 LD_{50} ＞2000mg/kg。水生生物：水蚤 LC_{50}（静态，96h）3200μg/L。

抗菌防霉效果 百里酚对霉菌、细菌均有一定的抑制效果，尤其对皮肤癣菌具有良好的抑杀作用。其对常见微生物的最低抑制浓度见表 2-22。

表 2-22 百里酚对常见微生物的最低抑制浓度（MIC）

微生物	MIC/(mg/L)	微生物	MIC/(mg/L)
枯草芽孢杆菌	200	大肠杆菌	500
铜绿假单胞杆菌	1000	荧光假单胞杆菌	1000
金黄色葡萄球菌	200	黑曲霉	200
链格孢	200	出芽短梗霉	200
球毛壳菌	100	粉孢革菌	50
青霉	350	彩云革盖菌	200
绿色木霉	350		

制备 工业百里酚由间甲酚与异丙基氯反应制得。天然品主要存在于百里香油（含50%左右）。

应用 百里酚是对异丙基甲苯的酚衍生物，与香芹酚是同分异构体，由于被发现于百里香中而得名。

百里酚可作天然抗菌剂、防腐防霉剂以及调配用的香精。在医学上用作局部杀菌剂，包括皮肤霉菌病和癣症的治疗。

实际应用参考：

① 百里酚是对材质影响很小的挥发性防菌防霉剂，故其应用范围较大，比如针对图书资料档案和工艺美术品，可在密闭空间中以 $65g/m^3$ 的剂量，即可显示防霉效果。还可代替樟脑丸用于衣物的防霉剂。

② 专利 CN 103865276 A：本发明涉及一种具有控制释放功能的活性抗菌可食包装及其制备方法，其特征在于，将分子包合物技术应用到活性包装中，有效减缓防腐剂百里酚的挥发降解，并使其以持续的速率释放到食品体系中。选用百里酚和β-环糊精分子通过饱和水溶液法，保温振荡，然后运用喷雾干燥技术制备包合物。在抗菌可食包装膜的制备过程中，将包合物加入到以明胶为载体的成膜溶液中，自然条件下流延干燥成膜，制备一种具有控制释放功能的抗菌可食包装。

吡罗克酮乙醇胺盐(octopirox)
(piroctone olamine)

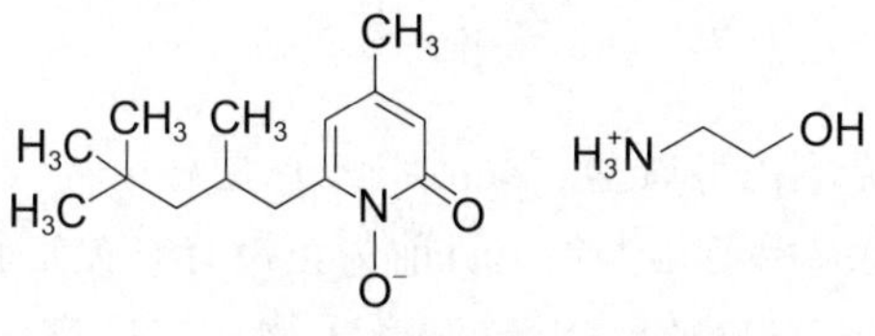

$C_{14}H_{23}NO_2 \cdot C_2H_7NO$, 298.4, 68890-66-4

其他名称 去屑剂 OCTO、羟吡酮、吡啶酮乙醇胺盐

化学名称 1-羟基-4-甲基-6-(2,4,4-三甲基戊基)-2(1*H*)-吡啶酮-2-氨基乙醇盐(1∶1)

IUPAC 名 1-hydroxy-4-methyl-6-(2,4,4-trimethylpentyl) pyridin-2(1*H*)-one-2-aminoethanol (1∶1)

EC 编码 [272-574-2]

理化性质 纯品白色或浅黄色的晶状粉末，很淡的特征气味。熔点 135～136℃。分解温度 235℃。蒸气压（25℃）0.00048Pa。折射率（20℃）1.1。$\lg K_{ow}$ = 3.86 (20℃)。溶解度（20℃）：水 400mg/L；易溶于乙醇。稳定性：pH 5～9 之间稳定（来源：CLARIANT）。

毒性 大鼠急性经口 LD_{50} 8100mg/kg。小鼠急性经口 LD_{50} 5000mg/kg。对眼睛、皮肤的安全性高，无刺激性和致敏性（来源：Farmaco，1998 年）。

抗菌防霉效果 吡罗克酮乙醇胺盐（octopirox）有着广泛的抗菌作用，不仅能有效地杀死产生头屑的萍形酵母菌和正圆形酵母菌，同时还能有效地抑制革兰氏阳性、阴性菌以及各种真菌。去屑机理是通过杀菌、抑菌、抗氧化作用和分解氧化物等方法，从根本上阻断头屑产生的外部因素，有效地根治头屑，止头痒。其对常见微生物最低抑制浓度见表 2-23。

表 2-23 吡罗克酮乙醇胺盐（octopirox）对一些微生物的最低抑制浓度（MIC）

微生物	MIC/(mg/L)	微生物	MIC/(mg/L)
大肠杆菌	64	肺炎克雷伯菌	32
铜绿假单胞杆菌	>500	金黄色葡萄球菌	32
白色念珠菌	64	青霉菌	>500

（来源：Wallha，1984）

制备 由原料 2-氨基吡啶、4-甲基-6-(2,4,4-三甲基戊基)吡喃-2-酮等原料制备而成。

应用 吡罗克酮乙醇胺盐（octopirox）用于免洗发类用品的去屑止痒剂；亦可在化妆品中作防腐剂，在香皂中作杀菌剂，并且具有增稠性。而作为其他功能性液体的防腐剂，吡罗克酮乙醇胺盐（octopirox）迄今尚未得到重视。注意：吡罗克酮乙醇胺盐(octopirox）可与多种阳离子表面活性剂（季铵盐）组分混合，在某些情况这种复配还能增加该药剂的溶解度。

实际应用参考：

① 宋杰等报道吡罗克酮乙醇胺盐（octopirox）是赫司特（Hoechst）公司研制的去屑止痒产品，在国外已经应用了几十年，目前为止没有有关细胞毒性的报道。该化合物使用量低（一般为 0.1%～0.75%），对霉腐微生物具有广谱灭杀作用，不仅能有效地杀死产生头屑的酵母菌，同时还能有效地抑制革兰氏阳性、阴性菌以及各种霉菌。

octopirox 的去屑止痒效果优于同类产品。经过 6 周 8 次使用后，使用 1% octopirox 香波，头屑减少 81.7%；使用 1%吡啶硫酮锌（ZPT）香波，头屑减少 68.6%；使用 1%甘宝素（CLM）香波，头屑只减少 44.2%。

② 在 0.5% 以下的加入量，吡罗克酮乙醇胺盐（octopirox）可与除甲醛外的其他含醛酮的香精香料复配。该剂虽然遇到铜铁等金属会变色，颜色为浅黄，但对吡罗克酮乙醇胺盐（octopirox）的效果没有影响。在实际生产中可用去离子水，尽量防止重金属离子和采用染料掩盖等方法加以克服。

法规　根据我国 2015 年《化妆品安全技术规范》规定：吡罗克酮乙醇胺盐（octopirox）在化妆品中使用时，淋洗类产品最大允许浓度为 1.0%，其他产品总量不大于 0.5%。

苯醚甲环唑
(difenoconazole)

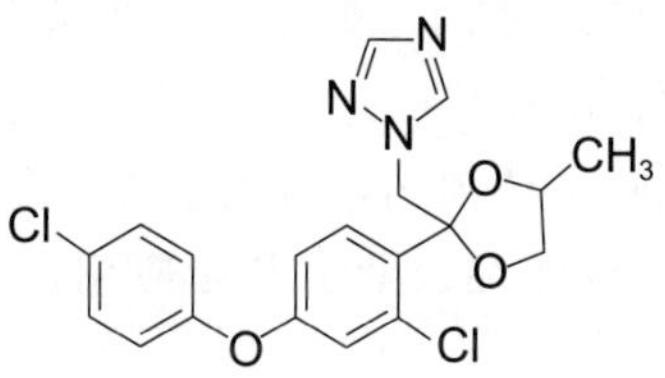

$C_{19}H_{17}Cl_2N_3O_3$, 406.3, 119446-68-3

化学名称　顺,反-3-氯-4-[4-甲基-2-(1*H*-1,2,4-三唑-1-基甲基)-1,3-二噁戊烷-2-基]苯基-4-氯苯基醚

IUPAC 名　1-[2-[2-chloro-4-(4-chlorophenoxy)phenyl]-4-methyl-1,3-dioxolan-2-yl] methyl-1,2,4-triazole

CAS 登录号　[119446-68-3]（未注明立体化学）

理化性质　纯品为白色至米黄色结晶性固体。熔点 82.0～83.0℃。沸点（3.7mPa）100.8℃。蒸气压（25℃）3.3×10^{-5}mPa。相对密度（20℃）1.40。$\lg K_{ow}=4.4$（25℃）。溶解度：水中 15mg/L（25℃）；丙酮、二氯甲烷、甲苯、甲醇和乙酸乙酯＞500g/L，己烷 3g/L，辛醇 110g/L（25℃）。稳定性：在 150℃下仍稳定。不水解。$pK_a=1.1$。

毒性　大鼠急性经口 LD_{50} 1453mg/kg，雌小鼠急性经口 LD_{50}＞1000mg/kg。兔急性经皮 LD_{50}＞2010mg/kg。不刺激兔皮肤，轻度刺激兔眼睛。对豚鼠皮肤无过敏。大鼠吸入 LC_{50}（4h）＞3285mg/m^3（空气）。NOEL（2 年）大鼠 1.0mg/（kg·d）；（1.5 年）小鼠 4.7mg/(kg·d)；（1 年）狗 3.4mg/(kg·d)。水生生物：虹鳟 LC_{50}（96h）1.1mg/L，蓝鳃翻车鱼为 1.2mg/L。水蚤 EC_{50}（48h）0.77mg/L。

抗菌防霉效果　苯醚甲环唑主要为甾醇脱甲基化抑制剂，抑制细胞壁甾醇的生物合成，阻止真菌的生长。其对子囊菌纲、担子菌纲以及半知菌、白粉菌科、锈菌目及某些种传病原菌有持久的治疗作用。苯醚甲环唑对工业领域一些微生物的最低抑制浓度见表2-24。

表 2-24 苯醚甲环唑对一些微生物的最低抑制浓度（MIC）

微生物	MIC/(mg/L)	微生物	MIC/(mg/L)
黑曲霉	15	链格孢霉	2.5
黄曲霉	20	巨大芽孢杆菌	15
变色曲霉	20	大肠杆菌	10
球毛壳霉	1.0	金黄色葡萄球菌	15
蜡叶芽枝霉	2.5	枯草杆菌	15
橘青霉	80	荧光假单胞杆菌	80
宛氏拟青霉	10		

制备 以间二氯苯为原料，首先进行酰化反应，再醚化、溴化制得 4-(4-氯苯氧基)-2-氯苯基-α-溴甲基酮，再与 1,2-丙二醇反应，生成相应的缩酮，然后与 1,2,4-三唑钠反应，即制得苯醚甲环唑。

应用 苯醚甲环唑作为三唑类杀菌剂，可用于防治多种作物的多种真菌病害，瑞士先正达作物保护有限公司于 1999 年在农业上开始应用。工业领域可作涂料、木材以及高分子材料等工业领域防霉剂。

实际应用参考：

专利 CN 201410854963：本发明公开了一种防虫面料及其制备方法。所述防虫面料，其原料由下述质量份的组分混纺而成：涤纶纤维 50～100 份，丙纶纤维 50～100 份；所述纤维混纺织成面料后，经过防虫整理液浸染后得到所述防虫面料。其具有优异的杀虫效果，且经过多次水洗后仍保持较高的杀虫率。所述防虫整理液包括下述质量份的组分：三氟氯氰菊酯 5～20 份、右旋苯醚菊酯 5～20 份、苯醚甲环唑 5～20 份、吡唑嘧菌酯 5～20 份、分散剂 10～20 份、水 100～200 份。

β-丙内酯
(β-propiolactone)

$C_3H_4O_2$, 72.1, 57-57-8

其他名称 乙型丙内酯、丙醇酸丙酯

化学名称 β-丙酰内酯

IUPAC 名 oxetan-2-one

EC 编码 [200-340-1]

理化性质 纯品为无色有刺激气味的液体。熔点－33.4℃。沸点 162.3℃（分解），相对密度 1.146。闪点 70℃。$\lg K_{ow}=-0.8$。溶解度：能与丙酮、乙醚和氯仿混溶，在水中溶解度为 37%，其水溶液迅速全部水解。

毒性 小鼠腹腔注射 LD_{50} 405mg/kg。大鼠急性吸入 LC_{50}（6h）25×10^{-6}。β-丙内酯液体和蒸气对皮肤、黏膜均有刺激作用，接触时间较久时可致皮疹和水疱。在空气中含有 β-丙内酯的环境中穿着潮湿衣服，可因衣服吸收 β-丙内酯而致烧伤。

有些研究表明，β-丙内酯对动物有致癌作用。因此，在乙型丙内酯消毒时应做好个人防护，尽量减少接触机会，要求穿不透气的防护服，戴防毒面具。

抗菌防霉效果 β-丙内酯对细菌繁殖体、芽孢、真菌、病毒等均有强大的杀灭作用，且杀灭细菌芽孢和杀灭细菌繁殖体的作用很接近，仅相差 4～5 倍。对细菌繁殖体使用浓度为 10～20mg/L，对金黄色葡萄球菌、大肠杆菌、绿脓杆菌、变形杆菌、伤寒杆菌等均可杀灭。对细菌芽孢使用浓度为 50～75mg/L，可杀灭枯草杆菌黑色变种芽孢、炭疽杆菌芽孢、脂肪嗜热杆菌芽孢、梭状杆菌芽孢等。对真菌使用浓度为 25～50mg/L，可有效地杀灭头癣小孢菌、黑曲霉、红色毛霉等。

制备 用环氧丙烷与 CO 进行的催化羰基化反应而得。

应用 β-丙内酯的液体和气体均有消毒作用，但用途不同。液体纯度在 99%以上，不含丙烯酸、乙酐和聚合物的 β-丙内酯液体，可用于生物制品、血液、移植组织、外科缝线和培养基等的灭菌。β-丙内酯液体亦用于胰酶和胰脘酶的灭菌，灭菌后活性不降低。

实际应用参考：

β-丙内酯气体的灭菌特点是：作用快，效果可靠，残留气体易驱散，不易在物体表面聚合，在较低温度下亦有杀灭微生物的作用，其主要缺点是穿透力差。故至今仍主要用于室内空气和表面的消毒，其用量为：在室温下，用 2～5g/m^3，作用 2h（相对湿度为 80%以上）可达到消毒目的。

丙酸钙
(calcium propionate)

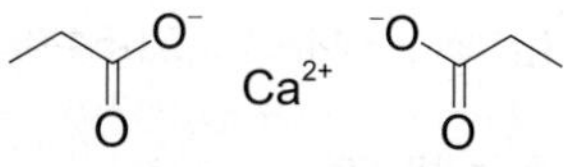

Ca^{2+}

$C_6H_{10}CaO_4$, 186.2, 4075-81-4

其他名称 丙酸钙盐、初油酸钙

商品名称 Niacet Calcium Propionate FCC、Unistat CALPRO

IUPAC 名 calcium；propanoate

EC 编码 [223-795-8]

理化性质 纯品为白色结晶性粉末，无臭或具轻微特臭。可制成一水物或三水物，为单斜板状结晶。熔点 400℃以上（分解）。pH（10%水溶液）7.4。溶解度：溶于水（1g 约溶于 3mL 水），微溶于甲醇、乙醇，不溶于苯及丙酮。

毒性 大鼠急性经口 LD_{50} 5600mg/kg，小鼠急性经口 LD_{50} 3340mg/kg。

抗菌防霉效果 丙酸钙对各类霉菌、需氧芽孢杆菌或革兰氏阴性菌有较强的抑制作用，对能引起食品发黏的菌类（如枯草杆菌）抑菌效果很好，对防治黄曲霉素的产生有特效，但对酵母菌基本无效。

制备 由丙酸与氢氧化钙中和，经浓缩、结晶、分离、干燥而得。

应用 丙酸盐属于酸性防腐剂。

丙酸钙可作为面包、糕点和奶酪的保存剂和饲料的防霉剂；医药中，丙酸盐可做成散剂、溶液和软膏，用于治疗皮肤寄生性霉菌引起的疾病；新型抗菌材料。

实际应用参考：

蒋硕等研究报道，经（0～2.5g)/100mL 丙酸钙改性后的聚乙烯醇包装薄膜的各项包装性能和抗菌性能，结果发现，丙酸钙与聚乙烯醇薄膜相容性好，有良好的耐热性，丙酸钙的添加增加了薄膜的抗拉强度，降低了薄膜的断裂伸长率，影响了其光学性能，增加了薄膜的水蒸气透过系数、溶胀率和溶解率，提高了薄膜的热封温度。添加量为 2.5g/100mL 的丙酸钙改性薄膜对蜡样芽孢杆菌、大肠杆菌、米曲霉菌产生了一定的抑菌效果。经丙酸钙改性后的聚乙烯醇薄膜有良好的包装性能和一定的抑菌性，可以作为一种新型的食品内包装材料。

苄索氯铵
(benzethonium chloride)

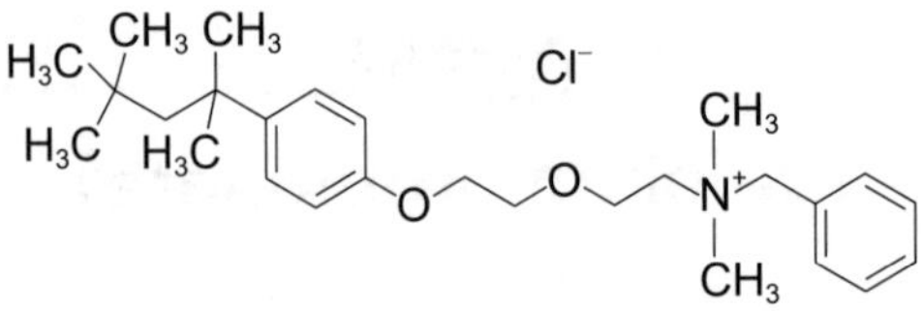

H_3C CH_3 CH_3 H_3C H_3C Cl^- CH_3 O O N^+ CH_3

$C_{27}H_{42}ClNO_2$, 448.1, 121-54-0

其他名称 氯化苄氧乙铵、季铵盐 1622

商品名称 HYAMINE® 1622、Lonzagard®

化学名称 苯甲基二甲基-2-(2-(4(1,1,3,3-四甲基丁基)苯氧基)乙氧基)铵氯化物

INCI 名称 benzethonium chloride

EC 编码 [204-479-9]

理化性质 纯品为白色或类白色粉末。熔点 162～164℃。pH（1%水溶液）值 4.8～5.5（NTP，1992 年）。溶解度：可溶于水，微溶于乙醇、乙二醇、乙氧基乙醇、四氯乙烯，可与二氯乙烯和四氯化碳混合，难溶于脂肪酸碳氢化合物。稳定性：pH 值在 1～12 溶液中稳定。

毒性 大鼠急性经口 LD_{50} 368mg/kg。小鼠急性经口 LD_{50} 338mg/kg。大鼠静脉注射 LD_{50} 19mg/kg。小鼠静脉注射 LD_{50} 30mg/kg。水生生物：蓝腮翻车鱼 LC_{50} （96h）$<$ 1mg/L。黑头呆鱼 LC_{50} （96h）$<$1mg/L。

抗菌防霉效果 苄索氯铵的最大杀菌稀释比例测定如下：将有机体接种到一系列浓度梯度受试物的新鲜培养基试管中。培养 24h 后向未显示出微生物生长的试管中加入季铵盐失活剂。再培养 24h（总共培养 48h），能够抑制微生物生长的季铵盐最高稀释比例（在季铵盐失活剂存在的情况下），即为测定的微生物杀菌剂稀释比例。结果详见表2-25。

表 2-25 静态微生物和微生物杀菌剂的测定表

测试微生物	活性组分稀释比例	
	杀菌比例	静态杀菌比例
绿脓链球菌	1∶50000	1∶50000
绿色链球菌	1∶200000	1∶400000
大肠杆菌	1∶16000	1∶16000
家禽沙门氏菌	1∶32000	1∶32000
霍乱沙门氏菌	1∶32000	1∶32000
鼠伤沙门氏菌	1∶16000	1∶16000
沙门氏菌	1∶8000	1∶32000
铜绿假单胞杆菌	1∶8000	1∶8000
干酪乳酸杆菌	1∶50000	1∶100000
宋内氏志贺杆菌	1∶16000	1∶32000
克雷伯氏杆菌	1∶16000	1∶16000
酿酒酵母	1∶100000	1∶100000
毛癣菌	1∶20000	1∶40000
白色念珠菌	1∶400000	1∶800000
黑曲霉菌	1∶400	1∶800
曲霉菌	1∶800000	1∶1600000
青霉菌	1∶800000	1∶800000

制备 从对（二异丁基）苯酚、二氯二乙醚和二甲胺制得对（1,1,3,3-四甲基丁基）苯氧基乙氧基乙基二甲胺，再将其与氯化苄在苯中温热 2h，蒸发出苯，即得苄索

氯铵。

应用 苄索氯铵是新一代的四价铵的复合物，较好的表面活性剂，能有效地杀灭各种微生物。可广泛适用于湿巾、尿不湿、卫生巾、洗手液、洗手皂、婴儿护理用品、妇女卫生用品或者其他高级个人护理用品领域；亦可用于农业杀菌剂或某些特殊行业。注意：苄索氯铵耐硬水性相对低，必须复配有机或无机螯合剂以提高杀菌性能。

实际应用参考：

① 除臭应用：1∶1000的苄索氯铵的稀释产品可以以喷雾器或用拖把及抹布涂抹的方式使用，快速去除餐具气味、腐烂气味、人体疾病气味和公共场所气味，并且不会残留化学制剂或消毒剂的气味。

② 藻类的控制：10×10^{-6}的苄索氯铵浓度就可以杀死多数的藻类，5×10^{-6}的浓度就可以抑制藻类的生长。预先用水溶性塑料包被一定数量的苄索氯铵晶体，然后按要求投放到水系中。

③沈莲等报道苄索氯铵也是常用的化学防螨剂，常用于布料的处理中，效果也很好。使用复方制剂，增加了除螨的效率，又减少了单品的用量，安全性也大大提高。复方制剂4%八硼酸二钠+0.05%苄索氯铵+0.9%苯甲酸苄酯复配制剂的杀螨率为88%。

法规 我国2015年版《化妆品安全技术规范》规定：苄索氯铵在化妆品中使用时，最大允许浓度为0.1%。

苯噻硫氰(TCMTB)
(benthiaiole)

$C_9H_6N_2S_3$, 238.4, 21564-17-0

其他名称 busan、倍生、苯噻氰、硫氰苯噻

商品名称 Busan® 30L、Casacide T100、Busan 1009、Paxgard BU 30

化学名称 2-(硫氰基甲基硫代)苯并噻唑

IUPAC名 1,3-benzothiazol-2-ylsulfanylmethyl thiocyanate

EC编码 [244-445-0]

理化性质 纯品外观呈黄色结晶或油。密度(22℃)1.38g/mL。蒸气压(25℃)4.75×10^{-6} hPa。$\lg K_{ow}=3.30$。溶解度：水0.03g/L，异丙醇<0.5g/L，乙二醇<0.5g/L，丙二醇<0.5g/L；易溶于丙酮、DMF、甲苯等。稳定性：碱性易分解。原药有效含量为80%，外观呈棕红色油液体。130℃以上会分解。闪点不低于120.7℃。蒸气压小于0.01mmHg。稳定性：在碱性条件下会分解。DT_{50}(在水中生物降解)2.8d。

商品为60%、30%活性成分制剂。

毒性　原药大鼠急性经口LD_{50} 2664mg/kg，家兔急性经皮LD_{50} 2000mg/kg。对兔眼睛、皮肤有刺激性。大鼠亚急性经口无作用剂量为500mg/L；狗亚急性经口无作用剂量为333mg/L。在试验剂量下，未见对动物有致畸、致突变、致癌作用。水生生物：鲤鱼LC_{50}（48h）0.125～0.25mg/L，虹鳟鱼LC_{50}（96h）0.029mg/L。

抗菌防霉效果　TCMTB抑菌广谱，不仅有效地抑制常见的细菌，而且高效抑制黑曲霉、桔青霉、黄曲霉、顶青霉、木霉等大多数霉菌的繁殖和生长。其对常见微生物最低抑制浓度见表2-26。

表2-26　TCMTB对一些微生物的最低抑制浓度（MIC）

微生物	MIC/(mg/L)	微生物	MIC/(mg/L)
黑曲霉	3	巨大芽孢杆菌	50
黄曲霉	3	大肠杆菌	20
变色曲霉	3	金黄色葡萄球菌	20
球毛壳霉	1	枯草杆菌	50
蜡叶芽枝霉	3	荧光假单胞杆菌	50
橘青霉	3	铜绿假单胞杆菌	50
宛氏拟青霉	3	啤酒酵母	10
绿色木霉	20		

（来源：万厚）

制备　李付刚报道有3种常见合成方法：2-巯基苯并噻唑法是用2-巯基苯并噻唑与溴氯甲烷反应生成2-氯甲基硫代苯并噻唑，2-氯甲基硫代苯并噻唑再与硫氰化钠反应得到苯噻氰；另一种2-巯基苯并噻唑法是先将溴氯甲烷与硫氰化钠反应生成硫氰酸氯甲酯，然后硫氰酸氯甲酯与2-巯基苯并噻唑反应得到苯噻氰；氯甲基化法是先用2-巯基苯并噻唑与多聚甲醛和氯化氢反应生成2-氯甲基硫代苯并噻唑，2-氯甲基硫代苯并噻唑再与硫氰化钠反应得到苯噻氰。

应用　TCMTB农业领域广泛应用于棉花、玉米、大麦、水稻、小麦、高粱和甜菜等的种子处理或土传病治疗；工业领域适用于造纸、木材、皮革、涂料等工业领域杀菌防霉。

实际应用参考：

① 冷却水系统：在热交换系统中微生物的积聚会减小热传导的容量，造成供水系统的生物污染，使流速降低，能耗增大。TCMTB具有挥发度低，对温度、pH和紫外线的稳定性良好，与其他水处理剂配伍性佳等特性，是理想的灭菌灭藻剂。

例如：TCMTB与戊二醛复配。

Nalco化学品公司发明了这一专利，研究得出m(苯噻硫氰)/m(戊二醛)(质量比)

为（19∶1)～(1∶9)，使用质量浓度为1～100mg/kg，药效作用4h、24h，对铜绿假单胞杆菌的最低抑制浓度（MIC）和协同作用试验结果见表2-27。

表2-27 苯噻硫氰（TCMTB）对细菌最低抑制浓度和协同作用试验结果

杀菌剂	MIC/(mg/L)	SI
	作用时间4h	
苯噻氰	80	
戊二醛	20	
19∶1	90	1.29
9∶1	80	1.20
4∶1	50	1.00
1∶1	20	0.63
1∶4	20	0.85
1∶9	10	0.46
	作用时间24h	
苯噻氰	70	
戊二醛	20	
19∶1	40	0.64
9∶1	40	0.71
4∶1	40	0.85
1∶1	20	0.64
1∶4	20	0.85
1∶9	20	0.92

注：SI为协同指数；表中比值均为*m*（苯噻硫氰）/*m*（戊二醛）。

结果表明：TCMTB对铜绿假单胞杆菌的最低抑制浓度随药效作用时间的延长而下降。药效作用4h时，只有戊二醛含量等于或大于苯噻氰的情况下，两者复配才增效；而药效作用24h后，*m*(苯噻硫氰)/*m*(戊二醛)在（19∶1)～(1∶9）范围内，两者复配均有显著的增效作用。

② 皮革工业：皮革揉制过程如受到微生物的侵蚀，产品质量就会下降。这缘于揉制早期阶段（熟化和浸泡）细菌的作用和在后期阶段真菌的作用。苯噻硫氰能提供有效的防护而对皮革的质量无不良影响。TCMTB也可用于皮革、毛皮无盐短期保存，防止经酸洗或硝制过的皮革制品受到细菌的损害。

③ 木材防腐：TCMTB能抑制侵袭木材的细菌、真菌等。苯噻硫氰不易挥发，可溶于有机溶剂或分散于水中，它对钢铁和铜都无腐蚀作用，不会变色或出现污点，对使用硝基清漆或罩光漆也无妨碍。因此其在木材加工工业和表面涂层行业中备受瞩目。

法规 欧盟化学品管理局（ECHA)：根据指令98/8/EC（BPD）或规则（EU)

No. 528/2012（BPR）提交了批准申请的所有活性物质/产品类型组合为 PT-9（纤维、皮革、橡胶和聚合材料防腐剂）、PT-13（金属工作或切削液防腐剂）。TCMTB 申请目前处于审核进行之中。

丙烯醛
(acrolein)

$H_2C=CH-CHO$

C_3H_4O, 56.1, 107-02-8

其他名称 丙炔醛

商品名称 Magnacide® B

化学名称 2-丙烯醛、2-propenal

IUPAC 名 prop-2-enal

EC 编码 ［203-453-4］

理化性质 原药纯度 92%～97%。无色或黄色液体，有难闻气味。沸点（760mmHg）52.5℃。熔点－87.7℃。蒸气压（25℃）274mmHg。闪点－26.1℃（闭杯）。$\lg K_{ow}=-0.01$。溶解度：水 208g/kg（20℃）；该品能与大多数有机溶剂完全互溶。稳定性：≤80℃时稳定。光照下易聚合（稳定剂如氢醌）。储存中缓慢聚合；在浓酸、浓碱和浓胺存在下剧烈聚合。需在避光、氮气保护下储存。水解 DT_{50} 3.5d（pH 5）、1.5d（pH 7）、4h（pH 10）。运输时需无氧条件并加入稳定剂。

毒性 急性经口 LD_{50}：大鼠 29mg/kg，雄小鼠 13.9mg/kg，雌小鼠 17.7mg/kg。兔急性经皮 LD_{50} 231mg/kg，刺激皮肤。大鼠吸入 LC_{50}（4h）8.3mg/L（空气）。大鼠 NOEL（90d）5mg/(kg·d)。大鼠摄入 200mg 丙烯醛/L 水 90d，未有负面影响。2 代大鼠饲喂 7.2mg/(kg·d)未对繁殖有影响。在引起母体（或胚胎）毒性［最大剂量 2mg/(kg·d)］的水平下对兔无致畸。动物：高剂量摄入后，在山羊和雌家鸡体内的任何组织和排泄物、奶及蛋白质中均未发现丙烯醛。所有鉴定的残留物都是天然产物。水生生物：虹鳟鱼 LC_{50}（24h）0.15mg/L，蓝腮翻车鱼 LC_{50}（24h）0.079mg/L，食蚊鱼 LC_{50}（24h）0.39mg/L。水蚤 LC_{50}（48h）22μg/L。羊角月牙藻 EC_{50}（5d）0.050mg/L。浮萍 EC_{50}（14d）0.07mg/L。

抗菌防霉效果 丙烯醛主要与酶的巯基反应，破坏细胞壁，因此对藻类、细菌、霉菌等都有较好的抑杀效果。

制备 丙烯醛采用丙烯催化空气氧化法制备而成。

应用 丙烯醛可作杀菌剂、杀藻剂、杀软体剂或黏泥剥离剂。

实际应用参考：

① 在石油工业上用作油田注入水的杀菌剂，以抑制水中的细菌生长，防止细菌在地层造成腐蚀及堵塞问题。在油田盐水区，丙烯醛即可促进水的流动，又可使废盐不易于处理，同时还可消除油田水中硫氢化合物的异味。

② 由于丙烯醛本身对微生物具有抑杀作用，在用于废水处理时，可控制微生物生长，施用于水面以下（1～15mg/L），可用于排灌管道中控制水草、藻类及软体动物的生长。

③ 丙烯醛作为熏蒸剂以防治储粮害虫。与溴甲烷比较，暴露在空间时，杂拟谷盗成虫、烟草甲成虫和黑毛皮蠹幼虫的死亡剂量要比溴甲烷低。实仓试验表明，在粮堆空间施药，需要较高的剂量才能达到粮堆中心，以便杀死害虫。将丙烯醛应用于粮面并使谷物和化合物混合，杀死粮堆中昆虫的剂量要大大低于不与丙烯醛混合的剂量。

法规 欧盟化学品管理局（ECHA）：2010 年，欧盟委员会发布法规（EU）2010/5，批准丙烯醛（acrolein）作为第 12 类（杀黏菌剂）生物杀灭剂产品的活性物质。批准日期 2010 年 9 月 1 日，批准期满 2020 年 9 月 1 日。

苯乙醇
(phenylethyl alcohol)

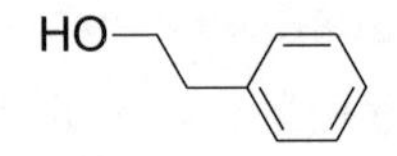

$C_8H_{10}O$, 122.2, 60-12-8

其他名称 苄基乙醇

化学名称 2-苯基乙醇、2-phenylethanol

IUPAC 名 2-phenylethanol

EC 编码 [200-456-7]

理化性质 无色透明液体，有玫瑰的味道。沸点（101kPa）218.2℃。熔点 −25.8℃。密度（20℃）1.020g/mL。折射率（n_D，20℃）1.532。闪点 96℃（闭杯）。$\lg K_{ow}$ = 1.36。溶解度（20℃）：水 20g/L；溶于醇、酮、醚等有机溶剂（来源：HSDB）。

毒性 小鼠急性经口 LD_{50} 0.8～1.5g/kg。豚鼠急性经口 LD_{50} 0.4～0.8g/mg。大鼠急性经口 LD_{50} 1.7g/kg 和 2.46g/kg。豚鼠急性经皮 LD_{50} 5～10mL/kg。兔急性经皮 LD_{50} 0.79mL/kg（来源：HSDB）。

抗菌防霉效果 醇类化合物，对微生物抑制效果一般，相对而言，其抗霉菌活性强于抗细菌活性。该化合物针对部分微生物最低抑制浓度见表 2-28。

表 2-28 2-苯基乙醇对常见微生物的最低抑制浓度（MIC）

微生物	MIC/(mg/L)	微生物	MIC/(mg/L)
大肠杆菌	2500	金黄色葡萄球菌	4750
绿脓假单胞菌	3500	黑曲霉	2750
球毛壳霉	2000	白色念珠菌	2500
青霉	2750		

制备 以苯乙烯或苯和环氧乙烷为原料或以肉桂醛为原料经化学反应制得。

应用 苯乙醇是一种芳香烃的衍生物。苯乙醇是自然界广泛存在的无色的液体，能在许多种花（如玫瑰、康乃馨、风信子、阿勒颇松树、橙花、铃兰及天竺葵）的精油里分离得到。适用于空气保养产品、家化产品、个人护理产品等领域作溶剂、香精、抗菌、防腐和消毒，亦可在生物制剂内替代叠氮化钠或食品内作调味剂。

实际应用参考：

苯乙醇通常与其他杀微生物剂组合使用，具有明显的协同作用。比如：对羟基苯甲酸酯、季铵盐、对氯间甲酚等。理查兹和麦克布里奇（1973 年）证实苯乙醇引起假单胞菌细胞膜通透性改变，从而促进其他杀微生物剂更好地渗透，尤其在酸性介质下效果更明显。

苯氧异丙醇
(phenoxypropanol)

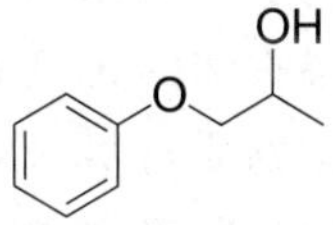

$C_9H_{12}O_2$, 152.2, 770-35-4

其他名称 丙二醇苯醚、3-苯氧基-1-丙醇

化学名称 1-苯氧基-2-丙醇

IUPAC 名 1-phenoxypropan-2-ol

INCI 名称 phenoxyisopropanol

EC 编码 [212-222-7]

2-苯氧基-1-丙醇

其他名称 2-苯氧基丙醇

IUPAC 名 2-phenoxypropan-1-ol

CAS 登录号 [4169-04-4]

EC 编码 [224-027-4]

理化性质 商业苯氧基丙醇一般是1-苯氧基-2-丙醇（CAS登录号770-35-4）和2-苯氧基-1-丙醇（CAS登录号4169-04-4）的混合物，前者是主要成分。

1-苯氧基-2-丙醇 外观呈透明无色液体。沸点（760mmHg）241.2℃。熔点114℃。蒸气压（25℃）0.00218mmHg。密度（20℃）1.062g/mL。黏度（20℃）35.39mPa·s。折射率（n_D，20℃）1.5240。闪点127℃。$\lg K_{ow}=1.50$。溶解度（20℃）：水15.1g/L；溶于大多数有机溶剂。稳定性：在宽泛的pH值和温度范围内稳定。

2-苯氧基-1-丙醇 分子式为$C_9H_{12}O_2$，分子量为152.2。

毒性 大鼠急性经口LD_{50}>2000mg/kg。兔子急性经皮LD_{50}>2000mg/kg。水蚤EC_{50}（48h）>100mg/L。圆腹雅罗鱼LC_{50}（96h）>100mg/L。水蚤急性EC_{50}（48h）>100mg/L（来源：BASF）。

抗菌防霉效果 从表2-29中列出的最小抑制浓度可以看出，混合物显示出中等的抗微生物活性；因此它主要与其他杀微生物剂组合使用，其活性在很大程度上与pH无关。该混合物对一些微生物的最低抑制浓度见表2-29。

表2-29 苯氧基丙醇对常见微生物的最低抑制浓度（MIC）

微生物	MIC/%	微生物	MIC/%
金黄色葡萄球菌 ATCC 6538	0.5	大肠杆菌 ATCC 11229	0.5
变形杆菌 ATCC 14153	0.5	铜绿假单胞杆菌 ATCC 15442	1.0
白色念珠菌 ATCC 10231	0.75		

（来源：BASF）

制备 苯氧基丙醇用苯酚与环氧丙烷在氯化钠参与下反应，醚化后所得。

应用 苯氧基丙醇是一种微有水果香味的无色液体，水溶性小、挥发速度慢、沸点较高，分子结构中的醚键和羟基使得该物质对憎水化合物和亲水化合物都具有强溶解能力，一般用于涂料中的强溶剂，也可作为防腐剂和防霉剂。在化妆品中用作溶剂和防腐剂，仅用于淋洗类产品。

法规 我国2015年版《化妆品安全技术规范》规定：苯氧异丙醇（1-苯氧基-2-丙醇）在化妆品中使用时的最大允许浓度为1.0%。使用范围和限制条件：淋洗类产品。

苯氧乙醇
(phenoxetol)

OH

$C_8H_{12}O_2$, 138.2, 122-99-6

其他名称 苯基溶纤剂、乙二醇苯醚、乙烯基乙二醇单苯基醚、乙二醇单苯基醚

商品名称 Protectol ® PE、Hisolve EPH、Elestab® 388、Liposerve™ PP

化学名称 2-苯氧乙醇

IUPAC 名 2-phenoxyethan

EC 编码 [204-589-7]

理化性质 纯品为无色液体，有芳香气味。沸点（101kPa）245.2℃。熔点 11～13℃。密度（20℃）1.104g/mL。蒸气压（20℃）＜0.01mmHg。黏度（20℃）约 24mPa•s。折射率（n_D，20℃）1.538。闪点 127℃（闭杯）。$\lg K_{ow}=1.16$。溶解度（20℃）：水 26g/L；矿物油 7g/L，棕榈酸异丙酯 39g/L；易溶于醇、醚等有机溶剂。稳定性：在较宽的 pH 值范围内稳定。产品储存时，推荐储罐中充入干燥的氮气。如果暴露在空气中，少量的分子分解为醛和酸。$pK_a=15.10$（25℃）。

毒性 豚鼠急性经皮 LD_{50} 22180mg/kg。兔急性经皮 LD_{50}＞5000mg/kg。大鼠急性经口 LD_{50} 2728mg/kg。小鼠腹腔注射 LD_{50} 872mg/kg。未稀释原液对眼睛有刺激性，水中的溶液不会引起刺激（来源：HSDB）。

抗菌防霉效果 孙晓青等认为该化合物作用机制主要是引起膜的通透性丧失，导致细胞内容物渗出，丧失电子动力产生的能量。苯氧乙醇对常见微生物的最低抑制浓度详见表 2-30。

表 2-30 苯氧乙醇对常见微生物的最低抑制浓度（MIC）

微生物	MIC/%	微生物	MIC/%
革兰氏阳性菌		酵母菌	
枯草芽孢杆菌 NCTC 10073	1.00	酿酒酵母 NCYC 87	0.25
金黄色葡萄球菌 ATCC 6538	0.75	白色念珠菌 ATCC 10231	0.32
表皮葡萄球菌 NCIB 9518	0.64	热带假丝酵母	0.32
粪肠球菌 NCTC 8213	0.32		
革兰氏阴性菌		霉菌	
大肠杆菌 NCIB 9517	0.32	黑曲霉 ATCC 16404	0.25
产气克雷伯氏菌 NCTC 418	0.50	枝孢霉	0.16
普通变形菌 ATCC 14153	0.75	绳状青霉 IMI 87160	0.06
铜绿假单胞杆菌 NCTC 6750	1.00	葡萄穗霉孢菌 IMI 82021	0.06
恶臭假单胞杆菌 NCIB 9034	0.32	绿色木霉	0.25
鼠伤寒沙门氏菌 NCTC 74	0.32		
黏质沙雷氏菌(工业隔离菌)	0.32		

（来源：BASF）

制备 苯氧乙醇由苯酚和环氧乙烷在催化剂氢氧化钾作用下所得。

应用 苯氧乙醇是一种高沸点、低挥发性溶剂，又是一种低致敏、高效、广谱的杀菌防腐剂。由于它既能溶于水又能溶于油中，苯氧乙醇从20世纪80年代中期开始，用量快速上升，广泛应用于洗涤用品、化妆品、空气清新消毒剂、除臭剂、医疗器械、织物及皮革整理剂等产品中。亦作为外科药物用于防治皮肤粉刺以及创伤、烧伤和烫伤等表面感染。

注意：①苯氧乙醇对体系的黏度影响较大，如在香波中加入1.0%的苯氧乙醇可使体系的黏度下降1/3。②优良的溶解性能使其易与不同类型的产品融于一体，可增溶多种原料和活性成分，例如：2,4-二氯苄基乙醇、对羟基苯甲酸酯类、DBDCB和IPBC。

实际应用参考：

① 苯氧乙醇80℃以下稳定，pH值在3～10稳定有效，可与阴、阳离子表面活性剂配伍，在高乙氧基化合物中会失活。易添加至各类配方，由于具有一定的乳化作用，对产品的黏度影响较大。该化合物主要对细菌产生抑制，对真菌的抑制较弱，通常复配短链的对羟基苯甲酸酯，如甲酯、丙酯或多元醇等，以达到广谱抑菌的效果。针对富营养的复杂配方，建议降低苯氧乙醇用量，多复配短链的对羟基苯甲酸酯，以减少苯氧乙醇可能带来的皮肤灼热感，或少量复配双（羟甲基）咪唑烷基脲和IPBC等传统防腐剂，以增强配方的整体防腐能力。

② 苯氧乙醇与皂基常用的碱性介质有较好兼容性和稳定性，添加了苯氧乙醇的抗菌皂在除臭方面效果显著，同时试验表明，发现在肥皂抗菌剂的增效系统中，苯氧乙醇与常见化妆品防腐剂或抗氧剂复配使用，有效杀灭或抑制铜绿假单胞杆菌、金黄色葡萄球菌、白假丝酵母、黑曲霉菌和大肠杆菌等。

法规

① 欧盟化学品管理局（ECHA）：根据指令98/8/EC（BPD）或规则（EU）No.528/2012（BPR）提交了批准申请的所有活性物质/产品类型组合为PT-1（人体卫生学消毒剂）、PT-2（不直接用于人体或动物的消毒剂和杀藻剂）、PT-4（食品和饲料领域消毒剂）、PT-6（产品在储存过程中的防腐剂）、PT-13（金属工作或切削液防腐剂），苯氧乙醇（phenoxetol）申请处于目前审核进行之中。2014年发布法规Decision 2014/227/EU，未批准苯氧乙醇（phenoxetol）作为3（兽医卫生消毒剂）类生物杀灭剂产品的活性物质。

② 苯氧乙醇自1982年使用至今，只是在2012年SCCSNFP收到来自法国的风险评估申请，申请建议在3岁以下儿童护理产品中最高剂量不超过0.4%，且不可用于3岁以下儿童的臀部护理产品（孙晓青等，化妆品中防腐剂的特性与法规沿革）。目前，欧盟对苯氧乙醇的法规指导维持最大允许用量1.0%不变。

③ 我国2015年版《化妆品安全技术规范》规定：苯氧乙醇在化妆品中使用时的最大允许浓度为1.0%。

拌种胺
(furmecyclox)

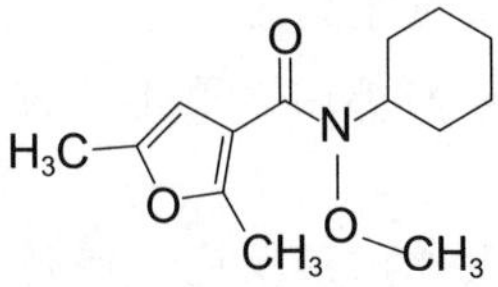

$C_{14}H_{21}NO_3$, 251.3, 60568-05-0

其他名称 furmecyclox

化学名称 *N*-cylohexyl-*N*-methoxy-2,5-dimethyl-3-furan carboxamide

IUPAC 名 *N*-cyclohexyl-*N*-methoxy-2,5-dimethylfuran-3-carboxamide

EC 编码 [262-302-0]

理化性质 黄色，轻微黏稠的液体。熔点 33℃。沸点（0.07kPa）135～140℃。密度（20℃）1.081g/mL。蒸气压（20℃）9.6×10^{-5} hPa。$\lg K_{ow}=4.38$。溶解度：水 0.3mg/L（20℃）；易溶于有机溶剂。稳定性：在强酸和碱中水解。

毒性 大鼠急性经口 LD_{50} 3780mg/kg。大鼠急性经皮 LD_{50} ＞5000mg/kg（来源：Pesticide Manual，1987 年）。

抗菌防霉效果 拌种胺对粉孢革菌、彩云革盖菌及豹皮香菇等抑制效果明显。

应用 拌种胺是一种对木材腐烂真菌特别有活性的杀真菌剂。

次氯酸钙
(calcium hypochlorite)

CaO_2Cl_2，143.0，7778-54-3

其他名称 漂白粉、氯酸钙、漂白精、含氯石灰

IUPAC 名 calcium dihypochlorite

EC 编码 [231-908-7]

理化性质 纯品为白色粉末，是漂白粉的主要成分。一般含有效氯 80%～85%，有氯臭。溶解度：易溶于水，有少量沉渣，含杂质少。稳定性：该品受潮不易分解，常温保存 210 天仅分解 1.87%。其溶液呈碱性，pH 值随浓度增加而升高。

毒性 大鼠急性经口 LD_{50} 850mg/kg。其分解产物氯气对皮肤、黏膜均有很强的刺激作用，如空气中含氯 2g/L，人很快会致死。

抗菌防霉效果 次氯酸盐的杀菌作用主要依靠次氯酸作用，其杀菌机理主要为次氯酸盐在水中电离出次氯酸根，次氯酸根水解成次氯酸。随着 pH 值降低，次氯酸的生产量增加。当 pH 值在 6.5 以下时，次氯酸的比例高。随着 pH 值提高，次氯酸就逐渐离解。当 pH 值达 9.5～10.0 时，则次氯酸失效。

次氯酸盐的杀菌作用类似于氯，对细菌繁殖体、病毒、真菌孢子及细菌芽孢均有杀灭作用，可破坏肉毒杆菌毒素。

制备 由一氧化二氯与氢氧化钙水溶液反应，得到纯次氯酸钙水溶液。蒸发，浓缩得水合物晶体。在真空下加热到 45～80℃失水得无水物。

应用 次氯酸钙是钙的次氯酸盐，是漂白粉的主要成分之一，有杀菌性及氧化性。与其性质类似的还有氯气及次氯酸钠，但是它们都不如次氯酸钙的稳定性高。

实际应用参考：

① 次氯酸钙可用于饮用水、游泳池水、污水、食品生产设备和生产厂房的消毒。用于消毒饮用水时，处理剂量为 4～16mg/kg，作用时间 30min。

② 在皮革中，该剂也可用于原料皮的消毒灭菌、干皮浸水的防腐剂。其他还可以用于造纸工业纸浆，纺织工业棉、麻、丝纤维织物的杀菌和漂白。

③ 专利 CN 105289339 A：本发明提供了一种抗菌超滤膜及其制备方法和膜再生方法，该抗菌超滤膜由超滤膜材料制备而成，具有较高的杀菌性。另外，该抗菌超滤膜具有良好的过滤分离性能；在空气和水中能够稳定存在；可循环再生；环境友好，无腐蚀性。实验结果表明，本发明提供的抗菌超滤膜对大肠杆菌或枯草芽孢杆菌的杀菌率为 90%～100%；在空气中放置 6 个月之后，对大肠杆菌或枯草芽孢杆菌的杀菌率为 90%～100%；对牛血清蛋白的截留率均在 99.2% 以上。其特征之一在于，所述含氯溶液选自次氯酸钠溶液和/或含次氯酸钙的溶液。其特征之二在于，所述次氯酸钠溶液的质量分数为 0.01%～10%；所述含次氯酸钙的溶液中，次氯酸钙的质量分数为 0.1%～30%。

法规 欧盟化学品管理局（ECHA）：2017 年，欧盟生物杀灭剂产品委员会（BPC）发布法规（EU）2017/1274，批准次氯酸钙（active chlorine released from calcium hypochlorite）作为第 2（不直接用于人体或动物的消毒剂和杀藻剂）、3（兽医卫生消毒剂）、4（食品和饲料领域消毒剂）、5（饮用水消毒剂）类生物杀灭剂产品的活性物质。批准日期 2019 年 1 月 1 日，批准期满 2029 年 1 月 1 日。作为第 11 类（液体制冷和加工系统防腐剂）生物杀灭剂产品的活性物质申请目前处于审核之中。

次氯酸钠
(sodium hypochlorite)

NaOCl, 74.4，7681-52-9

其他名称 漂白水、安替福民

IUPAC 名 sodium；hypochlorite

EC 编码 [231-668-3]

理化性质 纯品为白色粉末，通常为灰绿色结晶，有氯的气味。工业上将氯气通入氢氧化钠溶液中，制成白色或淡黄色次氯酸钠乳状液，含有效氯 8%～12%，pH 值 12，随水溶液稀释度增加，pH 值可降至 7～9。溶解度：能与水相混溶，溶液呈碱性。稳定性：强氧化剂。稳定度受光、热、重金属阳离子和 pH 值的影响。

毒性 大鼠急性经口 LD_{50} 8500mg/kg。同时，次氯酸盐释放出的氯可引起流泪、咳嗽，并刺激眼睛、皮肤和黏膜，严重者可使人产生氯气急性中毒。作业环境空气中最高容许浓度为 $2mg/m^3$。

抗菌防霉效果 氧化性杀菌剂，其杀菌机理与液氯相似。该化合物对很多微生物都具有破坏、杀死能力，对病毒、无芽孢细菌、耐酸性细菌、细菌芽孢、霉菌、藻类、原虫类都有效。

一般在没有有机物存在时，用 1～10mg/kg 左右浓度的次氯酸钠在短时间内就可将微生物杀死，但对细菌芽孢和抗性较强的霉菌则效果不佳。

在有机物质特别是含氮化合物存在时，会导致杀菌效果下降；同时其杀菌力受温度和 pH 的影响，在 5～50℃范围内，每上升 10℃，杀菌效果就提高一倍以上；pH 值越低，杀菌力越强，最适 pH 值为 5.0 左右，当 pH 值低于 5.0 时，会有余氯生成，因挥发而造成有效成分损失。

制备 液碱氯化法：将一定量的液碱加入适量的水，配成 30%以下氢氧化钠溶液，在 35℃以下通入氯气进行反应，待反应溶液中次氯酸钠含量达到一定浓度时制得次氯酸钠成品。

应用 次氯酸钠是钠的次氯酸盐。次氯酸钠与二氧化碳反应产生的次氯酸是漂白剂的有效成分。

次氯酸钠作为水消毒剂，可用于饮用水、蔬菜、水果的消毒；可用于食品生产设备、器具的消毒；还可用于皮革行业干皮浸水的防腐、杀菌等；亦可以作为纸浆、纺织品和化学纤维的杀菌剂、漂白剂使用。

实际应用参考：

孙彩霞等考察了异噻唑啉酮和 NaClO 单体复配所得到的复合杀菌剂物理化学性能。

结果表明，复合后的杀菌剂在 pH 值在 3～9 范围内具有较高的杀菌效果。静态挂片实验结果显示，在含菌的水溶液中加入杀菌剂后，试液的腐蚀性降低。现场应用以及实验室实验结果显示：杀菌剂的添加量为 50～100mg/L 范围内能很好地将冷却水中的异养菌控制在 10^5 cfu/mL 以下。

法规

① 国家强制标准 GB 19106—2013《次氯酸钠》，于 2014 年 12 月 1 日生效。规定了次氯酸钠溶液的普遍要求。GB 25574—2010《食品添加剂 次氯酸钠》由卫生部制定公布，规定了食品添加剂次氯酸钠的要求，作为食品添加剂使用的次氯酸钠必须符合该标准要求。

② 欧盟化学品管理局（ECHA）：2017 年，欧盟生物杀灭剂产品委员会（BPC）发布法规（EU）2017/1273，批准次氯酸钠（Active chlorine released from sodium hypochlorite）作为第 1 类（人体卫生学消毒剂）、第 2 类（不直接用于人体或动物的消毒剂和杀藻剂）、第 3 类（兽医卫生消毒剂）、第 4 类（食品和饲料领域消毒剂）、第 5 类（饮用水消毒剂）生物杀灭剂产品的活性物质。批准日期 2019 年 1 月 1 日，批准期满 2029 年 1 月 1 日。第 11 类（液体制冷和加工系统防腐剂）、第 12 类（杀黏菌剂），该申请目前处于审核之中。

乙酸苯汞
(phenylmercuric acetate)

$C_8H_8HgO_2$, 336.7, 62-38-4

其他名称 PMA、醋酸苯基汞

IUPAC 名 acetyloxy（phenyl）mercury

EC 编码 [200-532-5]

理化性质 纯品为无色或白色晶体。熔点 148.9℃（NTP，1992 年）。蒸气压（35℃）9mPa（NTP，1992 年）。$\lg K_{ow}=0.71$。溶解度：水 4.37g/L（15℃）；丙酮 48g/L、甲醇 34g/L、95%的乙醇 17g/L、苯 15g/L（15℃）。稳定性：对稀酸很稳定。在碱金属存在下，形成氢氧化苯基汞。

毒性 小鼠腹腔注射 LD_{50} 13mg/kg。小鼠静脉注射 LD_{50} 18mg/kg。小鼠急性经口 LD_{50} 13.25mg/kg。大鼠急性经口 LD_{50} 41mg/kg。

抗菌防霉效果 乙酸苯汞抗菌效果很好，仅几毫克/升的量就能抑制霉菌、酵母、细菌等生长。乙酸苯汞对一些微生物的最低抑制浓度见表 2-31。

表 2-31 乙酸苯汞对一些微生物的最低抑制浓度（MIC）

微生物	MIC/(mg/L)	微生物	MIC/(mg/L)
黑曲霉	0.8	绿色木霉	1.0
黄曲霉	0.8	枯草杆菌	50
变色曲霉	1.0	大肠杆菌	5
橘青霉	1.0	金黄色葡萄球菌	10
宛氏拟青霉	1.5		

制备 乙酸苯汞由氧化汞、苯和乙酸一步反应制得，经后处理制得。

应用 乙酸苯汞曾主要用作船体或船底漆防菌、防藻、防软体动物等，用量为0.1%～0.2%。铜版纸防霉，用量为0.1%。涂料中添加乙酸苯汞的质量分数一般为0.025%～0.5%。另外还在医疗上曾用作消毒剂，农业上用作杀虫剂。注意：由于毒性问题，该药在很多行业已被禁止使用。

法规 EU status（1107/2009）认为芳基汞化合物在指令范围之外，已经被禁止。

乙酸氯己定
(chlorhexidine acetate)

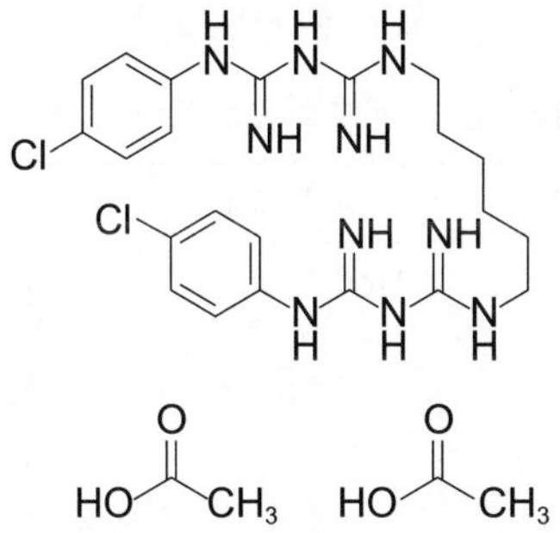

$C_{22}H_{30}Cl_2N_{10} \cdot 2(C_2H_4O_2)$, 625.6, 56-95-1

其他名称 醋酸洗必泰、洗必泰二醋酸盐

化学名称 1,6-二(4-氯苯基二胍基)己烷二乙酸

INCI 名称 chlorhexidine diacetate

EC 编码 [200-302-4]

理化性质 纯品为白色结晶性粉末，无臭，味苦。熔点154～155℃。溶解度：在水中溶解度为1.9g/100g（20℃）。在有非离子表面活性剂存在时，其溶解度增加。该剂可溶于乙醇、甘油等。稳定性：水溶液温度>70℃时，活性成分开始分解。

毒性 小鼠的急性经口 LD_{50} 2000mg/kg。小鼠静脉注射 LD_{50} 25mg/kg。小鼠皮下注射 LD_{50} 325mg/kg。小鼠腹腔注射 LD_{50} 38mg/kg（来源：Pubchem）。

以含乙酸氯己定 2600mg/L 和 70%乙醇组成的氯己定醇消毒剂，对大鼠和小鼠的急性经口 LD_{50} 均大于 5000mg/kg，属实际无毒；对家兔皮肤无刺激性和弱致敏性。它的亚急性毒性试验结果无阳性体征，各种血液学指标均为阴性。

抗菌防霉效果 乙酸氯己定和葡萄糖酸氯己定对部分微生物的最低抑制浓度见表 2-32，最小杀菌浓度测定结果见表 2-33。

表 2-32 两种氯己定对四种标准菌株的 MIC 测定结果

微生物	乙酸氯己定	葡萄糖酸氯己定
	MIC/(mg/L)	MIC/(mg/L)
金黄色葡萄球菌(ATCC 6538)	2	4
大肠杆菌(ATCC 8099)	2	4
白色念珠菌(ATCC 10231)	8	16
铜绿假单胞杆菌(ATCC 15442)	40	80

注：阳性对照菌量为 $(6.50\times10^5)\sim(4.05\times10^6)$cfu/mL，阴性对照无菌生长，试验重复 3 次。

表 2-32 表明，乙酸氯己定对金黄色葡萄球菌、大肠杆菌、白色念珠菌和铜绿假单胞杆菌的 MIC 分别为 2mg/L、2mg/L、8mg/L 和 40mg/L；葡萄糖酸氯己定对上述菌的 MIC 分别为 4mg/L、4mg/L、16mg/L 和 80mg/L。

表 2-33 两种氯己定对四种标准菌株 MBC 测定结果

微生物	乙酸氯己定	葡萄糖酸氯己定
	MBC/(mg/L)	MBC/(mg/L)
金黄色葡萄球菌(ATCC 6538)	512	1024
大肠杆菌(ATCC 8099)	1024	1024
白色念珠菌(ATCC 10231)	1024	2048
铜绿假单胞杆菌(ATCC 15442)	1024	4096

注：阳性对照菌量为 $(8.50\times10^5)\sim(5.50\times10^6)$cfu/mL，阴性对照无菌生长，试验重复 3 次。

试验结果显示，乙酸氯己定和葡萄酸氯己定的 MBC 值均显著高于 MIC 值，说明两种氯己定消毒剂在较低浓度时均具有良好的抑菌效果。但要达到杀菌要求，则需大幅提高其浓度。

制备 乙酸氯己定由对氯苯胺经重氮化、缩合、消除脱氮、缩合、中和成盐制得。

应用 氯己定类消毒剂广泛用在各种卫生产品和消毒剂的配方中作为主要杀菌成分，但此类化合物属于低效消毒剂。

该化合物对革兰氏阳性菌、阴性菌及真菌都有较强的杀菌作用，对铜绿假单胞杆菌也有效，可用于皮肤消毒、冲洗伤口，也可用于手术器械消毒；也可适用于医院、家庭、旅馆及办公场所环境消毒；同时还对塑料橡胶制品和食品包装等有抗菌作用。

实际应用参考：

① 专利 CN101138557 A：本发明公开了一种乙酸氯己定局部成膜凝胶组合物，其包括如下质量分数的组分：羟烷基纤维素 0.5%～7%，酯化剂 1%～10%，交联剂 0.5%～5%，溶媒 75%～95%和乙酸氯己定 0.01%～3%；其中，该交联剂为饱和脂肪多元醇或醇酸。本发明的乙酸氯己定成膜凝胶组合物用于治疗皮肤/黏膜局部感染性疾病，其涂敷在皮肤或口腔黏膜表面时会形成一层光滑、坚韧、耐磨、疏水的保护膜，该膜不易破裂、溶解和/或溶蚀，且膜具有维持时间长，药物持久释放的特点。凝胶膜可在皮肤表面有效保留 8h 以上，在口腔黏膜表面有效保留 5h 左右。

② 专利 CN 102371003 A：本发明涉及医疗领域。水溶性纤维织物创面敷料及其制备方法，由水溶性纤维织物和乙酸氯己定组成，将乙酸氯己定溶于无水低级醇中，制成浸渍液；将水溶性纤维织物浸入已制成的浸渍液中，使其完全浸透；取完全浸透的水溶性纤维织物，除去低级醇。所述的乙酸氯己定的质量分数是可溶性纤维织物的 0.1%～0.5%之间。实例：乙酸氯己定 0.56g，溶于 200mL 无水乙醇中。已改性的可溶性棉纱布 32g，置乙酸氯己定乙醇溶液中，浸透后取出，挥去乙醇，50℃烘干 1h。纱布含乙酸氯己定 0.3%。

法规　参考氯己定。

对苯基苯酚
(p -phenylphenol)

HO—C6H4—C6H5

$C_{12}H_{10}O$, 170.2, 92-69-3

其他名称　PPP、联苯-4-酚

化学名称　4-苯基苯酚

EC 编码　[202-179-2]

理化性质　白色晶体。沸点（101kPa）321℃。熔点 165℃。密度（20℃）1.219g/mL。闪点 160℃。溶解度：难溶于水；易溶有机溶剂。稳定性：pH 值 1～14 之间稳定。具有挥发性。

毒性　小鼠腹腔注射 LD_{50} 150mg/kg。刺激皮肤、黏膜和眼睛。

抗菌防霉效果　对苯基苯酚属于酚类化合物，对常见的微生物均有一定的抑制作用，详见表 2-34。

表 2-34 对苯基苯酚对常见微生物的最低抑制浓度（MIC）

微生物	MIC/(mg/L)	微生物	MIC/(mg/L)
产气杆菌	150	芽孢杆菌	75
枯草芽孢杆菌	100	大肠杆菌	>1000
铜绿假单胞杆菌	>1000	金黄色葡萄球菌	50
黑曲霉	100	短梗霉	150
绿色木霉	200		

制备 氯苯在碱性条件下加压水解成苯酚，而后得到对苯基苯酚。

应用 对苯基苯酚可作杀菌消毒剂。

3-碘-2-丙炔-1-醇 (3-iodo-2-propynol)

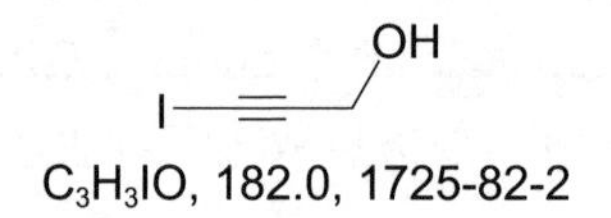

C_3H_3IO, 182.0, 1725-82-2

其他名称 IPA

化学名称 3-碘-2-丙炔醇

IUPAC 名 3-iodoprop-2-yn-1-ol

EC 编码 [217-035-4]

理化性质 淡黄色固体，有不愉快的气味。熔点 41～42℃。密度（2.3±0.1）g/cm^3。沸点（760mmHg）218℃。闪点 85.6℃。折射率 1.653。溶解度（20℃）：水 1.5g/L；易溶于极性和芳族溶剂。稳定性：在热水中不稳定。

毒性 大鼠急性经口 LD_{50} 140～170mg/kg，对皮肤有一定刺激性和腐蚀性。

抗菌防霉效果 3-碘-2-丙炔-1-醇（IPA）抗菌范围广泛，涵盖细菌、霉菌和酵母菌，尤其对霉菌的抑制效果优异。具体数据见表 2-35。

表 2-35 3-碘-2-丙炔-1-醇（IPA）对常见微生物的最低抑制浓度（MIC）

微生物	MIC/(mg/L)	微生物	MIC/(mg/L)
链格孢	5	黑曲霉	5
出芽短梗霉	5	球毛壳菌	5
枝状枝孢菌	2	大肠杆菌	100
绿色木霉	10	金黄色葡萄球菌	150
白色念珠菌	20		

制备　3-碘-2-丙炔-1-醇（IPA）由丙炔醇原料制备。

应用　3-碘-2-丙炔-1-醇（IPA）主要用于各种工业材料的杀真菌处理。注意：该化合物易挥发，气味大。

丁苯吗啉
(fenpropimorph)

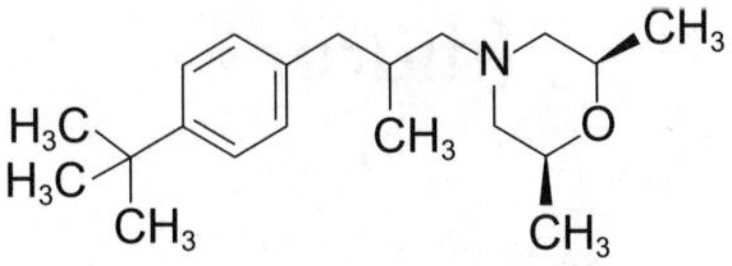

$C_{20}H_{33}NO$, 303.49, 67564-91-4

化学名称　(±)顺-4-(3-(4-叔丁基苯基)-2-甲基丙基)-2,6-二甲基吗啉

IUPAC 名　(2*R*,6*S*)-4-[3-(4-*tert*-butylphenyl)-2-methylpropyl]-2,6-dimethylmorpholine

CAS 登录号　[67564-91-4](*cis*-异构体)；[67306-03-0]（未说明异构体）

EC 编码　[266-719-9]

理化性质　原药含量≥93%。纯品为无色无味液体，原药为淡黄色、具芳香味的油状液体。沸点在300℃以上（101.3kPa)。蒸气压（20℃）3.5mPa。相对密度（20℃）0.933。$\lg K_{ow}$=2.6（pH 5，22℃）、4.1（pH 7，22℃）、4.4（pH 9，22℃）。溶解度(20℃)：水4.3mg/L（pH 7)；丙酮、氯仿、乙酸乙酯、环己烷、甲苯、乙醇>1000g/kg。稳定性：在室温下、密闭容器中可稳定3年以上，对光稳定。25℃时，在pH 5、pH 7、pH 9条件下不水解。pK_a=6.98（20℃）。

毒性　大鼠急性经口 LD_{50}>2230mg/kg。大鼠急性经皮 LD_{50}>4000mg/kg。对兔皮肤有刺激作用，对兔眼睛无刺激性，对豚鼠皮肤无致敏性。大鼠急性吸入 LC_{50}（4h）2.9mg/L，对兔呼吸器官有中等刺激性。饲喂试验的无作用剂量（90d)：雄大鼠0.768mg/(kg·d)，狗3.2mg/(kg·d)。对人类无致突变、致畸、致癌作用。动物：大鼠经口摄入后，丁苯吗啉迅速被吸收、分解、代谢，几乎完全随尿液和粪便排出体外。在组织中残留非常低。水生生物：虹鳟鱼 LC_{50}（96h）2.4～4.7mg/L，蓝腮翻车鱼1.74～3.05mg/L。水蚤 LC_{50}（48h）2.24mg/L。恶臭假单胞菌 EC_{50}（17h）1874mg/L。

抗菌防霉效果　丁苯吗啉属于麦角甾醇生物合成抑制剂，作用于 Δ^{14}-还原酶和异构化 Δ^{8}-异构酶～Δ^{7}-异构酶。该化合物对常规的微生物均具有一定的抑制作用，尤其对真菌抑制效果明显。

制备　由对叔丁基苯甲醛、丙醛、2,6-二甲基吗啉等原料经过缩合、加氢等反应而得。

应用 丁苯吗啉由巴斯夫和先正达公司开发生产，于1980年上市，对谷物类的白粉病具有良好的控制效果。工业领域主要用于保护新鲜切割的木材。

法规 欧盟化学品管理局（ECHA）：2009年，欧盟生物杀灭剂产品委员会（BPC）发布法规（Directive）2009/86/EC，批准丁苯吗啉（fenpropimorph）作为第8类（木材防腐剂）生物杀灭剂产品的活性物质。批准日期2011年7月1日，批准期满2021年7月1日。

敌草隆
(diuron)

$C_9H_{10}Cl_2N_2O$, 233.1, 330-54-1

其他名称 DCMU、地草净、二氯苯基二甲脲

商品名称 Preventol® A 6

化学名称 3-(3,4-二氯苯基)-1,1-二甲基脲

IUPAC名 3-(3,4-dichlorophenyl)-1,1-dimethylurea

EC编码 [206-354-4]

理化性质 无色晶体。沸点385.2℃。熔点158～159℃。蒸气压（25℃）1.1×10^{-3}mPa。相对密度1.48。$\lg K_{ow}=2.85\pm0.03$（25℃）。溶解度：水37.4mg/L（25℃）；丙酮53g/kg，硬脂酸丁酯1.4g/kg、苯1.2g/kg（27℃）；微溶于烃类。稳定性：常温中性介质中稳定，但升温后分解。酸性和碱性环境中均水解。180～190℃热分解。

毒性 大鼠急性经口LD_{50}＞2000mg/kg。兔急性经皮LD_{50}＞2000mg/kg（使用80%WG）。轻度刺激兔眼睛（WP制剂）；不刺激完整的豚鼠皮肤（50%水浆）。对豚鼠皮肤不致敏。大鼠吸入LC_{50}（4h）＞7mg/L。NIEL（2年）狗25mg/kg［雄1.0mg/(kg·d)，雌1.7mg/(kg·d)］。动物：在哺乳动物体内主要通过羟基化和脱烷基化代谢。水生生物：虹鳟鱼LC_{50}（96h）14.7mg/L，黑头呆鱼14mg/L。水蚤EC_{50}（48h）1.4mg/L。羊角月牙藻EC_{50}（120h）0.22mg/L。浮萍EC_{50}（7d）0.0183mg/L。

抗菌防霉效果 敌草隆作为光合系统Ⅱ受体位点的光合作用电子传递抑制剂，主要被根部吸收，通过木质部向顶传导。

制备 对氯硝基苯与适量催化剂无水$FeCl_3$混合后，在一定温度下通氯气进行氯化

反应制得3,4-二氯硝基苯。将该硝基化合物还原，制得3,4-二氯苯胺。将得到的3,4-二氯苯胺滴加到已通入光气饱和的甲苯溶液中，反应得到3,4-二氯异氰酸苯酯。最后3,4-二氯异氰酸苯酯与二甲胺反应得到敌草隆。

应用 二氯苯基二甲脲（DCMU）是一种抑制光合作用的除草剂，由拜耳公司于1954年发明，商品名敌草隆（diuron）。敌草隆用于防除非耕地一般杂草；亦可作涂料防藻或海洋涂料防污剂。

实际应用参考：

在非耕地防除杂草和苔藓，剂量10～30kg/hm²。选择性防除发芽阶段的禾本科杂草和阔叶杂草，剂量0.6～4.8kg/hm²。敌草隆的最小应用浓度（以总材料质量计算）在涂料中的比例为0.2%～0.5%，灰泥中为0.05%～0.3%，海洋防污涂料的浓度通常在2%～4%之间。

法规

① 欧盟化学品管理局（ECHA）：根据指令98/8/EC（BPD）或规则（EU）No.528/2012（BPR）提交了批准申请的所有活性物质/产品类型组合为PT-7、PT-10，敌草隆（diuron）申请处于审核进行中。

② GB/T 35602—2017（绿色产品评价-涂料）规定：敌草隆在涂料领域不得添加。实施日期为2018年7月1日。

3-碘代-2-丙炔醇氨基甲酸酯(IPC)
(3-Iodopropynyl carbamate)

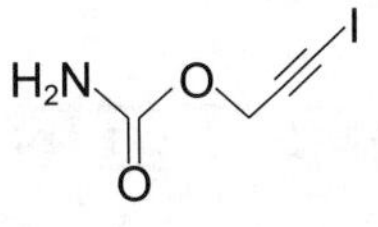

$C_4H_6INO_3$, 243.0, 129348-50-1

IUPAC名 carbamic acid 3-iodoprop-2-yn-1-ol

理化性质 白色固体。熔点85～87℃。溶解度：微溶于水；溶于有机溶剂。稳定性：pH值3～11之间水解稳定。

抗菌防霉效果 在抗微生物活性方面，据报道，IPC（Rayudu，1988年）与3-碘代-2-丙炔醇丁基甲氨酸酯（IPBC）和3-碘代-2-丙炔醇苯基甲氨酸酯（IPPC）相比，尤其在抗细菌（包括形成黏液的细菌）方面具有明显的优势。

应用 优良的杀微生物剂，IPC抗菌活性涵盖真菌和细菌。不仅可作干膜防霉剂使用，亦可作罐内防腐使用。适于涂料、乳液和金属加工液等各种工业水性体系。

3-碘代-2-丙炔醇苯基甲氨酸酯(IPPC)
(3-iodoprop-2-yn-1-ol phenylcarbamic acid)

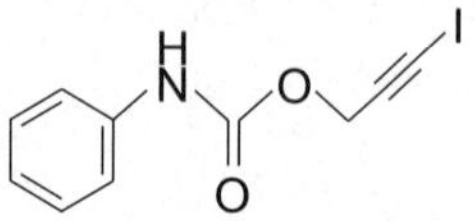

$C_{10}H_{10}INO_3$, 319.1, 22618-38-8

其他名称 碘丙炔醇苯基氨甲酸酯

理化性质 白色结晶性粉末。熔点 144～146℃。溶解度：不溶于水，极易溶于芳族和极性有机溶剂。稳定性：在强碱性介质中水解。

抗菌防霉效果 IPPC 的抗微生物活性类似 IPBC，具体数据详见表 2-36。

表 2-36 IPPC 对常见微生物的最低抑制浓度（MIC）

微生物	MIC/(mg/L)	微生物	MIC/(mg/L)
链格孢	3.5	黑曲霉	1
出芽短梗霉	5	球毛壳菌	1
绿色木霉	10	红酵母	10
大肠杆菌	200	金黄色葡萄球菌	1000

应用 IPPC 适用于木材、涂料、画材颜料、金属加工液、皮革、纺织、塑料等工业领域杀菌防霉。使用时注意化合物中碘游离，导致材料变色。

3-碘代-2-丙炔醇-丁基甲氨酸酯(IPBC)
(3-iodo-2-propynyl butylcarbamate)

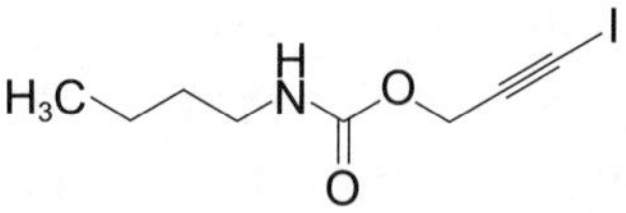

$C_8H_{12}INO_2$, 281.1, 55406-53-6

其他名称 丁基氨基甲酸碘代丙炔酯、碘丙炔醇丁基氨甲酸酯

商品名称 Nipacide® IPBC、Omacide® IPBC、Fungitrol 720

IUPAC 名 3-iodoprop-2-ynyl *N*-butylcarbamate

INCI 名称 iodopropynyl butylcarbamate

EC 编码 [259-627-5]

理化性质 纯品白色结晶性粉末。熔点 65～68℃。蒸气压（20℃）1.04×10^{-5}hPa。$\lg K_{ow}$=2.81（25℃）。溶解度（20℃）：水 0.016g/100g、白矿油 3.5g/100g、异丙醇 19.2g/100g、丙二醇 20.5g/100g、聚乙二醇 20.1g/100g、乙醇 34.5g/100g。稳定性：180℃开始分解，碱性介质易水解。

毒性 大鼠急性经口 LD_{50} 1400mg/kg。兔急性经皮 LD_{50}＞2000mg/kg。大鼠吸入 LC_{50}（4h）689mg/m^3。水蚤 EC_0（48h）0.11mg/L。绿藻 EC_0（72h）0.01mg/L（来源：ARCH）。

抗菌防霉效果 IPBC 通常在酶的活性部位与巯基或羟基反应，直接攻击酶的活性物，使其失活，造成微生物死亡。该化合物具有广谱抗菌活性，尤其是对霉菌、酵母菌及藻类有很强的抑杀作用。

IPBC 对一些微生物的最低抑制浓度见表 2-37。

表 2-37 IPBC 对一些微生物的最低抑制浓度（MIC）

微生物	MIC/(mg/L)	微生物	MIC/(mg/L)
链格孢	5.0	黑曲霉	4.0
米曲霉	4.0	出芽短梗霉菌	4.0～6.0
白色念珠菌	6.0～8.0	球毛壳霉	5.0
粉红粘帚霉	8.0	绳状青霉	4.0～6.0
酿酒酵母	5.0	绿色木霉	10
小球藻	8.0	枯草芽孢杆菌	50.0
大肠杆菌	100.0	铜绿假单胞杆菌	250.0～1000.0

（来源：DEGUSSA）

制备 由丁基氨基甲酸炔丙酯、碘为主要原料，水为溶剂，次氯酸钠为氧化剂进行反应，经过多步反应制备而得。

应用 IPBC 是一种环保、高效的杀真菌剂，适用于木材、涂料、画材颜料、金属加工液、皮革、纺织、塑料等工业领域杀菌防霉，亦用于护发用品、防晒产品、皮肤护理品等家化日化领域等。注意：①IPBC 因含有微量元素碘，作为防腐剂使用有限制要求，碘摄入超过推荐水平可能会导致在大部分个体甲状腺自身免疫的情况下甲状腺功能减退。②注意碘游离，导致材料变色。

实际应用参考：

① IPBC 是一种卤化不饱和有机化合物，易溶于表面活性剂、乳化剂、极性溶剂，常以丙二醇作为助溶剂，预溶后加入配方，pH 值适用范围为 4～9，能满足大多数配方设计需求。IPBC 是化妆品防腐剂中为数不多的真菌抑制剂，常与抗细菌防腐剂搭配使用，如咪唑烷基脲、双（羟甲基）咪唑烷基脲等，可解决诸多复杂配方防腐难题。

② 早在 20 世纪 80 年代即有采用 IPBC 作为防腐剂处理实木和复合材料，并于 1998 年再次修订列入 AWPA 标准 P8。在美国的海滨城市夏威夷，采用 IPBC 和毒死蜱

联合处理包括细木工配件、层压板、胶合梁等。结果表明，在恶劣的暴露条件下经IPBC和毒死蜱联合处理后，木材具有良好的抗腐朽和抗昆虫侵害的作用。

肖忠平等报道，对经过超临界CO_2流体携带IPBC防腐剂处理后的杉木、马尾松以及中密度纤维板和刨花板的防腐性及IPBC防腐剂的抗流失性进行测定。结果表明，杉木、马尾松、中密度纤维板和刨花板经IPBC处理后，防腐能力都得到了较大提高，在绵腐卧孔菌或彩绒革盖菌的腐蚀下，杉木、马尾松的质量损失率降为10%以下，中密度纤维板和刨花板的质量损失率降为5%以下。结论为IPBC防腐剂的抗流失性较好。

③ IPBC还可用于金属加工液（工作液），使用量为50～100mg/kg活性成分。既可以直接加到金属加工液的母液中，也可为加工液槽添加剂。

法规

① 欧盟化学品管理局（ECHA）：

2008年，欧盟生物杀灭剂产品委员会（BPC）发布法规Directive 2008/79/EC，批准IPBC作为第8类（木材防腐剂）生物杀灭剂产品的活性物质。批准日期2010年7月1日，批准期满2020年7月1日。

2013年，欧盟生物杀灭剂产品委员会（BPC）发布法规（EU）1037/2013，批准IPBC作为第6类（产品在储存过程中的防腐剂）生物杀灭剂产品的活性物质。批准日期2015年7月1日，批准期满2025年7月1日。

2015年，欧盟生物杀灭剂产品委员会（BPC）发布法规（EU）2015/1728，批准IPBC作为第13类（金属工作或切削液防腐剂）生物杀灭剂产品的活性物质。批准日期2016年12月1日，批准期满2026年12月1日。

根据指令98/8/EC（BPD）或规则（EU）No.528/2012（BPR）提交了批准申请的所有活性物质/产品类型组合：PT-7（干膜防霉剂）、PT-9（纤维、皮革、橡胶和聚合材料防腐剂）、PT-10（建筑材料防腐剂）。该化合物申请目前处于审核进行之中。

② 欧盟化妆品和非食品科学委员会SCCNFP/0826/04中，建议欧洲人群碘的日摄入量为不超过150μg/d，短期上限为1000μg/d。欧盟委员会根据SCCNFP的安全评估建议，于2007年修改了IPBC在化妆品法规中的准用范围，沿用至今。1998年5月1日美国CIR公布IPBC安全性的最终评估报告[International Journal of Toxicology，1998，17（5）：1-37.]，结论是IPBC作为化妆品原料使用量低于0.1%是安全的，不建议用于喷雾剂，并于2013年做了复评，维持1998年的评估建议不变。

③ 根据我国2015年版《化妆品安全技术规范》规定：该防腐剂在化妆品中使用时，最大允许浓度：

(a) 0.02%；淋洗类产品，不得用于3岁以下儿童使用的产品中（沐浴产品和香波除外）；禁止用于唇部产品；

(b) 0.01%；驻留类产品，不得用于3岁以下儿童使用的产品中；禁用于唇部用产品；禁用于体霜和体乳；

(c) 0.0075%；除臭产品和抑汗产品，不得用于3岁以下儿童使用的产品中；禁用于唇部产品。

3-(3-碘代炔丙基)苯并噁唑-2-酮
[3-(3-iodopropargyl)benzoxazol-2-one]

$C_{10}H_6INO_2$, 299.1, 135306-48-8

理化性质　熔点 162～164℃。

抗菌防霉效果　据 Chi-Tung Hsu（1991）报道，3-(3-碘代炔丙基)苯并噁唑-2-酮(A)和3-(3-碘代炔丙基)-6-氯-苯并噁唑-2-酮（B，CAS 登录号 135306-49-9）化合物均为苯并噁唑酮类化合物，其对真菌的抑制活性远大于对细菌的抑制活性，具体详见表2-38。

表 2-38　A 和 B 化合物分别对常见微生物的最低抑制浓度（MIC）

微生物	(A)MIC/(mg/L)	(B)MIC/(mg/L)
黑曲霉	＜0.13	＜0.13
出芽短梗霉	0.25	1
树脂子囊菌	5	1
青霉	1	1
红酵母	1	1
酿酒酵母	1	5
大肠杆菌	＞250	＞250
铜绿假单胞杆菌	＞250	＞250
荧光假单胞杆菌	＞250	16
金黄色葡萄球菌	＞250	16

应用　该系列化合物对霉菌、酵母菌具有很高的生物活性，可作工业防霉剂使用。

对二氯苯
(dichloricide)

$C_6H_4Cl_2$, 147.0, 106-46-7

其他名称 1,4-DCB

化学名称 1,4-二氯苯

IUPAC 名 1,4-dichlorobenzene

EC 编码 [203-400-5]

理化性质 纯品白色结晶体，有刺鼻的樟脑气味。沸点（760mmHg）174℃。熔点 52.7℃。蒸气压（25℃）1.74mmHg。相对密度（20℃）1.2475 g/mL。闪点 66℃。$\lg K_{ow}=3.44$。溶解度：不溶于水，可溶于乙醇、乙醚、苯等多种有机溶剂。稳定性：常温下升华。

毒性 大鼠急性经口 LD_{50} 500mg/kg。大鼠腹腔注射 LD_{50} 2562mg/kg。小鼠急性经口 LD_{50} 2950mg/kg。小鼠腹腔注射 LD_{50} 2000mg/kg。其蒸气对皮肤、气管和眼睛有刺激作用。空气中最大允许量为 75mg/L。

抗菌防霉效果 对二氯苯对常见的微生物均有很好的抑杀效果。

制备 对二氯苯由苯定向氯化或从氯苯生产中回收。

应用 对二氯苯可用作防蛀、防霉剂。

实际应用参考：主要针对毛皮和织物上的主要害虫、霉菌；还可用于熏蒸土壤消毒或空气除臭。

对二氧环己酮 (dioxanone)

$C_4H_6O_3$, 102.1, 3041-16-5

其他名称 2-对二噁烷酮

化学名称 1,4-二氧六环-2-酮

IUPAC 名 1,4-dioxan-2-one

EC 编码 [608-477-2]

理化性质 对二氧环已酮为无色透明液体。沸点 222.9℃。相对密度 1.2。折射率 1.425。

抗菌防霉效果 对二氧环已酮对细菌和霉菌都有抑制作用。

应用 国外将对二氧环已酮的水溶液用于木材、动物标本和乳胶防腐，其毒性较低，可用来代替甲醛、有机汞、有机砷等毒性大的防腐剂。

实际应用参考：

对二氧环已酮对感光胶片的防霉作用见表 2-39。

表 2-39 对二氧环己酮浓度与防霉关系

乳胶中对二氧己酮/%	胶片开始出现霉点时的天数/d	10 天后菌落覆盖率/%
2.5	10	15
1.0	5	60
0.5	2	85
0	2	90

从表数据中可以看出，对二氧环己酮有防霉作用，对二氧环己酮用量越大，防霉效果越好。

迪高 51
(Tego 51)

其他名称 α-亚氨基乙酸系两性表面活性剂、Tego 型

化学名称 十二烷基胺乙基甘氨酸

理化性质 *N*-烷基甘胺酸系，其开发最早并具有代表性的两种结构，统称 α-亚氨基乙酸系两性表面活性剂，是一种具有较强杀菌能力且毒性低和具有污泥剥离作用的杀菌灭藻剂。Tego 51 消毒液：烷基二氨基乙基甘氨酸盐酸盐 10%。淡黄色黏稠液体，有一点异味。pH 值 7～9。Tego 型杀菌消毒剂发展到现在已有很多品种，产品主要结构式列入表 2-40。

表 2-40 Tego 型杀菌剂的结构式

型号	结构式
Tego 51	$R_1NH(CH_2)_2NH(CH_2)_2NHCH_2COOH+R_1NH(CH_2)_2NHCH_2COOH$
Tego 51B	$R_1NH(CH_2)_2NH(CH_2)_2NHCH_2COOH$
Tego 103S	$R_1NH(CH_2)_2NH(CH_2)_2NHCH_2COOH—HCl$
Tego 103G (或 Tego MHG)	$R_1NH(CH_2)_2NH(CH_2)_2NHCH_2COOH—HCl$ $+[R_2NH(CH_2)_2]_2NCH_2COOH—HCl$

注：R_1 为 C_{12}；R_2 为 C_8～C_{14}。

毒性 两性离子型表面活性剂毒性普遍较低。迪高 51（Tego-51）对黑鼠急性经口 LD_{50} 13500mg/kg。

抗菌防霉效果 迪高 51（Tego-51）作为两性表面活性剂，对霉菌、细菌均有不错的抑制作用。为完全杀灭以下几种细菌，其药剂的浓度和作用时间分别如下：

金黄色葡萄球菌：用 0.5%浓度，3min；用 0.25%浓度，15min。铜绿假单胞杆菌：用 0.25%浓度，3min，用 0.1%浓度，5min。大肠杆菌：用 0.5%浓度，3min；

用 0.25%浓度，15min。迪高 51（Tego-51）对一些常见微生物的最低抑制浓度见表 2-41。

表 2-41 Tego-51 对一些微生物的最低抑制浓度（MIC）

微生物名称	MIC/(mg/L)	微生物名称	MIC/(mg/L)
黑曲霉	300	黑根霉	300
米曲霉	500	出芽短梗霉	150
黄曲霉	600	铜绿假单胞杆菌	1000
球毛壳霉	200	金黄色葡萄球菌	800
蜡叶芽枝霉	300	大肠杆菌	1000
松脂芽枝霉	200	普通变形杆菌	1000
橘青霉	200	枯草杆菌	1200
刺状毛霉	200		

制备 ①将氯代十二烷与乙二胺反应得十二烷基乙二胺，再与一氯乙酸反应得十二烷基氯乙基甘氨酸。②用十二烷基氯与二乙烯三胺反应制得十二烷基氯乙基甘氨酸。

应用 迪高 51（Tego-51）是一类具有广谱性杀菌的消毒剂，对革兰氏阴性菌和革兰氏阳性菌都具有很强的杀菌能力，在一定条件下杀菌力甚至超过阳离子表面活性剂，此更适合于一些外科手术、治疗、食品、食具、家具和公共场所的消毒灭菌。

其中胺盐是由德国戈尔德施莱特（Goldschmidt）公司开发的两性杀菌剂，商品名为 Tego-51。适用于食品工厂对有害微生物的净化处理，也用于各种家畜饲料用器材防止微生物引起饲料变质和污染。对预防家畜的传染病有效。

实际应用参考：

① 该药剂可用作水池、水槽、游泳池的杀菌灭藻剂，当在水中使用浓度为 20～25mg/L 时，被处理的池子 30d 或更长时间未发现藻生长。在类似的周期内，未处理的水则生长了绿藻。并且发现，该药剂不仅可以杀灭已形成的藻类，而且能预防新藻的生成。

② 用水稀释，得到下列浓度的烷基二氨基乙基甘氨酸，用法如下。消毒医疗设备：浸入 0.05%～0.2%的溶液 10～15min。消毒手术室、医院房间、家具、仪器、货物等为 0.05%～0.2%的溶液涂布/清洗或喷布布片。消毒手指和皮肤：用 0.05%～0.2%的溶液清洗约 5min，然后用无菌纱布或布擦拭。手术部位（手术部位）的皮肤消毒：用 0.1%的溶液洗涤约 5min 后，涂上 0.25%的溶液。消毒手术部位黏膜（手术部位），消毒皮肤/黏膜伤口部位：使用 0.01%～0.05%的溶液。

多果定
(dodine)

$C_{15}H_{33}N_3O_2$, 287.4, 2439-10-3

其他名称　十二烷基胍醋酸盐、醋酸十二胍、醋酸十二烷基胍

商品名称　Efuzin 500 FW

化学名称　1-十二烷基胍单乙酸盐

IUPAC 名　1-dodecylguanidine acetate

EC 编码　[219-459-5]

多果定游离碱

CAS 登录号　[112-65-2]

理化性质

多果定　无色至微黄结晶粉末。沸点 200℃（分解）。熔点 136℃。蒸气压（20℃）$<1\times10^{-2}$ mPa。密度（25℃）0.983g/cm^3。$\lg K_{ow}=1.65$。溶解度：水 630mg/L（25℃）；易溶于无机酸，溶于热水和醇，在 1,4-丁二醇、正丁醇、环己醇、*N*-甲基吡咯烷酮、正丙醇、四氢糠醇中＞250g/L；不溶于大多数有机溶剂。稳定性：在中性、中度碱性和酸性介质中稳定，但游离碱会从浓碱中析出。在厌氧水生环境下稳定。

多果定游离碱　分子式 $C_{13}H_{29}N_3$，分子量为 227.39。

毒性

多果定　雌、雄大鼠急性经口 LD_{50}＞1000mg/kg。兔急性经皮 LD_{50}＞1500mg/kg，大鼠急性经皮 LD_{50}＞6000mg/kg。NOEL 值：大鼠饲喂 800mg/kg（饲料），经过 2 年喂养，出现轻微的生长延迟现象，但对繁殖和哺乳没有影响。动物：大鼠摄入多果定后，95%的施用剂量在 8d 内通过尿液和粪便排出，排泄出的药物中 74%是未变化的多果定。代谢物还包括肌酸和胍的衍生物。水生生物：小丑鱼 LC_{50}（96h）0.6mg/L。水蚤 EC_{50}（48h）0.13mg/L。羊角月牙藻 EC_{50} 5.1μg/L。

抗菌防霉效果　长链烷基胍是一种阳离子表面活性剂，溶于水后带正电荷，能够渗透到微生物体内，并且容易吸附在带负电荷的微生物表面，破坏微生物体的细胞结构，从而起到杀菌灭藻的作用。多果定对常见细菌、霉菌、藻类等微生物均有较好的抑制效果；对于农作物和动物的致病菌和发癣菌十分有效。

制备　多果定由十二胺、单氰胺以及冰醋酸等原料制备而来。

应用 由美国梅勒克和贝茨公司生产的多果定是一种用途广泛的杀菌剂兼表面活性剂，在工业上主要作为工业水处理剂，用于水池、冷却塔、冷却管、游泳池和其他类似的各种工业和民用设施的水体系中，抑制开式系统中各种形态的藻类微生物生长很有效；可作为日化家化、纺织材料、包装纸等抗菌使用；亦作环境杀菌消毒及农业杀菌剂。

注意：将它与一定的化合物（如 2-溴-2-硝基-1,3-丙二醇等）混合使用时，能有效地抑制肺炎克雷伯菌的生长。

法规 欧洲食品安全局消息，根据欧盟法规 396/2005 号第 12 条的规定，欧洲食品安全局审阅了农药活性物质多果定在欧洲现行的多个最大残留限量（MRLs）。根据现有数据的评估，推导出了建议的最大残留限量（MRLs），并进行了消费者风险评估。多果定的每日允许摄入量为 0.1mg/(kg 体重·d)，急性参考剂量为 0.1mg/kg 体重。

2-丁基-1,2-苯并异噻唑啉-3-酮(BBIT) (2-butyl-1,2-benzisothiazolin-3-one)

$C_{11}H_{13}NOS$, 207.3, 4299-07-4

其他名称 正丁基-1,2-异噻唑啉-3-酮

商品名称 Densil DN、Vanquish ESBO、Vanquish SL10、万立清 M-789

IUPAC 名 *n*-butyl-1,2-benzothiazol-3-one

EC 编码 [420-590-7]

理化性质 纯品为黄色透明液体。沸点 333℃。密度（20℃）约 1.17g/mL。蒸气压（25℃）0.00015hPa。闪点约 178℃。溶解度：水<0.0005g/L；易溶于大多数有机溶剂。稳定性：耐热可达 250～300℃。pH 值 2～12 之间稳定。

毒性 大鼠急性经口 LD_{50}>2000mg/kg。大鼠急性经皮 LD_{50}>2000mg/kg。导致皮肤灼伤，对眼睛和黏膜有腐蚀性。可能导致皮肤过敏。水生生物：虹鳟鱼 LC_{50}（96h）0.15mg/L。水蚤 EC_{50}（48h）0.093mg/L。绿藻 EbC_{50}（72h）0.24mg/L（来源：AVECIA）。

抗菌防霉效果 2-丁基-1,2-苯并异噻唑啉-3-酮（BBIT）可有效杀灭大多数霉菌、酵母菌、细菌及藻类（作用机制参考异噻唑啉酮一节）。其对一些微生物的最低抑制浓度见表 2-42。

表 2-42 2-丁基-1,2-苯并异噻唑啉-3-酮（BBIT）对一些微生物的最低抑制浓度（MIC）

微生物	MIC/(mg/L)	微生物	MIC/(mg/L)
黑曲霉	16	大肠杆菌	87.5
宛氏拟青霉	4	金黄色葡萄球菌	2.5
蜡叶芽枝霉	2.3	鲍曼不动杆菌	14
绿色木霉	50	粪产碱菌	20
球毛壳霉	1.6	棒状杆菌红藓	1.4
变色曲霉	25	荚膜黄杆菌	11
枝孢芽枝菌	19	佛里德兰德氏杆菌	137
绿粘帚霉	62	短乳杆菌	2.1
绳状青霉	3	奇异变形杆菌	137
短柄帚霉	37	铜绿假单胞杆菌	200
普通小球藻	16	白色念珠菌	19
颤藻	16	黏质红酵母	4
橘色藻	16	酿酒酵母	0.4
枯草杆菌	4		

（来源：AVECIA）

制备 以邻甲硫基苯甲腈与醇为原料，在酸催化下反应生成酯，酯再经过酰胺化反应，得到相应的酰胺化合物；然后在有机溶剂中，酰胺化合物与氯化试剂发生闭环反应，即得产物2-丁基-1,2-苯并异噻唑啉-3-酮（来源：CN103145638 B）。

应用 2-丁基-1,2-苯并异噻唑啉-3-酮（BBIT）可应用于涂料、塑料、聚氨酯、密封胶、胶黏剂、金属加工液、画材颜料、色浆、木材等领域的防霉防藻。一般添加剂量为0.005%～0.50%（有效成分）。

实际应用参考：

① ARCH Vanquish 100、万立清 PL-980 等，其主要成分为2-丁基-1,2-苯并异噻唑啉-3-酮（BBIT≥98%），专用于杀灭侵蚀附着在聚氨酯（PU）、聚氯乙烯（PVC）、聚硅氧烷（硅酮）、聚乙烯（PE）、聚丙烯（PP）等高分子材料上的微生物，可与增塑剂、有机载体及稀释剂混溶，使用方便。其不会与助剂发生反应，不影响制品性能，热稳定性大于300℃。有良好的耐紫外线性能，户外使用不会失效。建议添加量0.1%～0.3%（有效成分）。

② BBIT 作为金属加工液抗生物腐蚀特效杀真菌剂，具有宽泛的pH适宜范围和良好的耐高温性能，比如 ARCH DENSIL DG20、万立清 M-789 等产品适于乳化液和半合成体系，一般添加量为0.5%～1.5%［工作液有效成分$(50\times10^{-6})\sim(100\times10^{-6})$］。

半合成浓缩液防腐防霉含甲醛组合：1.5% MBM99＋1.0% BIT20＋(0.5%～0.6%)M-789。现场可稀释15～30倍。解释如下：BIT 持久防腐能力很强，但杀菌谱有缺陷，同时杀菌速度比较慢，MBM属于甲醛释放杀菌剂，可对BIT防腐性能作有益补充；M-789主要活性成分为BBIT，特效杀真菌剂，最佳要求保证工作液中杀真菌剂有效含量（60×10^{-6}）～（100×10^{-6}）（有效成分）。

半合成浓缩液防腐防霉不含甲醛组合：2.5%～3.0%万立净MBA21＋（0.5%～0.6%）万立清M-789。现场可稀释15～30倍。解释如下：MBA21主要成分为BIT＋月桂胺二亚丙基二胺（BDA）。BIT持久防腐能力很强，但杀菌谱有缺陷，同时杀菌速度比较慢，BDA属于弱阳离子，杀菌速度较快，可对BIT防腐性能作有益补充；M-789主要活性成分为BBIT，特效杀真菌剂，最佳要求保证工作液中杀真菌剂有效含量（60×10^{-6}）～（100×10^{-6}）（有效成分）。

③ 李玮等研究报道制备一种抗硬水的铝合金用切削液，具有优良的防腐蚀性能铝合金用合成切削液，优化配方为丙二醇嵌段聚醚2.0%、反式聚醚5.0%、改性磷酸酯3.0%、BIT20 2.5%、BBIT 0.5%、有机硅消泡剂0.2%、三乙醇胺8.0%、苯并三氮唑0.5%、甲基二乙醇胺5.0%、C12M 11.0%、L190plus 2.0%、MP950MG 0.5%。

④ 经典配方：BBIT传统为油性抗菌防霉防藻剂，为了避免VOC的产生。万立清LV-620采用最新水性化技术研制而成，低VOC，抗菌防霉防藻三合一，可满足最苛刻的环保和市场需求。

法规 欧盟化学品管理局（ECHA）：根据指令98/8/EC（BPD）或规则（EU）No.528/2012（BPR）提交了批准申请的所有活性物质/产品类型组合为PT-6（产品在储存过程中的防腐剂）、PT-7（薄膜防腐剂）、PT-9（纤维、皮革、橡胶和聚合材料防腐剂）、PT-10（建筑材料防腐剂）、PT-13（金属工作或切削液防腐剂）。生物杀灭剂2-丁基-1,2-苯并异噻唑啉-3-酮（BBIT）申请目前处于审核进行之中。

多聚甲醛
(paraformaldehyde)

$$H(CHOH)_nOH$$

$(CH_2O)_n$，n= 8～100，30525-89-4

其他名称 固体甲醛、聚合甲醛、聚蚁醛、仲甲醛

商品名称 Aldacide®；Formagene

IUPAC名 formaldehyde

EC编码 [200-001-8]

理化性质 多聚甲醛分子中含甲醛结构单位（n）的数目不等，平均为30个左右。外观白色粉末，稍有甲醛气味，甲醛含量91%～99%，加热至160～200℃时解聚，释放出强烈的刺激性甲醛气味。密度（20℃）0.88g/mL。闪点70℃。溶解度：溶于水和

极性溶剂。稳定性：在酸、碱和热水中解聚。

毒性 大鼠急性经口 LD_{50} 800mg/kg。兔急性经皮 LD_{50} >2000mg/L。大鼠吸入 LC_{50}（4h）1070mg/m^3。严重刺激皮肤和黏膜——可能会引起过敏反应。

抗菌防霉效果 多聚甲醛的抗菌作用较强，因刺激性较小、穿透性较强而优于福尔马林。多聚甲醛熏蒸对枯草杆菌黑色变种芽孢（ATCC 9372）的杀灭效果见表 2-43。多聚甲醛熏蒸对不同物品上自然菌杀灭效果见表 2-44。

表 2-43 多聚甲醛熏蒸对枯草杆菌黑色变种芽孢的杀灭效果

多聚甲醛用量/(mg/L)	消毒后平均菌数/(cfu/mL)	平均杀灭率/%
90	29	99.90
100	3	99.99
110	3	99.99
120	3	99.99
130	3	99.99
150	2	99.99

注：未消毒对照组的回收菌数为 29600cfu/mL。表内结果为 5 次试验平均值。

表 2-44 多聚甲醛熏蒸对不同物品上自然菌杀灭效果

物品	检测份数	阴性份数	灭菌合格率/%
缝线	24	24	100.0
电灼器	20	20	100.0
穿刺针	58	58	100.0
吸引管外壁	34	34	100.0
吸引管内壁	34	32	94.7

注：多聚甲醛用量为 l00mg/L，熏蒸 1h。

制备 多聚甲醛由 37%的甲醛在减压下蒸发，经催化缩合制备而得。

应用 多聚甲醛为甲醛的聚合物（高分子量聚甲醛），一般结构长度有 8～100 个单位。长链多聚甲醛常用于制作耐热塑胶。多聚甲醛分解快速，会释出稍具臭味的甲醛。多聚甲醛可用于熏烟消毒、杀菌，也可用于制备纯甲醛（可制福尔马林）。低温储存甲醛溶液便会缓慢生成多聚甲醛，以白色不溶物沉淀出来。

实际应用参考：

① 据试验，使用本品 17～24g/m^3 容积，即可对工作服、雨衣、布鞋等有效消毒，皮革及毛皮制品也可用此法防霉，但对金属制品或有金属附件的物品不能用多聚甲醛防霉。

② 图书资料防霉：多聚甲醛可在大气中慢慢挥发，在密闭空间中，剂量为 25g/m^3 的多聚甲醛可抑制专性及兼性的真菌生长。但该剂会使铁等金属生锈，故使用时务必注意。

法规 根据2015年版《化妆品安全技术规范》规定：该防腐剂在化妆品中使用时，最大允许浓度为0.2%（以游离甲醛计），禁用于喷雾产品。

多菌灵(BCM)
(carbendazim)

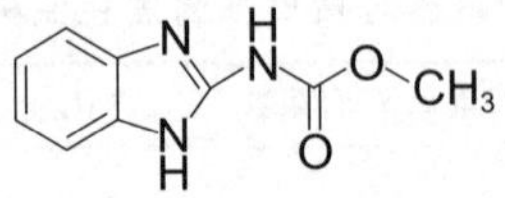

$C_9H_9N_3O_2$, 191.2, 10605-21-7

其他名称 苯并咪唑44

商品名称 Preventol® BCM、parmetol DF 39、Vancide BCM、万立清LV-660

化学名称 *N*-(2-苯并咪唑基)氨基甲酸甲酯

IUPAC名 1*H*-Benzimidazol-2-ylcarbamic acid，methyl ester

EC编码 [234-232-0]

多菌灵磷酸盐（carbendazim phosphate）

化学名称 磷酸多菌灵

IUPAC名 Carbamic acid，1H-benzimidazol-2-yl，methyl ester，phosphate

CAS登录号 [52316-55-9]

理化性质

多菌灵 白色结晶。熔点302～307℃（分解）。蒸气压0.09mPa（20℃）；0.15mPa（25℃）；1.3mPa（50℃）。相对密度（20℃）1.45。$\lg K_{ow}=1.38$（pH 5）、1.51（pH 7）、1.49（pH 9）。溶解度：水29mg/L（pH 4）、8mg/L（pH 7）、7mg/L（pH 8）（24℃）；二甲基酰胺5g/L、丙酮0.3g/L、乙醇0.3g/L、氯仿0.1g/L、乙酸乙酯0.135g/L、二氯甲烷0.068g/L、苯0.036g/L、环己烷<0.01g/L、乙醚<0.01g/L、己烷0.0005g/L（24℃）。稳定性：在熔点分解；50℃以下至少稳定存在2年。20000lx照明强度下稳定超过7d。碱性溶液中缓慢分解（22℃）；DT_{50}>350d（pH 5和pH 7），124d（pH 9）。pK_a 4.2，弱碱。

多菌灵磷酸盐 分子式$C_9H_{12}N_3O_6P$，分子量289.18。溶解度：水9g/L（pH 12）。

毒性

多菌灵 大、小鼠急性经口LD_{50}均大于5000～15000mg/kg，大鼠经皮LD_{50}>2000mg/kg，大鼠腹腔注射LD_{50}>15000mg/kg；不刺激兔皮肤和眼睛。对豚鼠皮肤不过敏。NOEL（2年）狗300mg/kg（饲料）（6～7mg/kg）。动物：雄大鼠单次经口摄入3mg/kg，在6h内66%的剂量随尿液排出。水生生物：鲤鱼LC_{50}（96h）0.61mg/L、

蓝腮翻车鱼 LC_{50}（96h）＞17.25mg/L、虹鳟鱼 LC_{50}（96h）0.83mg/L；水蚤 LC_{50}（48h）0.13～0.22mg/L。羊角月牙藻 EC_{50}（72h）1.3mg/L。

抗菌防霉效果　作用机制是在病原微生物细胞分裂的过程中，能与纺锤丝的微管蛋白质相结合，进而干扰有丝分裂，从而有效抑制病原菌的繁殖和生长，干扰脱氧核糖核酸的合成。多菌灵对子囊菌纲的某些病原菌和半知菌类中的大多数病原真菌有效，但在相对湿度大的条件下生长的毛霉、根霉和交链孢霉等效果较差。另外，对细菌和酵母菌的作用也弱。多菌灵对一些微生物的最低抑制浓度见表 2-45。

表 2-45　多菌灵对一些微生物的最低抑制浓度（MIC）

微生物	MIC/(mg/L)	微生物	MIC/(mg/L)
黑曲霉	10	球毛壳霉	3
变色曲霉	3	土曲霉	15
橘青霉	2	石膏样小孢子菌	98
宛氏拟青霉	15	大脑癣菌	98
芽枝霉	4	絮状癣菌	195
出芽短梗霉	4	石膏癣菌(毛)	98
枝孢霉	4	石膏癣菌(粉)	198
木霉	6		

制备　多菌灵的合成方法有多种，我国采用氰胺化钙法，即由氰胺化钙（石灰氮）与水制取氰胺氢钙，过滤分离出产生的氢氧化钙及残渣（也可以不先过滤，利用氢氧化钙作为后面工序的脱酸剂，在合成氰氨基甲酸甲酯后再过滤，这称为后过滤法；此法分离的残渣含有毒的有机杂质），然后将氰胺氢钙溶液与氯甲酸甲酯在氢氧化钠存在下进行反应，生成氰氨基甲酸甲酯溶液，再与邻苯二胺缩合得到多菌灵。

应用　多菌灵原是 1967 年美国杜邦公司开发杀菌剂苯菌灵的中间体，1969 年美国 G. P. 克莱蒙斯、C. A. 彼德森和 J. J. 西姆斯等分别报道了多菌灵的杀菌性质。1973 年英国的 H. 汉佩尔和 F. 劳契尔发表了多菌灵杀菌活性的报道，随后由德国和美国等国家开始生产推广。国内 1970 年沈阳化工研究院张少铭等也独立发现了多菌灵的杀菌性质。在 20 世纪 70 年代中期，中国和德国已先后实现工业生产。到 20 世纪 80 年代，多菌灵在中国已发展成产量最大的内吸杀菌剂品种。

多菌灵是一种广泛使用的广谱苯并咪唑类杀菌剂，也是苯菌灵的代谢产物。主要应用于纺织品、涂料、铜版纸、皮革、工艺品、塑料等方面的防霉。亦作农业杀菌剂或水果保鲜剂。注意：①若与对氯间二甲苯酚复配使用，可治疗癣症。②与福美双、ZnO 复配，可以明显提高药效，扩大杀菌谱。

苯并咪唑类杀菌剂主要有多菌灵、硫菌灵、甲基硫菌灵、苯菌灵、噻菌灵、麦穗宁及其主要代谢产物 2-氨基苯并咪唑。

实际应用参考：

① 皮革：于制革工艺的加脂或涂饰过程中加入 0.3%～0.5%的多菌灵，即能防止

皮革上的曲霉和青霉生长。但是，由于多菌灵不溶于油或水，因此，一般配制成多菌灵悬浮剂。另外，若能与百菌清合用，效果更好。

② 木材：采用涂刷或喷雾等方法，与等量的百菌清配合，对木材及其包装材料进行防霉处理，效果很好。其使用浓度一般为 0.5%左右。

③ 崔爱玲等报道，为开发防霉效果优良的木材用防霉剂，对 2-氨基甲酸甲酯苯并咪唑（多菌灵，MBC）进行改性，得到 2-氨基甲酸甲酯-5-甲基苯并咪唑（MMBC）。经检测 MMBC 处理材的防霉性和抗流失性，结果表明：MMBC 的防霉性优于传统防霉剂五氯酚钠，且流失率较改性前有所降低。

④ 经典配方（多菌灵＋OIT＋敌草隆）：强效防霉防藻，优异的稳定性，不黄变，低 VOC 配方干膜防真菌防藻剂，易溶于水性系统，对抑制真菌及藻类的生长具有广谱性。比如 Rocima 363、EPW、Mergal S89、万立清 LV-660 等。

法规

① 欧盟化学品管理局（ECHA）：根据指令 98/8/EC（BPD）或规则（EU）No.528/2012（BPR）提交了批准申请的所有活性物质/产品类型组合为 PT-7（干膜防霉剂）、PT-9（纤维、皮革、橡胶和聚合材料防腐剂）、PT-10（建筑材料防腐剂）。多菌灵（carbendazim）申请目前处于审核进行之中。

②《欧洲危险物质导则》第 29 次技术修订将含量≥0.1%的苯并咪唑氨基甲酸甲酯（BCM）防霉剂列为Ⅱ类致变物和Ⅱ类重现毒性物。假定干膜防霉抗藻剂中苯并咪唑氨基甲酸甲酯（BCM）含量为 10%，干膜防霉抗藻剂（BCM）在乳胶漆配方中添加量为 1%，则涂料中苯并咪唑氨基甲酸甲酯（BCM）含量刚好为 0.1%，也就是说，涂料配方中干膜防霉抗藻剂的添加量≥1% 时，要在外包装上用标志明示。

③ GB/T 35602—2017（绿色产品评价 涂料）规定：多菌灵（BCM）在涂料领域不得添加。实施日期为 2018 年 7 月 1 日。

敌菌灵
(anilazine)

$C_9H_5Cl_3N_4$, 275.5, 101-05-3

其他名称 防霉灵、代灵、Dyrene

化学名称 2,4-二氯-6-(2-氯代苯氨基)-1,3,5-三嗪

IUPAC 名 4,6-dichloro-*N*-(2-chlorophenyl)-1,3,5-triazin-2-amine

EC 编码　［202-910-5］

理化性质　纯品为白色至黄色结晶。沸点 180℃（分解）。熔点 159～160℃。密度（20℃）1.700g/mL。$\lg K_{ow}=3.88$。溶解度（30℃）：微溶于水，甲苯 5g/100mL，二甲苯 4g/100mL，丙酮 10g/100mL。稳定性：中性和弱酸性介质中较稳定；在碱性介质中受热易分解。DT_{50}（22℃）730h（pH 4），790h（pH 7），22h（pH 9）。

毒性　大鼠急性经口 LD_{50}>5g/kg。兔急性经皮 LD_{50}>9.4g/kg。长时间与皮肤接触有刺激性。在试验条件下，未见致癌作用。水生生物：虹鳟 LC_{50}（48h）0.15mg/L。蓝鳃 LC_{50}（96h）<1.0mg/L。

抗菌防霉效果　敌菌灵具有很强的抑制孢子发芽能力，对真菌效果好，能杀死交链孢属、尾孢属、葡柄霉属、葡萄孢属等霉菌，对植物病害也有良好的防治效果。其对部分微生物最低抑制浓度见表 2-46。

表 2-46　敌菌灵对常见微生物的最低抑制浓度（MIC）

微生物	MIC/(mg/L)	微生物	MIC/(mg/L)
链格孢	200	黑曲霉	>1000
出芽短梗霉	200	球毛壳菌	200
枝孢孢菌	100	青霉	>1000
绿色木霉	>1000		

制备　邻硝基氯苯还原制得邻氯苯胺，三聚氯氰的制备方法见均三嗪类除草剂。在缚酸剂存在下，邻氯苯胺与三聚氯氰于 85℃反应制得敌菌灵。

应用　敌菌灵可用于工业材料及其制品的防霉；亦是农用杀菌剂。

实际应用参考：

广谱性、内吸性杀菌剂。主要用于叶面喷雾，对交链孢属、尾孢属、葡柄霉属、葡萄孢属等真菌有特效。能防治水稻稻瘟病、胡麻叶斑病、瓜类炭疽病、霜霉病、黑星病、烟草赤星病、番茄斑枯病以及各种作物的灰霉病。使用浓度一般为 50%可湿性粉剂 400～500 倍液喷雾，推荐使用量为 16.8～33.6g 有效成分/100m^2。

丁基羟基茴香醚(BHA)
(butylated hydroxyanisole)

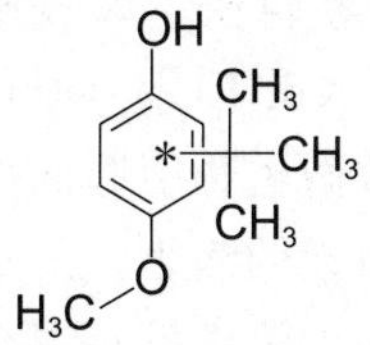

$C_{11}H_{16}O_2$, 180.2, 25013-16-5

其他名称　丁基羟基苯甲醚、丁基大茴香醚

化学名称　叔丁基-4-羟基苯甲醚

IUPAC 名　2-*tert*-butyl-4-methoxyphenol

EC 编码　[204-442-7]

理化性质　本品为3-BHA和2-BHA的化合物。纯品为白色至微黄色结晶或蜡状固体，略有特殊气味。熔程48～63℃。沸点264～270℃。$\lg K_{ow}=3.500$。溶解度：不溶于水，易溶于乙醇、丙二醇。稳定性：长期储存则带黄棕色，有特异的酚类臭和刺激性气味。对热相当稳定，在弱碱性条件下不容易破坏。

毒性　小鼠急性经口 LD_{50} 1100mg/kg。大鼠急性经口 LD_{50} 2000mg/kg。大鼠腹腔注射 LD_{50} 881mg/kg（来源：Pubchem）。

抗菌防霉效果　丁基羟基茴香醚（BHA）对常见的食品污染菌有一定的防治效果。对细菌的最低抑制浓度一般在50～400mg/L，对霉菌的最低抑制浓度一般在25～1000mg/L，对酵母菌的最低抑制浓度一般在125～250mg/L。

制备　以对氨基苯甲醚和亚硫酸钠为原料，在硫酸的存在下进行重氮化，经过滤、水解、蒸馏制得。或者将溶剂苯、叔丁醇和对羟基苯甲醚依次加入反应釜反应而得。

应用　BHA主要作食品和饲料的抗氧化剂和防腐剂。

碘甲烷
(iodomethane)

CH_3I，141.94，74-88-4

其他名称　甲基碘，methyl iodide

IUPAC 名　iodomethane

EC 编码　[200-819-5]

理化性质　无色至浅黄色液体，刺激性味道。沸点（760mmHg）42.4℃（NTP，1992年）。熔点－66.5℃。$\lg K_{ow}=1.51$。溶解度：水14.2g/L（25℃）。稳定性：与强氧化剂、金属粉和还原剂不相容。

毒性　雄大鼠急性经口 LD_{50} 80mg/kg，雌大鼠急性经口 LD_{50} 132mg/kg。兔急性经皮 LD_{50}＞2000mg/kg，对皮肤中等刺激。大鼠吸入 LD_{50}（4h）691mg/L。水生生物：虹鳟鱼 LC_{50}（96h）1.4mg/L。水蚤 EC_{50}（48h）0.57mg/L。

抗菌防霉效果　碘甲烷对大多数微生物引起的病害均有一定的防治性能。病害防治包括腐霉属、镰刀属、轮枝孢属等引起的病害。剂量134～263kg/hm^2。

制备　在搅拌下将碘化钾、水和少量碳酸钙混合均匀，滴加硫酸二甲酯反应而得。

应用　2004年日本登记用于木材，2007年在美国登记用作土壤熏蒸剂。

实际应用参考：使碘甲烷溶解在二氧化碳气体中的药剂的使用量，即熏蒸所必需的碘甲烷的量（气化量）根据处理体系的密封状态、处理区域的温度、处理时间等具体实施条件的不同而不同，在密封条件下、环境温度为10～25℃、处理时间为24～48h下进行熏蒸时，以50～110g原药/m^3的药量即可以完全地杀死木材寄生线虫。

度米芬
(domiphen bromide)

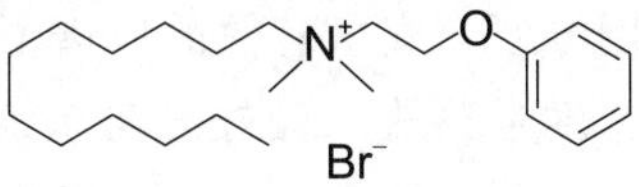

$C_{22}H_{40}BrNO$, 414.5, 538-71-6

其他名称 PDDB、消毒宁

商品名称 Bradosol

化学名称 十二烷基二甲基2-苯氧乙基溴化铵

IUPAC名 dodecyldimethyl（2-phenoxyethyl）azanium bromide

EC编码 ［208-702-0］

理化性质 纯品为白色或微黄色结晶性片剂，味微苦。熔点112～113℃。蒸气压（25℃）3.1×10^{-11}mmHg。pH值（10%水溶液）6.42。lgK_{ow}=4.20（估算）。溶解度（20℃）：水50g/100g，乙醇50g/100g。稳定性：阳离子，阴离子慎用。

毒性 小鼠静脉注射LD_{50} 31mg/kg。兔静脉注射LD_{50} 11mg/kg。大鼠静脉注射LD_{50} 18mg/kg。大鼠腹腔注射LD_{50} 40mg/kg（来源：Pubchem）。

抗菌防霉效果 广谱消毒剂，对化脓性病原菌、肠道菌与部分病毒有较好的杀灭能力；对结核杆菌与真菌的杀灭效果较差；对细菌芽孢仅有抑制作用。对革兰氏阳性菌的杀灭作用比对革兰氏阴性菌强。

本品对一般细菌的杀灭作用较新洁而灭为强，其杀菌、抑菌浓度见表2-47。

表2-47 度米芬杀菌、抑菌的临界浓度

菌种	临界浓度	
	杀菌	抑菌
金黄色葡萄球菌	1∶400000	1∶1000000
枯草芽孢杆菌	1∶200000	1∶1000000
大肠杆菌	1∶40000	1∶40000
白假丝酵母	1∶1000000	1∶2000000
铜绿假单胞杆菌	1∶10000	1∶10000

续表

菌种	临界浓度	
	杀菌	抑菌
产气荚膜杆菌	1∶400	1∶1000
破伤风芽孢杆菌	1∶40	1∶200

制备 度米芬以十二烷基二甲基叔胺和2-溴苯乙醚为原料制得。

应用 我国已于20世纪60年代初合成出度米芬。尹翠等报道，度米芬（称消毒宁）具有灭菌效果好、用量少和不良反应低的优点，对革兰氏阳性、阴性菌及真菌都有杀灭作用，是应用范围广、使用方便、安全有效的广谱型灭菌剂。以杀灭河水中大肠杆菌为例，新洁尔灭的作用较差，度米芬效果最好。与单链季铵盐（如苯扎溴铵）相比，度米芬对物品损害较轻微，对皮肤刺激性小。注意：度米芬作用在碱性中得到增强。

实际应用参考：

污染物表面消毒：可用0.1%～0.5%度米芬溶液喷洒、浸泡或擦拭，作用60min。金属器械消毒：用0.05%的水溶液或含有硝酸钠（0.5%）的水溶液。饮食用具消毒：可用0.005%水溶液浸泡。公共用具的消毒：可用0.05%水溶液。食品工业的消毒：用0.02%～0.05%水溶液。水果玩具的消毒：0.01%水溶液浸泡或抹洗。五官科用药：可用于口腔和皮肤消毒以及皮肤、黏膜、局部感染及器械等消毒。

对羟基苯甲酸苄酯
(benzyl paraben)

HO

$C_{14}H_{12}O_3$, 228.3, 94-18-8

其他名称 对羟基苯甲酸苯甲酯、PHBA苄基酯

商品名称 Nipabenzyl、Unisept BZ

化学名称 4-羟基苯甲酸苄酯

IUPAC名 benzyl 4-hydroxybenzoate

EC编码 [202-311-9]

理化性质 白色结晶性粉末。熔点108～113℃。蒸气压（25℃）3.37×10^{-6} mmHg。溶解度（25℃）：水108mg/L。稳定性：pH值3～9体系稳定。

毒性 J. Amer. Coll. 1986年报道，通常在化妆品中使用的浓度可以被认为对羟基苯甲酸苄酯是安全的。

抗菌防霉效果 对羟基苯甲酸苄酯对常规的细菌均有一定的抑制效果，具体详见表2-48。

表 2-48 对羟基苯甲酸苄酯对常见微生物的最低抑制浓度（MIC）

微生物	MIC/(mg/L)	微生物	MIC/(mg/L)
大肠杆菌	160	肺炎克雷伯菌	160
铜绿假单胞杆菌	160	荧光假单胞杆菌	160
金黄色葡萄球菌	120	白色念珠菌	250
黑曲霉	1000	青霉	500

（来源：Wallhaüsser，1984 年）

制备 对羟基苯甲酸苄酯由溴化苄和对羟基苯甲酸合成而得。

应用 对羟基苯甲酸苄酯曾广泛适用于化妆品防腐或食品添加剂；亦作化学品中间体。

对羟基苯乙酮 [1-(4-hydroxyphenyl)ethanone]

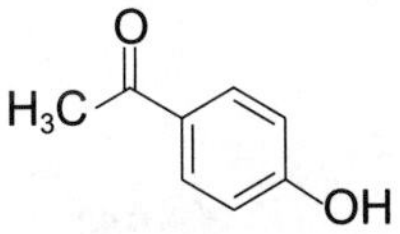

$C_8H_8O_2$, 136.2, 99-93-4

其他名称 4-HAP、4-(羟基苯基)甲基酮、对乙酰基苯酚

化学名称 4′-羟基苯乙酮

IUPAC 名 1-(4-hydroxyphenyl)ethanone

INCI 名称 hydroxyacetophenone

EC 编码 [202-802-8]

理化性质 白色粉末。沸点（常压）147～148℃。熔点 109～111℃。蒸气压（25℃）7.48×10^{-3}mmHg。密度（25℃）1.109g/mL。溶解度：水 9900mg/L；易溶于乙醇、乙醚。pK_a=8.05（25℃）。

毒性 小鼠腹腔注射 LD_{50} 200mg/kg。小鼠急性经口 LD_{50} 1500mg/kg。经过人体测试，针对面膜使用过程中常规遇到的灼烧感和刺痛感进行了比较，对羟基苯乙酮较苯氧乙醇具有显著的优势，温和很多，更适用于在面膜等产品中使用。

抗菌防霉效果 从分子结构看，对羟基苯乙酮具有酚的特性，是一款防腐促进剂，兼具抗氧化、抗刺激性等多重功效，其抗氧性及抑菌性都来自于羟基基团。其抗菌数据见表 2-49。

表 2-49 对羟基苯乙酮对常见微生物的最低抑制浓度（MIC)

微生物	MIC/%	微生物	MIC/%
大肠杆菌(EC)	0.4	铜绿假单胞杆菌(PA)	0.4
金黄色葡萄球菌(SA)	0.6	白色念珠菌(CA)	0.6
巴西曲霉(AB)	0.4		

制备 对羟基苯乙酮由苯酚经酰化、转位而得。

应用 对羟基苯乙酮作为促进防腐功效的新型原料，凭借宽泛 pH 适用范围和较宽温度适用范围，使其适用于各类化妆品配方，包括防晒和香波。

实际应用参考：

① 利用多元醇的抑制细菌特性与对羟基苯乙酮的抑制真菌特性，可进行多种组合复配：当1,2-己二醇浓度为 1.0%时，有一定杀细菌性能；当对羟基苯乙酮浓度为0.5%时，对真菌有杀灭能力。当二者质量比为0.5∶0.5 或0.8∶0.4 时，可通过乳液、膏霜和凝胶中的防腐挑战试验。

② 对羟基苯乙酮、多元醇与山梨坦辛酸酯的复合应用，显示了良好的防腐性能，包含如下质量分数的组分：1,2-己二醇 10%～70%、1,2-戊二醇 5%～10%、山梨坦辛酸酯 5%～10%、茴香酸 2%～5%、对羟基苯乙酮 5%～10%，中草药提取物1%～5%。该体系所用的原料都是安全、无刺激的化合物和天然提取物，对人体皮肤无伤害。

代森铵
(amobam)

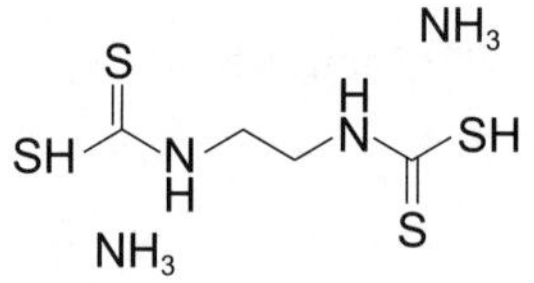

$C_4H_{14}N_4S_4$, 246.4, 3566-10-7

其他名称 亚乙基双（二硫代氨基甲酸铵）

化学名称 1,2-亚乙基双二硫代氨基甲酸铵

IUPAC 名 diazanium；*N*-[2-(sulfidocarbothioylamino)ethyl]carbamodithioate

EC 编码 [222-651-1]

理化性质 纯品为无色结晶，原药为橙黄色或淡黄色水溶液，呈弱碱性，有氨和硫化氢臭味。相对密度 1.1～1.2（25℃)。溶解度：易溶于水，微溶于乙醇、丙酮，不溶于苯。稳定性：在空气中不稳定；水溶液化学性质较稳定，但在温度高于 40℃ 时易分

解；遇酸性物质也易分解。

毒性 大鼠急性经口 LD_{50} 395mg/kg，小鼠急性经口 LD_{50} 540mg/kg（来源：Pubchem）。

抗菌防霉效果 代森铵在较低的浓度下，即对细菌、真菌、酵母和藻类有效。实验室试验菌的抗菌情况：浓度 0.5%代森铵的纸片抑菌圈霉菌为 28mm，细菌为 30mm。

应用 代森铵可作为水处理杀菌剂、灭藻剂及养蚕用药剂，使用浓度在 $(5\times10^{-6})\sim(100\times10^{-6})$。

代森锰
(maneb)

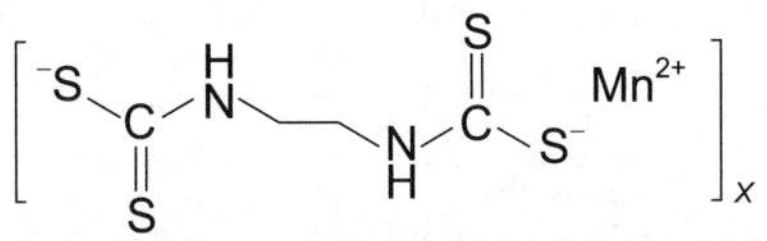

$C_4H_6MnN_2S_4$, 265.3, 12427-38-2

其他名称 MEB

化学名称 亚乙基双（二硫代氨基甲酸）锰（聚合的）

IUPAC 名 manganese(2+)*N*-[2-(sulfidocarbothioylamino)ethyl]carbamodithioate

EC 编码 [235-654-8]

理化性质 黄色结晶晶体。沸点 308.2℃。熔点 192～204℃（分解，不熔化）。相对密度 1.92。溶解度：水 6.0mg/L，几乎不溶于水和一般溶剂；溶于螯合剂（如 EDTA 钠盐）形成络合物。稳定性：长期暴露在空气或湿气中分解。水解 DT_{50} <24h（pH 5，pH 7，pH 9）。

毒性 大鼠急性经口 LD_{50} >5000mg/kg。大鼠和兔急性经皮 LD_{50} >5000mg/kg。对兔眼睛有中等刺激，对皮肤无刺激。大鼠吸入 LC_{50}（4h）>3.8mg/L（空气）。动物：大鼠代谢产物包括亚乙基二胺、硫代亚乙基双（秋兰姆）一硫化物、亚乙基双硫脲。水生生物：鲤鱼 LC_{50}（48h）1.8mg/L。

抗菌防霉效果 代森锰作用机制为非特异性硫醇反应剂，抑制呼吸。该化合物对常见的微生物具有不错的抑制效果。

制备 由代森铵与氧化锰反应而得。

应用 代森锰是一种聚合二硫代氨基甲酸盐，适用于海洋防污涂料；还可作农业杀真菌剂。

代森锰锌
(mancozeb)

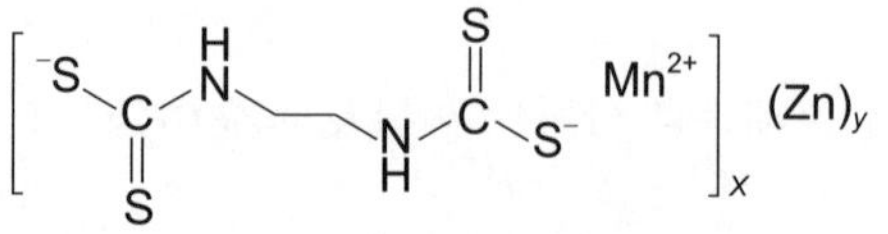

$x : y = 1 : 0.091$

$[C_4H_6MnN_2S_4]_xZn_y$，271.2(基于结构)

其他名称 Dithane M-45、大生、速克净

化学名称 亚乙基双（二硫代氨基甲酸）锰（聚合）与锌盐配合物

CAS登录号 [8018-01-7]，曾用 [8065-67-6]；号码也适用于其他亚乙基双（二硫代氨基甲酸）锰锌配合物

EC编码 [616-995-5]

理化性质 代森锰锌为锌和代森锰的混合物，含有20%锰和2.55%锌，以盐存在（如代森锰锌氯化物）。外观呈灰黄色粉末，具有轻微的硫化氢气味。172℃以上分解。蒸气压（20℃）$<1.33\times10^{-2}$mPa（根据相似的离子固体估计）。$\lg K_{ow}=0.26$。相对密度1.99（20℃）。溶解度：水6.2mg/L（pH 7.5，25℃）；在绝大多数有机溶剂中不溶，在强螯合剂溶液中解聚但不会析出。稳定性：在正常、干燥的储存条件下稳定，遇热、遇湿慢慢分解。25℃平均水解 DT_{50} 20h（pH 5）、21h（pH 7）、27h（pH 9）。代森锰锌有效成分不稳定且原药不仅能分离，而且可直接生产各种制剂。$pK_a=10.3$。

毒性 大鼠急性经口 $LD_{50}>5000$mg/kg。大鼠急性经皮 $LD_{50}>10000$mg/kg，兔急性经皮 $LD_{50}>5000$mg/kg。对兔皮肤无刺激，对眼睛刺激为类别Ⅲ（EPA分类）。大鼠急性吸入 LC_{50}（4h）>5.14mg/L。NOEL：大鼠慢性NOAEL（2年）4.8mg/(kg·d)，亚乙基硫脲对大鼠慢性NOAEL（2年）0.37 mg/(kg·d)。对繁殖、新生儿存活和成长发育无影响。动物：在动物体内很少吸收且快速排出。代谢物可形成甘氨酸，可与天然物质很好相容。水生生物：虹鳟鱼 LC_{50}（96h，流动）1.0mg/L。水蚤 EC_{50}（24h）0.11mg/L。羊角月牙藻 EC_{50}（120h，细胞密度）0.44mg/L。

抗菌防霉效果 代森锰锌主要与氨基酸的巯基和真菌细胞的酶反应而使其失去活性，干扰脂质代谢、呼吸和ATP产生。该化合物对细菌、霉菌、酵母菌、藻类均有效，其生物活性居代森锰和代森锌之间，杀菌性与代森锰相仿。代森锰锌对一些微生物的最低抑制浓度见表2-50。

表 2-50 代森锰锌对一些微生物的最低抑制浓度（MIC）

微生物	MIC/(mg/L)	微生物	MIC/(mg/L)
黑曲霉	80	巨大芽孢杆菌	15
黄曲霉	80	大肠杆菌	10
变色曲霉	15	金黄色葡萄球菌	40
球毛壳霉	50	枯草杆菌	10
蜡叶芽枝霉	2.5	荧光假单胞杆菌	80
橘青霉	20	啤酒酵母	10
宛氏拟青霉	10	酒精酵母	15
链格孢霉	10		

制备 代森锰锌由代森钠、氯化锰、硫酸锌等原料反应制备而成。

应用 代森锰锌可用作涂料添加剂（防真菌、细菌和酵母菌等）、水处理剂（防治真菌、细菌、酵母菌等）、蚕硬化病防治剂、动物用皮肤治疗剂、红藻类（紫菜）养殖用药剂、渔网防藻剂、船漆防污剂等，通常使用浓度为 20～50mg/L。代森锰锌亦为一个重要的农用杀菌剂。

代森钠
(nabam)

Na^+ ^-S–C(=S)–NH–CH_2CH_2–NH–C(=S)–S^- Na^+

$C_4H_6N_2Na_2S_4$, 256.3, 142-59-6

其他名称 亚乙基双二硫代氨基甲酸钠、DSE

IUPAC 名 disodium *N*-[2-(sulfidocarbothioylamino)ethyl]carbamodithioate

EC 编码 [205-547-0]

理化性质 纯品为含六个结晶水的固体。加热分解而不熔化。蒸气压非常低。溶解度：水 200g/L（室温）；不溶于普通有机溶剂。稳定性：遇光、潮气和热分解，其水溶液稳定。在曝气中水溶液沉淀出淡黄色混合物，主要的杀菌成分是硫和 etem（伊特姆）。

毒性 大鼠急性经口 LD_{50} 395mg/kg。小鼠急性经口 LD_{50} 580mg/kg。该药剂对

眼、上呼吸道和皮肤有刺激作用。NOEL：大鼠连续 10d 接受 1000～2500mg/kg（饲料），显示有甲状腺肿大现象（来源：Pharmacol. Exp. Ther，1953 年）。

抗菌防霉效果 代森钠的作用机制是主要先转化为异硫氰酸酯，其后再与巯基结合。一般以 20～50mg/kg 的浓度即可抑制常见真菌、细菌、酵母菌和藻类的生长。

制备 代森钠由乙二胺和二硫化碳在氢氧化钠存在下反应而得。

应用 代森钠作杀菌剂、杀藻剂、杀黏液菌剂。主要防治造纸厂白水中黏液的生物群形成，亦可用于防治各类工业水体中有害生物藻类、浮萍、黏液菌，或作为腐败性废弃物恶臭抑制剂。亦作农业杀菌剂。

对叔戊基苯酚
(*p*-*t*-amylphenol)

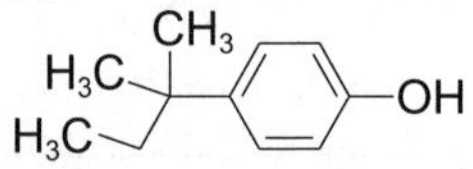

$C_{11}H_{16}O$, 164.3, 80-46-6

其他名称 PTAP

商品名称 Nipacide® PTAP

化学名称 4-叔戊基苯酚

IUPAC 名 4-(2-methylbutan-2-yl)phenol

EC 编码 [201-280-9]

理化性质 无色结晶，具有酚类气味。沸点（760mmHg）262.5℃。熔点 87.8～96.1℃。蒸气压（25℃）2.00×10^{-3} mmHg。密度（20℃）0.9624g/mL。闪点 111.1℃。$\lg K_{ow}$=4.03。溶解度（20℃）：水 2g/L；易溶于大多数有机溶剂。稳定性：正常条件下稳定。

毒性 大鼠急性经口 LD_{50} 1830mg/kg。大鼠急性经皮 LD_{50} 2000mg/kg。腐蚀皮肤和黏膜。黑头呆鱼 LC_{50}（96h）2.5mg/L（来源：SCHENECTADY）。

抗菌防霉效果 对叔戊基苯酚具有良好的杀菌活性。10min 内的杀菌浓度：铜绿假单胞菌＞1.0g/L；霍乱沙门氏菌 0.4g/L；金黄色葡萄球菌 0.5g/L（来源：Block，1983 年）。

制备 对叔戊基苯酚由叔戊醇与苯酚缩合制备。

应用 对叔戊基苯酚主要作消毒剂、熏蒸剂，亦作化学中间体。注意：接触可能引起严重的皮肤灼伤和眼睛损伤。

代森锌
(zineb)

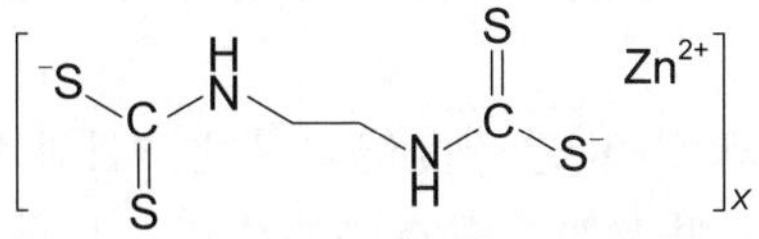

[Structure: $[{}^{-}S-C(=S)-NH-CH_2CH_2-NH-C(=S)-S^{-}\ Zn^{2+}]_x$]

$(C_4H_6N_2S_4Zn)_x$, 12122-67-7

其他名称 亚乙基-1,2-双二硫代氨基甲酸锌

化学名称 亚乙基双（二硫代氨基）甲酸锌（聚合）

IUPAC 名 zinc *N*-[2-(sulfidocarbothioylamino)ethyl]carbamodithioate

EC 编码 [235-180-1]

理化性质 纯品为浅黄色或白色粉末。熔点：157℃分解而未熔化。蒸气压（20℃）＜0.01mPa。$\lg K_{ow}$＜1.3（20℃）。溶解度：水 10mg/L（室温）；几乎不溶于一般有机溶剂；微溶于吡啶；溶于一些螯合剂，如乙二胺四乙酸盐，但不能从中再回收。稳定性：长期储存对光、水和加热不稳定（稳定剂可减少分解）。从浓缩液中沉淀得到的聚合物杀菌活性较低。闪点 90℃，自燃点 149℃。

毒性 大鼠急性经口 LD_{50}＞5200mg/kg。大鼠急性经皮 LD_{50}＞6000mg/kg。对皮肤和黏膜有轻微刺激性。NOEL 在饲喂试验中，大鼠接受 10000mg/kg（饲料）剂量 74 周内生长受抑制。水生生物：石斑鱼 LC_{50} 6～8mg/L，鲈鱼 LC_{50} 2mg/L。

抗菌防霉效果 代森锌（zineb）属于非特定硫醇反应物，抑制呼吸作用。代森锌（zineb）对霉菌有较好的防治效果，尤其对黄曲霉、宛氏拟青霉、变色曲霉、球毛壳霉等有良好的抑杀作用。代森锌对一些微生物的最低抑制浓度见表 2-51。

表 2-51 代森锌（zineb）对一些微生物的最低抑制浓度（MIC）

微生物	MIC/(mg/L)	微生物	MIC/(mg/L)
黑曲霉	＞500	巨大芽孢杆菌	400
黄曲霉	2.5	大肠杆菌	400
变色曲霉	5	金黄色葡萄球菌	150
球毛壳霉	5	枯草杆菌	150
蜡叶芽枝霉	15	荧光假单胞杆菌	＞500
橘青霉	15	啤酒酵母	＞500
宛氏拟青霉	2.5	酒精酵母	200
链格孢霉	＞100		

制备 代森锌（zineb）由乙二胺、二硫化碳和氢氧化钠在 30～35℃下反应生成代

森钠，再与氯化锌或硫酸锌反应生成产品。

应用 代森锌（zineb）可作工业抗菌防霉剂，如作涂料添加剂（防治霉菌、细菌、酵母菌所产生的各种污染）以及工业用水处理剂（细菌、霉菌、酵母菌等）；亦可作红藻类养殖用药剂、渔网防藻剂、船漆防污剂。本身亦是常用的农业杀菌剂。

实际应用参考：

代森锌（zineb）已在欧盟 BPR 进行登记，其化学性质较不稳定，易分解放出二硫化碳和硫化氢，并对人体的皮肤和眼睛具有刺激作用，目前仅在传统的溶蚀型防污涂料中还有所应用。

法规 欧盟化学品管理局（ECHA）：2014 年，欧盟生物杀灭剂产品委员会（BPC）发布法规（EU）2016/92，批准代森锌（zineb）作为第 21 类（海洋防污剂）生物杀灭剂产品的活性物质。批准日期 2016 年 1 月 1 日，批准期满 2026 年 1 月 1 日。

丁香酚
(eugenol)

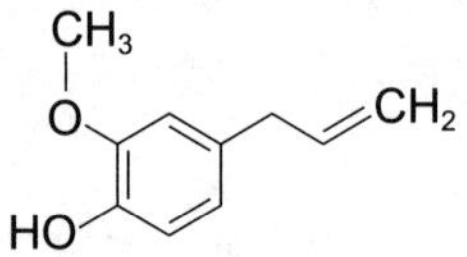

$C_{10}H_{12}O_2$, 164.2, 97-53-0

其他名称 丁香油酚、丁子香酚

化学名称 2-甲氧基-4-(2-丙烯基)苯酚

IUPAC 名 2-methoxy-4-prop-2-enylphenol

EC 编码 [202-589-1]

理化性质 纯品为无色至淡黄色微稠厚液体。熔点－9.2℃。沸点 250～255℃。相对密度 1.065。$\lg K_{ow}=2.27$。溶解度：水 2460mg/L（25℃）；能与乙醇、乙醚、氯仿和油类混溶，溶于乙酸和苛性碱。稳定性：在空气中颜色逐渐变深变稠。$pK_a=10.19$。

毒性 小鼠腹腔注射 LD_{50} 500mg/kg。小鼠静脉注射 LD_{50} 72mg/kg。小鼠急性经口 LD_{50} 3000mg/kg（来源：Food and Cosmetics Toxicology，1964 年）。

抗菌防霉效果 吕世明等报道应用微量稀释法对丁香酚体外抑菌活性进行了研究，结果表明，丁香酚对 12 种常见细菌具有较好的抑菌作用，其中对大肠杆菌 ATCC 25922 效果最好，其最低抑菌浓度（MIC）、最低杀菌浓度（MBC）分别为 5μg/mL 和 10μg/mL；对蜡状芽孢菌作用较差，MIC 和 MBC 分别为 320μg/mL 和 640μg/mL；其余菌株的 MIC 和 MBC 分别为 20～80μg/mL 和 40～160μg/mL。

制备 丁香酚主要存在于丁香罗勒油及樟属肉桂叶油内，是多种芳香油的成分，尤以丁香油、桂叶油、罗勒油、月桂油含量最多。丁香酚尽管也可用合成的方法制备，但工业上一般都从植物或芳香油中分离萃取制得。

应用 丁香酚可应用于化妆品、粮食、蔬菜、水果中的保鲜、防腐。

对硝基苯酚
(4-nitrophenol)

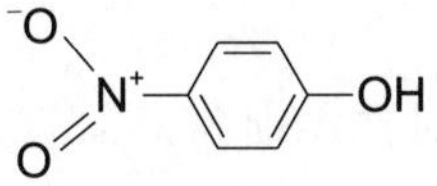

$C_6H_5O_3N$, 139.1, 100-02-7

其他名称 对硝基酚

化学名称 4-硝基-1-羟基苯

IUPAC 名 4-nitrophenol

EC 编码 [202-811-7]

理化性质 纯品为无色或浅黄色结晶。熔点 114～116℃，沸点 279℃。相对密度 1.270。$\lg K_{ow}=1.91$。溶解度：水 1.16×10^4mg/L（20℃）；易溶于醇、醚、氯仿。稳定性：不易随蒸汽挥发；能升华。$pK_a=7.15$。

毒性 大鼠急性经皮 LD_{50} 1024mg/kg。大鼠急性经口 LD_{50} 202mg/kg。小鼠腹腔注射 LD_{50} 75mg/kg。小鼠急性经口 LD_{50} 282mg/kg（来源：Pubchem）。

抗菌防霉效果 对硝基酚对霉菌、细菌、酵母菌等多种微生物显示较好效果，其抗菌力与苯酚相似。对皮革中常见的橘青霉、拟青霉、红色青霉、黑曲霉等均有较好效果，对细菌也有一定效果。

制备 由苯酚经硝化成邻硝基苯酚和对硝基苯酚，再经蒸汽蒸馏分出邻硝基苯酚后而制得，也可由对氯硝基苯经水解而成。

应用 对硝基酚是常用的皮革和合成革的防霉剂，常用量为 0.5%。另外，可以作为纺织品、帆布漆布漆纸的防霉剂。

碘乙酰胺
(iodoacetamide)

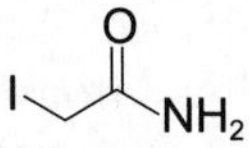

C_2H_4INO, 185.0, 144-48-9

其他名称　碘代乙酰胺

化学名称　2-碘乙酰胺

IUPAC 名　2-iodoacetamide

EC 编码　[205-630-1]

理化性质　无色结晶。熔点 94.5℃。蒸气压（25℃）5.06×10^{-3} mmHg。$\lg K_{ow}=-0.19$。溶解度（25℃）：水 7.57×10^{4} mg/L；溶于有机溶剂。稳定性：光敏感，强酸强碱中不稳定。

毒性　小鼠急性经口 LD_{50} 74mg/kg。小鼠静脉注射 LD_{50} 56mg/kg。小鼠腹腔注射 LD_{50} 50mg/kg。

抗菌防霉效果　卤代化合物，对常规细菌、霉菌和酵母菌抑制效果良好。2-碘乙酰胺对部分微生物最低抑制浓度见表 2-52。

表 2-52　2-碘乙酰胺对常见微生物的最低抑制浓度（MIC）

微生物	MIC/(mg/L)	微生物	MIC/(mg/L)
黑曲霉	500	球毛壳霉	200
青霉	100	黑根霉	200
大肠杆菌	50	铜绿假单胞杆菌	20

制备　碘乙酰胺由氯乙酰胺与碘化钠反应而得。将氯乙酰胺、无水丙酮、无水碘化钠在浴上回流 15h。冷至室温，滤出氯化钠，回收丙酮，稍冷后倒入硫酸氢钠的冰水中，然后用硫酸钠饱和溶液中和至 pH 6。冷却结晶，过滤得粗品。粗品用水重结晶，即得成品。

应用　2-碘乙酰胺可作工业杀菌消毒剂。

二碘甲基-4-氯苯基砜(Amical 77)
(diiodomethyl *p*-chlorophenyl sulfone)

$C_7H_5ClI_2O_2S$, 442.4, 20018-12-6

商品名称　Amical 77

IUPAC 名　1-chloro-4-(diiodomethylsulfonyl) benzene

理化性质　褐色粉末。熔点 134～138℃。溶解度（25℃）：水 0.0002g/L，乙醇 40g/L，异丙醇 20g/L，丙二醇 20g/L，丙酮 350g/L，甲苯 95g/L。稳定性：pH 值 4～

10之间稳定。

毒性　大鼠急性经口 LD_{50} 600mg/kg。小鼠急性经口 LD_{50} 3600mg/kg。虹鳟鱼 LC_{50} 0.14mg/L。蓝腮翻车鱼 LC_{50} 0.24mg/L（来源：ANGUS)。

抗菌防霉效果　杀菌性能参考二碘甲基对甲苯砜。

应用　二碘甲基-4-氯苯基砜主要用于塑料、木材、加工液、纺织、涂料、胶黏剂、密封胶、皮革和印刷用墨水等领域的抗菌防霉。注意：本品作为含碘化合物，使用时可能会导致一些黄变，尤其针对白色涂层。

二癸基二甲基碳酸铵
(didecyldimethylammonium carbonate)

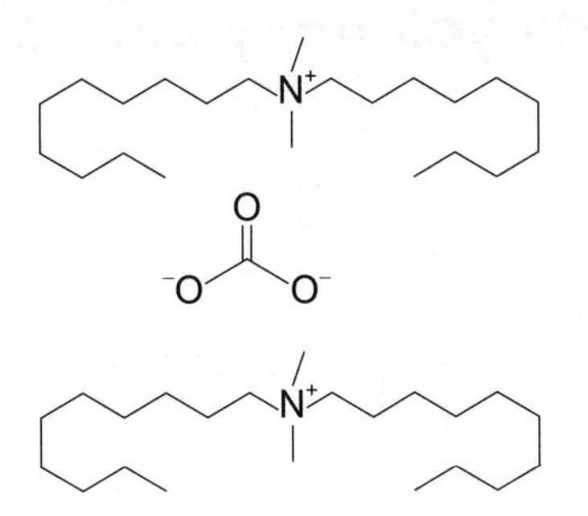

$C_{45}H_{96}N_2O_3$, 713.3, 148788-55-0

$C_{23}H_{49}NO_3$, 387.6, 148812-65-1

其他名称　DDACarbonate、二癸基二甲基铵碳酸盐

CAS登录号　[894406-76-9]（混合物）；[148788-55-0]（二癸基二甲基碳酸铵）＋[148812-65-1]（二癸基二甲基碳酸氢铵）

EC编码　[451-900-9]

理化性质　纯度79.7%，外观呈黄色固体（凝胶状）。熔点59～81℃（随黏度而变）。沸点（102～104kPa）107.8～266.4℃。蒸气压（25℃）7.7×10^{-3}Pa。相对密度（21.2℃±0.5℃）0.947。$\lg K_{ow}$＝0.053。溶解度（20℃±0.5℃）：水（最高至796g/L），甲醇（900g/L），辛醇（900g/L）。水解稳定性（DT_{50}，25℃）：368d（pH 5），175d（pH 7），506d（pH 9）。

毒性　大鼠急性经口 LD_{50} 245mg/kg。大鼠急性经皮 LD_{50}<1000mg/kg。

抗菌防霉效果　参考双十烷基二甲基氯化铵（DDAC）

应用　二癸基二甲基铵碳酸盐（DDACarbonate）可作杀菌消毒剂。应用可参考双十烷基二甲基氯化铵（DDAC）。

法规　欧盟化学品管理局（ECHA）：2012 年，欧盟生物杀灭剂产品委员会（BPC）发布法规 2012/22/EU，批准二癸基二甲基铵碳酸盐（DDACarbonate）作为第 8 类（木材防腐剂）生物杀灭剂产品的活性物质。批准日期 2013 年 2 月 1 日，批准期满 2023 年 2 月 1 日。

二环己胺(DCHA)
(dicyclohexylamine)

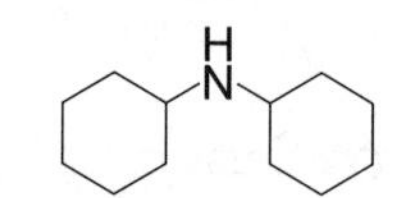

$C_{12}H_{23}N$, 181.3, 101-83-7

其他名称　十二氢二苯胺

化学名称　二环己基胺

IUPAC 名　*N*-cyclohexylcyclohexanamine

EC 编码　[202-980-7]

理化性质　本品为无色液体，有鱼腥味。沸点（760mmHg）256℃。凝固点－0.1℃。蒸气压（25℃）0.0442hPa。相对密度（25℃）0.9104。折射率（25℃）0.9104。折射率（35℃）1.4823。pH 值（1g/L，20℃）11.5。闪点 106℃。溶解度：水 0.8g/L（25℃）；溶于乙醇、乙醚等。稳定性：在大气中，被光化学产生的羟基自由基降解。半衰期约为 2.9h。pK_a＝10.39（25℃）。

毒性　小鼠急性经口 LD_{50} 500mg/kg。小鼠皮下注射 LD_{50} 135mg/kg。大鼠急性经口 LD_{50} 375mg/kg。接触本品对眼睛、皮肤和呼吸道都有强烈刺激性（来源：Pubchem）。

抗菌防霉效果　二环己胺对细菌，尤其对金属加工液的污染菌有效，例如铜绿假单胞杆菌、恶臭假单胞杆菌、普通变形杆菌、大肠杆菌、金黄色葡萄球菌等。

制备　以苯胺为原料，在催化剂存在下高温高压加氢，制得二环己胺。

应用　二环己胺主要在金属加工液中用作防腐剂和金属缓蚀剂，亦作酸性气体吸收剂、钢铁防锈剂或化学中间体。

3,5-二甲基苯酚
(3,5-dimethylphenol)

$C_8H_{10}O$, 122.2, 108-68-9

其他名称 3,5-二甲苯酚

化学名称 1-羟基-3,5-二甲基苯

IUPAC 名 3,5-dimethylphenol

EC 编码 [203-606-5]

理化性质 白色固体，酚类特征性气味。沸点（760mmHg）219.5℃。熔点 65～66℃。蒸气压（25℃）0.05hPa。闪点 80℃。$\lg K_{ow}=2.35$。溶解度（25℃）：水 5g/L；易溶于醇、丙酮、乙醚等有机溶剂。$pK_a=10.19$（25℃）。

毒性 大鼠急性经口 LD_{50} 608mg/kg。小鼠急性经口 LD_{50} 477mg/kg。小鼠腹腔注射 LD_{50} 156mg/kg。兔急性经口 LD_{50} 1313mg/kg。

抗菌防霉效果 3,5-二甲苯酚对常见的微生物均有一定的抑制效果，详见表 2-53。

表 2-53 3,5-二甲基苯酚对常见微生物的最低抑制浓度（MIC）

微生物	MIC/(mg/L)	微生物	MIC/(mg/L)
大肠杆菌	500	金黄色葡萄球菌	1000
黑曲霉	500	球毛壳霉	500
青霉	500		

制备 3,5-二甲酚由混合二甲酚精馏，结晶而成。

应用 3,5-二甲基苯酚可用作工业、农业和日化诸多水性领域防腐防霉，且有一定气相杀菌功效。

3,5-二甲基吡唑-1-甲醇
(3,5-dimethylpyrazole-1-methanol)

$C_6H_{10}N_2O$, 126.2, 85264-33-1

其他名称 二甲基羟甲基吡唑、1-羟甲基-3,5-二甲基吡唑

商品名称 Busan® 1104

IUPAC 名 (3,5-dimethylpyrazol-1-yl) methanol

EC 编码 [286-553-0]

理化性质 无味白色结晶粉末，含量接近100%（醛含量23.8%）。沸点110～113℃。堆积密度（25℃）493g/L。蒸气压（20℃）0.0034hPa。溶解度：水42g/L，丙二醇200g/L。稳定性：耐温达100℃，水中释放甲醛。

毒性 大鼠急性经口 LD_{50} 2600mg/kg。兔急性经皮 LD_{50} >2000mg/kg（来源：Buckman）。

抗菌防霉效果 3,5-二甲基吡唑-1-甲醇对细菌、霉菌和酵母菌均有较好的抑杀作用，尤其对化妆品污染菌，例如金黄色葡萄球菌、产气杆菌、链球菌等抑杀效果良好。具体抗菌数据详见表2-54。

表2-54 3,5-二甲基吡唑-1-甲醇对常见微生物的最低抑制浓度（MIC）

微生物	MIC/(mg/L)	微生物	MIC/(mg/L)
黑曲霉	>800	球毛壳菌	400
短柄帚霉	>800	铜绿假单胞杆菌	800
金黄色葡萄球菌	400		

制备 由甲醛和3,5-二甲基吡唑等原料制备而得。

应用 3,5-二甲基吡唑-1-甲醇可作为乳胶漆、黏合剂、润滑剂、聚合物乳液、洗涤剂、化妆品等罐内防腐剂，其在广泛的pH值（3～11）范围之间持久稳定。

2,6-二甲基-1,3-二噁烷-4-醇乙酸酯
(6-acetoxy-2,4-dimethylmdioxane)

$C_8H_{14}O_4$, 174.2, 828-00-2

其他名称 dimethoxane、acetomethoxane

商品名称 BIOBAN DXN

IUPAC 名 (2,6-dimethyl-1,3-dioxan-4-yl) acetate

EC 编码 [212-579-9]

理化性质 有效含量93%溶液，外观呈淡黄色至浅琥珀色黏稠液体，有独特气味。沸点（760mmHg）186.2℃（NPT，1992年）。密度（20℃）1.0655g/mL。蒸气压

(23℃) 0.15hPa。折射率 (n_D, 20℃) 1.4270～1.4320。闪点＞61.1℃。pH 值 (25℃) 约 5.8。溶解度：易溶于水和有机溶剂。稳定性：pH＜9 以内使用。在水溶液中缓慢水解成乙醛和乙酸。

市售商品含量一般为 85.0%～95.0%。

毒性 大鼠急性经口 LD_{50} 2457mg/kg。兔急性经皮 LD_{50}＞2000mg/kg。水生生物：水蚤 LC_{50} (48h) ＞24mg/L。

抗菌防霉效果 该化合物对常规微生物具有一定的抑制能力，对细菌的抑制效果更好一些。具体数据详见表 2-55。

表 2-55 2,6-二甲基-1,3-二噁烷-4-醇乙酸酯对常见微生物的最低抑制浓度 (MIC)

微生物	MIC/(mg/L)	微生物	MIC/(mg/L)
大肠杆菌	625	产气肠杆菌	625
铜绿假单胞杆菌	625	荧光假单胞杆菌	625
沙门氏菌	625	志贺氏杆菌	625
枯草芽孢杆菌	625	金黄色葡萄球菌	1250
黄曲霉	1250	黑曲霉	1250
土曲霉	1250	白色念珠菌	1250
酿酒酵母	2500		

(来源：DOW)

制备 由 2,6-二甲基-1,3-二噁烷-4-醇和乙酸酐反应制备。

应用 2,6-二甲基-1,3-二噁烷-4-醇乙酸酯作为工业胶黏剂配方的有效防腐剂，与大多数黏合剂配方（包括淀粉和聚醋酸乙烯酯）相容；还是一款特别有效的防腐剂，用于控制各种纺织化学品免于微生物污染；亦可作为颜料、增稠剂、油墨、有机硅乳液、涂料等罐内防腐剂。注意：该化合物水解成乙酸、乙醛等，导致体系 pH 值下降，添加碳酸钠即可调整。

二甲基二硫代氨基甲酸钾(KDD)
(potassium dimethyldithiocarbamate)

$H_3C-N(CH_3)-C(=S)-S-K$

$C_3H_6KNS_2$, 159.3, 128-03-0

其他名称 福美钾

商品名称 Qemicide DTC-1050、BUSAN 85、Aquatreat® KM、Paxgard PDC

化学名称 *N*-二甲基二硫代氨基甲酸钾

IUPAC 名 potassium *N*,*N*-dimethylcarbamodithioate

EC 编码 [204-875-1]

理化性质 商品固含量 50%，外观浅绿色液体，有氨味。沸点（101kPa）>100℃。密度 1.02(g/cm^3)。闪点>100℃（闭杯）。pH>12。溶解度：易溶于水和低级醇。稳定性：在酸性介质中形成不稳定的二甲基二硫代氨基甲酸，进一步形成 CS_2、H_2S 和二甲胺。

高于 70℃不稳定。与重金属接触可能会发生着色。

毒性 大鼠急性经口 LD_{50} 1867～2196mg/kg。兔急性经皮 LD_{50} >2990～3162mg/kg。水生生物：虹鳟鱼 LC_{50}（96h）0.4mg/L。水蚤 LC_{50}（48h）0.3mg/L（来源：BUCKMAN）。

抗菌防霉效果 二甲基二硫代氨基甲酸钾（福美钾，KDD）是一种广谱杀菌剂，对真菌、细菌、藻类以及原生动物都有较好的杀菌效果。二甲基二硫代氨基甲酸钾对一些微生物的最低抑制浓度见表 2-56。

表 2-56 二甲基二硫代氨基甲酸钾对一些微生物的最低抑制浓度（MIC）

微生物	MIC/(mg/L)	微生物	MIC/(mg/L)
黑曲霉	20	巨大芽孢杆菌	20
黄曲霉	25	大肠杆菌	20
变色曲霉	50	金黄色葡萄球菌	20
球毛壳霉	20	枯草杆菌	20
蜡叶芽枝霉	20	荧光假单胞杆菌	25
橘青霉	50	啤酒酵母	50
宛氏拟青霉	20	酒精酵母	20
链格孢霉	25		

制备 二甲基二硫代氨基甲酸钾由二硫化碳和二甲胺反应制备。

应用 KDD 可以应用于皮革、造纸纸浆、工业循环冷却水（如化肥厂、炼油厂、电厂等）、排污废水、油田注水作杀菌灭藻和黏泥防止剂。在 pH≥7.0 时效果最好，因此适宜于在碱性条件下运行的冷却水系统中应用。一般使用浓度为 0.03%～0.2%。

法规 欧盟化学品管理局（ECHA）：根据指令 98/8/EC（BPD）或规则（EU）No.528/2012（BPR）提交了批准申请的所有活性物质/产品类型组合为 PT-9（纤维、皮革、橡胶和聚合材料防腐剂）、PT-11（液体制冷和加工系统防腐剂）、PT-12（杀黏菌剂）。二甲基二硫代氨基甲酸钾（potassium dimethyldithiocarbamate）申请目前处于审核进行之中。

二甲基二硫代氨基甲酸钠(SDD)
(sodium dimethyldithiocarbamate)

$C_3H_6NaNS_2$, 143.2, 128-04-1

其他名称　福美钠、dibam、敌百亩

商品名称　Aquatreat® SDM、NKC-630 SDMC、Paxgard SDC

化学名称　*N*,*N*-二甲基二硫代氨基甲酸钠

IUPAC 名　sodium *N*,*N*-dimethylcarbamodithioate

EC 编码　[204-876-7]

理化性质　商品固含量 40%，外观呈黄色液体，有一定胺味。蒸气压（20℃）20hPa。密度（20℃）1.170～1.185g/L。黏度（20℃）4.8mPa·s。pH 值（1%水溶液）9～12。pK_a=5.4（估算）。溶解性：易溶于水和低级醇。稳定性：pH 值 7～13 之间稳定。酸溶液不稳定。温度>100℃分解。与 Fe，Cu，Sn，Pb 和 Co 接触变色，可能会产生不溶性盐。

毒性　大鼠急性经口 LD_{50} 3591mg/kg。大鼠急性经皮 LD_{50} >5000mg/kg（24h）。分解产物 CS_2 的毒性：大鼠急性吸入 LC_{50} 25mg/L，7900×10^{-6}（2h）。水生生物：圆腹雅罗鱼 LC_{50}（48h）2.2mg/L。孔雀鱼 LC_{50}（96h）2.6mg/L。水蚤 EC_{50}（48h）0.67mg/L。小球藻 EC_{50}（96h）0.8mg/L（来源：BAYER）。

抗菌防霉效果　SDD 是一种广谱杀菌剂，对真菌、细菌、藻类以及原生动物都有较好的杀菌效果。40%二甲基二硫代氨基甲酸钠对一些微生物的最低抑制浓度见表 2-57。

表 2-57　40%二甲基二硫代氨基甲酸钠对一些微生物的最低抑制浓度（MIC）

微生物	MIC/(mg/L)	微生物	MIC/(mg/L)
黑曲霉	25	巨大芽孢杆菌	25
黄曲霉	31.5	大肠杆菌	25
变色曲霉	62.5	金黄色葡萄球菌	25
球毛壳霉	25	枯草杆菌	25
蜡叶芽枝霉	25	荧光假单胞杆菌	31.5
橘青霉	62.5	啤酒酵母	80
宛氏拟青霉	25	酒精酵母	25
链格孢霉	31.5		

制备　二甲基二硫代氨基甲酸钠由二甲胺与二硫化碳加成反应，再与碱液成盐而得。

应用 SDD可以应用于造纸纸浆、工业循环冷却水（如化肥厂、炼油厂、电厂等）、排污废水、油田注水作杀菌灭藻和黏泥防止剂。因其在pH≥7.0时效果最好，故适宜于在碱性条件下运行的冷却水系统中应用。

注意：①该品酸性条件下易分解。②痕量的重金属会引起着色。

实际应用参考：

① 皮革工业，其可用于防止水场浸泡液中的细菌生长和微生物对皮革的损伤。含有40%～42%活性成分二甲基二硫代氨基甲酸钠（福美钠，SDD）的溶液加入量约0.1%～0.2%。

② 造纸行业，通常在纸浆和造纸厂每天加入二甲基二硫代氨基甲酸钠（福美钠，SDD）20～200kg/(每100t干纸浆)，可有效控制纸浆等相关系统微生物的生长。

法规 欧盟化学品管理局（ECHA）：根据指令98/8/EC（BPD）或规则（EU）No.528/2012（BPR）提交了批准申请的所有活性物质/产品类型组合为PT-9（纤维、皮革、橡胶和聚合材料防腐剂）、PT-11（液体制冷和加工系统防腐剂）、PT-12（杀黏菌剂）。二甲基二硫代氨基甲酸钠（dimethyldithiocarbamic acid sodium salt）申请目前处于审核进行之中。

二甲基二硫代氨基甲酸镍 (nickel dimethyldithiocarbamate)

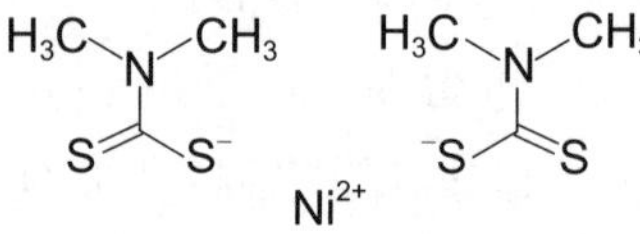

H_3C—N—CH_3 H_3C—N—CH_3 S=C—S^- ^-S—C=S Ni^{2+}

$C_6H_{12}N_2NiS_4$, 299.1, 15521-65-0

其他名称 福美镍、二甲氨基二硫代甲酸镍

化学名称 *N*,*N*′-二甲基二硫代氨基甲酸镍

IUPAC名 nickel(2+)*N*,*N*-dimethylcarbamodithioate

EC编码 [239-560-8]

理化性质 纯品为深绿色粉末。熔点290℃。难溶于水。对光、酸、碱稳定。

毒性 小鼠急性经口LD_{50} 5200mg/kg。大鼠急性经口LD_{50} 17000m/kg（来源：Pubchem）。

抗菌防霉效果 二甲基二硫代氨基甲酸镍对常见的霉菌、细菌均有较好抑制效果。参见二甲基二硫代甲酸锌。

应用 二甲基二硫代氨基甲酸镍（福美镍）用作农药杀菌剂，用于防治水稻枯叶病、稻瘟病；橡胶硫化剂，但易使产品着色。在工业上可用于木材、草藤制品、竹木手工艺品等的抗菌防霉。

二甲基二硫代氨基甲酸铜(CDDC) [copper(Ⅱ) dimethyldithiocarbamate]

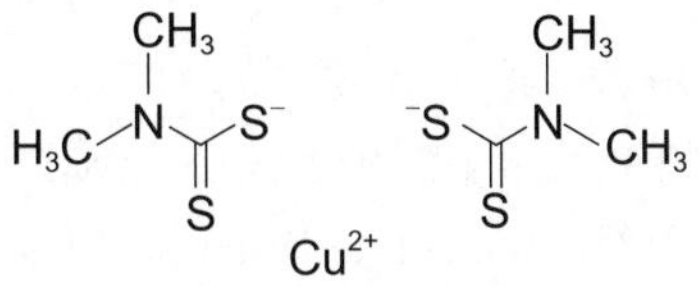

$C_6H_{12}CuN_2S_4$, 304.0, 137-29-1

其他名称 福美铜

化学名称 二（二甲基二硫代氨基甲酸）铜（Ⅱ）

IUPAC 名 copper *N*,*N*-dimethylcarbamodithioate

EC 编码 [205-287-8]

理化性质 纯品为深棕色粉末，稍有气味。分解温度大于245℃。相对密度1.70～1.78。溶解度：不溶于水、乙醇和汽油，溶于丙酮、苯和氯仿。

毒性 小鼠急性经口 $LD_{50} \geqslant 500mg/kg$。对皮肤和结膜有轻微的刺激性。

抗菌防霉效果 二甲基二硫代氨基甲酸铜（CDDC）是一类杀菌性能良好的有机硫化合物，尤其对造成木材腐朽的微生物有较好的抑杀效果。可参见二甲基二硫代氨基甲酸锌。

应用 CDDC除在农业上应用外，在工业上主要用作木材防腐剂；亦是快速硫化剂。注意：铜离子的流失对环境的影响同样不容忽视。

实际应用参考：

有关CDDC的研究主要集中于美国和加拿大等国，CDDC处理的木块防白腐和软腐的效果也较CCA好，抗流失性较CCA和ACA均强，且固着时间短（处理后1h即固定）。该剂处理的木材高温干燥后不会降低其强度指标，与中碳钢接触时没有发现腐蚀。二甲基二硫代氨基甲酸铜的处理工艺较为简单，可以沿用CCA处理厂的设备，防腐厂在采用此药剂时能降低设备投入费用。

二甲基二硫代氨基甲酸锌(ziram) (zinc dimethyldithiocarbamate)

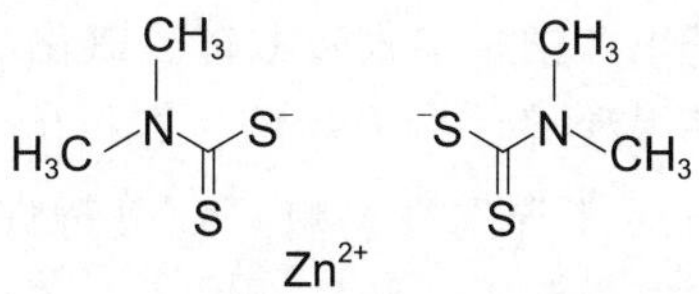

$C_6H_{12}N_2S_4Zn$, 305.8, 137-30-4

其他名称 福美锌

商品名称 Bostex 545、Vancide® MZ-96

化学名称 双(二甲基二硫代氨基甲酸)锌

IUPAC 名 zinc *N*,*N*-dimethylcarbamodithioate

EC 编码 [205-288-3]

理化性质 白色粉末。熔点 246℃。沸点 248℃。蒸气压（99%，25℃）1.8×10^{-2}mPa。相对密度 1.66（25℃）。闪点 93.3℃。$\lg K_{ow}=1.65$（20℃）。溶解度：水 0.97～18.3mg/L（20℃）；丙酮 2.3g/L、甲醇 0.11g/L、甲苯 2.33g/L、正己烷 0.07g/L（20℃）。稳定性：pH 值 5～10 之间稳定，在酸性溶液中降解非常迅速，释放出 CS_2 和二甲胺。当与痕量金属（比如铁、铜等）接触时引起着色。水解 DT_{50}<1h（pH 5）、18h（pH 7）。

毒性 大鼠急性经口 LD_{50} 2068mg/kg。兔急性经皮 LD_{50}>2000mg/kg。对黏膜有刺激性，对眼睛有高度刺激性，对皮肤无刺激性。对豚鼠皮肤无过敏性。大鼠吸入 LC_{50}（4h）0.07mg/L。NOEL 数据：NOAEL 狗（52 周，饲料）1.6mg/kg（EPA RED）；NOEL 大鼠（1 年，有效成分）5mg/(kg·d)；离乳大鼠（30d，饲料）100mg/kg；狗（13 周，饲料）100mg/kg。动物：福美锌经口给药进入大鼠体内，1～2d 内基本被排泄，余下的剂量 7d 后有 1%～2% 留在组织和体内。水生生物：虹鳟鱼 LC_{50}（96h）1.9mg/L。水蚤 EC_{50}（48h）0.048mg/L。藻类 0.66mg/L。

抗菌防霉效果 二甲基二硫代氨基甲酸锌（福美锌）含有铜离子或巯基基团的酶的抑制剂，抑制病原菌的呼吸，尤其对常见的霉菌、细菌均有很好的抑制效果。福美锌对实验室微生物的最低抑制浓度见表 2-58。

表 2-58 福美锌对实验室微生物的最低抑制浓度（MIC）

微生物	MIC/(mg / L)	微生物	MIC/(mg / L)
黑曲霉	20	巨大芽孢杆菌	10
黄曲霉	50	大肠杆菌	5
变色曲霉	40	金黄色葡萄球菌	10
球毛壳霉	10	枯草杆菌	10
蜡叶芽枝霉	20	荧光假单胞杆菌	80
橘青霉	40	啤酒酵母	20
宛氏拟青霉	5	酒精酵母	5
链格孢霉	10		

制备 二甲基二硫代氨基甲酸钠中加入硫酸锌或氯化锌反应即得成品。

应用 二甲基二硫代氨基甲酸锌（福美锌）为有机硫杀菌剂，杀菌活性涵盖霉菌、酵母菌、细菌和藻类，同时具有非挥发性、耐热性等特性，适用于涂料、石膏、胶黏剂、密封剂、橡胶、帆布、漆布、漆纸、胶鞋、地毯、木材及其制品等的抗菌防霉。本剂亦为农用杀菌剂和鸟类或小型啮齿动物驱避剂。注意：与铁、铜、汞等不兼容。

实际应用参考：

① 农业上：用于梨果、核果、葡萄、蔬菜和观赏植物上杀菌。糊状涂抹在树干上或喷雾在观赏植物、休眠期的果树和其他农作物上，作野外驱避剂。比如用于种子上作驱避剂时，二甲基二硫代氨基甲酸锌（福美锌）用量为0.05～0.20kg/100kg（种子）。

②二甲基二硫代氨基甲酸锌（福美锌）用于涂料、密封胶、木材等领域的抗菌防霉，添加量介于0.2%～1%之间。

二碳酸二甲酯(DMDC)
(dimethyl dicarbonate)

$H_3C-O-C(=O)-O-C(=O)-O-CH_3$

$C_4H_6O_5$, 134.1, 4525-33-1

其他名称 焦碳酸二甲酯、维果灵、velcorin

商品名称 Velcorin®

化学名称 二甲基二碳酸酯

IUPAC 名 methoxycarbonyl methyl carbonate

EC 编码 [224-859-8]

理化性质 无色液体，有点刺鼻的气味。沸点（101kPa）约172℃（分解）。熔点15～17℃。蒸气压（25℃）1.46mmHg。密度（20℃）1.25g/mL。折射率（n_D，20℃）1.3915～1.3925。闪点约85℃。$\lg K_{ow}=-0.86$。溶解度：约350（g/L）；与甲苯混溶。稳定性：高活性甲氧基化剂，这意味着在水中水解成甲醇和二氧化碳。水中半衰期：40min（pH 2.8，10℃）；15min（pH 2.8，20℃）；8min（pH 2.8，30℃）。

毒性 雄性大鼠急性经口 LD_{50} 497mg/kg。雌性大鼠急性经口 LD_{50} 335mg/kg。大鼠急性经皮 LD_{50} >1250mg/kg。大鼠吸入 LC_{50}（4h）711mg/m^3 空气。圆腹雅罗鱼 LC_0（48h）50mg/L。

抗菌防霉效果 二甲基二碳酸酯可以杀灭典型的饮料腐败菌，具体数据详见表2-59。

表 2-59 DMDC 对常见微生物的最低抑制浓度（MIC）

微生物	MIC/(mg/L)	微生物	MIC/(mg/L)
酿酒酵母	40	糖酵母	40
毕赤酵母杆菌	40	念珠菌	100
醋杆菌	300	大肠杆菌	400
金黄色葡萄球菌	100	铜绿假单胞杆菌	100
乳酸杆菌	40	青霉	200
尖孢镰刀菌	100		

制备　二甲基二碳酸酯由氨基酸甲酯等原料制备而得。

应用　二甲基二碳酸酯（DMDC）主要作为食品添加剂（防腐剂），因为即使在很低的使用浓度下，二甲基二碳酸酯也可以杀灭典型的饮料腐败菌。一旦加入饮料中，二甲基二碳酸酯迅速完全水解成微量的二氧化碳和甲醇。

实际应用参考：

二甲基二碳酸酯（DMDC）的抗菌作用是通过使微生物体内的酶的失活作用的结果：主要是通过和蛋白的咪唑和氨基的反应，从而消灭微生物。尚未反应的DMDC残留会迅速分解为甲醇及二氧化碳。同时DMDC的活性取决于它的水解速率。DMDC遇水便发生水解反应，而水解的速率取决于饮料或葡萄酒的温度。在10℃下完全水解需要4h，20℃完全水解则需要2h，即在分装完成后完全水解。

法规

① 维果灵（二甲基二碳酸酯/DMDC）是卫生部批准的、符合《中华人民共和国食品卫生法》和《食品添加剂卫生管理办法》的一种防腐剂，详见卫生部2005年第3份公告。

GB 1886.68—2015《食品安全国家标准 食品添加剂 二甲基二碳酸酯（又名维果灵）》（2016年3月22日实施）。

② 在欧洲、美国和世界其他的一些国家，维果灵被允许应用到许多不同的饮料中。世界一些重要的国际组织，像欧盟的科学食品协会、美国的食品药物管理局、世界卫生组织的食品添加剂联合专家委员会，已经证明维果灵添加到饮料中极具安全性。

4,4-二甲基噁唑烷
(4,4-dimethyloxazolidine)

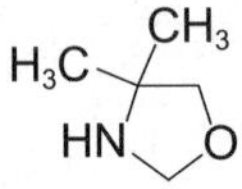

$C_5H_{11}NO$, 101.1, 51200-87-4

其他名称　二甲基噁唑烷、二甲基噁唑啉、oxazolidine

商品名称　Nuosept® 101、Nuosept® 166、Oxaban®-A

化学名称　4,4-二甲基-1,3-噁唑烷

IUPAC名　4,4-dimethyl-1,3-oxazolidine

EC编码　[257-048-2]

理化性质　有效含量77%（醛含量21%），外观呈无色至淡黄色的液体，具有刺鼻的气味。沸点（101kPa）99℃（共沸物）。密度（25℃）0.985g/mL。黏度（25℃）约7.5mPa·s。折射率（n_D，20℃）1.420～1.432。闪点49℃。溶解度：易溶于水；与甲醇、乙醇、丙醇和丙酮混溶。稳定性：对强酸敏感，在pH＜6体系中释放甲醛。

pK_a＝9.35。

毒性　大鼠急性经口 LD_{50} 956mg/kg。兔急性经皮 LD_{50} 1400mg/kg。大鼠吸入 LC_{50}（4h）2.48mg/L。水生生物：虹鳟鱼 LC_{50}（96h）93mg/L。蓝腮翻车鱼 LC_{50}（96h）46.1mg/L。水蚤 LC_{50}（48h）45mg/L（来源：DOW）。

抗菌防霉效果　4,4-二甲基噁唑烷活性基于甲醛的释放，其对常见的细菌、霉菌都有较好的抑制性能。该化合物对一些微生物的最低抑制浓度见表 2-60。

表 2-60　4,4-二甲基噁唑烷对一些微生物的最低抑制浓度（MIC）

微生物	MIC/(mg/L)	微生物	MIC/(mg/L)
黑曲霉	250～500	枯草杆菌	125～250
青霉属	250～500	普通变形杆菌	125～250
白色念珠菌	500～1000	大肠杆菌	250～500
沙门氏菌	250～500	荧光假单胞杆菌	250～500
铜绿假单胞杆菌	250～500	金黄色葡萄球菌	125～250

（来源：DEGUSSA-CREANOVA）

制备　章德宏等报道，由 2-硝基丙烷与多聚甲醛经碱催化缩合到 2-甲基-2-硝基-1-丙醇，再经还原氢化为 2-氨基-2-甲基-1-丙醇，进一步与甲醛水溶液反应失水关环得到产品。

应用　4,4-二甲基噁唑烷主要用作化妆品防腐剂；亦可应用于金属切削液、黏结剂、脱模剂、涂料添加剂（增稠、消泡剂）、墨水、颜料分散、乳胶等，适于 pH 值 5.5～11.0 的各种水性工业体系，一般使用浓度为 0.05%～0.2%。

法规

① 欧盟化学品管理局（ECHA）：2014 年，欧盟生物杀灭剂产品委员会（BPC）发布法规（EU）2014/22，未批准 4,4-二甲基噁唑烷（4,4-dimethyloxazolidine）作为第 6 类（产品在储存过程中的防腐剂）、第 12 类（杀黏菌剂）、第 13 类（金属工作或切削液防腐剂）生物杀灭剂产品的活性物质。

② 我国 2015 年版《化妆品安全技术规范》规定：4,4-二甲基噁唑烷在化妆品中使用时，最大允许浓度 0.1%。使用范围和限制条件：pH ≥6。

5,5-二甲基海因
(5,5-dimethylhydantoin)

H_3C, H_3C, O, HN, NH, O

$C_5H_8N_2O_2$, 128.1, 77-71-4

其他名称 DMH、5,5-二甲基乙内酰脲、DM乙内酰脲、二甲基海因

商品名称 DANTOIN® DMH

化学名称 5,5-二甲基-2,4-咪唑啉二酮

IUPAC名 5,5-dimethylimidazolidine-2,4-dione

EC编码 [201-051-3]

理化性质 纯品为白色棱状体结晶或结晶性粉末。熔点178～182.5℃。$\lg K_{ow}$ = −0.48。溶解度：溶于水、己醇、乙酸乙酯、二甲醚，微溶于异丙酮、丙酮、甲乙酮，不溶于脂肪烃、三氯乙烯。稳定性：无嗅，能升华，呈酸性。

毒性 小鼠皮下注射LD_{50} 2800mg/kg。兔急性经皮LD_{50} 12660mg/kg。大鼠急性经口LD_{50} 7800mg/kg。水生生物：水蚤LC_{50}（静态，48h）6200mg/L。

抗菌防霉效果 5,5-二甲基海因（DMH）对细菌的抑制效果比对霉菌的抑制效果更好。其他可参见1,3-二羟甲基-5,5-二甲基海因有关部分。

制备 5,5-二甲基海因（DMH）由丙酮氰醇与碳酸铵水溶液在50～80℃进行反应而得。

应用 5,5-二甲基海因（DMH）广泛应用于日用化工（如纺织品印染、化妆品）、农业（植物花卉、种子消毒、水果保鲜）、畜牧业、水产业、医药卫生消毒、饮食、饮用水、娱乐场所、游泳池消毒、循环冷却系统（杀灭藻类）等多方面。

5,5-二甲基海因（DMH）的环结构比较稳定，但氮原子上的氢非常活泼，能被多种基团取代而形成不同种衍生物。按其取代DMH中氮原子上氢原子的官能团的不同，可分为卤化胺型杀菌剂、羟甲基化型杀菌剂和其他取代基型杀菌剂。大部分羟甲基化型杀菌剂属于水溶性海因类杀菌剂，大部分卤化胺型杀菌剂及高分子海因类杀菌剂属于水不溶性海因类杀菌剂。

实际应用参考：

食品冷库除霉试验：先用水研磨成10%的母液，使用时配成0.1% 5,5-二甲基海因（DMH）悬浮液，用电动喷雾器在库房内喷雾，连续二次，密闭一夜。用量为$0.2kg/m^3$。试验表明：用5,5-二甲基海因（DMH）喷雾后霉菌下降率达90%上下。为了发挥药物的效果，在低温库喷雾时，将5,5-二甲基海因（DMH）溶液加温至30℃或用1%氯化钠溶液配合则更佳。

噁喹酸
(oxolinic acid)

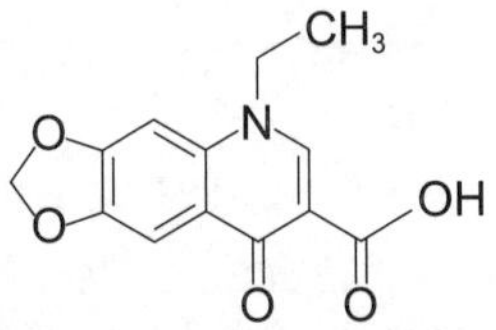

$C_{13}H_{11}NO_5$, 261.2, 14698-29-4

其他名称　奥索利酸、OA

化学名称　5-乙基-5,8-二氢-8-氧代-1,3-二氧杂环戊烯并[4,5-*g*]喹啉-7-羧酸

EC 编码　[238-750-8]

理化性质　无色晶体，原药为浅棕色晶体。熔点＞250℃。蒸气压（100℃）＜0.147mPa。相对密度 1.5～1.6（23℃）。溶解度：水 3.2mg/L（25℃）；己烷、二甲苯、甲醇＜10g/kg（20℃）。

毒性　雄大鼠急性经口 LD_{50} 630mg/kg，雌大鼠急性经口 LD_{50} 570mg/kg。雌、雄大鼠急性经皮 LD_{50} ＞2000mg/kg。雄大鼠吸入 LC_{50}（4h）2.45mg/L，雌大鼠为 1.70mg/L。水生生物：鲤鱼 LC_{50}（48h）＞10mg/L。

抗菌防霉效果　DNA 拓扑异构酶Ⅱ型（旋转酶）抑制剂，阻碍了病菌分裂和增殖，导致其机能受压抑而使 DNA 无法复制，不久引起死亡。该化合物用于预防和治疗革兰氏阴性菌，包括假单胞菌属和欧文氏菌属，但对真菌与结核杆菌没有抗菌作用。

制备　以胡椒环为原料，经硝化、催化氢化乙基化反应合成 *N*-乙基-3,4-（亚甲二氧基）苯胺，然后与乙氧甲叉丙二酸二乙酯（EMME）合成嗯喹酸酯，水解得嗯喹酸。

应用　嗯喹酸用于纸张、纺织品及热塑性树脂中作抗菌剂使用；还可作农业杀菌剂；亦可用于水产养殖及水处理中应用。

实际应使用参考：

嗯喹酸（OA）或其盐与氧化锌等结合使用，可以作为纸张、纺织品以及树脂等的杀菌剂。在纺织品制造中，将黏胶丝及嗯喹酸（OA）的钠盐溶于氢氧化钠溶液中，然后在硫酸浴中进行纺织，即制造出具有很强杀菌活性的人造纤维。该纤维对金黄色葡萄球菌、大肠杆菌、铜绿假单胞杆菌等都具有很好的杀灭作用。

5,6-二氯苯并嗯唑-2(3*H*)-酮
(5,6-dichlorobenzoxazolinone)

$C_7H_3Cl_2NO_2$, 204.0, 5285-41-6

化学名称　5,6-二氯苯并嗯唑-2(3*H*)-酮、防霉剂 O

IUPAC 名　5,6-dichloro-3*H*-1,3-benzoxazol-2-one

EC 编码　[226-121-0]

理化性质　具有特征气味的灰色粉末。熔点 205～206℃。堆积密度 240g/L。溶解度（25℃）：水 0.25g/L；乙醇 60g/L、异丙醇 60g/L、丙二醇 60g/L、甲基乙基酮

120g/L、甲苯 4.8g/L。稳定性：在碱性介质中转化为可溶性盐。

毒性 小鼠腹腔注射 LD_{50} 263mg/kg。小鼠静脉注射 LD_{50} 56mg/kg。小鼠急性经口 LD_{50} 515mg/kg。大鼠急性经口 LD_{50} 700mg/kg。

抗菌防霉效果 5,6-二氯苯并噁唑-2(3*H*)-酮对大多数真菌的最小抑制浓度（MIC）为 10～100mg/mL。

制备 5,6-二氯苯并噁唑-2(3*H*)-酮由氯唑沙宗或 2-苯并唑啉酮原料制备而成。

应用 杀真菌剂 5,6-二氯苯并噁唑-2(3*H*)-酮，以前主要用于保护纺织材料抵抗生物降解；亦可用于电工材料及其产品的防霉；同样是蜡克线、沥青涂蜡橡皮线的良好的防霉剂，用量为 1%；亦作橡胶、塑料和涂料的防霉剂，使用时可直接混入橡胶、塑料和涂料的组分中，也可先溶入乙醇等溶剂中再混入塑料、橡胶和涂料组分中，使其分散更均匀，用量 0.6%～1.5%。

2,4-二氯苄醇 (2,4-dichlorobenzyl alcohol)

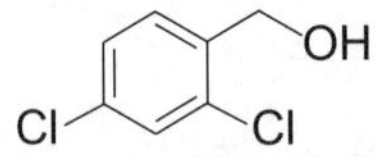

$C_7H_6Cl_2O$, 177.0, 1777-82-8

其他名称 DCBA、2,4-二氯苄醇、二氯苯甲醇

商品名称 Midtect TF-60、Myacide® SP、Unikon A-22、Protectol DA

化学名称 2,4-二氯苯甲醇

IUPAC 名 (2,4-dichlorophenyl)methanol

EC 编码 [217-210-5]

理化性质 纯品为白色至黄色晶体。沸点（101kPa）150℃。熔点 55～58℃。闪点＞110℃。溶解度（20℃）：水约 1g/L；易溶于有机溶剂。稳定性：可氧化成 2,4-二氯苯甲醛。

毒性 小鼠急性经口 LD_{50} 2300mg/kg。小鼠皮下注射 LD_{50} 1700mg/kg。皮肤吸附后约 96h 内尿液排出 90%。2,4-二氯苄醇不会引起皮肤刺激和致敏。水生生物鱼类 LC_{50}（96h）10～100mg/L。水蚤 LC_{50}（48h）10～100mg/L（Wallha ußer，1984 年）。

抗菌防霉效果 就微生物抗菌性能比较，2,4-二氯苯甲醇比苯甲醇更有效，其对常见微生物均有良好的抑制效果，尤其对真菌抑制效果更好。具体数据详见表 2-61。

表 2-61 2,4-二氯苄醇对常见微生物的最低抑制浓度（MIC）

微生物	MIC/(mg/L)	微生物	MIC/(mg/L)
白色念珠菌(美国标准库)	250	热带念珠菌 897	250
酿酒酵母 NCYC 87	500	变质酵母 Y67	125
须苍癣菌 PHL 515	125	红色毛菌 NCPF 418	125
趾间发癣菌 PHL 80	250	石膏样小孢子菌 PHL 413	250
黑曲霉菌 ATCC 16404	250	腐败白曲霉菌	250
蝇状青霉菌 IMI 87160	250	青绿色木霉菌 1096	250
金黄色葡萄球菌 NCIB 9518	500	大肠杆菌	500
普通变形杆菌 NCTC 4635	500	绿脓杆菌 NCTC 6750	2000
恶臭假单胞杆菌 NCIB 9034	1000	黏质沙雷菌	500

（来源：武汉新大地）

制备 由苯甲醇在浓盐酸存在下与氯气发生加成反应制得。

应用 2,4-二氯苄醇具有广谱的杀菌和消炎止痒功能，主要用作水溶液、护肤乳液、膏霜以及凝胶制品的防腐剂，还可作灭菌剂和消毒剂，用于灭菌油膏、口腔洗液和漱口液；亦可作化学中间体。注意：①该化合物在水中溶解性差，在含水体系，倾向于迁移到水中有机相。②最佳 pH 值适用范围 4～10。

实际应用参考：

在洗发水中可以减少或替代卡松，降低产品的刺激性和过敏性，建议用量 0.05%～0.15%。作为抗真菌活性物用于脚霜和洗液，建议用量 0.5%。最佳 pH 值使用范围 4～10。

法规 我国 2015 年版《化妆品安全技术规范》规定：2,4-二氯苄醇在化妆品中使用时，最大允许浓度为 0.15%。

二硫代-2,2′-双苯甲酰甲胺(DTBMA) [dithio-2,2′-bis (benzmethylamide)]

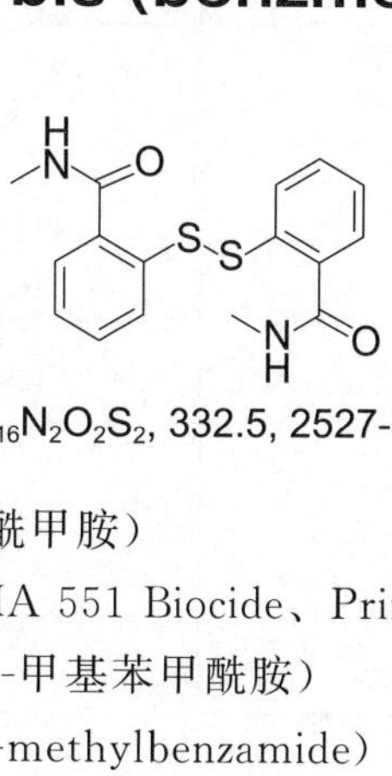

$C_{16}H_{16}N_2O_2S_2$, 332.5, 2527-58-4

其他名称 亚二硫基二(苯甲酰甲胺)

商品名称 Densil P、ROCIMA 551 Biocide、Primal CM-219 EF

化学名称 二硫代-2,2′-双(*N*-甲基苯甲酰胺)

IUPAC 名 2,2-dithiobis (*N*-methylbenzamide)

EC 编码 [219-768-5]

理化性质 纯品类白色粉末。熔点 214℃。蒸气压（20℃）<4×10^{-13}hPa。溶解度：水 0.2g/L，甲基乙基酮 1.0g/L，甲苯 0.02g/L，溶剂油 0.01g/L。稳定性：良好的热稳定性。碱性介质水解成 *N*-甲基苯并异噻唑啉酮（MBIT）。

表 2-62 中显示了二硫代-2,2′-双苯甲酰甲胺（DTBMA）到 MBIT 在不同系统中的转换率，在所有存在和可用水的系统中，转换开始非常快。DTMBA 与 MBIT 的快速转化以及 MBIT 的高水溶性表明，MBIT 是 DTBMA 中的实际杀生物活性成分。

表 2-62 不同系统中 DTBMA 到 MBIT 的转换率（浓度，$\times10^{-6}$）（来源：DOW）

项目	0d		1d		3/4d		14d	
	DTBMA	MBIT	DTBMA	MBIT	DTBMA	MBIT	DTBMA	MBIT
A(pH 8)	166	32	102	88	66	124	2	179
B(pH 8.05)	169	29	101	92	0	184	0	181
C(pH 8.89)	155	28	75	97	9	154	0	159
D(pH 3.02)	164	15	136	35	129	39	92	54
E	189	25	190	26	197	22	183	27
F	175	33	63	139	52	152	14	179
G	200	0	195	4	196	7	NM	NM

注：A 为基于丙烯酸黏合剂的砖石漆；B 为苯乙烯-丙烯酸乳液；C 为苯乙烯-丙烯酸漆；D 为黏合剂（乙酸乙烯酯/酯乳液）；E 为纯水；F 为 90%水，10%四氢呋喃；G 为 100% DMSO；NM 为未测量。

毒性 大鼠急性经口 LD_{50}>2000mg/kg。大鼠急性经皮 LD_{50}>2000mg/kg。水生生物：虹鳟鱼 LC_{50}（96h）1.2mg/L。水蚤 EC_{50}（48h）0.044mg/L。绿藻 EbC_{50}（72h）0.26mg/L（来源：AVECIA）。

抗菌防霉效果 二硫代-2,2′-双苯甲酰甲胺（DTBMA）可有效抑杀各类工业产品中的细菌、霉菌和酵母菌，对微生物的最低抑制浓度见表 2-63。

表 2-63 二硫代-2,2′-双苯甲酰甲胺（25%）对微生物的最低抑制浓度（MIC）

微生物	MIC/(mg/L)	微生物	MIC/(mg/L)
铜绿假单胞杆菌	500	黑曲霉	60
恶臭假单胞杆菌	30	米曲霉	15
大肠杆菌	80	变色曲霉	50
阴沟肠杆菌	50	出芽短梗霉	30
普通变形菌	50	球毛壳霉	30
荚膜红细菌	150	枝状枝孢	3
金黄色葡萄球菌	40	腐皮镰孢	75
枯草芽孢杆菌	40	扩展青霉	75
粪肠球菌	40	特异青霉	25
酿酒酵母	15	红色青霉	15
深红酵母	75	绿色木霉	3
黄曲霉	15		

（来源：AVECIA）

制备　由2,2-二硫代二苯甲酰氯和氨基甲烷等反应而得。

应用　二硫代-2,2′-双苯甲酰甲胺（DTBMA）对水性涂料、胶黏剂的罐内防腐和干膜防霉有良好的作用；亦可用于水性油墨、水性颜料浆、金属切削液、密封胶和皮革处理液等产品中，一般添加量0.05%～2.0%。注意：该化合物pH适用范围很广，pH值4～12之内均有稳定活性。

法规　欧盟化学品管理局（ECHA）：根据指令98/8/EC（BPD）或规则（EU）No.528/2012（BPR）提交了批准申请的所有活性物质/产品类型组合为PT-6（产品在储存过程中的防腐剂）。DTBMA申请目前处于审核进行之中。

2,4-二氯-3,5-二甲基苯酚(DCMX)
(2,4-dichloro-3,5-dimethylphenol)

OH, Cl, H_3C, CH_3, Cl

$C_8H_8Cl_2O$, 191.1, 133-53-9

其他名称　二氯间甲酚、二氯二甲酚

商品名称　Nipacide® DX

IUPAC名　2,4-dichloro-3,5-dimethylphenol

EC编码　[205-109-9]

理化性质　纯品为灰白色或浅黄色针状或结晶性粉末，有特殊气味。沸点（101kPa）250℃。熔点95～96℃（升华）。闪点134℃。溶解性（15℃）：水0.2g/L，苯140g/L，甲苯150g/L，丙酮730g/L。在碱性水溶液中溶解。稳定性：正常条件下稳定。具有挥发性。

毒性　大鼠急性经口LD_{50} 2810～4120mg/kg。对皮肤刺激为阴性。

抗菌防霉效果　2,4-二氯-3,5-二甲基苯酚（DCMX）对寄生于卫生用品上的霉菌特效，同时对常见的有害病菌有较强的杀灭力，对曲霉属菌、青霉属菌、根霉属菌、拟青霉属菌以及木霉属菌持久有效。该化合物对一些微生物的最低抑制浓度见表2-64。

制备　由3,5-二甲酚、氯仿等原料连续反应制备而来。

应用　DCMX作为抗菌防霉剂，可广泛应用于个人护理、环境消毒产品及胶卷、胶水、木材、纺织、造纸、皮革、金属加工等工业领域。

表 2-64 DCMX 对一些微生物的最低抑制浓度（MIC）

微生物	MIC/(mg/L)	微生物	MIC/(mg/L)
黑曲霉	200	土曲霉	160
变色曲霉	180	出芽短梗霉	80
橘青霉	180	枯草杆菌	200
宛氏拟青霉	150	巨大芽孢杆菌	180
芽枝霉	120	大肠杆菌	100
球毛壳霉	80	荧光假单胞杆菌	120
黄曲霉	180	金黄色葡萄球菌	80

实际应用参考：

① DCMX 在个人护理品中，如皂类、香波、沐浴露等日化行业的应用及用量：消毒剂 4.5%～5%，洗洁精 0.5%～1%，洗手液 1%左右，香皂 0.1%～0.3%，肥皂 1%～2%，沐浴露 2%左右。

② 微胶囊包覆技术制备的 DX-100 抗菌剂［有效成分为 DCMX，盐城量子源］，整理到织物上具有良好的耐洗性，耐洗性可达 50 次以上，由其处理的纺织品可有效抑杀各种致病菌，并为材料提供抗菌保护、耐久性、新鲜度和健康感。

整理工艺如下：对织物重（owf）为 2%～4%，浸渍工艺为 45～60℃，浸渍 30～45min；浸轧工艺为浸轧——预烘（80～100℃，2～3min）——焙烘（120～130℃，1～2min）。

1,3-二氯-5,5-二甲基海因(DCDMH)
(1,3-dichloro-5,5-dimethylhydantoin)

$C_5H_6Cl_2N_2O_2$, 197.0, 118-52-5

其他名称 二氯海因、二氯二甲基海因

商品名称 Halocom DCH

化学名称 1,3-二氯-5,5-二甲基乙内酰脲

IUPAC 名 1,3-dichloro-5,5-dimethylimidazolidine-2,4-dione

EC 编码 ［204-258-7］

理化性质 纯品含量≥98%（总氯含量约 36%），外观呈白色粉末。沸点 100℃（升华）。熔点 132℃。蒸气压（25℃）2.4×10^{-5} mmHg。pH 值（1%水浆液，

25℃）≈3.5。闪点 174.4℃（NIOSH，2016 年）。$\lg K_{ow}=-0.94$。溶解度（25℃）：微溶于水，溶于二氯甲烷、三氯甲烷。稳定性：于 100℃时升华，加热至 212℃变为棕色且迅速燃烧；其容易吸潮，吸潮后部分水解，有轻微的刺激气味；可进一步加工成颗粒或片剂，其消毒最佳 pH 值为 5～7，pH 值大于 9 时迅速分解。消毒后残留物可在短时间内生物降解，对环境无任何污染。

毒性　大鼠急性经口 LD_{50} 542mg/kg。兔急性经口 LD_{50} 1520mg/kg。兔急性经皮 LD_{50}＞20g/kg。

张天宝等报道：1,3-二氯-5,5-二甲基海因（DCDMH）的 250mg/L 与 500mg/L 有效氯的溶液对家兔皮肤和眼睛都无刺激作用，对小鼠灌胃 LD_{50} 为 2050mg/L，属低毒类。

抗菌防霉效果　卤代海因的作用机理有两种解释：一是在水中释放出次氯酸或次溴酸，利用它们的氧化作用杀菌；二是释放出自由的活化氯或活化溴，它们与含氮的物质发生反应形成氯化铵或溴化铵。DCDMH 对金黄色葡萄球菌的杀灭率为 99.9%，需 50mg/L 有效氯作用 10min；对大肠杆菌杀灭率为 99.9%，需 20mg/L 有效氯作用 10min；对枯草杆菌黑色变种芽孢杀灭率为 99.9%，需 400mg/L 有效氯作用 60min；破坏 HBsAg 抗原性需 500mg/L 有效氯作用 20min 或 400mg/L 有效氯作用 30min。灭菌效果受有机物影响较小。

在 pH 值为 6 时，65mg/kg DCDMH 溶液的杀菌效果相当于 200mg/kg 次氯酸盐的杀菌效果，然而 pH 值为 7、8 和 9 时，分别需要 175mg/kg、400mg/kg 和 2000mg/kg 的 DCDMH，才能使杀菌效果同 200mg/kg 次氯酸盐的效果相仿。pH 值为 5.8～7.0 时，其杀菌作用与次氯酸盐相似。总之，在酸性条件下，DCDMH 的杀菌作用比次氯酸盐强；在碱性条件下则相反。

制备　DCDMH 由 5,5-二甲基海因在碱性物质存在下氯化制得。

应用　DCDMH 属于卤化胺型杀菌剂，是继二氯异氰尿酸（钠）、三氯异氰尿酸之后又一新型、高效、稳定的有机含氯消毒剂。广泛应用于游泳池及生活用水处理，工业循环水、废水的消毒漂白处理，水产养殖病虫防治，卫生设备防污消毒处理，医药、食品、电子、农业等领域杀菌消毒。此外，还可以用作海底防污涂料。

魏文珑介绍，常见卤化胺型杀菌剂有 1,3-二溴-5,5-二甲基海因、1,3-二氯-5,5-二甲基海因、1-氯-3-溴-5,5-二甲基海因、1-溴-3-氯-5,5-二甲基海因等，以下简称卤代海因。它们的理化性质相似，且具有有效卤含量高、稳定性好、气味小等特点，使得它们在杀菌剂家族中占有重要的位置。值得一提的是，此类杀菌剂在释放出溴、氯以后，剩余的 5,5-二甲基海因自然条件下被光、氧、微生物在较短的时间内分解为氨和二氧化碳，不会因残留而污染环境，因此无环保压力。

实际应用参考：

① 因其溶解速度慢，制成片剂或固块，更适合于游泳池消毒及循环冷却水系统投放的杀微生物（包括灭藻）药剂，应用最佳 pH 值范围为 5.8～7.0。其刺激性比强氯精小，溶解度比优氯净小。

② 在国外（如美国、以色列）自 20 世纪 90 年代以来，该剂已取代漂白粉、二氯异氰尿酸钠、三氯异氰尿酸等消毒剂，于卫生领域及畜禽产业方面获得广泛应用。

③ 美国用于循环冷却水系统，用量约 5mg/L。用于游泳池消毒杀菌剂，用量约 3mg/L。

二氯-1,2-二硫环戊烯酮 (5-oxo-3,4-dichloro-1,2-dithiol)

$C_3Cl_2OS_2$, 187.1, 1192-52-5

其他名称 DDCP

商品名称 Daracide 816-12、RYH-86 Ex、Daracide 7816

化学名称 4,5-二氯-3*H*-1,2-二硫环戊-4-烯-3-酮

IUPAC 名 4,5-dichloro-1,2-dithiacyclopentene-3-one

EC 编码 [214-754-5]

理化性质 淡黄色结晶粉末。熔点 52～56℃。蒸气压（25℃）0.011mmHg。密度（15℃）1994kg/m³。lgK_{ow}＝3.6（±0.3）。溶解度（25℃）：水 500mg/L。稳定性：酸性介质稳定；碱性介质水解。半衰期：54.1d（pH 5，25℃）；104.4h（pH 7，25℃）；0.9h（pH 9，室温）。

毒性 小鼠静脉注射 LD_{50} 13mg/kg（来源：Pubchem）。

抗菌防霉效果 Kato & Fukumura（1962 年）报道二氯-1,2-二硫环戊烯酮对于形成黏泥的微生物抑制效果明显，最低抑制浓度（MIC）约 1mg/L。

应用 二氯-1,2-二硫环戊烯酮可作制浆造纸厂和冷却水系统的杀细菌剂。

二硫化硒 (selenium sulfide)

S_2Se，111.0，56093-45-9

其他名称 硫化硒

化学名称 二硫化硒

理化性质 亮橙色至红棕色粉末，带有微弱硫化氢气味。熔点 111℃。溶解度：不溶于水，微溶于氯仿，极微溶于乙醚，基本不溶于其他有机溶剂。

抗菌防霉效果 二硫化硒用于治疗真菌性皮肤病是由于其强大的抑制皮脂形成，杀灭真菌的作用，且对寄生虫、细菌均有明显抑制作用，作用机制为抑制核分裂，减少表皮细胞的更替，减少细胞生成，促进细胞角化，降低细胞功能。

应用 去屑洗发原料；外用杀浅部真菌、杀寄生虫和抑菌药。

1,3-二氯-5-甲基-5-乙基海因(DCMEH)
(1,3-dichloro-5-ethyl-5-methylhydantoin)

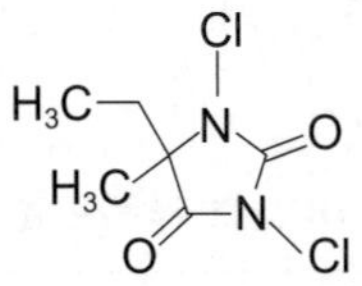

$C_6H_8Cl_2N_2O_2$, 211.0, 89415-87-2

其他名称 二氯甲乙基海因

商品名称 DANTOBROM® PG

化学名称 1,3-二氯-5-乙基-5-甲基-2,4-咪唑烷二酮

IUPAC 名 1,3-dichloro-5-ethyl-5-methylimidazolidine-2,4-dione

EC 编码 [401-570-7]

理化性质 纯品为白色结晶性粉末，稍有刺激性气味，不溶于水。

毒性 1,3-二氯-5-甲基-5-乙基海因（DCMEH）按规定量使用毒性较小，但对眼睛和黏膜有一定刺激性，使用时应注意做好防护措施。

抗菌防霉效果 DCMEH 防腐剂的杀菌机理有两种解释：一种是这类防腐剂通过缓慢分解释放甲醛起抑菌、杀菌作用，甲醛是活性成分；另一种是这类防腐剂分子中的 *N*-羟甲基本身就是一个灭菌活性基团，可起灭菌作用。防霉抗菌效果可参见二氯海因有关部分。

应用 DCMEH 主要用于水质的杀菌灭藻。参照二氯海因有关部分。

4,5-二氯-2-甲基-3-异噻唑啉酮(DCMIT)
(4,5-dichloro-2-methyl-3-isothiazolone)

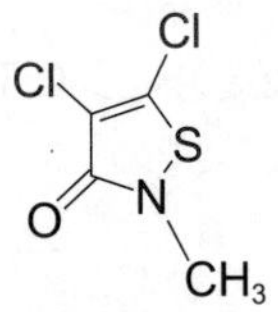

$C_4H_3Cl_2NOS$, 184.0, 26542-23-4

化学名称 4,5-二氯-2-甲基-3(2*H*)-异噻唑啉酮

IUPAC 名 4,5-dichloro-2-methyl-3(2*H*)-isothiazolone

理化性质 白色结晶粉末。沸点（760mmHg）199℃。密度（20℃）1.66g/cm^3。pH 值（1%水溶液，20℃）5.2。

抗菌防霉效果 4,5-二氯-2-甲基-3-异噻唑啉酮（DCMIT）对大多数微生物均有不错的抑杀效果。万厚报道，将测试样品 DCMIT 分别配制成一定浓度，加入到细菌液体培养基中，并接种标准混合细菌（巨大芽孢杆菌、大肠杆菌、金黄色葡萄球菌、枯草杆菌、荧光假单孢杆菌等混合菌株），在一定培养条件下［温度（32±1)℃；转速 180r/min)］摇床振荡培养，样品的最终浓度为 1mg/L、2mg/L、5mg/L、10mg/L。定时取样检测，结果见表 2-65。

表 2-65 DCMIT 样品杀菌效果表

杀菌剂浓度	初始含菌量/(cfu/mL)	24h 含菌量/(cfu/mL)	48h 含菌量/(cfu/mL)	72h 含菌量/(cfu/mL)	96h 含菌量/(cfu/mL)	7d 含菌量/(cfu/mL)
1×10^{-6}	3.12×10^{6}	2.22×10^{5}	1.06×10^{7}	3.98×10^{8}	—	—
2×10^{-6}		1.68×10^{2}	1.14×10^{2}	10～100	10～100	10～100
5×10^{-6}		1.10×10^{2}	10～100	10～100	10～100	10～100
10×10^{-6}		1.00×10^{2}	10～100	10～100	10～100	10～100
0		1.68×10^{7}	7.24×10^{7}	3.12×10^{9}	—	—

（来源：万厚）

结论表明，DCMIT 在浓度≥2mg/L 时能有效抑杀细菌，效果可达到 99.99%以上，并能持续抑菌 7d 以上。

应用 DCMIT 是一种新型的高效广谱杀菌剂，能有效杀灭藻类、细菌和真菌等微生物。广泛应用于工业生产各个领域，如造纸工业的调浆、工业循环水、涂料、黏合剂、木材、皮革、电缆、纺织印染、油墨、金属切削液以及化妆品、洗涤用品等的杀菌防腐。

3,5-二氯-4-羟基苯甲醛(DCHB)
(3,5-dichloro-4-hydroxybenzaldehyde)

Cl CHO HO Cl

$C_7H_4Cl_2O_2$, 191.0, 2314-36-5

IUPAC 名 3,5-dichloro-4-hydroxybenzaldehyde

理化性质 白色，具有特征气味的结晶固体。熔点 156℃。溶解度：易溶于乙醇、丙二醇、乙醚；稍溶于水、苯和氯仿。

毒性 大鼠急性经口 LD_{50}＞5000mg/kg。大鼠急性经皮 LD_{50}＞2000mg/kg（暴露：24h）。

抗菌防霉效果 3,5-二氯-4-羟基苯甲醛（DCHB）具有广泛的抗菌活性，涵盖了细菌、霉菌和酵母菌。具体数据见表 2-66。

表 2-66 30% DCHB 溶液对常见微生物的最低抑制浓度（MIC）

微生物	MIC/(mg/L)	微生物	MIC/(mg/L)
绿脓假单胞菌	1500	恶臭假单胞杆菌	1500
荧光假单胞杆菌 NCTC 10038	70	普通变形杆菌 NCTC 4175	700
沙门氏菌 NCTC 5765	700	金黄色葡萄球菌 NCTC 4163	700
金黄色葡萄球菌 NCTC 10449	1500	表皮葡萄球菌	1500
白色念珠菌 NCYC 597	2300	酿酒酵母 NCYC 200	2300
青霉	2300		

（来源：Maddox，1988 年）

制备 DCHB 由 2,6-二氯对甲酚原料制备而来。

应用 由于其广泛的活性范围涵盖广泛的细菌、酵母菌和霉菌，DCHB 可作工业液体防腐剂，如洗涤剂浓缩液和基于表面活性剂的产品，添加量 0.1%～0.15%；亦可用作化妆品中的防腐剂。

二硫氰基甲烷(MBT)
(methylene bisthiocyanate)

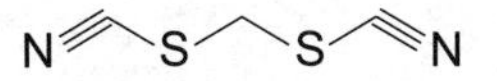

$C_3H_2N_2S_2$, 130.2, 6317-18-6

其他名称 扑生畏、双硫氰酸亚甲酯、二硫氰酸甲撑酯

商品名称 Slimicide MC、Busan 110、Nalco D-1994、Antiblu 3737、Tolcide® MBT

化学名称 二硫代氰酸亚甲酯

IUPAC 名 thiocyanatomethyl thiocyanate

EC 编码 [228-652-3]

理化性质 纯品为黄色结晶性粉末，有刺鼻的气味。沸点 285℃。熔点 105～107℃。闪点＞110℃。密度（20℃）2.0g/mL。溶解度（20℃）：丙酮 400g/L，乙二醇

40g/L，乙二醇单甲醚 170g/L，甲苯 10g/L，水 5g/L。稳定性：其在酸性条件下稳定，当 pH 值大于 8.5 时开始水解。

毒性 雄大鼠急性经口 LD_{50} 84.9（73.4～98.2）mg/kg。雌大鼠急性经口 LD_{50} 68.3（49.4～94.3）mg/kg。大鼠急性经皮＞2.0g/kg。大鼠吸入 LC_{50} 0.0077（0.0061～0.011）mg/L（来源：EPA）。

抗菌防霉效果 二硫氰基甲烷（MBT）在水中慢慢分解，分解产物为硫氰酸盐及甲醛等，作用机制之一是硫氰基能通过与 Fe^{3+} 结合而阻断微生物呼吸过程的电子转移，从而直接杀死微生物。细菌方面尤其是对硫酸盐还原菌抑杀十分有效；霉菌方面可以杀灭毛霉、交链孢霉、根霉等在湿度高的环境下生长的霉菌。

MBT 对藻类也有极好的抑杀效果，对绿藻的最低抑制浓度为 1.6mg/kg，对席藻的最低抑制浓度为 12.5mg/kg，对衣藻的最低抑制浓度为 3.1mg/kg。

MBT 对实验室试验菌的抗菌情况见表 2-67、表 2-68。

表 2-67 二硫氰基甲烷（MBT）对实验室试验菌的抗菌力

二硫氰基甲烷浓度/%	抑菌圈(直径)	
	混合霉菌/mm	混合细菌/mm
0.5	70	80
0.3	40	45
0.1	30	36

表 2-68 二硫氰基甲烷（MBT）对常见微生物的最低抑制浓度（MIC）

微生物	MIC/(mg/L)	微生物	MIC/(mg/L)
黑曲霉	2.5～10	产气杆菌	5～10
梭状芽孢杆菌	5～10	巨大芽孢杆菌	5
金黄色葡萄球菌	5	小球藻	3

制备 以二卤代烷（如二氯甲烷、二溴甲烷、二碘甲烷）与硫酸氰酸钠为原料，一定温度和压力下在乙醇和水介质中合成制得。

应用 MBT 对控制细菌、藻类、霉菌和酵母菌相当有效，主要用于工业用水系统、油田回注水、造纸厂等领域的杀菌灭藻；还可作竹木制品、电器材料、涂料、橡胶、皮革、帆布、纸张等领域防霉；亦可适用于各种水产养殖业的水质消毒。注意：MBT 在大于 7.5 的 pH 值环境下快速水解。

实际应用参考：

① MBT 可用于纸浆和涂料的防腐。使用时可将二硫氰基甲烷用溶剂和其他增效剂复配成质量分数为 10%的溶液。添加量为 7.5mg/L 时，在 30min 内灭菌率可达 99.8%以上。

② MBT 对水稻恶苗病和干尖线虫病、大麦条纹病、网斑病、坚黑穗病具有较高的

防效。同时对种传细菌、真菌和线虫所引起的其他病害亦有很好的防效，在推荐剂量下，对稻麦种子安全，且对提高水稻种子发芽率、成秧率有一定作用。该产品是一种有机硫氰杀菌剂，对病原作物用位点多，能解决目前广泛使用的内吸性杀菌剂产生的抗性问题。

③ 华南理工大学化学与化工学院研制的10% MBT悬浮剂：表面活性剂2%（烷基萘磺酸缩聚物钠盐1%、烷基萘磺酸盐和阴离子润湿剂混合物1%），增稠剂（黄原胶）0.5%，触变剂（硅酸镁铝）2%，pH调节剂（冰醋酸）0.4%，消泡剂（Foamex805）1%，二硫氰基甲烷原药10%。稳定性试验表明，通过以上配方制备的MBT悬浮剂悬浮率大于90%，离心稳定性及热储稳定性均为优，产品各项指标符合悬浮剂要求。

法规 欧盟化学品管理局（ECHA）：根据指令98/8/EC（BPD）或规则（EU）No.528/2012（BPR）提交了批准申请的所有活性物质/产品类型组合为PT-12（杀黏菌剂）。生物杀灭剂二硫氰基甲烷（methylene dithiocyanate）申请目前处于审核进行之中。

二氯生(DCPP)
(diclosan)

$C_{12}H_8O_2Cl_2$, 255.1, 3380-30-1

其他名称 羟基二氯二苯醚

商品名称 Tinosan HP 100、Scunder DCP100

化学名称 4,4′-二氯-2-羟基联苯醚

IUPAC名 5-chloro-2-（4-chlorophenoxy）phenol

EC编码 [429-290-0]

理化性质 纯品为白色结晶粉末，有类似酚的轻微气味。沸点359.3℃。熔点73.6℃。蒸气压（25℃）1.2×10^{-6} Pa。相对密度（20.1℃）1.47。$\lg K_{ow}=3.7$（20℃）。溶解度：水19.5mg/L（20℃，pH 5～6）；水6.3mg/L（10℃，pH 5）；水10mg/L（20℃，pH 5）；水14.7mg/kg（30℃，pH 5）；己烷约8731mg/L（10℃）；己烷约18638mg/L（20℃）；己烷约27049mg/L（30℃）。稳定性：DCCP的主要代谢产物为甲基DCPP。$pK_a=9.49$。

毒性 大鼠急性经口LD_{50}＞2000mg/kg。大鼠急性经皮LD_{50}＞2000mg/kg。兔子测试：不刺激皮肤，观察到严重的眼睛损伤。斑马鱼LC_{50}（96h）2mg/L。水蚤EC_{50}

(48h) 0.32mg/L。藻类 EC_{50} 0.07mg/L（来源：CIBA）。

抗菌防霉效果　二氯生（DCPP）广谱高效抗菌，减少细菌交叉感染，对革兰氏阳性、阴性菌抑制十分有效。二氯生（DCPP）对常见微生物的最低抑制浓度见表2-69。

表 2-69　二氯生（25%～35%）对常见微生物的最低抑制浓度（MIC）

微生物	MIC/(mg/L)	微生物	MIC/(mg/L)
金黄色葡萄球菌 ATCC 9144	0.2	金黄色葡萄球菌 NCTC 11940（耐甲氧西林）	0.1
表皮葡萄球菌 ATCC 12228	0.2		
大肠杆菌 NCTC 8196	0.07	阴沟肠杆菌 ATCC 13047	1.0
克雷伯杆菌 DSM 30106	2.5	肺炎克雷伯菌 ATCC 4352	0.07
奇异变形杆菌 ATCC 14153	2.5	铜绿假单胞杆菌 ATCC 15442	＞1000
沙门氏菌霍乱弧菌 ATCC 9184	0.25	黑曲霉 ATCC 6275	250
白色念珠菌 ATCC 10259	30		

（来源：CIBA）

应用　二氯生（DCPP）作为高效杀菌剂，适用于家居和织物护理产品，直接作用于织物、硬表面或厨房用具，低浓度即有效，效果持久。

法规　欧盟化学品管理局（ECHA）：2015 年，欧盟生物杀灭剂产品委员会（BPC）发布法规（EU）2015/1727，批准 DCPP 作为第 1 类（人体卫生学消毒剂）、第 2 类（不直接用于人体或动物的消毒剂和杀藻剂）和第 4 类（食品和饲料领域消毒剂）生物杀灭剂产品的活性物质。批准日期 2016 年 12 月 1 日，批准期满 2026 年 12 月 1 日。

4,5-二氯-2-正辛基-3-异噻唑啉酮(DCOIT)
(4,5-dichloro-2-octyl-isothiazolone)

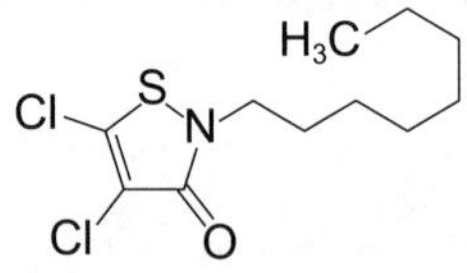

$C_{11}H_{17}Cl_2NOS$, 282.2, 64359-81-5

商品名称　Rozone 2000、Vinyzene® IT-4000 DIDP、万立清 673S、Sea-Nine 211

化学名称　4,5-二氯-2-正辛基-4-异噻唑啉-3-酮

IUPAC 名　4,5-dichloro-2-octyl-1,2-thiazol-3-one

EC 编码　[264-843-8]

理化性质 纯品类白色粉末。沸点 322.6℃。熔点 40.0～42.0℃。蒸气压 4.0×10^{-4}Pa。$\lg K_{ow}=2.85$。溶解度（25℃）：水 0.0065g/L；乙醇约 650g/L、丙酮约 650g/L、甲苯约 750g/L、环己烷 540g/L。稳定性：耐高温达 220℃以上。耐酸碱，pH 3～9 之间稳定。

毒性 大鼠急性经口 LD_{50} 500mg/kg。大鼠吸入 LC_{50}（4h）0.29mg/L。对皮肤、眼睛有一定刺激性和腐蚀性。水生生物：蓝腮翻车鱼 LC_{50}（96h）0.0027mg/L。羊角月牙藻 EC_{50} 0.077mg/L。水蚤 EC_{50} 0.0052mg/L。

抗菌防霉效果 付忠叶等报道，异噻唑啉衍生物为非氧化性杀菌剂，其穿过细胞膜进入细胞，杂环上的活性部分与细菌体内的蛋白质作用使其键断开。也能与 DNA 结合，一方面阻断核酸的复制从而抑制微生物的繁殖，另一方面导致基因变异引起蛋白质的合成异常，最终导致细胞死亡。Morley J O 等通过研究电子结构特性，认为其机理是：杀菌剂透过细胞膜和细胞壁进入菌体分子，并与分子内含巯基的成分发生反应，从而使细胞死亡。DCOIT 具有杀菌广谱活性，能够控制范围很广的真菌和细菌，还具有优异的杀藻性能。杀菌机理详见异噻唑啉酮一节。

DCOIT 对一些微生物的最低抑制浓度见表 2-70，对藻类杀灭性能分别见表 2-71、表 2-72。

表 2-70 DCOIT 对一些微生物的最低抑制浓度（MIC）

微生物	MIC/(mg/L)	微生物	MIC/(mg/L)
出芽短梗霉 ATCC 12536	26	金黄色葡萄球菌 ATCC 8638	20
黑曲霉 ATCC 6278	45	粉核小球藻 UTEX 1230	0.3
似枝孢类枝孢 ATCC 16022	5	绿球藻 UTEX 105	5
绿色木霉 ATCC 9645	12	方尾栅藻 UTEX 614	6
腔式嗜分枝霉 ATCC 52426	3	尖丝藻 UTEX 739	3
白色念珠菌霉 ATCC 11651	26	水花项圈藻 UTEX 1444	2
大肠杆菌 ATCC 11229	80	绿铜微孢藻 UTEX 2063	3
铜绿假单胞杆菌 ATCC 15442	65		

注：MIC 数据来自双重两次连续稀释试验；来自得克萨斯（Texas）大学的藻类培养专集。

表 2-71 DCOIT 暴露 96h 条件下加药量与灭藻率的关系

质量浓度/(mg/kg)	0.5	0.75	1	1.5	1.75
灭藻率/%	50	65	91	92	93

表 2-72 DCOIT 作用时间和灭藻效果的关系（浓度为 2.0mg/kg）

作用时间/h	0	6	24	48	96
灭藻率/%	0	34	50	91	99

由表 2-71 可见，DCOIT 的灭藻效果随加药量的增加而提高。在有效组分质量浓度为 1.0mg/kg 时，DCOIT 的灭藻率达到 90%以上，显示出良好的灭藻性能。

由表 2-72 可见，DCOIT 在有效组分质量浓度为 2.0mg/kg 时，作用 24h 后灭藻率为 50%左右，48h 后灭藻率达到 90%以上。

制备 由 3,3-二硫代二辛基丙酰胺等原料制备而来。

应用 1977 年，DCOIT 合成文献首次由 Weiler，Ernest D. 等发表于杂环化学期刊。1978 年作为防污剂，德国专利 DE 2732145。1984 年美国罗门哈斯获得将 DCOIT 用于工业水处理的专利 BR 8305103。从 20 世纪 90 年代起，使用 SEA-NINE 商标的 DCOIT 就作为防霉剂的活性成分在全球范围内得到广泛而安全的使用，SEA-NINE 211 曾获得颇具声望的“总统绿色化学挑战奖”的安全化学产品设计奖。

由于 DCOIT 出色的性能，其可广泛应用于涂料、塑料、聚氨酯、污水、造纸、木材、胶黏剂、油墨等工业领域抗菌防霉防藻。

实际应用参考：

① EVA（乙烯-乙酸乙烯共聚物）发泡材料：以 DCOIT 为抗菌剂，EVA（乙烯-乙酸乙烯共聚物）为主要原料，制备抗菌 EVA 发泡材料，进行了抗菌性能测试，结果见表 2-73。

表 2-73 DCOIT 抗菌剂对 EVA 发泡材料抗菌性能的影响

微生物	DCOIT 添加量/%	振荡前菌落数/(cfu/mL)	振荡 24h 后菌落数/(cfu/mL)	抗菌率/%
大肠杆菌	0	1.55×10^4	1.89×10^4	—
	0.8	1.49×10^4	1.20×10^1	99.92
金黄色葡萄球菌	0	1.23×10^4	1.53×10^4	—
	0.8	1.26×10^4	1.60×10^2	98.97

结果表明，DCOIT 对大肠杆菌和金黄色葡萄球菌的抗菌率分别达到 99.92%和 98.97%，抗菌性能优良。

② 海洋防污剂：DCOIT 对细菌、真菌、藻类和海洋无脊椎动物具有良好的防污活性，且在现有环境中的浓度对海洋生物具有最小毒性。表 2-74 是 DCOIT 与 TBT（三丁基锡）防污剂的毒性效果的比较。

表 2-74 DCOIT 与 TBT 的毒性效果比较

毒性	浓度	
	DCOIT/(μg/L)	TBT/(μg/L)
急性毒性	2～10	2～10
慢性毒性	0.6～6	0.001～0.01
代谢物的毒性	>125000	100～400

王科等报道，正是由于DCOIT具有TBT不可比拟的环境友好特性和同样良好的生物活性，因此现在国际著名的涂料公司都将异噻唑啉酮类化合物DCOIT作为一种基本的活性组分应用于防污涂料中，以满足国际社会对TBT限用法规的要求和防污涂料环保特性的追求。其中最典型的是由原美国Rohm & Hass公司（现属DOW公司）研制成功，商品名为Sea-Nine 211（含30%活性成分的二甲苯溶液），并于1994年取得美国EPA授权登记。DCOIT在涂料中的添加量过多易引起涂膜变软，并且其初期渗出行为不甚理想，加工过程中对人体皮肤和眼睛还具有一定的刺激性，为此，原美国Rohm & Hass公司和日本Nippon Soda公司共同开发了TEP-DCOIT复合物，它是以1,1,2,2-四(4-羟基苯基)乙烷（TEP，化学结构式见图2-1）为主体化合物，以DCOIT为客体化合物形成的笼形化合物。TEP-DCOIT的初期渗出率显著降低，在防污剂的利用率方面具有明显的优势，对海洋生态环境的影响相对较小。经过6个月的浸泡后，所有涂层的DCOIT渗出率均能维持在1.0～2.0μg/(cm^2·d)的稳定状态。

图2-1　TEP化学结构式

DCOIT与其他防污剂组分的不同组合，主要有如下几种防污剂体系：DCOIT＋氧化亚铜；DCOIT＋氧化亚铜＋百菌清；DCOIT＋硫氰酸亚铜；DCOIT＋氧化亚铜＋敌草隆；DCOIT＋硫氰酸亚铜＋敌草隆；DCOIT＋2-甲硫基-4-叔丁氨基-6-环丙氨基三嗪；DCOIT＋氧化亚铜＋2-甲硫基-4-叔丁氨基-6-环丙氨基三嗪；DCOIT＋氧化亚铜＋硫氯酸亚铜＋2-甲硫基-4-叔丁氨基-6-环丙氨基三嗪。

③ DCOIT具有良好的防腐、防虫效果，是一种广谱性木材防腐剂，当以有机溶剂作载体时，用压力法浸注，保持量达到2kg/m^{3}时的防腐效果相当于保持量为6kg/m^{3}时五氯苯酚的防腐效果。也可以配成2%的有效成分浓度或者10%有效成分（万立清670）进行常压浸渍处理木材。

④ 经典配方10% DCOIT：外观为透明溶液，强效防霉防藻，对细菌也有效，罐内防腐，是三合一的杀菌剂，耐雨水冲刷，耐紫外线，耐高温（220℃），不黄变。油性水性体系均可使用。比如ROCIMA 342、万立清670等。

法规

① 欧盟化学品管理局（ECHA）：2011年，欧盟委员会发布法规（EU）2011/66，批准DCOIT作为第8类（木材防腐剂）生物杀灭剂产品的活性物质。批准日期2013年7月1日，批准期满2023年7月1日。2014年，欧盟委员会发布法规（EU）437/2014，批准DCOIT作为第21类（海洋防污剂）生物杀灭剂产品的活性物质。批准日期2016年1月1日，批准期满2026年1月1日。

② 欧盟化学品管理局（ECHA）：根据指令98/8/EC（BPD）或规则（EU）No.528/2012（BPR）提交了批准申请的所有活性物质/产品类型组合为PT-7（干膜防霉剂）、PT-9（纤维、皮革、橡胶和聚合材料防腐剂）、PT-10（建筑材料防腐剂）、PT-11（液体制冷和加工系统防腐剂）。生物杀灭剂DCOIT申请目前处于审核进行

之中。

③ GB/T 35602—2017（绿色产品评价 涂料）规定：DCOIT 在涂料领域不得＞500×10^{-6}。实施日期为 2018 年 7 月 1 日。

二氯乙二肟
(dichloroglyoxime)

$C_2H_2Cl_2N_2O_2$, 157.0, 2038-44-0

其他名称 DCO、DCG

化学名称 二氯乙二醛二肟

IUPAC 名 *N*-[(*E*)-1,2-dichloro-2-nitrosoethenyl]hydroxylamine

理化性质 纯品为白色结晶。熔点 200～204℃。溶解度：水 14g/L，遇水易分解；易溶于极性有机溶剂。稳定性：二氯乙二肟在固态时非常不稳定，受到摩擦或震动即可能发生爆炸。商品一般为 10％制剂。

毒性 大白鼠急性经口 LD_{50} 258mg/kg，鱼 LC_{50}（48h）4.49mg/L。

抗菌防霉效果 二氯乙二肟（DCG）具有广谱的抑菌活性，尤其对细菌抑制效果较佳。一般在几毫克/千克浓度范围，可干扰乃至中断胞浆的流动，最终导致细胞原生质膜崩解而起到杀菌的作用。其对一些微生物的杀菌试验见表 2-75。

表 2-75 二氯乙二肟（DCG）对几种细菌的杀菌试验

微生物	对照/(cfu/mL)	DCG/(cfu/mL)	
		10mg/L	5mg/L
粪产碱菌	3.8×10^7	$<10^2$	$<10^2$
金黄色葡萄球菌	2.3×10^6	$<10^2$	$<10^2$
产气肠杆菌	7.8×10^7	$<10^2$	$<10^2$
枯草杆菌	7.5×10^6	2.9×10^3	3.5×10^3

制备 以乙二醛为原料，经肟化合成乙二肟，后经氯化合成二氯乙二肟。

应用 二氯乙二肟（DCG）主要用于造纸白水以控制腐浆生成，还可作为工业洗涤剂、冷却水、润滑油、金属加工液、纺织油剂、涂料、乳胶、黏合剂、木材皮革等的防腐剂使用。注意：二氯乙二肟杀菌起效相当快，但遇水 10～15min 内水解。

二氯异氰尿酸钠
(sodium dichloroisocyanurate)

$C_3Cl_2N_3NaO_3$, 220.0, 2893-78-9

其他名称　优氯净、NaDCC

商品名称　ACL® 60、Extra Granular、NKC-620 DCCNA

化学名称　1,3-二氯-1,3,5-三嗪-2,4,6(1*H*,3*H*,5*H*)-三酮钠盐

IUPAC 名　1,3,5-triazine-2,4,6(1*H*,3*H*,5*H*)-trione,1,3-dichloro-,Sodium salt

EC 编码　[220-767-7]

理化性质　纯品为白色结晶粉末，有较浓的氯气味。熔点 230～250℃。pH 值（1%水溶液）6.2～6.8。溶解度（质量分数，20℃）：水 25%～30%。稳定性：该品从水中析出时含 2 分子结晶水。干燥状态下极其稳定。紫外线照射加速其有效氯的丧失。商品含有效氯 60%～65%。

毒性　小鼠急性经口 LD_{50} 1470mg/kg（雌），1260mg/kg（雄）。鼠类中毒时，精神萎靡，呼吸道分泌物增加。经尸体解剖，胃黏膜有出血点，肠道充气，肺、肝、脾都有瘀血。

抗菌防霉效果　作用机制主要依靠水解产物次氯酸，杀菌作用与氯类似。其对细菌、病毒、真菌、细菌芽孢等微生物均有较强的杀灭作用。

浓度与作用时间的影响：二氯异氰尿酸钠的杀菌作用随浓度的升高与作用时间的延长而加强。从杀灭细菌芽孢所需药物浓度与作用时间来看，其消毒能力远较氯胺 T 为强。与次氯酸盐类消毒剂相比，则情况较复杂。在低浓度时，二氯异氰尿酸钠作用较慢，但在高浓度时，因溶液可保持弱酸性，故杀菌效果有时反较次氯酸盐类为好，见表 2-76。

表 2-76　含氯消毒剂对细菌芽孢杀灭作用的比较

消毒剂	不同浓度所需杀菌作用时间/min				
	0.001%	0.01%	0.1%	1%	10%
二氯异氰尿酸钠	>60	60	<5	<5	—
三合二	>60	15	<5	15	—
氯胺 T	—	—	—	—	>720

注：二氯异氰酸钠与三合二皆含有效氯 6000mg/L；氯胺 T 溶液含有效氯 25000mg/L。

有机物的影响：有机物可降低二氯异氰尿酸钠的杀菌能力。实验证明，在蜡状杆菌芽孢悬液中加入20%马血清，用本药进行灭菌处理，所需时间大大延长。但相对来说，有机物对本药的影响比对氯酸盐类消毒剂小，见表2-77。

表2-77 有机物对含氯消毒剂杀芽孢作用的影响

菌液条件	杀菌所需作用时间/min	
	1%二氯异氰尿酸钠	1%三合二
未加血清	<5	<5
加有20%血清	30	>60

温度的影响：温度降低可减弱二氯异氰尿酸钠的杀菌作用。用大肠杆菌悬液进行的实验证明，当水温为16～20℃，加氯量为5mg/L时，作用15min即可达到99.999%的杀灭率。但在2～5℃时，延长到30min，杀灭率仅达99.92%。又如，以0.8%二氯异氰尿酸钠溶液擦拭木质表面，往返擦拭3遍，静置作用30min，在16～18℃时可杀灭表面污染的白色葡萄球菌99.96%，而在3～5℃时仅可杀灭99.88%。

二氯异氰尿酸钠与其他含氯消毒剂相似，在酸性条件下较碱性条件下的杀菌作用为佳。例如，在水的消毒试验中（加氯量为2mg/L），当pH<7.0时，对大肠杆菌悬液（10^6cfu/mL）的杀灭作用仅需5min即可达99.999%，而当pH>8.0时，作用20min仍有数不清的大肠杆菌生长，以至无法计算杀灭率。

根据以上各因素的影响，使用二氯异氰尿酸钠进行消毒时，应注意尽量减少消毒表面黏附的有机物；处理时温度愈高愈好；避免在碱性条件下处理。如果达不到上述条件要求，应适当提高药液浓度或延长作用时间。

制备 二氯异氰尿酸钠由异氰尿酸、氢氧化钠、氯气为原料制得。

应用 二氯异氰尿酸钠为外用广谱消毒剂、灭菌剂和杀藻除臭剂。广泛用于饮用水消毒、预防性消毒及各种场所的环境消毒，如电影院、舞厅、宾馆、饭店、医院、浴池、游泳池、食品加工厂、牛奶场、列车、汽车等设备及空间；亦可用于养蚕消毒、家畜、家禽、鱼类饲养消毒；还可用于羊毛防缩整理、纺织工业漂白、工业循环水除藻。

实际应用参考：

① 用水溶液喷洒、浸泡、擦拭进行表面消毒。气温高于0℃时，使用剂量见表2-78。

表2-78 二氯异氰尿酸钠溶液的消毒使用剂量

消毒对象与条件	药物浓度/%	用量/(mL/m^2)	作用时间/min
污染用具：			
结核杆菌	1.0～1.5	—	15～60
肝炎病毒	1.5	—	15～60
其他细菌繁殖体与病毒	0.5～1.0	—	15～60
细菌芽孢	5.0～10.0		15～60

续表

消毒对象与条件	药物浓度/%	用量/(mL/m²)	作用时间/min
污染地面(细菌芽孢):			
土质地面	5.0～10.0	1000	60～120
水泥地面	5.0	350	180

② 路开顺等报道，二氯异氰尿酸钠复合泡腾片（以溶有黏结剂的水溶液加入崩解剂中，混拌均匀，在70～75℃温度下烘干，干燥后破碎此团粒物料，用40～60目筛整粒，再与其他成分混匀后压片）：0.5g重的片剂3.04min即可完全溶解于水，密闭容器内一年有效率降低不大于0.35%，且氯味大大降低。当有效氯为100mg/L时，对细菌繁殖体作用5min，杀灭率100%；有效氯为2000mg/L，对细菌芽孢作用10min可达到消毒效果；当菌悬液中加2%蛋白胨时，对细菌芽孢需2000mg/L有效氯作用30min达到消毒效果；有效氯为1000mg/L对HBsAg作用15min可达到灭活效果。

法规 欧盟化学品管理局（ECHA）：根据指令98/8/EC（BPD）或规则（EU）No.528/2012（BPR）提交了批准申请的所有活性物质/产品类型组合为PT-2（不直接用于人体或动物的消毒剂和杀藻剂）、PT-3（兽医卫生消毒剂）、PT-4（食品和饲料领域消毒剂）、PT-5（饮用水消毒剂）、PT-11（液体制冷和加工系统防腐剂）、PT-12（杀黏菌剂）。生物杀灭剂二氯异氰尿酸钠（troclosene sodium）申请目前处于审核进行之中。

二氯乙烷
(ethylidene chloride)

$Cl—CH_2—CH_2—Cl$

$C_2H_4Cl_2$, 99.0, 107-06-2

其他名称 1,2-DCE、亚乙基二氯、二氯化乙烯

化学名称 1,2-二氯乙烷

IUPAC名 1,2-dichloroethane

EC编码 [203-458-1]

理化性质 无色透明油状液体，类似氯仿气味。沸点（760mmHg）83.5℃。熔点−35.5℃。闪点13.3℃（闭杯）。相对密度1.235。溶解度：8.6g/L（25℃）；可与乙醇、乙醚、氯仿等各种有机溶剂混溶。稳定性：对水、酸、碱稳定，具有抗氧化性，不腐蚀金属。

毒性 大鼠急性经口LD_{50} 770mg/kg，空气中最高容许浓度为100mg/L（400mg/m³）。对黏膜有刺激作用，皮肤接触能引起皮炎。

抗菌防霉效果 二氯乙烷对霉菌、细菌等多种微生物显示良好的抗菌效果。

制备 二氯乙烷由乙烯与氯气直接合成。

应用 二氯乙烷是常用的粮食熏蒸剂。可用于稻谷、大米、玉米、麦类等的熏蒸保存，亦可用于仓储物品的熏蒸保存，或者密闭空间的杀菌消毒。

1,3-二羟甲基-5,5-二甲基海因(DMDMH) [1,3-bis(hydroxymethyl)-5,5-dimethylhydantoin]

$C_7H_{12}N_2O_4$, 188.2, 6440-58-0

其他名称 DMDM 乙内酰脲、DMDM hydantoin、二羟甲基海因

商品名称 DANTOIN ® DMDMH-55、DANTOGARD® 2000、Custom® DMDM

化学名称 1,3-二(羟甲基)-5,5-二甲基咪唑烷-2,4-二酮

IUPAC 名 1,3-bis(hydroxymethyl)-5,5-dimethylimidazolidine-2,4-dione

INCI 名称 DMDM Hydantoin

EC 编码 [229-222-8]

理化性质 纯品为白色无味粉末。沸点 198～200℃（沸腾分解）。熔点 90℃（OECD）。蒸气压（25℃）9.0×10^{-8} mmHg。密度（21℃）0.4g/cm³。$\lg K_{ow}=-2.9$。溶解度：水 773g/L；乙醇 564g/L；已烷 0.2g/L。稳定性：pH 值在 6～8 之间稳定。

商品有效物含量为 55%（醛含量约 17%～19%），外观呈无色透明液体。凝固点 −11℃。密度（25℃）1.16g/mL。闪点＞100℃。pH 值（20℃）6.5～7.5，含氮量 8.04%～8.34%。溶解性（25℃）：完全和水混溶。稳定性：耐热性良好（可达 80℃）。

毒性 大鼠急性经口 LD_{50} 2000mg/kg。新西兰兔急性经皮 LD_{50}＞2000mg/kg。大鼠吸入 LC_{50}（4h）＞377.8mg/L。水生生物：虹鳟鱼 LC_{50}（96h）283mg/kg。蓝腮翻车鱼 LC_{50}（96h）95mg/kg。水蚤 EC_{50}（48h）20.4mg/L。

抗菌防霉效果 杀菌机理有两种解释：其一，这类防腐剂是通过缓慢分解、释放甲醛起抑菌、杀菌作用，甲醛是活性成分；其二，这类防腐剂分子中 *N*-羟甲基本身是一个灭菌活性基团，可起灭菌作用。DMDMH 对革兰氏阳性菌、革兰氏阴性菌具有较强的抑杀能力，同时对酵母菌、霉菌也有一定抑制作用。DMDMH 对一些微生物的最低抑制浓度见表 2-79。

表 2-79　DMDMH 对一些微生物的最低抑制浓度（MIC）

微生物	MIC/(mg／L)	微生物	MIC/(mg／L)
黑曲霉	1455	枯草杆菌	727
黄曲霉	1550	大肠杆菌	291
啤酒酵母	1300	金黄色葡萄球菌	29
酿酒酵母	1455	铜绿假单胞杆菌	291

（来源：LONZA）

制备　由 5,5-二甲基海因或尿囊素和甲醛在加热回流下反应制得。

应用　DMDMH 属于羟甲基化型杀菌剂。其性质类似于 Germal，能缓慢放出甲醛，具有广谱杀菌性，并且具有极好的亲水和配位性能，可与洗涤剂或化妆品原料很好配合；亦可广泛用于涂料、水性高聚物、金属切割液、胶黏剂、油墨、染料、色浆、印染助剂、纺织助剂、石蜡液、木材、制革、水处理、工业循环水、油田注水、制药、纤维、纺织等行业的杀菌防腐。

注意：甲醛的化学反应活性较高，可能与含胺类、巯基官能团的表面活性剂或者乳化成分在碱性条件下发生反应，影响防腐效果，需要特别注意。

羟甲基化型杀菌剂主要有1,3-二羟甲基-5,5-二甲基乙内酰脲、*N*,*N*′-二羟甲基-*N*-(1,3-二羟甲基-2,5-二氧-4-咪唑烷基)脲、*N*,*N*′-亚甲基-双[*N*-(3-羟甲基-2,5-二氧-4-咪唑基)]脲、*N*,*N*′-亚甲基-双[*N*-(1,3-二羟甲基-2,5-二氧-4-咪唑基)]脲、1-羟甲基-5,5-二甲基海因等。它们的理化性质相似，都是白色粉末，易吸潮，易溶于水，难溶于油性溶剂。能与化妆品原料、表面活性剂（包括阴离子、阳离子和非离子型表面活性剂）复配，在较宽 pH 值范围内具有杀菌活性。

实际应用参考：

① 商品一般为 55%溶液，游离甲醛含量可以控制在较低的水平。对皮肤和黏膜无刺激、过敏现象；同时还具有极好的亲水性和配位性能，可与化妆品或洗涤剂原料很好地配合。可用于洗发香波、护发素、剃须品、粉底、洗剂、膏霜、婴儿产品、防晒品和清洗剂等产品（需水冲洗的产品）。可与 IPBC 或尼泊金酯类配合后广泛用于化妆品中。

② 杂环卤胺类化合物是一类比较新的抗菌消毒化合物，由于其抗菌消毒的广谱性、高效性以及可再生性而获得越来越广泛的应用。美国专利 US 6077319 公开了一种通过醚化作用将 DMDMH 交联到纤维织物表面，然后在漂白液中氯化后得到具有抗菌性能的纤维织物的方法。

法规

① 欧盟化学品管理局（ECHA）：根据指令 98/8/EC（BPD）或规则（EU）No. 528/2012（BPR）提交了批准申请的所有活性物质/产品类型组合为 PT-6（产品在储存过程中的防腐剂）、PT-13（金属工作或切削液防腐剂）。1,3-二羟甲基-5,5-二甲基海因（DMDMH）申请处于审核进行中。

② 我国2015年版《化妆品安全技术规范》规定：1,3-二羟甲基-5,5-二甲基海因（DMDMH）在化妆品中使用时，最大允许浓度为0.6%。

2,2-二溴丙二酰胺(DBMAL) (2,2-dibromopropanediamid)

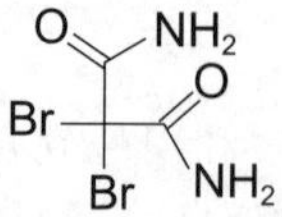

$C_3H_4Br_2N_2O_2$, 259.9, 73003-80-2

其他名称 DBMAL、二溴丙二酰胺

商品名称 BIOMATE、MBC2881

化学名称 2,2-二溴丙二酰胺

IUPAC名 2,2-dibromopropanediamide

EC编码 [277-205-9]

理化性质 粉末。熔点202～207℃。沸点（760mmHg）(294±40)℃。

抗菌防霉效果 溴类化合物对常规微生物均有不错的抑制效果，2,2-二溴丙二酰胺（DBMAL）也不例外，尤其对抑杀细菌十分有效。

应用 2,2-二溴丙二酰胺（DBMAL）可作工业杀菌剂，主要针对水体环境微生物控制。

实际应用参考：

专利CN 201080041151：组合物2,2-二溴丙二酰胺（DBMAL）和异噻唑啉酮基衍生物杀生物剂的质量比在约（100∶400)～(约1∶1）之间。可在任何特定应用中应使用的有效量的组合物以提供微生物控制。例如，合适的活性浓度（2,2-二溴丙二酰胺和异噻唑啉酮基杀生物剂的总量）典型地为至少约1×10^{-6}，或者至少约3×10^{-6}，或者至少约7×10^{-6}，或者至少约10×10^{-6}，或者至少约100×10^{-6}，基于水性或含水系统的总质量。本发明的组合物可用于控制各种水性和含水系统中的微生物。

1,3-二溴-5,5-二甲基海因(DBDMH) (1,3-dibromo-5,5-dimethylhydantoin)

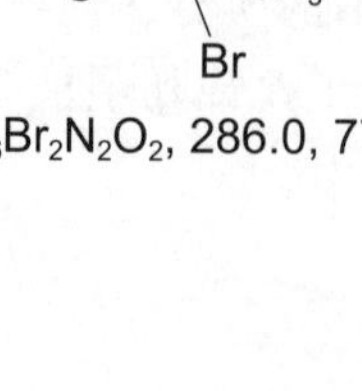

$C_5H_6Br_2N_2O_2$, 286.0, 77-48-5

其他名称 DBDMH、二溴海因、二溴二甲基海因

商品名称 XtraBrom® T、Halocom DBH

化学名称 1,3-二溴-5,5-二甲基-2,4-咪唑烷二酮

IUPAC 名 1,3-dibromo-5,5-dimethylimidazolidine-2,4-dione

EC 编码 [201-030-9]

理化性质 纯品为白色或类白色结晶粉末。熔点 197～199℃（分解）。堆积密度 $1.3g/cm^3$。pH 值（1%水悬浊液）6.0～6.5。溶解度：微溶于水，可溶于氯仿、乙醇等有机溶剂。稳定性：在强酸或强碱中易分解，干燥时稳定，有轻微的刺激气味。

毒性 大鼠急性经口 LD_{50}＞5000mg/kg。1,3-二溴-5,5-二甲基海因（DBDMH）对吉富罗非鱼苗的 LC_{50}（24h）和 LC_{50}（48h）分别为 9.89mg/L 和 9.78mg/L，安全浓度为 2.87mg/L。

抗菌防霉效果 DBDMH 作为高效消毒剂，为二甲基海因的溴化物，在水中快速释放出次溴酸而达到杀菌作用。其杀菌效率为常规含氯消毒剂 40 倍上。经研究试验发现，3mg/L DBDMH 溶液作用 2～3min 对金黄色葡萄球菌和大肠埃希菌的杀灭率达 99.97%；1000mg/L 溶液作用 60min 对枯草杆菌芽孢的杀灭率达 99.98%；对乙型肝炎表面抗原（HB2sAg），用 1000mg/L 溶液作用 5min 可将其灭活。

制备 DBDMH 由 5,5-二甲基乙内酰脲经溴化而得。

应用 DBDMH 主要用于工业循环水、泳池、景观喷泉、医院污水、医疗器具、水产养殖、食品加工、宾馆家庭卫生洁具的消毒杀菌灭藻，还可以用于保鲜库杀菌保鲜、口岸检验检疫消毒杀菌处理及疫区的防疫消毒。

实际应用参考：

① DBDMH 广泛用于畜禽饲养场所及用具、水产养殖业、饮水、水体消毒。一般消毒用 250～500mg/L，作用 10～30min；特殊污染消毒用 500～1000mg/L，作用 20～30min；诊疗器械用 1000mg/L，作用 1h；饮水消毒要根据水质情况，加溴量 2～10mg/L；用具消毒用 500mg/L，浸泡 15～30min；空气消毒用 1000mg/L，喷雾或超声雾化 10min，作用 15min。

② 已有将二溴海因或溴氯海因为杀菌剂、甘油单硬脂酸酯和吐温-80 乳液为涂膜剂和分散剂制备的复合保鲜剂，用于蜜橘杀菌保鲜。结果表明：含有 0.03%（质量分数）的二溴海因和 0.05%（质量分数）溴氯海因的复合保鲜剂即可达到较好的保鲜效果；储藏 50 天后好果率为 95%左右，3 个月后好果率分别可达到 85.2%和 81.2%；储藏水果营养物质损失少，果实饱满。

③ 刘腊芹等报道，在二氧化硅的表面覆合二溴海因形成复合粒子，测定其在水中的释放速度，结果表明：二溴海因/二氧化硅复合粒子中的二溴海因在水中释放的速度明显慢于纯二溴海因，且能维持较长的作用时间。比较纯二溴海因与含等量二溴海因的复合粒子对大肠杆菌、金黄色葡萄球菌、白葡萄球菌和枯草芽孢杆菌的抑制效果，发现复合粒子对菌体的抑制效果高于纯二溴海因。

二氧化氯
(chlorine dioxide)

ClO_2，67.5，10049-04-4

其他名称 过氧化氯

EC 编码 [233-162-8]

理化性质 纯品为黄绿色或黄红色气味，有类似氯气和硝酸的特殊刺激性臭味。液体为红褐色，固体为橙红色。熔点－59℃。沸点（101kPa）10～11℃。密度（20℃）1.62g/mL（固体）。密度（20℃）3.09g/L（气体）。溶解性：易溶于水，溶于碱溶液、硫酸。稳定性：强氧化剂。通热水则分解成次氯酸、氯气、氧气，受光也易分解。二氧化氯受热和受光照或遇有机物等能促进氧化作用的物质时，能促进分解并易引起爆炸。若用空气、二氧化碳、氮气等惰性气体稀释时，爆炸性则降低。

毒性 大鼠急性经口 LD_{50}＞2500mg/kg。该剂会使肺产生水肿，还有局部刺激性及对眼睛有强的刺激性。在空气中容许浓度为 0.3mg/m^3。

抗菌防霉效果 二氧化氯是一种高效消毒剂，可以杀灭各种微生物，包括各种细菌繁殖体、芽孢、真菌、病毒甚至原虫等。二氧化氯的杀菌能力较氯强，约为氯的 2.5 倍，并且见效更快，药效持续时间更长。

对细菌繁殖体：对大肠杆菌采用 100mg/L 二氧化氯，作用 30s，杀灭率可达 99.999%；采用 500mg/L，作用 10s，可杀灭金黄色葡萄球菌和绿脓杆菌。

对细菌芽孢：据报道，用 400mg/L 二氧化氯，杀灭枯草杆菌黑色变种芽孢 ATCC 9372 株。作用 15min，杀灭率达到了 99.9%。

对真菌的杀灭作用：采用 500mg/L 二氧化氯，作用 5min，可 100%杀灭须发癣菌；对黑曲霉，用 1000mg/L 氧氯灵，作用 5min，杀灭率为 99.99%。

二氧化氯杀灭病毒的效果比氯和臭氧都好。在 pH 值为 7.0 的废水中，5mg/L 的二氧化氯只要 0.5min 就能灭活 4 个对数级以上的病毒。

制备 二氧化氯极其不稳定，有爆发危险，无法以任何手段储存或运输，因此必须在使用地点制造。二氧化氯的制备方法有化学法和电化学法。化学法是在强酸介质中，用不同的还原剂还原氯酸盐或在酸性介质中用氧化剂氧化亚氯酸盐而制得；电化学法则是通过直接电解亚氯酸盐或氯酸盐而制得。

应用 稳定性二氧化氯是新型消毒剂，用于石油化工厂、合成氨厂和炼油厂等循环水系统，能杀灭水中的微生物、原虫和藻类，并能清除水中的亚硝酸根。同时作为消毒剂在造纸、水产、食品、饲料、饮用水、医院和医药工业中有广泛应用。

注意：二氧化氯不论是在液体状态还是在气体状态都极不稳定，且容易在运输中发生爆炸，所以一般是在现场制备和较短的出厂时期内使用。其使用成本约是氯的5倍。

国外利用载体将稳定性二氧化氯液体制成固体、胶体、颗粒、微胶囊化粉体和缓释型固体，极大拓展了二氧化氯的使用范围。

实际应用参考：

① 肖生苓等研究制备二氧化氯缓释保鲜纸保鲜涂液配方，为木质纤维类绿色保鲜材料的研发提供技术支持。保鲜涂液由氧化淀粉胶、氢氧化钠、亚氯酸钠等在一定工艺条件下复配制得，以纸基为载体，以亚氯酸钠为二氧化氯的前驱体，通过控制酸活化剂的量与作用时间，达到控制二氧化氯缓释的目的。确定保鲜涂液的最佳配方为：氧化淀粉胶含量0.7g/张、亚氯酸钠质量分数15%、氢氧化钠含量0.3g/张、酒石酸质量分数15%。

② 韩瑜等报道以改性麦饭石为载体，以亚氯酸钠、固体酸为主剂，制备出一种能够依靠环境湿度释放二氧化氯的新型固体二氧化氯消毒剂，并考察了麦饭石添加量、活化温度、各种添加剂以及环境湿度对二氧化氯释放速率的影响。结果表明，添加麦饭石能使释放速率峰值明显降低，消除暴释现象，使后期释放速率变大，增强后期的杀菌效果；对麦饭石进行活化可以增强其吸附能力，最佳活化温度为100℃；添加一定量的硫酸镁、氯化钙和高吸水性树脂，均能使释放速率得到较好的控制；相对湿度越小，二氧化氯的释放越平缓。

③ 专利CN104705342 A：其特征在于，所述凝胶状组合物含有二氧化氯液剂以及高吸水性树脂，所述二氧化氯液剂在构成成分中具有溶存二氧化氯气体、亚氯酸盐及pH调整剂，该制备方法为将二氧化氯气体2000×10^{-6}溶存水250mL中，加入水680mL。然后，加入亚氯酸钠25%溶液80mL进行搅拌，接着用磷酸二氢钠（5%水溶液在25℃的pH值为4.1～4.5）调节该溶液的pH值为5.5～6.0。如此操作，得到二氧化氯液剂（含二氧化氯气体、亚氯酸钠及磷酸二氢钠）1000mL。将采用与上述同样的方法制备的二氧化氯液剂160mL、由烷基磺酸钠形成的表面活性剂30mL、液体石蜡10g以及由液化丁烷形成的气溶胶喷射剂100g装入密闭容器中，在室温下充分搅拌，得到淡黄色的发泡性组合物300g。本发明可以很好地用于抗菌-除菌剂、抗病毒剂、除霉-防霉剂及消臭-防臭剂等。

二氧化钛
(titanium oxide)

O=Ti=O

TiO_2, 79.9, 13463-67-7

其他名称 钛白粉、金红石、氧化钛

商品名称 Octotint 601

IUPAC 名 dioxotitanium

EC 编码 [236-675-5]

理化性质 白色粉末。有板钛型、锐钛型（CAS 登录号 [1317-70-0]）和金红石型三种晶型。其中后两种较为广泛地应用在抗菌材料上。纳米二氧化钛一般是指特征维度尺寸在纳米数量级的二氧化钛颗粒。超细二氧化钛熔点＞1800℃，热分解温度＞2000℃，具有很高的化学稳定性。近年来发现纳米级超微细二氧化钛（通常为 10～50nm）具有半导体性质，并且具有高稳定性、高透明性、高活性和高分散性，无毒性和颜色效应。

毒性 长期受二氧化钛粉尘作用，使人的肺部出现弥漫性肺硬化、支气管炎，以致支气管扩张。最高容许浓度为 $10mg/m^3$。

抗菌防霉效果 二氧化钛是一种 n 型半导体，在光照下，和表面吸附的氧分子反应会产生超氧离子，其能迅速有效分解构成细菌的有机物及细菌赖以生存繁殖的有机营养物，使细菌蛋白质变异，从而起到杀菌、除霉、除臭作用。

制备

锐钛矿型钛白粉：可由钛铁矿用浓硫酸分解和除铁后经水解、过滤、焙烧、粉碎制得。

金红石型钛白粉：氯、焦炭加热至 900～1100℃，制得粗制四氯化钛，然后经氧化生成二氧化钛，再经过滤、干燥、粉碎，制得成品二氧化碳。

纳米二氧化钛制法：以硫酸氧钛溶液为原料，加入碳酸钠水溶液，反应生成氢氧化钛沉淀，再加入盐酸，生成带正电荷的水合二氧化钛水溶胶，加入阳离子表面活性剂，使之成为凝胶，再利用有机溶剂进行挤水处理，得到的有机溶胶除去有机溶剂后，再在低于所用阳离子型表面活性剂的分解温度下进行热处理，即可得到超微细二氧化钛产品。

应用 二氧化钛广泛使用在造漆、化纤、造纸、橡胶、日用化学品等工业中，是主要的白色原料；纳米二氧化钛属于光催化半导体抗菌剂，可在环保、建筑、医药、化妆品、多功能材料、抗菌剂等诸多方面有重要用途；亦可处理、净化无机污染废水。

实际应用参考：

① 抗菌塑料：由于纳米二氧化钛具有较强的紫外线屏蔽能力、很好的化学稳定性和热稳定性，无毒、无害、无污染，使用上不受限制，所以成为塑料中较为理想的抗菌填料。将纳米二氧化钛经表面处理，添加到 PE 等树脂中，制成的抗菌塑料具备长效广谱的抗菌效果，而且安全稳定，实施方便，在净化环境方面具有广阔的应用前景。

② 涂料：在涂料中添加纳米二氧化钛可以制造出杀菌、防污、除臭、自洁的抗菌防污涂料，涂刷光催化二氧化钛涂层，经阳光或室内光照射，可有效杀死大肠杆菌、金黄色葡萄球菌等有害细菌，防止感染。而且，可以随时用水冲刷掉氧化分解后的污垢物。因此广泛应用于医院病房、手术室以及家庭卫生间等细菌密集、易繁殖的场所，据报道，在高速公路两侧和隧道内设置涂覆了纳米二氧化钛的光催化板，可去除空气中的氮氧化物，减轻汽车尾气造成的危害。

③ 赵艳研究报道，以壳聚糖为基料、纳米 TiO_2 为光催化剂，采用共混法制备了一种新型抗菌防霉喷剂，该喷剂经喷涂后形成具有光催化活性的 TiO_2/壳聚糖复合膜。新型抗菌防霉喷剂的最佳制备工艺为：0.5%壳聚糖+0.25%二氧化钛+5%环氧氯丙烷，采用2.5%乙酸将壳聚糖溶解，加入二氧化钛后超声10～15min，常温下静置消泡，流延成膜。采用红外光谱、紫外吸收光谱和XPS光谱表征了复合膜的结构特征。结果表明，二氧化钛与壳聚糖结合后，Ti元素电子跃迁所需的能量变小，即其能带隙（E_g）变小，发生红移现象，吸收峰延伸至可见光区域，使得复合膜在可见光下具有光催化活性，从而具有抗菌活性。

④肖丽平等报道已研究过的具有光催化半导体特点的无机抗菌剂有纳米 TiO_2、ZnO、Fe_2O_3、WO_3、Al_2O_3、CdS等。它们可以制成片状、膜状或作为涂层及复合材料的组成。目前 TiO_2 仍以其活性高、热稳定性好、寿命长、价格便宜、对人体无害而备受人们的青睐。锐钛型纳米 TiO_2 的禁带宽度为3.2eV，在400nm以下的紫外线照射下分解出自由电子（e^-）和带正电的空穴（h^+），空穴使空气中的水氧化成羟基自由基，电子使空气中的氧气还原成原子氧，羟基自由基和原子氧有很强的活性，可氧化大多数致病细菌。

2,4-二硝基苯酚
(2,4-dinitrophenol)

$C_6H_4N_2O_5$, 184.1, 51-28-5

其他名称　2,4-二硝基苯酚

化学名称　2,4-硝基-1-羟基苯

EC编码　[215-444-2]

理化性质　纯品为无色结晶，熔点113℃。蒸气压（20℃）3.90×10^{-4}mmHg。相对密度1.683。$\lg K_{ow}=1.67$。溶解度：水2790mg/L（20℃）；溶于热水、乙醚、氯仿、苯和吡啶。稳定性：加热时会升华，在蒸气中挥发。$pK_a=4.09$。

毒性　大鼠腹腔注射 LD_{50} 20mg/kg。大鼠静脉注射 LD_{50} 72mg/kg。大鼠皮下注射 LD_{50} 25mg/kg。大鼠急性经口 LD_{50} 30mg/kg（来源：Pubchem）。

抗菌防霉效果　二硝基苯酚对多种微生物显示杀死或抑制作用。尤其对曲霉、青霉有不错的抑制效果。

制备 二硝基苯酚由 2,4-二硝基氯苯在碱溶液中水解而得。

应用 二硝基苯酚可以作为塑料、橡胶等防霉剂，其用量约为 2%。

2,4-二硝基氟苯
(2,4-dinitrofluorobenzene)

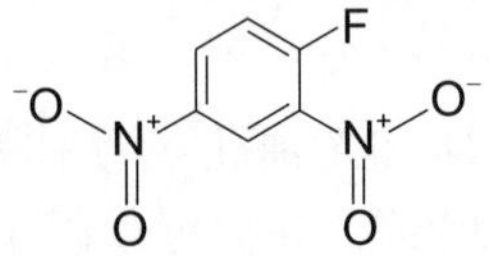

$C_6H_3FN_2O_4$, 186.1, 70-34-8

其他名称 桑格试剂、Dnp-F

化学名称 1-氟-2,4-二硝基苯

IUPAC 名 1-fluoro-2,4-dinitrobenzene

EC 编码 [200-734-3]

理化性质 纯品为淡黄色晶体或油状液体。熔点 25.8℃。沸点 296℃。蒸气压 (25℃) 2.40×10^{-3} mmHg。相对密度 1.482。$\lg K_{ow}=1.830$。溶解度：水 400mg/L (25℃)；溶于乙醇、苯、丙二醇等。

毒性 小鼠急性经皮 LDLo 100mg/kg。大鼠急性经口 LDLo 50mg/kg。具有一定的刺激性，能使皮肤腐烂。使用时应注意保护措施。

抗菌防霉效果 2,4-二硝基氟苯对曲霉、青霉等具有较好的抑制效果。

制备 以 2,4-二硝基氯苯与无水氟化钾为原料，经亲核取代反应而得。

应用 2,4-二硝基氟苯较早报道用于军用飞机上防止织物、皮革、塑料等霉害。也可用于地毯、胶鞋、纸张、漆布等领域的防霉。

2,2-二溴-3-氰基丙酰胺(DBNPA)
(2,2-dibromo-2-cyanoacetamide)

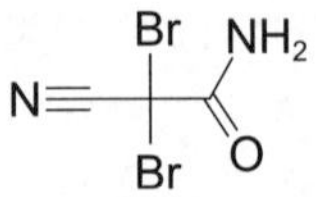

$C_3H_2Br_2N_2O$, 241.9, 10222-01-2

其他名称 DBNPA、二溴氰基乙酰胺、2,2-二溴-3-氮川丙酰胺

商品名称 万立净 DB20、Vancide DB20、Dow Antimicrobial 7287、Dowicil® QK-20

化学名称 2,2-二溴-3-次氮基丙酰胺

IUPAC 名 2,2-dibromo-2-cyanoacetamide

EC 编码 [233-539-7]

理化性质 纯品为白色结晶粉末。熔点 124～126℃。密度（20℃）1.4～1.6g/mL。蒸气压（20℃）2.9×10^{-5}hPa。lgK_{ow}=7.7。溶解度：水 15g/L，乙醇 250g/L，乙二醇 90g/L，丙二醇 200g/L，异丙醇 350g/L。稳定性：其水溶液在酸性条件下较为稳定，在碱性条件下容易水解，提高 pH 值、加热、用紫外线或荧光照射，都可使其水解速度大大加快。DT_{50}（在水中生物降解）0.21d。

2,2-二溴-3-氰基丙酰胺（DBNPA）在不同 pH 值下的半衰期见表 2-80。DBNPA 在自然水体中依次降解为 2-溴-3-次氮基丙酰胺、氰乙酰胺、丙二酸，最终降解为溴离子和二氧化碳。此降解过程所产生的中间产物及最终产物毒性均符合有关环境标准，对水质无污染。此外，日光及土壤微生物也能让二溴氰基乙酰胺分解成无害的物质。

表 2-80 2,2-二溴-3-氰基丙酰胺（DBNPA）在不同 pH 值下的半衰期（室温）

pH 值	半衰期/h	pH 值	半衰期/h
3.9	2140	7.7	5.8
6.0	155	8.0	2.0
6.7	37.0	8.9	0.34
7.3	8.8	9.7	0.11

（来源：Exner et al，1973 年）

毒性 大鼠急性经口 LD_{50} 235mg/kg。雌豚鼠经口 LD_{50} 118mg/kg，兔经口 LD_{50} 366mg/L。兔急性经皮 LD_{50}＞2000mg/kg。DBNPA 可能会导致严重的皮肤和眼睛刺激(带角膜损伤)；吸入粉尘会刺激上层呼吸道。水生生物：黑头呆鱼 LC_{50} 1.8～2.2mg/L。虹鳟鱼 LC_{50} 0.71～2.9mg/L。水蚤 LC_{50} 0.732mg/L。

对小鱼和浮游动物的实验表明，DBNPA 在杀菌消毒浓度范围内是无害的，为理想的环保型杀菌产品。研究人员对 DBNPA 应用在鱼池消毒杀菌方面进行了可行性研究，发现其溶液在低浓度下就具有很强的杀菌能力，20mg/L 以上的该溶液杀菌能力相差不大（来源：DOW）。

抗菌防霉效果 作用机制：DBNPA 分子中 2 号碳原子上的两个溴原子的存在意味着这个碳原子是极度亲电的，因而是可以受细胞或胞外亲电物质进攻的活性位点。最可能进攻 DBNPA 骨架碳的细胞亲电物质是亲电性的含硫的氨基酸，如甲硫氨酸和巯基丙氨酸。这个反应是不可逆的，因而其导致含有这两种氨基酸的蛋白质失活。也有可能含胺的氨基酸（如赖氨酸、精氨酸）也会与 DBNPA 发生亲电反应，但是这些的反应速率要比含硫的亲电物质反应速率要慢。这是因为在大多数 DBNPA 使用的氛围下（pH＜7.5），这些如赖氨酸和精氨酸中的氨基被质子化，因而比游离氨基反应速率变慢。

DBNPA 对细菌、真菌、藻类都有很好的灭杀作用，尤其对形成黏泥的细菌具有极

好的活性，具有在环境中快速水解、在低剂量下发挥高效作用的双重优点。DBNPA 对部分微生物最低抑制浓度见表 2-81；DBNPA 在 0.5mg/kg 和 1.0mg/kg 的浓度下对几种细菌和真菌的灭杀效果见表 2-82。

表 2-81 2,2-二溴-3-氰基丙酰胺（DBNPA）对一些微生物的最低抑制浓度（MIC）

微生物	MIC/(mg/L)	微生物	MIC/(mg/L)
铜绿假单胞杆菌	100	产气杆菌	100
脱硫弧菌	10	大肠杆菌	100
黑根霉	10	伤寒沙门氏菌	100
黄曲霉素	20	金黄色葡萄球菌	250
土曲霉	100	枯草芽孢杆菌	100
白假丝酵母	100		

表 2-82 0.5mg/kg 和 1.0mg/kg 的 2,2-二溴-3-氰基丙酰胺对几种细菌的杀菌效果

菌株	浓度/(mg/kg)	30min 杀菌率/%	60min 杀菌率/%	90min 杀菌率/%
大肠杆菌	0.5	85	95	98
	1	85	96	99
产气杆菌	0.5	80	95	99
	1	85	95	99
金黄色葡萄球菌	0.5	80	90	97
	1	80	93	98
伤寒沙门氏菌	0.5	85	95	99
	1	85	96	99
铜绿假单胞杆菌	0.5	85	90	98
	1	85	95	99
白色念珠菌	0.5	80	90	98
	1	85	95	98
土霉菌	0.5	85	95	99
	1	85	95	99
黑根菌	0.5	90	98	99.9
	1	90	98	99.9

从实验结果看，DBNPA 对大肠杆菌、金黄色葡萄球菌、伤寒沙门氏菌、铜绿假单胞杆菌、白色念珠菌、土霉菌、黑根菌的杀菌效果：30min 时杀菌率达 80%以上，60min 时杀菌率达 90%以上，90min 时达 95%以上。DBNPA 具有极强的杀菌作用，在 0.5mg/L 的低浓度下的杀菌效果也很好，几乎与 1.0mg/L 浓度相当，并具有杀菌迅

速、效果好的特点，可作为广谱杀菌剂使用。

制备 李建芬报道，在H_2O_2的作用下，使Br_2与氰基乙酰胺（CAA）溶液一起加热回流可得二溴氰基乙酰胺（DBNPA）。

应用 1986年，关于DBNPA合成文献首次由芝加哥大学Hesse，B.C. 发表。1972年由美国氰胺公司引入市场作农业杀菌剂使用，之后进入工业领域。

DBNPA属于高效的杀菌消毒剂和优良的水处理剂。可适用于饮用水、工业用水、城市污水、游泳池水、冷却水、纸浆等方面作为杀菌灭藻和剥离黏泥剂；可作为鱼塘消毒、植物种子和水产饲料等的消毒杀菌剂；也可作为金属加工润滑油、水乳化液、纸浆木材、涂料、胶合板的杀菌防腐剂。

实际应用参考：

① 鱼池消毒：二溴氰基乙酰胺溶液在低浓度下就具有很高的杀菌能力，20mg/L以上杀菌能力相差不大，且均在95%以上。故用于鱼塘消毒20mg/L足以满足要求，且此浓度下对鱼类不会造成伤害。

② 污水治理：在细菌数为3.5×10^5cfu/mL的污水池中加入50mg/kg的二溴氰基乙酰胺（以固体原料加入），1h、3h、18h、24h、48h后，杀菌率均为99.9%。

③ 冷却水：取该冷却水系统中的水样，分别测试未投加二溴氰基乙酰胺及投加15mg/kg二溴氰基乙酰胺（DBNPA）后1h、2h、3h、4h、8h、24h、48h的细菌数，结果见表2-83。

表2-83 二溴氰基乙酰胺（DBNPA）加入到冷却水塔中的杀菌活性

加药后时间/h	存活菌数/(cfu/mL)	杀菌率/%
0	2.73×10^5	
1	298	99.89
2	188	99.93
3	95	99.97
4	105	99.96
8	151	99.96
24	276	99.90
48	281	99.90

从杀菌试验的结果来看，在冷却水系统中投加15mg/kg的二溴氰基乙酰胺（DBNPA）杀菌效果极好，且杀菌迅速。1h后的杀菌率就达到99%以上，并且这个效果至少可持续48h。如果以后每天补充投加5mg/kg的DBNPA，杀菌率可控制在99%以上，细菌指标合格率达100%。

在冷却水系统中分别测试未投加DBNPA及投加15mg/kgDBNPA后1h、2h、4h、8h、24h、48h的浊度，测试结果见表2-84。

表 2-84　二溴氰基乙酰胺（DBNPA）加入到冷却塔后的浊度分析

加药后时间/h	浊度/(mg/L)	加药后时间/h	浊度/(mg/L)
0	5.8	8	14.7
1	9.6	24	14.0
2	16.5	48	10.2
4	18.8		

浊度分析结果证明：DBNPA 具有良好的除黏能力，剥离效果明显，且除黏迅速。加药 4h 就能使浊度上升为原来的 3 倍以上。坚持加药 1 个月，不仅控制了微生物，而且还能剥离掉原堵满填料的黏泥团块，恢复了冷却塔的冷却效率。

法规　欧盟化学品管理局（ECHA）：根据指令 98/8/EC（BPD）或规则（EU）No. 528/2012（BPR）提交了批准申请的所有活性物质/产品类型组合为 PT-2（不直接用于人体或动物的消毒剂和杀藻剂）、PT-4（食品和饲料领域消毒剂）、PT-6（产品在储存过程中的防腐剂）、PT-11（液体制冷和加工系统防腐剂）、PT-12（杀黏菌剂）、PT-13（金属工作或切削液防腐剂）。生物杀灭剂 2,2-二溴-3-氰基丙酰胺（DBNPA）申请目前处于审核进行之中。

2,2-二溴-2-硝基乙醇(DBNE)
(2,2-dibromo-2-nitroethanol)

$C_2H_3Br_2NO_3$, 248.9, 69094-18-4

其他名称　DBNE

IUPAC 名　2,2-dibromo-2-nitroethanol

EC 编码　[412-380-9]

理化性质　含量≥76.0%，外观呈无色至淡黄色黏稠液体，稍有气味。pH 值为 3.5～5.5。

毒性　小鼠急性经口 LD_{50} 93mg/kg。兔急性经皮 LD_{50} 297mg/kg。大鼠急性经口 LD50 29.1mg/kg（来源：Toxicologist，1996 年）。

抗菌防霉效果　2,2-二溴-2-硝基乙醇（DBNE）对霉菌、细菌等微生物均有不错的抑制效果，尤其对细菌的抑制效果更佳。

制备　由溴硝丙二醇等原料制备而来。

应用　DBNE 属于溴系列化合物，是一种高效的防腐杀菌剂，广泛应用于工业循环水、工业冷却水、电力、油田、污水处理等行业的杀菌灭藻，也适用于橡胶乳液、涂料、木材等领域的系统消毒杀菌。

实际应用参考：

专利 CN 89108367 报道：含有 DBNE 的抗菌组合物起作用快、比其他卤化硝基链烷醇更为有效。而且在对工业冷却水、纸浆和纸的制造以及对油气井的回收中抑制含硫还原细菌的生长特别有效。

噁唑烷
(oxazolidine)

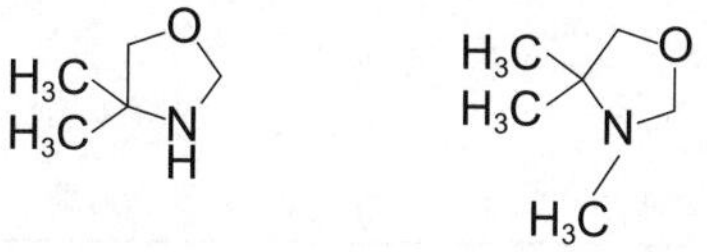

A　　B

$C_5H_{11}NO$, 101.1　　$C_6H_{13}NO$, 115.2

噁唑烷混合物：A+B

其他名称　Bioban CS-1135、CS-1135

IUPAC 名　4,4-dimethyl-1,3-oxazolidine；3，4,4-trimethyl-1,3-oxazolidine

分子式　$C_{11}H_{24}N_2O_2$

分子量　216.3

二甲基噁唑烷［dimethyloxazolidine（A）］

其他名称　4,4-二甲基噁唑啉

化学名称　4,4-二甲基-1,3-噁唑烷

IUPAC 名　4,4-dimethyl-1,3-oxazolidine

CAS 登录号　［51200-87-4］

EC 编码　［257-048-2］

三甲基噁唑烷［trimethyl oxazolidine（B）］

化学名称　3,4,4-三甲基-1,3-噁唑烷

IUPAC 名　3，4,4-trimethyl-1,3-oxazolidine

CAS 登录号　［75673-43-7］

理化性质　总噁唑烷有效含量 73%～77%（醛含量 20%～21%），无色至淡黄色的液体，具有刺鼻的气味。沸点（101kPa）99℃（共沸物）。蒸气压（25℃）7.58mmHg。蒸气压（70℃）133hPa。密度（25℃）0.985g/mL。折射率（n_D，20℃）1.420～1.432。pH=10.5～11.5。闪点 49℃（闭杯）。$\lg K_{ow}=-0.08$。溶解度：易溶于水；与甲醇、乙醇、丙醇和丙酮混溶。稳定性：对强酸敏感，在 pH<6 体系中释放甲醛。$pK_a=9.35$。

毒性 大鼠急性经口 LD_{50} 956mg/kg。兔急性经皮 LD_{50} 1400mg/kg。大鼠吸入 LC_{50}（4h）2.48mg/L。水生生物：虹鳟鱼 LC_{50}（96h）93mg/L。蓝腮翻车鱼 LC_{50}（96h）46.1mg/L。水蚤 LC_{50}（48h）45mg/L（来源：DOW）。

抗菌防霉效果 噁唑烷活性主要来自于甲醛的释放，其对常见的细菌、霉菌都有很好的抑制作用。噁唑烷对一些微生物的最低抑制浓度见表 2-85。

表 2-85 噁唑烷对一些微生物的最低抑制浓度（MIC）

微生物	MIC/(mg/kg)	微生物	MIC/(mg/kg)
黑曲霉	250～500	枯草杆菌	125～250
青霉属	250～500	普通变形杆菌	125～250
白色念珠菌	500～1000	大肠杆菌	250～500
沙门氏菌	250～500	荧光假单胞杆菌	250～500
铜绿假单胞杆菌	250～500	金黄色葡萄球菌	125～250

（来源：DEGUSSA-CREANOVA）

制备 噁唑烷由原料甲醛、2-氨基-2-甲基-1-丙醇等原料制备而成。

应用 噁唑烷属于广谱型杀菌剂，适用于金属加工液、脱模剂、油田回注水、矿物浆料、涂料、油墨、乳液、黏合剂等工业领域罐内防腐；亦可用于家化日化体系杀菌防腐。

注意：更适用于 pH 7～11 偏碱性体系杀菌防腐。

实际应用参考：

噁唑烷对抗性强的铜绿假单胞杆菌有极好的活性，并能溶于水。用于蛋白质香波，其含量约为 500mg/L，用于手用乳剂，其含量约为 2000mg/L。

法规

① 欧盟化学品管理局（ECHA）：2014 年，欧盟生物杀灭剂产品委员会（BPC）发布法规（EU）2014/22，未批准 4,4-二甲基噁唑啉（4,4-dimethyloxazolidine）作为第 6 类（产品在储存过程中的防腐剂）、第 12 类（杀黏菌剂）、第 13 类（金属工作或切削液防腐剂）生物杀灭剂产品的活性物质。

② 我国 2015 年版《化妆品安全技术规范》规定：该防腐剂在化妆品使用时最大允许浓度 0.1%。使用范围和限制条件：pH≥6。

氟化钠
(sodium fluoride)

NaF，42.0，7681-49-4

化学名称 氟化钠

EC 编码 [231-667-8]

理化性质 氟化钠、氟化钾、氟硅酸钠和氟化氢钾的理化性质见表 2-86。

表 2-86 氟化钠、氟化钾、氟硅酸钠和氟化氢钾的理化性质

氟化物名称	分子式	外观	相对密度	熔点/℃	沸点/℃	溶解性能
氟化钠	NaF	无色发亮晶体	2.79	992	1700	溶于水、难溶于乙醇
氟化钾	KF	无色立方晶体	2.48	860	1500	易溶于水、不溶于乙醇
氟硅酸钾	Na_2SiF_6	白色结晶粉粒	2.68	—	—	易溶于水、不溶于乙醇
氟化氢钾	KHF_2	无色结晶	2.37	—	—	易溶于水、不溶于乙醇

毒性 所有氟化物对人都有毒，误服 0.25～0.45g 氟化钠时会出现严重中毒症状，误服 4g 以上时则会造成死亡。另外，氟化物无论是气态、液态还是固态都能对皮肤有严重灼伤，这是氟化物水解产生的氢氟酸引起的。微量的氟化物对人有益，如饮用水中含 1～2mg/kg 的氟离子就能防止儿童蛀齿。

抗菌防霉效果 在氟化物中，氟化钠的杀菌率最强，并对一些木材钻孔虫也有很好的杀灭性能。它既可单独使用，也可与其他盐类组成复合防腐剂。由于它价格低廉，又无腐蚀性，并且处理后的木材能刷漆，因此是一种很好的木材防腐剂。

用氟化物做表面处理时，最低有效剂量为 $50g/m^3$，含氟化物的混合防腐剂抗木材腐朽菌的最低剂量为 $1.5kg/m^3$。软腐菌对所有氟化物的耐药性较大，另外防青变的效果也较差。

硼砂和氟化钠对各种木腐菌和软腐菌的使用剂量分别见表 2-87、表 2-88。

表 2-87 硼砂、氟化钠对各种木腐菌的使用剂量

菌种	硼砂/(kg/m^3)	氟化钠/(kg/m^3)
洁丽香菇	1.23～1.87	1.34～2.09
密黏褶菌	1.23～1.91	2.5～2.99
桑生卧孔菌	0.53～1.25	2.52～2.92
采绒革盖菌	1.09～2.85	13.5～22.6

表 2-88 硼砂、氟化钠对各种软腐菌的使用剂量

菌种	硼砂/(kg/m^3)	氟化钠/(kg/m^3)
球毛壳霉	<0.5	0.10～0.30
小壳囊孢属(*Cystotheca stosporella*)	0.50～1.0	0.30～0.50
小壳囊孢属(*Cystotheca funicola*)	<0.5	0.10～0.30

制备　熔浸法：将萤石、纯碱和石英砂在高温（800～900℃）下煅烧，然后用水浸取，再经蒸发、结晶、干燥得成品。

应用　氟化钠是一种离子化合物，室温下为无色晶体或白色固体。氟离子的用途不少，而此化合物便是氟离子的主要来源。对比氟化钾，它不但相对便宜，也较少发生潮解。

历史上氟化物曾经是最重要的木材防腐剂的元素之一。通常氟化物是无色无味的药剂，不污染木材，所以很适宜于作建筑材料的防腐剂，在欧洲一些国家中常用于防腐和防治木材害虫的幼虫。氟化物因为渗透性好，用涂刷或喷洒法就能透入木材深部，多用于表面处理。人们常用氟化钠处理建筑材料和坑木，为防止它被水流失，最好与铬盐混合使用，或将处理好的木材密堆，用塑料薄膜覆盖 1～2 周，促使药剂渗入木材深部，以减少流失。

另外，也可将氟化物与其他盐类混合制成浆膏，用来维修电杆和枕木。氟化物不能与石灰、水泥等接触，否则会与钙离子起反应生成无活性的氟化钙，从而影响药剂的防菌和防虫的效果，同时也降低了混凝土表面的坚固性和强度。目前，氟化钠已很少单独使用，多与其他药剂混合使用，常用的有铬盐（重铬酸钠、钾盐）、砷盐（砷酸钠、氧化砷等）、五氯苯酚钠或二硝基苯酚等，按不同比例配好使用。

氟环唑
(epoxiconazole)

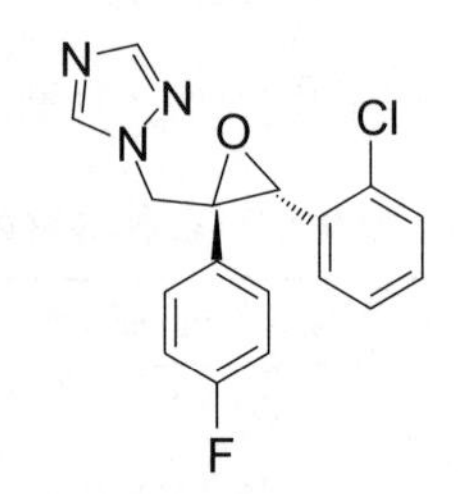

$C_{17}H_{13}ClFN_3O$, 329.8,

其他名称　环氧菌唑

化学名称　(2*RS*,3*SR*)-1-[3-(2-氯基苯)-2,3-环氧-2-(4-氟苯基)丙基]-1*H*-1,2,4-三唑

IUPAC 名　1-[(2*S*,3*S*)-3-(2-chlorophenyl)-2-(4-fluorophenyl)oxiran-2-yl]methyl-1,2,4-triazole

CAS 登录号　[133855-98-8]，[135319-73-2]（未说明立体结构）

EC 编码　[406-850-2]

理化性质　原药是（2*R*，3*S*-2*S*，3*R*）对映体。无色结晶状。熔点 136.2～137℃。

蒸气压（20℃）<0.01mPa。相对密度（室温）1.384。lgK_{ow}=3.33（pH 7）。溶解度（20℃）：水 6.63mg/L；丙酮 14.4g/100mL、二氯甲烷 29.1g/100mL、庚烷 0.04g/100mL。稳定性：在 pH 7 和 pH 9 条件下 12d 不分解。

毒性　大鼠急性经口 LD_{50}>5000mg/kg。大鼠急性经皮 LD_{50}>2000mg/kg。对兔眼睛和皮肤无刺激。大鼠急性吸入 LC_{50}（4h）>5.3mg/L（空气）。NOEL（致癌性）：小鼠 0.81mg/kg。动物：经口摄入后，活性物通过粪便很容易排出。没有代谢物，但鉴定出大量的次要代谢物。重要的代谢反应是环氧乙烷环的开裂、苯环羟基化和络合。水生生物：虹鳟鱼 LC_{50}（96h）2.2～2.4mg/kg。大翻车鱼 LC_{50}（96h）4.6～6.8mg/kg。水蚤 LC_{50}（48h）8.7mg/L。绿藻 EC_{50}（72h）2.3mg/L。

抗菌防霉效果　氟环唑是一种内吸性三唑类杀菌剂，其通过抑制病菌麦角甾醇的合成，阻碍病菌细胞壁的形成而致效。与目前已知的杀菌剂相比，它能更有效地抑制病菌原真菌，尤其对霉菌有较好的抑杀效果。氟环唑对一些微生物的最低抑制浓度见表 2-89。

表 2-89　氟环唑对一些微生物的最低抑制浓度（MIC）

微生物	MIC/(mg/L)	微生物	MIC/(mg/L)
黑曲霉	10	橘青霉	50
黄曲霉	50	宛氏拟青霉	100～500
变色曲霉	5	链格孢霉	10
球毛壳霉	5	蜡叶芽枝霉	50

制备　主要用过氧酸、双氧水等氧化，或者用自由基溴化等环氧化来合成环氧乙烷的衍生物，再与 1*H*-1,2,4-三唑或者 1*H*-1,2,4-三唑的盐类缩合得到氟环唑。

应用　氟环唑是由巴斯夫公司于 1985 年开发的新型、广谱、持效期长的杀菌剂。工业领域可用于皮革、合成革、塑料、纺织品、地毯以及木材竹制品等领域的防霉；亦是重要的农业杀菌剂。

实际应用参考：

① 广谱杀菌剂，具有预防和治疗功能，用于香蕉、咖啡、花生等农作物，防治由子囊菌、担子菌和半知菌引起的病害，施用剂量通常为 125g/hm^2。

② 专利 CN 105123706 A：本发明涉及一种含有氟环唑和肉桂醛的杀菌剂，有效成分由氟环唑和肉桂醛组成，所述的肉桂醛和氟环唑的质量比为（1～5）∶1。本发明还要求保护所述杀菌剂在防治水稻纹枯病上的应用。本发明利用中药肉桂醛与杀菌剂成分混配，试验证明，在杀菌剂组分中加入肉桂醛后，能够逆转病原物对杀菌剂的抗药性，从而提高杀菌剂的防治效果，并能够大幅降低用药成本和药物残留。

氟灭菌丹
(fluorofolpet)

$C_9H_4Cl_2FNO_2S$, 280.1, 719-96-0

其他名称 N-邻苯二甲酰亚胺

商品名称 Preventol® A 3

化学名称 2-(二氯氟甲基)硫-1H-异吲哚-1,3(2H)-二酮

IUPAC 名 2-[dichloro(fluoro)methyl]sulfanylisoindole-1,3-dione

EC 编码 [211-952-3]

理化性质 纯品为白色粉末。熔点约 145℃。密度（20℃）1.89g/mL。蒸气压（20℃）3.65×10^{-6}hPa；蒸气压（50℃）6.37×10^{-5}hPa；蒸气压（100℃）$<10^{-1}$hPa。溶解度（20℃）：水 0.015g/L；邻苯二甲酸二辛酯约 20g/L、邻苯二甲酸二苄酯约 40g/L、醇酸树脂 20～40g/L、丙酮约 120g/L。稳定性：于 150℃开始分解，200℃显著分解。水解：0.3h 内完全水解（pH 7～8，20℃）。碱、硫化物和 R—SH 化合物不相容。

毒性 急性经口 LD_{50}：大鼠 2900mg/kg、猫约 2500mg/kg、兔约 1000mg/kg。大鼠急性经皮 LD_{50} 约 1000mg/kg。对兔眼睛和皮肤有刺激，豚鼠皮肤敏感。圆腹雅罗鱼 LC_{50}（48h）2mg/L（来源：BAYER）。

抗菌防霉效果 氟灭菌丹对细菌和霉菌的抗菌效果均较好，对一些微生物的最低抑制浓度见表 2-90。

表 2-90 氟灭菌丹对一些微生物的最低抑制浓度（MIC）

微生物	MIC/(mg/L)	微生物	MIC/(mg/L)
链格孢	10	枯草杆菌	6
黑曲霉	200	铜绿假单胞杆菌	100
球毛壳霉	100	毛癣菌	20
粉孢革菌	2	白色念珠菌	5
灰绿青霉	35	酿酒酵母	5
绿色木霉	40	圆拟酵母	10
大肠杆菌	10	水藻	20

制备 由邻苯二甲酰亚胺钾、二氯氟甲基次磺酰氯等原料制备而成。

应用 西村名男报道，氟灭菌丹最早由 Bayer 公司生产销售，是一种塑料用抗菌防霉剂，比如制造聚乙烯薄板和人造革的热处理时也不会分解，在应用方面独具一格；亦用于海洋防污及其他工业领域杀菌防藻。

富马酸单甲酯
(monomethyl fumarate)

$C_5H_6O_4$, 130.1, 2756-87-8

其他名称 MMF

化学名称 反丁烯二酸一甲酯

IUPAC 名 (*E*)-4-methoxy-4-oxobut-2-enoic acid

EC 编码 [220-412-6]

理化性质 纯品为白色结晶粉末。熔点 141.5～143℃。溶解度：微溶于冷水，易溶于乙醇、丙酮等有机溶剂。稳定性：对光、热稳定。对金属无腐蚀性。

毒性 与富马酸二甲酯不同的是，富马酸单甲酯即使被误食或过量食用后也能很快转化为富马酸排出人体或禽畜，其毒性、刺激性远低于富马酸二甲酯，无残留性。

抗菌防霉效果 富马酸单甲酯可抑制 30 多种细菌及酵母菌，抗菌性不受 pH 值影响。富马酸单甲酯对一些微生物的最低抑制浓度见表 2-91。

表 2-91 富马酸单甲酯对一些微生物的最低抑制浓度 (MIC)

微生物	MIC/(mg/L)	微生物	MIC/(mg/L)
特异青霉菌	679.6	黄曲霉素	86.2
啤酒酵母	596.5	黑曲霉素	588.9
普通变形杆菌	778.0	米曲霉素	492.0
巨大芽孢杆菌	784.3	黑根霉素	93.3
粪广乳酸杆菌	110.7	棒束青霉菌	67.1

制备 以马来酸酐和甲醇为原料、无水 $AlCl_3$ 为异构化催化剂，合成富马酸单甲酯。

应用 富马酸单甲酯是当今粮食、食品、饲料、日用品、纺织品、居室建材等工业上应用较好的防霉防蛀剂，亦可作水果保鲜剂或除藻剂。

注意：①该化合物具备杀菌和防蛀虫双重性能。②富马酸单甲酯与双乙酸氢钠配合使用，则有增效作用。

实际应用参考：

① 饲料防霉：饲料中添加0.03%～0.05%的富马酸单甲酯，室温下储存2个月不会变质发霉，且香味浓郁，适口性好，饲喂性好。应用对比实验亦表明，对含水分为13.8%的玉米面、含水分为9.1%的玉米脐和含水分为14.7%的玉米渣，防霉剂添加量为试样重的0.05%，于37.5℃、湿度95%的恒温箱内实验观察，添加富马酸单甲酯的试样比添加富马酸二甲酯发霉延迟4～7d，比空白延迟4周。结果表明，富马酸单甲酯用于饲料防霉效果优于富马酸二甲酯。

② 富马酸单甲酯是一种活性较高的新型除藻剂，它对球形棕囊藻有显著的控制和杀灭作用，可以有效延长该微生物的生长适应期，降低其生长量，缩短其稳定期并诱导和促进藻体的自溶，且效果优于异噻唑啉酮。在赤潮生物指数生长前期投加本剂效果较好，最低的除藻浓度为0.10mg/L。

富马酸单乙酯
(monoethyl fumarate)

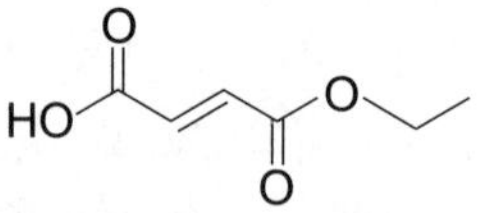

$C_6H_8O_4$, 144.1, 2459-05-4

其他名称 MEF、富马酸氢乙酯

化学名称 反丁烯二酸二乙酯

IUPAC 名 (*E*)-4-ethoxy-4-oxobut-2-enoic acid

EC 编码 [219-544-7]

理化性质 纯品为白色或淡红色结晶固体。熔点64～69℃。溶解度：溶于水和乙醇。稳定性：具有一定的耐热性。

毒性 富马酸单酯类化合物具有富马酸二甲酯的优点，并且毒性更小。

抗菌防霉效果 富马酸单乙酯对霉菌具有较好的抑制效果。具体数据详见表2-92。

表2-92 富马酸单乙酯等对部分霉菌的最小抑菌浓度（MIC） 单位：mg/L

项目	黄曲霉	土曲霉	黑曲霉	米曲霉	总状毛霉	大毛霉	鲁氏毛霉	绳状青霉	扩展青霉	米根霉	绿色木霉
单甲酯	1000	1000	1000	1000	1000	20000	2000	500	1000	2000	2000

续表

项目	黄曲霉	土曲霉	黑曲霉	米曲霉	总状毛霉	大毛霉	鲁氏毛霉	绳状青霉	扩展青霉	米根霉	绿色木霉
单乙酯	1000	1000	1000	1000	2000	2000	1000	500	500	1000	1000
单丙酯	1000	1000	1000	1000	1000	1000	1000	500	500	1000	1000
单丁酯	1000	1000	1000	1000	2000	1000	500	250	1000	1000	1000
单戊酯	1000		1000	1000	10000	1000	500	250	1000	1000	500

由表2-92可知，5种富马酸单酯对所有的11种霉菌都有一定的抑制作用。其中对青霉的抑制效果最好，MIC均在1000mg/L以下；对曲霉、根霉、木霉也有较好的抑制效果；对毛霉的抑制效果稍差。还可以得知，5种不同富马酸单酯对各种霉菌的抑制作用不同，对除曲霉的其他7种霉菌的MIC存在差异，其中富马酸单戊酯的MIC最小，富马酸单甲酯的MIC相对较大。此可能是随着碳链的增长，富马酸单酯脂溶性增大，对霉菌的抑制作用有所增强。

制备 由乙酸乙酯、顺丁烯二酸等原料制备而成。

应用 富马酸单乙酯是一种性能优良的防腐剂、高分子材料聚合剂，是食品防腐剂和饲料的防霉剂。还有富马酸及其双甲酯的换代产品。其他可参见富马酸单酯。

实际应用参考：

饲料储存环境：富马酸单乙酯的防霉效果详见表2-93。

表2-93 饲料霉变情况

实验组		15d	20d	25d	30d	35d	40d	45d	50d	55d	60d	65d
低水分组	A组	—	—	—	—	—	—	—	+	++	+++	+++
	B组	—	—	—	—	—	—	—	—	—	+	+
	C组	—	—	—	+	+	++	++	+++	+++	+++	+++
高水分组	D组	—	—	—	—	—	—	+	++	+++	+++	+++
	E组	—	—	—	—	—	—	—	—	+	+	++
	F组	—	—	+	+	++	++	+++	+++	+++	+++	+++

注：“—”无结块，无霉变；“+”出现霉变；“++”中度霉变；“+++”全部霉变。

从表2-93可见，高水分组前20d各实验组都没有明显霉变，25d时空白组（F组）有轻度霉变，至45d时饲料严重霉变；而0.1%富马酸单乙酯组（D组）和0.1%富马酸二甲酯组（E组）分别在45d和55d才轻度霉变。低水分组的空白组（C组）在30d时轻度霉变，50d时饲料严重霉变；而0.1%富马酸单乙酯组（A组）和0.1%富马酸二甲酯组（B组）分别在50d、60d时才轻度霉变。

上述实验结果说明：富马酸单乙酯能抑制霉菌生长，延长饲料的储存时间。但其防霉效果比富马酸二甲酯差。

富马酸二甲酯
(dimethyl fumarate)

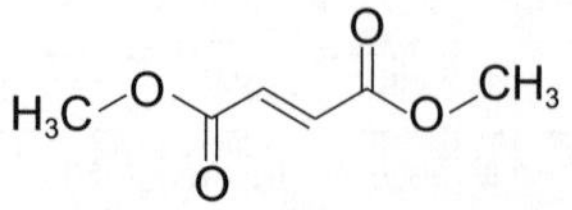

$C_6H_8O_4$, 144.1, 624-49-7

其他名称 DMF、霉克星1号、延胡索酸二甲酯

化学名称 反丁烯二酸二甲酯

IUPAC 名 dimethyl (*E*)-but-2-enedioate

EC 编码 [210-849-0]

理化性质 纯品为白色晶状固体。沸点193℃。熔点103～104℃。密度（20℃）1.37g/cm^3。蒸气压（25℃）0.114mmHg。$\lg K_{ow}=0.74$。溶解度：微溶于水；溶解于乙酸乙酯、氯仿、醇类等有机溶剂。稳定性：耐高温、耐紫外线。常温下富马酸二甲酯具有升华特性。

毒性 大鼠急性经口LD_{50} 2240～2628mg/kg。经科学证明，富马酸二甲酯可经消化道、呼吸道和皮肤进入人体，引起皮肤过敏，刺激眼睛、黏膜以及上呼吸道。同时研究表明，富马酸二甲酯还将引起细胞氧化损伤和T细胞凋亡等毒性。此外，富马酸二甲酯易水解生成甲醇，长期食用对肝、肾有很大的不良反应。

抗菌防霉效果 富马酸二甲酯对黄曲霉、黑曲霉、芽枝霉等30种霉菌和串珠镰刀菌等多种细菌（含某些产毒细胞）有很好的抑制作用，而且它的抑菌剂量为传统的苯甲酸的1/20～1/600，为山梨酸的1/10～1/30，为丙二酸的1/13～1/130。富马酸二甲酯对一些微生物的最低抑制浓度见表2-94。

表2-94 富马酸二甲酯对一些微生物的最低抑制浓度（MIC）

微生物	MIC/(mg/L)	微生物	MIC/(mg/L)
黄曲霉	100	黑曲霉	100
构巢曲霉	100	展青霉	100
橘青霉	100	常现曲霉	100
禾谷镰刀菌	800	半裸镰刀霉	100
异常汉逊酵母	800	亚膜汉逊酵母	800
白色球拟酵母	800	黑根霉	130
总状毛霉	150	蜡叶枝孢霉	100
互隔交链孢霉	100		

制备 富马酸二甲酯由马来酸与甲醇在催化剂作用下异构化、酯化而得。

应用 富马酸二甲酯主要作食品及饲料添加剂，亦作溶剂和保鲜剂。其作防霉剂曾用于皮革、鞋类、纺织品等的生产、储存和运输过程中。注意：人体吸入、摄入或与之接触，会对皮肤、眼睛和上呼吸道造成刺激和伤害。

法规 2012 年 5 月 16 日，欧盟发布条例（EU）No. 412/2012，将富马酸二甲酯加入 REACH 法规附件 17（REACH 法规限制物质清单），自此 REACH 法规限制物质清单增加到 61 项限制物质。该法令在自欧盟公报发布之日 20 天后执行，并要求欧盟成员国将其无条件转化为本国法律。故 2012 年 6 月 4 日起，全欧盟限制富马酸二甲酯。

芬替克洛
[2,2′-thiobis(4-chlorophenol)]

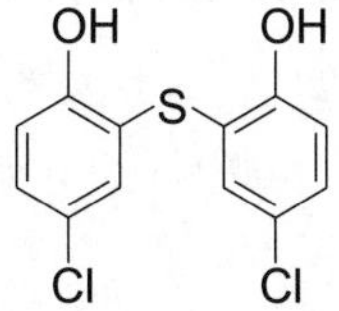

$C_{12}H_8Cl_2O_2S$, 287.2, 97-24-5

其他名称 fentichlor

化学名称 2,2′-硫代双(4-氯苯酚)

商品名称 Nipacide® F-40

EC 编码 [202-568-7]

理化性质 白色粉末。熔点 174℃。沸点 416.7℃。相对密度 1.58。溶解度：水 0.03g/L；易溶于碱性溶液和有机溶剂。稳定性：暴露于光照的溶液会变色成棕色。

毒性 大鼠急性经口 LD_{50} 3250mg/kg。

抗菌防霉效果 芬替克洛对霉菌、酵母菌以及藻类具有广谱而均衡的抑制性能，但对假单胞菌效果不佳。其对常见微生物最低抑制浓度见表 2-95。

表 2-95 芬替克洛对常见微生物的最低抑制浓度（MIC）

微生物	MIC/(mg/L)	微生物	MIC/(mg/L)
大肠杆菌	75	铜绿假单胞杆菌	3500
金黄色葡萄球菌	35	黑曲霉	50
出芽短梗霉菌	<20	球毛壳菌	75
蜡叶芽枝霉	35	青霉	35
发癣菌	10	绿色木霉	50
白色念珠菌	50	淡水藻	20

制备 由4-氯苯酚、二氯化硫在$AlCl_3$存在下反应而得。

应用 芬替克洛可作杀菌剂和杀藻剂。适用于金属加工液等各种工业水性体系防腐防霉。一般制剂为50%钠盐溶液。

粉唑醇
(flutriafol)

$C_{16}H_{13}F_2N_3O$, 301.3, 76674-21-0

化学名称 (*RS*)-2,4′-二氟-*α*-(1*H*-1,2,4-三唑-1-基甲基)二苯基甲醇

IUPAC 名 1-(2-fluorophenyl)-1-(4-fluorophenyl)-2-(1,2,4-triazol-1-yl)ethanol

EC 编码 [616-367-0]

理化性质 纯品为白色晶体。熔点130℃。蒸气压7.1×10^{-6}mPa (20℃)。相对密度1.17 (20℃)。$\lg K_{ow}=2.3$ (20℃)。溶解度(20℃):水130mg/L (pH 7);丙酮190g/L、二甲苯12g/L、甲醇69g/L、二氯甲烷150g/L、己烷0.3g/L。

毒性 大鼠急性经口LD_{50}:雄1140mg/kg,雌1480mg/kg。急性经皮LD_{50}:大鼠>1000mg/kg,兔>2000mg/kg。对兔眼睛有严重刺激,对兔皮肤无刺激。大鼠急性吸入LC_{50} (4h) >3.5mg/L。90天喂养无作用剂量:大鼠2mg/kg,狗5mg/kg。对大鼠和兔无致畸性,体内研究无细胞遗传性,Ames实验无致突变性。水生生物:虹鳟鱼LC_{50} (96h) 61mg/L。镜鲤LC_{50} (96h) 77mg/L,无作用剂量6.2mg/L。水蚤LC_{50} (48h) 78mg/L。

抗菌防霉效果 粉唑醇主要通过抑制麦角甾醇的生物合成,导致真菌细胞壁破裂和菌丝的生长受抑。其有着广泛的抗菌作用,比如担子菌和子囊菌,尤其对木材变色真菌有特效。另外对巨大芽孢杆菌、大肠杆菌、金黄色葡萄球菌、枯草杆菌、荧光假单胞杆菌、啤酒酵母以及酒精酵母最低抑制浓度均在500mg/L以上。粉唑醇对一些微生物的最低抑制浓度见表2-96。

表2-96 粉唑醇对一些微生物的最低抑制浓度(MIC)

微生物	MIC/(mg/L)	微生物	MIC/(mg/L)
黑曲霉	10	橘青霉	20
黄曲霉	20	宛氏拟青霉	80
变色曲霉	20	链格孢霉	2.5
球毛壳霉	5	蜡叶芽枝霉	20

制备 经二苯基卤代乙醇与1,2,4-三唑钠盐反应而得。

应用 粉唑醇1980年被英国捷利康公司合成并发现具有良好的杀菌活性，由于其分子结构上带有氟原子，更显示出强的杀菌活性，该化合物1983年商品化。作为三唑类杀菌剂，可作木材、竹材制品的防腐和变色控制，如和IPBC、丙环唑等复配，在防治木材腐败方面效果更佳；亦是重要的农业杀菌剂。

2-癸硫基乙基胺盐酸盐(DTEA)
[2-(decylthio)ethanamine hydrochloride]

H_2N—S—(CH₂)—H_3C ; HCl

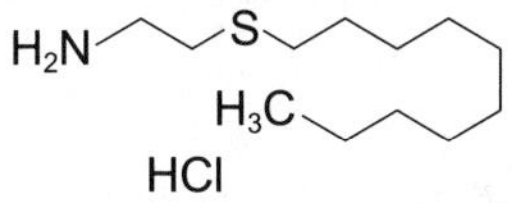

$C_{12}H_{27}NS \cdot HCl$, 253.9, 36362-09-1

其他名称 癸巯代乙胺盐酸盐

商品名称 Scunder® BD100

IUPAC名 2-decylsulfanylethanamine hydrochloride

EC编码 [405-640-8]

理化性质 纯品含量≥98%，外观为白色至浅黄色固体。水分≤0.5%。铵盐≤0.5%。pH值为（1%水溶液）3.0～4.5。溶解度：易溶于水（来自：山的）。

抗菌防霉效果 2-癸硫基乙基胺盐酸盐（DTEA）通过可逆的与细胞膜中的盐类和无机离子形成螯合物，因而严重削弱了细胞膜并降低了其黏附能力。同时该化合物对大多数细菌抑制效果明显，据万厚研究报道，5×10^{-6}有效成分，测试菌株为大肠杆菌、金黄色葡萄球菌、巨大芽孢杆菌、荧光假单胞杆菌、枯草杆菌混合菌株，作用时间24h，抑菌率>99.9%。

制备 采用巯基乙胺盐酸盐、1-癸烯、1,2-丙二醇和双氧水为原料合成。

应用 DTEA可作生物黏泥剥离剂、长链胺缓蚀剂及杀菌剂。有以下性能特点：在广泛pH值范围内有效（pH 6～10或更高），可以有效去除和控制生物膜生长；同时具有高表面活性，可以用作清洁系统的微生物杀菌皂（生物膜碎片可被快速去除并可能起泡）。

实际应用参考：

唐永明等报道，在25℃、0.1mol/L的盐酸溶液中，当DTEA的浓度为1mmol/L时，对碳钢的缓蚀效果最好，缓蚀率达到96.2%；同体系下，在考察的温度范围内（25～55℃），DTEA对碳钢的缓蚀率变化不大。

Scunder® BD15（DTEA为15%）。典型用量50～100mg/L。在高微生物污染环境下可被快速消耗（例如3～4h内），因而DTEA建议在其杀菌周期内分批添加。

高锰酸钾
(potassium permanganate)

$$O=Mn(=O)(=O)-O^- \quad K^+$$

$KMnO_4$, 158.0, 7722-64-7

其他名称 过锰酸钾、灰锰氧

化学名称 高锰酸钾

IUPAC 名 potassium permanganate

EC 编码 [231-760-3]

理化性质 纯品为深紫色斜方晶系结晶，具有金属光泽，无臭。溶解度：能溶于冷水，易溶于沸水，呈紫色溶液。稳定性：强氧化剂。遇某些有机物或易氧化物（还原剂），会发生激烈燃烧或爆炸。水溶液在酸、碱条件下均不稳定，亦易被醇类、亚铁盐、碘化物分解。加热至 240℃时能分解放出氧。

毒性 高锰酸钾 0.02%以上的浓度对皮肤、黏膜有刺激性。大量内服会中毒。狗急性经口 LD_{50} 400mg/kg，兔急性经口 LD_{50} 600mg/kg。

抗菌防霉效果 高锰酸钾通过氧化细菌体内活性基团而发挥杀菌作用，其杀菌力优于过氧化氢，还原后的二氧化锰与蛋白质结合成复合物，在低浓度时有收敛作用，高浓度有刺激腐蚀作用。0.01%～0.1%的水溶液作用 10～30min，即具有杀灭细菌繁殖体、病毒与破坏肉毒杆菌毒素的作用。2%～5%的水溶液作用 24h，可杀灭细菌芽孢。温度升高可增强高锰酸钾的杀菌作用，有机物可降低其消毒效果。

应用 高锰酸钾可用于环境、污染物体表面、皮肤、黏膜的消毒以及蔬菜、水果的处理。

实际应用参考：

① 李金国等报道，在藻类暴发期采用高锰酸钾和二氧化氯分段联合处理是技术经济效果最好的方案：高锰酸钾和二氧化氯均能发挥较好的除藻效果，最佳投加量分别为 1.0mg/L 和 1.5mg/L，最佳接触时间分别为 1.5h 和 10min，该条件下沉淀水藻类去除率都能达到 80% 以上。二者联合使用不仅能进一步提升除藻效果，节约药剂用量，还能有效控制出水的浊度、色度、锰浓度、氯酸盐以及亚氯酸盐的含量。

② 孙佳玲等在实验室系统考察了高锰酸钾对某些细菌（大肠杆菌 8099、金黄色葡萄球菌 ATCC 6538)、某些酵母菌（白色念珠菌 ATCC 10231）和某些曲霉菌（黑曲霉 ATCC 16404）的杀菌效果。从试验结果可以看出：高锰酸钾作用 10min 时，对试验菌

金黄色葡萄球菌 ATCC 6538 的杀菌率达到 100%。作用 20min 时，对试验菌白色含珠菌 ATCC 10231、大肠杆菌 8099、黑曲霉 ATCC 16404 的杀菌率达到 100%。

过碳酸钠
(sodium percarbonate)

$2Na_2CO_3 \cdot 3(H_2O_2)$，314.0，15630-89-4

其他名称 固体双氧水、碳酸钠过氧化物

化学名称 过氧化碳酸钠

IUPAC 名 disodium carbonate

EC 编码 [239-707-6]

理化性质 过碳酸钠是过氧化氢与碳酸钠的加成物，被认为是固体形式的过氧化氢。工业品为白色、自由流动的粒状结晶或结晶粉末。相对密度 0.5～0.7。溶解度：易溶于水，其水溶液的性质与分解产物各自形成的水溶液的性质相同。稳定性：该水溶液呈碱性，稳定性较差。活性氧的理论含量为 15.28%（相当于 32.49%的 H_2O_2）。具有氧化性，低温下有漂白作用。100℃以上便迅速分解成水、氧和一水碳酸钠。

毒性 大鼠吸入 LD_{50}（1h）＞4.58mg/L。大鼠急性经口 LD_{50} 2000mg/kg（体重）。兔急性经口 LD_{50}＞2000mg/kg。狗急性经口 LD_{50} 300mg/kg（体重）（来源：欧洲化学品局）。

抗菌防霉效果 具体参见过氧化氢有关部分。

制备 过碳酸钠由过氧化氢水溶液与碳酸钠在较低温度下反应制备而得。

应用 过碳酸钠又称过氧碳酸钠，俗称固体双氧水，是一种无机盐，呈白色颗粒状粉末，其水溶液呈碱性，可以分解为碳酸钠和过氧化氢。

过碳酸钠亦可用于纺织、印染、造纸、食品、医疗卫生、金属处理行业。注意：过碳酸钠受重金属离子和其他杂质存在及高温高湿环境条件的影响，不稳定易分解。

实际应用参考：

刘心建报道，过碳酸钠的释氧温度在有活化剂存在的条件下仍在 40℃左右，且自身稳定性差，添加过碳酸钠的洗衣粉经常会出现“涨袋”“鼓包”现象，目前其主要应用于洗衣机槽清洗剂、管道疏通剂等配方中。过氧化硫酸钠的优点是与粉状洗涤剂配方的配伍稳定性好，释氧温度低，但相比过碳酸钠 15.3%的理论活性氧含量，过氧化硫酸钠活性氧含量仅有 4.6%，过低的活性氧含量影响其推广应用。

过碳酸钠用作洗衣粉的助剂，同时具有漂白的作用，另外用硫酸盐和硅酸盐等物质加以包裹，得到包衣的过碳酸钠来提高在洗衣粉配方中对于存储稳定性的要求。

高铁酸钾
(iron potassium oxide)

K_2FeO_4, 198. 0, 39469-86-8

IUPAC 名 potassium ferrate

EC 编码 [430-010-4]

理化性质 纯高铁酸钾是具有黑紫色光泽的微细结晶粉末，易溶于水形成类似于高锰酸钾溶液的紫红色溶液。干燥的高铁酸钾在198℃以下是稳定的，但其水溶液不太稳定，静置过久可将水分解而放出分子态氧，析出氢氧化铁，形成 OH^-，因而呈碱性，且逐渐加强。高铁酸钾在中性 pH 条件下具有很高的消毒杀菌作用。

毒性 其毒性与高锰酸钾相似。

抗菌防霉效果 高铁酸钾为六价铁，在水中被还原为三价铁，在中性 pH 条件下具有很高的消毒杀菌作用，能快速杀灭水中的细菌和病毒。当其使用浓度 30mg/L 时，大肠杆菌杀灭率为 98.7%、铁细菌杀灭率为 98.0%。据报道，在 pH 8.0 时使用 6mg/L 高铁酸钾，在 8.5min 内可杀死 99%的细菌，而在 pH 8.2 时，7.2min 内可杀死 99%的细菌。

制备 由饱和次氯酸钠浓碱溶液，缓慢加入硝酸铁氧化反应生成高铁酸钠，用氢氧化钾转化成高铁酸钾。

应用 作为一种高效消毒剂，高铁酸钾用于饮用水处理，可快速杀死水中的细菌和病毒；除去水中部分有机污染物、重金属离子，脱色除臭，冷凝循环水控制生物黏垢的生成；亦用于水产养殖杀菌消毒。

过氧化丁酮
(2-butanone peroxide)

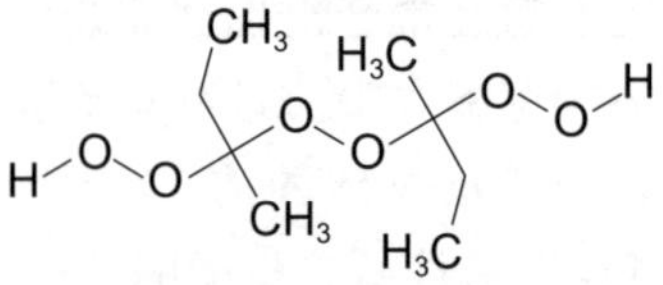

$C_8H_{18}O_6$, 210.2, 1338-23-4

其他名称 过氧化甲乙酮、MEKP

化学名称 2-过氧化丁酮

IUPAC 名 2-hydroperoxy-2-(2-hydroperoxybutan-2-ylperoxy)butane

EC 编码 [215-661-2]

理化性质 无色液体，具有特征气味。沸点（760mmHg）117.8℃（分解，NIOSH，2016 年）。相对密度（20℃）1.17。闪点 82.3℃。溶解度（22.3℃）：1～5mg/mL；与大多数有机溶剂完全混溶。稳定性：类似氢过氧化物的不稳定剂，会释放氧气。

毒性 大鼠急性经口 LD_{50} 6.86mL/kg。大鼠吸入 LC_{50}（4h）200×10^{-6}。大鼠腹腔注射 LD_{50} 65mg/kg（来源：HSDB）。

抗菌防霉效果 对大多数微生物有一定杀菌功效。

制备 在硫酸存在下，由甲乙酮与过氧化氢（双氧水）反应制取。

应用 过氧化丁酮（MEKP），别名过氧化甲乙酮，可作杀菌消毒剂使用。

法规

① 欧盟化学品管理局（ECHA）：2016 年，欧盟生物杀灭剂产品委员会（BPC）发布法规（EU）2016/108，未批准过氧化丁酮（2-butanone，peroxide）作为第 1 类（人体卫生学消毒剂）和第 2 类（不直接用于人体或动物的消毒剂和杀藻剂）生物杀灭剂产品的活性物质。

② 欧盟化学品管理局（ECHA）：2016 年，欧盟生物杀灭剂产品委员会（BPC）发布法规 2014/227/EU，未批准过氧化丁酮（2-butanone，peroxide）作为第 3 类（兽医卫生消毒剂）和第 6 类（产品在储存过程中的防腐剂）生物杀灭剂产品的活性物质。

过氧化脲
(urea hydrogen peroxide)

O HO—OH

H_2N NH_2

$CH_4N_2O\cdot H_2O_2$, 94.1, 124-43-6

其他名称 过碳酸酰胺、过氧化尿素

化学名称 过氧化脲

IUPAC 名 urea hydrogen peroxide

EC 编码 [204-701-4]

理化性质 纯品为白色结晶粉末，是过氧化氢与尿素的加合物，活性氧含量大于16%。熔点 75～85℃（分解）。pH 值为（1%水溶液）6.5～7.0。溶解度：易溶于水；能溶于乙醇、乙醚、甘油、丙酮等有机溶剂。稳定性：在水中缓慢分解释放出氧。

毒性 过氧化脲毒性较小，按规定量使用低毒。

抗菌防霉效果 过氧化脲对细菌、霉菌等微生物均有较好的抑制效果。

制备 大多数过氧化脲的制备采用湿法工艺，即采用低浓度的双氧水与饱和或过饱和的尿素溶液反应，添加一定量的稳定剂并控制反应温度经过滤、干燥得产品，母液循环使用。

应用 过氧化脲是一种高效、安全、方便的固体消毒剂，与双氧水、过氧乙酸比较，具有明显的杀菌力强、杀菌谱广，使用浓度低，不留残毒等优点。该化合物可用于卫生机构，如化验室、病房及其污染物消毒，医疗器械消毒处理，各种传染病、疫区环境消毒；还可用于预防性消毒，物品消毒，食品储存如水果、蛋、蔬菜等消毒；消毒及农作物农药残留的驱除；饮用水、污水的灭菌处理；在水产养殖方面，可作水环境的消毒剂与鱼塘增氧灭菌剂。

实际应用参考：

过氧化脲隐形眼镜消毒液以过氧化脲为主要杀菌成分，配制成缓冲型溶液，含量为50g/L。以含过氧化脲50g/L的隐形眼镜消毒液作用10min，对大肠杆菌和金黄色葡萄球菌的平均杀灭率达到99.9%以上，但含体积分数10%的小牛血清对其杀灭大肠杆菌效果有一定影响。

过氧化氢
(hydrogen peroxide)

H—O—O—H

H_2O_2, 34.0, 7722-84-1

其他名称 双氧水

化学名称 氢过氧化物

IUPAC 名 hydrogen peroxide

EC 编码 [231-765-0]

理化性质 纯品为无色透明液体，无臭或略有气味，低温下为结晶固体。沸点(760mmHg) 152℃。熔点−0.43℃。溶解度：与水以任何比例均匀混合。稳定性：强氧化剂。浓度高时易分解，加热或混入杂质后加速分解。pK_a=11.75。

毒性 小白鼠急性经口 LD_{50} >10000mg/kg。过氧化氢高浓度时有刺激性和腐蚀性，但低浓度时，很快分解为水和氧，作用时间短，安全无毒性。

抗菌防霉效果 过氧化氢可杀灭包括细菌繁殖体、芽孢、真菌和病毒在内的各种微生物。在合适的条件下，过氧化氢可产生活性单氧，有极强的生物致死作用。另外，在分子氧的不完全还原过程中产生的超氧化自由基，与过氧化氢和痕量金属离子（如 Fe^{2+}）协同作用可产生极具杀伤力的羟基自由基。过氧化氢的抑菌效果与使用浓度、环境 pH、温度等有关。例如在室温下杀芽孢能力很弱，而在高温时则很有效。0.025%过氧化氢溶液可抑制细菌繁殖体生长，0.1%浓度即具杀菌作用。

制备 工业上主要采用过硫酸铵法：电解硫酸氢铵水溶液，生成含量为 180～240g/L 的过硫酸铵，在减压下进行水解，蒸馏，浓缩分离，除去酸雾，然后经精馏，制得过氧化氢，控制过氧化氢成品浓度为 27.5%。

应用 过氧化氢属高效化学消毒剂。

过氧化氢可作为氧化剂、漂白剂、消毒剂、脱氯剂等，广泛用于食品、纺织、漂染、造纸、化工等行业。注意：过氧化氢对金属、织物有腐蚀作用，对有色织物有褪色和漂白作用。过氧化氢遇有机物会分解，分解生成的氧具有很强的氧化和杀菌作用，在碱性条件下作用力更强。

实际应用参考：

① 刘心建报道，氧系杀菌剂主要有双氧水（H_2O_2）、过硼酸钠 {$Na_2[B_2\text{-}(O_2)_2\text{-}(OH)_4]\cdot 6H_2O$}、过碳酸钠（$Na_2CO_3\cdot 1.5H_2O_2$）、过氧化硫酸钠（$4Na_2SO_4\cdot 2H_2O_2\cdot NaCl$）、过氧乙酸（$CH_3COOOH$）等，对金属尤其是重金属离子和酸、碱环境敏感，高金属离子含量和 pH 会加速它们分解。这些过氧化物溶于水后离解出过氧化氢，其在一定条件下又可转变为具有较高氧化还原电位的羟基自由基·OH、过氧根 OOH^-、活性氧［O］和过氧酸根 $RCOOO^-$。氧系杀菌剂的杀菌机理主要是：a. 活性基团通过破坏微生物的通透性屏障导致微生物死亡；b. 活性基团通过破坏微生物的蛋白质、氨基酸、酶和 DNA，最终导致微生物死亡。

② 早在 1913 年人们就认识到过氧化氢可作为牛奶和水的消毒防腐剂，并发现 0.01%过氧化氢作用 6h 可使细菌总数减少 99.9%。在 17～23℃条件下，鲜奶放置 1d 即变质，但加入 0.1%、0.2%、0.4%过氧化氢后，可暴露于空气中，保鲜 1d、4d、18d。Rosensweig 报道，当水中过氧化氢浓度为 0.03%时，作用 24h 可杀灭 106cfu/mL 细菌，即使作用 1h 也能杀灭其中的 80%，故可用以控制医院水源的污染。1.5%过氧化氢作用 5min，可杀灭 106cfu/mL 金黄色葡萄球菌、铜绿假单胞杆菌和大肠杆菌。3%过氧化氢作用 30min 可灭活结核杆菌。经百万人次临床试用还证明，1.5%过氧化氢可代替酒精用作皮肤消毒。同时也发现，0.1%～2%的过氧化氢作用 1h，可灭活脊髓灰质炎病毒。

法规 欧盟化学品管理局（ECHA）：2015 年 9 月 29 日，欧盟委员会发布法规 (EU) 2015/1730，批准过氧化氢（hydrogen peroxide）作为第 1 类（人体卫生学消毒剂)、第 2 类（不直接用于人体或动物的消毒剂和杀藻剂)、第 3 类（兽医卫生消毒剂)、第 4 类（食品和饲料领域消毒剂)、第 5 类（饮用水消毒剂）和第 6 类（产品在储存过程中的防腐剂）生物杀灭剂产品的活性物质。批准日期 2017 年 2 月 1 日；批准期满 2027 年 1 月 31 日。过氧化氢（hydrogen peroxide）作为第 11 类（液体制冷和加工系统防腐剂)、第 12 类（杀黏菌剂）生物杀灭剂产品的活性物质目前处于审核之中。

过氧乙酸
(peracetic acid)

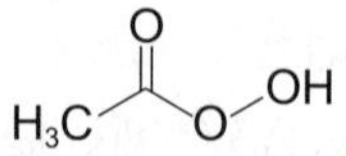

$C_2H_4O_3$, 76.1, 79-21-0

其他名称 过氧化醋酸、过乙酸、乙酰过氧化氢

商品名称 Pericide® EF、VigorOx Antimicrobial Agent 15%

化学名称 过氧化乙酸

IUPAC 名 ethaneperoxoic acid

EC 编码 [201-186-8]

理化性质 纯品为无色液体，具有强烈的刺激性气味。沸点（760mmHg）105℃（EPA，1998 年）。相对密度（15℃）1.226（EPA，1998 年）。蒸气压（25℃）14.5mmHg。$\lg K_{ow}=-1.07$。溶解度：易溶于水、乙醇、乙醚。稳定性：易分解成乙酸和氧。商品为 38%～40%的溶液。该品溶解度与乙酸类似。

毒性 过氧乙酸局部刺激性强，对眼睛有很强的刺激作用，对呼吸器官及皮肤有伤害作用。由于消毒用的过氧乙酸浓度很低，一般来说是安全的。大鼠急性经口 LD_{50} 1540mg/kg。小鼠急性经口 LD_{50} 210mg/kg。

抗菌防霉效果 过氧乙酸是一种强氧化剂，分解产物有乙酸、过氧化氢、水和氧。目前认为活性氧起主要杀菌作用。其液体和气体对各种微生物均有强大的杀灭作用，不仅可以杀灭细菌繁殖体、真菌、病毒、分枝杆菌，而且也可杀灭细菌芽孢。

制备 过氧乙酸可由乙酸或乙酸酐和过氧化氢在硫酸催化下反应制得。

应用 过氧乙酸是有机过氧酸家族中的一个成员。它是无色液体，具有乙酸的典型气味。过氧乙酸是强氧化剂，有强腐蚀性，并且在 110℃以上爆炸。过氧乙酸在 20 世纪 70 年代中期至 80 年代，曾广泛应用于医疗器械消毒、灭菌以及环境、物表、空气等疫源地消毒和预防性消毒。注意：①强氧化剂。②易燃物质，不宜储存，有爆炸危险性。③最佳使用 pH 值范围 2.5～4.0。

实际应用参考：

专利 CN 201010611181。一种稳定性过氧乙酸消毒剂的制备方法如下。该过氧乙酸消毒剂各原料质量分数为过氧化氢 27%～39%、乙酸 22%～36%、复配稳定剂 0.01%～2%、表面活性剂 0.01%～2%，其余为水。所制得的过氧乙酸消毒剂中过氧乙酸的质量浓度为（15～20)g/100g，过氧化氢为（20～30)g/100g、乙酸为（10～20)g/100g。本发明所述的制备方法所制得的过氧乙酸消毒剂具有过氧乙酸浓度高、稳定性好、消毒灭菌效果好以及生产工艺简单、安全等特点。

法规

① 欧盟化学品管理局（ECHA）：2016 年，欧盟生物杀灭剂产品委员会（BPC）发布法规（EU）2016/672，批准过氧乙酸（peracetic acid）作为 PT-1（人体卫生学消毒剂）、PT-2（不直接用于人体或动物的消毒剂和杀藻剂）、PT-3（兽医卫生消毒剂）、PT-4（食品和饲料领域消毒剂）、PT-5（饮用水消毒剂）、PT-6（产品在储存过程中的防腐剂）类型生物杀灭剂产品的活性物质。批准日期 2017 年 10 月 1 日，批准期满 2027 年 10 月 1 日。

② 欧盟化学品管理局（ECHA）：2016 年，欧盟生物杀灭剂产品委员会（BPC）发布法规（EU）2016/2290，批准过氧乙酸（peracetic acid）作为 PT-11（液体制冷和加工系统防腐剂）、PT-12（杀黏菌剂）类型生物杀灭剂产品的活性物质。批准日期 2018 年 7 月 1 日，批准期满 2028 年 7 月 1 日。

环丙特丁嗪(Irgarol 1051)
(cybutryne)

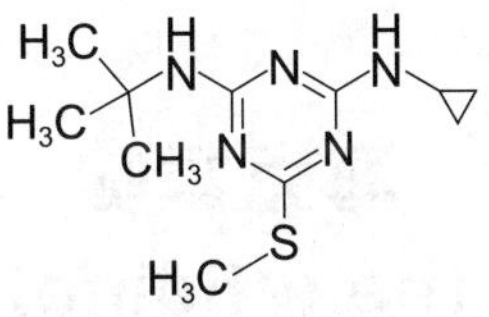

$C_{11}H_{19}N_5S$, 253.4, 28159-98-0

其他名称　2-叔丁氨基-4-环丙氨基-6-甲硫基-*s*-三嗪、Irgarol 1051

商品名称　Irgarol® 1051、Irgaguard® A 2000、Irgarol® 1071

化学名称　*N*-环丙基-*N*′-(1,1-二甲基乙基)-6-甲硫基-1,3,5-三嗪-2,4-二胺

IUPAC 名　2-*N*-*tert*-butyl-4-*N*-cyclopropyl-6-methylsulfanyl-1,3,5-triazine-2,4-diamine

EC 编码　[248-872-3]

理化性质　纯品为白色或淡黄色粉末。沸点 428℃。熔点 128～133℃。密度（20℃）1.1g/mL。蒸气压（25℃）1.5×10^{-5} Pa。闪点＞200℃。pH 值为（7mg/L，20℃）7。$\lg K_{ow}$＝3.95。溶解度：水 0.007g/L，二甲苯 50g/L，乙酸丁酯 150g/L，辛醇 50g/L，丙二醇 10g/L（20℃）。稳定性：正常储存条件下热稳定。

毒性　大鼠急性经口 LD_{50}＞2000mg/kg。大鼠急性经皮 LD_{50}＞2000mg/kg。大鼠吸入 LC_{50}＞4.1mg/L（4h，空气）。水生生物：蓝腮翻车鱼 LC_{50}（96h）2.9mg/L、虹鳟鱼 LC_{50}（96h）0.94mg/L。水蚤 EC_{50}（48h）2.4mg/L（来源：DEGUSSA）。

抗菌防霉效果　环丙特丁嗪（Irgarol 1051）是光合作用的有效抑制剂，主要作用于光系统Ⅱ。该化合物对细菌、酵母菌或霉菌无效，对藻类特效，杀藻活性涵盖淡水藻类和海水藻类。这些生物体的最小抑制浓度范围为0.01～0.1mg/L。

应用 环丙特丁嗪（Irgarol 1051）是一种农业中广泛应用的除草剂；在海洋防污涂料中作为一种除藻防污剂，通常与Cu_2O配合使用；亦可用于木材防腐。

实际应用参考：

海洋防污：环丙特丁嗪主要生产厂商为瑞士的Ciba公司，商品名为Irgarol 1051。环丙特丁嗪（Irgarol 1051）在水中的溶解度为7mg/L，从防污涂料中的渗出速率约为2.6～5.0μg/(cm²·d)，吸附系数较高，易被悬浮颗粒所吸附。Irgarol 1051的化学性质非常稳定，其生物降解、化学水解和光降解速率非常缓慢，降解产物为2-甲硫基-4-叔丁基胺-6-氨基-1，3,5-三嗪，性质非常稳定。其应用在船舶防污涂料中，能长效防止海藻的生长，避免大范围污垢的产生，同时它对鱼类、贝壳等动物的毒性也非常低。在防污漆中，Irgarol 1051经常与铜或铜化合物，如氧化亚铜或硫氰酸铜一起使用会有较好的综合效果。建议用量1.0%～6.0%（基于树脂固体分）。

法规 欧盟化学品管理局（ECHA）：2016年，欧盟生物杀灭剂产品委员会（BPC）发布法规（EU）2016/107，未批准环丙特丁嗪［*N′-tert*-butyl-*N*-cyclopropyl-6-methylthio-1,3,5-triazine-2,4-diamine(cybutryne)］作为第21类（海洋防污剂）生物杀灭剂产品的活性物质。

海克替啶
(hexetidine)

$C_{21}H_{45}N_3$, 339.6, 141-94-6

其他名称 海克西定

化学名称 1,3-二(2-乙基己基)-5-甲基-5-氨基六氢嘧啶

IUPAC名 1,3-bis(2-ethylhexyl)-5-methyl-1,3-diazinan-5-amine

EC编码 ［205-513-5］

理化性质 无色黏稠液体，具有微弱的胺气味，含量接近100%（醛含量27%）。沸点（0.4mmHg）160℃。蒸气压（25℃）1.54×10^{-5} mmHg。密度（20℃）0.8889g/mL。折射率（n_D，20℃）1.4668。$\lg K_{ow}=5.26$。溶解度：微溶于水，溶于石油醚、甲醇、苯、丙酮、乙醇、正己烷，氯仿。稳定性：海克替啶虽然在有机溶液中很稳定，但在水溶液中，特别是通过弱酸的催化，会发生快速的开环和随后的歧化作

用。$pK_a=8.3$。

毒性 大鼠急性经口 LD_{50} 610～1430mg/kg。小鼠急性经口 LD_{50} 1520mg/kg。狗急性经口 LD_{50} 1600mg/kg。狗皮下注射 LD_{50} 1600mg/kg（体重）。大鼠皮下注射 LD_{50} 1430mg/kg（体重）（来源：HSDB）。

抗菌防霉效果 杀菌机制基于甲醛的释放。该化合物对常见微生物的最大抑制浓度见表 2-97。

表 2-97 海克替啶对常见微生物的最低抑制浓度（MIC）

微生物	MIC/(mg/L)	微生物	MIC/(mg/L)
金黄色葡萄球菌	5～10	大肠杆菌	1250
铜绿假单胞杆菌	＞5000	白色念珠菌	5000
黑曲霉	800	球毛壳菌	75
青霉	400		

制备 由 1,3-双(2-乙基己基)六氢-5-甲基-5-硝基嘧啶氢化制备而得。

应用 海克替啶是一种六氢嘧啶衍生物，作漱口溶液消毒剂。

实际应用参考：

BM Ele 在《牙周病学：抗菌剂控制龈上菌斑研究述评》一文报道，海克替啶具有一定的牙菌斑抑制活性，但是低于氯己定的作用。海克替啶的药物直接性（即口腔保留时间）为 1～3h 之间，这就解释了英国产 Oraldene 漱口液抑制牙菌斑作用低的原因。另一项对海克替啶漱口液治疗口创性溃疡（oralulceration）的研究显示，与单独实施机械式清洁口腔措施相比并未产生额外疗效。而且，海克替啶使用浓度高于 0.1%时还会引发口腔溃疡。海克替啶与锌联合应用时由于协同增效作用会提高牙菌斑抑制活性。

法规 我国 2015 年版《化妆品安全技术规范》规定：海克替啶在化妆品中使用时的最大允许浓度为 0.1%。

哈拉宗
(halazone)

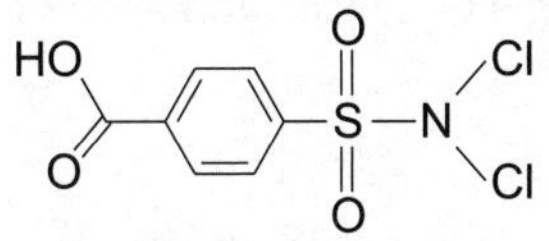

$C_7H_5Cl_2NO_4S$, 270.1, 80-13-7

其他名称 净水龙、双氯胺酸

化学名称 4-(*N*,*N*-二氯胺磺酰基) 苯甲酸

IUPAC 名 4-（dichlorosulfamoyl）benzoic acid

EC 编码 ［201-253-1］

理化性质 纯品为白色的结晶或结晶性粉末，有氯臭味。沸点 212.8℃（NTP，1992 年）。溶解度：微溶于水和氯仿，溶于乙酸、碱性溶液。使用时加入氯化钠、碳酸钠或硼砂能增加其溶解性。

毒性 大鼠急性经口 LD_{50} 3500mg/kg。哈拉宗溶液对皮肤的刺激作用较小。

抗菌防霉效果 作用机制：哈拉宗在水中能水解形成次氯酸，因此其杀菌作用与次氯酸盐相似，但杀菌能力不如次氯酸盐强。哈拉宗以 1∶300000 稀释，30min 能杀灭伤寒杆菌、大肠杆菌和霍乱弧菌。有机物能显著控制哈拉宗的杀菌作用，在没有有机物时，1mL/L 有效氯的哈拉宗，3min 能完全杀灭大肠杆菌，而当 1L 水中含有 0.1mL 的牛肉汤时，1h 仅能杀灭部分细菌。

制备 由对氨磺酰苯甲酸钠经氯化而得。先将对氨磺酰苯甲酸溶解在氢氧化钠溶液中，配制成 25%的对氨磺酰苯甲酸钠溶液。将此溶液放入氯化锅，再加入氢氧化钠溶液。在 5℃以下通入氯气，至 pH 7～8 时，取反应液测试终点（反应液过滤后加酸，无沉淀为终点）。至达终点后，停止通氯，搅拌 15min，过滤。用水洗涤滤饼，甩干，在 40℃以下干燥。粉碎、过筛得哈拉宗。收率 85%。

应用 哈拉宗为消毒防腐药，用于饮水消毒；也可以用于皮肤创口、器械的冲洗消毒。注意：增加铵离子的浓度，能增加哈拉宗的杀菌作用。

实际应用参考：

在 $1/(20\times10^4)$～$1/(50\times10^4)$ 的浓度时，能在 0.5～1h 内杀灭大肠杆菌、伤寒杆菌、副伤寒杆菌、霍乱菌和志贺氏型痢疾杆菌等。

环烷酸铜
(copper naphthenate)

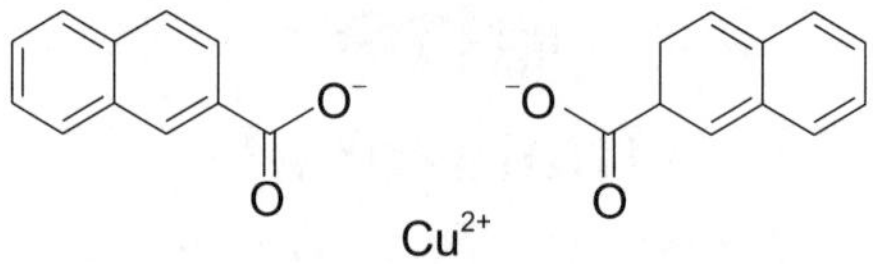

O^- ^-O O O Cu^{2+}

$2(C_{11}H_7O_2)\cdot Cu$, 405.9, 1338-02-9

其他名称 NACS、CuN

商品名称 Acticide® WCN、Acticide® WNW 5

化学名称 环烷酸盐

IUPAC 名 copper(2+) bis[3-(3-ethylcyclopentyl)propanoate]

EC 编码 ［215-657-0］

环烷酸（naphthenic acids）

其他名称 萘酸、石油酸

CAS 登录号 [1338-24-5]

EC 编码 [215-662-8]

理化性质

环烷酸铜 将氧化铜或碳酸铜与环烷酸共溶，或用可溶性铜盐与环烷酸钠经复分解反应制得，而环烷酸则是精制芳香族石油产品时得到的饱和脂肪酸的总称。是分子量在一定范围内的各种环烷酸的铜盐混合物，一般为绿色糖浆状物质。随着环烷酸纯度的变化而具有使人不快的气味。溶解度：不溶于水，可溶于石油类溶剂。在有机溶剂中稳定。沸点 250℃。水载型的环烷酸铜（CuN—W）的组成如表 2-98 所示，环烷酸铜应溶解在乙醇胺中得到水溶液，pH 值为 8～11。处理溶液中乙醇胺的质量应为环烷酸铜质量的（0.67±0.20）倍。

表 2-98 CuN—W 有效成分组成

有效成分名称	有效成分比例/%
铜(以 Cu 计)	4.5～5.5(5.0)
环烷酸铜	37.0～59.0(48.0)

环烷酸 分子式 $C_{10}H_{18}O_2$，分子量 170.2。炼油的副产品。

毒性

环烷酸铜 小鼠急性经口 LD_{50} 6000mg/kg 以上，大鼠急性经口 LD_{50} 16mg/kg 以上（2.3%溶液）。环烷酸铜能刺激皮肤，经环烷酸铜处理的纺织品不得与皮肤常接触。也有报道使用浓度适当不会刺激皮肤。一般来讲，有低沸点的环烷酸制得的铜盐，对人畜毒性较低，且杀菌力强，而高沸点环烷酸铜盐情况刚好相反。

抗菌防霉效果 环烷酸铜对木材、皮革和纺织品中的腐败细菌和霉菌有很强的抑杀力。尤其对耐铜腐朽菌（如卧孔菌等）特别有效，一般抑制木材腐朽菌发育的浓度为 0.15%。

制备 环烷酸铜由硫酸铜溶液与环烷酸钠溶液作用而制得。

应用 环烷酸铜是一种高效、低毒、环保型的木材防腐剂，主要作防腐、防霉、防虫、防污等使用，适用于制船底漆、海底电缆电线、木材（电线杆、桥梁、篱笆等）处理以及纺织品（例如帐篷，绳索等）、纸板等防腐防霉。

实际应用参考：

用于细木工、园艺及造船用材的防腐，具有很强的防海生钻孔动物侵害的能力。它作为防污漆中渗出助剂，在船舶防污漆中使用，可起到增韧漆膜和增加防污剂渗出率的效能。为达到调节和控制防污剂渗出的目的。建议用量：0.05%～0.2%（金属对树脂固体份）。

环氧丙烷
(propylene oxide)

C_3H_6O, 58.1, 75-56-9

化学名称 1,2-环氧丙烷

IUPAC 名 2-methyloxirane

EC 编码 [200-879-2]

理化性质 常温下环氧丙烷是一种无色液体。沸点（760mmHg）34.2℃（EPA，1998年）。闪点－37℃。相对密度（0℃）0.859（EPA，1998年）。蒸气压（20℃）445mmHg（EPA，1998年）。$\lg K_{ow}$＝0.03。溶解度：水40.5%。

毒性 环氧丙烷的毒性比环氧乙烷低，大约相当于环氧乙烷的1/3。但对皮肤有强刺激，皮肤接触环氧丙烷后，可致烧伤。大鼠急性经口 LD_{50} 380mg/kg。大鼠腹腔注射 LD_{50} 150mg/kg。

抗菌防霉效果 环氧丙烷不仅可以杀灭细菌繁殖体，也可杀灭真菌、病毒和细菌芽孢。细菌对环氧丙烷的抵抗力比真菌强，杀灭细菌所需环氧丙烷的剂量是杀灭真菌剂量的2倍。Himmelfarb等（1962年）测定了环氧丙烷对十多种细菌繁殖体和芽孢的杀灭作用，发现对枯草杆菌芽孢、金黄色葡萄球菌和黄色微球菌的抵抗力较强。

制备 在银催化作用下，由丙烯与氧或空气进行氧化制得。

应用 环氧丙烷是一种广谱杀菌消毒剂，主要用于食品消毒，用质量分数1%～2%的环氧丙烷在密闭容器内对粉末食品灭菌，在37℃下作用2～3h，可使可可粉中的菌数减少50%～70%，真菌减少90%～99%。

环氧乙烷
(ethylene oxide)

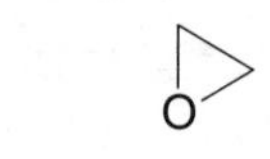

C_2H_4O, 44.1, 75-21-8

其他名称 ETO、Oxane

IUPAC 名 oxirane

EC 编码 [200-849-9]

理化性质 低黏度无色液体。沸点（760mmHg）10.7℃。蒸气压（20℃）

146kPa。相对密度（10℃）0.822。$\lg K_{ow}=-0.30$。溶解度：溶于水和大多数有机溶剂。稳定性：能进行多种加成反应。在水溶液中较稳定，慢慢变成乙二醇。

毒性 大鼠急性经口 LD_{50} 72mg/kg。小鼠急性经口 LD_{50} 280mg/kg。大鼠急性吸入 LC_{50}（4h）1.44mg/L。大鼠腹腔注射 LD_{50} 100mg/kg。小鼠腹腔注射 LD_{50} 175mg/kg。大鼠皮下注射 LD_{50} 187mg/kg。大鼠静脉注射 LD_{50} 290mg/kg。水蚤 LC_{50}（静态，48h）490000μg/L。黑头呆鱼 LC_{50}（48h）89000μg/L。蒸气对皮肤、黏膜、呼吸器官有刺激作用，对中枢神经有麻醉作用。浓度为 3000mg/L 的空间呼吸 30min 或更长时间是危险的（来源：HSDB）。

抗菌防霉效果 作用机制：药剂进入昆虫体后，转变为甲醛，并与组织内蛋白质的氨基结合，抑制氧化酶、去氢酶的作用，使昆虫中毒死亡。

环氧乙烷可以杀灭各种细菌，但不同的细菌对其抵抗力不同。一般来说，细菌芽孢的抵抗力强，繁殖体的抵抗力弱，但环氧乙烷对两者的杀灭作用仅差 5 倍。

环氧乙烷的液体和气体均有较强的杀微生物作用。相比之下，气体的杀微生物作用更强。所以在消毒灭菌时一般多用气体。Kereluk 等（1970 年）报道，在相对湿度为 30%～50%，温度为 54.4℃时，用 500mg/L 环氧乙烷气体杀灭枯草分枝杆菌的 D 值（即杀灭 90% 微生物所需的时间）为 2.40min，比粪链球菌（3.75min）、微球菌（3.0min）、短小杆菌（2.81min）为低。

制备 环氧乙烷可由乙烯为原料，先经次氯酸化制得氯乙醇，然后用碱环化而得。

应用 环氧乙烷的重要特点是杀菌穿透力强，能杀灭各种细菌及其繁殖体、芽孢、真菌、病毒等。故大多数不宜用一般方法消毒的物品均可用环氧乙烷消毒。例如，电子仪器、光学仪器、生物制品、药品、医疗器械、书籍、皮毛、化纤、塑料制品、木制品、陶瓷、金属制品、皮革等。

实际应用参考：

环氧乙烷作为熏蒸防霉剂使用，必须有密封帐幕容器。方法是将 10% 的环氧乙烷和 90% 的二氧化碳混合充入密封帐幕或容器中，8～10h 放气或密封储存。

环唑醇
(cyproconazole)

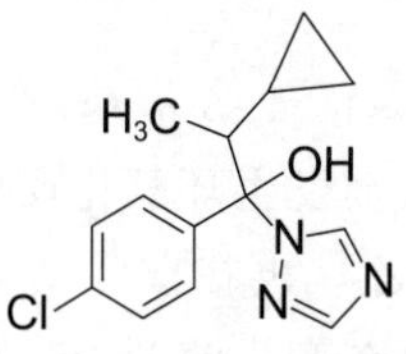

H_3C OH Cl N N N

$C_{15}H_{18}ClN_3O$, 291.8, 94361-06-5

其他名称 环丙唑醇

化学名称 2-(4-氯苯基)-3-环丙基-1-(1*H*-1,2,4-三唑-1-基)-2-丁醇

IUPAC 名 2-(4-chlorophenyl)-3-cyclopropyl-1-(1,2,4-triazol-1-yl)-2-butanol

CAS 登录号 [94361-06-5]（未说明立体化学），曾用 [113096-99-4]；[94361-07-6] [（2*RS*，3*SR*）-异构体]

EC 编码 [619-020-1]

理化性质 原药为两种非对映异构体的混合物（比例大约 1∶1），无色固体。熔点 106.2～106.9℃。沸点>250℃。蒸气压（25℃）2.6×10^{-2} mPa。相对密度 1.25。闪点：360℃以下无反应。lgK_{ow}=3.1。溶解度：水 93mg/L（22℃）；丙酮 360g/L、乙醇 230g/L、甲醇 410g/L、二甲苯 120g/L、乙酸乙酯 240g/L、二氯甲烷 430g/L、辛醇 100g/L（25℃）。稳定性：大约 115℃开始氧化分解，之后大约 300℃开始热分解。pH 4 及 pH 9，50℃时对水解稳定 5d。pK_a：在 pH 3.5～10 范围内无酸特性或碱特性。

毒性 急性经口 LD_{50}：雄大鼠 350mg/kg，雌大鼠 1333mg/kg，雄小鼠 200mg/kg，雌小鼠 218mg/kg。大鼠和兔急性经皮 LD_{50}>2000mg/kg。对兔眼睛或皮肤无刺激作用。对豚鼠皮肤无刺激作用，无致敏现象。大鼠急性吸入 LC_{50}（4h）>5.65mg/L（空气）。NOEL（1 年）狗 3.2mg/(kg·d)；（2 年）大鼠 2mg/(kg· d)。水生生物：鲤鱼 LC_{50}（96h）20mg/L。虹鳟鱼 LC_{50}（96h）19mg/L，蓝腮翻车鱼 21mg/L。水蚤 LC_{50}（48h）26mg/L。近头状伪蹄形藻 EC_{50}（96h）0.077mg/L。动物：哺乳动物经口摄入，在体内环丙唑醇被快速吸收，广泛代谢和排泄。DT_{50}大约 30h，无生物积累。

抗菌防霉效果 环唑醇主要为类固醇脱甲基化抑制剂，具有广泛的抗菌作用。特别对朽木菌和木材变色（sapstain）真菌有较好的防治效果。环唑醇对一些微生物的最低抑制浓度见表 2-99。

表 2-99 环唑醇对一些微生物的最低抑制浓度（MIC）

微生物	MIC/(mg/L)	微生物	MIC/(mg/L)
黑曲霉	50	链格孢霉	20
黄曲霉	100～500	金黄色葡萄球菌	400
变色曲霉	100	枯草杆菌	200
球毛壳霉	5	荧光假单胞杆菌	200
蜡叶芽枝霉	20	啤酒酵母	200
橘青霉	100		

制备 专利 CN101565406 B：以 1-(4-氯苯基)-2-环丙基-1-丙酮为原料，在碱存在下于弱极性有机溶剂中与硫立叶德试剂发生环氧化反应，然后经过水洗，脱溶，得到的 2-(4-氯苯基)-2-(1-环丙基乙基)环氧乙烷再在催化剂存在下与1,2,4-三氮唑缩合，脱溶得到粗品，粗品无须处理，直接溶解在有机溶剂中，加热下与无机酸反应生成环唑醇的盐，然后过滤，洗涤，得到盐。将该盐进行干燥，然后在一定量的水中加热脱酸，再经

过过滤，水洗，干燥，得到高含量和高收率的成品。

应用 环唑醇是瑞士山道士公司（Sandoz AG）开发的三唑类杀菌剂，1989 年由法国首先在农业上推出。工业领域主要可作木材、竹制品防腐使用。

实际应用参考：

① 专利《CN 200310124153》：木材防腐剂质量分数如下：铜 16%～31%、三唑 0.7%～6%、硼化物（以硼酸计算）0～26%、醇类 4%～6%、氨 0～47%、氨基乙醇 6%～60%、具有抗真菌活性的季铵盐阳离子表面活性剂 1%～4%和磷酸盐 0～1%，条件是氨和磷酸盐的含量不同时为 0。制剂中的三唑为环丙唑醇（cyproconazole）时，铜与环丙唑醇的比例在（100∶1)～(50∶1）之间较为适宜，铜与氨的比例在（1∶1.3)～(1∶0.6）之间较为适宜。

② 专利《CN 201210393524》：一种木制品防腐剂，其由以下质量分数的组分组成：40%～60%碳酸氢铜、1%～10%椰油基三甲基氯化铵、2.6%～4.4%四硼酸钠、2%～5%环丙唑醇、2%～5%氨水，余量为去离子水。本发明不含砷、铬等物质，毒性低，具有良好的防腐、防虫效果。

法规 欧盟化学品管理局（ECHA）：2014 年，欧盟生物杀灭剂产品委员会（BPC）发布法规（EU）438/2014，批准环唑醇（cyproconazole）作为第 8 类（木材防腐剂）生物杀灭剂产品的活性物质。批准日期 2015 年 11 月 1 日，批准期满 2020 年 11 月 1 日。

季铵盐-15
(quaternium-15)

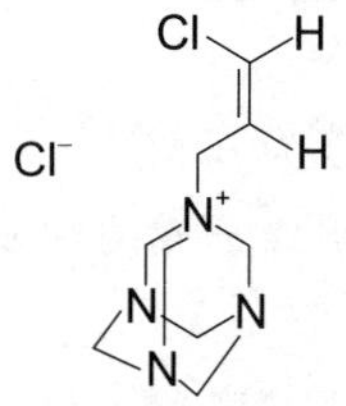

$C_9H_{16}N_4Cl_2$, 251.2

其他名称 顺式异构体（*cis*-CTAC、DOWICIL 200、DOWICILTM 150）；顺式/反式异构体混合物（CTAC、DOWICIL75、DOWICIL 100）

化学名称 1-(3-氯烯丙基)-3,5,7-三氮-1-氮镓金刚烷氯化物

INCI 名称 Quaternium-15（顺/反-isomers 混合物）

CAS 登录号 [51229-78-8](*cis*-CTAC)；[4080-31-3](*cis*/*trans*-CTAC)

EC 编码 [426-020-3](*cis*-CTAC)；[223-805-0](*cis*/*trans*-CTAC)

理化性质 季铵盐-15 是异构体的混合物，其中顺式是主要形式，反式为次要组

分。商品 DOWICIL 200 组成如下：98.6% 顺-CTAC，0.65% 反-CTAC，0.03% HMTA。商品 DOWICIL™ 150 组成如下：98.6%顺-CTAC，0.7%反-CTAC，(0.3±0.1)% HMTA。

外观白色至灰白色粉末，具有轻微的胺气味，含量>97%（醛含量约 71%）。熔点 192℃（开始分解）。溶解度（25℃）：水 1272g/L；甲醇（无水）208g/L、丙二醇 187g/L、甘油（99.5%）126g/L、异丙醇（无水）<1g/L、矿物油<1g/L。稳定性：温度>40℃，释放甲醛。

毒性 大鼠急性经口 LD_{50} 1550mg/kg。兔急性经皮 LD_{50} 2877mg/kg（粉末）。水蚤 LC_{50} 1～10mg/L（来源：DOW）。

抗菌防霉效果 结构上是六亚甲基四胺的衍生物，且释放出甲醛。对于革兰氏阳性菌、革兰氏阴性菌以及霉菌和酵母菌均有较强的抗菌能力（见表 2-100）。

表 2-100 DOWICIL 200 对常见微生物的最低抑制浓度（MIC）

微生物	MIC/(mg/L)	微生物	MIC/(mg/L)
产碱杆菌	50	枯草杆菌 ATCC 8473	100
大肠杆菌 ATCC 11229	100	肺炎克雷伯菌 ATCC 8308	50
普通变形菌 ATCC 881	50	铜绿假单胞杆菌 ATCC 10145	50
黑曲霉 ATCC 16404	500	金黄色葡萄球菌 ATCC 6538	50
白色念珠菌 ATCC 10231	250	发癣菌	50

（来源：DOW）

应用 主要为化妆品和个人护理品提供高效、广谱的抗微生物性能。广泛适用于婴儿护理品、洗手液、面膜、乳剂、洗剂、防晒品等各类产品。一般添加量为 0.05%～0.2%。注意含柠檬醛的芳香剂可能会造成上述配方变色。

实际应用参考：

该化合物在配方产品中，常用浓度为 0.02%～0.3%，在介于 pH 值 4～10 体系中稳定性良好，不受阳离子、非离子、阴离子或两性表面活性剂的影响。

法规

① 国内 2015 年版《化妆品安全技术规范》规定：季铵盐-15 从附表中删除，即被禁用作化妆品防腐剂。季铵盐-15 在欧盟尚未被正式禁用，但根据 SCCS 最新意见，季铵盐-15 是一种同分异构体的混合物，它的顺式异构体占主要形式，反式异构体作为杂质占次要形式。近期，顺式异构体（顺-CTAC）被列为生殖毒性 2 类物质，SCCS 认为季铵盐-15 在化妆品中继续使用是不安全的（SCCS/1344/10；2011 年 12 月 13 日）。

② 欧盟化学品管理局（ECHA）：根据指令 98/8/EC（BPD）或规则（EU）No.528/2012（BPR）提交了批准申请的所有活性物质/产品类型组合为 PT-6（产品在储存过程中的防腐剂）、PT-13（金属工作或切削液防腐剂）。1-(顺-3-氯烯丙基)-3,5,7-三氮杂-1-氮鎓金刚烷氯化物(*cis*-CTAC)(CAS 登录号51229-78-8)申请目前处于审核进

行之中。

③ 欧盟化学品管理局（ECHA）：根据指令 98/8/EC（BPD）或规则（EU）No. 528/2012（BPR）提交了批准申请的所有活性物质/产品类型组合为 PT-6（产品在储存过程中的防腐剂）、PT-12（杀黏菌剂）、PT-13（金属工作或切削液防腐剂）。季铵盐-15（CAS 登录号 4080-31-3）申请目前处于审核进行之中。

甲苯氟磺胺
(tolylfluanid)

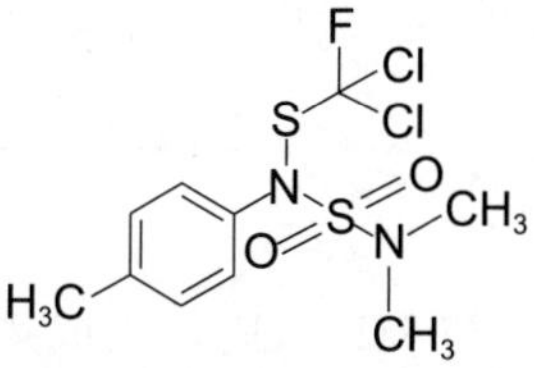

$C_{10}H_{13}Cl_2FN_2O_2S_2$, 347.2, 731-27-1

其他名称 防霉剂 A5、甲抑菌灵、对甲抑菌灵

商品名称 Euparen M、Preventol® A 5-S、Preventol® A 9-D

化学名称 *N*-二氯氟甲硫基-*N′*,*N′*-二甲基-*N*-对甲苯基硫酰胺

IUPAC 名 *N*-[dichloro(fluoro)methyl]sulfanyl-*N*-dimethylsulfamoyl-4-methylaniline

EC 编码 [211-986-9]

理化性质 纯品为白色至淡黄色结晶粉末，带有微弱的特殊气味。熔点 93℃，200℃以上分解。蒸气压（20℃）0.2mPa。$\lg K_{ow}=3.90$（20℃）。相对密度（20℃）1.52。溶解度：水 0.9mg/L（20℃）；正己烷 54g/L、二甲苯 190g/L、异丙醇 22g/L、正辛醇 16g/L、聚乙二醇 56g/L；二氯甲烷、丙酮、乙腈、二甲基亚砜、乙酸乙酯＞250g/L（20℃）。稳定性：DT_{50} 11.7d（pH 4，22℃，推断）、29.1h（pH 7，22℃，推断）、＜10min（pH 9，20℃）。

毒性 急性经口 LD_{50}：大鼠＞5g/kg，小鼠＞1g/kg，豚鼠为 250～500mg/kg。大鼠急性经皮 LD_{50}＞5g/kg。对兔皮肤眼睛有刺激性。对豚鼠皮肤有致敏性。大鼠吸入 LC_{50}（4h）0.16～1mg/L，取决于粒径大小。NOEL 数据：NOAEL（欧盟，2004 年）大鼠（二代试验）12mg/(kg·d)；（美国，1995 年）大鼠（二代试验）7.9 mg/(kg·d)。动物：体内，^{14}C 标记的甲苯氟磺胺迅速被吸收和排泄；在器官和组织中无累积。甲苯氟磺胺迅速水解成 DMST（二甲基氨基磺酰甲苯胺），然后转化成主要代谢物 4-（二甲基氨基磺酰氨基）苯甲酸，该代谢物可以与甘氨酸偶联成 4-（二甲氨基磺酰氨基）马尿酸。水生生物：金色圆腹雅罗鱼 LC_{50}（96h，静态）0.06mg/L，虹鳟鱼 LC_{50}（96h，静态）0.045mg/L。水蚤 LC_{50}（48h，静态）0.69mg/L；（48h，流动）0.19mg/L。

抗菌防霉效果 甲苯氟磺胺属于多作用点模式，非特异性硫醇反应物。该化合物对大多数真菌、细菌及藻类均有较好的抑制效果。甲苯氟磺胺对一些微生物的最低抑制浓度见表 2-101。

表 2-101 甲苯氟磺胺对一些微生物的最低抑制浓度（MIC）

微生物	MIC/(mg / L)	微生物	MIC/(mg / L)
链格孢	10	黄曲霉	75
黑曲霉	100	土曲霉	20
出芽短梗霉菌	10	球毛壳菌	20
蜡叶芽枝霉	10	镰刀菌	20
绿色木霉	＞1000	白色念珠菌	20
酿酒酵母	5	藻类	5-10

（来源：Described by Kato & Fukumura，1962 年）

制备 甲苯氟磺胺由 Cl_3CSCl 与 HF 反应，生成物再与 N-对甲苯胺-N',N'-二甲基磺酰胺反应制得。

应用 甲苯氟磺胺主要用于木材、纸张、涂料防腐，船漆防污、渔网杀菌防藻。亦可防治柑橘、葡萄等水果和蔬菜等的真菌性病害。注意：与碱性物质（如波尔多混合物，石灰硫）不相容。

实际应用参考：

① 具有保护作用，外加杀螨效果的叶面杀菌剂。在苹果、葡萄等上的使用剂量最高为 2.5kg/hm^2。在蔬菜上使用，使用剂量为 1.0～1.5kg/hm^2。

② 甲苯氟酰胺对海洋生物抑制效果很好，甲苯氟酰胺和氧化铜的组合显示防污涂料性能优良。建议添加率：占海洋防污涂料总配方数的 2.5%～10%。

法规

① 欧盟化学品管理局（ECHA）：2009 年，欧盟生物杀灭剂产品委员会（BPC）发布法规（Directive）2009/151/EC，批准甲苯氟酰胺（tolylfluanid）作为第 8 类（木材防腐剂）生物杀灭剂产品的活性物质。批准日期 2011 年 10 月 1 日，批准期满 2021 年 10 月 1 日。

② 欧盟化学品管理局（ECHA）：2015 年，欧盟生物杀灭剂产品委员会（BPC）发布法规（EU）2015/419，批准甲苯氟酰胺（tolylfluanid）作为第 21 类（海洋防污剂）生物杀灭剂产品的活性物质。批准日期 2016 年 7 月 1 日，批准期满 2026 年 7 月 1 日。

③ 欧盟化学品管理局（ECHA）：2016 年，欧盟生物杀灭剂产品委员会（BPC）发布法规（EU）2016/1087，批准甲苯氟酰胺（tolylfluanid）作为第 7 类（干膜防霉剂）生物杀灭剂产品的活性物质。批准日期 2018 年 1 月 1 日，批准期满 2028 年 1 月 1 日。

4-甲苯基二碘甲基砜(Amical 48)
(diiodomethyl-p-tolylsulphone)

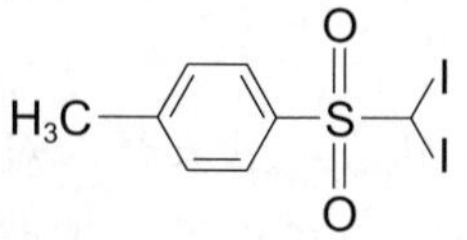

$C_8H_8I_2O_2S$, 422.0, 20018-09-1

其他名称　对甲苯基二碘甲基砜、二碘甲基对甲苯砜

商品名称　Amical 48、Intace Fungicide B-6773

IUPAC 名　1-diiodomethylsulfonyl-4-methylbenzene

EC 编码　[243-468-3]

理化性质　纯品含量>90%，外观黄褐色粉末，轻微酸味。沸点 394℃。熔点为 149～152℃。pH 值为（1%水悬浊液）5.0～7.0。$\lg K_{ow}=2.66$。溶解度（25℃）：水 0.001g/L，乙醇 40g/L，乙二醇 20g/L，丙酮 350g/L，甲苯 95g/L。稳定性：pH 4～10 之间稳定。耐温可达 200℃。商品 40%含量为浅灰色悬浮液。pH 值约 4.0～6.0。相对密度（25℃）1.32～1.33。

毒性　大鼠急性经口 LD_{50}>9400mg/kg。小鼠急性经口 LD_{50} 10000mg/kg。兔急性经皮 LD_{50}>2000mg/kg。大鼠吸入 LC_{50}（4h）0.96mg/L。在兔子对皮肤刺激性的测试中，可能会严重损伤眼睛。水生生物：蓝腮翻车鱼 LC_{50}（96h）0.13mg/L。虹鳟鱼 LC_{50}（96h）0.75mg/L。水蚤 LC_{50}（96h）8mg/L（来源：DOW）。

抗菌防霉效果　4-甲苯基二碘甲基砜（二碘甲基对甲苯砜）作为广谱的生物杀灭剂，其对霉菌、酵母菌和藻类比对细菌更有活性。其对常见微生物的抑制效果见表2-102。

表 2-102　二碘甲基对甲苯砜对常见微生物的最低抑制浓度（MIC）

微生物	MIC/(mg/L)	微生物	MIC/(mg/L)
烟曲霉	0.5	葡萄穗霉	0.5
交链孢	0.4	黑曲霉	0.4
米曲霉	1.6	出芽短梗霉	0.4
球毛壳霉	0.2	尖孢镰刀菌	6.2
橘青霉	0.8	青霉	1.0
枯草芽孢杆菌	10	金黄色葡萄球菌	6
粪链球菌	50	绿脓杆菌	>1000

（来源：DOW）

制备 以取代磺酰基乙酸为原料，与碘化剂反应得二碘化产物并脱羧而得。

应用 4-甲苯基二碘甲基砜（二碘甲基对甲苯砜）主要用于塑料、木材、加工液、纺织、涂料、胶黏剂、密封胶、皮革和印刷用墨水等领域的防霉。

注意：4-甲苯基二碘甲基砜作为含碘化合物，使用时可能会导致一些黄变，尤其针对白色涂层。

实际应用参考：

① 4-甲苯基二碘甲基砜（二碘甲基对甲苯砜）对皮革污染菌有极强的抑杀能力，使用浓度范围为 0.2～1.6mg/kg。本品在皮革添加时间为加铬之前。在复鞣、染色、加脂工艺中，在用加脂剂之前添加。使用量见表 2-103。

表 2-103 二碘甲基对甲苯砜在皮革中的使用量

储存类	本品使用量/(mg/kg)	
	一般情况	长期储存
牛皮	0.01～0.02	0.02～0.04
绵羊皮	0.05～0.08	0.08～0.15

② 4-甲苯基二碘甲基砜（二碘甲基对甲苯砜）有效地防止破坏木材的生物对木材的侵害，无论是水性或溶剂型体系可在使用基于木材的质量的 0.3%～1.0%（活性成分质量），可通过浸渍施用，喷涂，刷涂或高压处理。也可以和其他木材防腐剂如铬化砷酸铜（CCA）、季铵化合物、硼酸盐配合使用，防腐效果更持久。

③ 4-甲苯基二碘甲基砜（二碘甲基对甲苯砜）添加于金属加工液和润滑剂可有效防止真菌的繁殖和生长，基于浓缩液的质量的 0.1%～0.3%（活性成分质量）。

法规 欧盟化学品管理局（ECHA）：根据指令 98/8/EC（BPD）或规则（EU）No. 528/2012（BPR）提交了批准申请的所有活性物质/产品类型组合为 PT-6（产品在储存过程中的防腐剂）、PT-7（干膜防霉剂）、PT-9（纤维、皮革、橡胶和聚合材料防腐剂）、PT-10（建筑材料防腐剂），二碘甲基对甲苯砜 {*p*-[(diiodomethyl)sulphonyl]toluene}申请目前处于审核进行之中。

甲酚皂溶液
(lysol)

OH

CH_3

C_7H_8O, 108.1, 1319-77-3

其他名称 煤酚皂溶液、来苏儿、lysol

化学名称 三混甲酚

理化性质 甲酚有三种异构体，分别是邻甲酚、间甲酚、对甲酚。甲酚皂溶液为甲酚含量为48%～52%的溶液，为黄棕色至红棕色黏稠液体，带有酚臭。可溶于水（硬度极强的水除外）和醇，溶液为浅棕色透明状，呈碱性反应。性质稳定，耐储存。

甲酚皂溶液是由甲酚、阴离子表面活性剂、两性表面活性剂等辅助成分组成的无色透明液体。

毒性 甲酚皂溶液对小白鼠急性经口 LD_{50}＞5000mg/kg。

抗菌防霉效果 甲酚一般只杀灭细菌繁殖体，不能杀灭芽孢和肝炎病毒。甲酚皂溶液的杀菌性能与苯酚相似，其石炭酸系数随成分与菌种不同波动于1.6～5.0之间。常用浓度可破坏肉毒杆菌毒素。本消毒剂能杀灭包括铜绿假单胞杆菌在内的细菌繁殖体，对结核杆菌和真菌有一定杀灭能力，能杀灭亲脂性病毒，但不能杀灭亲水性病毒，也难以杀灭细菌芽孢。2%溶液经10～15min能杀灭大部分致病性细菌，2.5%溶液经30min能杀灭结核杆菌。

甲酚含量为8000mg/L的消毒剂溶液作用1min、4000mg/L作用5min，对金黄色葡萄球菌和大肠杆菌杀灭率均达99.99%；甲酚含量为10000mg/L的消毒剂溶液作用1min、8000mg/L的消毒剂溶液作用3min，对白色念珠菌杀灭率达99.99%。结果见表2-104。当滴染布片的大肠杆菌悬液中含50%小牛血清时，对杀菌效果有轻度影响；含25%小牛血清时，对杀菌效果无影响。结果见表2-105。

表 2-104 甲酚皂溶液对细菌繁殖体和白色念珠菌的杀灭效果

菌种	甲酚含量/(mg/L)	作用不同时间的平均杀灭率/%			
		1min	3min	5min	10min
金黄色葡萄球菌 ATCC 6538	8000	99.99	100.00	100.00	100.00
	6000	99.68	99.98	99.99	100.00
	4000	94.60	99.96	99.99	100.00
大肠杆菌 ATCC 8099	8000	99.99	99.99	100.00	100.00
	6000	99.51	99.99	99.99	100.00
	4000	98.83	99.96	99.99	99.99
白色念珠菌 ATCC 10231	10000	99.99	100.00	100.00	100.00
	8000	95.17	99.99	100.00	100.00
	6000	75.19	97.18	99.68	99.99

注：试验温度为20～21℃。阳性对照菌数，金黄色葡萄球菌为每片 2.74×10^6cfu，大肠杆菌为每片 3.82×10^6cfu。白色念珠菌为每片 1.70×10^6cfu。结果为3次试验平均值。

表 2-105 小牛血清对甲酚皂溶液杀灭大肠杆菌效果的影响

小牛血清浓度 /($\times10^{-2}$)	阳性对照组平均菌数(每片)/cfu	作用不同时间的平均杀灭率/%			
		3min	6min	9min	12min
50	2.05×10^{6}	99.89	99.94	99.95	99.99
25	1.93×10^{6}	99.91	99.95	99.98	100.00
0	1.94×10^{6}	99.95	99.97	99.99	100.00

注：试验温度为20～21℃，甲酚含量为4000mg/L的溶液，结果为3次试验平均值。

制备 煤焦油分馏法，由高温炼焦副产粗酚经分馏而得。

应用 甲酚皂溶液主要用于食品厂、饮料厂、化妆品厂、制药厂、发酵制品厂、精密仪器和光学仪器厂的表面和环境消毒及皮肤消毒。如家具、地面、墙面、器皿、衣服和实验室污染物品等，可使用1%～5%的水溶液浸泡、喷洒或擦拭，作用时间30～60min。对结核杆菌的污染，应使用5%的水溶液，作用1～2h。

聚赖氨酸
(ε-polylysine)

其他名称 ε-PL

化学名称 epsilon-聚赖氨酸

IUPAC 名 epsilon-polylysin

CAS 登录号 [28211-04-3]

理化性质 ε-聚赖氨酸（ε-polslysine）是由人体必需氨基酸——赖氨酸在α-羟基和ε-氨基间形成酰胺键而连接成的均聚物，主要是由白色链霉菌经发酵制备得到。ε-聚赖氨酸是含有25～30个赖氨酸单体组成的同型单体聚合物多肽。当聚合度低于10，会丧失抑菌活性。到目前为止，还没有发现ε-聚赖氨酸具有确切的二维和三维空间结构。

纯品为淡黄色粉末，吸湿性强，水溶性好，微溶于乙醇，略有苦味。其理化性质稳定，对热（120℃，20min或100℃，30min）稳定。n＝25～30的ε-聚赖氨酸其等电点位为9.0。

毒性 大鼠急性经口LD_{50}＞5000mg/kg。Fukutome等进行的慢性毒性和致癌性联合试验表明，每日摄取食物的ε-聚赖氨酸含量在6500mg/kg，属于极安全的水平；在20000mg/kg，无明显的组织病理变化，也观察不到可能的致癌性。

用^{14}C标志的ε-聚赖氨酸进行ADME试验（动物的吸收性、分布性、代谢性和排泄性试验）也表明ε-聚赖氨酸的安全性。根据美国的标准，ε-聚赖氨酸作为食品保鲜剂在米饭或寿司中大添加量为5～50mg/kg。以每人每天进食300g米饭计（加有50mg/kg的ε-聚赖氨酸），一个60kg体重的人每天进食的ε-聚赖氨酸量只有15mg。因此ε-聚赖氨酸作为食品保鲜剂是极安全的。

抗菌防霉效果 施庆珊等指出，ε-PL 呈高聚合多价阳离子态，它能破坏微生物的细胞膜结构，引起细胞的物质、能量和信息传递中断，还能与胞内的核糖体结合影响生物大分子的合成，最终导致细胞死亡。

聚赖氨酸对革兰氏阳性菌、革兰氏阴性菌和酵母菌都有显著的抑制效果，对耐热性较强的芽孢杆菌和厌氧梭胞菌液有明显的抑杀效果，但对霉菌的抑杀效果较差。

值得注意的是，具有高抑菌活性的 ε-聚赖氨酸必须至少有 10 个以上赖氨酸单体，而且利用微生物合成的 ε-聚赖氨酸抗菌活性高于化学合成的 α-聚赖氨酸（含有 50 个赖氨酸单体）。

另外，聚赖氨酸能耐高温，加热后抑菌效果基本不受影响。pH 对聚赖氨酸的抑菌性有一定影响。pH 7 的抑菌效果较好，抑菌时间比较长；pH 5 达到最佳抑菌效果最快，但保持时间不长；在过酸或过碱的条件下对抑菌效果有影响，尤其是在碱性条件下。

为了调查 ε-聚赖氨酸对不同微生物培养过程中生长的抑制情况，Hiraki 根据各种微生物的营养需求，采用相应的培养基（比如：马铃薯葡萄糖培养基培养真菌，麦芽肉汤培养酵母菌等）和培养条件培养不同微生物，并在培养基中加入不同浓度的 ε-聚赖氨酸，以观察 ε-聚赖氨酸对不同微生物生长的最小抑菌浓度（MIC），结果如表 2-106 所示。

表 2-106 ε-聚赖氨酸抑制微生物生长的最小抑菌浓度（MIC）

不同类型的微生物	菌种	MIC /(mg/kg)	环境 pH 值
真菌	黑曲霉(*Aspergillus niger* IFO4416)	250	5.6
酵母菌	异常汉逊酵母(*Pichia anomala* IFO0146)	150	5.0
	红色掷孢酵母(*Sporobolomyces roseus* IFO1037)	<3	5.0
	酿酒酵母(*Saccharomyces cerevisiae*)	50	5.0
	接合酵母（*zygosaccharomyces rouxii* IFO1130)	150	5.0
革兰氏阳性细菌	嗜热脂肪地芽孢杆菌(*Geobacillus stearothermophilus* IFO12550)	5	7.0
	凝固芽孢杆菌(*Bacillus coagulans* IFO12583)	10	7.0
	枯草芽孢杆菌(*B. subtilis* IAM1069)	<3	7.3
	丙酮丁醇梭菌(*Clostridium acetobutylicum* IFO13948)	32	7.1
	肠系膜明串珠菌(*Leuconostoc mesenteroides* IFO3832)	50	6.0
	短乳杆菌(*Lactobacillus brevis* IFO3960)	10	6.0
	藤黄微球菌(*micrococcus luteus* IFO12708)	16	7.0
	金黄色葡萄球菌(*Staphylococcus aureus* IFO13276)	12	7.0
	乳链球菌(*Streptococcus lactis* IFO 12546)	100	6.0
革兰氏阴性细菌	植生拉乌尔菌(*Raoultella planticola* IFO3317)	8	7.0
	空肠弯曲杆菌(*Campylobacter jejuni*)	100	7.0
	大肠杆菌(*Escherichia coli* IFO13500)	50	7.0
	铜绿假单胞杆菌(*Pseudomonas aeruginosa* IFO3923)	3	7.0
	鼠伤寒沙门(氏)菌(*Salmonella typhimurium*)	16	7.0

制备 ε-聚赖氨酸是人们模拟生物结构，通过化学合成或微生物发酵制备的抗菌剂。

应用 ε-聚赖氨酸已于2003年10月被FDA批准为安全食品保鲜剂，广泛用作食品保鲜。在日本，ε-聚赖氨酸作为食品保鲜剂增长迅速，市场规模达数十亿日元。日本市场的ε-聚赖氨酸品种多，有ε-聚赖氨酸的糊精粉剂、ε-聚赖氨酸的酒精制剂、ε-聚赖氨酸的乙酸（酿造醋）制剂、ε-聚赖氨酸的甘油制剂、ε-聚赖氨酸的甘氨酸制剂等。

注意：聚赖氨酸与0.1%乙酸混合后抑菌效果最好，而与0.1%甘氨酸混合后抑菌效果次之，与0.1%乳酸混合后抑菌效果不太理想。

实际应用参考：

① 在基因治疗、在生产可生物降解的高吸水性树脂（SAP）、在基因芯片的制造（化学修饰空白芯片、核酸生物芯片、氨基酸芯片、蛋白质芯片等）和某些药物的包装物制作等方面均有重要用途。

② 孔令杰等报道，借助谷氨酰胺转氨酶（MTG）的催化交联作用，可将ε-聚赖氨酸接枝到羊毛纤维。MTG中的酰胺基与ε-聚赖氨酸和羊毛纤维中的赖氨酸残基、伯氨基发生反应，从而使两者形成稳定的共价交联。

法规 ε-聚赖氨酸已于2003年10月被FDA批准为安全食品保鲜剂（generally reckognised as safe，GRAS号：GRN000135。CAS登录号：28211-04-3），广泛应用于食品保鲜，特别是在韩国、日本和美国。在韩国和日本，ε-聚赖氨酸已被允许在食品中使用。在我国，聚赖氨酸及其盐酸盐也于2014年4月批准为食品添加剂新品种。

聚季铵盐 PQ
[poly(dimethylamine-co-epichlorohydrin)]

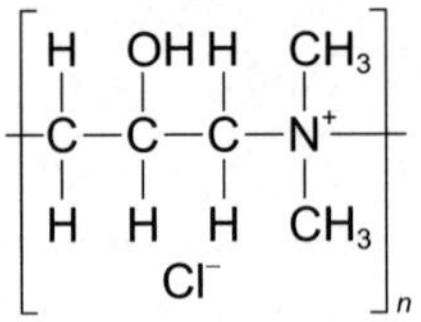

$$\left[-\overset{H}{\underset{H}{C}}-\overset{OH}{\underset{H}{C}}-\overset{H}{\underset{H}{C}}-\overset{CH_3}{\underset{CH_3}{N^+}}- \right]_n \quad Cl^-$$

$(C_5H_{12}ClNO)_n$，平均分子量20000，25988-97-0

其他名称 二甲胺与环氧氯丙烷的聚合物、PQ Polymer

商品名称 Barquat® PQ、Accepta 4350、Polybac PQ 60

化学名称 *N*,*N*-二甲基-2-羟基丙基氯化铵聚合物

CAS登录号 [25988-97-0]；[39660-17-8]

理化性质 固含量60%，外观无色至微黄色液体，微微的氨气味。pH（10%水溶液）值为7.7～8.7。密度（20℃）1.17～1.19g/cm³。黏度（23℃）500～2000mPa·s。

闪点＞100℃。

溶解度：易溶于水。稳定性：冻融解冻稳定性好。不起泡。

毒性　大鼠急性经口 LD_{50}＞2000mg/kg。轻度刺激皮肤。斑马鱼 LC_{50}（96h）0.27mg/L。藻类 ErC_{50}（72h）0.18mg/L（来源：LONZA）。

抗菌防霉效果　聚季铵盐 PQ 对常见细菌有不错的抑制效果，同时对各种藻类亦有优异的抑杀作用，见表 2-107。

表 2-107　聚季铵盐 PQ 对常见微生物的抑杀情况

微生物	作用浓度/(mg/kg)	作用时间	作用温度/℃
大肠杆菌	<120	72h	37
小球藻 *Chlorella saccharophilia*	>100	14d	20
小球藻 *Chlorella fusum*	>100	14d	25
Fusurium solani	<50	72h	25
铜绿假单胞杆菌	<20	72h	37
小球藻 *Chlorella vulgaris*	<5	14d	20

应用　阳离子聚合生物杀菌剂，亦可作高效絮凝剂。

实际应用参考：

可有效抑制循环冷却水中藻类、黏液形成菌的生长；本产品也能有效抑制游泳池、水塘、蓄水池中多种藻类的生长，在酸性和碱性环境中都能应用。在任何浓度下，该产品不会产生泡沫、无毒、无刺激性、使用更安全。一般用量为 0.1～20mg/kg。

法规　欧盟化学品管理局（ECHA）：根据指令 98/8/EC（BPD）或规则（EU）No.528/2012（BPR）提交了批准申请的所有活性物质/产品类型组合为 PT-2（不直接用于人体或动物的消毒剂和杀藻剂）、PT-11（液体制冷和加工系统防腐剂），聚季铵盐 *N*-甲基甲胺与 2-氯甲基环氧乙烷共聚物/聚季铵盐氯化物申请目前处于审核进行之中。

2-甲基-1,2-苯并异噻唑-3-酮(MBIT)
(2-methyl-1,2-benzothiazol-3-one)

C_8H_7NOS, 165.2, 2527-66-4

其他名称　2-甲基-1,2-苯并噻唑-3-酮

商品名称　BIOBAN 557、万立净 MBIT-10

化学名称　2-甲基-1,2-苯并异噻唑-3(2*H*)-酮

IUPAC 名 2-methyl-1,2-benzothiazol-3(2*H*)-one

理化性质 纯度 99.7%，外观白色固体。熔点 53.3℃。沸点 324.6℃。蒸气压（20℃）23.4mPa。蒸气压（25℃）42.5mPa。密度（20℃）1.4527g/mL。$\lg K_{ow}$ = 1.52（pH 3.4，20℃）。$\lg K_{ow}$ = 1.52（pH 8.0，20℃）。溶解度：水 14.63（g/L）（pH 3.4，20.1℃）；水 15.97g/L（pH 8.0，20.1℃）（来源：CLH 报告，2017 年）。

毒性 雌大鼠急性经口 LD_{50} 175mg/kg（95%置信区间，54～608mg/kg）。大鼠急性吸入 LC_{50}（4h）＞2.22mg/L（24% MBIT 制剂）。大鼠急性吸入 LC_{50}（4h）＞0.53mg/L。大鼠急性经皮 LD_{50} 200～2000mg/kg（来源：CLH 报告，2017 年）。

抗菌防霉效果 2-甲基-1,2-苯并异噻唑-3-酮（MBIT）属于异噻唑啉酮类衍生物，对细菌、酵母菌和霉菌均有活性。具体数据详见表 2-108。

表 2-108 MBIT 对常见微生物的最低抑制浓度（MIC）

微生物	MIC/(mg/L)	微生物	MIC/(mg/L)
大肠杆菌 ATCC 8739	9.1±2.3(1d)	肺炎克雷伯杆菌 ATCC 10031	7.3±0.3(1d)
肠杆菌 ATCC 33028	77.5±7.4(1d)	洋葱伯克霍尔德菌 ATCC 25416	27.1±1.6(1d)
白地霉 ATCC 12784	30.7±2.5(7d)	红酵母菌 ATCC 9449	1.8±0.2(7d)

制备 以邻氨基苯甲酸为原料，经重氮二硫代、酰氯化、氮酰化、Zincke 二硫化物分裂以及碱性条件下环合五步反应制得目标产物。

应用 2-甲基-1,2-苯并异噻唑-3-酮（MBIT）用于抗菌配方，主要用作罐内保存或储存期间产品的防腐剂，如灰泥、黏合剂、胶乳乳液、增黏剂、矿物浆料、颜料分散体、家用产品和其他水性产品。亦可用作防止微生物（细菌、真菌）生长的金属切削液防腐剂。

法规 欧盟化学品管理局（ECHA）欧盟化学品管理局（ECHA）根据指令 98/8/EC（BPD）或规则（EU）NO. 528/2012（BPR）提交了批准申请的所有活性物质/产品类型组合为 PT-6（产品在储存过程中的防腐剂）、PT-13（金属工作或切削液防腐剂）。2-甲基-1,2-苯并异噻唑-3-酮（MBIT）申请目前处于审核进行之中。

4-己基间苯二酚
(4-hexylresorcinol)

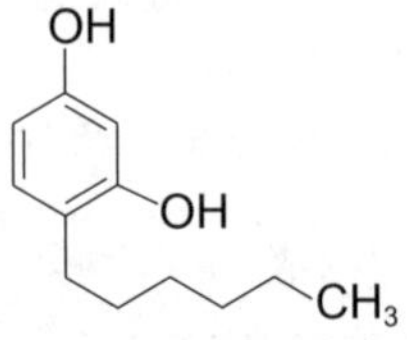

OH
OH
CH_3

$C_{12}H_{18}O_2$, 194.2, 136-77-6

EC 编码 ［205-257-4］

理化性质 白色针状结晶。熔点 65～67℃。沸点 333℃。溶解度：微溶于水；易溶于乙醇、甲醇、甘油等有机溶剂。稳定性：在空气中或遇光被氧化而变淡棕色或粉红色。

毒性 大鼠急性经口 LD_{50} 550mg/kg。

抗菌防霉效果 4-己基间苯二酚对常规微生物均有一定的抑制效果。

制备 己酸与间苯二酚缩合，经锌汞齐还原蒸馏精制而成。

应用 4-己基间苯二酚作杀菌消毒剂、抗氧化剂；亦可治疗人体内蛔虫和鞭虫感染。

实际应用参考：

甘油为载体，配制 0.1％的溶液用作皮肤消毒剂。

甲基硫菌灵 (thiophanate-methyl)

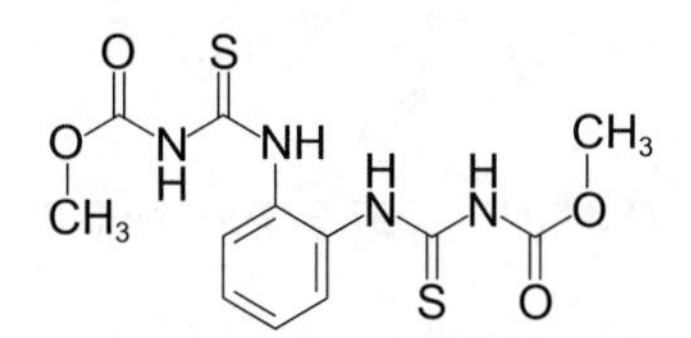

$C_{12}H_{14}N_4O_4S_2$, 342.4, 23564-05-8

其他名称 甲基托布津

化学名称 1,2-二(3-甲氧基羧基-2-硫脲基)苯

EC 编码 ［245-740-7］

理化性质 无色结晶。熔点 165℃（分解）。蒸气压（25℃）0.0095mPa。相对密度（20℃）1.45。$\lg K_{ow}$＝1.44。溶解度：水 0.0224g/L（20℃，pH 4）、0.0221g/L（20℃，pH 5）、0.0207g/L（20℃，pH 7）；丙酮 29g/L、甲醇 6g/L、乙腈 13g/L、乙酸乙酯 7.21g/L（23℃），微溶于己烷。稳定性：在室温条件下水溶液稳定，在空气中和阳光下亦稳定。室温条件下，对酸溶液较稳定，但对碱溶液不稳定，DT_{50} 24.5h（pH 9，22℃）。低于 50℃，制剂产品至少稳定两年以上。pK_a＝7.28。

毒性 大鼠急性经口 LD_{50}＞5000mg/kg。大鼠急性经皮 LD_{50}＞2000mg/L。对皮肤和眼睛无刺激性。大鼠急性吸入 LC_{50}（4h）为 1.7mg/L 空气。NOEL（2 年）大鼠 8mg/kg，小鼠 28.7mg/kg，狗 8mg/kg。动物：对大鼠进行经口给药，最后一次给药后 90min 内，有 61％药剂在尿液中、35％在粪便中排出。代谢反应涉及环化形成多菌灵。大鼠体内的主要代谢物是 5-羟基苯并咪唑-2-氨基甲酸甲酯。水生生物：虹鳟鱼 LC_{50}（96h）1.07mg/L，鲤鱼 LC_{50}（96h）＞62.9mg/L。水蚤 EC_{50}（48h）5.4mg/L。近头状伪形蹄藻 EC_{50}（72h）＞25.4mg/L。

抗菌防霉效果 多菌灵的前体。甲基硫菌灵其抑菌谱与多菌灵类似，同属苯并咪唑类杀菌剂。它主要干扰菌的有丝分裂中纺锤体的形成，从而影响细胞的分裂。其对常见的曲霉、青霉等有较好的抑制效果，对细菌防治效果一般，兼有杀螨卵的作用。实验室试验菌的抗菌情况：浓度0.5%甲基硫菌灵滤纸片抑菌圈，霉菌为25mm，细菌为28mm。

制备 氯甲酸甲酯与硫氰酸钠经硫氰化后，再与邻苯二胺缩合制得甲基托布津。

应用 甲基硫菌灵是一种广谱性内吸低毒杀菌剂，具有内吸、预防和治疗作用，最初是由日本曹达株式会社研制开发出来的。农业领域：能够有效防治多种作物的病害。工业领域：可作为纺织品、地毯、木材、竹制品及纸张等的防霉剂，用量约为0.1%～0.5%。

N-(2-甲基-1-萘基)马来酰亚胺 [*N*-(2-methyl-1-naphthyl)maleimide]

$C_{15}H_{11}NO_2$, 237.3, 70017-56-0

化学名称 1-(2-甲基萘基)-1*H*-吡咯-2,5-二酮

IUPAC名 1-(2-methylnaphthalen-1-yl)pyrrole-2,5-dione

EC编码 [274-255-3]

理化性质 白色固体。熔点163～165℃。密度1.25～1.28g/mL。溶解度（25℃）：水0.025g/L；乙醇4g/L、异丙醇2g/L、二甲基亚砜180g/L、丙酮100g/L、甲苯20g/L、四氢呋喃50g/L。

毒性 大鼠急性经口LD_{50}>7000mg/kg。大鼠急性经皮LD_{50}>7000mg/kg。水生生物：鳟鱼LC_{50} 34×10^{-9}。水蚤EC_{50} 2.6×10^{-6}。

抗菌防霉效果 *N*-(2-甲基-1-萘基）马来酰亚胺对真菌的抑制效果明显优于对细菌的抑制效果，具体详见表2-109。

表2-109 N-(2-甲基-1-萘基）马来酰亚胺对常见微生物的最低抑制浓度（MIC）

微生物	MIC/(mg/L)	微生物	MIC/(mg/L)
黑曲霉	2	大肠杆菌	100
啤酒酵母	10～25	铜绿假单胞杆菌	1000
假丝酵母	1～10	粪链球菌	500～1000
肺炎克雷伯杆菌	20	金黄色葡萄球菌	20

应用 *N*-(2-甲基-1-萘基）马来酰亚胺是能够保护织物、塑料、涂料等免受真菌和细菌侵袭的杀微生物剂（Becker& Gurnee，1979年）。

2-甲基-4,5-三亚甲基-4-异噻唑啉-3-酮(MTI)
(2-methyl-4,5-trimethylene-4-isothiazolin-3-one)

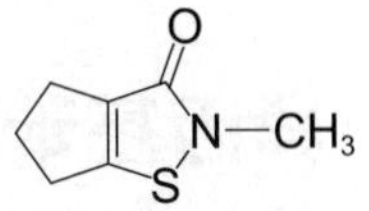

C_7H_9NOS, 155.2, 82633-79-2

其他名称 MTMIT

商品名称 Promexal X50

化学名称 5,6-二氢-2-甲基-2*H*-环戊并[*d*]异噻唑-3(4*H*)-酮

IUPAC 名 2-methyl-5,6-dihydro-4*H*-cyclopenta[*d*][1,2]thiazol-3-one

EC 编码 [407-630-9]

理化性质 无色至淡褐色固体，无味。熔点 121～123℃。蒸气压（25℃）3×10^{-6} Pa。相对密度（20℃）1.51。$\lg K_{ow}=0.6$。溶解度：水＞20%（质量分数）（来源：NICNAS，1996 年）。

商品有效含量 5%水溶液，外观呈浅绿色液体。沸点（101kPa）：接近 100℃。密度（25℃）1.02g/mL。蒸气压（25℃）0.0017hPa。黏度（25℃）约 1.1mPa·s。pH 4～6。溶解度：水可稀释。稳定性：该溶液在正常储存条件下稳定；有效成分在 216℃开始分解；在 pH 值通过氨调节至 9 的水溶液（Eacott，1991 年）中相对稳定。CMIT 稳定性优异，但比 BIT 稳定性要差。

毒性 大鼠急性经口 LD_{50} 168～224mg/kg。大鼠急性经皮 LD_{50}＞1000mg/kg。短期测试表明，MTI 不太可能对人造成致癌危害。MTI 对皮肤黏膜有刺激性，可引起严重眼刺激。虹鳟 LC_{50}（96 h，半静态）0.97 mg/L。水蚤 EC_{50}（48 h）1.2mg/L。绿藻 EbC_{50}（96h）0.28mg/L（来源：AVECIA）。

抗菌防霉效果 2-甲基-4,5-三亚甲基-4-异噻唑啉-3-酮(MTI）对大多数微生物具有优异的抑制效果，其对部分微生物的最低抑制浓度见表 2-110。

表 2-110 MTI 对常见微生物的最低抑制浓度（MIC）

微生物	MIC/(mg/L)	微生物	MIC/(mg/L)
嗜水气单胞菌	5	铜绿假单胞杆菌	20
肺炎克雷伯杆菌	10	黏质沙雷氏菌	10
黏质沙雷氏菌	10	奇异变形杆菌	40
雷特格氏变形杆菌	40	粪肠球菌	5
假丝酵母	10	甲醇酵母	5
链格孢	40	黑曲霉	40
绳状青霉	20		

（来源：AVECIA）

制备 由原料 *N*-甲基-2-氧代环戊烷甲酰胺等制备而得。

应用 2-甲基-4,5-三亚甲基-4-异噻唑啉-3-酮（MTI）是广谱高效杀菌剂。适用于水性涂料、聚合物乳液等罐内保护。一般建议添加量（50～100）$\times 10^{-6}$（占5%制剂的0.1%～0.2%）。

3-甲基-4-异丙基苯酚(IPMP) (3-methyl-4-propan-2-ylphenol)

$C_{10}H_{14}O$, 150.2, 3228-02-2

其他名称 IPMP、4-异丙基-3-甲酚、邻伞花烃-5-醇、*o*-cymen-5-ol

IUPAC 名 3-methyl-4-propan-2-ylphenol

EC 编码 [221-761-7]

理化性质 白色针状晶体，独特气味。沸点（101kPa）245℃。熔点 111～114℃。pK_a=10.31。溶解度：水 0.3～0.7g/L；易溶于有机溶剂。稳定性：具有挥发性。

毒性 小鼠皮下注射 LD_{50} 184mg/kg。小鼠急性经口 LD_{50} 6280mg/kg（来源：Pubchem）。

抗菌防霉效果 3-甲基-4-异丙基苯酚（IPMP）抗菌活性涵盖细菌、霉菌和酵母菌，具体数据详见表 2-111。

表 2-111 3-甲基-4-异丙基苯酚（IPMP）对常见微生物的最低抑制浓度（MIC）

微生物	MIC/(mg/L)	微生物	MIC/(mg/L)
枯草芽孢杆菌	200	大肠杆菌	750
铜绿假单胞杆菌	1000	荧光假单胞杆菌	300
金黄色葡萄球菌	200	黑曲霉	200
链格孢	200	出芽短梗霉	200
球毛壳菌	100	粉孢革菌	50
青霉	500	彩云革盖菌	200
绿色木霉	500		

制备 3-甲基-4-异丙基苯酚（IPMP）由间甲酚和氯代异丙烷溶于三氯乙烯制备而来。

应用　3-甲基-4-异丙基苯酚（IPMP）用于化妆品行业，用作膏霜类化妆品的防腐、杀菌剂。注意：最佳 pH 值应用范围 4～9。

实际应用参考：

专利 CN105400048 A：一种具有抗菌性的塑料，其特征在于，包括下列质量份的组分：ABS 树脂 30～50 份，聚乙烯 70～100 份，滑石粉 15～20 份，偶联剂 0.5～1.0 份，3-甲基-4-异丙基苯酚 1～3 份。

法规　我国 2015 年版《化妆品安全技术规范》规定：3-甲基-4-异丙基苯酚（IPMP）在化妆品中使用时的最大允许浓度为 0.1%。

聚甲氧基双环噁唑烷 (polymethoxy bicyclic oxazolidine)

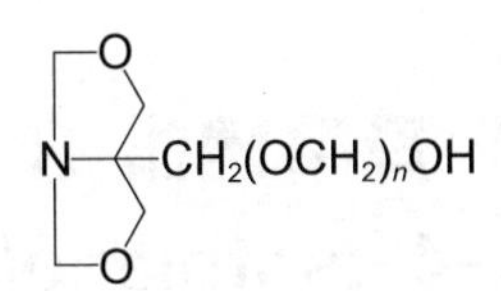

$C_7H_{13}NO_4$(n=1), 175.2(n=1), 56709-13-8

其他名称　聚亚甲氧基双环噁唑烷、双环噁唑烷、二环-1,3-氧氮杂环戊烷

商品名称　Nuosept C

化学名称　5-聚亚甲基-1-氮杂-3,7-二氧双环［3.3.0］辛烷的低聚物

理化性质　商品为 50%活性水溶液（总醛含量约 24%），呈透明淡黄色液体。沸点（101kPa）100℃，蒸气压（20℃）23hPa，密度（20℃）1.14g/mL，折射率（n_D，25℃）1.404～1.412，闪点 60℃，pH 值为（20℃）6.0～7.5。溶解度：完全溶于水，易溶于极性有机溶剂。稳定性：加热至 100℃分解，酸性介质不稳定，释放甲醛。

制剂的组成：

24.5%　5-羟甲氧基甲基-1-氮杂-3,7-二氧杂双环［3.3.0］辛烷

17.7%　5-羟甲基-1-氮杂-3,7-二氧杂双环［3.3.0］辛烷

7.8%　5-羟基聚(亚甲氧基)甲基-1-氮杂-3,7-二氧杂双环［3.3.0］辛烷

毒性　大鼠急性经口 LD_{50} 2974mg/kg。兔急性经皮 LD_{50}>2000mg/kg。大鼠吸入 LC_{50}（4h）1.8～4.0mg/L（来源：DEGUSSA）。

抗菌防霉效果　聚甲氧基双环噁唑烷活性基于甲醛的释放，对细菌抑制效果明显，对霉菌抑制效果较差。具体数据详见表 2-112。

表 2-112 聚甲氧基双环噁唑烷对常见微生物的最低抑制浓度（MIC）

微生物	MIC/(mg/L)	微生物	MIC/(mg/L)
铜绿假单胞杆菌	150	白色念珠菌	1800
大肠杆菌	200	酿酒酵母	300
普通变形杆菌	200	黑曲霉	500
枯草芽孢杆菌	150	米曲霉	500
金黄色葡萄球菌	150	出芽短梗霉	250

（来源：DEGUSSA）

应用 聚甲氧基二烷噁唑烷主要作为化妆品防腐剂，与对羟基苯甲酸酯类结合使用效果更佳；亦用于乳胶漆、乳液、颜料分散体、颜料浆、油墨、腻子、弹性体、金属切割液、纺织纤维成品处理剂、纸张涂料和油田钻探注射液等。最佳使用 pH 值范围为 5～9。

2-甲基-4-异噻唑啉-3-酮(MIT)
(2-methyl-4-isothiazolin-3-one)

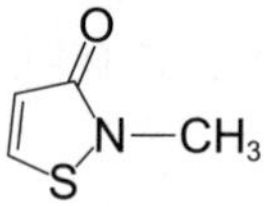

C_4H_5NOS, 115.2, 2682-20-4

其他名称 甲基异噻唑啉酮

商品名称 Neolone™ 950、KORDEK™ LX500、万立净 IV-525

化学名称 2-甲基-4-异噻唑啉-3-酮

IUPAC 名 2-methylisothiazol-3(2*H*)-one

INCI 名称 methylisothiazolinone

EC 编码 [220-239-6]

理化性质 纯品含量约 100%，外观为无色、极易吸湿的晶体。沸点（0.04hPa）93℃。熔点 50～51℃。蒸气压 5.85×10^{-5}hPa。商品含量 50%，外观呈无色至浅黄色液体，具有温和的气味。沸点（101kPa）100℃。密度（20℃）1.2g/mL。蒸气压（20℃）0.083hPa。pH 值为 4～5。溶解度：无限溶于水。稳定性：光照稳定。pH 2～10 稳定。耐温高达 80℃。水解（半衰期）：>720h（pH 5，pH 7，pH 9）。光解（半衰期）：266h（pH 7）。

毒性 雄大鼠急性经口 LD_{50} 235mg/kg（体重）。雌大鼠急性经口 LD_{50} 120mg/kg

（体重）。大鼠急性经皮 LD_{50} 242mg/kg（体重）。大鼠急性吸入 LC_{50}（4h）0.11mg/L（空气）（来源：DOW）。

抗菌防霉效果　2-甲基-4-异噻唑啉-3-酮（MIT）对大多数细菌、霉菌和酵母菌抑杀效果良好，尤其对细菌抑制能力明显优于对真菌。而 MIT 和 BIT 复配制剂对细菌抑制能力比单一制剂 MIT 或 BIT 更强。具体详见表 2-113。

表 2-113　MIT、BIT 等对常规微生物的最小抑制浓度

测试菌株	MIC/(mg/L)		
	MIT	BIT	MIT/BIT(1∶1)
大肠杆菌	17.5	25	10
克雷白氏杆菌	20	25	15
普通变形杆菌	25	20	10
铜绿假单胞杆菌	30	150	20
恶臭假单胞杆菌	12.5	60	10
施氏假单胞菌	12.5	20	10
黑曲霉	750	100	50
宛氏拟青霉	100	40	20
绳状青霉菌	200	40	20
酿酒酵母	150	15	10

（来源：THOR）

制备　MIT 由 3,3′-二硫代二丙酰甲胺原料制备而来。

应用　MIT 属于广谱型杀菌防腐剂，在低浓度下能有效杀灭多种细菌，特别适用于化妆品和个人护理品制剂的保存；除此之外，广泛用于工业冷却水、造纸行业、涂料、乳液、胶黏剂、颜料分散液等水性领域杀菌防腐。

注意：欧盟 SCCS 根据临床资料认为，化妆品中甲基异噻唑啉酮含量为 0.01%对消费者并不安全，对于驻留类化妆品（包括湿巾）目前没有关于造成诱导性过敏（induction of contact allergy）或激发性过敏（elicitation of contact allergy）的阈值浓度，同时 SCCS 认为甲基异噻唑啉酮对于淋洗类化妆品，0.0015%的浓度是安全的（SCCNFP/0625/02；2003 年 3 月 18 日）。

另外，欧盟于 2016 年 4 月 5 日通过禁用规定，禁止驻留类化妆品使用甲基异噻唑啉酮（MIT），该规定于 2017 年初执行。更为重要的是 2016 年 4 月 1 日，欧盟委员会开始征求关于甲基异噻唑啉酮在淋洗类化妆品中限值的公众意见。如果该意见通过，甲基异噻唑啉酮（MIT）只能用于冲洗类产品，限量值修订为 0.0015%。

实际应用参考：

① 陆书来等报道，以线性低密度聚乙烯/低密度聚乙烯（LLDPE/LDPE）（3∶1）为基材，添加具有抗菌功能的MIT分子，制备了厚度为0.016～0.017mm、浓度为0.30%（质量分数）的MIT抗菌聚乙烯（PE）保鲜膜。结果表明：MIT抗菌聚乙烯保鲜膜和空白对照保鲜膜对油菜包装储藏12d，发现MIT保鲜膜包装的油菜黄化率和腐烂率明显比空白对照保鲜膜包装的油菜黄化率（13.2%）和腐烂率（1.36%）低，0.30% MIT保鲜膜的黄化率（7.3%）和腐烂率（0.56%）分别比空白对照显著降低44.70%和58.82%。

② MIT+BIT是个经典的组合，是不含CIT、AOX的协同增效型杀菌剂，特别适用于对甲醛敏感的水性产品的湿态防腐。对引起水性产品污染和降解的细菌、霉菌和酵母菌有非常广谱的杀菌活性。可用于保护乳胶漆、聚合物乳液、黏合剂、瓷釉、填充剂、密封胶等水性产品在湿态时免受有害微生物污染，尤其适合pH值较高及环保配方的产品，适用pH=2～10，温度<80℃。比如ACTICIDE® MBS（2.5% BIT+2.5% MIT）。为了更好满足市场的需求，万厚推出新型罐内防腐剂万立净LV-5608（5.0% BIT+5.0% MIT）。

法规

① 根据我国2015年版《化妆品安全技术规范》规定：甲基异噻唑啉酮（MIT）在化妆品中使用时的最大允许浓度为0.01%。

② 欧盟化学品管理局（ECHA）：

根据欧盟BPR法规，甲基异噻唑啉酮MIT还可用作几种产品类别的杀生物剂：产品类型PT-6（产品在储存过程中的防腐剂）和PT-12（杀黏菌剂）（目前申请处于审核之中）；产品类型PT-11（液体制冷和加工系统防腐剂）[Reg（EU）2017/1278：批准日期2019年1月1日，批准期满2029年1月1日]；产品类型PT-13（金属工作或切削液防腐剂）[（EU）2015/1726：批准日期2016年10月1日，批准期满2026年10月1日]。

③ GB/T 35602—2017《绿色产品评价 涂料》规定：甲基异噻唑啉酮（MIT）在涂料领域不得>200×10^{-6}。实施日期为2018年7月1日。

④ 2017年7月6日，欧盟委员会发布公告（EU）2017/1224，对化妆品法规EC1223/2009附录V进行修订，再次降低了Methylisothiazolinone（甲基异噻唑啉酮）的使用限量，该防腐剂由10^{-4}降至1.5×10^{-5}，适用产品类型为淋洗类化妆品产品。

这次下调是基于2016年法规调整后的再次限量调整，依然是基于该物质的强致敏性，根据SCCS在2015年12月的最新评估结论，认为其限量为0.0015%时在淋洗类产品中的使用是安全的。

自2018年1月27日起，不符合新规的化妆品不得在欧盟上市。自2017年4月27日起，不符合新法规的化妆品将不得在欧盟销售。

腈菌唑
(myclobutanil)

$C_{15}H_{17}ClN_4$, 288.8, 88671-89-0

化学名称　2-(4-氯苯基)2-(1*H*-1,2,4-三唑-1-甲基)己腈

IUPAC 名　2-(4-chlorophenyl)-2-(1,2,4-triazol-1-ylmethyl)hexanenitrile

EC 编码　[410-400-0]

理化性质　纯品为白色无味结晶固体（原药为淡黄色固体）。熔点 70.9℃（原药）。沸点（97.6kPa）390.8℃。蒸气压（20℃）1.98×10^{-1}mPa。$\lg K_{ow}=2.94$（pH 7～8，25℃）。溶解度：水 124（pH 4）mg/L、水 132（pH 7）mg/L、水 115（pH 9～11）mg/L（25℃）；丙酮、乙酸乙酯、甲醇、1,2-二氯乙烷＞250g/L，二甲苯 270g/L，正庚烷 1.02g/L（20℃）。稳定性：在 25℃、pH 值 4～9 的水中稳定。对光解稳定。

毒性　急性经口 LD_{50}：雄大鼠 1600mg/kg，雌大鼠 1800mg/kg。兔急性经皮 LD_{50}＞5000mg/kg。对兔皮肤无刺激作用，对兔眼睛有刺激作用，对豚鼠皮肤无致敏性。大鼠吸入 LC_{50} 5.1mg/L。动物：在奶牛和母鸡中，腈菌唑通过氧化、侧链非芳族羟基化形成醇，醇进一步形成酮和羧酸，环化形成内酯或与硫酸缀合等途径代谢。水生生物：虹鳟鱼 LC_{50}（96h）2.0mg/L。蓝鳃翻车鱼 LC_{50}（96h）4.4mg/L。水蚤 LC_{50}（48h）17mg/L。近具刺链带藻 EC_{50}（96h）0.91mg/L。

抗菌防霉效果　腈菌唑主要对病原菌的麦角甾醇的生物合成起抑制作用，用于多种作物防治子囊菌、半知菌和担子菌病害。腈菌唑对一些微生物的最低抑制浓度见表 2-114。

表 2-114　腈菌唑对一些微生物的最低抑制浓度（MIC）

微生物	MIC/(mg/L)	微生物	MIC/(mg/L)
黑曲霉	20	橘青霉	10
黄曲霉	150	宛氏拟青霉	150
变色曲霉	5	链格孢霉	40
球毛壳霉	40	啤酒酵母	600
蜡叶芽枝霉	120		

制备 将2-丁基-2-溴甲基-2-(4-氯苯基)乙腈、二甲基亚砜、1,2,4-三唑钾盐混合物，在氮气保护下，于75～80℃反应3h，然后升温至90℃再反应8h。反应物经后处理得腈菌唑，含量为98%，收率为46%。据文献报道，此步反应收率可达76.23%，含量93%。

应用 腈菌唑作为杀菌剂，可用于竹木制品的防霉；也可用于其他工业领域的防霉；亦为农用杀菌剂。

2-甲-4-氯丙酸 (mecoprop)

$C_{10}H_{11}ClO_3$, 214.6, 93-65-2

其他名称 CMPP

化学名称 (*RS*)-2-(4-氯邻甲苯氧基)丙酸

IUPAC名 (*RS*)-2-(4-chloro-*o*-tolyloxy)propanoic acid

EC编码 [202-264-4]

理化性质 2-(4-氯邻甲苯氧基)丙酸异构体化合物。无色晶体。沸点298℃。熔点94.5℃。蒸气压（20℃）2.33×10^{-6} mmHg。$\lg K_{ow}=2.94$。溶解度（20℃）：水880mg/L（25℃）；丙酮、乙醚、乙醇>1000g/kg，乙酸乙酯825g/kg。稳定性：对热、水解、还原和大气氧化稳定。2-甲-4-氯丙酸是酸，可形成盐：2-甲-4-氯丙酸钾或-2-甲-4氯丙酸钠。

毒性 小鼠急性经口LD_{50} 369mg/kg。兔急性经皮LD_{50} 900ng/kg。大鼠腹腔注射LD_{50} 402mg/kg。大鼠急性经口LD_{50} 650mg/kg。动物：哺乳动物经口摄入后，2-甲-4氯丙酸以未变化的轭合物形式主要通过尿液排出。

抗菌防霉效果 合成生长素（作用类似吲哚乙酸），通过叶子吸收，然后传输到根部。

制备 由4-氯-2-甲基苯酚钠和2-溴丙酸乙酯等原料制备而得。

应用 除藻剂，屋顶防护。

聚六亚甲基单胍磷酸盐(PHMG)(polyhexamethyleneguanidine phosphate)

$$\left[(CH_2)_6 - \overset{H}{N} - \underset{\underset{NH}{\|}}{C} - \overset{H}{N} \right]_m (H_3PO_4)_n \quad m/n = 1\sim2$$

$(C_7H_{15}N_3)_m(H_3PO_4)_n$ $m/n = 1\sim2$

其他名称 PHMG phosphate

商品名称 SKYBIO 1100、SkyBio 1125、Scunder® BDis25P

化学名称 聚六亚甲基单胍磷酸盐

IUPAC 名 poly（iminocarbonimidoylimino-1,6-hexanediyl）phosphate

CAS 登录号 ［89697-78-9］

理化性质 纯品为白色粉末，无味。降解温度 250℃。堆积密度 0.68～0.76g/cm^3。黏度（25℃，25%水溶液）1.31cP（1cP＝10^{-3}Pa·s,余同）。pH 值（25℃，1%水溶液）6.5～8.0，酸碱值稳定范围 1～10。溶解度（25℃）：水＜30%，甲醇＜0.002%，乙醇＜0.002%，50%乙醇＜3%，甘油＜0.002%。

市售商品固含量 25%，外观呈无色至淡黄色透明液体。pH 值为（20℃）6.5～8.0。沸点 102～103℃。相对密度（20℃）1.050～1.060。溶解度：易溶于水（来源：山的）。

毒性 大鼠急性经口 LD_{50} 610mg/kg。急性经皮 LD_{50}＞2000mg/kg。对眼睛刺激一般。对皮肤无刺激（来源：SK）。

抗菌防霉效果 聚六亚甲基单胍磷酸盐（PHMG）对大肠杆菌、金黄色葡萄球菌、白色念珠菌、淋球菌、沙门氏菌、铜绿假单胞杆菌、李斯特菌、痢疾杆菌、黑曲霉菌、布鲁氏杆菌、副溶血弧菌、溶藻弧菌、鳗弧菌、嗜水气单胞菌及硫酸盐还原菌、铁细菌、腐生菌具有完全杀灭作用，并且有长期抑菌作用，能有效防止细菌二次污染。聚六亚甲基单胍磷酸盐对一些微生物的最低抑制浓度见表 2-115。

表 2-115 聚六亚甲基单胍磷酸盐（PHMG）对一些微生物的最低抑制浓度（MIC）

微生物	MIC/(mg/L)	微生物	MIC/(mg/L)
白色念珠菌	8	芽孢杆菌	8
红酵母	16	大肠杆菌	4
新型隐球酵母	16	伤寒沙门氏菌	4
啤酒酵母	8	铜绿假单胞杆菌	8
镰孢霉	16	变形杆菌	16
红癣菌	8	金黄色葡萄球菌	8
枝孢霉	4	衣原菌	8
黑曲霉	32	白硫丝菌	8

应用 聚六亚甲基单胍磷酸盐PHMG广泛应用于医疗卫生、日用化学品、纺织整理剂、造纸、石油开采、农业、养殖及粉体，可用于PE、PP、PVC、ABS、PU等塑料和涂料中，具有广谱杀菌抗菌防霉效果。建议添加量0.2%～0.5%。

实际应用参考：

① 专利CN 103059405 B：本发明公开了一种抗菌聚丙烯塑料，包括下述质量份的组分：聚丙烯100份，复合抗菌剂0.3～0.5份。所述复合抗菌剂，由下述组分按质量份组成：柏木油2～6份、壳聚糖4～8份、纳米二氧化钛10～20份、纳米沸石15～25份、聚六亚甲基胍磷酸盐30～50份、*N*-(三氯甲硫基)邻苯二甲酰亚胺2～4份。本发明的抗菌聚丙烯塑料具有强效抑制细菌、杀灭细菌和防霉的效果，可以用注塑工艺轻易加工成各种形状的零件，可用于制成汽车密封件、各种操作手柄和拉手等。

② 美国SK Chemical公司开发了商品名为SkyBil 1125、质量分数≥25%的单胍类抗菌剂，适合纺织品的抗菌整理，其活性物为PHMG，大鼠急性经口LD_{50} 857mg/kg，急性经皮LD_{50}＞2000mg/kg，对皮肤无刺激反应，对微生物有广谱抑制性。

聚六亚甲基单胍盐酸盐(PHGC)
(polyhexamethyleneguanidine hydrochloride)

$$\left[(CH_2)_6-\overset{H}{N}-\overset{NH}{\overset{\|}{C}}-\overset{H}{N} \right]_m \cdot nHCl$$

$(C_7H_{15}N_3)_m \cdot (HCl)_n$, 1000~3000, 57028-96-3

其他名称 PHGC、PHMG

商品名称 Scunder® BDis25C-P

化学名称 聚六亚甲基单胍盐酸盐

理化性质 纯品是一种白色无定形粉末或树脂状聚合物，残留己二胺及其盐无检出。市售商品固含量25%，外观呈无色至浅黄色透明液体。pH值为（20℃）5.0～7.0。沸点102～103℃。相对密度（20℃）1.045～1.055。溶解度：易溶于水（来源：山的）。

毒性 聚六亚甲基胍盐酸盐是高分子聚合物，所以不易被动物体内组织吸收。因此随聚合度的提高，大大降低了毒性，使其对高等生物的细胞基本无影响。毒理学试验表明，该药剂的小鼠急性经口LD_{50}，雌、雄小鼠均大于10000mg/kg体重；皮肤刺激试验，对家兔皮肤刺激指数为0，刺激强度级别为无刺激性；皮肤变态反应试验，对豚鼠的皮肤致敏强度属极轻；对小鼠骨髓嗜一多染红细胞无致微核作用。

抗菌防霉效果 据俄罗斯防疫检测部门报道，聚六亚甲基胍盐酸盐的杀菌机理可解释为聚六亚甲基胍盐酸盐中的胍基有很高的活性，使聚合物成正电性，故很容易被通常呈负电性的各类细菌、病毒吸附，从而抑制细菌病毒的分裂功能，使细菌病毒丧失生殖能力，加上聚合物形成的薄膜堵塞了微生物的呼吸通道，使微生物迅速窒息而死。同时由于聚六亚甲基胍盐酸盐是聚合物结构，能使胍基的有效活性得以提高，所以聚六亚甲基胍盐酸盐的杀菌效力大大高于其他分子量较低的胍类化合物（如洗必泰）。PHGC 对大肠杆菌、金黄色葡萄球菌和白色念珠菌的灭杀效果如表 2-116 所示。

表 2-116 聚六亚甲基胍盐酸盐对大肠杆菌、金黄色葡萄球菌和白色念珠菌的灭杀效果

微生物	作用不同时间的灭菌率/%			
	1min	2min	5min	10min
大肠杆菌	99.98	100	100	100
金黄色葡萄球菌	99.99	100	100	100
白色念珠菌	99.99	100	100	100

注：在（22±1）℃条件下测试，试验重复 3 次，大肠杆菌、金黄色葡萄球菌、白色念珠菌阳性对照菌落分别为 6.53×10^5 cfu/mL（5.40×10^5～7.74×10^5 cfu/mL）、6.85×10^5 cfu/mL（6.58×10^5～7.20×10 cfu/mL）、7.80×10^5 cfu/mL（6.56×10^5～9.02×10^5 cfu/mL）；阴性对照无生长菌。

由表 2-116 可知，聚六亚甲基胍盐酸盐（PHGC）具有很好的抗菌性，对大肠杆菌、金黄色葡萄球菌和白色念珠菌作用 1min，灭杀率可以达到 99.98%以上。

实验证明，PHGC 对葡萄糖球菌、沙门氏菌、埃希氏菌等有很好的抑制作用。并测定出聚六亚甲基胍盐酸盐浓度为 0.001%～0.1%，作用时间为 5～10min，杀菌能力非常好。并且实验证明，聚六亚甲基胍盐酸盐对不锈钢、铜、碳钢等金属腐蚀弱，低毒，对皮肤无刺激过敏现象，具有广谱杀菌效果、稳定性高等特点。

制备 大多由盐酸胍与己二胺的缩聚反应得到。

应用 PHGC 是 20 世纪 90 年代国际上开始开发的，具有更高杀菌效力的一类消毒剂。

PHGC 广泛应用于饮料及食品加工行业，饮用水和游泳池，湖水、水塘、冷却塔、喷泉等的杀菌除藻，也可用于石油开采和养殖场消毒以及可用于纺织业、造纸业、木材加工业、橡胶工业、农业等方面杀菌除藻；还可以作为污水处理的絮凝剂。

实际应用参考：

(1) 将聚六亚甲基胍分别与相应的阴离子、非离子、阳离子表面活性剂及其对应的活性清洁成分按一定的比例混合溶于溶剂中制成清洁消毒剂，改良了防腐蚀性能，增加了抗细菌与真菌活性，可用于医学、食品工业及家庭中各种表面的清洁。比如：聚六亚甲基胍盐酸盐（7.0%～9.0%）、烷基二苯胺氯化物（9.0%～11.0%）、椰子油脂肪酸二乙醇酯（1.0%）、乙醇（18.0%～22.0%）、氯化铵（5.0%）、柠檬酸（12.0%）溶于水得到一种低成本的清洁剂，可用于医疗物品、消毒洗涤设备、餐具、亚麻制品等的消毒清洗。

(2) 聚六亚甲基胍盐与己二胺四乙酸钠盐以（1∶0.1）～(1∶2) 的比例混合组成的抗微生物化合物，显示了协同杀微生物效应，不会引起金属的腐蚀，能够抑制形变，且对人体毒性很小，因此可对供水管、排水管或供暖管道进行杀菌。

(3) 含有聚六亚甲基胍作为杀菌剂与抗真菌剂的鞋垫和足底黏合剂可以预防脚部霉菌病，降低致病性真菌在皮肤样品中存在的概率，使用含有合适的足底黏合剂的抗菌鞋垫并不会导致皮肤微生物群落的改变。

(4) 聚六亚甲基胍作为抗真菌物质在文物保存中使用，可防止印刷品及手稿的生物腐蚀。

(5) 含有硅酸盐水泥、沙、水和聚六亚甲基胍的水泥砂浆可以安全有效地防止由真菌和微生物引起的生物腐蚀，聚六亚甲基胍盐的用量仅为水泥重量的 0.01%～2%。

(6) 用聚六亚甲基胍盐作为抗菌剂处理纸张表面，可在不改变纸张原有的物理特性的情况下得到非永久性抗菌纸，聚六亚甲基胍盐的用量仅为 0.01%～2.0%。

(7) 张家佳等报道：利用氢键结合原理将聚六亚甲基盐酸胍（PHMG）与碱性白土结合制得抗菌胍土，并将其应用于淀粉/PVA 复合薄膜中。采用 XRD、热重分析仪等研究了胍土的结构和性能。结果表明：PHMG 裹覆在碱性白土表面上并有部分插入碱性白土层间，胍土具有良好的热稳定性，可以满足淀粉/PVA 薄膜加工制备条件需要。胍土对大肠杆菌的杀菌率可达 99%，说明胍土具有良好的抗菌、杀菌性能。胍土作为填充材料加入到淀粉/PVA 薄膜中，最佳添加量为 2%，所得复合膜的抗拉强度增加 60%，断裂伸长率增加 29%，并具有明显的抑菌圈。

聚六亚甲基双胍盐酸盐(PHMB)
(polyhexamethylene biguanide)

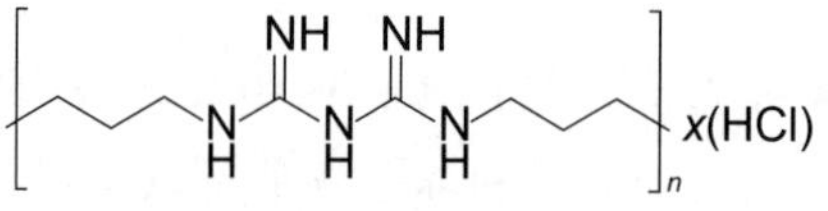

$(C_8H_{17}N_5)_n \cdot x\mathrm{HCl}$，$n$=12~16

其他名称 聚己缩胍、聚氨丙基双胍（PAPB）

商品名称 Reputex 20、vantocil IB、Cosmocil CQ、万立净 F-831+

IUPAC 名 poly（iminoimidocarbonyl）iminohexamethylene hydrochloride

INCI 名称 polyaminopropyl biguanide（PAPB）

CAS 登录号 [32289-58-0]（美国）/ [27083-27-8]（欧洲）/ [133029-32-0]（INCI）

EC 编码 [608-723-9] / [608-042-7]

理化性质 纯品为白色粉末。pH 值为（1%水溶液）6.5～8.5。溶解度：易溶于水。稳定性：pH 4～10 之间稳定。与非离子表面活性剂、乙二醇、乙二醇酯、EDTA 或强酸相溶。但与阴离子表面活性剂、强碱、磷酸盐和强氧化物相溶有限。

市售商品大多数聚合度在12～16，固含量20%的水溶液系半透明无色到淡黄色液体。pH 4.0～6.0。沸点102～103℃。密度（20℃）1.040～1.045g/mL。吸光度237nm：最小为400，吸光率比（237nm/222 nm）1.2～1.6。溶解度：易溶于水。稳定性：阳离子；阴离子体系慎用。活性成分对热稳定。不挥发。高浓度对铜等金属有一定腐蚀。

毒性 大鼠急性经口LD_{50} 4000mg/kg。在21d对老鼠皮肤毒性试验中，处理量为250mg/kg时未发现有刺激反应。水生生物：虹鳟鱼LC_{50}（96h）＜1mg/L。蓝腮翻车鱼LC_{50}（96h）0.65～0.9mg/L。水蚤EC_{50}（48h）0.18～0.45mg/L。

抗菌防霉效果 刘心建报道，胍类化合物的杀菌机理主要包括：①胍基具有较高的活性，聚合物成正电性。由于各类细菌、病毒一般呈负电性，所以胍盐很容易被吸附，进而使细菌、病毒无法分裂繁殖，丧失活性；②使细胞膜结构塌陷，形成跨膜气孔，细胞膜破裂，破坏微生物体能量代谢，使细菌病毒丧失活性；③聚合物能形成一层薄膜，封闭微生物的呼吸通道，使其窒息。

聚六亚甲基双胍盐酸盐对革兰氏阳性菌、革兰氏阴性菌、真菌和酵母菌等均有杀伤能力；与聚六亚甲基单胍比较，聚六亚甲基双胍对谷草杆菌、啤酒酵母和黑曲霉的抑菌效果优于聚六亚甲基单胍。

聚六亚甲基双胍盐酸盐也和双氯苯双胍己烷一样，低浓度下对革兰氏阳性、阴性菌都有很强的抗菌作用，但对霉菌效果欠佳。表2-117、表2-118显示了它对一些主要的细菌、酵母菌、霉菌的杀菌作用，还发现它对很多的芽孢具有杀菌效果。这一点与双氯苯己烷有所不同。

表2-117 聚六亚甲基双胍盐酸盐的杀菌作用

微生物	杀菌条件	
	浓度/%	时间/min
枯草芽孢杆菌芽孢	0.05	＞1
金黄色葡萄球菌	0.025	＞1
同型腐酒乳杆菌4株	0.002～0.008	＞10
铜绿假单胞杆菌	0.2	＞3
大肠杆菌	0.2	＞1
酿酒酵母	1.0	＞3
黑曲酶	2.0	＞60
枯草芽孢杆菌芽孢	0.04	＞2.5
蜡状芽孢杆菌芽孢	0.08	＞60
巨大芽孢杆菌	0.04	＞2.5
地衣芽孢杆菌芽孢	0.04	30

续表

微生物	杀菌条件	
	浓度/%	时间/min
坚强芽孢杆菌芽孢	0.08	20
多黏芽孢杆菌芽孢	0.08	>60
环状芽孢杆菌芽孢	0.04	30
短小芽孢杆菌芽孢	0.08	20
凝固芽孢杆菌芽孢	0.08	20

表 2-118 20% PHMB 对常见微生物的最低抑制浓度（MIC）

微生物	MIC/(mg/L)	微生物	MIC/(mg/L)
芽孢杆菌	5	阴沟肠杆菌	20
大肠杆菌 0157:H	5	嗜肺军团菌	200
普通变形杆菌	200	铜绿假单胞杆菌	100
恶臭假单胞杆菌	25	沙门氏霍乱弧菌	55
鼠伤寒沙门氏菌	8	金黄色葡萄球菌	1
粪链球菌	25	乳酸链球菌	25
黑曲霉	750	白色念珠菌	300
酿酒酵母	100		

（来源：AVECIA）

制备 聚六亚甲基双胍盐酸盐一般由己二胺与二氰胺的盐反应制得六亚甲基二胺的二氰胺盐，再用己二胺和36%的盐酸处理制得。

应用 聚六亚甲基双胍盐酸盐（PHMB）是一种广谱抗菌剂，对革兰氏阳性菌、革兰氏阴性菌、真菌和酵母菌等均有杀灭作用。一直以来，PHMB在医药方面广泛用于杀菌防腐。作为医药产品，用于隐形眼镜、滴眼液、和外科手术的消毒。由于眼睛对PHMB的耐受性较强，可以作为治疗棘阿米巴角膜炎、预防和治疗其他眼病的药剂，同时PHMB还广泛应用于化妆品、个人护理产品、纺织品、食品工业、畜牧业以及游泳池等领域的杀菌消毒灭藻。

实际应用参考：

① 聚六亚甲基双胍复方消毒剂是一种新型的消毒剂，主要成分为盐酸聚六亚甲基双胍、双癸基二甲基氯化铵。在悬液定量杀菌试验中，聚六亚甲基双胍复方消毒剂含500mg/L盐酸聚六亚甲基双胍的稀释液，作用1min对大肠杆菌、铜绿假单胞杆菌的杀灭对数值均达5.00以上；对白色念珠菌的杀灭对数值大于4.00。试验结果表明：聚六亚甲基双胍复方消毒剂对金黄色葡萄球菌、铜绿假单胞杆菌、大肠杆菌、白色念珠菌均有良好杀菌作用。

聚六亚甲基双胍盐酸盐本身作为消毒剂，一般使用浓度见表2-119。

表 2-119　聚六亚甲基双胍盐酸盐的使用浓度

应用	药剂质量分数/%	应用	药剂质量分数/%
固体表面的消毒	0.1～0.2	空调,发酵设备	0.3～0.5
医院,食品加工厂,屠宰场,养鸡场,水处理用具	0.01～0.1	牛奶场,啤酒厂,罐头厂	0.4～0.7 0.005～0.01

② 20 世纪 80 年代，ICI 公司将双胍结构（聚六亚甲基双胍盐酸盐，PHMB）开发为纺织品用抗菌剂 Reputex 20，经水洗 25～50 次后对细菌、酵母菌仍有广谱抗菌性。它通过缓释作用得到的双胍功能基，能吸附细菌，使其分裂致死。与传统季铵盐不同，PHMB 的安全性已被人们广泛接受，许多学者都对其生物无毒性进行过证实。孔令杰等报道，聚六亚甲基双胍盐酸盐具有良好的化学活性，所带正电荷与羊毛纤维中基团发生静电吸附，并在羊毛表面成膜、内部沉积，借助交联剂的辅助可形成 PHMB-交联剂-羊毛体系，抗菌耐久性能更为优秀，还可改善羊毛纤维的部分物理性能。赵雪等人就以 PHMB 为抗菌整理剂、柠檬酸为交联剂，将表面钝化后的羊毛织物浸轧在抗菌剂和交联剂的混合溶液中，并在 120℃焙烘制备抗菌羊毛织物，整理后织物具有良好的抗菌效果，且折皱回复角和白度增加，断裂强力影响不大。

万厚以 PHMB 为基础开发的万立净 F-831＋广泛应用于棉、混棉和人造纤维的抗菌处理。经过 F-831＋处理的纺织品具有抗菌、防霉、驱螨等功效，赋予纺织物耐久性、新鲜度和健康感。抗菌整理剂 F-831＋处理织物的方法可以是浸轧、浸渍、涂层、涂刷。

浸轧法：对平幅加工织物，可用浸轧法应用 F-831＋；用量 25～40g/L；轧液率 80%～100%；烘干→焙烘：(120～130℃)×(10～20min)。

浸渍法：F-831＋对纤维素纤维有极强亲和性，用量 2.0%～2.5%；浴比 1∶(10～15)；浴液温度 40～45℃，浸渍 10～30min；烘干→焙烘：(120～130℃)×(10～20min)。

③ 博视顿先进护理液（美国波利玛科技公司）以聚氨丙基双胍（PAPB）为消毒剂，主要用于保湿、浸泡、消毒隐形眼镜。实验证明该隐形眼镜护理液具有良好的消毒效果。以聚胺丙基双胍为消毒剂的护理液对大肠杆菌、金黄色葡萄球菌和铜绿假单胞杆菌的平均杀灭率均达到 99.90%以上。

金华中报道，聚六亚甲基双胍盐酸盐（PHMB）和聚氨丙基双胍（PAPB）本身是同一物质，只是因为根据重复化学组成单元的划分不一致，详见图 2-2；另外该化合物应用领域不同，表述不同，化妆品行业该化合物称为 PAPB。

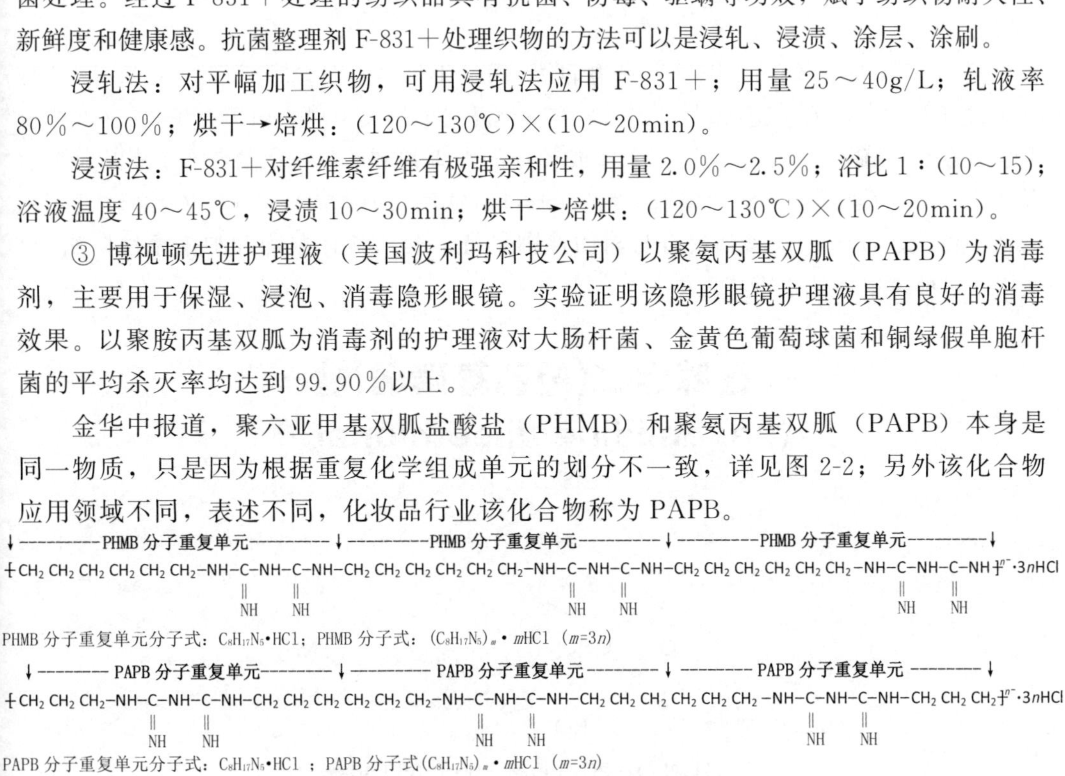

↓---------PHMB 分子重复单元---------↓---------PHMB 分子重复单元---------↓---------PHMB 分子重复单元---------↓

$\left[CH_2CH_2CH_2CH_2CH_2CH_2-NH-\underset{\underset{NH}{\|}}{C}-NH-\underset{\underset{NH}{\|}}{C}-NH-CH_2CH_2CH_2CH_2CH_2CH_2-NH-\underset{\underset{NH}{\|}}{C}-NH-\underset{\underset{NH}{\|}}{C}-NH-CH_2CH_2CH_2CH_2CH_2CH_2-NH-\underset{\underset{NH}{\|}}{C}-NH-\underset{\underset{NH}{\|}}{C}-NH \right]_{n}^{n-} \cdot 3nHCl$

PHMB 分子重复单元分子式：$C_8H_{17}N_5 \cdot HCl$；PHMB 分子式：$(C_8H_{17}N_5)_m \cdot mHCl$ ($m=3n$)

↓--------PAPB 分子重复单元--------↓---------PAPB 分子重复单元--------↓--------PAPB 分子重复单元--------↓

$\left[CH_2CH_2CH_2-NH-\underset{\underset{NH}{\|}}{C}-NH-\underset{\underset{NH}{\|}}{C}-NH-CH_2CH_2CH_2CH_2CH_2CH_2-NH-\underset{\underset{NH}{\|}}{C}-NH-\underset{\underset{NH}{\|}}{C}-NH-CH_2CH_2CH_2CH_2CH_2CH_2-NH-\underset{\underset{NH}{\|}}{C}-NH-\underset{\underset{NH}{\|}}{C}-NH-CH_2CH_2CH_2 \right]_{n}^{n-} \cdot 3nHCl$

PAPB 分子重复单元分子式：$C_8H_{17}N_5 \cdot HCl$ ；PAPB 分子式$(C_8H_{17}N_5)_m \cdot mHCl$ ($m=3n$)

图 2-2　PHMB 和 PAPB 的位置表述不同

法规

① 我国2015年版《化妆品安全技术规范》规定：聚氨丙基双胍最大使用浓度为0.3%。不适用于可喷雾制剂。

2017年4月7日，欧盟消费者安全科学委员会SCCS发布最终评估报告SCCS/1581/16，SCCS认为0.1%浓度的PHMB作为防腐剂在所有化妆品中使用是安全的(对于PHMB 20%的添加量不超过0.5%)，但不建议应用于喷雾型产品。

② 2016年，欧盟生物杀灭剂产品委员会（BPC）发布法规（EU）2016/125，批准聚六亚甲基双胍盐酸盐［PHMB（1600；1.8）］作为PT-2、PT-3、PT-11生物杀灭剂产品的活性物质。批准日期2017年7月1日，批准期满2027年7月1日。

2016年，欧盟生物杀灭剂产品委员会（BPC）发布法规（EU）2016/124，批准聚六亚甲基双胍盐酸盐［PHMB（1600；1.8）］作为PT-4生物杀灭剂产品的活性物质。批准日期2017年7月1日，批准期满2027年7月1日。

2016年，欧盟生物杀灭剂产品委员会（BPC）发布法规（EU）2016/109，未批准聚六亚甲基双胍盐酸盐［PHMB（1600；1.8）］作为PT-1、PT-6、PT-9生物杀灭剂产品的活性物质。

2017年，欧盟生物杀灭剂产品委员会（BPC）发布法规（EU）2016/902，未批准聚六亚甲基双胍盐酸盐［PHMB（1600；1.8）］作为PT-5生物杀灭剂产品的活性物质。

③ 2017年提交聚六亚甲基双胍盐酸盐PHMB（Mn：1415，4.7），CAS登录号［1802181-67-4］和CAS登录号［27083-27-8］提交了相关资料，申请在PT-1（人体卫生学消毒剂）、PT-2（不直接用于人体或动物的消毒剂和杀藻剂）、PT-3（兽医卫生消毒剂）、PT-4（食品和饲料领域消毒剂）、PT-5（饮用水消毒剂）、PT-6（罐内防腐剂）、PT-9（纤维、皮革、橡胶和聚合材料防腐剂）、PT-11（液体制冷和加工系统防腐剂）使用，目前该申请处于审核之中。

己脒定二(羟乙基磺酸)盐
(hexamidine diisethionate)

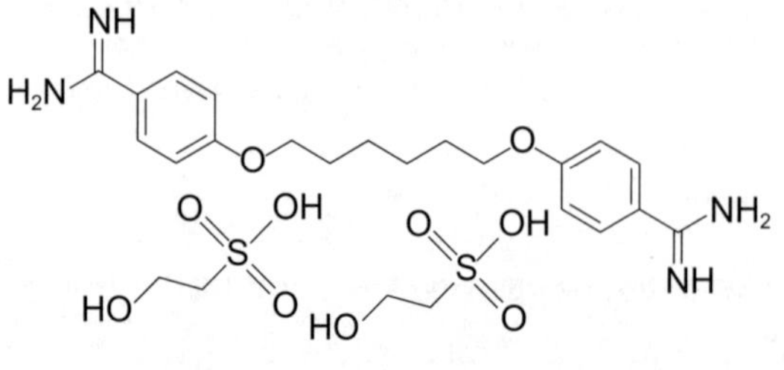

$C_{20}H_{26}N_4O_2 \cdot 2C_2H_6O_4S$, 606.7, 659-40-5

其他名称 羟乙磺酸己氧苯脒、二羟乙基磺酸己氧苯脒

商品名称 Elestab® HP 100、Atdf® pf-95

化学名称 4-[6-(4-甲脒基苯氧基)己氧基]苯甲脒2-羟基乙烷磺酸盐（1∶2）

INCI 名称 hexamidine diisethionate

EC 编码 [211-533-5]

理化性质 白色粉末，气味微弱。密度 1.003～1.011g/mL。折射率（20℃）1.437～1.443。溶解度：水 2%（25℃）；乙醇 1%（80℃）（来源：BASF）。

毒性 小鼠急性经口 LD_{50} 0.71～2.5g/kg。大鼠急性经口 LD_{50} 0.75g/kg。在无观测效应水平条件下，己脒定二（羟乙基磺酸）盐口服亚慢性毒性对大鼠为每天 50mg/kg。通过临床试验受试者的测试，0.10%该化合物溶液不会对人引起主要的刺激和炎症。

抗菌防霉效果 己脒定二（羟乙基磺酸）盐是具有广谱抗菌和杀菌性能的物质，对各种革兰氏阳性菌、阴性菌以及各种霉菌和酵母菌都有很高的杀菌和抑菌性能，特别对引起头屑的卵状糠秕孢子菌、引起粉刺的痤疮丙酸杆菌有很强的抑制和灭菌效果。己脒定二（羟乙基磺酸）盐的抗菌性能如表 2-120 所示。

表 2-120 该化合物对一些微生物的最低抑制浓度（MIC）和最低杀菌浓度（MMC）

微生物名称		MIC/(μg/mL)	MMC/(μg/mL)
金黄色葡萄球菌	ATCC 6538	0.8	25
表皮葡萄球菌	NCIB 8853	0.8	25
大肠杆菌	NCTC 8196	1.6	25
铜绿假单胞杆菌	ATCC 9027	50	50
肠沙门氏菌	NCIB 10258	100	>100
黑曲霉	ATCC 16404	0.8	0.8
绳状青霉菌	ATCC 9644	0.8	1.6
白色念珠菌	ATCC 10231	3.2	6.4

（来源：BASF）

制备 先由对氰基苯酚、1,6-二溴己烷等原料合成二苯烷基醚，通入无水 HCl 气体，反应得己脒定，再加入羟乙基磺酸制备而得。

应用 己脒定二（羟乙基磺酸）盐作为一种高效、广谱抗菌剂，非常安全和温和，对皮肤的刺激性较小，与日化产品中常用原料有优良的配伍性，因此在化妆品行业具有非常独特的应用。注意：阳离子物质，与阴离子配伍时需注意表面活性剂之间的比例。

实际应用参考：

① 祛屑止痒剂：郭建维等报道，对于引起头屑的马拉色菌（卵状糠秕孢子菌），因其独特的结构具有非常强的杀灭作用。对马拉色菌的最小抑菌浓度（MIC）为 12.5μg/mL，

最小杀菌浓度（MMC）为 100μg/mL；尤其因为其阳离子性对头发产生的吸附作用，更有利于其祛屑作用的加强和持久发挥。皮肤科的临床研究表明，含 0.1%己脒定二（羟乙基磺酸）盐的洗发香波较对照香波能明显降低单位面积头皮区域上的马拉色菌，而随着马拉色菌密度的降低，头皮屑的严重程度也显示有明显改善。一般的祛屑香波添加 0.020%～0.05%即可达到明显的祛屑效果。

② 除异味产品和抗汗配方：腋下等部位的异味都是由微生物引起，比如做成含喷雾水剂，其除异味配方非常有效，而且方便。

甲萘威
(carbaryl)

$C_{12}H_{11}NO_2$, 201.2, 63-25-2

其他名称 西维因、NAC、卡巴立

化学名称 *N*-甲基氨基甲酸 1-萘酯

IUPAC 名 naphthalen-1-yl *N*-methylcarbamate

EC 编码 [200-555-0]

理化性质 纯品为白色结晶固体（工业品略带灰色或粉红色）。熔点 145℃。蒸气压（23.5℃）4.1×10^{-2} mPa。相对密度（20℃）1.232。闪点 193℃。$\lg K_{ow}=1.85$。溶解度：水 120mg/L；二甲基甲酰胺与二甲基亚砜 400～450g/mg、丙酮 200～300g/mg、环己烷 200～250g/mg、异丙醇 100g/mg、二甲苯 100g/mg（25℃）。稳定性：中性和微酸性环境中稳定，碱性介质中水解为 1-萘酚；DT_{50} 约 12d（pH 7），3.2h（pH 9）。对光和热稳定。

毒性 急性经口 LD_{50}：雄大鼠 264mg/kg、雌大鼠 500mg/kg、兔 710mg/kg。急性经皮 LD_{50}：大鼠＞4000mg/kg，兔＞2000mg/kg。轻微刺激兔眼睛；温和刺激兔皮肤。大鼠吸入 LC_{50}（4h）3.28mg/L 空气。NOEL（2 年）大鼠 200mg/kg（饲料）[9.6mg/(kg·d)]。动物：不在动物组织内积累，快速代谢为无毒物质，特别是 1-萘酚。1-萘酚及其与葡萄糖醛酸的配合物主要随尿液和粪便排出。水生生物：虹鳟鱼 LC_{50}（96h）1.3mg/L。蓝腮翻车鱼 LC_{50}（96h）10mg/L。水蚤 EC_{50}（48h）0.006mg/L。羊角月牙藻 EC_{50}（5d）1.1mg/L。

抗菌防霉效果 甲萘威对常见细菌、真菌、藻类等都有良好的杀生效果，是军用快速饮用水消毒剂和医用消毒剂。同时对工业循环冷却水的几种细菌有相对高的活性，见

表 2-121、表 2-122。

表 2-121 甲萘威与洗必泰对某石化总厂水中细菌的杀菌效果（使用浓度 50mg/kg)

药剂名称		甲萘威	洗必泰
铁细菌	试验菌数/(cfu/mL)	4.5×10^3	4.5×10^3
	存活菌数/(cfu/mL)	0	2.5×10^3
	杀菌率/%	100	44.5
硫酸盐还原菌	试验菌数/(cfu/mL)	9.5×10^3	9.5×10^3
	存活菌数/(cfu/mL)	0.2×10^2	0.4×10^2
	杀菌率/%	91.5	95.8

表 2-122 不同浓度甲萘威对某化肥厂水中异氧菌的杀菌效果

药剂浓度/(mg/kg)	稀释度			菌浓度/(mg/L)	杀菌率/%
	10^{-3}	10^{-4}	10^{-5}		
25(甲萘威)	43.3	6.66	2.3	5.5×10^4	97.25
50(甲萘威)	27	2.66	4	2.7×10^4	98.65
100(甲萘威)	6	3	9	6.3×10^3	99.7
对照(空白)	无数	186	22	2.0×10^6	—
100(G4)	无数	202.3	11	1.6×10^6	90
100(G4)	无数	61.7	8.7	7.4×10^6	95.3
对照	无数	159	160.3	1.6×10^7	—

制备 甲萘威可由 1-萘酚与异氰酸甲酯的反应制得。

应用 甲萘威是氨基甲酸萘酯类农药的代表，能防治 150 多种作物的 100 多种害虫，亦具有优良的杀菌和除藻效果。

实际应用参考：

① 甲萘威常常用作工业水处理的杀菌灭藻剂，在使用时，可在其固体中加入少量分散剂，依据甲萘威本身的自然溶解度在循环冷却水系统中灭菌。可用若干个多孔塑料篮放上甲萘威固体于进水处，使甲萘威溶解至 25mg/L 左右，进入冷却水系统杀菌灭藻。另外还可用于油田注水系统、造纸纸浆等的抗菌防腐。

② 甲萘威又是一种高效低毒的广谱性杀虫剂。对害虫有强烈的触杀作用，兼有胃毒作用，并有轻微的内吸作用。用于防治棉铃虫、卷叶虫、棉蚜、造桥虫、蓟马和稻叶蝉、稻纵卷叶螟、稻苞虫、稻蓟马及果树害虫，也可防治菜园蜗牛、蛞蝓等软体动物。常用剂量为 $10\sim20g/100m^2$。

甲醛
(formaldehyde)

$HCHO$

CH_2O, 30.0, 50-00-0

其他名称 蚁醛、福尔马林

化学名称 甲醛

IUPAC 名 formaldehyde

EC 编码 [200-001-8]

理化性质 福尔马林（formalin）即市售含35%～40%的甲醛水，是一种无色液体，有刺鼻的气味。沸点－19.5℃。熔点－92℃。相对密度0.815（－20℃）；1.081～1.085（25℃）（福尔马林）。溶解度：水中溶解度55%（30℃）；溶于丙酮、醇类和醚类。稳定性：易燃。化学活性高，在水溶液中聚合生成三聚甲醛。甲醛水溶液对碳钢具有腐蚀性。

毒性 大鼠急性经口 LD_{50} 550～800mg/kg（福尔马林）。兔急性经皮 LD_{50} 270mg/kg（福尔马林），通过皮肤吸收。大鼠吸入 LC_{50}（0.5h）0.82mg/L，（4h）0.48mg/L；小鼠（4h）0.414mg/L。甲醛蒸气对动物（包括人类）黏膜有刺激性，有毒。动物容易通过呼吸道和胃肠道吸收甲醛，吸入后，迅速代谢，血药浓度不会增加（HSG）。自然环境中甲醛快速分解，在环境和食物链中不会累积（HSG）。水生生物：对鱼有毒，多数种类 LC_{50}（96h）50～100mg/L（HSG）。

抗菌防霉效果 甲醛液体和气体对各种细菌繁殖体、芽孢、真菌、病毒等均有杀灭作用。Wilson 和 Miles 认为，在相对湿度80%和温度20℃的环境中，用含1～2mg/L的浓度消毒6h，可杀灭大多数细菌繁殖体，但不能杀死耐酸杆菌和细菌芽孢。

制备 甲醛是通过甲醇氧化合成。

应用 常规作表面和环境杀菌消毒剂或者各种工业材料的罐内防腐剂，亦可作土壤消毒剂和工业产品的中间体。注意：①作为还原剂，甲醛容易被氧化。②其蒸气与空气形成爆炸性混合物，遇明火、高热能引起燃烧爆炸。

实际应用参考：

① 甲醛在气体或液体状态下均具有很强的杀菌作用，多用来防治鱼、虾、蟹、鳖等水产动物的寄生虫类疾病，常用浓度为10～30mg/L。

② 1∶200的甲醛溶液在6～12h内可杀死所有生芽孢和不生芽孢的需氧菌，48h可杀死产气荚膜杆菌，4d可杀死破伤风杆菌、肉毒杆菌、产芽孢梭状杆菌和溶组织梭状

芽孢杆菌。一般霉菌孢子对甲醛的抵抗力也不强，以浸泡甲醛的棉花球置脚癣患者的鞋中，在鞋里保留 24h，可杀死鞋中霉菌。

法规

① 欧盟化学品管理局（ECHA）：根据指令 98/8/EC（BPD）或规则（EU）No. 528/2012（BPR）提交了批准申请的所有活性物质/产品类型组合为 PT-2（不适合直接应用于人类或动物的消毒剂和除藻剂）、PT-3（兽医卫生消毒剂）、PT-22（尸体和样本防腐液）。该生物杀灭剂甲醛（formaldehyde）申请目前处于审核进行中。

② 我国 2015 年版《化妆品安全技术规范》规定：该防腐剂在化妆品中使用时，最大允许浓度为 0.2%（以游离甲醛计），禁用于喷雾产品。

③ 中华人民共和国国家环境保护标准 HJ 2537—2014《环境标志产品技术要求 水性涂料》规定：建筑涂料游离甲醛限量≤50mg/kg。

甲醛苄醇半缩醛
[(benzyloxy)methanol]

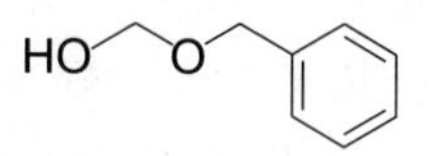

$C_8H_{10}O_2$, 138.2, 14548-60-8

其他名称 （苄氧基）甲醇、BHF

商品名称 Akyposept® B、Preventol® D2

化学名称 （苯基甲氧基）甲醇

IUPAC 名 phenylmethoxymethanol

INCI 名称 benzylhemiformal

EC 编码 [238-588-8]

理化性质 无色液体，具有特有的甲醛气味。含量＞99%（醛含量 29%）。沸点（101kPa）105℃（分解）。密度（20℃）1.11g/mL。蒸气压（20℃）约 10hPa。黏度（20℃）14.7mPa·s。闪点 80℃。pH 值（1%水溶液）约 5。溶解度（25℃）：水 25g/L；溶于有机溶剂。稳定性：加热时释放甲醛；在 pH 3～12（20℃）之间稳定。

毒性 雄大鼠急性经口 LD_{50} 1700mg/kg。雄大鼠急性经皮 LD_{50} ＞2000mg/kg（4h）。雌大鼠急性经皮 LD_{50} 1000～2000mg/kg（4h）。大鼠吸入 LD_{50}（4h）＞0.5mg/L。应用浓度（0.2%）对皮肤无刺激性，但对兔眼睛有刺激性。

抗菌防霉效果 甲醛苄醇半缩醛（BHF）对大多数微生物均有一定的抑制效果，尤其针对细菌。具体数据详见表 2-123。

表 2-123 甲醛苄醇半缩醛（BHF）对一些微生物的最低抑制浓度（MIC）

微生物	MIC/(mg/L)	微生物	MIC/(mg/L)
产气杆菌	150	芽孢杆菌	100
枯草芽孢杆菌	50	大肠杆菌	100
铜绿假单胞杆菌	150	金黄色葡萄球菌	70
链格孢	500	黑曲霉	1000
曲霉菌	1000	黑根霉	600
绿色木霉	2000	白色念珠菌	2000

（Paulus，1979 年）

应用 甲醛苄醇半缩醛（BHF）可作化妆品等水性产品防腐剂；亦作消毒除臭剂使用。

法规

① 欧盟化学品管理局（ECHA）：根据指令 98/8/EC（BPD）或规则（EU）No. 528/2012（BPR）提交了批准申请的所有活性物质/产品类型组合为 PT-6（产品在储存过程中的防腐剂）、PT-13（金属工作或切削液防腐剂）。甲醛苄醇半缩醛[(benzyloxy)methanol]申请目前处于审核进行之中。

② 根据 2015 年版《化妆品安全技术规范》规定：甲醛苄醇半缩醛（BHF）在化妆品中使用时，最大允许浓度为 0.15%，只适用于淋洗类产品。

甲酸
(formic acid)

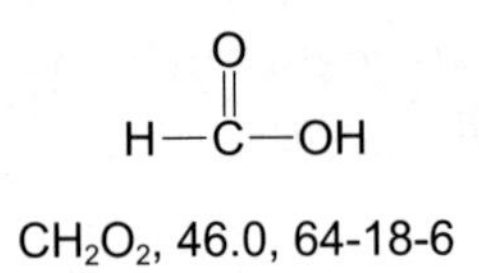

CH_2O_2, 46.0, 64-18-6

其他名称 蚁酸

化学名称 甲酸、methanoic acid

IUPAC 名 formic acid

EC 编码 [200-579-1]

理化性质 纯品为无色透明液体。沸点（760mmHg）100.7℃（NTP，1992 年）。熔点 8.4℃。密度（20℃）1.22g/L。蒸气压（20℃）59.6hPa。折射率（n_D，20℃）1.371。闪点 68.8℃。溶解度：能与水、乙醇、乙醚、甘油任意混溶。稳定性：热至 160℃以上分解成二氧化碳和氢，与浓硫酸一起加热分解出一氧化碳。本品呈强酸性。

毒性 大鼠急性经口 LD_{50} 1100mg/kg。小鼠急性经口 LD_{50} 700mg/kg。狗急性经

口 LD_{50} 4000mg/kg（来源：DrugBank）。

抗菌防霉效果 甲酸主要以未解离状态，即在低于 pH 3.5 下显示其抗微生物活性。其对部分酵母菌和多种细菌的最低抑制浓度（MIC）见表 2-124。

表 2-124 甲酸的最低抑制浓度（MIC）

微生物	pH 值	MIC/(mg/L)	微生物	pH 值	MIC/(mg/L)
毛虫假单胞菌	6.0	250～750	酵母菌属	5.0	80～3600
白色葡萄球菌	6.0	1400	不产生孢子酵母	5.0	100～3600
乳酸链球菌	5.2	400	亚膜汉逊氏酵母	3.0	1000～1250
阿拉伯乳杆菌	6.0	3500～5000	异常汉逊氏酵母	3.0	800
大肠杆菌	5.2	70～100	克鲁氏假丝酵母	3.0	1600
杆菌属	6.0	50～500	星形球拟酵母	3.0	600～1600

制备 甲酸可由一氧化碳和氨反应生成甲酰胺，再在硫酸存在下水解而得。

应用 甲酸主要应用于蔬菜产品的保存和清洗、果品及果酱加工的后处理、水产品的防腐，还可用于青饲料和谷物的保存；同时也可用于纸浆制造中的杀菌防霉。同时，它还是一种香味增强剂。主要用于配制菠萝、朗姆酒和熏烟等型香精，兼有消毒防腐作用。此外，甲酸还用作胶乳的酸凝剂和水泥的促凝剂等。

法规

① 欧盟化学品管理局（ECHA）：根据指令 98/8/EC（BPD）或规则（EU）No. 528/2012（BPR）提交了批准申请的所有活性物质/产品类型组合为 PT-2（不直接用于人体或动物的消毒剂和杀藻剂）、PT-3（兽医卫生消毒剂）、PT-4（食品和饲料领域消毒剂）、PT-5（饮用水消毒剂）、PT-6（产品在储存过程中的防腐剂）。生物杀灭剂甲酸申请目前处于审核进行之中。

② 我国 2015 年版《化妆品安全技术规范》规定：甲酸及其钠盐在化妆品中使用时最大允许浓度为 0.5%（以酸计）。

聚塞氯铵

(polixetonium chloride)

$$\left[-O-CH_2-CH_2-\overset{Cl^-}{N^+}(CH_3)_2-CH_2-CH_2-\overset{Cl^-}{N^+}(CH_3)_2-CH_2-CH_2-\right]_n$$

经验公式：聚合物单元不同而变化，31512-74-0

商品名称 WSCP、BUSAN 77、Bualta、Scunder PQ60、万立净 M-760

IUPAC 名 2-[dimethyl(propyl)azaniumyl]ethyl-(2-methoxyethyl)dimethylazanium dichloride

EC 编码 [608-627-7]

理化性质 固含量 59.5%～60.5%，外观呈浅黄色至棕色黏稠液体。pH 值为(20℃) 6.0～7.5。相对密度 1.13～1.18。黏度（25℃）550～700mP•s。溶解度：完全溶于水（来源：山的）。

毒性 雄大鼠急性经口 LD_{50} 1952mg/kg。雌大鼠急性经口 LD_{50} 2587mg/kg。兔急性经皮 LD_{50} ＞2000mg/kg。兔吸入 LC_{50} 4.0mg/L。水生生物：虹鳟鱼 LC_{50} （96h) 0.047mg/kg（来源：HSDB)。

抗菌防霉效果 聚塞氯铵（WSCP）对常见细菌有不错的抑制效果，同时对各种藻类亦有优异的抑杀作用，见表 2-125。

表 2-125 聚塞氯铵（WSCP）对一些微生物的最低抑制浓度（MIC）

微生物	MIC/(mg / L)	微生物	MIC/(mg / L)
产气肠杆菌	5	嗜肺军团杆菌	200
绿脓杆菌	3	猪霍乱沙门菌	5
大肠杆菌	5	肠链球菌	5
肺炎克雷伯杆菌	5	巨大芽孢杆菌	5
黏质沙雷菌	1	球毛壳菌	5
粪产碱杆菌	4	白色念珠菌	2.5
紫色色杆菌	2		

制备 二氯乙醚、四甲基乙二胺，按一定比例加成反应。

应用 聚塞氯铵（WSCP）是一种阳离子聚合杀菌灭藻剂，有效控制水体系中细菌、藻类和贝类（含软体微生物）生长，包括金属加工液、工业循环冷却水、蓄水池、游泳池及 SPA 和温泉等（来自：ANSI/NSF，1997 年）。

实际应用参考：

聚塞氯铵（WSCP）具有以下特点：（1）微生物控制广谱型，有效控制细菌、藻类和贝类（含软体动物）；（2）实际使用量低，对常规细菌的最低抑制浓度 1×10^{-6}～10×10^{-6}，明显优于常规季铵盐；（3）不产生泡沫，适用于酸性和碱性水体系统；（4）不挥发，易溶于水；（5）可以与氯、双氧水一起使用，避免与阴离子、碳酸盐、多聚硫酸盐一起使用；（6）控制贝类的最低浓度 0.5×10^{-6}～2.0×10^{-6}；（7）水体中 WSCP 的耗竭靠吸附和生物降解 2 种主要方式（来自：山的）。

聚维酮碘
(povidone iodine)

$C_6H_9I_2NO$, 365.0, 25655-41-8

其他名称 聚维酮碘、PVP-I

商品名称 PVP-Iodine 30/06、PVP-Iodine 30/06 M10

化学名称 聚乙烯吡咯烷酮碘络合物

IUPAC 名 2-Pyrrolidinone，1-ethenyl-，homopolymer，compd. with iodine

理化性质 聚维酮碘（PVP-I）是聚乙烯基吡咯烷酮与碘形成的复合体，能提供1%的有效碘。聚维酮碘（PVP-I）中碘的溶解度随载体的增加而上升，在水溶液中性质稳定，对皮肤的刺激性明显减小。若用水将其稀释，碘便渐渐从复合体中游离出来。聚乙烯吡咯烷酮取载体和助溶作用，其在溶液中能逐渐释放出碘，由此保持较长时间的杀菌作用。

市售商品外观为黄棕色至红棕色无定形粉末，有效碘含量9.0%～12.0%，碘离子≤6.0%。pH（10%水溶液）值为1.5～5.0。氮含量9.5%～11.5%。溶解度：溶于水和酒精；几乎不溶于氯仿、四氯化碳、乙醚、溶剂已烷，丙酮。

毒性 小鼠急性经口 LD_{50} 8100mg/kg。小鼠静脉注射 LD_{50} 480mg/kg。小鼠皮下注射 LD_{50} 4100mg/kg。大鼠急性经口 LD_{50} >8000mg/kg。大鼠静脉注射 LD_{50} 640mg/kg。大鼠皮下注射 LD_{50} 3450mg/kg（来源：Drugs in Japan，1982 年）。

抗菌防霉效果 碘是重要的抗微生物剂，可以破坏维系蛋白质细胞的键，抑制蛋白质合成。聚维酮碘（PVP-I）具广谱杀菌作用，能杀死细菌芽孢。其对细菌最低抑菌和杀菌浓度见表 2-126。

表 2-126 聚维酮碘（PVP-I）对细菌最小抑制浓度（MIC）和杀菌浓度（MBC）

微生物	MIC/(mg/kg)	MBC/(mg/kg)
白假丝酵母	64	139
金黄色葡萄球菌	389	648
大肠杆菌	389	1080
铜绿假单胞杆菌	648	648
枯草芽孢杆菌	640	1080

应用 聚维酮碘（PVP-I）在 20 世纪 50 年代初首次报道，这种化合物是聚乙烯吡咯烷酮和碘的复合物，具有碘的杀菌作用。主要用于医院手术、注射等皮肤消毒和器材

消毒以及口腔、妇科、外科、皮肤科等预防感染，家庭食具、器具等杀菌消毒，食品工业、养殖业用于杀菌消毒及动物疾病防治等，是国际、国内首选的含碘医用杀菌剂及卫生防疫消毒剂。

实际应用参考：

肖丽平等报道，第一代碘伏采用聚乙烯吡咯烷酮为载体，后来被价格较便宜的TX-10代替。但这两类载体本身不具有杀菌力且结合碘的能力较差，碘在光照下即易升华损失。美国开发出的烷基氧化胺为载体的碘伏是一种载体本身有杀菌效果的复合型杀菌剂，不仅杀菌效果好，而且对非膜病毒有显著效果，如口蹄疫和鸡法氏囊病毒只要5～10mg/L即可有效达到消毒要求。

法规 欧盟化学品管理局（ECHA）：2014年，欧盟生物杀灭剂产品委员会（BPC）发布法规（EU）No. 94/2014，批准聚维酮碘（polyvinylpyrrolidone iodine）作为第1类（人体卫生学消毒剂）、第3类（兽医卫生消毒剂）、第4类（食品和饲料领域消毒剂）和第22类（尸体和样本防腐液）生物杀灭剂产品的活性物质。批准日期2015年9月1日，批准期满2025年9月1日。

甲硝唑
(metronidazole)

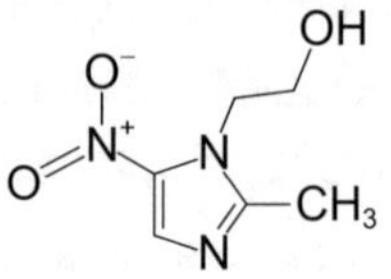

$C_6H_9N_3O_3$, 171.2, 443-48-1

其他名称 甲硝哒唑、灭滴灵、硝基羟乙唑

商品名称 Metrogyl 200、Metrogyl 400

化学名称 2-甲基-5-硝基咪唑-1-乙醇

IUPAC名 2-(2-methyl-5-nitroimidazol-1-yl)ethanol

EC编码 [207-136-1]

理化性质 纯品为白色或微黄色结晶粉末，微臭，味苦而略咸。熔点为158～160℃。蒸气压（25℃）3.1×10^{-7} mmHg。pH值为（饱和水溶液）5.8。$\lg K_{ow}=-0.02$。溶解度（20℃）：水1.0g/100mL，乙醇0.5g/100mL，乙醚<0.05g/100mL，微量溶于二甲基甲酰胺。稳定性：当加热分解时，会放出一氧化碳、二氧化碳和氮氧化物的有毒烟雾。$pK_a=2.38$。

毒性 小鼠急性经口LD_{50} 3800mg/kg。小鼠腹腔注射LD_{50} 870mg/kg。小鼠皮下

注射 LD_{50} 3640mg/kg。大鼠急性经口 LD_{50} 3000mg/kg。水生生物：水蚤 EC_{50}（静态，48h）>1000×10^{-6}。虹鳟鱼 LC_{50}（静态，96h）>100×10^{-6}。

抗菌防霉效果　甲硝唑几乎对所有的革兰氏阴性厌氧杆菌、芽孢梭菌属和某些革兰氏阳性厌氧球菌都有较高的活性，但对丙酸杆菌、乳酸杆菌、真杆菌等革兰氏阳性厌氧杆菌无明显作用。甲硝唑对部分厌氧微生物的最低抑制浓度见表 2-127。

表 2-127　甲硝唑对厌氧微生物的最低抑制浓度（MIC）

微生物	MIC/(mg/L)	微生物	MIC/(mg/L)
破伤风芽孢杆菌	0.01	碱性费氏球菌属	0.03
腐败梭菌	0.03	需氧细菌	>1000
梭菌属	0.03		

制备　甲硝唑由 2-甲基-5-硝基咪唑与环氧乙烷加成而得。

应用　甲硝唑主要用于治疗或预防厌氧菌引起的系统或局部感染。工业领域可用于油田回注水或工业冷却水系统厌氧菌的防治。注意：甲硝唑水溶性差，剂型配制重要。

实际应用参考：

① 由于甲硝唑对厌氧细菌的特殊效果，在水处理领域被用来杀灭硫酸盐还原菌，在二次采油和三次采油中用作回注水的杀菌剂。本药剂使用浓度大约为 0.1～500mg/L，对油田回注水最好选用 0.1～10mg/L。如采用连续注水方式，1mg/L 甲硝唑即可有效控制硫酸盐还原菌的生长。

② 专利 CN106380815 A：本发明公开了一种抗菌塑料及其制备方法，包括以下质量份数的原料：聚氯乙烯树脂 30～45 份，聚碳酸酯树脂 35～45 份，苯基硅油 5～10 份，季戊四醇 5～10 份，相溶剂 2～5 份，甲硝唑 0.8～2 份。该抗菌塑料具有良好的抗菌效果，对沾污在塑料上的细菌、霉菌、酵母菌、藻类甚至病毒等起抑制或杀灭作用，通过抑制微生物的繁殖来保持塑料自身清洁；而且具有成型性、机械性和冲击强度高的优点，可广泛用于制造家电产品。

己唑醇
(hexaconazole)

Cl N N N CH3 Cl HO

$C_{14}H_{17}Cl_2N_3O$, 314.2, 79983-71-4

化学名称　(*RS*)-2-(2,4-二氯苯基)-1-(1*H*-1,2,4-三唑-1-基)2-己醇

IUPAC 名　2-(2,4-dichlorophenyl)-1-(1,2,4-triazol-1-yl)-2-hexanol

EC 编码　[413-050-7]

理化性质　纯品为无色晶体。熔点 111℃。蒸气压（20℃）0.018mPa。$\lg K_{ow}$ = 3.9（20℃）。密度（25℃）1.29g/cm³。溶解度（20℃）：水 17mg/L；二氯甲烷 336g/L、丙酮 164g/L、甲醇 246g/L、甲苯 59g/L、乙酸乙酯 120g/L、己烷 0.8g/L。稳定性：室温放置至少 6 年稳定；水中对水解和光解稳定。

毒性　急性经口 LD_{50}：雄大鼠 2189mg/kg，雌大鼠 6071mg/kg。大鼠急性经皮 LD_{50}>2000mg/kg。对兔眼有轻微刺激作用，对皮肤无刺激作用。大鼠急性吸入 LC_{50}（4h）>5.9mg/L。水生生物：虹鳟鱼 LC_{50}（96h）3.4mg/L。镜鲤 LC_{50}（96h）5.94mg/L。红鲈 LC_{50}（96h）5.4mg/L。水蚤 LC_{50}（48h）2.9mg/L。

抗菌防霉效果　己唑醇为甾醇脱甲基化抑制剂，通过破坏和阻止病菌细胞膜的重要组成成分麦角甾醇的生物合成导致细胞膜无法形成，致使病菌死亡。

己唑醇具有广泛的抗菌作用，能有效地防治子囊菌、担子菌和半知菌所致的病害。己唑醇对一些微生物的最低抑制浓度见表 2-128。

表 2-128　己唑醇对一些微生物的最低抑制浓度（MIC）

微生物	MIC/(mg/L)	微生物	MIC/(mg/L)
黑曲霉	40	橘青霉	50
黄曲霉	100	宛氏拟青霉	20
变色曲霉	40	链格孢霉	5
球毛壳霉	5	蜡叶芽枝霉	15

制备　欧洲专利《EP 0110536，1983-10-182》描述了 1,2-二氯苯基戊酮与 wittig 试剂反应生成 2-(1,2-二氯苯基)-1-己烯，再用溴溴化、双氧水氧化后与 1,2,4-三唑缩合得到己唑醇。

应用　己唑醇作为三唑类杀菌剂代表，具有广谱杀真菌活性。工业领域可用于纺织品、塑料、涂料、铜版纸、皮革、工艺品、帆布、地毯、木材、草藤制品等方面的抗菌防霉；亦是重要的农业杀菌剂。

克菌丹
(captan)

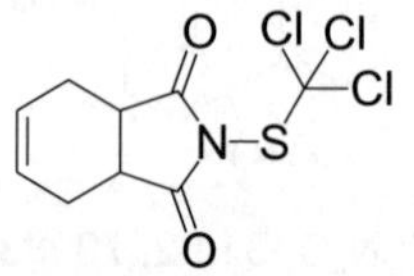

$C_9H_8Cl_3NO_2S$, 300.6, 133-06-2

其他名称 盖普丹、开普顿

商品名称 Fungitrol® C、Vancide® 89

化学名称 *N*-三氯甲硫基-4-环己烯-1,2-二甲酰亚胺

IUPAC 名 2-trichloromethylsulfanyl-3*a*,4,7,7*a*-tetrahydroisoindole-1,3-dione

EC 编码 [205-087-0]

理化性质 纯品为白色结晶。熔点 178℃。蒸气压 (25℃)＜1.3mPa。相对密度 (26℃) 1.74。$\lg K_{ow}=2.8$ (25℃)。溶解度：水 3.3mg/L (25℃)；乙醇 2.9g/L、氯仿 70g/L、二氧六环 47g/L、苯 21g/L、乙醚 2.5g/L、环己烷 23g/L、正辛醇 160g/L、丙酮 21g/L、异丙醇 1.7g/L、甲苯 6.9g/L；不溶于石油醚。稳定性：对酸稳定，高 pH 和热不稳定，主要降解为 THPI (CAS 登录号为 85-40-5)。DT_{50} (20℃)：32.4h (pH 5)、8.4h (pH 8)、＜2min (pH 10)。热 DT_{50}：＞4 年 (80℃)，14.2d (120℃)。

毒性 大鼠急性经口 LD_{50} 9000mg/kg。兔急性经皮 LD_{50}＞4500mg/kg；对兔皮肤中度刺激，对兔眼睛重度损伤。吸入毒性 LC_{50} (4h)：雄大鼠＞0.72mg/L，雌大鼠 0.87mg/L (工业品)。粉尘能引起呼吸系统损伤。NOEL (3 代)：大鼠 12.5mg/(kg·d) (EPA RED)；(2 年，饲喂)：大鼠 2000mg/(kg·d)，狗 4000mg/(kg·d)。无致畸、无致突变、无致癌作用。动物：在哺乳动物体内，由于细胞中巯基化合物的影响而使三个氯原子发生断裂，裂分为三硫代氨基甲酸酯、硫光气和四氢酞酰亚胺 (R. G. Owens. Ann. New York Acad. Sci.，1969，160，114-132.)。水生生物：蓝腮翻车鱼 LC_{50} (96h) 0.072mg/L。小丑鱼 LC_{50} (96h) 0.3mg/L。美洲红点鲑 LC_{50} (96h) 0.034mg/L。水蚤 LC_{50} (48h) 7～10mg/L。

抗菌防霉效果 克菌丹属于非特异性硫醇反应剂，抑制呼吸作用，对革兰氏阳性菌和革兰氏阴性菌、霉菌、酵母菌等均有抑杀作用，相对而言，对霉菌的抑菌效果优于细菌。其对常见微生物最低抑制浓度见表 2-129。

表 2-129 克菌丹对一些微生物的最低抑制浓度 (MIC)

微生物	MIC/(mg/L)	微生物	MIC/(mg/L)
黑曲霉	100	巨大芽孢杆菌	200
黄曲霉	50	大肠杆菌	10
变色曲霉	50	金黄色葡萄球菌	10
球毛壳霉	50	枯草杆菌	200
蜡叶芽枝霉	50	荧光假单胞杆菌	200
橘青霉	50	啤酒酵母	50
宛氏拟青霉	50	酒精酵母	50
链格孢霉	200	白色念珠菌	10

(来源：万厚生物)

制备 由1,2,3,4-四氢邻苯二甲酰亚胺、三氯甲磺酰氯在氢氧化钠存在下反应制备。

应用 克菌丹是传统多作用位点杀菌剂中有机硫类的一种邻苯二甲酰亚胺类杀菌剂。农业领域，以保护和触杀作用为主，对各种作物的高低等真菌性病害均有较好的预防效果。工业领域适用于大多工业产品抗菌防霉，比如涂料、乳液、皮革、塑料等领域。注意：最佳适宜 pH 值为 4～7，在无水、无碱系统中极其稳定。

实际应用参考：

① 克菌丹属广谱保护性杀菌剂，对农作物安全，无药害，而且还具有刺激植物生长的作用。对三麦赤霉病防治效果仅次于多菌灵，对水稻纹枯病、稻瘟病、小麦秆锈病、烟草赤星病、棉花苗期病害、苹果腐烂病等也具有良好的防治效果。

② 活性谱涵盖革兰氏阳性菌和革兰氏阴性菌、霉菌和酵母菌，可推荐用于涂料和塑料材料，特别是 PVC 抗菌防霉处理，添加率基于总材料质量在 0.5%～1.0%。比如座椅罩、浴帘、遮阳篷和类似的材料应用。

壳聚糖
(chitosan)

$(C_6H_{11}NO_4)_n$, 9012-76-4

其他名称 甲壳素、几丁聚糖、(1,4)-2-氨基-2-脱氧-β-葡萄糖、脱乙酰壳多糖

EC 编码 [222-311-2]

理化性质 白色，略有珍珠光泽，呈半透明片状固体。壳聚糖为阳离子聚合物，化学稳定性好，约 185℃分解，无毒。不溶于水和碱液，可溶解于硫酸、有机酸（1%乙酸溶液）及弱酸水溶液。

毒性 大鼠急性经口 LD_{50}＞5000mg/kg（制剂），大鼠急性经皮 LD_{50}＞5000mg/kg（制剂）。

抗菌防霉效果 作用机制：壳聚糖在酸性条件下氨基吸酸转变为氨基正离子，变为带正电的高分子多糖，既是抗菌效果的主要原因，也为其余纤维发生静电吸附提供了可能。

有关壳聚糖及其衍生物抑菌特性的报道最早见于 1979 年，系 Allan 等发现壳聚糖有广谱抑菌性。1988 年，日本具体报道了壳聚糖对金黄色葡萄球菌和大肠杆菌的抑制作用。随后人们开始认识到壳聚糖在这方面的应用价值。

壳聚糖抗菌有以下特性：(1) 在分子量 30.5 万以下的范围内，随壳聚糖浓度的增加，其抗菌作用的效果增强，当浓度为 1.0%时，对革兰氏阳性菌和革兰氏阴性菌的抗菌率均达到 100%；(2) 对革兰氏阳性菌，随壳聚糖的分子量增大，抗菌作用逐渐增强，其原因主要是分子量越大，所形成的外层膜越致密，越能阻止营养物质进入细菌细胞，因而抗菌效果更明显；(3) 对革兰氏阴性菌，随壳聚糖的分子量减小，抗菌作用逐渐增强；分子量为 5000 以下，抗菌作用最强；其原因主要是分子量越小，越容易进入细胞壁的空隙结构内，干扰细胞的新陈代谢，以达到杀死细菌的目的。

表 2-130 总结了壳聚糖对各种细菌和真菌的抗菌活性（MIC）。

表 2-130　壳聚糖对一些微生物的最低抑制浓度（MIC）

微生物	MIC/(mg/L)	微生物	MIC/(mg/L)
根癌土壤杆菌	1000	藤黄微球菌	2000
蜡样芽孢杆菌	10000	荧光假单胞杆菌	2000
密执安棒状杆菌	1000	金黄色酿脓葡萄球菌	1000
软腐欧氏杆菌	5000	甘蓝黑腐病黄单胞菌	5000
肠出血性大肠埃希菌	5000	灰葡萄孢菌	1000
佛里德兰德氏杆菌	7000	尖孢镰孢	1000

制备　壳聚糖来源于甲壳动物或昆虫的外骨骼。

应用　壳聚糖是天然多糖中唯一的碱性多糖，具有许多特殊的物理化学性质和生理功能。目前，人们最常用的方法就是对壳聚糖进行化学改性，通过其内部结构的变化使之具有不同的特性，从而应用于不同的生产生活领域。包括废水处理、层析、抗菌材料、水果蔬菜食品保鲜等。

实际应用参考：

① 由于壳聚糖可使蛋白质凝聚，故不适于含蛋白质食品，一般应用于不含蛋白质的酸性食品。它与乙酸钠配合使用可增强壳聚糖的抑菌效果。通过浸渍、喷洒、涂布等方式，壳聚糖可在水果蔬菜的表面形成一层极薄、均匀透明和具有多微孔通道的可食用薄膜，由于该薄膜具有较低的透水性和对气体有选择性，不仅能使水果蔬菜在储藏期减少水分的散失，而且因控制了保鲜膜形成的微环境中的气体浓度，使得水果蔬菜采后呼吸强度下降，而其本身有防霉抑菌的性能，故对水果蔬菜有防霉保鲜延长保存期的效果。

② 日本濑尾宽等人将壳聚糖混炼入黏胶纤维，制成特性纤维，并与棉纤维混纺织成布料做成婴儿贴身内衣，可以有效地抑制皮肤表面细菌的繁殖，同时还具有可生物降解性、低刺激性等优点。

③ 除壳聚糖与纤维的结合力局限外，壳聚糖主要在酸性条件下才表现出较好的抗菌活性，难以满足实际需求。许多学者对壳聚糖进行改性或复合，以提高壳聚糖类抗菌剂的抗菌效果，其中包括季铵化、胍化、羧烷基化改性或与纳米二氧化钛、纳米银复合等。例如东华大学的乔真真将壳聚糖与双氰胺反应，改性后的壳聚糖水溶性和抗菌性得

到提高，抗菌羊毛织物的抑菌率能达到100%。黄玉丽等人用壳聚糖/多聚磷酸钠/纳米二氧化钛混合溶液整理羊毛针织物，借助交联剂多聚磷酸钠将壳聚糖和纳米 TiO_2 负载到羊毛纤维上，结果表明，混合体系整理的羊毛抗菌性能较壳聚糖整理有所提升，且交联作用以及壳聚糖、交联剂对纳米二氧化钛的包覆提高了抗菌剂的耐久性。

克霉唑
(clotrimazole)

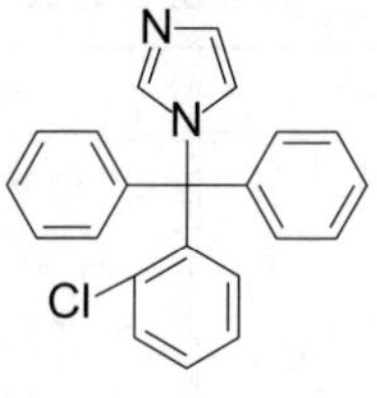

$C_{22}H_{17}ClN_2$, 344.8, 23593-75-1

其他名称 三苯氯甲咪唑、氯苯甲咪唑、杀癣净

化学名称 1-(2-氯苯基）二苯甲基-1*H*-咪唑

IUPAC 名 1-[(2-chlorophenyl)diphenylmethyl]imidazole

EC 编码 [245-764-8]

理化性质 白色至浅黄色结晶性粉末。沸点494.52℃（计算）。熔点为141～145℃。相对密度1.13。闪点245.5℃。$\lg K_{ow}=4.1$。溶解度：能溶于无水乙醇、氯仿、丙酮等有机溶剂；微溶于水、苯和甲苯；难溶于乙醚。稳定性：其为弱碱性，在强酸中缓缓水解（例如在40℃，pH 2的情况下，4h之后约水解3%），对光不敏感。克霉唑盐酸盐的熔点为159℃。

毒性 雄大鼠急性经口 LD_{50} 708mg/kg。雄小鼠急性经口 LD_{50} 923mg/kg。经临床试验证明，外用1%本品的软膏未发现不良反应。过敏反应和不良刺激也极少。

抗菌防霉效果 克霉唑具有广泛的抗真菌谱，能杀死或抑制工业污染霉菌和病源真菌，但对细菌的抑制作用很差。克霉唑实验室试验菌的抗菌情况见表2-131。

表2-131 克霉唑对实验室试验菌的抗菌力

克霉唑浓度/%	抑菌圈(直径)	
	混合霉菌/mm	混合细菌/mm
0.5	34	28
0.3	28	0
0.1	0	0

制备 克霉唑由邻氯苯甲酸经酯化、加成、水解、氯化、缩合而得。也可由邻氯甲苯经氯化得到邻氯三氯甲苯，再在三氯化铝存在下与苯缩合生成二苯基（2-氯苯基）氯甲烷，最后与咪唑缩合得到克霉唑。

应用 医药领域，克霉唑可作抗真菌类皮肤用药，用于治疗敏感菌所致的深部和浅部真菌病；工业领域，克霉唑亦可用于纺织、手工、皮革合成革、草藤制品、帆布地毯、漆布漆纸、胶黏剂等产品的防霉。使用浓度一般为 0.1%～0.5%。

氯胺 B
(chloramine-B)

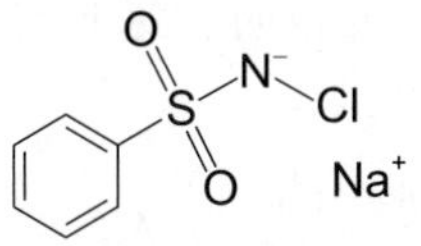

$C_6H_6ClNNaO_2S$, 213.6, 127-52-6

其他名称 氯亚明 B、苯磺酰氯胺钠盐

化学名称 *N*-氯苯磺酰胺钠

IUPAC 名 sodium benzenesulfonyl (chloro) azanide

EC 编码 [204-847-9]

理化性质 白色结晶，有效氯含量为 26%以上，稍有氯气味。熔点 170～173℃。溶解度：可溶于水。

毒性 大鼠急性经口 LD_{50} 1298mg/kg。

抗菌防霉效果 氯胺 B 的杀菌特性与次氯酸盐有许多相似之处，但 pH 值对其药效速度影响很大，杀菌效果一般较慢。在酸性条件下氯胺 B 的杀菌作用比次氯酸盐强，在碱性条件下则相反。

制备 氯胺 B 由苯磺酰胺和二氯胺 B 反应而得。

应用 氯胺 B 属于有机氯消毒剂，主要用于饮用水食具、各种器具、水果蔬菜消毒，用量为 5mg/L；养殖水质和搪瓷器具消毒，使用浓度为 1%以及用于牛乳及挤奶杯的清洗及家畜泌尿道和化脓创的冲洗消毒等。

法规 欧盟化学品管理局（ECHA）：根据指令 98/8/EC（BPD）或规则（EU）No. 528/2012（BPR）提交了批准申请的所有活性物质/产品类型组合为 PT-2（不直接用于人体或动物的消毒剂和杀藻剂）、PT-3（兽医卫生消毒剂）、PT-4（食品和饲料领域消毒剂）。PT-5（饮用水消毒剂）。氯胺 B（chloramine-B）申请目前处于审核进行之中。

氯胺 T
(chloramine-T)

Na⁺

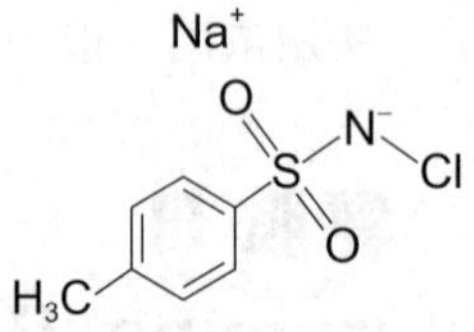

$C_7H_7ClNNaO_2S$, 227.7(无水), 127-65-1

其他名称 对甲苯磺酰氯胺钠、妥拉明、氯亚明、氯胺

商品名称 Halamid®

化学名称 *N*-氯-4-甲基苯磺酰胺钠盐

IUPAC 名 sodium chloro-(4-methylphenyl)sulfonylazanide

EC 编码 [204-854-7]

理化性质 纯品含量>99%(其中氯含量 12.6%),外观呈白色微黄色晶粉,有轻微氯味。熔点 170~177℃(分解)。密度 $1.4g/cm^3$(三水合物)。pH 值为(5%水溶液,20℃)8~10。闪点 192℃(三水合物)。$\lg K_{ow}=0.84$(估算)。溶解度:易溶于水,不溶于苯、氯仿和乙醚。稳定性:在空气中缓慢分解,释放氯(三水合物)。

毒性 大鼠急性经口 LD_{50} 935mg/kg 体重。小鼠急性经口 LD_{50} 1100mg/kg 体重。氯胺 T 溶液对皮肤的刺激作用较小,易于及时去除。

抗菌防霉效果 氯胺 T 机制由于产生次氯酸,释放出活性氯,同时氯胺 T 本身也有直接杀菌作用。该化合物对细菌繁殖体、病毒、真菌孢子及细菌芽孢都有杀灭作用,杀菌特点与次氯酸盐有许多相似之处,但 pH 值对其药效速度影响很大。

制备 氯胺 T 为生产糖精时的一种副产品,由对甲苯磺酰氯经氨水胺化、液碱成盐、氯气氯化而得。

应用 氯胺 T 是一种具有广谱杀菌能力的消毒剂,可用于创口洗涤、黏膜消毒、饮水消毒及医疗器械灭菌等。作创口洗涤剂一般用 1%~2%水溶液,黏膜消毒剂浓度为 0.1%~0.2%,饮水消毒剂为 1∶250000。印染行业亦作漂白剂和氧化退浆剂。注意:该化合物水解常数较低,次氯酸从氯胺 T 释放缓慢,其杀菌速率小,但持效期长。

法规 欧盟化学品管理局(ECHA):根据指令 98/8/EC(BPD)或规则(EU)No.528/2012(BPR)提交了批准申请的所有活性物质/产品类型组合为 PT-2(不直接用于人体或动物的消毒剂和杀藻剂)、PT-3(兽医卫生消毒剂)、PT-4(食品和饲料领域消毒剂)、PT-5(饮用水消毒剂),氯胺 T(chloramine-T)申请目前处于审核进行之中。

邻苯二甲醛(OPA)
(*o*-phthalaldehyde)

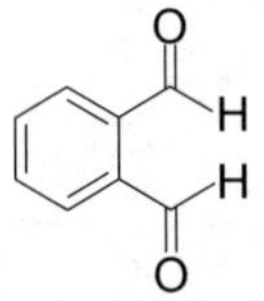

$C_8H_6O_2$, 134.1, 643-79-8

其他名称 OPA

化学名称 1,2-苯二甲醛

IUPAC 名 *o*-phthalaldehyde

EC 编码 [211-402-2]

理化性质 纯品为无色至淡黄色针状结晶。熔点 54～56℃。折射率 1.622。溶解度(25℃)：水 50g/L；易溶于甲醇、乙醇、乙二醇、四氢呋喃等有机溶剂。稳定性：对光和空气敏感，能随水蒸气挥发。

毒性 接触会刺激皮肤和黏膜，造成眼睛严重损伤。

抗菌防霉效果 邻苯二甲醛对细菌繁殖体、真菌、分枝杆菌、病毒、细菌芽孢甚至某些寄生虫都有很强的杀灭作用，并且对戊二醛抗性分枝杆菌也有良好的杀灭作用。

制备 邻苯二甲醛由萘做原料制备而得。

应用 邻苯二甲醛属于高效化学消毒剂，1999 年由美国 FDA 批准使用。不仅具有戊二醛广谱、高效、低腐蚀的优点，还具有刺激性小、使用浓度低等自身特性。主要为外用高效安全抗菌消毒剂，作为医院的内窥境手术用器械的消毒灭菌。

实际应用参考：

① 在一临床应用研究中发现，用邻苯二甲醛消毒内镜，观察 100 次，邻苯二甲醛能使细菌数下降 10^5cfu/mL，有效连续使用时间超过 14d。制造商的资料显示，邻苯二甲醛持续应用时间较戊二醛长，因用自动内镜清洗机消毒内镜，邻苯二甲醛在重复消毒 82 次内镜后，其浓度才降至其最低有效浓度，而戊二醛只能消毒 40 次。

② 含 5g/L 邻苯二甲醛和 2g/L 度米芬的复方消毒液对各种试验菌均表现出协同增效作用。邻苯二甲醛与度米芬产生协同杀菌作用的可能机制为：

a. 度米芬提高了微生物细胞壁及细胞膜的通透性，加速邻苯二甲醛与微生物蛋白质、酶、胞壁及胞浆等成分的生化反应；

b. 度米芬降低了微生物及有机物的表面张力，从而增强邻苯二甲醛的杀菌效果；

c. 邻苯二甲醛与度米芬协同破坏构成芽孢壳的角质样蛋白，打开通道，进一步与皮质中的肽聚糖反应，并改变细胞内渗透压，使一部分内容物渗出，一部分内容物与邻苯二甲醛发生交联反应、固化；

d. 度米芬可消除有机物对邻苯二甲醛杀菌作用的干扰。

氯苯甘醚
(chlorphenesin)

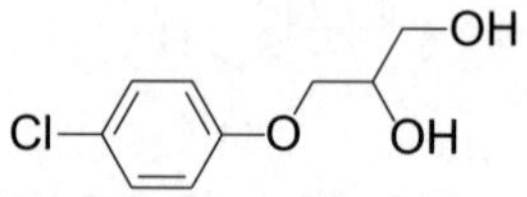

$C_9H_{11}ClO_3$, 202.6, 104-29-0

其他名称 氯苯甘油醚、氯酚醚

商品名称 Elestab® 388、Elestab® FL 15、Germazide® C、Elestab® CPN Ultrapure

化学名称 3-(4-氯苯氧基)-1,2-丙二醇

IUPAC 名 3-(4-chlorophenoxy) propane-1,2-diol

EC 编码 [203-192-6]

理化性质 纯品为白色至黄白色的结晶，稍有特异气味。熔点 78～81℃。$\lg K_{ow}$ = 1.500。溶解度（25℃）：水 6g/L；溶于有机溶剂，易溶于乙醇等。稳定性：正常条件下稳定。耐热低于 100℃。

毒性 小鼠皮下注射 LD_{50} 911mg/kg（来源：Journal of Pharmacology and Experimental Therapeutics，1948 年）。

抗菌防霉效果 氯苯甘醚对一些常见细菌和霉菌均有较好的抑杀活性，包括对表皮癣菌、小孢子癣菌、毛癣菌等真菌亦有灭杀作用，见表 2-132。

表 2-132 氯苯甘醚对部分微生物杀菌效果

测试菌株	ELESTAB® CPN/(μg/mL)	
	MIC	MMC
金黄色葡萄球菌 NCTC 10788	3000	>3000
表皮葡萄球菌 NCIMB 8853	3000	>3000
乳链球菌 NCIMB 6681	1500	>3000
大肠杆菌 NCIMB 8545	500	3000
产气杆菌 NCTC 7427	1500	3000
肺炎克雷伯菌 NCIMB 10341	1500	3000
普通变形杆菌 NCIMB 4175	500	1500
铜绿假单胞杆菌 NCIMB 8626	3000	3000
黑曲霉 IMI 149007	1500	3000
白色念珠菌 NCPF 3179	>3000	>3000
酿酒酵母 NCPF 3275	>3000	>3000

注：MIC=Minimum Inhibitory Concentration；MMC=Minimum Microbicidal Concentration。

制备 氯苯甘醚以氯酚和缩水甘油为原料，以叔胺或季铵盐作为催化剂凝缩而得。

应用 该原料氯苯甘醚对真菌和细菌具有广谱的抗菌作用，自 1996 年开始应用于化妆品，既可单独应用，也可与其他防腐剂联合应用，可有效增强防腐效果，比如与苯氧乙醇或山梨酸复配，发挥协同抗菌防腐效果。

注意：近年来在全球范围内屡有文献报道消费者因为使用含有氯苯甘醚的化妆品而引发皮炎。氯苯甘醚还可使骨骼肌松弛，抑制中枢神经系统并引起呼吸困难。

法规 《欧盟化妆品指令》（2009 年 12 月 22 日）中规定，氯苯甘醚在化妆品中的最大允许使用量为 0.3%（质量分数）。

根据 2015 年版《化妆品安全技术规范》规定：氯苯甘醚在化妆品中使用时，最大允许浓度为 0.3%（质量分数）。

2-氯-3-苯磺酰-2-丙烯腈
[2-chloro-3-(phenylsulphonyl)acrylonitrile]

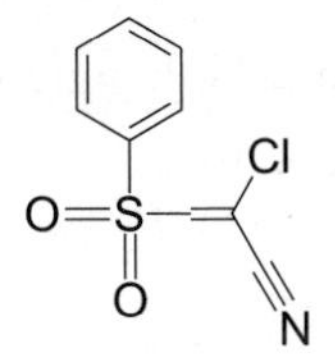

$C_9H_6ClNO_2S$, 227.7, 60736-58-5

化学名称 2-氯-3-苯基磺酰基-2-丙烯腈

IUPAC 名 3-benzenesulfonyl-2-chloroprop-2-enenitrile

EC 编码 ［262-395-8］

理化性质 商品含量（10±0.5)%（含 3%柠檬酸），外观呈淡黄色至棕色液体，具有微弱的芳香气味。沸点（101kPa）约 150℃。密度（20℃）约 1.16g/mL。蒸气压（20℃）＜0.01hPa。黏度（25℃）约 74mPa·s。折射率（n_D，20℃）1.475。闪点约 160℃。pH 值（0.1%水溶液）约 4。溶解度：易溶于有机溶剂。稳定性：随着 pH 和温度的升高，水性介质中的活性成分水解和失活加快。

毒性 大鼠急性经口 LD_{50}＞5000mg/kg。在用兔子进行测试时，产品会引起中度皮肤和眼睛刺激（暴露 24h）（来源：BAYER）。

抗菌防霉效果 该化合物对细菌、霉菌和酵母菌均有活性，一般最低抑制浓度（MIC）在 5～30mg/L 之间，尤其对形成黏液的微生物特别有效，最低抑制浓度（MIC)＜0.5mg/L。

应用 可作造纸厂和冷却水等水性体系的非持久性杀生物剂。

邻苯基苯酚(OPP)
(biphenylol-2-ol)

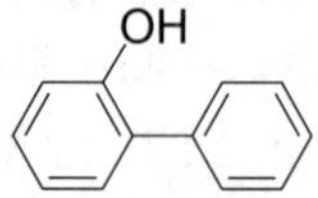

$C_{12}H_{10}O$, 170.2, 90-43-7

其他名称 2-苯基苯酚、2-羟基联苯、联苯-2-酚

商品名称 BIOBAN® OPP 63、Dowicide® 1E、Nipacide® OPP

化学名称 联苯-2-醇

IUPAC 名 2-phenylphenol

EC 编码 [201-993-5]

邻苯基苯酚钠

化学名称 邻苯基酚钠，sodium 2-biphenylate

IUPAC 名 sodium 2-phenylphenolate

CAS 登录号 [132-27-4]

EC 编码 [205-055-6]

理化性质

邻苯基苯酚 无色至浅红色晶体。熔点 58～60℃。沸点（760mmHg）275℃（NTP）。蒸气压（25℃）2.0×10^{-3}mmHg。闪点 138℃（闭杯）。相对密度（25℃）1.213。$\lg K_{ow}=3.09$。溶解度：水 0.7g/L（25℃）；溶于大部分有机溶剂，包括乙醇、乙二醇、异丙醇、乙二醇乙醚和聚乙二醇；易溶于氢氧化钠溶液。$pK_a=9.55$（22.5℃）。稳定性：DT_{50}（在水中生物降解）＝4～8d。

邻苯基苯酚钠 分子式 $C_{12}H_9NaO$。分子量 192.2。在 pH 12.0～13.5 的水中溶解度 1.1kg/kg（35℃）。

毒性

邻苯基苯酚 雄大鼠急性经口 LD_{50} 2700mg/kg。小鼠急性经口 LD_{50} 2000mg/kg。对皮肤有轻微刺激性。NOEL 在 2 年喂养试验中，大鼠达到 2g/kg 饲料，没有致病作用。动物：哺乳动物体内，邻苯基苯酚钠主要作为母体化合物以及与葡萄苷酸和硫酸盐的轭合物排出。大型蚤 EC_{50} 0.38mg/L（4h）。斑马鱼 LC_{50} 约 2.3mg/L（96h）。绿藻 EC_{50} 约 0.85mg/L（72h）。

邻苯基苯酚钠 参考邻苯基苯酚。

抗菌防霉效果 邻苯基苯酚属于脱氧核糖核酸酶抑制剂，该化合物具有广谱高效杀菌防腐防霉、消毒能力。邻苯基苯酚对一些微生物的最低抑制浓度见表 2-133。

表 2-133 邻苯基苯酚对一些微生物的最低抑制浓度（MIC）

微生物	MIC/(mg / L)	微生物	MIC/(mg / L)
黑曲霉	10	黑根霉	30
米曲霉	10	金黄色葡萄球菌	50
黄曲霉	15	大肠杆菌	80
枝孢霉	20	铜绿假单胞杆菌	170
出芽短梗霉	15	枯草芽孢杆菌	60
橘青霉	10		

制备 由 2-联苯抱氧与金属钠加热至约 200℃，生成物用酸分解而得。或由 2-氨基联苯经重氮化后水解而得。

应用 邻苯基苯酚及其钠盐是高活性的杀菌剂、消毒剂。该化合物可用于水果、蔬菜储存保鲜；还可用于生产纤维和其他材料（家化日化、食品包装、金属加工液、木材、织物、纸张、胶黏剂和皮革等）用消毒剂和防腐防霉剂，一般使用浓度为 0.15%～1.5%。亦可用于塑料热稳定剂和制备清漆。

实际应用参考：

① 邻苯基苯酚在消毒剂方面的应用：I/E 消毒剂是“Olle-StrokeEnviron”的简称，它是一种复合制剂。其配方为：邻苯基苯酚 10%，邻苄基对氯苯酚 8.5%和对叔戊基苯酚 2%。I/E 消毒剂是一种能消灭非洲猪瘟病毒的特效药剂。用 1%的 I/E 消毒剂处理污染非洲猪瘟病毒的厩舍，1h 后，厩舍即消毒干净，安全可靠。在该制剂里，邻苯基苯酚是起决定作用的主药，如单独使用邻苯基苯酚进行消毒，同样能收到杀灭非洲猪瘟病毒的效果，但药效稍低于 I/E 消毒剂。

② Lomasept 消毒剂，这是国外曾经生产的一种复方消毒剂，其配方为：喹啉 5.94%，邻苯基苯酚 4.79%，福尔马林 11.57%，二硫化碳 3.75%，黄原酸钠 7.65%和亚甲蓝 0.003%。据介绍，Lomasept 消毒剂对杀灭细菌、真菌、病毒和鸡球虫卵囊都有效，是一种“万能”消毒剂。

法规

① 欧盟化学品管理局（ECHA）：2016 年，欧盟生物杀灭剂产品委员会（BPC）发布法规（EU）2016/105，批准邻苯基苯酚（biphenyl-2-ol）作为第 1 类（人体卫生学消毒剂）、第 2 类（不直接用于人体或动物的消毒剂和杀藻剂）、第 4 类（食品和饲料领域消毒剂）、第 6 类（产品在储存过程中的防腐剂）以及第 13 类（金属工作或切削液防腐剂）生物杀灭剂产品的活性物质。批准日期 2017 年 7 月 1 日，批准期满 2027 年 7 月 1 日。

② 欧盟化学品管理局（ECHA）：2016 年，欧盟生物杀灭剂产品委员会（BPC）发布法规（EU）2016/1084，批准邻苯基苯酚（biphenyl-2-ol）作为第 3 类（兽医卫生消毒剂）生物杀灭剂产品的活性物质。批准日期 2018 年 1 月 1 日，批准期满 2028 年 1 月 1 日。其中第 7 类（干膜防霉剂）、第 9 类（纤维、皮革、橡胶和聚合材料防腐剂）以

及第10类（建筑材料防腐剂），生物杀灭剂邻苯基苯酚（biphenyl-2-ol）审核目前处于进行之中。

③ 我国2015年版《化妆品安全技术规范》规定：邻苯基苯酚在化妆品中使用时，最大允许浓度为0.2%（以苯酚计）。

4-氯-2-苄基苯酚 [4-chloro-2-benzylphenol]

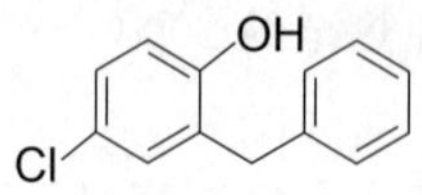

$C_{13}H_{11}ClO$, 218.7, 120-32-1

其他名称 氯苄酚、clorophene、苄氯酚、2-苄基-4-氯苯酚

商品名称 Dowicide® OBCP、Nipacide® BCP、Preventol® BP Tech

IUPAC名 2-benzyl-4-chlorophenol

EC编码 [204-385-8]

理化性质 无色至黄色薄片，酚气味。沸点（3.5mmHg）160～162℃。熔点48～49℃。蒸气压（20℃）0.1mmHg。密度（20℃）1.22g/mL。闪点约188℃。pH值为（22.5℃）5.3（饱和水溶液）。$\lg K_{ow}=3.6$。溶解度（20℃）：水0.5g/L；乙醇＞3000g/L、10%氢氧化钠溶液1000g/L。

毒性 大鼠急性经口LD_{50}＞5000mg/kg。大鼠急性经皮LD_{50}＞2500mg/kg。水生生物：圆腹雅罗鱼LC_{50}（48h）约0.5mg/L。斑马鱼LC_{50}（96h）约1.5mg/L（来源：BAYER AG）。

抗菌防霉效果 4-氯-2-苄基苯酚（氯苄酚）对常见微生物抑制浓度详见表2-134。

表2-134 4-氯-2-苄基苯酚对常见微生物的最低抑制浓度（MIC）

微生物	MIC/(mg/L)	微生物	MIC/(mg/L)
枯草芽孢杆菌	10	产气肠杆菌	20
大肠杆菌 EHEC DSM 8579	500～1000	分枝杆菌 DSM 43227	100
铜绿假单胞杆菌	5000	霍乱沙门氏菌 DSM 4224	1000～2000
金黄色葡萄球菌 MRSA	100	白色念珠菌	50
酿酒酵母	50	链格孢	100～200
黄曲霉	75	黑曲霉	50～100
球毛壳菌	20	青霉	30～50
根霉	50	毛癣菌	5～10

（来源：BAYER AG）

制备　4-氯-2-苄基苯酚由氯化苄和对氯苯酚反应制备。

应用　4-氯-2-苄基苯酚（氯苄酚）可作杀菌剂和消毒剂；亦作化妆品防腐剂。最佳pH值适用范围为4.0～8.0。

法规　欧盟化学品管理局（ECHA）：根据指令98/8/EC（BPD）或规则（EU）No.528/2012（BPR）提交了批准申请的所有活性物质/产品类型组合为PT-2（不直接用于人体或动物的消毒剂和杀藻剂）、PT-3（兽医卫生消毒剂）。氯苄酚（clorophene）活性物质申请目前处于审核进行之中。

氯丙炔碘
(haloprogin)

$C_9H_4Cl_3IO$, 361.4, 777-11-7

其他名称　卤普罗近、碘氯苯炔醚、碘炔三氯酚

化学名称　2,4,5-三氯苯基-γ-碘代丙炔醚

IUPAC名　1,2,4-trichloro-5-(3-iodoprop-2-ynoxy)benzene

EC编码　[212-286-6]

理化性质　纯品为淡黄色或白色结晶，有特殊气味。熔点114～115℃，在190℃分解。$\lg K_{ow}$=5.030。溶解度：可溶于乙醚、氯仿、乙酸乙酯、甲醇、乙醇和热冰醋酸，几乎不溶于水。

毒性　狗腹腔注射LD_{50} 230mg/kg。狗急性经口LD_{50}>3000mg/kg。鼠急性经口LD_{50}>5600mg/kg。兔急性经口LD_{50} 1525mg/kg（来源：ChemIDplus）。

抗菌防霉效果　氯丙炔碘对小孢子菌、表皮癣菌、毛发癣菌和念珠菌属等具有抗菌作用。氯丙炔碘对一些微生物的最低抑制浓度见表2-135。

表2-135　氯丙炔碘对一些微生物的最低抑制浓度（MIC）

微生物	MIC/(μg/mL)	微生物	MIC/(μg/mL)
链格孢	0.78	黑曲霉	0.78
镰刀菌 SUI 1900	0.19	产黄青霉	0.19
根霉 SUI 2100	>25	念珠丝霉菌	0.4
白色念珠菌	0.2	金黄色葡萄球菌	1.56
异常汉逊酵母	0.2	粪链球菌	100
枯草芽孢杆菌	25	铜绿假单胞杆菌	>100

（来源：APPLED MICROBIOLOGY，1970年）

应用 氯丙炔碘作杀菌剂、木材防腐剂。亦可农业杀菌剂。还可作消毒防腐剂使用。

4-氯苯基-3-碘炔丙基 (4-chlorophenyl-3-iodopropargylformal)

$C_{10}H_8ClIO_2$, 322.5, 29772-02-9

其他名称 4-氯苯基-3-碘炔丙基

IUPAC 名 1-chloro-4-(3-iodoprop-2-ynoxymethoxy) benzene

EC 编码 [249-838-0]

理化性质 淡棕色液体，具有令人不愉快的气味，含量99%（醛含量9.3%）。沸点（0.027kPa）130℃。密度（25℃）1.572g/mL。蒸气压（25℃）<1000hPa。黏度（25℃）16mPa·s。折射率（n_D，25℃）1.583。闪点164℃。溶解度：微溶于水，易溶于有机溶剂。稳定性：对酸敏感，水解为3-碘炔丙醇、4-氯苯酚和甲醛。

毒性 大鼠急性经口 LD_{50} 1250mg/kg。大鼠急性经皮 LD_{50}>2000mg/kg。

抗菌防霉效果 4-氯苯基-3-碘炔丙基对霉菌的抑制性能明显优于对细菌的抑制效果，其具体数据见表2-136。

表 2-136 4-氯苯基-3-碘炔丙基对一些微生物的最低抑制浓度（MIC）

微生物	MIC/(mg/L)	微生物	MIC/(mg/L)
链格孢	25	出芽短梗霉	25
黑曲霉	5	球毛壳菌	15
粉孢革菌	0.5	青霉	3.5
绿色木霉	50	大肠杆菌	>1000
铜绿假单胞杆菌	>1000	金黄色葡萄球菌	20

应用 4-氯苯基-3-碘炔丙基具有广谱抗菌活性，属于强力杀真菌剂。可作木材、皮革、纺织品、涂料和纸张等防霉；亦有一定杀藻效果。

氯代百里酚
(chlorthymol)

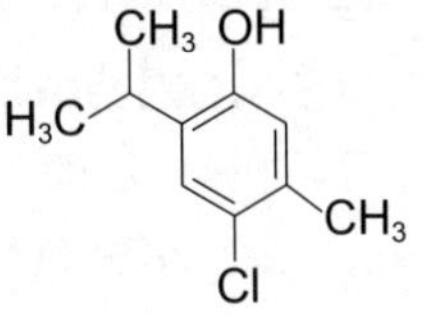

$C_{10}H_{13}ClO$, 184.7, 89-68-9

其他名称　2-甲基-3-氯-5-异丙基苯酚、6-氯代百里酚

化学名称　4-氯-2-异丙基-5-甲基苯酚

IUPAC 名　4-chloro-5-methyl-2-propan-2-ylphenol

EC 编码　[201-930-1]

理化性质　无色晶体，味道类似于百里酚。沸点（101kPa）259～263℃。熔点64℃。溶解度（20℃）：水 0.3g/L；溶于碱性溶液和有机溶剂。

毒性　小鼠急性经口 LD_{50} 2460mg/kg。刺激皮肤和黏膜。

抗菌防霉效果　氯代百里酚对真菌比较有效，但对细菌的抑制性能一般。具体数据见表 2-137。

表 2-137　氯代百里酚对常见微生物的最低抑制浓度（MIC）

微生物	MIC/(mg/L)	微生物	MIC/(mg/L)
大肠杆菌	200	铜绿假单胞杆菌	4000
黑曲霉	100	球毛壳菌	20～50
青霉	50	黑根霉	20～50

制备　氯代百里酚由百里酚、氯等原料制备而得。

应用　氯代百里酚属于广谱型杀菌剂，具一定气相杀菌功效。亦可用于化妆品防腐剂。

α-氯代萘
(1-chloronaphthalene)

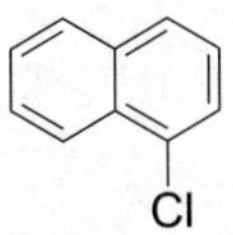

$C_{10}H_7Cl$, 162.6, 90-13-1

其他名称 氯萘、PCN-1

IUPAC 名 1-chloronaphthalene

EC 编码 [201-967-3]

理化性质 含量 90%（约含 10% 2-氯萘），外观为无色至微黄色挥发性油状液体。沸点（760mmHg）259.3℃。密度（20℃）1.194g/mL。蒸气压（25℃）约 0.014mmHg。折射率（n_D，20℃）1.633。闪点 121℃（闭杯）。$\lg K_{ow}=4.0$。溶解度：水<1mg/mL（20℃）；溶于苯、石油醚、乙醇。稳定性：随水蒸气挥发。

毒性 大鼠急性经口 LD_{50} 1540mg/kg。小鼠急性经口 LD_{50} 1091mg/kg。豚鼠急性经口 LD_{50} 2000mg/kg。大鼠吸入 LC_{50}(1h)>20mg/L。吸入或接触均会造成伤害。空气中最高允许浓度为 0.5mg/m³。

抗菌防霉效果 α-氯代萘对常见霉菌、细菌都有效，尤其对木材上常见的腐败菌更有效。

制备 由萘直接氯化而得：氯化反应以锌作催化剂，萘氯比为 1∶(0.84～1.17)，催化剂用量为萘重的 0.4%～0.5%，通氯时间 3～6h，反应温度 90～95℃，1-氯萘平均产率 81.7%，经二次分馏，产品纯度 96%。

应用 α-氯代萘可用于木材、润滑油的抗菌防霉以及土壤杀虫。但其强烈的气味限制了其应用。

4-氯-3,5-二甲基苯酚(PCMX)
(4-chloro-3,5-dimethylphenol)

C_8H_9ClO, 156.6, 88-04-0

其他名称 氯二甲苯酚、对氯间二甲酚

商品名称 Nipacide® PX

化学名称 4-氯-3,5-二甲基苯酚

IUPAC 名 4-chloro-3,5-dimethylphenol

EC 编码 [201-793-8]

理化性质 白色结晶，有轻微的苯酚气味。沸点（101kPa）246℃。熔点 114～116℃。密度（20℃）0.89g/ml。蒸气压（25℃）1.8×10^{-3}mmHg。闪点 138℃。pK_a 9.7。pH 值为（0.02%水溶液）7。$\lg K_{ow}=3.27$。溶解度（20℃）：水 0.025g/100g，乙醇 86.6g/100g，异丙醇 50.0g/100g，苯 6.1g/100g，甘油 1.5g/100g，矿物油 0.7g/

100g；溶于碱性溶液。稳定性：微有酚的气味，能随水蒸气挥发，在热水中稳定。

毒性 大鼠急性经口 LD_{50} 3830mg/kg。小鼠腹腔注射 LD_{50} 115mg/kg。大鼠急性经皮 LD_{50}＞2000mg/L。水生生物：虹鳟鱼 LC_{50}（96h）0.76mg/L。水蚤 EC_{50}（48h）7.7mg/L（来源：HSDB）。

抗菌防霉效果 4-氯-3,5-二甲基苯酚（PCMX）可通过破坏细胞壁、细胞膜，作用于胞浆蛋白以及微生物的酶系统发挥作用。该化合物对于革兰氏阳性菌的杀灭作用强于对革兰氏阴性菌、真菌和分枝杆菌的杀灭作用。PCMX 对一些微生物的最低抑制浓度见表 2-138。

表 2-138 4-氯-3,5-二甲基苯酚（PCMX）对一些微生物的最低抑制浓度（MIC）

微生物	MIC/(mg/L)	微生物	MIC/(mg/L)
黑曲霉	50	高大毛霉	50
黄曲霉	50	枯草杆菌	50
变色曲霉	50	巨大芽孢杆菌	50
橘青霉	50	大肠杆菌	250
宛氏拟青霉	100	荧光假单胞杆菌	＞1000
蜡叶芽枝霉	50	金黄色葡萄球菌	50
绿色木霉	50	铜绿假单胞杆菌	＞1000
球毛壳霉	50	酒精酵母	50
交链孢霉	50	啤酒酵母	100

注：采用液体振荡培养法测 MIC。

制备 以间二甲酚和氯气为原料，在三氯化铝的催化下合成 4-氯-3,5-二甲基苯酚。

应用 PCMX 是一种高效、安全、广谱的杀菌剂，可杀灭 160 多种细菌、病毒和真菌等，且无耐药性，是经美国药品食品管理局认定的首先杀菌药物，因其不良反应小、刺激性小、能与皮肤直接接触而广泛用于消毒液、衣物除菌液、妇女洗液等个人洗护用品中；还可用于皮革、涂料、胶黏剂、金属加工液、纺织品、水性乳胶漆等工业领域防腐防霉。

实际应用参考：

① 医院和普通药用：使用 5% 的 PCMX 溶液进行患者手术前的皮肤消毒；医用设备的灭菌；设备和硬物表面的日常清洁，以预防交叉感染；可用 PCMX 生产医用抗菌皂、香港脚杀菌剂以及一般的急救用品。它可以配制成液体、无水洗手液、粉状、霜状以及洗剂等剂型。

② 工业用：涂层表面可以作为杀真菌剂添加在涂料中，适用于潮湿环境中；添加在金属加工液中，防止微生物繁殖，避免产生异味，堵塞过滤器和腐蚀金属。皮革处理，防止长霉，抵抗细菌和真菌的攻击（特别是盐渍皮毛、植物皮革以及盐渍或风干的生兽皮）。

氯化苦
(chloropicrin)

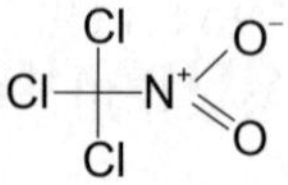

CCl_3NO_2, 164.4, 76-06-2

其他名称 三氯硝甲烷、硝基氯仿

化学名称 三氯硝基甲烷

IUPAC名 trichloro（nitro）methane

EC编码 [200-930-9]

理化性质 纯品为无色液体，具有催泪作用。熔点为－64℃。沸点（760mmHg）112.4℃（NTP，1992年）。蒸气压（20℃）16.9mmHg。相对密度（20℃）1.6658。$\lg K_{ow}$＝2.09。溶解度：水2.27g/L（0℃），1.62g/L（25℃）；和大多数溶剂相容，如丙酮、苯、乙醇、二硫化碳、乙醚、四氯化碳。稳定性：酸性介质下稳定，碱性介质下不稳定。该药吸附力很强，特别在湿物上能保持很久。闪点：不可燃。

毒性 大鼠急性经口 LD_{50} 250mg/kg。严重刺激兔皮肤。吸入0.008mg/L空气时，能清晰地感觉到；0.016mg/L时，导致咳嗽和流泪，在0.12mg/L空气中暴露30～60min导致死亡。鲤鱼TLm（48h）0.168mg/L。水蚤 LC_{50}（3h）0.91mg/L（来源：农药手册，2015年）。

抗菌防霉效果 氯化苦对霉菌、细菌、酵母菌等多种微生物以及昆虫均有杀死作用。氯化苦对实验室试验菌的抗菌情况见表2-139。

表2-139 氯化苦对实验室试验菌的抗菌力

氯化苦浓度/%	抑菌圈(直径)	
	混合霉菌/mm	混合细菌/mm
0.5	32	30
0.3	29	29
0.1	27	27

制备 硝基甲烷法：硝基甲烷在氢氧化钠存在下，通入氯气，生成氯化苦、氯化钠和水。

应用 三氯硝基甲烷，俗称氯化苦，是一种有机氯化合物，主要用作熏蒸剂和杀线虫剂，适用于粮食和土壤熏蒸；还可用于木材防腐、房层、船舶消毒、植物种子消毒等，用药量一般为 20～40g/m^3。

氯化苦对人体有强烈的刺激和催泪作用，能警示人而不至于中毒，并由于无残留，因而安全可靠。

氯己定
(chlorhexidine)

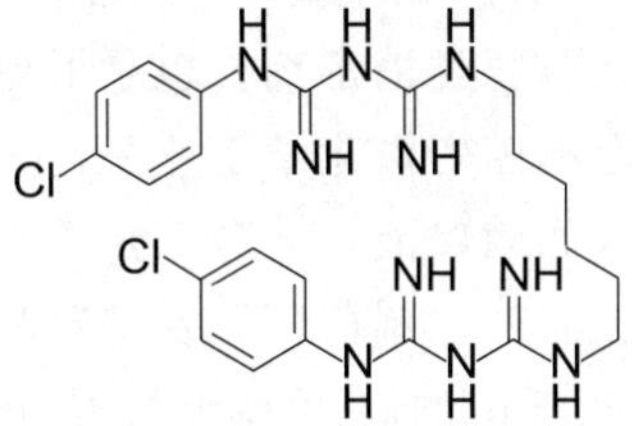

$C_{22}H_{30}Cl_2N_{10}$, 505.5, 55-56-1

其他名称 洗必泰、氯苯胍亭、双氯苯双胍、双氯苯胍己烷、洗必太

商品名称 Cougar、BioSurf、Mint-A-Kleen、Novalsan

化学名称 1,1′-己基双[5-(对氯苯基)双胍]

INCI 名称 chlorhexidine

EC 编码 [200-238-7]

理化性质 纯品为白色结晶性粉末。熔点 134～136℃。密度 300～400kg/m^3。蒸气压（25℃）1.92×10^{-16} mmHg。$\lg K_{ow} = 0.08$（pH 5.0）。$pK_a = 10.8$（25℃）（HANSCH，C&LEO，AJ，1985 年）。溶解度：难溶于水，水 0.08g/L（MERCK INDEX，1996 年）。一般多制成盐酸盐、乙酸盐与葡萄糖酸盐使用。稳定性：氯己定在 pH 值 5.5～8 范围内有活性，偏碱时活性最佳。

毒性 大鼠急性经口 LD_{50} 3000mg/kg。小鼠急性经口 LD_{50} 2515mg/kg。大鼠腹腔注射 LD_{50} 60mg/kg。小鼠腹腔注射 LD_{50} 44mg/kg。大鼠静脉注射 LD_{50} 21mg/kg。小鼠静脉注射 LD_{50} 24mg/kg（来源：VM/SAC，1977 年）。

抗菌防霉效果 作用原理是使细胞的渗透屏障受到破坏，低浓度时引起细胞浆组织的渗漏，高浓度时使细胞浆组分凝聚，而使细胞死亡。

张玥等报道氯己定对革兰氏阳性菌杀灭作用最强，革兰氏阴性菌和真菌对其敏感性稍差，但对结核分枝杆菌和某些抗力较强的真菌杀灭作用较弱，对细菌芽孢仅有抑制作用。体外研究表明，氯己定对单纯疱疹病毒、艾滋病毒、流感病毒等包膜病毒有很好的杀灭效果，对无包被病毒杀灭效果略差。氯己定对某些微生物杀菌和抑制浓度见表 2-140。

表 2-140 氯己定对几种微生物杀菌和抑制浓度

菌种	氯己定水溶液		菌种	氯己定水溶液	
	抑制浓度	杀菌浓度		抑制浓度	杀菌浓度
铜绿假单胞杆菌	1∶40000	1∶30000	大肠杆菌	1∶350000	1∶300000
变形杆菌	1∶25000	1∶20000	伤寒杆菌	1∶2000000	1∶1500000
金黄色葡萄球菌	1∶50000	1∶40000	产气杆菌	1∶90000	1∶70000
枯草芽孢杆菌	1∶220000	1∶200000	产气荚膜梭菌	1∶800	1∶600

制备 该化合物可由1,6-己二烯(双氰胺)和4-氯苯胺盐酸盐制备。

应用 氯己定又名洗必泰，属胍类消毒剂，也是低效消毒剂。

氯己定是20世纪50年代由英国帝国化学工业公司开发的抗菌剂，该化合物已在药品、医疗用品和个人卫生用品（如漱口液、牙膏等）等方面得到广泛应用，可用于皮肤和黏膜的消毒以及食品厂、化妆品厂、制药厂、发酵制品厂等的表面消毒。

关于胍类消毒剂，邱凯报道所谓的胍可看作是脲分子结构（—NH—CO—NH—）中的氧原子被亚氨基（═NH）取代而生成的化合物，胍分子中除去一个氢原子后的基团称为胍基。正由于亚氨基团的存在，氯己定本身为碱性物质，由于其难于电离，因而难溶于水，其与无机酸或有机酸能形成盐类，可溶于水。氯己定与不同的酸反应，得出不同的盐，如与乙酸反应，得到乙酸氯己定；与盐酸反应，得到盐酸氯己定；与葡萄糖酸反应，得到葡萄糖酸氯己定。成盐后的葡萄糖酸氯己定、乙酸氯己定以及盐酸氯己定均为中性物质。其中以葡萄糖酸氯己定的水溶解度最大（20%），其次为乙酸氯己定（1.8%）、盐酸氯己定（0.06%）。2009年Zeng P等分析认为，葡萄糖酸氯己定在水中的溶解度最大，主要是因为与乙酸根相比，葡萄糖酸根能增加在水中的临界胶束浓度，从而大大增加其在水中的溶解性。

实际应用参考：

① 房间、家具消毒：使用0.02%～0.5%水溶液或乙醇（75%）溶液喷洒、浸泡或擦拭，作用时间10～60min；餐具消毒：用1∶5000溶液；金属器械的消毒：用0.1%洗必泰水溶液，浸泡时间30～60min；皮肤消毒：0.02%的水溶液浸泡3min。

② 专利CN 201410199335：一种抗菌玩具塑料，其特征在于，由下述质量份的原料组成：40～60份ABS、40～60份PVC、2～4份二月桂酸二正辛基锡、1～3份硬脂酸、1～3份环氧大豆油、0.2～1.0份抗菌剂；所述抗菌剂为桧木醇和氯己定的混合物，桧木醇和氯己定的量比为（3∶1）～(1∶3)。在配方中添加特定的抗菌剂后，使用环境中本身对沾污在玩具塑料上的细菌、霉菌、酵母菌、藻类甚至病毒等起抑制或杀灭作用，通过抑制微生物的繁殖来保持塑料自身清洁。

法规 我国2015年版《化妆品安全技术规范》规定：氯己定在化妆品中使用时，最大允许浓度为0.3%（以氯己定计）。

辣椒碱
(capsaicin)

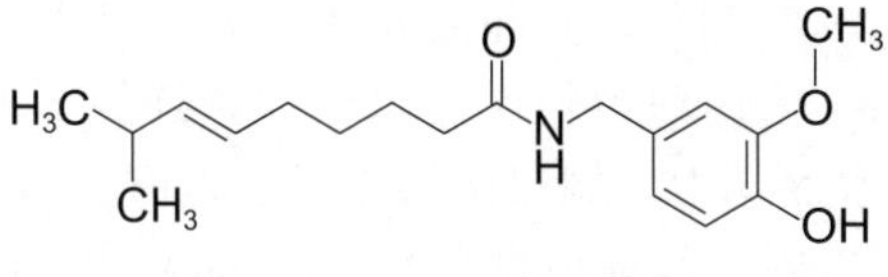

$C_{18}H_{27}NO_3$, 305.4, 404-86-4

其他名称 辣椒素

化学名称 (*E*)-*N*-(4-羟基-3-甲氧基苄基)-8-甲基-6-壬烯酰胺

IUPAC 名 (*E*)-*N*-(4-hydroxy-3-methoxyphenyl)methyl-8-methylnon-6-enamide

EC 编码 [206-969-8]

理化性质 单斜晶，矩形板，晶体和鳞片。沸点 210～220℃。熔点 65℃。蒸气压(25℃) 1.32×10^{-8}mmHg。闪点 113℃（闭杯）。$\lg K_{ow}=3.04$。溶解度：冷水中几乎不溶；微溶于二硫化碳；易溶于乙醇、乙醚、苯。稳定性：高温下可产生刺激性气体。

毒性 小鼠急性经口 LD_{50} 47.2mg/kg。小鼠急性经皮 LD_{50}＞500mg/kg。小鼠皮下注射 LD_{50} 9mg/kg。小鼠肌内注射 LD_{50} 7.8mg/kg。小鼠腹腔注射 LD_{50} 6.5mg/kg。小鼠静脉注射 LD_{50} 0.4mg/kg（来源：Toxicon，1980 年）。

抗菌防霉效果 有害生物防治中，辣椒碱能够抑制食品中主要细菌及真菌，如大肠杆菌、枯草杆菌、金黄色葡萄球菌、啤酒酵母、澳大利亚酵母，但对霉菌类无抑制作用。杨海燕等对辣椒碱提取液的抑菌特性进行的研究表明，辣椒碱是一种具有广谱抑菌作用的活性物质。在抗菌方面，辣椒碱对蜡样芽孢杆菌（*Bacillus cereus*）及枯草杆菌（*Bacillus subtilis*）有显著的抑制作用。辣椒碱具有发赤作用，使皮肤产生反射性扩张，改善虫体表皮通道结构，提高引药渗透的能力，击倒作用强，并具有明显的杀虫抗菌作用。

制备 辣椒碱（capsaicin）是引起辣椒辛辣味的主要化学物质，在辣椒果实中的含量在 0.2%～1.0%之间，通过植物原料的提取而得到。

应用 辣椒碱最早是由 Thresh 于 1876 年从辣椒果实中分离出来，并命名为辣椒碱。其是一种含酚羟基的生物碱，又名辣椒素，即反式-8-甲基-*N*-香草基-6-壬烯酰胺。辣椒碱具有多种生理药理活性，它不仅可以用于食品工业，还广泛用于医药、农药、生化、防卫、涂料等领域。

实际应用参考：

① 辣椒碱对于害虫、鼠、兔、白蚁等起到驱避作用。辣椒碱的强辛辣的特性可以

用于鸟类、动物和昆虫的驱避剂。美国农业部于1962年首次登记具有单一活性成分的辣椒碱的农药品种，这种产品为驱避剂，现仍然处于登记状态。1991年美国环保局（EPA）认定辣椒碱类化合物为生化农药。

② 专利US：5397385：Watts制备了含有辣椒素的防污涂料，该涂料主要是以液态辣椒素或结晶辣椒素为防污剂，将其与适当的防腐蚀环氧树脂混合，加入固体催化剂，涂覆于待处理的表面上；或将其与SiO_2混合，溶于自由流动的均匀液态含油树脂中，制得防污涂料。Fischer采用辣椒衍生物（例如，红辣椒素）或含油树脂辣椒素为防污剂，加入到普通的防水涂料中，制得防污涂料，可有效防止海洋生物的污损。李兆龙等将25%（质量分数，下同）的辣椒素、25%的SiO_2和50%的丁酮混合，制成油树脂辣椒素溶液。然后将其与耐磨环氧树脂涂料和硬化催化剂相混合，得到防污涂料。混合比例依次为22%、73%和5%。耐磨涂料含有分散在10%双酚A环氧树脂中的90%陶瓷细粒和一种弹性体添加剂，在涂料中也可以添加海水中不溶解的颜料或染料。

咯菌腈
(fludioxonil)

$C_{12}H_6F_2N_2O_2$, 248.2, 131341-86-1

其他名称 咯菌酯、氟咯菌腈、适乐时

化学名称 4-(2,2-二氟-1,3-苯并二氧-4-基)吡咯-3-腈

IUPAC名 4-(2,2-difluoro-1,3-benzodioxol-4-yl)-1*H*-pyrrole-3-carbonitrile

EC编码 [603-476-3]

理化性质 纯品为浅黄色晶体。熔点199.8℃。蒸气压（25℃）3.9×10^{-4} mPa。相对密度（20℃）1.54。$\lg K_{ow}=4.12$（25℃）。溶解度：水1.8mg/L（25℃）；丙酮190g/L、乙醇44g/L、甲苯2.7g/L、正辛醇20g/L、正己烷0.01g/L（25℃）。稳定性：在pH 5～9条件下不易发生水解（25℃）。水中光解DT_{50} 9～10d（自然光下）。

毒性 大鼠急性经口LD_{50}>5000mg/kg。大鼠急性经皮LD_{50}>2000mg/kg。对兔眼睛和皮肤无刺激性。对豚鼠皮肤无致敏性。大鼠吸入LC_{50}（4h）>2600mg/m^3。大鼠饲喂无作用剂量（2年）40mg/(kg·d)，小鼠（1.5年）112mg/(kg·d)，狗（1年）3.3mg/(kg·d)。水生生物：虹鳟鱼LC_{50}（96h）0.23mg/L。蓝腮翻车鱼LC_{50}（96h）0.74mg/L。鲶鱼LC_{50}（96h）0.63mg/L。鲤鱼LC_{50}（96h）1.5mg/L。水蚤LC_{50}（48h）0.40mg/L。羊角月牙藻EbC_{50} 0.025mg/L。动物：由胃肠道吸收后，迅速遍布

全身，并完全排泄。主要代谢反应是吡咯环 2 位上的氧化。所有代谢物作为共轭物被排出，主要是葡糖苷酸。

抗菌防霉效果　非内吸吡咯类杀菌剂，信号传导中的蛋白激酶细胞分裂抑制剂，主要是抑制孢子的萌发、芽管的伸长和菌丝的生长，导致病原菌死亡。该化合物对大多数微生物有良好的抑制作用，尤其对真菌抑制效果更优异。

制备　方法一：以硝基苯酚为原料，经醚化、氟化、还原制得中间体取代苯胺，再经重氮化与丙烯腈反应，最后闭环得咯菌腈。方法二：以取代的苯甲醛为起始原料，经缩合、环合得咯菌腈。

应用　由先正达公司开发的新颖广谱、非内吸吡咯类杀菌剂，由于其用量少、持效期长等特点曾被美国环保局评为零风险产品。农业领域：主要作谷物和非谷物类种子处理剂；工业领域：可作涂料、木材、塑料、纺织等制品抗菌防霉处理。

实际应用参考：

① 作为种子处理剂防治如链格孢属、曲霉属及青霉属等真菌引起的病害。谷物和非谷物使用剂量 2.5～10g/100kg。防治草坪病害使用剂量（a.i. 有效成分）400～800g/hm^2。

② 专利 CN 200780050067：本发明涉及包含增塑剂的制剂以及由所述制剂制备和/或使用所述制剂涂覆的制品。更具体地说，所述制剂包含增塑剂和杀真菌有效量的咯菌腈和/或苯醚甲环唑。所述制剂在增塑制品和涂有包含增塑溶胶的杀真菌剂的制品的制造方面具有特殊的应用，包括制品选自电线护套、电缆护套、软密封剂、传送机皮带、软管、墙面涂料、泡沫制品、卷帘百叶、涂层织物、防护衣、淋浴帘、涂层织物、铜版纸、袋子、包装材料等。

法规　欧盟化学品管理局（ECHA）：根据指令 98/8/EC（BPD）或规则（EU）No.528/2012（BPR）提交了批准申请的所有活性物质/产品类型组合为 PT-7（干膜防霉剂）、PT-9（纤维、皮革、橡胶和聚合材料防腐剂）、PT-10（建筑材料防腐剂）。生物杀灭剂咯菌腈（fludioxonil）申请目前处于审核进行之中。

4-氯-3-甲基苯酚(PCMC)
(*p*-chloro-*m*-cresol)

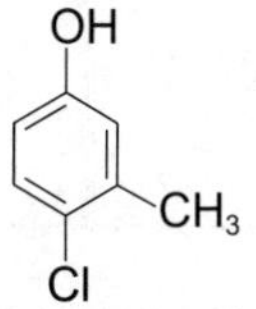

C_7H_7ClO, 142.6, 59-50-7

其他名称 氯甲酚、间甲基对氯苯酚、对氯间甲酚

商品名称 Preventol® CMK 40、Nuosept® PCMC

化学名称 4-氯-3-甲基苯酚

IUPAC 名 4-chloro-3-methylphenol

EC 编码 [200-431-6]

4-氯-3-甲基酚钠盐

IUPAC 名 sodium 4-chloro-3-methylphenolate

CAS 登录号 [15733-22-9]

EC 编码 [239-825-8]

理化性质

4-氯-3-甲基酚 纯品为无色结晶。熔点 63～66℃。沸点 110℃（NTP，1992 年）。密度（20℃）1.37g/mL。堆积密度约 630kg/m^3。蒸气压（20℃）0.08hPa。闪点约 118℃。pH 值为（0.1%水溶液）6.5。溶解性（20℃）：水 4g/L（随温度上升有所增加）；10%氢氧化钠溶液 320g/L、乙醇 500g/L。稳定性：耐热性良好。pH 1～14 均稳定。能随水蒸气挥发。pK_a=9.6。

4-氯-3-甲基酚钠盐 分子量 164.6。无色至黄色薄片（PCMC 占 63%）。熔点约 94℃。密度（20℃）1.36g/mL。堆积密度约 700kg/m^3。蒸气压（100℃）0.001hPa。pH 值为（1g/L 水溶液）10.5～11.5。lgK_{ow}=3.10。溶解度（20℃）：水 580g/L；乙醇约 2000g/L、异丙醇约 450g/L。

毒性 大鼠急性经口 LD_{50} 1830mg/kg。大鼠急性经皮 LD_{50}>2000mg/kg。对兔皮肤无刺激性。对兔眼睛有腐蚀性。水生生物：藻类 EC_{50}（96h）>10mg/L。水蚤 EC_{50}（48h）2.29mg/L。圆腹雅罗鱼 LC_{50}（48h）1.2mg/L（来源：BAYER）。

抗菌防霉效果 作为酚类化合物，4-氯-3-甲基苯酚（PCMC）对革兰氏阳性菌、革兰氏阴性菌以及霉菌、酵母菌均具有良好的抑杀作用。PCMC 对一些微生物的最低抑制浓度见表 2-141。

表 2-141 4-氯-3-甲基苯酚（PCMC）对一些微生物的最低抑制浓度（MIC）

微生物	MIC/(mg/L)	微生物	MIC/(mg/L)
黑曲霉	50	球毛壳霉	50
黄曲霉	50	枯草杆菌	50
变色曲霉	50	巨大芽孢杆菌	50
橘青霉	50	大肠杆菌	250
宛氏拟青霉	10	荧光假单胞杆菌	100
蜡叶芽枝霉	50	金黄色葡萄球菌	50

制备 PCMC 由间甲酚与二氯硫酰反应而得。

应用 PCMC 具有悠久的人类使用历史，作为环境消毒剂用于家禽、医院、家居

等领域；亦作工业抗菌防霉剂用于切削液、皮革、胶黏剂、涂料、造纸、冷却水、木材、塑料等领域。使用添加量一般在 0.5%～5.0%之间。

实际应用参考：

PCMC 的杀菌谱广，它的使用量为 500～2000mg/kg 活性成分时就能有效地抗细菌、酵母菌和霉菌。比如可以加到金属加工液的母液中，也可以作为加工液槽的添加剂。

法规

① 欧盟化学品管理局（ECHA）：2016 年，欧盟生物杀灭剂产品委员会（BPC）发布法规（EU）2016/1930，批准 4-氯-3-甲基苯酚（chlorocresol）作为 PT-1（人体卫生学消毒剂）、PT-2（不直接用于人体或动物的消毒剂和杀藻剂）、PT-3（兽医卫生消毒剂）、PT-6（产品在储存过程中的防腐剂）类型生物杀灭剂产品的活性物质。批准日期 2018 年 5 月 1 日，批准期满 2028 年 5 月 1 日。

② 欧盟化学品管理局（ECHA）：2016 年，欧盟生物杀灭剂产品委员会（BPC）发布法规（EU）2016/1931，批准 4-氯-3-甲基苯酚（chlorocresol）作为 PT-13（金属工作或切削液防腐剂）类型生物杀灭剂产品的活性物质。批准日期 2018 年 5 月 1 日，批准期满 2028 年 5 月 1 日。

③ 我国 2015 年版《化妆品安全技术规范》规定：PCMC 在化妆品中使用时的最大允许浓度为 0.2%；使用范围和限制条件：禁用于接触黏膜的产品。

硫菌灵
(thiophanate)

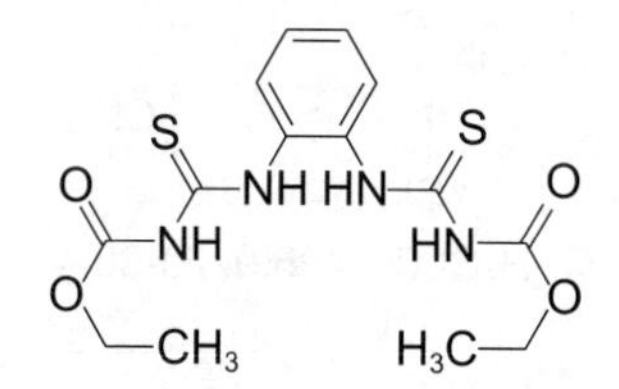

$C_{14}H_{18}N_4O_4S_2$, 370.4, 23564-06-9

其他名称 乙基托布津、托布津

化学名称 1,2-二(3-乙氧甲酰基-2-硫脲基)苯

IUPAC 名 ethyl *N*-(2-(ethoxycarbonylcarbamothioylamino)phenyl)carbamothioyl)carbamate

EC 编码 [245-741-2]

理化性质 纯品为无色结晶，熔点 194℃（分解）。溶解度：几乎不溶于水，微溶于有机溶剂。稳定性：与碱作用生成不稳定的盐溶液，与二价过渡金属如铜生成络合物。

毒性 大鼠急性经口 LD_{50}＞15000mg/kg，大鼠急性经皮 LD_{50}＞15000mg/kg。大鼠和小鼠 2 年饲喂试验未见有不良反应。鲤鱼 LC_{50}（48h）20mg/L。

抗菌防霉效果 硫菌灵对霉菌、细菌具有一定的抑制作用。硫菌灵对实验室试验菌的抗菌情况见表2-142。

表2-142 硫菌灵对实验室试验菌的抗菌力

硫菌灵浓度/%	抑菌圈(直径)	
	混合霉菌/mm	混合细菌/mm
0.5	30	35
0.3	25	30
0.1	22	25

制备 以氯甲酸乙酯、丙酮、硫氰酸钠等为原料，经多步反应得硫菌灵原药。

应用 硫菌灵作为工业防霉剂，一般用量为0.1%～0.5%；亦可作农业杀菌剂。

实际应用参考：

由于硫菌灵的毒性很低，使用安全，因此可以作为消毒剂，用它来清洗、浸渍水果。将本品50%的可湿性粉剂，稀释250倍清洗柑橘，或稀释1000倍浸渍西红柿，均有防霉效果。

六氯酚
(hexachlorophene)

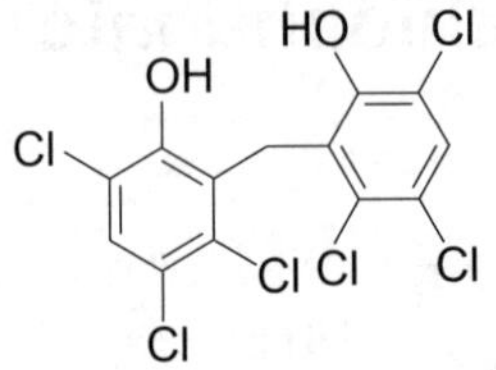

$C_{13}H_6Cl_6O_2$, 406.9, 70-30-4

其他名称 菌螨酚、灭菌酚

化学名称 2,2′-亚甲基双(3,4,6-三氯苯酚)

IUPAC名 3,4,6-trichloro-2-[(2,3,5-trichloro-6-hydroxyphenyl)methyl]phenol

EC编码 [200-733-8]

理化性质 白色或微带黄色结晶性粉末。熔点164～165℃。沸点479℃。溶解度：水140mg/L (25℃)；溶于醇、醚、丙酮、氯仿、丙二醇、聚乙二醇和稀碱液等。pK_a=4.95。

毒性 大鼠腹腔注射LD_{50} 22mg/kg。大鼠静脉注射LD_{50} 7.5mg/kg。大鼠急性经口LD_{50} 56mg/kg。

抗菌防霉效果 六氯酚对革兰氏阳性菌特别有效，而对革兰氏阴性菌效力较差。

制备 由2,4,5-三氯酚与甲醛或聚甲醛反应而得。

应用 六氯酚主要用为皮肤消毒药，对革兰氏阳性菌有效；亦可作高分子胶黏剂的防腐防霉剂。

实际应用参考：

个人除臭气雾剂：Montfort A. Johnsen 报道 1961 年美国首先推出“好卫生”腋下除臭剂，配方大致为八水合酚磺酸锌 1.50%、六氯酚 0.12%、Solulan 16 0.50%、无水乙醇 35.0%、肉豆蔻酸异丙酯 2.58%、香精 0.30%、CFC-12 34.20%、CFC-14 25.80%。八水合酚磺酸锌有些杀菌作用，并有点几乎不易察觉的抗汗作用。杀菌主要来自六氯酚，当乙醇和抛射剂蒸发后，六氯酚的浓度变为约 2.4%，当它碰到存在于皮肤及其毛孔上的微生物时便发挥杀灭作用。

直到 1973 年几乎每一类个人除臭喷雾剂都使用六氯酚，但是人们认识到大剂量的杀菌剂会导致动物神经中毒，美国 FDA 禁止在化妆品类气雾剂中使用六氯酚。

硫柳汞
(thimerosal)

$C_9H_9HgNaO_2S$, 404.8, 54-64-8

其他名称 硫柳汞钠、乙基汞硫代水杨酸钠、硫柳汞酸钠

化学名称 硫代水杨酰钠乙基汞

IUPAC 名 sodium;(2-carboxylatophenyl) sulfanyl-ethylmercury

INCI 名称 thimerosal

EC 编码 [200-210-4]

理化性质 白色到淡黄色的结晶性粉末，汞含量占到分子量的 50%，稍有特异气味。熔点 232℃（分解）。闪点＞250℃。pH 值为（1%水溶液）6.7。溶解度：水 1000g/L；甲醇 100g/L，乙醇 120g/L；几乎不溶于乙醚和苯。稳定性：该化学品在空气中稳定，但不能阳光暴晒。曝光时可能会变色。在光的作用下会渐渐发生变化，硫柳汞代谢或降解产物为乙基汞和硫代水杨酸盐。在 pH 5～7 下对光照最稳定。

毒性 大鼠急性经口 LD_{50} 75mg/kg。小鼠急性经口 LD_{50} 91mg/kg。大鼠皮下注射 LD_{50} 98mg/kg。小鼠皮下注射 LD_{50} 66mg/kg。小鼠腹腔注射 LD_{50} 54mg/kg。小鼠静脉注射 LD_{50} 45mg/kg。

Powell 和 Jamieson 等报道了在不同动物种属中进行的急性毒性研究结果，不引起动物死亡的最大耐受剂量为兔子 20mg/kg、大鼠 45mg/kg。我国有人用仔猪和小鼠进

行了硫柳汞的肌内注射毒性试验，结果仔猪的 LD_{50} 为 0.275mg/kg，小鼠的 LD_{50} 为 190mg/kg。

抗菌防霉效果 作用机理为重金属离子与菌体中酶蛋白的—SH（巯基）结合而使酶失去活性，但对细菌抗原和血清蛋白的损害极其微弱。该化合物对革兰氏阳性菌和革兰氏阴性菌均有很强的抑菌能力。硫柳汞在 0.001%～0.01% 的浓度范围，即每剂 0.5mL 的制品中硫柳汞含量在 50μg（相当于 2.5～25μg 的汞含量）内能够有效地抑制细菌生长。

制备 硫柳汞钠由磷硫羟苯甲酸与氯化乙汞反应制得。

应用 硫柳汞是一种有机汞化合物，用途为抗菌和抗真菌剂。作为一种乙基汞制剂，含汞 49.6%，在体内可被代谢为二乙汞和硫代水杨酸盐，是疫苗中最常用的防腐剂之一。还可用于化妆品防腐以及皮肤、黏膜的消毒（用于皮肤伤口消毒、眼鼻黏膜炎症、尿道灌洗、皮肤真菌感染）。

注意：①应避免与铅、铜制品接触，不能与—SH 化合物、酸碘化物配伍。②与氯霉素、新霉素、新福林、依色林、毛果芸香碱、磺胺乙酰钠、荧光素钠有配伍禁忌。③当酸性时，溶液的耐热性比碱性时稳定。

实际应用参考：

硫柳汞是一种含汞的防腐剂，可作为消毒防腐药，由于它能预防细菌和真菌污染，自 20 世纪 30 年代以来一直用作生物制品和疫苗的添加剂。目前许多灭活疫苗、类毒素和一些血液制品等均使用硫柳汞作为防腐剂，特别是用于多剂量的疫苗。其使用量一般为 0.5%～1.0%。

法规 我国 2015 年版《化妆品安全技术规范》中规定：硫柳汞在化妆品中使用时的最大允许浓度为 0.007%（以 Hg 计）；使用范围和限制条件：眼部化妆品。标签上必须标印的使用条件和注意事项：含硫柳汞。

氯咪巴唑
(climbazole)

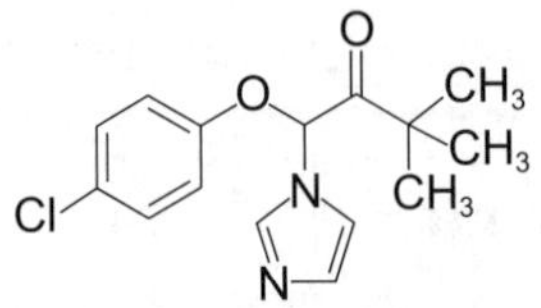

$C_{15}H_{17}ClN_2O_2$, 292.8, 38083-17-9

其他名称 甘宝素、二唑酮、CLM

商品名称 Crinipan® AD

化学名称 1-(4-氯苯氧基)-3,3-二甲基-1-咪唑-2-丁酮

IUPAC 名 1-(4-chlorophenoxy)-1-imidazol-1-yl-3,3-dimethylbutan-2-one

EC 编码 [253-775-4]

理化性质 纯品为白色或微黄色结晶性粉末。熔点 95.5℃。溶解度：水 5.5mg/L (20℃)；环己酮 400～600g/kg，异丙醇 100～200g/kg (200℃)。稳定性：酸性和微碱性介质中性质稳定，在 pH 值为 9.2 和 50～70℃条件下会有部分水解，14 天后水解达 15%。对光和热稳定。

毒性 大鼠急性经口 LD_{50} 400mg/kg。大鼠急性经皮 LD_{50} ＞5000mg/kg（来源：Farmaco，1998 年）。

抗菌防霉效果 氯咪巴唑（甘宝素）通过杀菌、抑制脂肪酶的水解、抗氧化和分解氧化物等方式阻断头屑产生。就微生物抑制效果来看，其对真菌具有较明显的抑杀作用，尤其对引起人体皮屑的真菌有独特的作用，是一种极佳的去头屑添加剂。氯咪巴唑（甘宝素）还能有效地防除棉曲霉菌（*Aspergillus*）、甘薯青霉菌（*Penicillium* spp）、酵母菌（*Candida* spp）和拟青霉菌（*Paecilomyces* spp）等。氯咪巴唑（甘宝素）对引起人体口腔牙周炎的白色念珠菌也有明显的抑制作用。

制备 由二氯吡哪酮与对氯苯酚及咪唑在碱性催化剂存在下进行不对称缩合一步制成。

应用 氯咪巴唑（甘宝素）是德国 Bayer 公司在 1977 年开发上市的高效杀菌剂产品，属于第二代去屑剂。主要用于止痒去屑调理型洗发、护发香波，也可用于抗菌香皂、沐浴露、药物牙膏、漱口液等。其去屑止痒机理是通过杀菌和抑菌来消除产生头屑的外部因素，以达到去屑止痒的效果，推荐用量为 0.4%～0.8%。若与吡啶硫酮锌合用，对去屑具有明显的协同效应。

实际应用参考：

氯咪巴唑（甘宝素）不吸湿，对光和热稳定，易溶于有机溶剂，在酸性和中性溶液中可以稳定存在，但它的去屑止痒效果与 ZPT 和 Octopirox 相比差距较大，近几年用量在下滑。

法规 我国 2015 年版《化妆品安全技术规范》规定：氯咪巴唑（甘宝素）在化妆品中使用时，最大允许浓度为 0.5%。

氯氰菊酯
(cypermethrin)

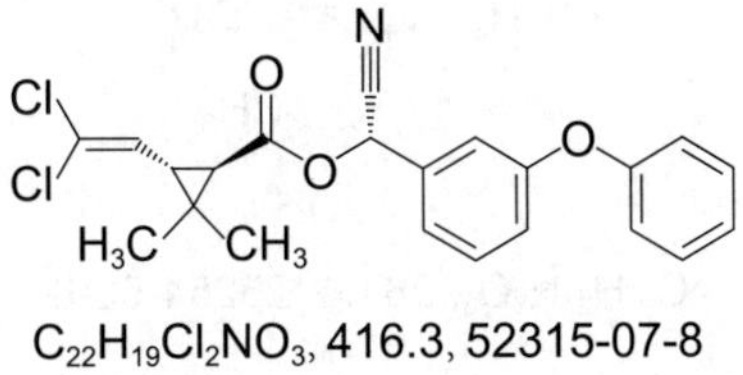

$C_{22}H_{19}Cl_2NO_3$, 416.3, 52315-07-8

化学名称 (*RS*)-alpha-氰基-3-苯氧基苄基(*SR*)-3-(2,2-二氯乙烯基)-2,2-二甲基环丙烷羧酸酯

CAS 登录号 曾用名 [69865-47-0]、[86752-99-0] 及其他号

EC 编码 [257-842-9]

理化性质 原药含量 90%。无味晶体(原药在室温下为黄褐色黏性半固体)。熔点 61~83℃(取决于异构体比例)。蒸气压(20℃)2.0×10^{-4}mPa。$\lg K_{ow}=6.6$。相对密度(20℃)1.24。溶解度:水 0.004mg/L(pH 7);丙酮、三氯甲烷、环己酮、二甲苯>450g/L,乙醇 337g/L,己烷 103g/L(20℃)。稳定性:在中性和弱酸性介质中相对稳定,pH 4 时具有最佳稳定性。在碱性介质中水解,DT_{50} 1.8d(pH 9,25℃);pH 为 5~7(20℃)时稳定。220℃以下对热稳定。不会自动燃烧、不易爆。

毒性 大鼠急性经口 LD_{50} 250~4150mg/kg(原药为 7180mg/kg),小鼠 138mg/kg。大鼠急性经皮 LD_{50}>4920mg/kg,兔>2460mg/kg。对兔眼睛和皮肤有轻微刺激作用,对兔皮肤可能有轻微致敏现象。大鼠吸入 LC_{50}(4h)2.5mg/L。水生生物:虹鳟鱼 LC_{50}(96h)0.69μg/L。水蚤 LC_{50}(48h)0.15μg/L。羊角月牙藻 EC_{50}(96h)>0.1mg/L。

抗菌防霉效果 作用于昆虫的神经系统,通过与钠离子通道相互作用扰乱神经元功能。

制备 氯氰菊酯由二氯菊酰氯与α-氰基间苯氧基苯甲醇反应制得。

应用 氯氰菊酯是一种合成的除虫菊酯类化合物,对于昆虫是一种速效神经毒素,对鸟类及哺乳类毒性不大,但对鱼类等水生生物而言高毒,对猫也有高毒性。

农业领域:可作农业杀虫剂、杀螨剂、驱螨剂。非农领域:防治公共卫生设施内的蚊子、蟑螂、苍蝇和其他害虫,也可用作动物体外杀寄生虫剂。

法规 欧盟化学品管理局(ECHA):2013 年,欧盟生物杀灭剂产品委员会(BPC)发布法规(EU)945/2013,批准氯氰菊酯(cypermethrin,CAS 登录号:52315-07-8)作为第 8 类(木材防腐剂)生物杀灭剂产品的活性物质。批准日期 2015 年 6 月 1 日,批准期满 2025 年 6 月 1 日。作为第 18 类(杀虫剂,杀螨剂和控制其他节肢动物的产品)生物杀灭剂产品的活性物质目前处于审核之中。

六氢-1,3,5-三(2-羟基丙基)均三嗪(HPT) [hexahydro-1,3,5-tris(2-hydroxypropyl)-*s*-triazine]

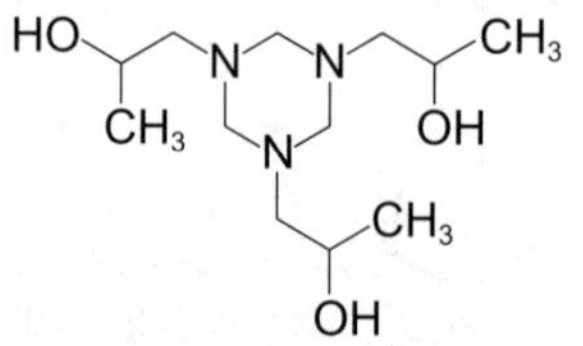

HO CH₃ N N CH₃ OH N CH₃ OH

$C_{12}H_{27}N_3O_3$, 261.4, 25254-50-6

商品名称 Grotan WS、Grotan WS Plus

化学名称 1,3,5-三(2-羟基丙基)六氢均三嗪

IUPAC 名 1-[3,5-bis(2-hydroxypropyl)-1,3,5-triazinan-1-yl]propan-2-ol

EC 编码 [246-764-0]

理化性质 含量约 80%（醛含量 27.55%），外观淡黄色液体，有微弱的胺味。沸点（101kPa）＞100℃。密度（20℃）1.09g/mL。蒸气压（20℃）约 25hPa。折射率（n_D，20℃）1.47。闪点＞100℃。pH 值（2g/L 水溶液，20℃）约 10。

毒性 参考六氢-1,3,5-三（羟乙基）均三嗪（BK）

抗菌防霉效果 六氢-1,3,5-三（2-羟基丙基）均三嗪（HPT）活性基于甲醛的释放，其对细菌的抑制效果优于对真菌的抑制效果。

制备 HPT 由甲醛、异丙醇胺等原料制备而成。

应用 HPT 作为防腐剂，主要应用于水性金属加工液体系。

法规 欧盟化学品管理局（ECHA）：根据指令 98/8/EC（BPD）或规则（EU）No. 528/2012（BPR）提交了批准申请的所有活性物质/产品类型组合为 PT-2（不直接用于人体或动物的消毒剂和杀藻剂）、PT-6（产品在储存过程中的防腐剂）、PT-11（液体制冷和加工系统防腐剂）、PT-13（金属工作或切削液防腐剂）。

六氢-1,3,5-三(羟乙基)均三嗪(BK) [hexahydro-1,3,5-tris(hydroxyethyl)-*s*-triazine]

HO⁀N⁀N⁀OH

$C_9H_{21}N_3O_3$, 219.3, 4719-04-4

其他名称 HHT、三丹油、古罗丹、羟乙基六氢均三嗪

商品名称 Nipacide® BK、万立净 M-722、Triadine® 174、Protectol® HT、Proxel® TN

IUPAC 名 2-[3,5-bis(2-hydroxyethyl)-1,3,5-triazinan-1-yl]ethanol

EC 编码 [225-208-0]

理化性质 纯品为无色至浅黄色黏稠状液体，有一定胺味，含量 100%（醛含量 41%）。沸点（0.9kPa）100℃。密度（20℃）1.157g/mL。蒸气压（20℃）25hPa。折射率（n_D，20℃）1.480～1.486。闪点＞100℃。pH 值为（1.5g/L 水溶液，20℃）10。溶解度：溶于水和低级醇。稳定性：对酸敏感。pH 7～12 之间稳定。耐温可

达 80℃。

商品含量 74.0%～78.0%，外观无色至浅黄色液体。醛含量＞30%。pH 值为（1.0%水溶液）9.0～11.0。相对密度 1.140～1.170。

毒性 大鼠急性经口 LD_{50} 910mg/kg。大鼠急性经皮 LD_{50}＞2000mg/kg。

抗菌防霉效果 六氢-1,3,5-三（羟乙基）均三嗪（BK）活性主要基于甲醛的释放。其本身属于杂环氨基化合物，具有空间位阻结构，同时由于三嗪基分子含有活泼 H 原子，能与—NCO 反应，使抗菌分子成为大分子中的一部分，从而使大分子中因含有抗菌基团而具有抗菌效果；由于抗菌基团是通过化学键形式与大分子链接在一起，所以这类大分子具有长效的抗菌效果。

BK 实验室对一些微生物的最低抑制浓度见表 2-143。

表 2-143 六氢-1,3,5-三（羟乙基）均三嗪（BK）对一些微生物的最低抑制浓度（MIC）

微生物	MIC/(mg / L)	微生物	MIC/(mg / L)
黑曲霉	500	串珠状镰刀霉	700
橘青霉	250	大肠杆菌	1500
木霉	800	普通变形杆菌	1600
球毛壳霉	50	铜绿假单胞杆菌	1800
蜡叶芽枝霉	400		

制备 BK 由原料甲醛和乙醇胺反应制备而得。

应用 BK 主要作为金属加工液、洗涤剂、乳胶漆、造纸、纺织助剂以及油田回注水等行业的杀菌防腐，还可作油田的脱硫剂使用。该化合物尤其适用于高温、碱性作业环境防腐防霉，且对设备无腐蚀。

实际应用参考：

BK 适用于金属加工液。该产品可赋予金属加工液长效的抗菌功能，防止恶臭气味的产生，保证体系的安全运行。建议添加量 2.0%～4.0%（工作液浓度 0.1%～0.2%）。

李程碑报道一种乳化型金属切削液，由下述组分按质量份组成：矿物油 70～80 份；二乙醇胺 4～8 份；三乙醇胺 4～8 份；十二烷基硫酸钠 5～10 份；月桂醇聚氧乙烯醚 5～10 份；防锈剂 10～18 份；润滑剂 10～12 份；螯合剂 1～3 份；杀菌剂 2～4 份；消泡剂 0.05～02 份；水 15～25 份。本发明乳化金属切削液具有良好的润滑作用、冷却作用和清洗作用，特别具有优异的防锈作用，能在金属表面上形成保护膜，使机床、工件、刀具免受周围介质的腐蚀。所述杀菌剂为苯并异噻唑啉酮（BIT）、BK 等。

法规 欧盟化学品管理局（ECHA）：根据指令 98/8/EC（BPD）或规则（EU）No.528/2012（BPR）提交了批准申请的所有活性物质/产品类型组合为 PT-6、PT-11、PT-12、PT-13。六氢-1,3,5-三（羟乙基）均三嗪（BK、HHT）申请处于审核进行中。

六氢 1,3,5-三[(四氢-2-呋喃基)甲基]均三嗪 [hexahydro-1,3,5-tris(tetrahydro-2-furanyl)methyl]-s-triazine]

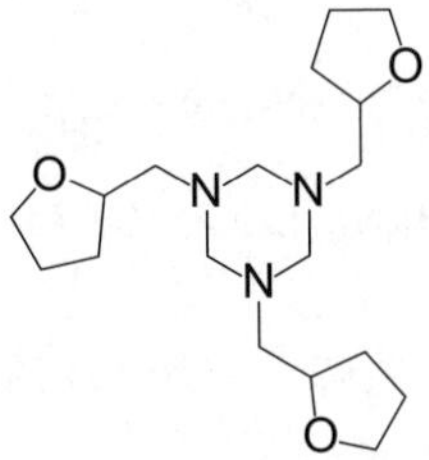

$C_{18}H_{33}N_3O_3$, 339.5, 69141-51-1

化学名称 六氢-1,3,5-三[(四氢-2-呋喃基)甲基]均三嗪

IUPAC 名 1,3,5-tris(oxolan-2-ylmethyl)-1,3,5-triazinane

理化性质 含量接近100%（醛含量约27%），外观为黄色油状物。沸点（0.1kPa）>50℃。溶解度：易溶于水。稳定性：碱性介质稳定；酸性体系降解。

毒性 小鼠急性经口 LD_{50} 1060mg/kg。小鼠皮下注射 LD_{50} >500mg/kg。小鼠静脉注射 LD_{50} 142mg/kg。

抗菌防霉效果 Grier et（1980年）等人报道六氢-1,3,5-三[(四氢-2-呋喃基)甲基]均三嗪在金属加工液中对真菌的抑制情况，详见表 2-144。

表 2-144 该化合物对常见真菌的最低抑制浓度（MIC）

微生物	MIC/(mg/L)	微生物	MIC/(mg/L)
黑曲霉	300	短双歧杆菌	200
头孢霉属	400	镰刀菌	400
指状青霉	400	绿色木霉	200
轮枝孢菌	100		

应用 六氢-1,3,5-三[(四氢-2-呋喃基)甲基]均三嗪主要作金属加工液防腐使用；亦可作其他工业产品保存应用。

六氢-1,3,5-三甲基均三嗪 (hexahydro-1,3,5-trimethyl-1,3,5-triazine)

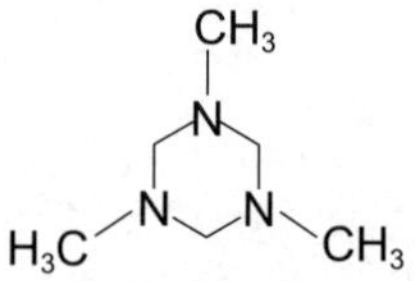

$C_6H_{15}N_3$, 129.2, 108-74-7

其他名称 1,3,5-三甲基六氢均三嗪、三甲基六氢均三嗪

IUPAC 名 1,3,5-trimethyl-1,3,5-triazinane

EC 编码 [203-612-8]

理化性质 商品有效含量为 42%，外观呈无色至淡黄色液体。沸点 162～163.5℃。相对密度（25℃）0.92g/cm^3。闪点 51℃（闭杯）。溶解度：溶于水。

毒性 小鼠静脉注射 LD_{50} 100mg/kg（来源：Pubchem）。

抗菌防霉效果 六氢-1,3,5-三甲基均三嗪杀菌活性基于甲醛释放。其对混合菌株（巨大芽孢杆菌、大肠杆菌、金黄色葡萄球菌、枯草杆菌、荧光假单孢杆菌）杀菌数据详见表 2-145。

表 2-145 三甲基六氢均三嗪和 BK 杀菌率对比

杀菌剂名称	杀菌剂浓度：10×10^{-6}(作用 2h)		杀菌剂浓度：100×10^{-6}(作用 2h)	
	2h 含菌量/(cfu/mL)	2h 杀菌率/%	2h 含菌量/(cfu/mL)	2h 杀菌率/%
BK	6.4×10^5	80.0	4.6×10^5	85.6
三甲基六氢均三嗪	7.4×10^5	76.9	5.5×10^5	82.8
空白对照(CK)	3.2×10^6	—	3.2×10^6	—

（来源：万厚生物）

制备 六氢-1,3,5-三甲基均三嗪由甲醛和氨基甲烷反应而成。

应用 六氢-1,3,5-三甲基均三嗪可作农药、医药中间体，石油工业的杀菌、缓释、脱硫。

六氢-1,3,5-三乙基均三嗪(HTT)
(hexahydro-1,3,5-triethyl-s-triazine)

$C_9H_{21}N_3$, 171.3, 7779-27-3

其他名称 1,3,5-三乙基六氢-*s*-三叠氮、1,3,5-三乙基六氢-*s*-三吖嗪

商品名称 Vancide TH、Forcide® 78V

化学名称 1,3,5-三乙基-1,3,5-六氢三嗪

IUPAC名 1,3,5-triethyl-1,3,5-triazinane

EC编码 [231-924-4]

理化性质 无色液体，具有强烈刺激性的胺气味，含量100%（醛含量53%）。沸点（101kPa）196～198℃。折射率（n_D，25℃）1.4588。pH值为（0.5g/L水溶液）10.4。溶解度：溶于水和大多数有机溶剂。稳定性：在碱性介质中稳定，酸性配方中降解迅速。

毒性 六氢-1,3,5-三乙基均三嗪大鼠急性经口LD_{50} 316mg/kg。小鼠急性经口LD_{50} 370mg/kg。兔急性经皮LD_{50} 2000mg/kg（来源：Pubchem）。

抗菌防霉效果 六氢-1,3,5-三乙基均三嗪活性基于甲醛的释放，其对细菌的抑制效果优于对霉菌的抑制效果。具体可参考BK。

制备 六氢-1,3,5-三乙基均三嗪由甲醛、乙胺等原料制备而成。

应用 六氢-1,3,5-三乙基均三嗪主要作金属加工液防腐使用。

硫氰酸亚铜(CuSCN)
(cuprous thiocyanate)

Cu^+
$N{\equiv}{-}S^-$

CuSCN, 121.6, 1111-67-7

其他名称 硫氰酸铜（Ⅰ）、CuSCN

化学名称 硫氰酸亚铜

IUPAC 名 copper（1＋）thiocyanate

EC 编码 ［214-183-1］

理化性质 纯品为白色或灰白色粉末。熔点 1084℃。相对密度 2.846。溶解度：几乎不溶于水，难溶于稀盐酸、乙醇、丙酮，能溶于氨水及乙醚。稳定性：溶于浓硫酸即分解。在空气中加热至 140℃以上可发火燃烧。

毒性 大鼠急性经口 LD_{50}＞5000mg/kg。

抗菌防霉效果 硫氰酸亚铜对藻类、细菌以及真菌均有一定的防治效果。

制备 将硫酸铜用亚硫酸钠在碱性条件下还原，然后与硫氰酸钠反应生成白色沉淀，经过滤、水洗及干燥即得硫氰酸亚铜。

应用 硫氰酸亚铜是一种优良的无机颜料，在化工领域应用广泛。用于船底防污涂料，其稳定性比氧化亚铜更好，可与有机锡化合物混配，是有效的防污剂；亦可用于果树保护及其他工业用途生物杀菌防霉；还可作聚氯乙烯塑料的阻燃与消烟剂。

实际应用参考：

硫氰酸亚铜（CuSCN）已在欧盟 BPR 和美国 EPA 进行登记，并可在英国和澳大利亚等国家使用，但在防污涂料中的初期渗出行为不甚理想，防污效果并不甚佳，目前在防污涂料中的应用已越来越少。

法规 欧盟化学品管理局（ECHA）：2016 年，欧盟生物杀灭剂产品委员会（BPC）发布法规（EU）2016/1090，批准硫氰酸亚铜（copper thiocyanate）作为第 21 类（海洋防污剂）生物杀灭剂产品的活性物质。批准日期 2018 年 1 月 1 日，批准期满 2026 年 1 月 1 日。

5-氯-2,4,6-三氟间苯二腈 (5-chloro-2,4,6-trifluoroisophthalonitrile)

$C_8ClF_3N_2$, 216.6, 1897-50-3

化学名称 5-氯-2,4,6-三氟间苯二腈

IUPAC 名 5-chloro-2,4,6-trifluorobenzene-1,3-dicarbonitrile

理化性质 黄色结晶粉末。熔点 109～110℃。沸点 224℃。相对密度 1.59。闪点 89.3℃。

抗菌防霉效果 作用机制：氟原子具有模拟效应、电子效应、阻碍效应和渗透效

应，百菌清分子中引入氟原子后，杀菌活性往往成倍地提高。抗菌活性数据参考百菌清一节。

制备 由百菌清等原料制备而得。

应用 肖丽平等报道，5-氯-2,4,6-三氟间苯二腈属于新一代杀菌消毒剂。据报道，5-氯-2,4,6-三氟间苯二腈具有杀菌力强和对人畜无害等特点。工业上广泛应用于循环水、造纸、涂料、皮革等杀菌消毒；农牧业上主要用于种子预处理、鱼塘和养鸡场等杀菌消毒；也可用于医疗、日常生活的杀菌消毒。

硫酸铜
(copper sulfate)

$$Cu^{2+}\quad {}^{-}O-S(=O)_2-O^{-}$$

$CuSO_4 \cdot 5H_2O$, 249.7

其他名称 蓝矾，五水硫酸铜，Ebenso，Vitrol

CAS 登录号 ［7758-98-7］(无水物)；［7758-99-8］(五水合物)

IUPAC 名 copper sulfate

EC 编码 ［231-847-6］(无水物)

理化性质 纯品为蓝色结晶，含杂质多时呈黄色或绿色，无气味。熔点 147℃（无水物）。沸点 653℃（分解）。相对密度（15.6℃）2.286。溶解度：水 148g/kg（0℃）、230.5g/kg（25℃）、335g/kg（50℃）、736g/kg（100℃）；甲醇 156g/L（18℃）。不溶于多数其他有机溶剂。溶于甘油中成为翡翠绿颜色。稳定性：其暴露在空气中会缓慢风化，在 30℃下失去 2 分子结晶水，250℃下成为无水硫酸铜。水溶液中与碱反应生成氧化铜。与氨或胺形成有色配合物。与很多有机酸形成微溶性盐类。

毒性 大鼠急性经口 LD_{50} 难于确定，因为进食会导致恶心。可造成严重的皮肤刺激。大鼠吸入 LC_{50} 为 1.48mg/kg。对鱼类高毒。对蜜蜂有毒。对鸟类毒性较低，最低致死剂量为：鸽子 1000mg/kg，鸭 600mg/kg。水蚤 EC_{50}（14d）2.3mg/L。

抗菌防霉效果 二价铜离子（Cu^{2+}）在孢子萌发时被吸收，积累至足够浓度后杀死细胞。活性仅能阻止孢子萌发。其杀菌灭藻的机理是对细菌、真菌、藻类有致毒作用，Cu^{2+} 通过凝集细菌、真菌、藻类的蛋白质胶体，从而导致微生物的代谢失调，引起细胞的死亡。

铜盐对木材真菌有很强的抑杀力。一般来讲，铜盐对木材软腐菌的抑菌性能较好，但对木材卧孔菌的抑菌力稍差。此系由于卧孔菌在木材腐朽过程中产生草酸，与硫酸铜起反应，生成抗菌力较差的草酸铜。硫酸铜对木材腐败真菌的抗菌性能见表 2-146。

表 2-146 硫酸铜对木材腐败真菌的抗菌性能

木材腐败真菌	硫酸铜使用剂量/(kg/m^3)	木材腐败真菌	硫酸铜使用剂量/(kg/m^3)
革菌	20～25	干腐菌	20
卧孔菌	40	球毛壳霉	4
地窖粉孢革菌	10		

制备 硫酸法将铜粉在600～700℃下进行焙烧，使其氧化制成氧化铜，再经硫酸分解、澄清除去不溶杂质，经冷却结晶、过滤、干燥，制得硫酸铜成品。

应用 硫酸铜，又称蓝矾，无水为白色粉末，含水为蓝色粉末，或因不纯而呈淡灰绿色，是可溶性铜盐。硫酸铜常见的形态为其结晶体，一水合硫酸四水合铜（五水合硫酸铜），为蓝色固体，其水溶液因水合铜离子的缘故而呈现出蓝色，故在实验室里无水硫酸铜常用于检验水的存在。

在现实生产生活中，硫酸铜主要用于木材防腐以及抗菌纤维；硫酸铜常用于炼制精铜；与熟石灰混合可制农药波尔多液。

实际应用参考：

① 硫酸铜多与其他化合物配制成含铜复合防腐剂。如硫酸铜与砷或氟盐配制成复合防腐剂，铜离子与复合防腐剂中其他成分能生成多种不溶性铜盐，具有很高的抑菌杀虫效力和较好的持久性。一般来讲有以下复合防腐剂：砷酸铜、亚砷酸铜和硼酸铜。

具体使用时，可利用某些铜盐的不溶性，采用两次处理或双扩散法，以达到防腐防虫的目的。先用高浓度的硫酸铜处理木材，再用碳酸钠溶液处理，形成不溶性的碳酸铜沉积在木材内。

② 张燕君等报道，用硫酸铜与二癸基二甲基氯化铵（DDAC）复配，对折断木进行顶端施药，模拟1～3年降雨量（雨水）对药剂主要活性成分流失的影响，检测木材中主要活性成分的载药量。结果表明：随取样深度增大，试样总载药量、DDAC与铜的含量都呈下降趋势；降雨量对试样中铜含量、DDAC含量、总载药量变化影响不显著。经5%浓度的防腐剂施药使腐朽菌不能在木材顶端1cm内生长，并在2～3cm范围内减缓生长，在木材顶端形成防护层，可在3年以上时间内避免和减缓腐朽的发生，有效减少林农损失。

③ 将丙烯腈纤维浸渍入含硫酸铵或硫酸羟胺的硫酸铜溶液中，在100℃中加热还原，以配位键使氰基与硫酸亚铜螯合化，生成复杂的配位高分子固着于纤维上，使之具有抗菌性。

法规 欧盟化学品管理局（ECHA）：2013年，欧盟委员会发布法规（EU）1033/2013，批准硫酸铜（copper sulphate pentahydrate）作为第2类（不直接用于人体或动物的消毒剂和杀藻剂）生物杀灭剂产品的活性物质。批准日期2015年7月1日；批准期满2025年7月1日。

氯乙酰胺
(chloroacetamide)

C_2H_4ClNO, 93.5, 79-07-2

化学名称 2-氯代乙酰胺

IUPAC 名 2-chloroacetamide

INCI 名称 chloroacetamide

EC 编码 [201-174-2]

理化性质 无色无味结晶。沸点（98kPa）224℃（分解）。熔点 119～120℃。蒸气压（25℃）1.06×10^{-2} mmHg。闪点 170℃。pH 值为（1% 水溶液）4.5。$\lg K_{ow}=-0.53$。溶解度：水约 50g/L（20℃），水约 150g/L（40℃）；乙醇 100g/L（20℃）。稳定性：pH 4～9 之间稳定。半衰期 2600h（约 108d）（pH 8）。

毒性 大鼠急性经口 LD_{50} 138mg/kg。小鼠急性经口 LD_{50} 155mg/kg。小鼠腹腔注射 LD_{50} 100mg/kg。小鼠 LD_{50}（静脉注射）180mg/kg。中度刺激皮肤和黏膜。兔急性经口 LD_{50} 122mg/kg。狗急性经口 LD_{50} 31mg/kg。

抗菌防霉效果 在三种卤代乙酰胺氯代、溴代和碘代中，2-氯乙酰胺是抗菌活性最低的，尽管它由于氯原子具有高电负性从而是较强的亲电型化合物，但是它在脂类中的溶解度比溴代物和碘代物低很多。2-氯乙酰胺对真菌的活性比其抗细菌活性更为显著。其对常见微生物最低抑制浓度见表 2-147。

表 2-147 2-氯乙酰胺对常见微生物的最低抑制浓度（MIC）

微生物	MIC/(mg/L)	微生物	MIC/(mg/L)
产气杆菌	5000	斑点气单胞菌	2000
枯草芽孢杆菌	5000	大肠杆菌	2000
普通变形杆菌	5000	铜绿假单胞杆菌	1500
荧光假单胞杆菌	5000	金黄色葡萄球菌	1500
链格孢	100	黑曲霉	800
出芽短梗霉菌	750		

制备 氯乙酰胺由氯乙酸乙酯与氨反应而得。先将氯乙酸乙酯冷却至 10℃以下，

在搅拌下慢慢加入氨水，立即析出白色结晶，加完氨水后继续搅拌 1h，过滤出结晶，再用氨水洗去氯化铵，尽量滤干即为粗品，再用乙醇重结晶而得成品。

应用 2-氯乙酰胺具有良好的水溶性及分配系数，因而其不仅在水性功能流体防腐中有十分重要的作用，而且还有如下优点：无色无味，且在广泛 pH 范围内有效（pH=4～9），与阴离子和非离子化合物兼容，其抗菌活性甚至随着阴离子表面活性剂的存在而增强。亦是医药中间体。

实际应用参考：

如用于罐内水基颜料、胶黏剂、胶水和干酪素防腐时的典型用量为 0.2%～0.6%。2-氯乙酰胺也可用作皮革工业防腐剂，如用于蓝湿皮防腐时，其活性成分用量为毛皮重量的 0.2%～2%。

法规 2016 年 2 月 12 日，欧盟发布 G/TBT/N/EU/353 号通报，公布委员会法规草案，修订化妆品法规（EC）No. 1223/2009 的附件Ⅱ和附件Ⅴ。该草案拟禁止氯乙酰胺（chloroacetamide）在化妆品中的使用，将其从授权防腐剂（附件Ⅴ）中删除，并添加到化妆品禁止物质列表（附件Ⅱ）中。

米丁 FF
(sulcofuron-sodium)

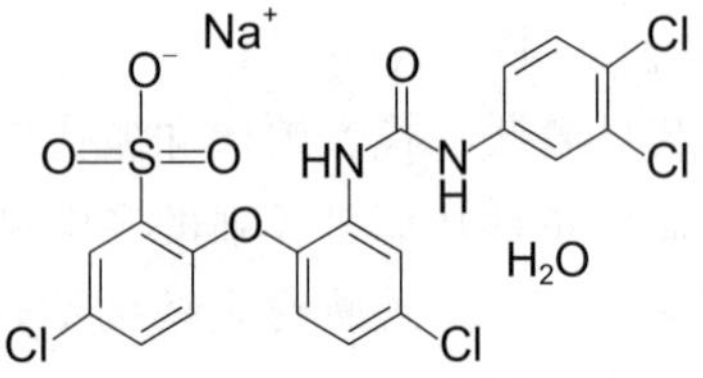

$C_{19}H_{13}Cl_4N_2NaO_6S$, 562.2, 3567-25-7

其他名称 灭丁 FF、Mitin FF

化学名称 5-氯-2-(4-氯-2-((3,4-二氯苯基)氨基)酰胺苯氧基)苯磺酸钠

EC 编码 [222-654-8]

理化性质 外观固体。熔点 223℃。蒸气压（25℃）1.43×10^{-11} mmHg。溶解度：水 1240mg/L。

毒性 小鼠急性经口 LD_{50} 1075mg/kg。大鼠急性经口 LD_{50} 750mg/kg（来源：Bulletin of the Entomological Society of America. Vol. 15，Pg. 131，1969 年）。

应用 毛纤维或其织物虫蛀起因于食毛虫，食毛虫有两类：一类为鳞翅目蛾蝶类；另一类为鞘翅目甲虫类皮蠹虫。它们以角蛋白为食料；每年 4～5 月处于活跃期，阴湿闷热的环境更有利于虫蛀。灭丁 FF 可与各种酸性染料一同使用，经处理的织物耐日晒、洗涤、汗渍、摩擦等牢度及抗蛀性能都很好。

灭菌丹
(folpet)

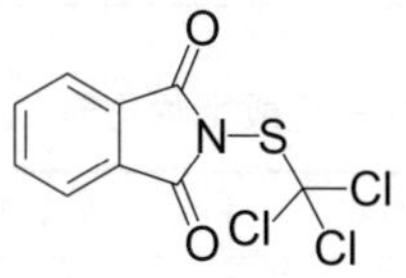

$C_9H_4Cl_3NO_2S$, 296.5, 133-07-3

其他名称 苯开普顿

商品名称 FUNGITROL® 11

化学名称 *N*-(三氯甲基硫)邻苯二甲酰亚胺

IUPAC 名 2-(trichloromethylsulfanyl)isoindole-1,3-dione

EC 编码 [205-088-6]

理化性质 纯品为白色结晶。熔点 178～179℃。蒸气压（25℃）2.1×10^{-2} mPa。相对密度（20℃）1.72。$\lg K_{ow}=3.02$ [pH 7（中间低极性）]。溶解度：水 0.8mg/L（25℃）；四氯化碳 6g/L、甲苯 26g/L、甲醇 3g/L（25℃）。稳定性：在干燥条件下较稳定，室温下遇水缓慢水解，遇高温或碱性物质迅速分解（降解为邻苯二甲酰亚胺和其他产物）。

水解速率（25℃）：DT_{50} 2.6h（pH 5）；DT_{50} 1.1h（pH 9）；DT_{50} 1.1min（pH 9）。

毒性 灭菌丹大鼠急性经口 LD_{50}＞9000mg/kg，白化兔急性经皮 LD_{50}＞4500mg/kg。对兔黏膜有刺激作用，其粉尘或雾滴接触到兔眼睛、皮肤或吸入均能使局部受到刺激。对豚鼠皮肤有刺激。大鼠急性吸入 LC_{50}（4h）1.89mg/L。NOEL：在大鼠的饲料中拌入 800mg/kg 饲料、狗 325mg/kg 饲料，5d/周，喂养 1 年，在组织病理上或肿瘤发病率上与对照组比均无明显差别。小鼠无作用剂量（致瘤性）为 450mg/kg。动物体内主要代谢产物为邻苯二甲酰亚胺、邻苯二甲酸和氨甲酰苯甲酸。水生生物：水蚤 EC_{50}＞1.46mg/L。藻类 EbC_{50} 和 ErC_{50}＞10mg/L。

抗菌防霉效果 灭菌丹属于非特定的硫醇反应，抑制微生物呼吸，其对革兰氏阴性菌、革兰氏阳性菌、霉菌和酵母菌均有良好抑制效果。灭菌丹对实验室试验菌的抗菌情况见表 2-148 和表 2-149。

表 2-148 灭菌丹对实验室试验菌的抑菌圈

灭菌丹浓度/%	抑菌圈(直径)/mm	
	混合霉菌	混合细菌
0.5	32	32
0.3	30	29
0.1	28	28

表 2-149 灭菌丹对一些微生物的最低抑制浓度（MIC）

微生物	MIC/(mg/L)	微生物	MIC/(mg/L)
黑曲霉	100	巨大芽孢杆菌	200
黄曲霉	50	大肠杆菌	10
变色曲霉	50	金黄色葡萄球菌	10
球毛壳霉	50	枯草杆菌	200
蜡叶芽枝霉	50	荧光假单胞杆菌	200
橘青霉	50	啤酒酵母	50
宛氏拟青霉	50	酒精酵母	50
链格孢霉	200	白色念珠菌	10

制备 灭菌丹由邻苯二甲酰亚胺和三氯硫氯甲烷在碱液下反应制备而得。

应用 灭菌丹为有机硫杀菌剂。农业领域：主要用于防治粮食作物、蔬菜、果树等多种病害，且对植物有刺激生长作用。工业领域：可用于涂料、塑料、橡胶、纺织品、线带、鞋类、绢花等的防霉，其用量约为0.5%～1.0%。注意：该化合物对水生生物毒性很大，但灭菌丹在水中不稳定（DT_{50}＜0.7h），在实际条件下对水生生物无毒。

实际应用参考：

外观呈粉末状，低毒，非金属结构的杀菌防霉剂，高效抑制在产品内外因环境引起的真菌、细菌等微生物的生长和繁殖。适用于溶剂型涂料、乙烯基树脂和塑料、密封胶、玻璃胶等。由于是粉末产品，建议在产品制造过程中应尽早加入，使用量是产品总重的0.5%～1.0%。

法规

① 欧盟化学品管理局（ECHA）：2015年10月2日，欧盟生物杀灭剂产品委员会（BPC）发布法规（EU）2015/1757，批准灭菌丹（folpet）作为第6类（产品在储存过程中的防腐剂）生物杀灭剂产品的活性物质。批准日期2016年10月1日，批准期满2026年9月30日。

② 欧盟化学品管理局（ECHA）：2015年10月2日，欧盟生物杀灭剂产品委员会（BPC）发布法规（EU）2015/1758，批准灭菌丹（folpet）作为第7类（干膜防霉剂）

和第9类（纤维、皮革、橡胶和聚合材料防腐剂）生物杀灭剂产品的活性物质。批准日期2016年10月1日，批准期满2026年9月30日。

嘧菌酯
(azoxystrobin)

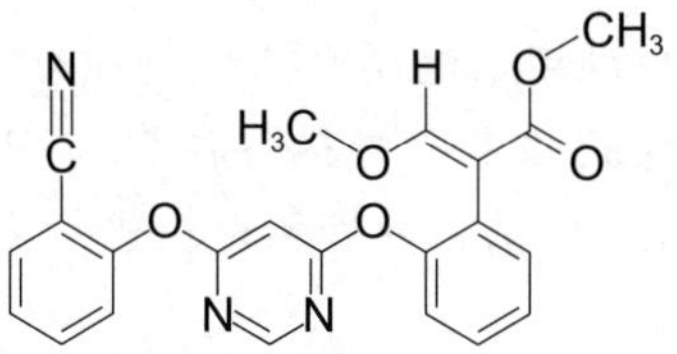

$C_{22}H_{17}N_3O_5$, 403.4, 131860-33-8

其他名称 阿米西达

化学名称 (*E*)-(2-(6-(2-氰基苯氧基)嘧啶-4-基氧)苯基)-3-甲氧基丙烯酸甲酯

IUPAC名 methyl (*E*)-2-(2-(6-(2-cyanophenoxy) pyrimidin-4-yl) oxyphenyl)-3-methoxyprop-2-enoate

EC编码 ［603-524-3］

理化性质 原药含量＞93％，*z*-异构体≤2.5％（EU Rev. Rep.）。白色晶状粉末。熔点116℃（原药114～116℃）。沸点＞345℃。蒸气压（20℃）1.1×10^{-7} mPa。lgK_{ow}＝2.5（20℃）。相对密度（20℃）1.34。溶解度：水6.7mg/L（pH 7，20℃）；己烷0.057g/L、正辛醇1.4g/L、甲醇20g/L、甲苯55g/L、丙酮86g/L、乙酸乙酯130g/L、乙腈340g/L、二氯甲烷400g/L（20℃）。稳定性：pH 7时水光解DT_{50} 8.7～13.9d。

毒性 雌雄大鼠、小鼠急性经口LD_{50}＞5000mg/kg。大鼠急性经皮LD_{50}＞2000mg/kg。轻微刺激兔眼睛和皮肤。对豚鼠皮肤无致敏性。雄大鼠鼻腔吸入LC_{50}（4h）0.96mg/L，雌大鼠0.69mg/L。NOEL（2年）：大鼠18mg/(kg·d)。无遗传毒性、致癌性和神经毒性；嘧菌酯对生殖参数无影响，没有胎毒，不影响婴儿发育。动物：大鼠体内的放射性标记物分布主要在粪便中，所有体内组织也有少量标记物。生成大量的代谢物，其中＞10％为嘧菌酯的葡萄糖苷。在山羊和母鸡体内，嘧菌酯迅速被排出，在奶、肉和蛋中微量残留。水生生物：虹鳟鱼LC_{50}（96h）0.47mg/L。蓝腮翻车鱼LC_{50}（96h）1.1mg/L。鲤鱼LC_{50}（96h）1.6mg/L。水蚤EC_{50}（48h）0.28mg/L。近头状伪蹄形藻EC_{50}（72h）0.18mg/L。

抗菌防霉效果 醌外部抑制剂，阻断在Co-Q10辅酶位点细胞色素b与细胞色素c_1之间的电子传递，抑制线粒体呼吸作用，导致病原菌死亡。具有保护、治疗、杀灭、层间传导性能的内吸性杀菌剂，能抑制孢子产生和菌丝体的生长，同时有抗产孢作用。

制备 以3-(α-甲氧基)甲烯基苯并呋喃-2(3*H*)-酮为原料，合成3,3-二甲氧基-2-(2-

羟基苯基)丙酸甲酯，3,3-二甲氧基-2-(2-羟基苯基)丙酸甲酯再与4,6-二氯嘧啶反应得到(*E*)-2-[2-(6-氯嘧啶-4-基氧基）苯基]-3-甲氧基丙烯酸甲酯，最后(*E*)-2-[2-(6-氯嘧啶-4-基氧基)苯基]-3-甲氧基丙烯酸甲酯与水杨腈反应得到嘧菌酯。

应用 嘧菌酯是先正达公司模仿天然产物 Strobinlurin 开发的一类新型高效广谱甲氧基丙烯酸类杀菌剂。该化合物可作为抗菌防霉剂应用于涂料、纺织、塑料等领域；亦作重要的农业杀菌剂。

法规 欧盟化学品管理局（ECHA）：根据指令 98/8/EC（BPD）或规则（EU）No. 528/2012（BPR）提交了批准申请的所有活性物质/产品类型组合为 PT-7（干膜防霉剂）、PT-9（纤维、皮革、橡胶和聚合材料防腐剂）、PT-10（建筑材料防腐剂）。生物杀灭剂嘧菌酯（azoxystrobin）申请目前处于审核进行之中。

棉隆
(dazomet)

$C_5H_{10}N_2S_2$, 162.3, 533-74-4

其他名称 DMTT、必速灭

商品名称 Protectol DZ、Busan® 1058、Troysan® 142、Metasol® RB-20

化学名称 3,5-二甲基-1,3,5-噻二嗪-2-硫酮

IUPAC 名 3,5-dimethyl-1，3,5-thiadiazinane-2-thione

EC 编码 [208-576-7]

理化性质 纯品含量 98%～100%（醛含量 37%），外观无色结晶状固体。熔点 104～105℃（分解）。蒸气压 0.58mPa（20℃）；1.3mPa（25℃）。相对密度 1.36。溶解度：水 3.5g/L（20℃）；环己烷 400g/kg，氯仿 391g/kg，丙酮 173g/kg，苯 51g/kg，乙醇 15g/kg，乙醚 6g/kg（20℃）。稳定性：35℃以下稳定；对应＞50℃或水分敏感。水解 DT_{50} 6～10h（pH 5）、2～3.9h（pH 7）、0.8～1h（pH 9）（25℃）（FAO 规格）。

毒性 大鼠急性经口 LD_{50} 519mg/kg。大鼠急性经皮 LD_{50}＞2000mg/kg。有效成分对兔眼睛或皮肤无刺激作用。对豚鼠皮肤无致敏作用。大鼠吸入 LC_{50}（4h）8.4mg/L 空气。NOEL 值：NOAEL（90d）大鼠 1.5mg/(kg·d)；（1 年）狗 1mg/(kg·d)；（2 年）大鼠 0.9mg/(kg·d)。无致畸和致癌性。水生生物：水蚤 EC_{50}（48h）0.3mg/L。海藻 EC_{50}（96h）1.0mg/L。虹鳟鱼 LC_{50}（96h）0.16mg/L。

抗菌防霉效果 棉隆属于通过降解产物，对酶非选择性抑制剂，分解出异硫氰酸甲酯、甲醛和硫化氢，有效杀灭细菌和真菌。棉隆对一些微生物的最低抑制浓度见表 2-150。

表 2-150　棉隆对一些微生物的最低抑制浓度（MIC）

微生物	MIC/(mg/L)	微生物	MIC/(mg /L)
金黄色葡萄球菌 ATCC 6538	117	蜡状芽孢杆菌 NCTC 2599	117
枯草芽孢杆菌 NCTC 10073	117	脱硫杆菌 NCIMB 8370	2
铜绿假单胞杆菌 NCIMB 8626	117	洋葱伯克霍尔德菌 NCIMB 9085	78
荧光假单胞杆菌 NCIB 9046	234	大肠杆菌 NCIMB 8545	375
产气杆菌 NCTC 418	375	肺炎克雷伯菌 PC 1602	117
脱硫弧菌 NCIB 8314	2	白色念珠菌 NCPF 3179	375
酿酒酵母 NCYC 87	375	黑曲霉 IMI 149007	188
绳状青霉 IMI 87160	47		

（来源：BASF）

制备　棉隆由一甲胺与二硫化碳、甲醛反应而得。

应用　棉隆是一种杀细菌和真菌药剂，同时也是具有熏蒸作用的杀线虫剂。在工业上主要用作工业冷却水、石油回注水以及纸浆等领域的杀菌除藻以及黏泥防止剂；亦可用于涂料、胶黏剂、乳液等行业的罐内杀菌防腐。农业上亦可作土壤熏蒸剂。

实际应用参考：

以 15%的本药剂与 5%的 *N*-(2-硝基丁基）吗啉复配用来控制水中黏泥微生物，使用浓度 5～50mg/L，3h 后杀菌率达 89%～99%；其与甲醛以（1∶4)～(4∶1)（质量比）复配成的药剂可用于控制工业过程中有害微生物，使用浓度为 5～500mg/L。注意水处理剂在 pH>8.0 时才有效。

法规　欧盟化学品管理局（ECHA)：2010 年欧盟委员会发布法规（EU）2010/50，批准棉隆（dazomet）作为第 8 类（木材防腐剂）生物杀灭剂产品的活性物质。批准日期 2012 年 8 月 1 日，批准期满 2022 年 8 月 1 日。

棉隆（dazomet）作为第 6 类（产品在储存过程中的防腐剂）和第 12 类（杀黏菌剂）生物杀灭剂产品的活性物质，目前审批状态为进行中。

吗啉混合物
(morpholine mixture)

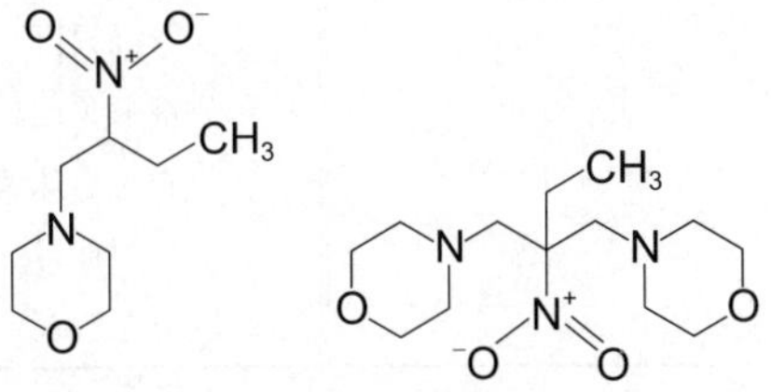

A: $C_8H_{16}N_2O_3$, 188.2　　B: $C_{13}H_{25}N_3O_4$, 287.4

吗啉混合物：(A+B)

商品名称 Bioban P-1487

IUPAC 名 4- [2-(morpholin-4-ylmethyl)-2-nitrobutyl] morpholine; 4-(2-nitrobutyl)morpholine

CAS 登录号 [37304-88-4]（是 [1854-23-5] 和 [2224-44-4]）

分子式 $C_{21}H_{41}N_5O_7$

分子量 475.6

化学名称 4-(2-硝基丁基)吗啉 (A)

IUPAC 名 4-(2-nitrobutyl)morpholine

CAS 登录号 [2224-44-4]

EC 编码 [218-748-3]

化学名称 4,4-(2-乙基-2-硝基三亚甲基)二吗啉(B)

IUPAC 名 4-[2-(morpholin-4-ylmethyl)-2-nitrobutyl]morpholine

CAS 登录号 [1854-23-5]

EC 编码 [217-450-0]

理化性质 商品以混合物存在 [其中 70% 4-(2-硝基丁基)吗啉+20% 4,4′-(2-乙基-2-硝基丙烷-1,3-二基)二吗啉]。外观呈黄棕色液体，微弱的胺气味（醛含量：A 为 15.9%；B 为 20.9%）。沸点（101kPa）>200℃。密度（25℃）1.076g/mL。蒸气压（90℃）39.9hPa。折射率（n_D，20℃）1.472。黏度（20℃）40mPa·s。闪点 87℃。pH 值（20℃）9.5～10.0。溶解度（25℃）：水 11g/L；溶于有机溶剂。稳定性：对酸敏感。分解从 pH<6.5 开始。在 7.0 或更高的 pH 值下稳定且有效。

毒性 大鼠急性经口 LD_{50} 625mg/kg。兔急性经皮 LD_{50} 420mg/kg。水生生物：虹鳟鱼 LC_{50}（96h）1.1mg/L，蓝腮翻车鱼 LC_{50}（96h）1.3mg/L。水蚤 LC_{50}（48h）1.9mg/L（来源：DOW）。

抗菌防霉效果 吗啉混合物对常见的微生物均有不错的抑杀效果，具体数据详见表 2-151。

表 2-151 吗啉混合物对一些微生物的最低抑制浓度 (MIC)

微生物	MIC/(mg/L)	微生物	MIC/(mg/L)
金黄色葡萄球菌	100～500	粪链球菌	100～500
溶血性链球菌	100～500	大肠杆菌	100～500
巴氏杆菌	10～100	铜绿假单胞杆菌	100～500
枯草芽孢杆菌	500～1000	白色念珠菌	16～32
青霉属	125～250	黑曲霉	125～250
小球藻	1	鱼腥藻	<16

（来源：DOW）

应用　吗啉混合物（含硝基吗啉类活性成分）对细菌及真菌均有效，具有广谱杀菌活性和配伍性，其水溶性一般，但完全溶于脂肪烃等有机溶剂。可适用于金属加工液、压铸润滑剂与脱模剂等领域杀菌防腐。注意：该化合物比较适用于 pH≥7.0 以上碱性溶液，若 pH<6.0，该产品的活性会下降。

实际应用参考：

金属加工液：吗啉混合物的特征在于在非极性溶剂中的高溶解度，尤其适用于金属加工液浓缩液使用。现场工作液内吗啉混合物（有效成分）浓度在 $500\times10^{-6}\sim1000\times10^{-6}$之间，可具有良好的微生物变质保护。

嘧霉胺
(pyrimethanil)

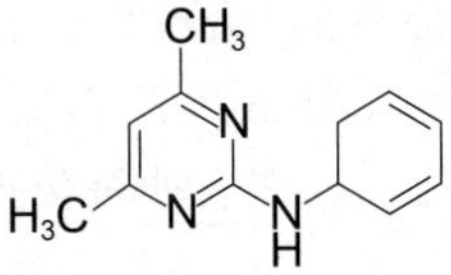

$C_{12}H_{13}N_3$, 199.3, 53112-28-0

化学名称　*N*-(4,6-二甲基嘧啶-2-基)苯胺

IUPAC 名　4,6-dimethyl-*N*-phenylpyrimidin-2-amine

EC 编码　[414-220-3]

理化性质　原药含量≥97.5%，包括不超过 0.05%的氨腈。纯品为无色结晶。熔点 96.3℃。蒸气压（25℃）2.2mPa（OECD 104）。相对密度（20℃）1.15。$\lg K_{ow}$=2.84（pH 6.1，25℃）。溶解度：水 0.121g/L（pH 6.1，25℃）；乙酸乙酯 617g/L、正己烷 23.7g/L、二氯甲烷 1000g/L、丙酮 389g/L、甲醇 176g/L、甲苯 412g/L（20℃）。稳定性：在一定 pH 范围内在水中稳定，54℃下 14d 不分解。pK_a 3.52，弱碱（20℃）（OECD 112）。

毒性　急性经口 LD_{50}：大鼠 4159～5971mg/kg、小鼠 4665～5359mg/kg。大鼠急性经皮 LD_{50}>5000mg/kg。对兔眼睛和皮肤无刺激性，对豚鼠皮肤无刺激性。大鼠急性吸入 LC_{50}(4h)>1.98mg/L。NOEL（90d）大鼠 5.4mg/(kg·d)；（2 年）大鼠 17 mg/(kg·d)（EFSA Sci. Rep.）。对大鼠和兔无致突变、致畸性。动物：在所有检测的物种中快速吸收，广泛代谢并且快速排泄。即使在重复剂量情况下，也没有证据表明有积累。代谢过程是氧化为酚类衍生物，进一步作为葡萄苷酸或者硫酸盐轭合物排出。水生生物：虹鳟鱼 LC_{50}（96h）10.6mg/L，镜鲤 LC_{50}（96h）35.4mg/L。水蚤 LC_{50}（48h）2.9mg/L。藻类 EbC_{50}（96h）1.2mg/L，ErC_{50}（96h）5.84mg/L。

抗菌防霉效果　作用机制：该化合物为蛋氨酸生物合成抑制剂，同时为触杀性杀菌剂，具有层间传导活性，既有保护作用又有治疗作用。

嘧霉胺有着广泛的抗菌作用，尤其对黄曲霉、宛氏拟青霉、蜡叶芽枝霉等真菌有较好的抑制效果。嘧霉胺对一些微生物的最低抑制浓度见表 2-152。

表 2-152 嘧霉胺对一些微生物的最低抑制浓度

微生物	MIC/(mg/L)	微生物	MIC/(mg/L)
黑曲霉	100～500	宛氏拟青霉	5
黄曲霉	2.5	链格孢霉	150
变色曲霉	100～500	绿色木霉	100～500
球毛壳霉	50	金黄色葡萄球菌	500
蜡叶芽枝霉	15	枯草杆菌	150
橘青霉	50	荧光假单胞杆菌	＞500

制备 嘧霉胺由 2-氨基-4,6-二甲基嘧啶、硝酸钠、盐酸等原料反应制备而得。

应用 其作用机理独特，通过抑制病菌侵染酶的分泌阻止病菌的侵染，并杀死病菌。嘧霉胺与三唑类、二硫代氨基甲酸酯类、苯并咪唑类及乙霉威等无交互抗性，因此对敏感或抗性病原菌均有优异的活性，可作农业杀菌剂；亦可用于木材、竹材、草藤等工业制品的防霉。

麦穗宁
(fuberidazole)

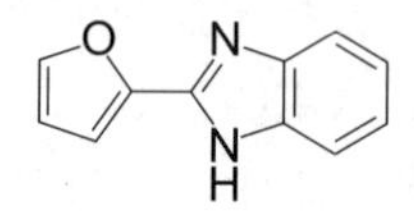

$C_{11}H_8N_2O$, 184.2, 3878-19-1

化学名称 2-(2-呋喃基)苯并咪唑

IUPAC 名 2-(furan-2-yl)-1*H*-benzimidazole

EC 编码 [223-404-0]

理化性质 原药为浅棕色无味晶状粉末。熔点 292℃（分解）。蒸气压 9×10^{-4} mPa（20℃），2×10^{-3} mPa（25℃）。$\lg K_{ow}=2.67$（22℃）。溶解度：水 220mg/L（pH 4）、71mg/L（pH 7）（20℃）；二氯乙烷 6.6g/L、甲苯 0.35g/L、异丙醇 31g/L（20℃）。稳定性：无菌环境下，纯水中水解稳定，但对光敏感，DT_{50} 15min（水溶液），6h（硅胶）。pK_a 约 4（弱碱）。

毒性 急性经口 LD_{50}：雄大鼠约 336mg/kg，小鼠约 650mg/kg。大鼠急性经皮 LD_{50}＞2000mg/kg。对兔皮肤和眼睛无刺激，对豚鼠皮肤无刺激。大鼠急性吸入 LC_{50}（4h)＞0.3mg/L（空气）（喷雾）。2 年饲喂试验无作用剂量：雄大鼠 80mg/(kg·d)，雌大鼠400mg/(kg•d)，狗20mg/(kg•d)，小鼠100mg/(kg•d)。动物：大鼠体内，麦穗宁广泛分布，72h通过尿液和粪便完全排出体外。代谢几乎完全（>97%）通过羟基化反应，其次是呋喃环共轭和/裂解、氧化。水生生物：虹鳟鱼 LC_{50}（96h）0.91mg/L。水蚤 LC_{50}（48h）12.1mg/L。近头状伪蹄形藻 ErC_{50} 12.1mg/L。

抗菌防霉效果 通过与β-微管蛋白结合，抑制有丝分裂。麦穗宁和多菌灵同属苯并咪唑类化合物，主要抑制真菌的DNA合成，抑制有丝分裂时纺锤体的形成，低浓度时使有丝分裂不稳定，高浓度时抑制染色体分裂。对常见微生物均有一定的防治效果，尤其对霉菌有优良的抑制效果。抗菌防霉效果可以参照多菌灵有关部分。

制备 将糠醛与亚硫酸氢钠浓溶液反应生成呋喃基羟基甲烷磺酸钠。然后在乙醇中，与邻苯二胺反应生成麦穗宁。

应用 麦穗宁可用作塑料、涂料、纺织品、皮革以及橡胶制品的防霉剂，也可作为胶片乳液防霉剂及牛羊驱虫剂；本剂亦为农业用杀菌剂。

实际应用参考：

农业种子处理，尤其对镰刀菌有很好的活性，使用剂量4.5g/100kg种子，仅与其他杀菌剂混合使用。

美托咪定
(medetomidine)

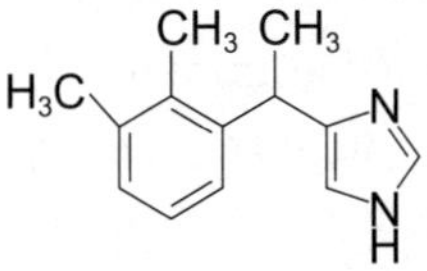

$C_{13}H_{16}N_2$, 200.3, 86347-14-0

其他名称 selektope、catemine

化学名称 (*RS*)-4-[1-(2,3-二甲基苯基)乙基]-1*H*-咪唑

IUPAC名 5-[1-(2,3-dimethylphenyl)ethyl]-1*H*-imidazole

盐酸美托咪定（medetomidine hydrochloride）

化学名称 (*RS*)-4-[1-(2,3-二甲基苯基)乙基]-1*H*-咪唑盐酸盐

IUPAC名 5-[1-(2,3-dimethylphenyl)ethyl]-1*H*-imidazole hydrochloride

CAS登录号 [86347-15-1] 盐酸美托咪定 medetomidine HCl

[145108-58-3] 盐酸右美托咪定 dexmedetomidine HCl

分子式 $C_{13}H_{16}N_2 \cdot HCl$

分子量 236.7

理化性质 美托咪定是R和S对映异构体的外消旋混合物（右旋美托咪啶和左旋

美托咪定)。外观白色或类白色结晶性粉末,含量≥99.0%。

抗菌防霉效果 美托咪定对海洋生物有优异的抑制性能,尤其对藤壶抑制有特效。

应用 美托咪定可作镇静剂和肾上腺素受体激动剂;亦可作海洋防污剂。

实际应用参考:

① 最新获得授权的一种杀虫剂是 Selektope (总称美托咪定),由制药巨头阿斯利康生产。它并非是将海洋生长物杀灭,而是通过暂时刺激软体动物幼虫中的章鱼胺受体,把它们从船体上无害地逐出。各种研究已经明确证明,这种产品在任何涂料中的使用都只需极低浓度(3g/L),无需使用任何其他杀虫剂即可保证船体无甲壳类动物附着。但不幸的是,它对海藻类不起作用,因此还需要在配置涂料时加入获得许可的除藻剂以发挥效用(来源:荣格)。

② 专利 CN 105473669 A:本发明涉及一种将相对于右旋美托咪啶具有较高量的左旋美托咪啶的美托咪啶或盐或溶剂化物作为海洋生物防污剂的应用。本发明还涉及一种包含美托咪啶的表面涂料组合物、涂覆有美托咪啶的表面以及使用美托咪啶防止海洋生物污损附着的方法。主要目的是单独使用美托咪啶的特殊对映异构体(如左旋美托咪啶)作为海洋生物防污损附着试剂,该试剂对人们影响很小。本发明的另一目的是使用对人类的影响较小的美托咪啶的特殊对映异构体组合物作为海洋生物防污损附着抑制剂。与外消旋混合物中(1∶1)的比例不同,本发明组合物中左旋美托咪啶占主要成分。本发明的另一目的是使用美托咪啶两种对映异构体的混合组合物来抑制海生物污染的表面附着,其中,左旋美托咪啶为该混合组合物的至少 90%、80%、70%、60%、50%。

法规 欧盟化学品管理局(ECHA):2015 年 9 月 29 日,欧盟委员会发布法规(EU) 2015/1731,批准美托咪定(medetomidine)作为第 21 类(海洋防污剂)生物杀灭剂产品的活性物质。批准日期 2016 年 1 月 1 日,批准期满 2023 年 1 月 1 日。

咪鲜胺
(prochloraz)

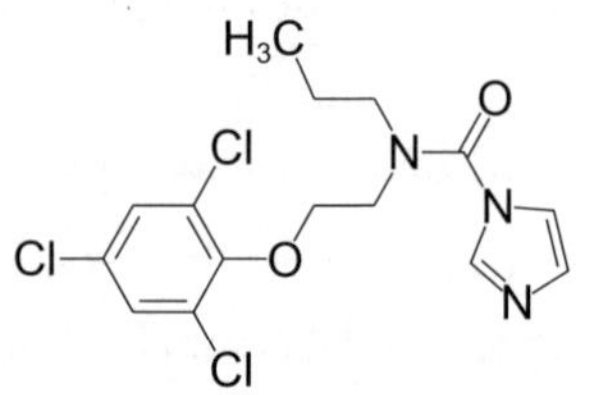

$C_{15}H_{16}Cl_3N_3O_2$, 376.7, 67747-09-5

其他名称 施保克

化学名称 *N*-丙基-*N*-[2-(2,4,6-三氯苯氧基)乙基]咪唑-1-甲酰胺

CAS 登录号　曾用［68444-81-5］；［75747-77-2］（与氯化锰的络合物）

IUPAC 名　*N*-propyl-*N*-［2-(2,4,6-trichlorophenoxy)ethyl］imidazole-1-carboxamide

EC 编码　［266-994-5］；［278-301-3］（与氯化锰的络合物）

理化性质　纯品为无色、无臭结晶固体（原药为带温和芳香味的浅棕色半固体）。熔点 46.5～49.3℃（纯度＞99%）。沸点：未达到沸点就分解。蒸气压 1.5×10^{-1}mPa（25℃），9.0×10^{-2}mPa（20℃）。$\lg K_{ow}=3.53$（pH 6.7，25℃）。相对密度（20℃）1.42。溶解度（25℃）：水 34.4mg/L；易溶于大多数有机溶剂；甲苯、二氯甲烷、二甲基亚砜、丙酮、乙酸乙酯、甲醇和异丙醇＞600g/L，正己烷 7.5g/L。稳定性：在水中 30d 不发生降解（pH 5～7，22℃），遇强酸、强碱或长期处于高温（200℃）条件下不稳定。$pK_a=3.8$，弱碱性。闪点 160℃（闭杯）。

毒性　急性经口 LD_{50}：大鼠 1023mg/kg，小鼠 1600～2400mg/kg。大鼠急性经皮 LD_{50}＞2100mg/kg。对兔皮肤和眼睛有轻微刺激作用。大鼠急性吸入 LC_{50}（4h）＞2.16mg/L 空气。NOEL：狗（2 年）4mg/(kg·d)，AOEL（EU）0.02mg/(kg·d)。动物：在所有测试的物种中，经口给药后，咪鲜胺被迅速代谢，首先是咪唑环的裂解，然后是从体内定量消除。皮肤暴露的吸收量是很低的，残留在血浆和组织中的药剂也会很快从体内消除。水生生物：虹鳟鱼和蓝鳃翻车鱼 LC_{50}（96h）分别为 1.5mg/L 和 2.2mg/L。水蚤 LC_{50}（48h）4.3mg/L。羊角月牙藻 EbC_{50}（72h）0.1mg/L，ErC_{50} 1.54mg/L。

抗菌防霉效果　咪鲜胺作用机制主要通过抑制甾醇的生物合成而起作用，尤其对子囊菌和半知菌引起的病害具有明显的防效。咪鲜胺对一些微生物的最低抑制浓度见表2-153。

表 2-153　咪鲜胺对一些微生物的最低抑制浓度（MIC）

微生物	MIC/(mg/L)	微生物	MIC/(mg/L)
黑曲霉	10	巨大芽孢杆菌	10
黄曲霉	10	大肠杆菌	10
变色曲霉	25	金黄色葡萄球菌	25
球毛壳霉	15	枯草杆菌	25
蜡叶芽枝霉	25	荧光假单胞杆菌	＞500
橘青霉	25	啤酒酵母	＞500
宛氏拟青霉	60	酒精酵母	＞500
链格孢霉	60		

制备　由 2,4,6-三氯酚为原料，依次与 1,2-二溴乙烷、丙胺、光气、咪唑反应制得。

应用　咪鲜胺是英国 Boots 公司（后来的德国艾格福公司）于 1974 年合成，是 1977 年推向市场的一种咪唑类广谱杀菌剂。该化合物可作皮革、合成革、纺织品、地毯、木材以及其他工业制品的防霉剂；亦是果蔬、花卉的保鲜剂。

灭藻醌
(quinoclamine)

$C_{10}H_6ClNO_2$, 207.6, 2797-51-5

其他名称 ACNQ

商品名称 Mogeton G

化学名称 2-氨基-3-氯-1,4-萘醌

IUPAC 名 2-amino-3-chloronaphthalene-1,4-dione

EC 编码 [220-529-2]

理化性质 黄色结晶。熔点 202℃。蒸气压（20℃）0.03mPa。$\lg K_{ow}=1.58$（25℃）。相对密度（20℃）1.56。溶解度：水 0.02g/L（20℃）；己烷 0.03g/L、甲苯 3.14g/L、二氯甲烷 15.01g/L、丙酮 26.29g/L、甲醇 6.57g/L、乙酸乙酯 15.49g/L、乙腈 12.97g/L、甲基乙基酮 21.32g/L（20℃）。稳定性：到 250℃仍稳定。水溶液水解 DT_{50}>1 年（pH 4，25℃）、767d（pH 7，25℃）、148d（pH 9，25℃）。光解 DT_{50} 60d（蒸馏水）、31d（天然水）。

毒性 急性经口 LD_{50}：雄大鼠 1360mg/kg，雌大鼠 1600mg/kg，雄小鼠 1350mg/kg，雌小鼠 1260mg/kg。大鼠急性经皮 LD_{50}>5000mg/kg。对兔眼睛有中等刺激。对兔皮肤无刺激性。对豚鼠皮肤无致敏性。大鼠吸入 LC_{50}(4h)>0.79mg/L 空气。NOEL 雄大鼠（2 年）5.7mg/(kg·d)。动物：本品能被动物迅速吸收并通过尿液和粪便几乎完全排出。母体化合物是主要残留物。脱卤和乙酰化是主要的代谢途径。水生生物：鲤鱼 LC_{50}（48h）0.7mg/L。斑马鱼 LC_{50}（96h）0.65mg/L。水蚤 LC_{50}(3h)>10mg/L。海藻 ErC_{50} 22.25mg/L。

抗菌防霉效果 杀菌除藻性能优异。

制备 灭藻醌由二氯萘醌原料制备而来。

应用 灭藻醌可作水稻田防除藻类和杂草，剂量 20～30kg（9%颗粒剂 GR)/hm^2。用于花盆内的观赏植物及草坪，防除苔藓，剂量 15～30kg（25%可湿性粉剂 WP)/hm^2。

咪唑烷基脲
(imidazolidinyl urea)

$C_{11}H_{16}N_8O_8$, 388.3, 39236-46-9

其他名称　杰马尔-115、杰美 115

商品名称　Germall® 115、Liposerve® IU、Nipa Biopure® 100、Protacide® U-13

化学名称　*N*,*N*′-亚甲基二(*N*′-3-羟甲基-2,5-二氧-4-咪唑基)脲

INCI 名称　imidazolidinyl urea

EC 编码　[254-372-6]

理化性质　纯品为白色粉末，含量接近 100%（醛含量 23%）。熔点 150℃（分解）。溶解度：水 200g/100g，丙二醇 50g/100g，甘油 16g/100g，甲醇<0.05g/100g，乙醇<0.05g/100g，矿物油<0.05g/100g。稳定性：pH 3～9 体系稳定；与各种原料的相容性较好，能与非离子表面活性剂、阴离子表面活性剂和蛋白质配伍。

毒性　大鼠急性经口 LD_{50} 7500mg/kg，小鼠急性经口 LD_{50} 7200mg/kg。兔急性经皮 LD_{50}>8000mg/L。在慢性毒性试验中，本品不引起兔子皮肤刺激及眼睛过敏，不引起豚鼠的过敏反应。以 0.5%的水溶液，任意给兔子喂食，25 天不显示任何毒性反应，以 2g/kg 的量对兔子进行静脉或腹膜注射，观察二周，兔子无死亡。

抗菌防霉效果　孙晓青等报道杀菌机理有两种解释：其一，这类防腐剂是通过缓慢分解释放甲醛起抑菌、杀菌作用，甲醛是活性成分；其二，这类防腐剂分子中 *N*-羟甲基本身是一个灭菌活性基团，可起灭菌作用。咪唑烷基脲抑制或使必需的细胞酶失活，通常在酶的活性部位与巯基或羟基反应，直接攻击酶的活性物。该化合物对革兰氏阳性菌和阴性菌均有很好的抑杀效果；而对霉菌和酵母菌为选择性抑制，抑杀能力一般。咪唑烷基脲对一些微生物的最低抑制浓度见表 2-154。

表 2-154　咪唑烷基脲对一些微生物的最低抑制浓度（MIC）

微生物	MIC/(mg/L)	微生物	MIC/(mg/L)
大肠杆菌	200	黑曲霉菌	800
金黄色葡萄球菌	100	变形杆菌	250
枯草杆菌	200		

杀菌率试验：当使用浓度为 0.3%时，室温下对大肠杆菌的杀灭率为 99.99%，对

金黄色葡萄球菌的杀灭率为100%，对铜绿假单胞杆菌的杀灭率为100%，对白假丝酵母的杀灭率为99.70%。

制备 咪唑烷基脲由烷基咪唑衍生物与甲醛反应制得。

应用 20世纪60年代，人们发现使用未添加防腐剂的护肤品后皮肤会出现细菌感染症状。出于对健康护肤的追求，第一支咪唑烷基脲防腐剂——Germall 115在Sutton实验室应运而生。1973年被化妆品盥洗用品香精香料协会（cosmetic，toiletry and fragrance association，CTFA）以咪唑烷基脲的命名收入化妆品原料词典，从此作为化妆品防腐剂广泛应用于各种化妆品配方。

注意：①本品pH值在3.0～10.0时可有效抑制革兰氏阴性菌和阳性菌，60℃以下添加至配方中，防腐效果最佳，通过复配碘丙炔醇丁基氨甲酸酯（IPBC）或对羟基苯甲酸酯类等，可达到广谱抑菌效果；②在蛋白质存在时，仍能保持其抗菌能力，甚至有可能提高。例如本品可使牛奶、血、蛋白、全蛋、排骨及其他易污染蛋白质的混合物的样品，在室温下保存数月；③美国化妆品成分审核（Cosmetic Ingredient Review）和欧洲化妆品和非食品消费者科学委员会（The scientific committeeon cosmetic products and non-food productsintended for consumers）对甲醛释放体的安全评估报告均明确表示在目前的研究数据支持下，甲醛释放体在法规允许使用限量下安全无毒、不致癌、不致畸。

实际应用参考：

① 可单独用于乳霜、香波、露液、调理剂等产品，亦可与尼泊金酯类、IPBC等配合使用，增强其防腐效果。pH值使用范围为3～9，一般添加量为0.2%～0.4%，最大允许添加量为0.6%。

② 通常与尼泊金酯或凯松CG配合作化妆品防腐剂。可用于膏霜、奶液、香波等，尤其适用于在pH偏碱性时易染上铜绿色极毛杆菌的一些高级营养化妆品。通常用量为0.1%～0.5%。

法规

① 根据我国2015年版《化妆品安全技术规范》规定：咪唑烷基脲在化妆品中使用时的最大允许浓度为0.6%。

② 欧盟化妆品法规中的要求：1982年至今。咪唑烷基脲最大允许用量为0.6%，如果成品中甲醛含量大于0.05%时需要标注“含甲醛”。

柠檬醛
(citral)

CH_3 CH_3 O

H_3C H

$C_{10}H_{16}O$, 152.2, 5392-40-5

其他名称 香叶醛、橙花醛

化学名称 3,7-二甲基-2,6-辛二烯-1-醛

IUPAC 名 (2*E*)-3,7-dimethylocta-2,6-dienal

EC 编码 [226-394-6]

理化性质 天然柠檬醛是两种异构体组成的混合物。柠檬醛 α（又称香叶醛，反式柠檬醛）为无色油状液体，有柠檬香气；沸点 229℃；相对密度 0.8888；在空气中易氧化变黄。柠檬醛 β（又称橙花醛，顺式柠檬醛）为无色或淡黄色液体；沸点 120℃ (20mmHg)；相对密度 0.8869。两种异构体都溶于乙醇和乙醚。在碱性和强酸中不稳定。

毒性 小鼠急性经口 LD_{50} 1440mg/kg（体重）。大鼠急性经口 LD_{50} 4950mg/kg（体重）。兔急性经皮 LD_{50} 2250mg/kg（体重）。大鼠急性经皮 LD_{50} >2000mg/kg（体重）（来源：欧洲化学品局）。

抗菌防霉效果 柠檬醛具有广谱的抗菌、抑菌活性。相对于传统的食用防腐剂，柠檬醛显示出了更具优势的抗菌能力。余伯良等采用平板法比较了柠檬醛与合成食用防腐剂苯甲酸钠、山梨酸钾对 8 种霉菌的抗菌能力（表 2-155）。

表 2-155 三种药剂的最低抑菌浓度对比表

菌株	柠檬醛/%	苯甲酸钠/%	山梨酸钾/%
黄曲霉	0.10	0.40	0.10
黑曲霉	0.10	0.35	0.10
杂色曲霉	0.10	0.35	0.10
橘青霉	0.15	<0.45	0.15
禾谷镰刀霉	0.15	0.40	0.10
黑根霉	0.10	0.30	0.10
米根霉	0.10	0.35	0.10
总状毛霉	0.10	0.30	0.10

注：花生酱培养基，pH 5.5。

由表 2-155 可见，柠檬醛对试验霉菌的抗菌效力与山梨酸钾接近，而明显优于苯甲酸钠。但是，山梨酸钾、苯甲酸钠的抗菌活性受基质 pH 的影响大，苯甲酸钠对试验黄曲霉在 pH 5.5 以上几乎无效，山梨酸钾的抗菌性也随 pH 值上升有所降低。而柠檬醛抗菌活性 pH 范围在 3.5～7.5 之间，受基质 pH 影响较小。

Onawunmi 等于 1884 年报道，柠檬醛对革兰氏阳性菌与革兰氏阴性菌及真菌均有非常好的抗菌活性。在琼脂扩散实验中，香叶醛和橙花醛分别对金黄色葡萄球菌、枯草芽孢杆菌、大肠杆菌均具有较好的抗性，且对枯草杆菌的抑制效果最佳。

制备 天然柠檬醛主要存在于山苍子油、柠檬草油、马鞭草油、垂叶香茅油等植物精油中，其中山苍子（*Litsea cubeba*）植物精油中柠檬醛含量达 65%～80%。

应用 柠檬醛即3,7-二甲基-2,6-辛二烯醛，是含有两个双键的不饱和链状醛类单萜。柠檬醛具有浓郁的柠檬样香气，通常作为调味剂、防腐剂和芳香剂用在食品和化妆品中；具有杀虫驱避、抑菌抗菌和抗氧化等生物活性；同时柠檬醛具有治疗心血管疾病和抗白血病等功效。近年又发现柠檬醛有较强的平喘镇咳、抗过敏等作用。

实际应用参考：

① Oyedele 等报道将柠檬草精油溶于液体石蜡中，对该制剂进行了驱蚊实验，结果显示柠檬草精油具有良好的驱避埃及伊蚊的效果，而且15%的柠檬醛的驱蚊效果类似于5%的柠檬草精油，这表明柠檬醛是柠檬草精油的主要作用成分。国内研究人员用剃去毛的小鼠作为蚊子的血餐，发现柠檬醛空间浓度在0.013$\mu g/cm^3$、0.025$\mu g/cm^3$、0.050$\mu g/cm^3$、0.100$\mu g/cm^3$和0.250$\mu g/cm^3$时，24h和48h内不同程度地降低了白纹伊蚊的寻求宿主能力，且柠檬醛显著影响蚊子嗜血行为的激活和取向阶段，深入研究，有望能使柠檬醛成为日后新型的天然驱避剂。

② 罗华丽等报道以食品级柠檬醛为新型交联剂，采用乳化交联法制备壳聚糖载药微球。结果表明，柠檬醛交联壳聚糖载药微球成球性良好，表面致密；壳聚糖的氨基与柠檬醛的醛基发生交联反应形成席夫碱结构是柠檬醛交联壳聚糖微球形成的内因；柠檬醛交联壳聚糖载药微球的载药量和包封率分别可达186g/kg和91.2%。

柠檬酸
(citric acid)

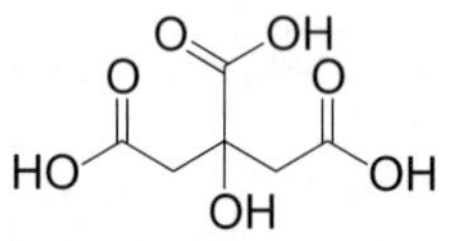

$C_6H_8O_7$, 192.1, 77-92-9

其他名称 枸橼酸、3-羟基-3-羧基戊二酸

化学名称 2-羟基丙烷-1,2,3-三羧酸

理化性质 柠檬酸分无水物和一水（合）物两种。无色半透明晶体或白色粉状结晶。无臭，有强酸味。一水物在干燥空气中易风化。相对密度1.542（一水物）和1.67（无水物）。熔点135℃（一水物）和153℃（无水物）。易溶于水（一水物209g/100mL，25℃；无水物59.2g/100mL，20℃；1%溶液的pH值为2.31）和乙醇。微溶于乙醚。

毒性 对柠檬酸（无水物）小鼠静脉注射LD_{50} 42mg/kg，腹腔注射LD_{50} 960mg/kg。大鼠腹腔注射LD_{50} 883mg/kg，兔静脉注射LD_{50} 330mg/kg。

抗菌防霉效果 柠檬酸的抗菌防霉效果，可参照乳酸有关部分。

制备　主要采用发酵法生产，其原料可用糖蜜、蔗糖、甘薯和石油烃等碳水化合物。一般采用真菌为菌种发酵生产。

应用　柠檬酸（亦称为枸橼酸），包括3个羧基（R—COOH）基团，是一种弱有机酸，这是自然在柑橘类水果中产生的一种天然防腐剂，也是食物和饮料中的酸味添加剂。在生物化学中，它是柠檬酸循环的重要中间产物，因此在几乎所有生物的代谢中起到重要作用。此外，它也是一种对环境无害的清洁剂。

目前，柠檬酸广泛用作食品、饮料的酸味剂和防腐剂。一般有害微生物在酸性环境中不易生长繁殖，在pH值较低时甚至不能存活。因此对一些不经加热杀菌的食品，如色拉油、糖浆等，加入一定量的柠檬酸，能起防腐作用而延长储存期。对一些采用高温杀菌会影响质量的食品，如果汁、低糖度水果和蔬菜制品，也常添加柠檬酸，以降低杀菌温度和加热时间，从而达到良好的杀菌效果，以保证食品的质量。

尿囊素
(allantoin)

$C_4H_6N_4O_3$, 158.1, 97-59-6

其他名称　5-脲基乙内酰脲

化学名称　2,5-二氧代-4-咪唑烷基脲

IUPAC 名　(2,5-dioxoimidazolidin-4-yl) urea

EC 编码　[202-592-8]

理化性质　纯品为无色结晶性粉末，无臭，无味。熔点238～240℃。蒸气压（25℃）4.32×10^{-9} mmHg。pH值为（5%水溶液，20℃）4.5～6。$\lg K_{ow}=-3.14$。溶解度：微溶于水，能溶于热水；溶于乙醇、氢氧化钠；不溶于乙醚、甲醇。稳定性：在pH值为4～9的水溶液中稳定，在非水溶剂和干燥空气中亦稳定；在强碱性溶液中煮沸及日光暴晒下可分解。

毒性　尿囊素按定量使用低毒，对眼睛和皮肤没有刺激性。使用安全。

抗菌防霉效果　尿囊素对常见的微生物均有一定的抑制效果。

制备　目前合成尿囊素的方法有：高锰酸钾氧化脲酸法；二氯乙酸与脲加热合成尿囊素；乙醛酸与脲直接缩合法。

应用　尿囊素既是尿素的衍生物，又是尿素的复合物，是一种重要的精细化工产品

和尿素深加工产品，广泛应用于医药、农业和轻化工领域，因最早被发现于牛的尿囊液中而得名。

实际应用参考：

在化妆品方面：由于尿囊素是一种两性化合物，能结合多种物质形成复盐，具有避光、杀菌防腐、止痛、抗氧化作用，能使皮肤保持水分、滋润和柔软，是美容美发等化妆品的特效添加剂，广泛用于雀斑霜、粉刺液、香波、香皂、牙膏、刮脸洗剂、护发剂、收敛剂、抗汗除臭洗剂等的添加剂。

尼泊金丙酯 (propylparaben)

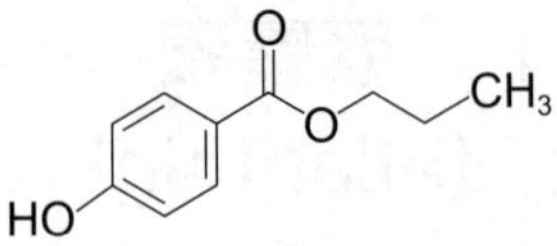

$C_{10}H_{12}O_3$, 180.2, 94-13-3

其他名称　对羟基苯甲酸丙酯、对羟基安息香酸丙酯、羟苯丙酯

商品名称　Elestab® 305、Lexgard® P、Paragon® G-2

化学名称　4-羟基苯甲酸丙酯

IUPAC 名　propyl 4-hydroxybenzoate

EC 编码　[202-307-7]

尼泊金丙酯钠（sodium propylparaben）

化学名称　4-羟基苯甲酸丙酯钠盐

IUPAC 名　sodium 4-propoxycarbonylphenolate

CAS 登录号　[35285-69-9]

EC 编码　[252-488-1]

理化性质

尼泊金丙酯　无色结晶或白色粉末，无臭，稍有涩味。熔点 96～97℃。蒸气压（25℃）3.07×10^{-4} mmHg。密度（20℃）1.287g/cm³。pH 值（0.4g/L 水溶液，20℃）约 7。$\lg K_{ow}=3.04$。溶解度（25℃）：水约 0.5g/L；乙醇 750g/L、二甘醇 350g/L、丙二醇 250g/L、橄榄油 52g/L、石蜡油 10g/L。稳定性：在正常条件下稳定，pH＞8 溶液体系不稳定。$pK_a=8.5$（苯酚）。

尼泊金丙酯钠　分子式 $C_{10}H_{11}NaO_3$，分子量 202.2。白色吸湿性粉末，易溶于水，呈碱性。

毒性　小鼠急性经口 LD_{50}＞8000mg/kg。其钠盐对小白鼠急性经口 LD_{50} 3700mg/kg。

消费者安全委员会（scientific committeeon consumer safety，SCCS）2011年发现对羟基苯甲酸及其盐类和酯类的雌激素属性随链长的增加而增加。

抗菌防霉效果 尼泊金丙酯的抗菌作用大于尼泊金乙酯，当它与尼泊金甲酯或尼泊金乙酯混合使用时抗菌效果更好，能杀死铜绿假单胞杆菌。其对一些微生物的最低抑制浓度见表2-156。

表2-156 尼伯金丙酯对常见微生物的最低抑制浓度（MIC）

微生物	MIC/%	微生物	MIC/%
铜绿假单胞杆菌	0.08	大肠杆菌	0.04
产气克雷伯菌	0.04	肺炎克雷伯杆菌	0.025
黏质沙雷氏菌	0.04	普通变形菌	0.025
肠炎沙门氏菌	0.04	伤寒沙门氏菌	0.06
金黄色葡萄球菌	0.04	溶血性链球菌	0.04
蜡状芽孢杆菌	0.025	枯草芽孢杆菌	0.025
白色念珠菌	0.013	酿酒酵母	0.013
黑曲霉	0.020	黑根霉	0.013

（来源：CLARIANT-NIPA）

制备 尼泊金丙酯由对羟基苯甲酸与正丙醇酯化合成而得。

应用 20世纪开始，对羟基苯甲酸酯作为防腐剂广泛应用于化妆品、药品、食品、饲料、日用工业品等领域。

对羟基苯甲酸酯及其盐类和酯类（INCI：4-Hydroxybenzoicacid，its salts 和 esters）俗称尼泊金酯，主要包括羟苯甲酯、乙酯、丙酯、丁酯、异丙酯、异丁酯等，在水中的溶解度随着分子量的增加而减少。在配方中主要发挥抑制真菌的功效，通常与抑制细菌的防腐剂复配使用。注意：pH值范围以内使用更佳；做好原料配伍性试验，尤其是非离子表面活性剂的选择。

法规

① 欧盟委员会颁布了（EU）No.1003/2014及（EU）No.1004/2014两项指令降低对羟基苯甲酸丙酯（propylparaben）和丁酯（butylparaben）的最大浓度，并且禁止了它们在婴幼儿产品上的使用。这些修订遵循消费者安全科学委员会（SCCS）的风险评估，将对羟基苯甲酸丙酯（propylparaben）和丁酯（butylparaben）两种防腐剂的最大浓度限制从现行的0.4%（单独使用）及0.8%（与其他酯类混合使用）降低至0.14%（单独或混合使用），并禁止在专为三岁以下婴幼儿尿布覆盖范围而设的驻留类产品中使用上述两种防腐剂。

② 我国2015年版《化妆品安全技术规范》规定：4-羟基苯甲酸及其盐类和酯类化妆品中最大使用浓度为单一酯0.4%（以酸计）；混合酯总量0.8%（以酸计）且其丙酯及盐类、丁酯及其盐类之和分别不得超过0.14%；这类物质不包括4-羟基苯甲酸异丙

酯（isopropylparaben）及其盐、4-羟基苯甲酸异丁酯（isobutylparaben）及其盐、4-羟基苯甲酸苯酯（phenylparaben）、4-羟基苯甲酸苄酯及其盐、4-羟基苯甲酸戊酯及其盐。

尼泊金丁酯
(butylparaben)

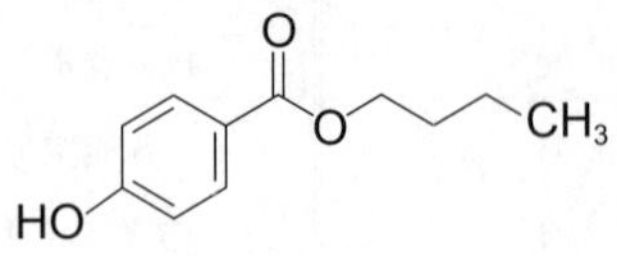

$C_{11}H_{14}O_3$, 194.2, 94-26-8

其他名称 对羟基苯甲酸丁酯

商品名称 CoSept B、Elestab® 4121、Lexgard® B、Microcare® BHB

化学名称 4-羟基苯甲酸正丁酯

IUPAC名 butyl 4-hydroxybenzoate

EC编码 [202-318-7]

尼泊金丁酯钠（butylparaben sodium）

其他名称 对羟基苯甲酸丁酯钠

化学名称 4-对羟基苯甲酸丁酯钠盐

IUPAC名 sodium 4-butoxycarbonylphenolate

CAS登录号 [36457-20-2]

EC编码 [253-049-7]

理化性质

尼泊金丁酯 纯品为无色结晶或白色粉末，无臭，稍有涩味。熔点68～69℃。蒸气压（25℃）2.51×10^{-4} mmHg。闪点181℃。$\lg K_{ow}=3.57$。溶解度（20℃）：水0.207g/L；易溶于丙酮、乙醇、乙醚、氯仿、丙二醇；微溶于甘油。稳定性：在pH 3～9.5之间稳定有效。热稳定性较好。$pK_a=8.47$。

尼泊金丁酯钠 分子式 $C_{11}H_{13}NaO_3$，分子量216.2。白色吸湿性粉末。溶解度（20℃）：水500g/L。pH值（1g/L，20℃）约10。

毒性 小鼠急性经口 LD_{50} 5000mg/kg，小鼠皮下腹腔注射 LD_{50} 230mg/kg。

抗菌防霉效果 尼泊金丁酯的抗菌作用大于尼泊金丙酯、乙酯和甲酯，对酵母菌有极强的抑制作用。pH接近中性时，可对细菌发挥充分作用。尼泊金丁酯对常见微生物最低抑制浓度见表2-157。

表 2-157 尼伯金丁酯对常见微生物的最低抑制浓度（MIC）

微生物	MIC/%	微生物	MIC/%
铜绿假单胞杆菌	>0.02	大肠杆菌	>0.02
产气克雷伯菌	0.02	肺炎克雷伯杆菌	0.015
黏质沙雷氏菌	0.2	普通变形菌	0.015
肠炎沙门氏菌	>0.02	伤寒沙门氏菌	>0.02
金黄色葡萄球菌	0.015	溶血性链球菌	0.015
蜡状芽孢杆菌	0.015	枯草芽孢杆菌	0.015
白色念珠菌	0.013	酿酒酵母	0.005
黑曲霉	0.020	黑根霉	0.005

（来源：CLARIANT-NIPA）

制备 尼泊金丁酯由对羟基苯甲酸与丁醇酯化而得。

应用 20世纪开始，对羟基苯甲酸酯作为防腐剂广泛应用于化妆品、药品、食品饲料、日用工业品等领域。注意：该系列化合物更适合在中性体系中使用。

法规

① 欧盟委员会颁布了（EU）No. 1003/2014及（EU）No. 1004/2014两项指令降低对羟基苯甲酸丙酯（propylparaben）和丁酯（butylparaben）的最大浓度，并且禁止了它们在婴幼儿产品上的使用。这些修订遵循消费者安全科学委员会（SCCS）的风险评估，将对羟基苯甲酸丙酯（propylparaben）和丁酯（butylparaben）两种防腐剂的最大浓度限制从现行的0.4%（单独使用）及0.8%（与其他酯类混合使用）降低至0.14%（单独或混合使用），并禁止在专为三岁以下婴幼儿尿布覆盖范围而设的驻留类产品中使用上述两种防腐剂。

② 我国2015年版《化妆品安全技术规范》规定：4-羟基苯甲酸及其盐类和酯类化妆品中最大使用浓度为单一酯0.4%（以酸计）；混合酯总量0.8%（以酸计）且其丙酯及盐类、丁酯及其盐类之和分别不得超过0.14%；这类物质不包括4-羟基苯甲酸异丙酯（isopropylparaben）及其盐、4-羟基苯甲酸异丁酯（isobutylparaben）及其盐、4-羟基苯甲酸苯酯（phenylparaben）、4-羟基苯甲酸苄酯及其盐、4-羟基苯甲酸戊酯及其盐。

尼泊金庚酯
(heptylparaben)

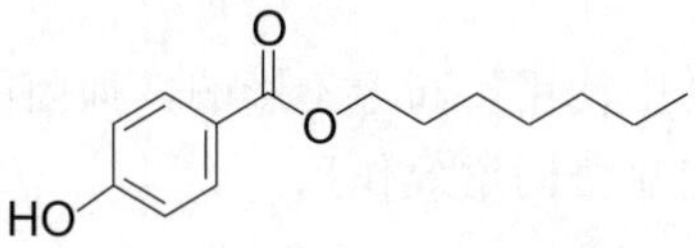

$C_{14}H_{20}O_3$, 236.3, 1085-12-7

其他名称 正庚基对羟基苯甲酸酯、对羟基苯甲酸庚酯

化学名称 4-羟基苯甲酸庚酯

IUPAC 名 heptyl 4-hydroxybenzoate

EC 编码 [214-115-0]

理化性质 纯品为无色针状结晶或白色粉末。熔点 48～51℃。沸点 320.0℃（分解）。溶解度：水 0.02mg/mL（30℃）；易溶于乙醇、丙醇、乙醚。稳定性：对 pH 稳定；耐热可达 100℃。热处理对尼泊金庚酯抑菌最小抑菌浓度的影响见表 2-158。

表 2-158 热处理对尼泊金庚酯抑菌最小抑菌浓度的影响

供试菌	25℃	100℃	121℃
金黄色葡萄球菌/(mg/L)	12	12	12
枯草芽孢杆菌/(mg/L)	12	12	12
热带假丝酵母/(mg/L)	25	25	25

毒性 小鼠急性经口 LD_{50}≥12500mg/kg，黑鼠急性经口 LD_{50}≥31600mg/kg。对黑鼠的三代试验，在喂饲 3%尼泊金庚酯饲料群中，其出生率、畸形发育与对照试验比较没有变化。这说明尼泊金庚酯毒性很小，低于苯甲酸（LD_{50}＞2.7g/kg）与山梨酸（LD_{50}＞7.6g/kg）。

抗菌防霉效果 尼泊金庚酯与其他的尼泊金酯一样对霉菌、酵母菌和细菌均有一定的抑制作用。但相比之下，尼泊金庚酯属于高碳醇酯，其抗菌力更强。尼泊金庚酯对一些微生物的最低抑制浓度（MIC）见表 2-159。

表 2-159 尼泊金庚酯对一些微生物的最低抑制浓度（MIC）

微生物	MIC/(mg / L)	微生物	MIC/(mg / L)
蜡状芽孢杆菌	12	热带假丝酵母	12～25
藤黄八叠球菌	12	产蛋白圆酵母	25
金黄色葡萄球菌	12	生毈根霉	25
乳酸链球菌	12	灰葡萄根霉	50～100
山茶接合酸母菌	12～525	交链孢霉	50～100
啤酒酵母	100		

制备 尼泊金庚酯由对羟基苯甲酸与庚醇在硫酸存在下制得。

应用 尼泊金庚酯是广谱高效的食品防腐剂，对食品中常见的污染菌有很强的抑制作用。

注意：①适合在中性食品中使用，高温不影响其抑菌能力。②尼泊金庚酯与短碳链的尼泊金酯复配使用，具有明显协同增效作用。

实际应用参考：

尼泊金庚酯一般有选择性地应用到一些食品中，如在啤酒中其最大用量为 12mg/

kg，在某些不含二氧化碳的软饮料和水果类含酒精饮料中最大用量可达20mg/kg。

法规　我国2015年版《化妆品安全技术规范》规定：4-羟基苯甲酸及其盐类和酯类化妆品中最大使用浓度为单一酯0.4%（以酸计）；混合酯总量0.8%（以酸计）且其丙酯及盐类、丁酯及其盐类之和分别不得超过0.14%；这类物质不包括4-羟基苯甲酸异丙酯（isopropylparaben）及其盐、4-羟基苯甲酸异丁酯（isobutylparaben）及其盐、4-羟基苯甲酸苯酯（phenylparaben）、4-羟基苯甲酸苄酯及其盐、4-羟基苯甲酸戊酯及其盐。

尼泊金甲酯
(methylparaben)

$C_8H_8O_3$, 152.2, 99-76-3

其他名称　羟苯甲酯、对羟基安息香酸甲酯

商品名称　Aseptoform、CoSept M、Elestab® 305、Lexgard® M、Liposerve™ DUP

化学名称　4-对羟基甲酸甲酯

IUPAC名　methyl 4-hydroxybenzoate

EC编码　[202-785-7]

尼泊金甲酯钠（sodium methylparaben）

其他名称　尼泊金甲酯钠盐、对羟基苯甲酸酯钠

化学名称　4-对羟基苯甲酸甲酯钠

IUPAC名　sodium 4-methoxycarbonylphenolate

CAS登录号　[5026-62-0]

EC编码　[225-714-1]

理化性质

尼泊金甲酯　纯品为无色针状结晶或白色粉末。沸点270.5℃（分解）。熔点126～128℃。蒸气压（25℃）2.37×10^{-4}mmHg。$\lg K_{ow}=1.96$。溶解度：溶于甲醇、乙醇、丙二醇、丙酮；微溶于水、苯、四氯化碳。稳定性：在碱性溶液中水解。$pK_a=8.5$。

尼泊金甲酯钠　分子式$C_8H_7O_3Na$，分子量174.1。

毒性

尼泊金甲酯　小鼠急性经口LD_{50} 8000mg/kg。兔急性经皮LD_{50} 6000mg/kg。钠盐的毒性随烷基长度的增加而增加，丁酯的毒性是甲酯的三倍。表2-160为尼泊金酯、苯甲酸和山梨酸的毒性比较。

表 2-160 几种常见防腐剂毒性的比较

防腐剂	LD_{50}/(mg/L)	饲料中无影响添加量/%	MNL/(mg/kg)	ADI/(mg/L)
苯甲酸	2530	1	500	0～5
山梨酸	7630	5	2500	0～25
尼泊金甲酯	8000	—	1000	0～10
尼泊金乙酯	8000	—	1000	0～10
尼泊金丙酯	6700	2	1000	0～10
尼泊金丁酯	13100	—	1000	0～10
尼泊金庚酯	—	—	1000	0～10

抗菌防霉效果 尼泊金甲酯作用机理是通过破坏微生物的细胞膜使细胞内的蛋白质变性，进而抑制菌落的生长。尼泊金酯和尼泊金酯钠对霉菌和酵母菌的抗菌作用较强，对细菌特别是革兰氏阴性菌和乳酸菌的作用较差，烷基碳链越长，抗菌效果越好。尼泊金酯和尼泊金酯钠的抗菌活性依赖于烷基碳链的长短，而最适的烷基碳链长度取决于食品腐败菌是革兰氏阳性菌还是革兰氏阴性菌。一般来讲，随着尼泊金酯和尼泊金酯钠烷基碳链的增长，它对革兰氏阴性菌的作用比对革兰氏阳性菌的作用强。另外，在储藏过程中，革兰氏阳性菌比革兰氏阴性菌更敏感，因为革兰氏阴性菌的细胞壁层含有脂多糖。短链尼泊金酯和尼泊金酯钠比长链尼泊金酯和尼泊金酯钠对革兰氏阴性菌的影响大。因此，可以通过尼泊金酯同系物长短碳链的搭配来增效尼泊金酯的抗菌作用，扩大尼泊金酯的抗菌谱。

尼泊金酯系列产品以甲酯的杀菌力最低，但是，甲酯在低浓度情况下能溶解于80℃的热水，这是其一大优点。将尼泊金甲酯和尼泊金丙酯各100mg/kg复配使用，即可抑制肉毒杆菌NCT2021产毒。尼泊金甲酯和尼泊金丙酯复配使用，能够抑制产气荚膜梭状芽孢杆菌的生长。以干基计，1g尼泊金甲酸甲酯钠、尼泊金甲酸乙酯钠、尼泊金甲酸丙酯钠和尼泊金甲酸丁酯钠分别相当于0.873g尼泊金甲酸甲酯、0.883g尼泊金甲酸乙酯、0.891g尼泊金甲酸丙酯和0.898g尼泊金甲酸丁酯。尼泊金甲酯钠盐的抗菌性与尼泊金甲酯完全相同，尤其在碱性条件下其抗菌活性会明显增加。尼泊金甲酯对常见微生物的最低抑制浓度（MIC）见表2-161。

表 2-161 尼伯金甲酯对常见微生物的最低抑制浓度（MIC）

微生物	MIC/%	微生物	MIC/%
铜绿假单胞杆菌	0.2	大肠杆菌	0.1
产气克雷伯菌	0.075	肺炎克雷伯杆菌	0.1
黏质沙雷氏菌	0.075	普通变形菌	0.1
肠炎沙门氏菌	0.15	伤寒沙门氏菌	0.15
金黄色葡萄球菌	0.15	溶血性链球菌	0.1
蜡状芽孢杆菌	0.075	枯草芽孢杆菌	0.1
白色念珠菌	0.1	酿酒酵母	0.1
黑曲霉	0.1	黑根霉	0.05

（来源：CLARIANT-NIPA）

制备 尼泊金甲酯由对羟基苯甲酸与甲醇酯化而得。

应用 对羟基苯甲酸酯及其盐类和酯类（INCI：4-Hydroxybenzoicacid，its salts 和 esters）俗称尼泊金酯，在化妆品中使用最广，早在 1924 年就作为防腐剂使用。可由对羟基苯甲酸与适当的醇通过酯化反应制得，主要包括羟苯甲酯、乙酯、丙酯、丁酯、异丙酯、异丁酯等，白色结晶粉末，无味，在水中的溶解度随着分子量的增加而减少。有效 pH 值为 3～8，pH 值大于 8 时，由于分子解离，防腐能力下降。在配方中主要发挥抑制真菌的功效，通常与抑制细菌的防腐剂复配使用。在原料配伍方面，由于其与非离子表面活性剂作用产生的胶胞对此类防腐剂有加溶作用，使水相中的防腐剂含量下降，可被利用的防腐剂余量很有可能不足以抑制污染源生长，因此建议尽量避免与非离子表面活性剂共用。从 20 世纪开始对羟基苯甲酸酯作为防腐剂广泛应用于化妆品、药品及食品。1942 年被美国收入国家处方集Ⅶ，1947 年羟苯甲酯和羟苯丙酯同时被编入美国药典ⅫI。

法规

① 丹麦环境部于 2010 年 12 月 20 日宣布将禁止 3 岁以下之儿童产品中含有对羟基苯甲酸酯，为第一个禁止这个化学防腐剂的欧洲国家。

② 我国 2015 年版《化妆品安全技术规范》规定：4-羟基苯甲酸及其盐类和酯类化妆品中最大使用浓度为单一酯 0.4%（以酸计）；混合酯总量 0.8%（以酸计）。

③ 孙晓青等报道，从法规变更可以发现，短链酯类如甲酯、乙酯，在化妆品中的应用自 1982 年以来一直未有变动。长链酯类最近一次的法规变更，源于消费者安全委员会（Scientific Committeeon Consumer Safety，SCCS）在 2011 年发现对羟基苯甲酸及其盐类和酯类的雌激素属性随链长的增加而增加。欧盟参考了 SCCS 的评估建议，于 2014 年修改了长链对羟基苯甲酸及其盐类和酯类的法规指导。

尼泊金辛酯
(octylparaben)

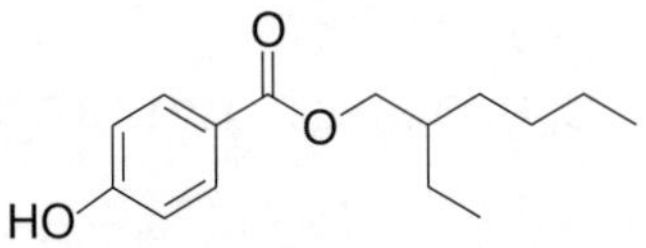

HO O O

$C_{15}H_{22}O_3$, 250.3, 5153-25-3

其他名称 对羟基苯甲酸辛酯、羟苯辛酯

化学名称 4-羟基苯甲酸 2-乙基己酯

IUPAC 名 2-ethylhexyl 4-hydroxybenzoate

EC 编码 ［225-925-9］

理化性质 纯品为白色结晶，微有特殊气味。熔点 51.0～51.6℃。溶解度：溶于醇、醚、丙酮和氯仿，难溶于水。

毒性 尼泊金辛酯属低毒化合物。可参照其他尼泊金酯类化合物有关部分。

抗菌防霉效果 尼泊金酯类的作用机制基本上与苯酚类似，可破坏微生物的细胞膜，使细胞内蛋白质变性，并抑制微生物细胞的呼吸酶系与电子传递酶系的活性。尼泊金酯类的抑菌活性主要是分子态起作用，但是由于其分子内的羧基已经酯化，不再电离，所以它的抗菌作用在 pH 4～8 的范围内均有很好的效果。

另外，尼泊金酯抑菌作用随着醇烃基碳原子数的增加而增加，如尼泊金辛酯对酵母菌发育的抑制作用是丁酯的 50 倍，比乙酯强 200 倍左右；而在水中的溶解度则随着醇烃基的碳原子数增加而降低。另外，碳链愈长，毒性愈小，用量愈少。通常的做法是将几种产品混合使用，以提高溶解度，并通过增效作用提高其防腐能力。

制备 尼泊金辛酯由对溴苯酚和 2-乙基己醇原料反应制备。

应用 尼泊金辛酯主要用作有机合成，医药、食品、化妆品、胶片及高档产品的防腐剂、杀菌剂。

法规 根据 2015 年版《化妆品安全技术规范》规定：4-羟基苯甲酸及其盐类和酯类在化妆品中使用时，增加对丙酯、丁酯及其盐类限量，其丙酯及其盐类、丁酯及其盐类之和分别不得超过 0.14%（以酸计）；禁用 4-羟基苯甲酸异丙酯（isopropylparaben）及其盐、4-羟基苯甲酸异丁酯（isobutylparaben）及其盐、4-羟基苯甲酸苯酯（phenylparaben）、4-羟基苯甲酸苄酯及其盐、4-羟基苯甲酸戊酯及其盐。

尼泊金异丙酯
(isopropylparaben)

$C_{10}H_{12}O_3$, 180.2, 4191-73-5

其他名称 对羟基苯甲酸异丙酯

商品名称 LiquaPar® Oil、Liquapar® Optima、LiquaPar® PE

化学名称 4-羟基苯甲酸异丙酯

IUPAC 名 propan-2-yl 4-hydroxybenzoate

EC 编码 ［224-069-3］

理化性质　纯品为无色小晶体或白色结晶性粉末，无臭。熔点 84～86℃。溶解度：难溶于水；易溶于乙醇、乙醚、丙酮、冰醋酸等有机溶剂。稳定性：在酸、碱存在时不稳定。

毒性　急性经口 LD_{50} 小鼠为 7200mg/kg，大鼠为 10000mg/kg 以上。

抗菌防霉效果　尼泊金异丙酯抗真菌效果不错，对细菌稍差。一般为一种或几种尼泊金酯与其他防腐剂，如重氮咪唑烷基脲、咪唑烷基脲、DMDMH、苯氧乙醇、异噻唑啉酮和布罗波尔等复配使用。

制备　尼泊金异丙酯由异丙醇和对羟基苯甲酸制备而来。

应用　尼泊金异丙酯防腐剂，主要用于食品和化妆品。

法规　根据 2015 年版《化妆品安全技术规范》规定：4-羟基苯甲酸及其盐类和酯类在化妆品中使用时，增加对丙酯、丁酯及其盐类限量，其丙酯及其盐类、丁酯及其盐类之和分别不得超过 0.14%（以酸计）；禁用 4-羟基苯甲酸异丙酯（isopropylparaben）及其盐、4-羟基苯甲酸异丁酯（isobutylparaben）及其盐、4-羟基苯甲酸苯酯（phenylparaben）、4-羟基苯甲酸苄酯及其盐、4-羟基苯甲酸戊酯及其盐。

尼泊金异丁酯
(isobutylparaben)

O
O　CH3
HO　CH3

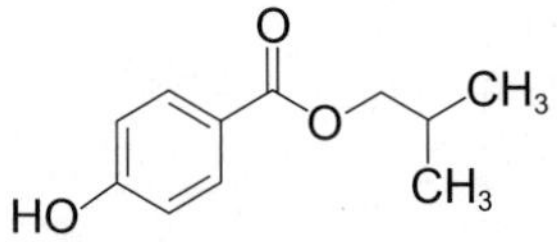

$C_{11}H_{14}O_3$, 194.2, 4247-02-3

其他名称　对羟基苯甲酸异丁酯

商品名称　Liposerve™ PP、Microcare® IHB

化学名称　4-羟基苯甲酸-2-甲基丙酯

IUPAC 名　2-methylpropyl 4-hydroxybenzoate

EC 编码　[224-208-8]

理化性质　纯品为无色细小晶体或白色结晶性粉末，无臭。熔点 75～77℃。溶解度：难溶于水；易溶于乙醇、冰醋酸、丙二醇和丙酮。

毒性　小鼠急性经口 LD_{50} 13200mg/kg，小鼠皮下注射 LD_{50} 16000mg/kg。

抗菌防霉效果　尼泊金异丁酯抗菌作用强于丙酯、乙酯和甲酯。一般来说，构成酯的醇，碳原子数越大，抗菌作用越强，而毒性相反，碳原子数越小，毒性越大。其他参照尼泊金丁酯。

制备　尼泊金异丁酯由对羟基苯甲酸与异丁醇酯化而得。

应用 尼泊金异丁酯可用作食品、化妆品的防腐防霉剂。

法规 根据2015年版《化妆品安全技术规范》规定：4-羟基苯甲酸及其盐类和酯类在化妆品中使用时，增加对丙酯、丁酯及其盐类限量，其丙酯及其盐类、丁酯及其盐类之和分别不得超过0.14%（以酸计）；禁用4-羟基苯甲酸异丙酯（isopropylparaben）及其盐、4-羟基苯甲酸异丁酯（isobutylparaben）及其盐、4-羟基苯甲酸苯酯（phenylparaben）、4-羟基苯甲酸苄酯及其盐、4-羟基苯甲酸戊酯及其盐。

尼泊金乙酯
(ethylparaben)

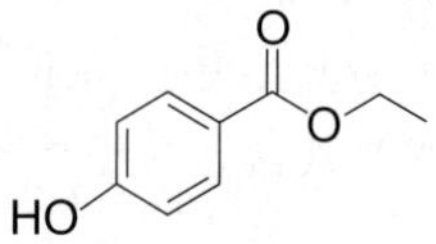

$C_9H_{10}O_3$, 166.2, 120-47-8

其他名称 对羟基苯甲酸乙酯、羟苯乙酯

商品名称 CoSept E、Ethyl Parasept® NF、Liposerve™ PP、Microcare® EHB

化学名称 4-羟基苯甲酸乙酯

IUPAC名 ethyl 4-hydroxybenzoate

EC编码 [204-399-4]

尼泊金乙酯钠（sodium ethylparaben）

化学名称 对羟基苯甲酸乙酯钠盐

IUPAC名 sodium 4-ethoxycarbonylphenolate

CAS登录号 [35285-68-8]

EC编码 [252-487-6]

理化性质

尼泊金乙酯 白色结晶或结晶性粉末，有轻微特殊香气，味微苦，灼麻。沸点297～298℃（分解）。熔点115～118℃。蒸气压（25℃）9.29×10^{-5}mmHg。pH值（1g/L，水溶液）约7。$\lg K_{ow}=2.47$。溶解度（25℃）：水1.2g/L；水8.6g/L（80℃）；乙醇600g/L，二甘醇250g/L，丙二醇250g/L，甘油6g/L，橄榄油30g/L，石蜡油5g/L。稳定性：在pH>8.5时不稳定，对光和热稳定。$pK_a=8.34$。

尼泊金乙酯钠 分子式$C_9H_9O_3Na$，分子量188.2。纯品为白色吸湿性粉末。pH值（1g/L水溶液）约10（20℃）。溶解度（25℃）：水500g/L，乙醇20g/L，丙二醇300g/L，甘油500g/L。稳定性：耐热可达100℃。

毒性

尼泊金乙酯 雌大鼠急性经口 LD_{50} 4.3g/kg。豚鼠急性经口 LD_{50} 2.0g/kg。兔急性经口 LD_{50} 5.0g/kg。兔急性经皮 LD_{50} 15.0g/kg。尼泊金酯类的毒性是类似的。添加尼泊金甲酯或尼泊金丙酯 2%、8%的饲料，用大鼠经两年试验，结果 2%剂量组未发现中毒病变，其重量增加与对照组相同；8%剂量组可观察到初期成长受阻碍。水生生物：绿藻 EC_{50}（72h）18000μg/L。

抗菌防霉效果 作用机制在于抑制微生物细胞的呼吸酶系与电子传递酶系的活力以及破坏微生物的细胞结构。尼泊金乙酯对霉菌和酵母菌的抑制作用较强，对细菌特别是对乳酸菌及革兰氏阴性菌的作用较差，但抗菌能力比山梨酸和苯甲酸强，在 pH 4～8 的范围内效果较好。尼泊金乙酯对常见微生物的最低抑制浓度见表 2-162。

表 2-162 尼泊金乙酯对常见微生物的最低抑制浓度（MIC）

微生物	MIC/%	微生物	MIC/%
铜绿假单胞杆菌	0.10	大肠杆菌	0.05
产气克雷伯菌	0.05	肺炎克雷伯杆菌	0.05
黏质沙雷氏菌	0.05	普通变形菌	0.06
肠炎沙门氏菌	0.05	伤寒沙门氏菌	0.10
金黄色葡萄球菌	0.07	溶血性链球菌	0.06
蜡状芽孢杆菌	0.025	枯草芽孢杆菌	0.10
白色念珠菌	0.07	酿酒酵母	0.05
黑曲霉	0.04	黑根霉	0.025

（来源：CLARIANT-NIPA）

制备 尼泊金乙酯由对羟基苯甲酸与乙醇酯化，经精制即可。

应用 尼泊金乙酯及其钠盐广泛应用于医药（中草药、中成药剂的配制，医疗器械消毒），食品工业（乳制品、腌制品、饮料、果汁、果冻、糕点），纺织工业（纺织品、棉纱、化纤）的防腐防霉以及用于其他如化妆品、饲料、日用工业品的防腐防霉。

实际使用时，一般都是将不同的酯类混合使用，也可与苯甲酸、对氯间二甲酚等复配使用，通过协同作用提高防腐防霉效果。

注意：①尼泊金酯类与淀粉共存时会影响杀菌效果。②尼泊金酯类抗菌作用强弱与其烷链长短有关，其烷链越长，抗菌作用越强。

法规

① 丹麦环境部于 2010 年 12 月 20 日宣布将禁止 3 岁以下之儿童产品中含有对羟基苯甲酸酯，为第一个禁止这个化学防腐剂的欧洲国家。

② 我国 2015 年版《化妆品安全技术规范》规定：4-羟基苯甲酸及其盐类和酯类化妆品中最大使用浓度为单一酯 0.4%（以酸计）；混合酯总量 0.8%（以酸计）。

纳他霉素
(natamycin)

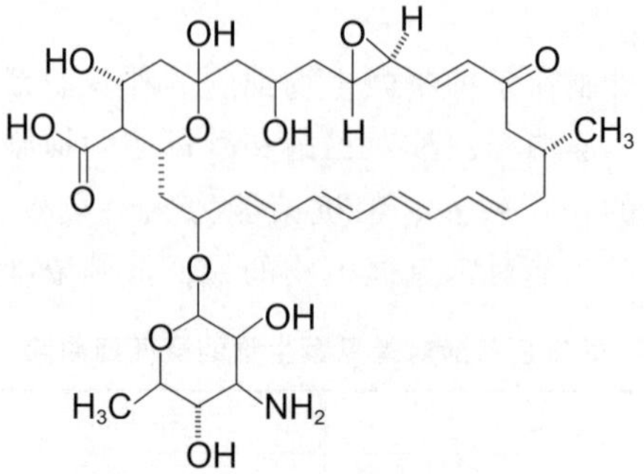

$C_{33}H_{47}NO_{13}$, 665.7, 7681-93-8

其他名称 pimaricin、游链霉素、匹马霉素、那他霉素

商品名称 Delvocid® Instant、Natamax™、Premi®Coat、Premi®Nat

EC 编码 [231-683-5]

理化性质 纳他霉素是一种四烯大环内酯，四烯系统是全顺式，内酯环上 $C_9 \sim C_{13}$ 部位是半缩醛结构，含有一个由糖苷键连接的碳水化合物基团。纳他霉素是两性物质，分子当中含有一个碱性基团和一个酸性基团，其电离常数 pK_a 值为 8.35 和 4.6，相应的等电点为 6.5，熔点为 280℃。纳他霉素通常以烯醇式结构和酮式结构两种结构形式存在，前者居多。

纯品为近白色至奶油黄色结晶粉末，几乎无臭无味。可含 3 分子结晶水，由 22 个碳原子组成的内酯环，在其环外通过一个糖苷键连接一个海藻糖氨、一个氨基糖的抗霉菌复合物。溶解度：几乎不溶于水，微溶于甲醇，溶于冰醋酸和二甲苯亚砜。稳定性：对氧化剂和紫外线较为敏感。在干燥状态下极为稳定。铅、汞等可影响本品的稳定性。在 pH 值 4.5～9 之间非常稳定，在低 pH 值时主要裂解产物是海藻糖胺；在高 pH 值时，如 pH 12，由于内皂化可形成纳他霉酸，用强碱处理导致进一步分子破裂，产生一系列的后醛醇反应。pH 值对纳他霉素的稳定性有一定影响，但对纳他霉素的抗真菌活性没有明显的影响。

毒性 纳他霉素属低毒化合物，小鼠急性经口 LD_{50} 1500mg/kg，大鼠急性经口 LD_{50} 2730mg/kg。纳他霉素很难被消化道吸收，由于其难溶于水和油脂，大部分摄入的纳他霉素会随粪便排出。

抗菌防霉效果 徐宝兴等研究得出纳他霉素作用机制：特有的平面大环内酯结构的共轭双键以范德华力与甾醇化合物（特别是麦角固醇）形成的甾醇-抑菌剂复合剂，改变细胞质膜的渗透性，同时大环内酯结构的多醇则在膜上形成水孔，改变细胞质膜的通透性，从而引起菌体内氨基酸、电解质等重要物质渗出，细胞死亡。

该化合物对大部分酵母菌和真菌都有高度抑制能力，但对细菌、病毒和其他微生物则无抑制作用。1956 年，Tresner 研究报道得知 500 种霉菌均可被 1～100mg/kg 的纳他霉素抑制。绝大多数霉菌在 0.5～6mg/kg 的纳他霉素浓度下被抑制，极个别菌种在 10～25mg/kg 的纳他霉素浓度下被抑制；多数酵母在 1.0～5.0mg/kg 的纳他霉素浓度下被抑制。纳他霉素对霉菌的抑制作用见表 2-163。

表 2-163 纳他霉素对霉菌的最低抑制浓度（MIC）

微生物	MIC/(mg/L)	微生物	MIC/(mg/L)
Chevalieri 曲霉菌 4298	0.63	镰刀菌属	10.00
棒曲霉菌	1.10～1.50	白色胶孢子菌	2.50
黄曲霉菌	6.00	锋毛霉菌	1.20～5.00
	4.50	产黄色青霉菌	0.60～1.30
	5.00	指状青霉菌	2.50
	5.00	膨大青霉菌	5.00
构巢曲霉菌	1.00	岛状青霉菌	1.10
黑曲霉菌	1.00～1.80	点状青霉菌	5.00
米曲霉菌	10.00	娄地干酷青霉菌斑点变种	10.00
灰葡萄孢菌	1.00～2.50	米酒曲霉菌	10.00

制备 纳他霉素是一种由恰塔努加链霉菌、钠塔尔链霉菌和褐黄孢链霉菌等链霉菌经过深层发酵产生的多烯大环内酯物。

应用 纳他霉素是一种高效、安全的新型生物防腐剂和医用抗菌剂，在食品、药品等方面均有良好的应用前景。1982 年 6 月，美国 FDA 正式批准纳他霉素可作食品防腐剂；1985 年，Smith 和 Moss 报道，FDA/WHO 给出纳他霉素的 ADI 值，规定其每日膳食许可量为 0.3mg/kg；1997 年，我国食品添加剂使用卫生标准 GB 2760—1996 将纳他霉素作为增补品种批准使用，批准使用范围为乳酪制品、肉类制品、糕点表面、发酵酒、沙拉酱等。

实际应用参考：

纳他霉素在医疗中的应用：近几年，报道纳他霉素用于医疗的文献越来越多，它的临床应用范围也越来越广泛。这是由于纳他霉素具有极低的口服毒性；没有证实通过肠道吸收及无发现过敏性；未发现与其他药剂有交叉抗性的特点。纳他霉素以悬浮剂、乳剂、软膏和鞘状药片等制剂形式被应用于抗皮肤和黏液膜的真菌感染，它既可以单独使用又可以与新霉素及其他类固醇共同使用。纳他霉素还可用于阴道和肺部真菌感染的治疗。

硼酸苯汞
(phenylmercuric borate)

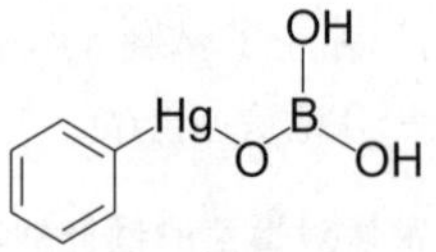

$C_6H_7BHgO_3$, 338.5, 102-98-7

IUPAC 名 boronooxy (phenyl) mercury

EC 编码 [203-068-1]

理化性质 固体粉末。熔点 112.5℃。$\lg K_{ow}=-0.260$。溶解度：不溶于水。

抗菌防霉效果 含汞金属杀菌剂，有效抑制大部分细菌、霉菌和酵母菌。

应用 硼酸苯汞可作杀菌剂、杀虫剂、除藻剂。

法规 我国 2015 年版《化妆品安全技术规范》规定：硼酸苯汞在化妆品中使用时的最大允许浓度为 0.007%（以 Hg 计）；使用范围和限制条件：眼部化妆品。

葡萄糖酸氯己定
(chlorhexidine digluconate)

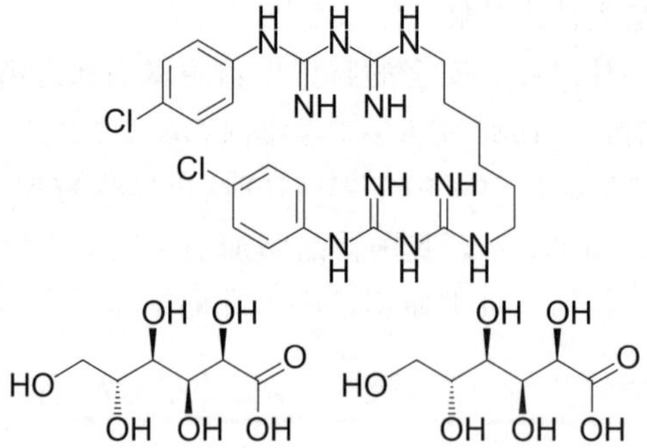

$C_{22}H_{30}Cl_2N_{10}\cdot 2(C_6H_{12}O_7)$, 897.8, 18472-51-0

其他名称 葡萄糖酸洗必泰

商品名称 Vantocil® CHG

化学名称 1,6-双(对氯苯双胍)正己烷二葡萄糖酸盐

INCI 名称 chlorhexidine digluconate

EC 编码 [242-354-0]

理化性质 纯品为白色或浅黄色结晶。沸点（101kPa）约 105℃。密度（20℃）1.06～1.07g/mL。pH 值为（25℃）5.5～7.0。溶解度：溶于水和低级醇。稳定性：光照可能分解。其葡萄糖酸盐多为 20%水溶液。

毒性 小鼠急性经口 LD_{50} 1260mg/kg（雄），1950mg/kg（雌）。大鼠急性经口 LD_{50} 2270mg/kg（雄），2000mg/kg（雌）。虹鳟鱼 LC_{50}（96h）3.2mg/L。

抗菌防霉效果 葡萄糖酸氯己定具有溶菌酶的作用，微生物周围吸附洗必泰葡萄糖酸盐后可形成物理封闭，引起细胞质膜的变性和破坏，从而抑制和杀灭微生物细胞，因而对细菌的抑制具有广谱性。对大肠杆菌、铜绿假单胞杆菌、金黄色葡萄球菌、枯草杆菌都有很强的杀灭作用。用葡萄糖酸氯己定乙醇皮肤消毒液作用 1min、2min、3min、5min、10min，对大肠埃希菌、金黄色葡萄球菌、铜绿假单胞杆菌、白色念珠菌的杀菌率均达 100%。其对部分微生物最低抑制浓度见表 2-164。

表 2-164 20%葡萄糖酸氯己定水溶液对常见微生物的最低抑制浓度（MIC）

微生物	MIC/(mg/L)	微生物	MIC/(mg/L)
阴沟肠杆菌	62.5	大肠杆菌	0.5
肺炎克雷伯菌	15.5	奇异变形杆菌	64
普通变形菌	2	铜绿假单胞杆菌	31.25
荧光假单胞杆菌	4	金黄色葡萄球菌	1
黑曲霉	16	白色念珠菌	8
青霉	16	酿酒酵母	1

（来源：AVECIA）

制备 由葡萄糖酸与氯己定反应制得。

应用 葡萄糖酸氯己定对细菌的抑制具有广谱性，且安全性能高、使用方便。该化合物可用于手指、皮肤的消毒，手术部位的皮肤消毒，医疗用具的消毒以及厂房设备、环境等消毒；亦可以用于化妆品等行业杀菌防腐。

实际应用参考：

专利 CN 201010019522：一种免洗抗菌洗手液及其制备方法，以 100mL 该免洗抗菌洗手液计，其原料配方包括氯己定盐 1～10g、硝酸银 5～1000μg、醇类物质 30～90mL、护肤剂 2～50g、增黏剂 0.5～3g、表面活性剂 0.5～3g、pH 调节剂 0.5～5g、去离子水 15～50mL。制备将护肤剂和氯己定盐加入醇类物质中，温度在 30～70℃时溶解，形成醇溶液；将增稠剂、表面活性剂和硝酸银加入去离子水中，形成水溶液；然后将水溶液加入醇溶液中，再加入 pH 调节剂，制得免洗抗菌洗手液。本发明含有多种抗菌成分，具有相当强的广谱抑菌、杀菌的作用，对多种细菌和真菌有作用，洗手液具有长效抗菌作用。

法规

① 欧盟化学品管理局（ECHA）：根据指令 98/8/EC（BPD）或规则（EU）No. 528/2012（BPR）提交了批准申请的所有活性物质/产品类型组合为 PT-1（人体卫生学消毒剂）、PT-2（不直接用于人体或动物的消毒剂和杀藻剂）、PT-3（兽医卫生消毒剂）。生物杀灭剂葡萄糖酸氯己定申请目前处于审核进行之中。

② 我国 2015 年版《化妆品安全技术规范》规定：葡萄糖酸氯己定在化妆品中使用时，最大允许浓度为 0.3%（以氯己定计）。

2-羟基吡啶-*N*-氧化物 (2-hydroxypyridine *N*-Oxide)

$C_5H_5NO_2$, 111.1, 13161-30-3

化学名称 2-HOPO、1-氧代-2-羟基吡啶

IUPAC 名 1-hydroxypyridin-2-one

EC 编码 ［236-100-8］

理化性质 纯品白色结晶性粉末。熔点 151℃。含量 20%水溶液外观呈黄棕色液体。密度（20℃）1.135g/mL。折射率 1.1389。pH 7～8。溶解度：溶于水和醇类溶剂。

毒性 大鼠急性经口 LD_{50} 920mg/kg。

抗菌防霉效果 2-羟基吡啶-*N*-氧化物对大多数微生物均有不错的抑制效果，尤其对抑制细菌特别有效。其对部分微生物最低抑制浓度见表 2-165。

表 2-165 2-羟基吡啶-*N*-氧化物对常见微生物的最低抑制浓度（MIC）

微生物	MIC/(mg/L)	微生物	MIC/(mg/L)
枯草芽孢杆菌	0.1	产气肠杆菌	3.3
大肠杆菌	2.5	嗜酸乳杆菌	0.2
普通变形菌	1.8	铜绿假单胞杆菌	3.5
黏质沙雷氏菌	1.2	金黄色葡萄球菌	0.4
溶血性链球菌	0.2		

（来源：PYRION-CHEMIE）

应用 杀微生物剂。2-羟基吡啶-*N*-氧化物可用作功能性流体的防腐剂。

巯基苯并噻唑钠 (sodium 2-mercaptobenzothiazole)

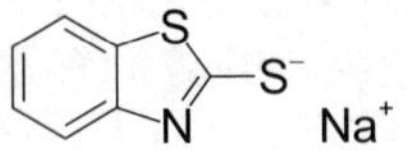

$C_7H_4NS_2 \cdot Na$, 189.2, 2492-26-4

其他名称 MBT-Na、苯并噻唑-2-基硫化钠、促进剂 M、促进剂 MBT

商品名称 Nacap®、Sodium MBT、Vancide® 51

化学名称 2-硫醇基苯并噻唑钠盐

IUPAC 名 sodium 1,3-benzothiazole-2-thiolate

EC 编码 [219-660-8]

理化性质 有效含量 50%，外观呈黄棕色液体。沸点（760mmHg）约 102.8℃。熔点−6℃。密度（25℃）1.25～1.28g/L。蒸气压（25℃）24mmHg。闪点>93.3℃。pH 值（1%水溶液）约 9.5。溶解性：水 100mg/mL（20℃）；与碱液、乙二醇、丙二醇等混溶。稳定性：加热分解产生 NO_x、SO_x 和 Na_2O 的烟雾。

毒性 雄性小鼠每日处理，一周，腹腔注射 1/4 和 1/8 的巯基苯并噻唑 LD_{50}（分别为 110mg/kg 和 55mg/kg），一周后没有明显的毒性迹象。虹鳟鱼 LC_{50}（96h）2.4mg/kg（来源：HSDB）。

抗菌防霉效果 巯基苯并噻唑钠对常见的微生物有一定的抑制效果。

应用 巯基苯并噻唑钠在天然胶中作二硫代氨基甲酸盐的助促进剂；同时可作木材防腐剂、黏泥去除剂及其他水性产品的杀菌剂；亦作钢铁、铜、铝制品的缓蚀剂。

1-(N-羟甲基氨基甲酰基)甲基-3,5,7-三氮杂-1-氮鎓金刚烷氯化物 [1-(N-hydroxymethylcarbamoyl)methyl-3,5,7-triaza-1-azoniaadamantane chloride]

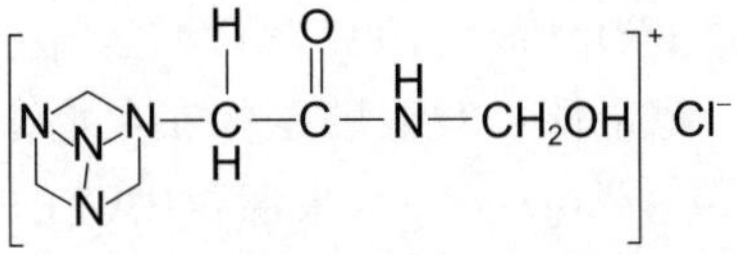

$C_9H_{18}ClN_5O_2$, 263.7, 67508-69-4

理化性质 有效含量100%（醛含量79.6%），外观呈白色结晶，无味。熔点155℃（分解）。pH值（5g/L水溶液）约5。溶解度（20℃）：甲醇47g/L；乙二醇19g/L；丙酮0.08g/L；环己烷0.02g/L；高度溶于水。稳定性：在固态下稳定。

毒性 大鼠急性经口LD_{50}＞5000mg/kg。大鼠静脉注射LD_{50}＞1000mg/kg。大鼠急性经皮LD_{50}＞1000mg/kg（70%含量，BAYER）。

抗菌防霉效果 该化合物活性基于甲醛的释放，对常见微生物的抑制效果详见表2-166。

表2-166 该化合物对常见微生物的最低抑制浓度（MIC）

微生物	MIC/(mg/L)	微生物	MIC/(mg/L)
芽孢杆菌	120	枯草芽孢杆菌	50
大肠杆菌	80	变形杆菌	80
铜绿假单胞杆菌	120	荧光假单胞杆菌	120
金黄色葡萄球菌	120	黄曲霉	180
黑曲霉	400	根霉	250

应用 甲醛释放类化合物，适用于各种水性体系杀菌防腐。

1-(羟甲基)氨基-2-丙醇 [1-(hydroxymethyl)amino-2-propanol]

HO HN—OH
H_3C

$C_4H_{11}NO_2$, 105.1, 76733-35-2

商品名称 Preventol D4

EC编码 [278-534-0]

理化性质 有效含量100%（醛含量28%～29%），外观淡黄色透明液体，具有特有的胺味。

沸点（101kPa）约100℃。凝固点－23℃。密度（20℃）1.08g/mL。蒸气压（20℃）60hPa。黏度（20℃）433mPa·s。闪点＞100℃。pH值（1%水溶液）10.6。溶解度：易溶于水和极性溶剂。稳定性：对酸敏感；在含水介质中释放甲醛。

毒性 大鼠急性经口LD_{50} 1430mg/kg（来源：BAYER）。

抗菌防霉效果 该化合物抗菌活性基于甲醛的释放，一般在pH 4.5～12之间，具有广谱抗菌活性，尤其对抑制硫酸盐还原菌效果明显。具体数据详见表2-167。

表 2-167 1-(羟甲基)氨基-2-丙-醇对常见微生物的最低抑制浓度（MIC）

微生物	MIC/(mg/L)	微生物	MIC/(mg/L)
斑点气单胞菌	275	大肠杆菌	350
变形杆菌	275	铜绿假单胞杆菌	350
荧光假单胞杆菌	350	金黄色葡萄球菌	300
黄曲霉	500	黑曲霉	600
根霉	500	白色念珠菌	500

（来源：Bayer）

应用 广谱抗菌活性，适用于黏合剂、乳液、金属加工液等水性体系。通常添加量0.05%～0.3%。

1-羟甲基-5,5-二甲基海因(MMDMH)
(1-hydroxymethyl-5,5-dimethylhydantoin)

$C_6H_{10}N_2O_3$, 158.2, 116-25-6(27636-82-4)

其他名称 MDM Hydantoin、MDM 乙内酰脲、单甲基醇二甲基海因

商品名称 Glycoserve®

IUPAC 名 1-hydroxymethyl-5,5-dimethylimidazolidine-2,4-dione

INCI 名称 MDM hydantoin

EC 编码 [204-132-1]

理化性质 纯品为白色无味结晶。熔点 110～117℃。溶解度：水 40g/100g（20℃），水 76.7g/100g（50℃）；易溶于甲醇和丙酮，可溶于乙酸乙酯，不溶于烃和三氯乙烯。稳定性：与氨水反应之后，产生难溶水的三（二甲基乙内酰脲甲基）胺。

毒性 1-羟甲基-5,5-二甲基海因（MMDMH）毒性较小，按定量使用无毒，对黏膜、眼睛有刺激。

抗菌防霉效果 杀菌机理有两种解释：其一，这类防腐剂是通过缓慢分解释放甲醛起抑菌、杀菌作用，甲醛是活性成分；其二，这类防腐剂分子中 *N*-羟甲基本身是一个灭菌活性基团，可起灭菌作用。1-羟甲基-5,5-二甲基海因（MMDMH）具有广泛的抑菌作用，但对酵母菌的作用较弱。杀菌效果参考 DMDMH。

制备 1-羟甲基-5,5-二甲基海因由甲醛和 5,5-二甲基海因反应制备。

应用 1-羟甲基-5,5-二甲基海因（MMDMH）主要用作洗发香波、护发素和化妆品的杀菌防腐剂；还适用于淀粉、纤维、毛皮、纸张和木材等领域的消毒、防腐；亦可作无味甲醛来使用。一般使用浓度为 0.25%，最佳 pH 值为 4.5～9.5。通常不受各种乳化剂的影响，易被白明胶、蛋白质钝化。

2-(羟甲基氨基)乙醇 [2-((hydroxymethyl)amino)ethanol]

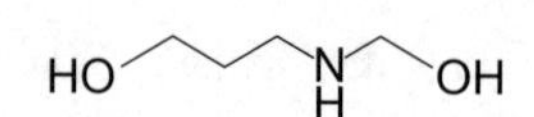

$C_3H_9NO_2$, 91.1, 34375-28-5

商品名称 Nuosept® 91、Tallicin B-14、Troysan® 174

EC 编码 [251-974-0]

理化性质 无色至浅黄色透明液体，具有刺激性气味，含量接近 100%（醛含量约 40%）。沸点（101kPa）113℃。密度（20℃）1.135～1.165g/mL。闪点＞110℃。pH 值为（10%水溶液，20℃）9.5～11.5。溶解度：完全溶于水，极易溶于极性溶剂。稳定性：酸性体系不稳定。

毒性 大鼠急性经口 LD_{50} 1620～1956mg/kg。大鼠急性经皮 LD_{50}＞2000mg/kg。大鼠吸入 LD_{50}（4h）0.62mg/L（气雾）（来源：DEGUSSA）。

抗菌防霉效果 2-(羟甲基氨基)乙醇抗菌活性基于甲醛的释放，其具体数据详见表2-168。

表 2-168 2-(羟甲基氨基)乙醇对常见微生物的最低抑制浓度（MIC）

微生物	MIC/(mg/L)	微生物	MIC/(mg/L)
铜绿假单胞杆菌	200～300	大肠杆菌	200～300
枯草芽孢杆菌	100～200	金黄色葡萄球菌	100～200
产气肠杆菌	100～200	普通变形菌	50～100
粪链球菌	200～300	白色念珠菌	＞1000
酿酒酵母	＞500	黑曲霉	＞50
青霉	＞50	出芽短梗霉	＞50

（来源：TROY）

应用 2-(羟甲基氨基)乙醇可作工业防腐剂。用于保护水基化产品，尤其是 pH＞7 的体系，如乳胶漆、乳液、黏合剂、颜料色浆、混凝土添加剂和金属加工液等。正常使用量范围在 0.1%～0.3%。

N-羟甲基甘氨酸钠
[sodium *N*-(hydroxymethyl)glycinate]

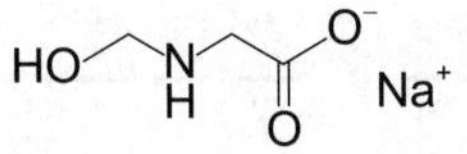

$C_3H_6NNaO_3$, 127.1, 70161-44-3

其他名称　羟甲基甘氨酸钠

商品名称　Suttocide A

IUPAC 名　sodium 2-(hydroxymethylamino)acetate

INCI 名称　sodium hydroxymethylglycinate

EC 编码　[274-357-8]

理化性质　市售产品外观呈无色至浅黄色透明液体，略带特征性气味。固含量 49.0%～52.0%（醛含量约 12%）。氮含量 5.3%～6.0%。密度（20℃）1.27～1.30g/mL。pH 值 10～12。溶解度：水 60g/100g，丙二醇 20g/100g，甘油 10g/100g，甲醇 15g/100g，乙醇＜0.1g/100g，矿物油＜0.1g/100g。

毒性　大鼠急性经口 LD_{50} 1200mg/kg。大鼠急性经皮 LD_{50}＞2000mg/kg。水生生物：虹鳟鱼 LC_{50}（96h）93.8mg/L。水蚤 EC_{50}（48h）46.5mg/L。

抗菌防霉效果　羟甲基甘氨酸钠在 pH 值为 3～12 范围内对各类细菌、霉菌和酵母菌均有很好的抑杀性能。当使用浓度为 0.3%时，对金黄色葡萄球菌、铜绿假单胞杆菌、大肠杆菌、白假丝酵母和黑曲霉作用 24h 的杀菌率达 100%。

羟甲基甘氨酸钠对几种常见微生物的最低抑菌浓度见表 2-169。

表 2-169　羟甲基甘氨酸钠对常见菌的最低抑菌浓度

菌种	羟甲基甘氨酸钠浓度/(g/L)							
	1.80	1.85	1.90	1.95	2.00	2.05	2.10	2.15
大肠杆菌	+	+	—	—	—	—	—	—
枯草杆菌	+	+	+	+	—	—	—	—
金黄色葡萄球菌	+	+	—	—	—	—	—	—
啤酒酵母	+	+	+	+	—	—	—	—
黑曲霉	+	+	—	—	—	—	—	—

注："+"表示有菌生长，"—"表示无菌生长。

由表 2-169 可见，羟甲基甘氨酸钠对大肠杆菌最低抑菌浓度为 1.90g/L，对枯草杆菌的最低抑菌浓度为 2.00g/L，对金黄色葡萄球菌的最低抑菌浓度为 1.90g/L，对酵母菌的最低抑菌浓度为2.00g/L，对黑曲霉的最低抑菌浓度为1.90g/L。

制备　通过使甘氨酸和氢氧化钠在水中的混合物与甲醛反应而制备。

应用　羟甲基甘氨酸钠是20世纪90年代国际上应用最广泛的防腐剂，具有高效广谱抗菌活性，对细菌和真菌均具有抑制作用，是极少数在高pH值下仍能保持活性的防腐剂之一，广泛应用于化妆品、食品工业、涂料、制药、造纸等工业领域。

实际应用参考：

家化领域：适用于香波、冷烫剂、染发剂、调理剂、香皂、洗发膏等碱性化妆品及洗涤剂。通常添加量为0.2%～0.6%。在低于50℃加入为好，不宜用于含有铁离子或柠檬醛香精的产品中，否则可能改变产品的颜色。

法规

① 欧盟化学品管理局（ECHA）：根据指令98/8/EC（BPD）或规则（EU）No.528/2012（BPR）提交了批准申请的所有活性物质/产品类型组合为PT-6（产品在储存过程中的防腐剂）。羟甲基甘氨酸钠申请目前处于审核进行之中。

② 欧盟化妆品法规（EC1223/2009）规定羟甲基甘氨酸钠作为防腐剂在化妆品中的含量不得超过0.5%；我国2015年版《化妆品安全技术规范》规定：羟甲基甘氨酸钠在化妆品中使用时的最大允许浓度为0.5%。

N-羟甲基氯乙酰胺
(*N*-methylolchloracetamide)

$C_3H_6ClNO_2$, 123.5, 2832-19-1

其他名称　MCA、*N*-羟甲基-2-氯乙酰胺、氯乙酰胺-*N*-甲醇

商品名称　Grotan DF-35

化学名称　2-氯-*N*-(羟甲基)乙酰胺

IUPAC名　2-chloro-*N*-(hydroxymethyl)acetamide

EC编码　[220-598-9]

理化性质　纯品为白色结晶固体，含量接近100%（醛含量24%）。熔点102℃。溶解度（20℃）：水260g/L，甲醇200g/L；微溶于非极性溶剂。稳定性：在中性至碱性介质中释放甲醛。

毒性　大鼠急性经口LD_{50} 340mg/kg。大鼠急性经皮LD_{50}＞500mg/kg。

抗菌防霉效果　作用机制：抗菌活性基于甲醛的释放，*N*-羟甲基氯乙酰胺（MCA）对常见的微生物均有良好的抑制效果。具体数据详见表2-170。

表 2-170　MCA 对常见微生物的最低抑制浓度（MIC）

微生物	MIC/(mg/L)
大肠杆菌	>2500
铜绿假单胞杆菌	1200
金黄色葡萄球菌	2500
黑曲霉	1000
球毛壳菌	500
青霉	750
黑根霉	500

制备　*N*-羟甲基氯乙酰胺（MCA）由甲醛和氯乙酰胺为原料制备而来。

应用　*N*-羟甲基氯乙酰胺（MCA）作杀菌防腐剂，适用于聚合物乳液、水性涂料、黏合剂、纤维油剂等罐内保护；亦可作金属加工液杀菌剂和其他化学中间体。注意：随 pH 值的升高，杀菌活性随之提高，在 pH 7.5～9 之间达到最佳的活性。

3-羟基甲基-1,3-苯并噻唑-2-硫酮(MBTT)(3-hydroxymethyl-1,3-benzothiazole-2-thione)

$C_8H_7NOS_2$, 197.3, 3161-57-7

IUPAC 名　3-hydroxymethyl-1,3-benzothiazole-2-thione

理化性质　黄色结晶，含量接近 100%（醛含量 15%）。熔点 130℃。溶解度：丙酮 180g/L、二甲基甲酰胺 550g/L（20℃）。稳定性：碱性条件下，分解成甲醛和相应的 2-巯基苯并噻唑盐（MBT）。

抗菌防霉效果　抗菌活性部分来自甲醛的释放。3-羟基甲基-1,3-苯并噻唑-2-硫酮（MBTT）和促进剂 MBT（CAS 登录号 149-30-4）对常见微生物的抑制效果对比详见表 2-171。

表 2-171　MBT 和 MBTT 对常见微生物的最低抑制浓度（MIC）

测试菌株	MIC/(mg/L)	
	MBT	MBTT
黄曲霉	500	500
黑曲霉	300	300
球毛壳菌	100	100

续表

测试菌株	MIC/(mg/L)	
	MBT	MBTT
青霉	150	200
出芽短梗霉	150	200
黑根霉	500	500
芽孢杆菌	450	100
枯草芽孢杆菌	700	200
铜绿假单胞杆菌	8000	500
荧光假单胞杆菌	8000	750
金黄色葡萄球菌	450	150

制备 3-羟基甲基-1,3-苯并噻唑-2-硫酮（MBTT）由甲醛和促进剂 M（CAS 登录号 149-30-4）为原料制备而来。

应用 3-羟基甲基-1,3-苯并噻唑-2-硫酮（MBTT）可作广谱防腐剂；亦能抑制有色金属的腐蚀。

8-羟基喹啉铜(Ⅱ) [bis(8-quinolinolato)copper(Ⅱ)]

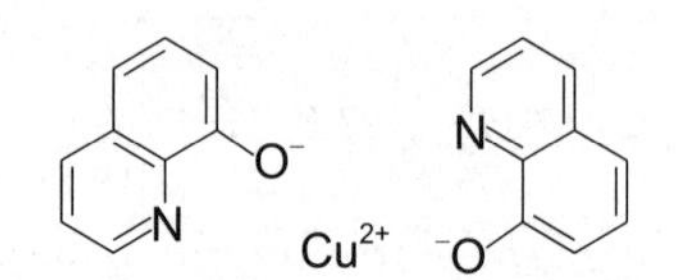

$C_{18}H_{12}CuN_2O_2$, 351.9, 10380-28-6

其他名称 喹啉铜、oxine-copper

化学名称 双(喹啉-8-羟基-O,N)铜

IUPAC 名 copper quinolin-8-olate

EC 编码 [233-841-9]

理化性质 原药含量≥95%。橄榄绿色粉末。熔点：70℃以上分解。蒸气压（25℃）4.6×10^{-5}mPa（EEC A4）。相对密度（20℃）1.687。$\lg K_{ow}$＝2.46（蒸馏水，25℃）。溶解度：水 1.04mg/L（20℃）；己烷 0.17mg/L、甲苯 45.9mg/L、二氯甲烷 410mg/L、丙酮 27.6mg/L、乙醇 150mg/L、乙酸乙酯 28.6mg/L（20℃）。稳定性：在酸性和碱性溶液中稳定（pH 5～9）。pK_a＝4.29（24.5℃）。

毒性 急性经口 LD_{50}：雄大鼠 585mg/kg，雌大鼠 550mg/kg，雄小鼠 1491mg/kg，雌小鼠 2724mg/kg。大鼠急性经皮 LD_{50}＞5000mg/kg。对兔皮肤无刺激性，对兔眼睛有

刺激性。大鼠吸入 LC_{50}（4h）>0.94mg/L。无作用剂量：雄大鼠（2年）9.7mg/(kg·d)；雌大鼠 12.5mg/(kg·d)。LC_{50}(96h)：蓝腮翻车鱼 21.6μg/L，虹鳟鱼 8.94μg/L，鲤鱼 19.3μg/L。水蚤 LC_{50}(48h) 240μg/L。藻类 EbC_{50}(0～72h) 94.2μg/L。

抗菌防霉效果　8-羟基喹啉铜（Ⅱ）对常见的细菌、霉菌以及酵母菌均有不错的抑制效果。

喹啉铜对一些微生物的最低抑制浓度见表 2-172。

表 2-172　8-羟基喹啉铜（Ⅱ）对一些微生物的最低抑制浓度（MIC）

微生物	MIC/(mg/L)	微生物	MIC/(mg/L)
黑曲霉	5	枯草杆菌	10
黄曲霉	5	巨大芽孢杆菌	2.5
变色曲霉	15	大肠杆菌	2.5
橘青霉	15	金黄色葡萄球菌	10
宛氏拟青霉	5	酒精酵母	5
蜡叶芽枝霉	5	啤酒酵母	5
球毛壳霉	10		

制备　8-羟基喹啉铜（Ⅱ）由 8-羟基喹啉、乙酸铜为原料反应制备而成。

应用　8-羟基喹啉铜（Ⅱ）主要用于纺织品防霉和木材防腐或军用帆布、电线电缆方面的防霉，其使用量为 0.2%。本剂亦可作为农用杀菌剂。

实际应用参考：

翟炜等报道，8-羟基喹啉铜（Ⅱ）（Cu-8）是一种防霉和防变色性能都很好的防腐剂，也是一种没有受到美国 EPA 限制的防腐剂，还被美国食品和药物管理局批准可用于直接和食物接触的木材的防腐处理。Cu-8 可以用作地面以上使用木材的防腐剂，也可以单独或与其他杀菌剂组合成新的防腐剂，如 Cu-8 可以和多菌灵或正辛基异噻唑啉酮组成复配药剂，还可以与 $CrCl_3$ 络合组成防霉剂 19。此外，Cu-8 溶解在重油中组成的防腐剂具有作为与土壤接触木材处理用的防腐剂的潜力。

8-羟基喹啉硫酸盐
(8-hydroxyquinoline sulfate)

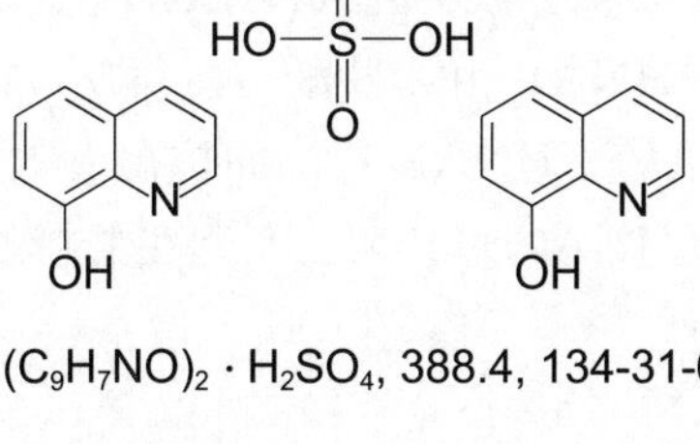

HO—S(=O)(=O)—OH　OH　N　OH　N

$(C_9H_7NO)_2 \cdot H_2SO_4$, 388.4, 134-31-6

其他名称 chinosol、喹诺苏、硫酸-8-羟基喹啉、硫酸羟基喹啉

IUPAC 名 8-quinolinol hydrogen sulfate（2∶1）

EC 编码 ［205-137-1］

理化性质 纯品为浅黄色结晶粉末。熔点 179～185℃。溶解度：溶于水，微溶于乙醇，不溶于醚。稳定性：遇碱分解，具有强吸湿性。加热分解为一氧化碳、二氧化碳、氮氧化物（NO_x）及硫氧化物。

毒性 大鼠急性经口 LD_{50} 2038mg/kg。

抗菌防霉效果 8-羟基喹啉硫酸盐对常见微生物有一定的抑制效果，尤其对细菌有较好的防治效果。

应用 8-羟基喹啉硫酸盐是一种强有力的金属螯合剂，能沉淀多种重金属，具有内吸杀菌活性，作为防腐剂及消毒剂主要用于林业、医药、化工、化妆品等方面。

2-羟基-1-萘甲醛
(2-hydroxy-1-naphthaldehyde)

$C_{11}H_8O_2$, 172.2, 708-06-5

其他名称 HNA、二羟基-1-萘醛、1-甲酰基-2-萘酚

IUPAC 名 2-hydroxynaphthalene-1-carbaldehyde

EC 编码 ［211-902-0］

理化性质 无色晶体。沸点（3.6kPa）192℃。熔点 82～85℃。溶解度：几乎不溶于水，溶于乙醇、乙醚、石油醚，溶于碱性溶液。稳定性：在蒸汽中稍有挥发，遇氯化铁呈棕色。$\lg K_{ow}=3.18$。

毒性 大鼠急性经口 LD_{50} ＞5000mg/kg。大鼠腹腔注射 LD_{50} 710mg/kg。老鼠腹腔注射 LD_{50} 1170mg/kg（来源：ChemIDplus）。

抗菌防霉效果 膜活性物质，醛基的存在使得 2-羟基-1-萘甲醛（HNA）还具有亲电子性能并增强杀菌性能。2-羟基-1-萘甲醛（HNA）尤其对霉菌抑制特别有效。

制备 2-羟基-1-萘甲醛（HNA）由 2-萘酚与氯仿反应而得。

应用 由于 2-羟基-1-萘甲醛（HNA）广泛的抗菌有效性，加上在水中的不溶性及其稳定性。2-羟基-1-萘甲醛（HNA）可作防止材料生物降解的长期保护剂，例如皮革、鞋类、棉花、纺织品、纸张等。

曲酸
(kojic acid)

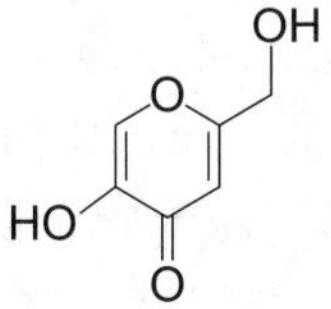

$C_6H_6O_4$, 142.1, 501-30-4

其他名称 鞠酸

化学名称 5-羟基-2-羟甲基-4-吡喃酮

IUPAC 名 5-hydroxy-2-(hydroxymethyl)pyran-4-one

EC 编码 [207-922-4]

理化性质 纯品为白色结晶。熔点：153～156℃。蒸气压（25℃）3.21×10^{-6} mmHg。$\lg K_{ow}=-0.64$。溶解度：水 9.35×10^5 mg/kg（25℃）；溶于甲醇、乙醇、乙酸乙酯、氯仿、吡啶，不溶于苯。

毒性 小鼠腹腔注射 LD_{50} 250mg/kg。小鼠急性经口 LDLo 4000mg/kg（来源：Nature，1945 年）。

抗菌防霉效果 曲酸对细菌有较强的抑制作用，尤其对大肠杆菌的抑杀效果明显，而对酵母菌、霉菌则无抑制作用。其原因可能是曲酸的存在能形成酸性环境，从而抑制细菌的生长，而对耐酸性酵母菌、霉菌无效。

曲酸在浓度为 0.2%～0.4%时能对细菌起到良好的抑制作用，0.2%浓度能抑制大肠杆菌，0.3%浓度能抑制枯草杆菌，0.4%浓度能抑制金黄色葡萄球菌和藤黄八叠球菌。曲酸经过 80℃、100℃、121℃处理 30min 后，其抑菌能力并没有降低，热稳定性良好，克服了其他防腐剂不耐热的缺点，更加适合用在食品加工过程中。

制备 工业上常用淀粉或糖蜜为原料进行发酵、精制而得。能生产曲酸的微生物是曲霉属（包括米曲霉、黄曲霉、白色曲霉、鱼坚曲霉、灰绿曲霉、亮白曲霉等）。

应用 曲酸最早是日本学者斋藤贤道在米曲霉酿造酱油中发现的，后来许多研究者从黄曲霉的某些菌株发酵产物中也分离出曲酸，且产量高于米曲霉。

蒋利亚等报道，曲酸是一种由微生物好氧发酵产生的具有抑菌作用的有机酸，是与葡萄糖分子结构相似的弱酸化合物，经同位素证实是由葡萄糖未经碳架断裂直接氧化脱水而形成，其酸性是由其酚烃基结构而来。该化合物具有抑菌能力、抗氧化性、护色和与金属离子螯合等性质，广泛应用于医药、食品、化妆品、农业等领域。

实际应用参考：

① 曲酸与目前在食品添加剂方面广泛使用的苯甲酸、山梨酸及其盐类相比有以下

优点：易溶于水，解决了山梨酸与苯甲酸等防腐剂需要有机溶剂溶解后再加入食品的问题；不为细菌所利用，具有更强更广泛的抗菌力；热稳定，可与食品共同加热灭菌；pH 值对曲酸的抗菌力无明显影响；曲酸对人无刺激性，并可抑制亚硝酸盐生成致癌物。

② 目前最热门和最具前景的应用是在食品与日用化妆品方面，日本三省制药公司生产的曲酸于 1988 年被日本厚生省批准可作为保鲜剂和增白剂加到食品与化妆品中，从此加快了对曲酸的生产及应用研究的步伐。比如强烈吸收紫外线，可单独用于或配伍用于各种防晒型制品（如香皂）等。能治疗和防治皮肤色斑（如肝斑等形成），用量在 1%～2.5%效果明显。有助于保持湿度，减少皮肤皱纹。在发用品中加入可除头屑。

4-肉桂苯酚
(4-cumylphenol)

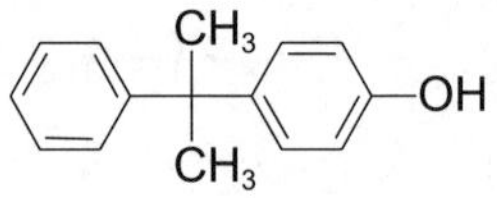

$C_{15}H_{16}O$, 212.3, 599-64-4

其他名称 对异丙苯基苯酚、枯基苯酚

化学名称 4-(1-甲基-1-苯乙基)苯酚

IUPAC 名 4-(2-phenylpropan-2-yl)phenol

EC 编码 [209-968-0]

理化性质 纯品为白色晶体。凝固点 71～73℃，沸点 189～191℃。溶解度(30℃)：甲醇 54.6g/100g，丙酮 59.3g/100g，苯 25.3g/100g，乙烷 2.4g/100g，四氯化碳 29.2g/100g。稳定性：有酚气味。

毒性 青蛙急性经口 LD_{50} 335mg/kg（来源：Pubchem）。

抗菌防霉效果 4-肉桂苯酚作为酚类化合物，其对常见微生物均有一定防治效果，尤其对霉菌具有良好的抑杀作用。

制备 由苯酚与 α-甲基苯乙烯缩合而得。将苯酚和硫酸加入反应锅，搅拌冷却，滴加 α-甲基苯乙烯。用氢氧化钠中和，蒸出未反应的苯酚和 α-甲基苯乙烯得粗品，用重结晶精制即得成品。

应用 4-肉桂苯酚杀菌防霉力强，对矿物油和锭子油的亲和性好，可用作润滑等的杀菌防霉剂。与五氯酚相比，毒性小得多，而且没有刺激气味，也可用于木材的杀菌、防霉。亦作表面活性剂原料等。

肉桂醛
(cinnamaldehyde)

C_9H_8O, 132.2, 104-55-2

其他名称 3-苯基-2-丙烯醛、桂醛、苯丙烯醛、桂皮酸

化学名称 β-苯丙烯醛

IUPAC 名 (*E*)-3-phenylprop-2-enal

EC 编码 [203-213-9]

理化性质 天然存在的肉桂醛为反式结构，其分子是1个苯环连接1个丙烯醛。纯品为淡黄色黏稠液体，有特殊的肉桂香味。熔点－7.5℃。沸点253℃（部分分解）。相对密度（20℃/4℃）1.049。闪点71℃。$\lg K_{ow}=1.9$。溶解度：水1420mg/L（25℃）；难溶于水、甘油与石油醚，易溶于醇、醚。稳定性：在空气中易被氧化成硅酸，能随水蒸气挥发。易变色。

毒性 小鼠腹腔注射 LD_{50} 200mg/kg。小鼠静脉注射 LD_{50} 75mg/kg。小鼠急性经口 LD_{50} 2225mg/kg（来源：Pubchem）。

抗菌防霉效果 肉桂醛作用机制为醛基（—CHO）的极性效应使醛基碳带上正电荷，醛基氧带负电荷，醛类通过带正电荷的碳与蛋白质上带孤对电子的氨基（—NH_2，细菌蛋白质的氨基）、亚氨基或巯基（—SH，细菌酶系统的巯基）等活性基团发生亲核加成反应，使细菌失去复制能力，引起代谢系统紊乱而达到杀菌的目的。

日本科研人员在22种致病性真菌条件下对肉桂醛进行抗真菌作用研究，结果表明肉桂醛对受试各菌具有抗菌作用。主要是通过破坏真菌细胞壁，使药物渗入真菌细胞内，破坏细胞器而起到杀菌作用。

定性试验证明，肉桂醛对皮肤癣菌的MIC绝大多数在11.7～40μg/mL之间，对深部真菌和其他真菌的MIC波动范围较大，在14～300μg/mL之间。肉桂醛对大多数真菌的抑菌作用均不及咪康唑，但优于石炭酸，见表2-173。

以白色念珠菌进行定量抑菌试验，肉桂醛在药物浓度为500μg/mL的条件下，作用2h后就显示出对该菌明显的抑制作用，8h抑制可达99.99%。咪康唑经8h不能将菌彻底抑制。

根据以上试验结果，肉桂醛的抗真菌作用进一步得到证实。该药在11.7～46.8μg/mL的浓度下能有效地抑制大多数皮肤癣菌。

表 2-173 肉桂醛等 3 种药物对真菌的抑制作用

试验菌株	MIC/(μg/mL)		
	RQA	咪康唑	石炭酸
皮肤癣菌：			
断发癣菌(T4)	46.8	2.2	750
猴类癣菌(京 001)	31.2	3.1	550
絮状表皮癣菌(4783)	229.2	41.6	>1000
红色毛癣菌(4863)	36.4	100.0	>1000
石膏样毛癣菌(4935)	104.0	17.7	>1000
石膏样毛癣菌(T5b)	13.7	0.2	583.0
石青样小孢子菌(4777)	31.2	2.1	500.0
石膏样小孢子菌(M2a)	26.0	3.6	833.0
卡氏枝孢霉(京 001)	20.8	0.2	500.0
粉小孢子菌(M6a)	44.3	2.7	666.0
奥杜盎氏小孢子菌(M4)	22.1	0.2	3.9
深部真菌：			
裴氏着色霉(D6)	31.9	1.2	833.0
皮炎着色霉	104.0	19.3	1000.0
紧密着色霉(D7)	166.0	1.6	>1000
疣状瓶霉(D8)	14.3	5.3	666.0
疣状瓶霉(京 001)	333.0	17.2	>1000
曲霉：			
黑曲霉(京 001)	72.9	8.3	1000.0
烟曲霉(京 001)	83.3	9.4	>1000
酵母及酵母类菌：			
光滑球拟酵母(京 001)	333.0	25.0	>1000
新型隐球菌(京 001)	41.6	0.3	1000.0
新型隐球菌(D2a)	104.0	41.7	>1000
白色念珠菌(Cla)	135.0	50.0	>1000
热带念珠菌(京 001)	70.3	66.6	>1000

注：表中数据为 48h 结果，3 次实验平均值。

制备 天然由肉桂油或桂皮油用亚硫酸氢钠法加合而成。工业合成由苯甲醛与乙醛在一定的催化条件下发生缩合反应制得。

应用 肉桂醛系醛类化合物，在肉桂等植物中含量较多，天然产物主要存在于肉桂油、桂皮油、藿香油、风信子油、玫瑰油等中。肉桂醛是由肉桂树（*Cinnamonum cassia Prel.*）的树皮二氧化碳（CO_2）超临界萃取所获得香精油的主要成分，也可被人工合成。

肉桂醛作为防腐剂主要用于苹果、柑橘等水果的储藏，利用肉桂醛的熏蒸性而起到防腐保鲜作用；肉桂醛亦用作驱鸟胶体剂，食品、化妆品等香料以及新型的缓蚀剂。

实际应用参考：

① 肉桂醛还可作为石油开采中的杀菌灭藻剂、酸化缓蚀剂，代替目前使用的戊二醛等传统防腐杀菌剂，可显著增加石油产量，提高石油质量，降低开采成本。

② 肉桂醛对传播黄热病的伊蚊幼虫有很强的杀灭效果，它将成为新型的杀虫剂。肉桂醛不仅安全环保，而且气味芬芳，含有肉桂醛的抗微生物剂，可驱避昆虫。可直接用于排水管（下水道）或汽车专用香精、空气清新剂、氧气发生器、冰箱除味剂及保鲜剂等。

③ 最新研究表明，肉桂醛用于口香糖对口腔可起到杀菌和除臭的双重功效。目前，国内外特别是欧美国家的牙膏厂已长期将肉桂醛应用于牙膏中，且使用效果很好。

肉桂酸
(*trans*-cinnamic acid)

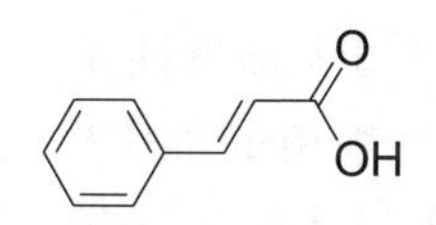

$C_9H_8O_2$,148.2,140-10-3

其他名称　桂皮酸、β-苯基丙烯酸、反肉桂酸

化学名称　3-苯基-2-丙烯酸

IUPAC 名　(*E*)-3-phenylprop-2-enoic acid

EC 编码　[205-398-1]

理化性质　肉桂酸有顺式和反式两种异构体，通常以反式存在。纯品为白色至淡黄色粉末。熔点 133℃。沸点 300℃。相对密度 1.2475。$\lg K_{ow}=2.13$。溶解度：水 546mg/L（25℃）；易溶于酸、苯、丙酮、冰醋酸，溶于乙醇、甲醇和氯仿。$pK_a=4.44$。

毒性　野生鸟类急性经口 LD_{50} 100mg/kg（来源：Pubchem）。

抗菌防霉效果　作为醛类化合物，肉桂酸对常见霉菌和酵母菌的最低抑制浓度一般都在 500×10^{-6}左右。

制备　天然由苏合香或其他含有桂酸的植物精油分离而得；工业上有 Perkin 法、苄叉二氯法以及苯甲醛-丙酮缩合法等。

应用　肉桂酸归类为不饱和羧酸，天然存在于许多植物中。肉桂酸可应用于粮食、蔬菜、水果中的保鲜、防腐；还可添加在橡胶、泡沫塑料中制成防臭鞋和鞋垫；也可用于棉布和各种合成纤维、皮革、涂料、鞋油、草席等制品中防霉；在农业方面，可作为生长促进剂。

溶菌酶
(lysozyme)

其他名称　胞壁质酶、球蛋白 G

化学名称　*N*-乙酰胞壁质聚糖水解酶

CAS 登录号　[9001-63-2]

EC 编码　[232-620-4]

理化性质　溶菌酶是一种专门作用于微生物细胞壁的水解酶，能专一地作用于肽多糖分子中 *N*-乙酰胞壁酸与 *N*-乙酰氨基葡萄糖之间的 β-1,4 糖苷键，从而破坏细菌的细胞壁，使之松弛而失去对细胞的保护作用，最终使细菌溶解死亡。

其外观呈白色粉状结晶，无臭，微甜。含有 129 个氨基酸的多肽，分子量约为 14500。等电点 10.7～11.0。该品可溶于食盐水，遇丙酮、乙醇产生沉淀。在碱性条件下易被破坏，但在酸性溶液中的化学性质稳定，热稳定性很高。

毒性　溶菌酶属微毒化合物，其对大鼠急性经口 LD_{50} 为 20g/kg。

抗菌防霉效果　溶菌酶具有溶解细菌的细胞壁的功能，其杀菌机理是通过酶解作用，使构成细菌细胞壁分子和结合部被水解、切断。再因细胞内部渗透压的作用，使细胞膜破裂，细胞死亡。其主要对革兰氏阳性菌有着强烈的抗菌作用，而对革兰氏阴性菌抑制效果较差。

制备　溶菌酶来源较为广泛，从动物体液和植物中均可分离提取。该酶广泛存在于人体多种组织中，鸟类和家禽的蛋清，哺乳动物的泪、唾液、血浆、尿、乳汁等体液以及微生物中也含此酶，其中以蛋清含量最为丰富。

应用　溶菌酶作为食品防腐剂常在清酒、干酪、香肠、奶油、糕点、生面条等食品、饮料中使用。其中与甘氨酸配合使用的溶菌酶制剂已应用于面类、水产熟食品、冰淇淋和色拉等食品的防腐。另外溶菌酶还可以作为抗菌剂用于纺织纤维、空气过滤系统及空调器的空气过滤网上。

实际应用参考：

① 溶菌酶在水果保鲜上的应用：经溶菌酶浸泡过的水果，表面细菌被有效抑制，在防止烂果、延长水果保鲜期方面有重要意义。含溶菌酶 0.07%、氯化钙 0.5%、甘氨酸 1.5%比例下的复合保鲜剂对草莓保鲜效果最好。又如在溶菌酶涂膜保鲜杨梅中研究表明，加入溶菌酶的处理组，其烂果率和失重率分别下降了 60%和 4.5%。

② 溶菌酶在牙膏、洗手液等产品中的应用：溶菌酶广泛应用于牙膏行业和漱口液的生产中，目前在日本已经生产出含有溶菌酶的漱口液和牙膏。研究表明，这种产品可

有效防治龋齿的发生。同时含有溶菌酶的洗手液也开始在国内生产。如国内某公司生产的洗手液，能有效防止手部细菌的增殖。

③ 以溶菌酶制造的酶滤网与普通滤网相比具有以下特点：杀菌速度快且力度强；可在常温下使用，因而无需提供电、热等能量；酶以分子水平与滤纸结合，不会因物理冲击而导致剥离；酶是由生物产生的天然物质，对环境、人畜安全。

溶菌酶在水溶液中处于游离状态，难以和羊毛纤维结合，借助固定化酶工艺可以提高溶菌酶的稳定性和可控性，把游离的酶“固定”起来，是溶菌酶用于羊毛抗菌整理的必要环节。黄栋、邵小娟等人通过 MTG 催化交联溶菌酶的方法，直接将溶菌酶固定在羊毛纤维上并赋予织物抗菌性能。潘军军等人则将溶菌酶固定在硅羟基溶胶中，通过浸轧工艺整理羊毛织物，整理后织物的抑菌率可达 90%以上。

乳酸
(lactic acid)

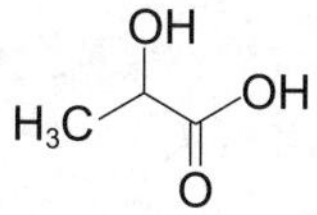

$C_3H_6O_3$, 90.1, 50-21-5

化学名称 2-羟基丙酸

IUPAC 名 2-hydroxypropanoic acid

EC 编码 [200-018-0]

理化性质 乳酸纯品为无色至浅黄色糖浆状液体。几乎无臭，或略有脂肪酸臭。呈强酸味。工业产品常为含 50%～90%乳酸的溶液（一般为 85%～92%）。有吸潮性。相对密度（20℃）1.206。溶解度：可与水、丙二醇、甘油、丙酮、乙醚和乙醇混溶，几乎不溶于氯仿、石油醚、二硫化碳。

毒性 大白鼠急性经口 LD_{50} 3730mg/kg，几内亚猪急性经口 LD_{50} 1810mg/kg。乳酸参与三羧酸循环，是人体代谢的营养物质，几乎无毒性，因此 FAO 对每日摄取量没有限制。

抗菌防霉效果 乳酸对结核杆菌和产芽孢菌均有较好的抑菌性能，如对凝结芽孢杆菌的抑菌效果是乙酸的 4 倍，随着 pH 值的降低，抑菌效果更好。但对酵母菌和霉菌没有抑制作用或抑制作用较差。

乳酸并非食物中本身存在的，而是一些食品在发酵过程中产生的，如泡菜、腌菜、橄榄和某些肉、酸奶、奶酪及酸豆乳等发酵食品，多是采用乳酸菌种发酵所制。在乳酸菌发酵过程中会产生许多有益于食品保藏的代谢产物，其中乳酸及少量乙酸是其中的主要代谢产物，可以降低食品本身的 pH 值，有效抑制微生物的生长，从而达到很好的防腐效果。

同浓度的乳酸对3种致病菌（大肠杆菌、金黄色葡萄球菌、蜡样芽孢杆菌）的抑制效果见表2-174。

表2-174　乳酸对致病菌的抑菌作用

乳酸浓度/(mg/mL)	7.2	3.6	1.8	0.9	0.45	0.225
大肠杆菌(抑菌圈直径)/mm	12	10.5	9.5	6.5	5.5	5
金黄色葡萄球菌(抑菌圈直径)/mm	11	9.5	6.5	5.5	5.5	5
蜡样芽孢杆菌(抑菌圈直径)/mm	10.5	6.5	5	5	5	5

从表2-174可以看出，乳酸对大肠杆菌的抑制作用强于金黄色葡萄球菌及蜡样芽孢杆菌。这是由于革兰氏阳性菌具有较厚的细胞壁结构，因此对外界不适宜的环境有较强的抵抗力，而大肠杆菌为革兰氏阴性菌，其细胞壁结构不同于革兰氏阳性菌，细胞壁较薄。因此，在不适宜的环境中生长繁殖很容易受到影响。从表2-174中也可以看出，随着乳酸浓度的降低，抑菌圈均减小，这表明对3种致病菌的抑制效果逐渐减弱。当乳酸浓度降至0.9mg/mL时，蜡样芽孢杆菌中的抑菌圈已不明显，乳酸对其已基本没有抑制作用；当乳酸浓度降至0.45mg/mL时，金黄色葡萄球菌及大肠杆菌中的抑菌圈已不明显，也即乳酸对2株致病菌抑制作用不大。当乳酸浓度降至0.225mg/mL时，对3株致病菌均无明显的抑菌圈，失去抑制作用。

制备　目前应用最广的是发酵法，是以含有淀粉的原料蔗糖、甜菜糖、糖蜜或粮食淀粉为原料，糖化接入乳酸菌，在pH=5、49℃左右发酵3～4d，用碳酸钙中和，趁热过滤，精制得乳酸钙。再用硫酸酸化，过滤，将滤液浓缩、脱色、除杂即得产品。

应用　乳酸在多种生物化学过程中起作用，是一个含有羟基的羧酸，在水溶液中它的羧基释放出一个质子，而产生乳酸根离子$CH_3CHOHCOO^-$。实际应用，乳酸常用于空气消毒及食品防腐。

实际应用参考：

空气消毒一般为12mL/m^3，加水20mL，加热蒸发，消毒30min。乳酸是应用最早的防霉剂，其抗菌作用弱。当浓度达到0.5%时才会显示出防霉效果，对厌氧菌作用明显。乳酸在饲料中的添加量一般为0.2%～1.5%。乳酸亚铁制剂，纯度在95%以上，添加量一般为0.3%～4.0%。

乳酸链球菌素
(nisin)

$C_{143}H_{228}N_{42}O_{37}S_7$，3510（道尔顿），1414-45-5

其他名称 乳链菌素、乳球菌肽、尼生素

商品名称 Novasin

EC 编码 [215-807-5]

理化性质 乳酸链球菌素（nisin）是由乳酸链球菌产生的一种细菌素，系以蛋白质原料经过发酵提制的一种多肽抗菌素类物。是由 34 个氨基酸组成的小肽，氨基末端为异亮氨酸，羧基末端为赖氨酸，还通过硫醚键构成五个内环。活性分子常为二聚体、四聚体。随着研究的深入，乳酸链球菌素的类型由最初人们发现的 2 种类型增至现今的 6 种类型，分别为 nisin A、nisin B、nisin C、nisin D、nisin E、nisin Z。

乳酸链球菌素为白色针状结晶。溶于冰醋酸、苄醇、乙醇（80%质量密度）。但溶于有机溶剂中后失去活性。在酸性下，可溶于水。pH 4.2 时溶解度为 1.5%。在酸溶液中稳定，在碱液中不稳定。对蛋白酶（如胰蛋白酶、胰酶、唾液酶、消化酶等）敏感。

毒性 乳酸链球菌素是一种短肽化合物，在消化道很快被酶分解，它存在于牛乳乳酪中并且产生于乳酸乳球菌中，在肠道中又有规律地存在，因此普遍认为它对人体无毒。

抗菌防霉效果 乳酸链球菌素对许多革兰氏阳性菌，例如葡萄球菌、肠球菌、片球菌、乳杆菌、明串珠菌、李斯特氏菌等有强烈抑制作用，只要加入 10^{-5}～10^{-4}量就足以抑制腐败菌生长和繁殖；同时，对细菌芽孢的萌发有一定的抑制作用，如芽孢杆菌和梭状芽孢杆菌；但它对革兰氏阴性菌、霉菌和酵母菌没有作用。

乳酸链球菌素在酸性条件下呈现最大稳定性，随着 pH 值的升高其稳定性降低，在 pH 值为 2.0 或更低的稀盐酸中，经 115.6℃高压灭菌，仍能稳定存在；而在 pH 值为 5 时，其活力损失 40%；当 pH 值为 9.8 时，其活力损失超过 90%。乳酸链球菌素的作用位点主要是细胞膜，乳酸链球菌素有形成膜通道的能力，细胞质内小分子物质和离子会通过管道流失，导致细胞溶解而达到杀菌防腐的目的。该药剂对于芽孢系，在其萌发前期及芽孢的膨胀期破坏其膜，从而抑制发芽过程。

应用 乳酸链球菌素主要用于乳制品、蔬菜罐头和水果罐头防腐。

1953 年乳酸链球菌素的第一批商业产品——Nisaplin 在英国面世；1990 年我国卫生部食品监督部门签发了乳酸链球菌素在国内使用的合格证明书，可用于罐头食品、植物蛋白食品、乳制品和肉制品中。

实际应用参考：

① 乳酸菌素在啤酒工业中的应用：乳酸链球菌素对于生长和发酵阶段的啤酒酵母活率没有影响，在低 pH 值、酒花物质的环境，乳酸链球菌素活性不受影响，但是却能够有效地抑制啤酒中已发现的几乎所有的革兰氏阳性腐败菌，从而提高啤酒的生物稳定性。此外，利用乳酸菌素还可以避免巴氏杀菌所带来的“杀菌味”和“老化味”，从而保持啤酒的新鲜度。

② 在酸性罐头食品中的应用：乳酸链球菌素在酸性条件下，稳定性、溶解度、抑菌性均提高，因而它可成功地应用于高酸性食品（pH＜4.5）的防腐。对于低酸和非酸

性罐头食品，添加乳酸链球菌素后也能起到减轻热处理强度的作用。如添加到番茄酱、罐头汤汁、蔬菜和蘑菇产品中，能减弱杀菌条件，保证食品的营养风味。

乳酸依沙吖啶
(ethacridine lactate)

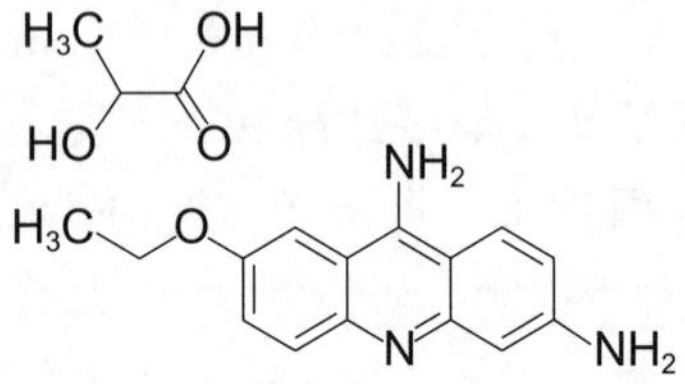

$C_{15}H_{15}N_3O \cdot C_3H_6O_3$, 343.4, 1837-57-6

其他名称 利凡诺（单水）、雷佛奴尔、6,9-二氨基-2-乙氧基丫啶乳酸盐

化学名称 α-乙氧基-6,9-二氨基吖啶乳酸盐

IUPAC 名 2-Ethoxyacridine-6,9-diamine 2-hydroxypropionate

EC 编码 [217-408-1]

乳酸依沙吖啶（一水）(ethacridine lactate monohydrate)

CAS 登录号 [6402-23-9]（一水）

分子式 $C_{15}H_{15}N_3O \cdot C_3H_6O_3 \cdot H_2O$（分子量 361.4）

理化性质 纯品为黄色结晶性粉末，无臭，具收敛性苦味。熔点 238～245℃。分解温度＞400℃。密度（20℃）0.457g/cm^3。该药剂易溶于热水，稍溶于水或沸腾乙醇。它的水溶液呈中性。在水溶液中煮沸也稳定。

毒性 大鼠急性经口 LD_{50} 2380mg/kg。小鼠 LD_{50} 15mg/kg（皮下注射）、41.65mg/kg（腹腔注射）、45.5mg/kg（静脉注射）。兔子 LD_{50} 100mg/kg（皮下注射）、50mg/kg（腹腔、静脉注射）。此外，使用后会出现恶心、呕吐、腹痛等消化道障碍和过敏症状。

抗菌防霉效果 乳酸依沙吖啶为外用杀菌防腐剂，对革兰氏阳性菌及少数革兰氏阴性菌有较强的杀灭作用，对球菌尤其是链球菌的抗菌作用较强。在离体试验中，对链球菌以 1∶120000 的稀释液即有效。在活体内，最有效浓度为 1∶40000。本品对生物体无刺激性，能渗透到生物体内深处组织。在血清蛋白存在时效力也不降低。具有抗原虫作用。

应用 乳酸依沙吖啶为一种芳香化合物，主要为医用消毒杀菌药，亦可用于医院、食品厂、饮料厂、化妆品厂、制药厂、发酵制品厂等的表面杀菌消毒。

三胺嗪
(AEF)

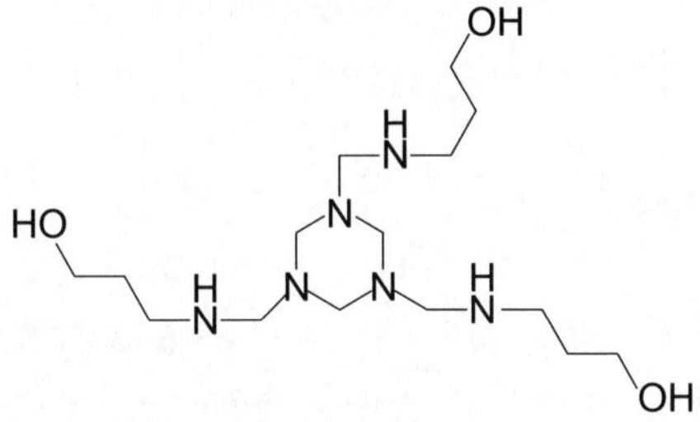

$C_{15}H_{36}N_6O_3$, 348

商品名称 Biocide AEF

理化性质 无色至淡黄色透明液体，易溶于水、醇和多种油。相对密度（25℃）1.096～1.100。闪点大于100℃。0.1%的蒸馏水溶液pH值为9.8～12，室温下稳定性好。对金属无腐蚀（来源：日乾）。

毒性 直接接触本品，对皮肤和黏膜会有轻度刺激作用，300mg/kg的水溶液对皮肤直接接触没有刺激性。

抗菌防霉效果 三胺嗪对各种革兰氏阳性和阴性菌、酵母菌都有较强的抑杀能力。

制备 将多聚甲醛经预处理后加入反应釜，再加入醇胺。在80℃下搅拌4h后，为防止副反应而加入适当的中止剂，保温下搅拌1h。静置，过滤，滤液在真空条件下浓缩，在浓缩时加入适当的助剂，出料后加入除臭剂（来源：日乾）。

应用 三胺嗪是针对金属加工液配方专门开发的新型广谱杀菌剂，在配方中稳定性好，甲醛释放缓慢，皮肤刺激性小，杀菌效果更为持久；三胺嗪碱储备值高，其结构基团及缓释出的特殊胺类，更有利于配方体系的稳定性，对黑色金属具有辅助防锈作用。

实际应用参考：

三胺嗪可任意比例溶于水中，在金属加工液中作为杀菌剂可以单独使用或与其他杀菌剂复配使用。适用于中性、弱碱性、碱性体系。

双吡啶硫酮(BPT)
[2,2′-dithiobis(pyridine-1-oxide)]

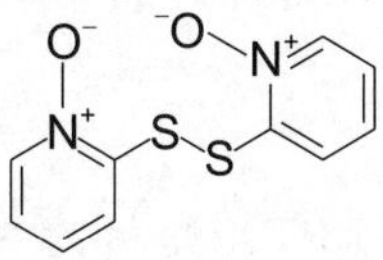

$C_{10}H_8N_2O_2S_2$, 252.3, 3696-28-4

其他名称 OMDS、dipyrithione、双硫氧吡啶、奥麦丁二硫化物

商品名称 Pyrion®-Disulfide

化学名称 2,2′-二硫代二(吡啶-1-氧化物)

IUPAC 名 1-oxido-2-[(1-oxidopyridin-1-ium-2-yl)disulfanyl]pyridin-1-ium

INCI 名称 bispyrithione

EC 编码 [223-024-5]

理化性质 纯品为白色或类白色结晶粉末。熔点 203～205℃（分解）。pH 值（1%水溶液）约 7.0。溶解度（21℃）：水（pH 4.5）11.3g/L，乙醇 8.1g/L，丙酮 1.1g/L，氯仿 28.1g/L，正己烷<0.01g/L。稳定性：在盐溶液和乙酸溶液中稳定（生成可溶性酸性盐而不会断裂 S—S 键）；在碱性溶液中双硫键（S—S）会缓慢断裂，释放出 2-巯基吡啶氮氧化物碱性盐及一定量的吡啶硫酮亚磺酸。市售商品有效含量 40%，外观浅灰色至棕色水悬浮液。密度：1.12g/cm^3。

毒性 雄大鼠急性经口 LD_{50} 1640mg/kg。雌大鼠急性经口 LD_{50} 1240mg/kg。小鼠急性经口 LD_{50} 543mg/kg。

抗菌防霉效果 双吡啶硫酮的抗菌活性是基于当双硫键断裂时释放出的吡啶硫酮的活性，双吡啶硫酮对杀灭真菌类和革兰氏阳性菌特别有效，而对革兰氏阴性菌效果一般。双吡啶硫酮对常见微生物的最低抑制浓度见表 2-175。

表 2-175 40%双吡啶硫酮制剂对常见微生物的最低抑制浓度（MIC）

微生物	MIC/(mg/L)	微生物	MIC/(mg/L)
肺炎克雷伯氏菌	30.9	阴沟肠杆菌	27.8
大肠杆菌	24.8	嗜热脂肪芽孢杆菌	12.3
枯草芽孢杆菌	11.0	脓链球菌	10.9
表皮微球菌	9.7	金黄色葡萄球菌	9.6
索氏志贺氏菌	9.3	鼠伤寒沙门氏杆菌	8.4
烟曲霉	10.9	黑曲霉	9.3
青霉	6.3	犬小芽孢菌	6.3
须毛癣菌	6.2	新型隐球酵母	4.7
酿酒酵母	3.1	白色念珠菌	3.1

（来自：Pyrion®-Disulfide）

制备 由原料 2-巯基吡啶-*N*-氧化物等反应而得。

应用 双吡啶硫酮可用于罐内液体防腐，包括燃料防腐；亦可用于塑料、家化日化、感光材料防腐防霉。

实际应用参考：

① 袁立新等报道，双吡啶硫酮（BPT）是目前在市场上去屑、止痒效果较佳的化学品之一。该化合物的分子结构与吡硫鎓锌（ZPT）类似，能有效杀灭卵状米糠疹癣

菌、卵状芽孢菌及白色念珠菌等多种真菌，ZPT 的去屑止痒效果稍差于 BPT，1% ZPT 能使头屑明显减少，而 BPT 在用量低至 0.2%时即可达到良好的去屑效果。BPT 粒径非常微小，与产生头皮的细菌和真菌有足够的接触表面，能最大限度地发挥其功效。其水溶性比 ZPT 好，它在水中的溶解度为 0.5%，不完全溶解的部分也以极小微粒存在，不遮光，不会影响香波体系的珠光外观，在正常用量下使用无不良反应。由于 BPT 对金属离子的敏感程度比 ZPT 低得多，因此，在香波中的颜色稳定性可大大提高，而且其脱脂能力弱，是去屑剂的一个新的发展方向。

② 专利 CN 201110449335：报道一种具有协同效果的去屑洗发组合物，其特征在于按质量分数包括：双吡啶硫酮或吡啶硫酮锌中的一种或两种混合 0.1%～1.2%、长碳链季铵盐磷酸酯 0.05%～4.0%。本发明利用双吡啶硫酮、吡啶硫酮锌和长碳链季铵盐磷酸酯协同增效特性，在双吡啶硫酮或吡啶硫酮锌较低添加量情况下实现了同等的控制头皮微生物数量，进而实现去除头屑的目的；同时该组合形式还有助于减少洗发组合物中调理剂的使用量。

三苯基氯化锡
(triphenyltin chloride)

$C_{18}H_{15}ClSn$, 385.5, 639-58-7

其他名称 氯三苯基锡、TPTC、fentin chloride

IUPAC 名 chloro（triphenyl）stannane

EC 编码 ［211-358-4］

理化性质 纯品有效含量≥97%（Sn 含量约 30%），外观为白色粉末，具有特征气味的固体。沸点（760mmHg）240℃。熔点 103～106℃。$\lg K_{ow}=4.19$。溶解度：不溶于水；溶于大多数有机溶剂。稳定性：遇碱易分解，生成三苯基锡的氢氧化物；遇光亦易分解。

毒性 大鼠急性经口 LD_{50} 190mg/kg。小鼠急性经口 LD_{50} 18mg/kg。小鼠腹腔注射 LD_{50} 21.5mg/kg。小鼠静脉注射 LD_{50} 18mg/kg。严重的皮肤和眼睛刺激。对环境有危害，对水生动物和植物有毒。

抗菌防霉效果 三苯基氯化锡由于在溶液中不电离，较易穿透微生物的细胞壁侵入细胞质，与蛋白质的氨基和羧基形成复杂化合物，从而破坏蛋白质。对常见微生物，尤其对霉菌有很好的抑制效果，最低抑制浓度见表 2-176。

表 2-176 三苯基氯化锡对一些微生物的最低抑制浓度（MIC）

微生物	MIC/(mg/L)	微生物	MIC/(mg/L)
黑曲霉	5	球毛壳霉	5
多生枝孢	2.5	橘青霉	2.5
黄曲霉	2.5	刚毛藻属	0.1
串球镰霉	2.5		

制备 三苯基氯化锡由三苯基氯化锡和氯代叔丁烷反应而得。

应用 三苯基氯化锡用作灭鼠剂、杀软体动物剂、杀真菌剂和杀虫剂。广泛适用于木材防腐、海洋防污；有机锡化合物常与季铵盐或有机胺复配以改善其分散性，组合化合物对藻类、霉菌和木材腐朽菌均有不错的抑杀效果；亦可作农业杀菌剂。

实际应用参考：

三苯基氯化锡以前是优良的军用长效防污漆的主毒剂，其防污效果极为显著，防污有效期长，一般为3～5年。可广泛应用于各种舰船、浮标、码头、灯塔、海上石油钻井平台及海水管道等。

双八烷基二甲基氯化铵 (dimethyldioctylammonium chloride)

H_3C ... N^+ ... Cl^-

$C_{18}H_{40}ClN$, 306.0, 5538-94-3

其他名称 氯化双辛烷基二甲基铵、D821、双辛烷基二甲基氯化铵

商品名称 BTC® 885、BTC® 885 P40、Pentonate DO-50、Pentonium DO-50

化学名称 双八烷基二甲基氯化铵

IUPAC名 dimethyl (dioctyl) azanium chloride

EC编码 [226-901-0]

理化性质 商品含量50%～52%，外观呈无色至黄色液体。密度（20℃）0.9320g/L。黏度（20℃）22mPa·s。闪点50℃。pH值为（1%水溶液）6.5～8.0。溶解度：溶于水和低级醇。

毒性 大鼠急性经口 LD_{50} 1025mg/kg。虹鳟鱼 LC_{50}（96h）<1mg/L。蓝腮翻车鱼 LC_{50}（96h）1mg/L（来源：LONZA）。

抗菌防霉效果 双链季铵盐通过破坏细胞壁、膜结构，抑制酶或蛋白活性，影响细胞代谢发挥作用，还可干扰细胞核酸和蛋白质的合成，因此对微生物的杀灭效果优于单

链季铵盐。50%该制剂杀藻浓度约为1～5mg/L。

制备　在催化剂的存在下，氯代辛烷与甲胺反应先制得双辛基甲基叔胺，再于一定温度和压力下，以水和异丙醇的介质中同氯甲烷反应制得。或在催化剂存在下，由辛醇、氢气和甲胺混合气体进行胺化反应，先制得双辛基甲叔胺，再在压力釜内加少量碱和适量异丙醇，用氮气置换空气后，通过氯甲烷，于一定温度和压力下反应制得。

应用　本品用作游泳池的杀菌灭藻剂、油田水的杀菌剂、工业循环冷却水系统杀菌剂，并可用作毛织品的防蛀剂和硬表面的消毒剂；亦可作乳化剂、抗静电剂、絮凝剂等。

实际应用参考：

由辛基癸基二甲基氯化铵（50%）、双辛基二甲基氯化铵（25%）、双癸基二甲基氯化铵（25%）三者混合占60%，烷基二甲基苄基氯化铵占40%构成第四代季铵盐杀菌剂，其杀菌性能优异，适于有机污物和硬水污染的条件下的工业水的处理。

十八烷基二甲基苄基氯化铵 (stearyldimethylbenzylammonium chloride)

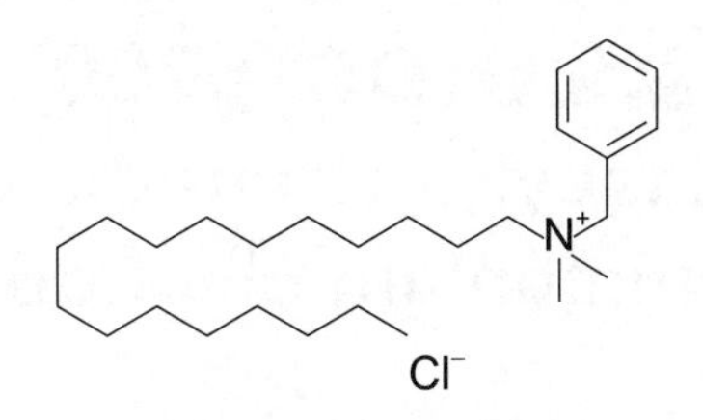

$C_{27}H_{50}ClN$, 424.2, 122-19-0

其他名称　1827、ODBAC、司拉氯铵、苄基二甲基十八烷基氯化铵

商品名称　CARSOQUAT® SDQ-85、BTC® 885、Daistat SMB 90 F、Maquat SC (18%～85%)

IUPAC名　benzyldimethyloctadecylazanium chloride

INCI名称　stearalkonium chloride

EC编码　[204-527-9]

理化性质　白色固体或浓稠液体，具有温和的气味。沸点607℃。熔点263℃。蒸气压1.59×10^{-13}。$\lg K_{ow}=5.87$（EPIWIN，U.S. EPA，2009年）。

毒性　小鼠急性经口LD_{50} 760mg/kg。大鼠急性经口LD_{50} 1250mg/kg（来源：Pubchem）。

抗菌防霉效果　作用机制：单链季铵盐化合物中带正电荷的有机阳离子可被细菌（带负电荷）选择性地吸附，通过渗透和扩散作用穿过表面进入细胞膜，从而阻碍细胞膜的半渗透作用，并进一步渗入细胞内部，使细胞酶钝化，抑制蛋白酶的生成，使蛋白酶变性而达到杀菌作用。文献报道十八烷基二甲基苄基氯化铵主要对细菌有较好的抑制效果。其杀菌试验数据见表 2-177。

表 2-177 十八烷基二甲基苄基氯化铵的杀菌试验结果

药剂使用浓度/(mg/L)	杀菌率/%		
	异氧菌	铁细菌	硫酸盐还原菌
5	80.6	68.8	59.1
10	97.7	90.0	99.9
20	99.8	99.0	99.99

制备 十八烷基二甲基苄基氯化铵由二甲基十八胺与氯化苄反应而得。

应用 十八烷基二甲基苄基氯化铵在化妆品中作抗静电、表面活性剂使用；在石油、造纸、食品、纺织等工业水处理中用作缓释剂、杀菌剂和浮萍的杀伤剂；也可作为化工设备及医药上的杀菌剂。作为水处理杀菌剂使用时一般使用量为 30～100mg/L，视水中细菌污染程度而定。

十八烷基二甲基[3-(三甲氧基硅基)丙基]氯化铵(DC-5700)
[dimethyloctadecyl(3-(trimethoxysilyl)propyl) ammonium chloride]

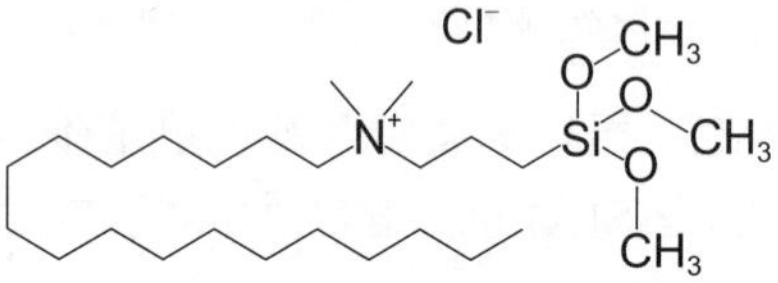

$C_{26}H_{58}ClNO_3Si$, 496.3, 27668-52-6

其他名称 DC-5700

商品名称 AEM 5700、DOW CORNING 5700®

IUPAC 名 dimethyloctadecyl（3-trimethoxysilylpropyl）azanium chloride

EC 编码 ［248-595-8］

理化性质 商品 40%～60%有效成分（甲醇溶液），外观呈清澈至淡黄色液体，含有酒精气味。沸点 68℃。密度（20℃）0.883g/mL。闪点 15℃。pH 值（10%水溶液）约 5。$\lg K_{ow}$＝4.90。溶解度：溶于水和醇。稳定性：阴离子体系慎用。

毒性 兔急性经皮 LD_{50}＞2000mg/kg。大鼠急性经口 LD_{50}＞5000mg/kg。大鼠吸入（1h）＞2.0mg/L。水生生物：水蚤 EC_{50}（48h）720μg/L。虹鳟鱼 LC_{50}（96h）

560μg/L（来源：HSDB）。

用DC-5700加工的抗菌纺织品无毒、无味，对人体安全，无不良反应，已被美国环境保护局（EPA）认可，也符合日本及欧洲的发达国家关于家庭用品含有害物质的有关规定。

抗菌防霉效果 DC-5700的微生物屏蔽处理是基于季硅酮，其可破坏细胞壁和细胞膜，具有很广的杀菌谱，对革兰氏阳性菌和阴性菌、霉菌、酵母菌、藻类等都显示出卓越的抗菌效果。有研究表明，将DC-5700用于纯棉织物整理中，发现对金黄色葡萄球菌、大肠杆菌和白色念珠菌在24h后的抑菌率可分别达到98.12%、96.86%和95.14%。

应用 DC-5700可广泛用于床单、枕巾、枕芯、内衣、内裤、袜子、鞋垫及女性卫生用品的卫生整理，使这类产品具有长期的抑菌、杀菌等功能，使人们生活的环境卫生得到大大改善。亦可在造纸、泡沫聚氨酯、皮革、木材、涂料等行业作抗菌防霉应用。注意：高度易燃液体。

实际应用参考：DC-5700为优良的抗菌整理剂，结构中左侧的三甲氧基甲硅烷基有机硅烷有偶合性，右侧的十八烷基二甲基氯化铵有杀菌性，用此抗菌剂浸渍纤维时，其三甲氧硅烷基与纤维表面上的羟基发生脱甲醇反应，抗菌剂通过共价键固着于纤维表面，同时有机硅接枝聚合在纤维表面形成薄膜，可确保耐洗性和抗菌耐久性。主要用在棉、聚酰胺、聚酯、聚丙烯腈等纤维制品。织物抗菌整理：配成3%～5%的工作液浸渍织物三辊压至增重80%～100%，100～110℃烘干。

同类产品有万立净F-857+，主要活性组分为十八烷基二甲基有机硅季铵盐，广泛应用于棉、混棉和人造纤维等领域抗菌处理。经过F-857+处理的纺织品具有抗菌、防霉、驱螨等功效，从而赋予纺织物耐久性、新鲜度和健康感。

法规 欧盟化学品管理局（ECHA）：根据指令98/8/EC（BPD）或规则（EU）No.528/2012（BPR）提交了批准申请的所有活性物质/产品类型组合为PT-2（不直接用于人体或动物的消毒剂和杀藻剂）、PT-7（干膜防霉剂）、PT-9（纤维、皮革、橡胶和聚合材料防腐剂）。十八烷基二甲基[3-(三甲氧基硅基)丙基]氯化铵申请目前处于审核进行之中。

十八烷基三甲基氯化铵
(octadecyltrimethylammonium chloride)

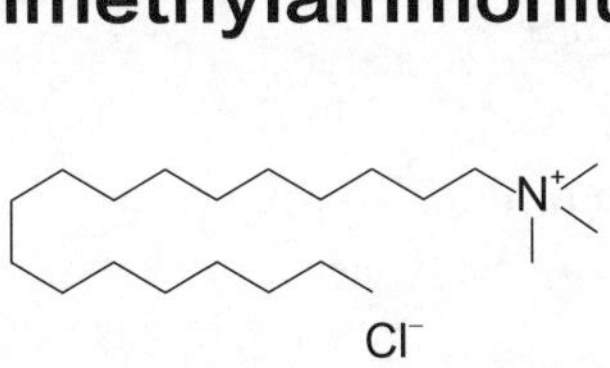

N^+

Cl^-

$C_{21}H_{46}N\ Cl$, 348.1, 112-03-8

其他名称 1831、STAC、OTAC、硬脂基三甲基氯化铵、氯化十八烷基三甲烷

商品名称 Daistat SM 80、Nissan Cation AB

IUPAC 名 trimethyl（octadecyl）azanium chloride

EC 编码 [203-929-1]

理化性质 白色蜡状物，含活性物 80%，其余为乙醇和水。溶解度：易溶于水和醇，振荡时产生大量泡沫。稳定性：耐热、耐光、耐强酸和强碱，可生物降解。

毒性 小鼠急性经口 LD_{50} 536mg/kg。小鼠急性经皮 LD_{50} 1600mg/kg（来源：Pubchem）。

抗菌防霉效果 作用机制：单链季铵盐主要通过破坏细胞壁、膜结构，抑制酶或蛋白活性，影响细胞代谢发挥作用。可参见其他季铵盐类杀菌剂。

制备 十八烷基三甲基氯化铵由十八叔胺在异丙醇介质下，由氢氧化钠作催化剂，和氯甲烷反应而得。

应用 该化合物具有优良的渗透、柔软、乳化、抗静电及杀菌等性能。可作纺织纤维抗静电剂、头发调理剂；还适用于石油、造纸、食品以及纺织工业水处理中作为杀菌、灭藻剂和絮凝剂，浮萍杀伤剂，废水絮凝剂；亦作沥青乳化剂、土壤防水剂。

三苯基锡(鎓)
(fentin)

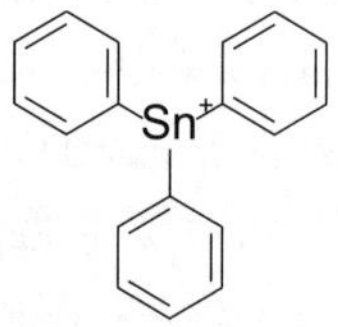

$C_{18}H_{15}Sn^{+}$, 350.0, 668-34-8

化学名称 三苯基锡（鎓）

IUPAC 名 triphenylstannanylium

三苯基乙酸锡 fentin acetate

化学名称 三苯基醋酸锡

IUPAC 名 triphenyltin acetate

CAS 登录号 [900-95-8]

EC 编码 [212-984-0]

分子式 $C_{20}H_{18}O_2Sn$，分子量 409.1

理化性质 纯品为无色晶体。熔点121～123℃（原药118～125℃）。相对密度1.500。$\lg K_{ow}=3.54$。溶解度：水9mg/L（20℃，pH 5）；乙醇22g/L、乙酸乙酯82g/L、正己烷5g/L、二氯甲烷460g/L、甲苯89g/L（20℃）。稳定性：干燥时稳定，有水存在时转化成三苯基氢氧化锡。闪点（185±5)℃（开杯）。酸性和碱性环境下不稳定，在22℃，DT_{50}<3h（pH 5、7或9）。光照下和在大气氧化分解。

三苯基氢氧化锡 fentin hydroxide

其他名称 TPTH

化学名称 三苯基氢氧化锡

IUPAC名 triphenyltin hydroxide

CAS登录号 [76-87-9]

ES编码 [200-990-6]

分子式 $C_{18}H_{16}OSn$，分子量367.0

理化性质 纯品为无色晶体。熔点123℃。蒸气压（20℃）3.8×10^{-6}mPa。相对密度（20℃）1.54。$\lg K_{ow}=3.54$。溶解度：水1mg/L（pH 7，20℃）；乙醇32g/L、异丙醇48g/L、丙酮46g/L、聚乙二醇41g/L（20℃）。稳定性：加热到45℃脱水，产生双（三苯基锡）氧化物，250℃稳定。光照条件下缓慢分解，紫外线照射下分解更快，经过二苯基锡和一苯基锡化合物再分解成无机锡。闪点174℃（开杯）。

毒性

三苯基乙酸锡 大鼠急性经口LD_{50} 140～298mg/kg。兔急性经皮LD_{50} 127mg/kg。重复使用对皮肤和黏膜有刺激性。吸入LC_{50}（4h）：雄大鼠0.044mg/L（空气），雌大鼠0.069mg/L（空气）。无作用剂量（2年）狗4mg/kg（饲料）。水生生物：黑头呆鱼LC_{50}（48h）0.071mg/L。水蚤LC_{50}（48h）10μg/L。藻类LC_{50}（72h）32μg/L。

三苯基氢氧化锡 大鼠急性经口LD_{50} 150～165mg/kg。兔急性经皮LD_{50} 127mg/kg。重复使用对皮肤和黏膜有刺激性。大鼠吸入LC_{50}（4h）0.06mg/L（空气）。无作用剂量（2年）大鼠4mg/kg，取决于浓度。水生生物：黑头呆鱼LC_{50}（48h）0.071mg/L。水蚤LC_{50}（48h）10μg/L。

抗菌防霉效果 作用机理为抑制氧化磷酸化（ATP合酶）。对大多数微生物和软体动物均有良好的抑杀效果。其他参见三丁基氧化锡有关部分。

应用 该化合物可用作工业杀菌剂（参见三丁基氧化锡）；亦可作杀藻剂、灭螺剂和农用杀菌剂。

实际应用参考：

非内吸性杀菌剂，能有效防治对铜类杀剂敏感的菌种。防治马铃薯早疫病和晚疫病（200～300g/hm^2）、大豆的真菌病害（200g/hm^2）。

三丁基氧化锡(TBTO) [bis(tributyltin) oxide]

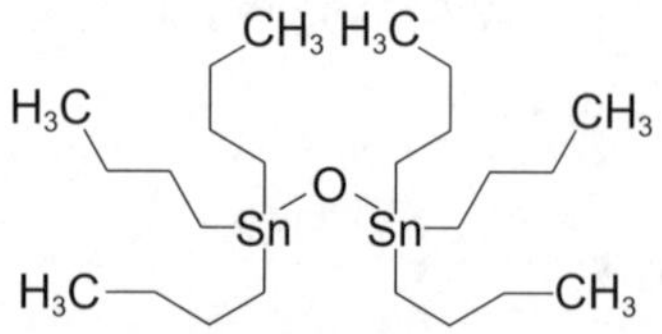

$C_{24}H_{54}OSn_2$, 596.1, 56-35-9

其他名称 HBD、双三丁基氧化锡

商品名称 BioMeT® TBTO、Vikol® LO-25

化学名称 氧化双三丁基锡

IUPAC 名 tributyl (tributylstannyloxy) stannane

EC 编码 [200-268-0]

理化性质 微黄色液体。沸点 220～230℃。熔点＜45℃。密度（20℃）1.17g/mL。蒸气压（20℃）1×10^{-3}Pa。闪点＞100℃。黏度（25℃）4.8mPa·s。$\lg K_{ow}=3.84$。溶解性：实际上不溶于水，可与大多数有机溶剂混溶。稳定性：与含纤维质和木质材料混合形成的化合物不易分解。

毒性 大鼠急性经口 LD_{50} 194mg/kg。小鼠急性经口 LD_{50} 55mg/kg。兔急性经皮 LD_{50} 900mg/kg。接触可能会刺激眼睛、咽喉，造成结膜炎和黏膜刺激。水生生物：黑头呆鱼 LC_{50}（96h）2.7μg/L。

抗菌防霉效果 有机锡的分子能透过细胞膜，与蛋白质及酶中的酸性基团缔合的阳离子竞争，使细胞代谢极度紊乱而导致微生物死亡。

三丁基氧化锡对木材褐腐菌特别有效，其抑菌性能为煤杂酚油的几百倍，比五氯苯酚高 20 倍，并且它的残效期较长，是仅次于有机汞的高效杀菌剂。几种有机锡化合物对木材腐败菌的抑杀力见表 2-178。

表 2-178 几种有机锡化合物对木材腐败菌的使用剂量

有机锡化合物名称	使用剂量/(kg/m³)		备注
	地窖粉孢革菌	采绒革盖菌	
三丁基氧化锡(TBTO)	0.12～0.32	0.15～0.37	油溶性
三丁基乙酸锡(TBTA)	—	＞0.55	油溶性
三乙基氢氧化锡(TETHO)	—	＞0.16	水溶性
三乙基乙酸锡(TETA)	—	0.15	油溶性
苯基苯酚	1.34～2.72	5.44	—
五氯苯酚	0.67～1.15	1.25	—

制备 三丁基氧化锡由无水四氯化锡与丁基溴化镁反应，再经复分解反应而得。

应用 三丁基氧化锡曾广泛使用于木材防腐、海洋防污、塑料抗菌、冷却水系统杀菌等领域，过去大约79%的TBTO和类似衍生物用于防污涂料，20%用于木材防腐剂。亦可作农业杀菌剂。

实际应用参考：

三丁基氧化锡对木材腐败菌尤其是褐腐菌特别有效，某些化学基团和木材纤维素有一定化学亲和力，可以阻止木材内部的腐败菌进一步生长。实验室试验表明，用0.1%的三丁基氧化锡的有机溶剂完全浸注松木，木块不会腐朽。

法规 关于化学品注册、评估、授权和限制法规（REACH法规）（EC）No.1907/2006（对塑料中有害物质管控）：REACH附件ⅩⅦ第20条对有机锡化合物进行了限制，并对二丁基锡（DBT）、二辛基锡（DOT）以及三取代有机锡化合物（如TBT、TPT）进行了不同的规定，但针对产品而言，锡在产品中的总浓度不超过0.1%。

2,3,3-三碘烯丙醇(TIAA)
(2,3,3-triiodoallyl alcohol)

$C_3H_3I_3O$, 435.8, 42778-72-3

IUPAC名 2,3,3-triiodoprop-2-en-1-ol

理化性质 淡黄色至灰棕色结晶性粉末。熔点150～152℃。溶解度：易溶于二甲基亚砜、二甲基甲酰胺、环己烷；适度溶于甲醇、乙醇、丙酮、乙酸乙酯、异丙醇；微溶于乙二醇；几乎不溶于水。

毒性 小鼠急性经口LD_{50}＞5000mg/kg。

抗菌防霉效果 2,3,3-三碘烯丙醇（TIAA）抗菌活性广谱，涵盖细菌、霉菌和酵母菌。具体数据见表2-179。

表2-179 2,3,3-三碘烯丙醇（TIAA）对常见微生物的最低抑制浓度（MIC）

微生物	MIC/(mg/L)	微生物	MIC/(mg/L)
链格孢	51	黑曲霉	3.5
出芽短梗霉	1	球毛壳菌	7.5
粉孢革菌	0.5	大肠杆菌	50
绿色木霉	10	金黄色葡萄球菌	10
黏细菌	2.5		

（来源：Described by Kato & Fukumura，1962年）

应用 2,3,3-三碘烯丙醇（TIAA）作为一种广谱杀微生物剂，可用于抗霉菌和抗渣滓剂以及木材防腐剂中，因为其对木材破坏真菌具有非凡的功效（Lee 等，1990 年）。

十二烷基二甲基苄基氯化铵 (dodecyldimethylbenzylammonium chloride)

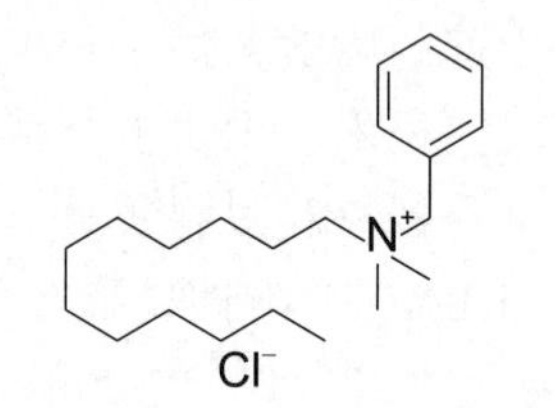

$C_{21}H_{38}NCl$, 340.0, 139-07-1

其他名称 劳拉氯铵

IUPAC 名 benzyldodecyldimethylazanium chloride

EC 编码 ［205-351-5］

理化性质 市售商品含固量 44%～46%，外观呈无色或黄色黏稠透明液体。pH（1%水溶液）接近中性。溶解度：与水互溶。稳定性：稳定性良好，能耐热、耐光、耐压，无挥发性。

毒性 大鼠急性经口 LD_{50} 400mg/kg。无积累毒性，对皮肤和黏膜的刺激性很小。

抗菌防霉效果 作用机制：单链季铵盐主要通过破坏细胞壁、膜结构，抑制酶或蛋白活性，影响细胞代谢发挥作用。可参见十二烷基二甲基苄基溴化铵杀菌剂。

制备 由十二醇和二甲胺为原料，经催化、精馏，最后与氯化苄反应而得。

应用 十二烷基二甲基苄基氯化铵可作杀菌消毒剂、除藻剂、阳离子表面活性剂。

十二烷基二甲基苄基溴化铵 (benzalkonium bromide)

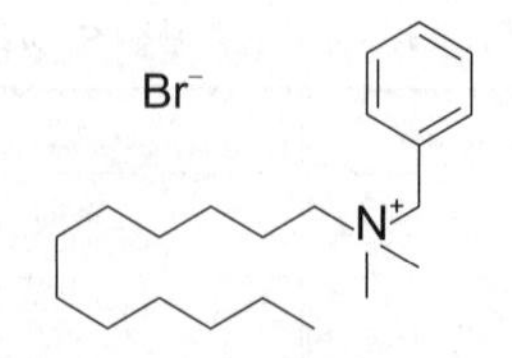

$C_{21}H_{38}N \cdot Br$, 384.4, 7281-04-1

其他名称 新洁而灭、苯扎溴胺、劳拉溴铵、苄基二甲基十二烷基溴化铵

商品名称 Amonyl® BR 1244

IUPAC 名 benzyldodecyldimethylazanium bromide

EC 编码 [230-698-4]

理化性质 在常温下为黄色胶状体，低温时可能逐渐形成蜡状固体；臭芳香，味极苦。相对密度（25℃）0.96～0.98。溶解度：易溶于水，起泡。稳定性：加热分解成 NH_3、NO_x、Br^-。

毒性 大鼠急性经口 LD_{50} 230mg/kg。大鼠腹腔注射 LD_{50} 90mg/kg（来源：Pubchem）。

抗菌防霉效果 作用机制：单链季铵盐化合物中带正电荷的有机阳离子可被细菌（带负电荷）选择性地吸附，通过渗透和扩散作用穿过表面进入细胞膜，从而阻碍细胞膜的半渗透作用，并进一步渗入细胞内部，使细胞酶钝化，抑制蛋白酶的生成，使蛋白酶变性而达到杀菌作用。文献报道该化合物只能杀灭一般细菌繁殖体，对化脓性病原菌、肠道菌与部分病毒有较好的杀灭能力；对结核杆菌与真菌的杀灭效果不好；不能杀灭细菌芽孢和分枝杆菌，对细菌芽孢一般只能起到抑制作用。

该化合物对革兰氏阳性菌的杀灭能力，比对革兰氏阴性菌强，其对一般细菌繁殖体的杀菌、抑菌的临界浓度见表 2-180。

表 2-180 十二烷基二甲基苄基溴化铵对一般细菌繁殖体杀菌、抑菌的临界浓度

菌种	临界浓度	
	杀菌	抑菌
金黄色葡萄球菌	1∶200000	1∶1000000
枯草芽孢杆菌	1∶100000	1∶6000000
大肠杆菌	1∶10000	1∶10000
白假丝酵母	1∶2000000	1∶1000000
铜绿假单胞杆菌	1∶2000	1∶2000
产气荚膜杆菌	1∶200	1∶600
破伤风芽孢杆菌	1∶600	1∶600

制备 以十二醇为原料，经溴化反应，再与 *N*,*N*-二甲基苯叔胺作用得到十二烷基二甲基苯甲基溴化铵。

应用 十二烷基二甲基苄基溴化铵是阳离子化合物，可作杀菌、消毒、防腐、乳化、去垢、增溶等方面使用。用于医药、化妆品杀菌与消毒以及公共卫生环境或硬表面清洗及消毒去臭等；亦可用于工业循环水的杀菌灭藻。该化合物忌与肥皂、盐类或其他合成洗涤剂同时使用，避免使用铝制容器。

注意：苯扎溴胺或新洁儿灭属于烷基（C_{12}～C_{16}）二甲基苄基溴化铵的混合物，组分之一为十二烷基二甲基苄基溴化铵，具体可参考烷基（C_{12}～C_{16}）二甲基苄基氯化铵一节。

实际应用参考：

① 消毒防腐：如稀释液可用于外科手术前洗手（0.05%～0.1%，浸泡5min）、皮肤消毒和霉菌感染（0.1%）、黏膜消毒（0.01%～0.05%）、器械消毒（置于0.1%的溶液中煮沸15min后再浸泡30min）。不宜用于膀胱镜、眼科器械及合成橡胶的消毒。

② 杀菌灭藻及黏泥剥离：广泛适用于各工业领域，杀菌活性优于苯扎氯胺，毒性比苯扎氯胺低。通常情况下，其使用浓度为50～100mg/L。

③ 食品工业方面：对食品生产的用具及设备，可用本品1∶(2000～5000）的水溶液揩拭，以防微生物繁殖。

十二烷基三甲基氯化铵(DTAC)
(dodecyltrimethylammonium chloride)

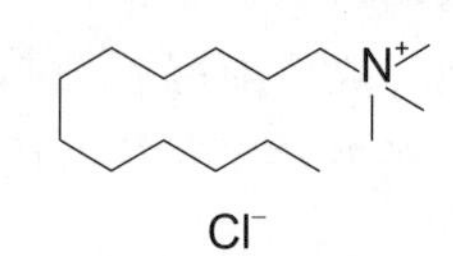

$C_{15}H_{34}N \cdot Cl$, 263.9, 112-00-5

其他名称 月桂基三甲基氯化铵、1231

商品名称 Maquat ®LATAC-30%、Nissan Cation BB、Swanol CA-2150

IUPAC名 dodecyl（trimethyl）azanium chloride

EC编码 ［203-927-0］

理化性质 市售商品活性物含量30%，外观呈无色至浅黄色液体。相对密度0.97±0.04。pH值为（5%有效含量）7.0±2.0。沸点100℃。闪点>93.3℃。溶解度：溶于水和乙醇、异丙醇等。

毒性 大鼠急性经口LD_{50} 250～300mg/kg。对人体皮肤和眼睛有刺激。

抗菌防霉效果 作用机制：单链季铵盐化合物中带正电荷的有机阳离子可被细菌（带负电荷）选择性地吸附，通过渗透和扩散作用穿过表面进入细胞膜，从而阻碍细胞膜的半渗透作用，并进一步渗入细胞内部，使细胞酶钝化，抑制蛋白酶的生成，使蛋白酶变性而达到杀菌作用。文献报道十二烷基三甲基氯化铵对异养菌、铁细菌和硫酸盐还原菌有较好效果，在加药4h后的杀菌率见表2-181。

表2-181 十二烷基三甲基氯化铵的杀菌性能

药剂使用浓度/(mg/kg)	杀菌率/%		
	异氧菌	铁细菌	硫酸盐还原菌
10		78.89	98.00
20	94.42	94.40	99.17
30	97.90	97.89	99.98

制备　在反应釜内加入十二烷基二甲基叔胺、乙醇和水，并加入少量碱，用氮气置换压力釜中的空气，升温至反应温度，通入氯甲烷反应即可。

应用　十二烷基三甲基氯化铵具有抗静电、乳化及杀菌等性能。适用于个人护理、纺织品等领域清洁调理，还可以作为食品机械器具和蚕室、蚕具、畜圈的环境设备杀菌消毒剂。亦可在油田注水系统、循环冷却水、造纸等行业用作杀菌灭藻剂或黏泥剥离剂。

十二烷基盐酸胍
(dodecylguanidine hydrochloride)

HCl　NH　N H　NH$_2$

$C_{13}H_{29}N_3 \cdot HCl$, 263.9, 13590-97-1

其他名称　生物抑制剂 60、盐酸十二烷基胍、DGH

商品名称　*N*-2000 ANTIMICROBIAL、NALCON® DGH、Cytox® 2050

化学名称　十二烷基胍单盐酸盐

IUPAC 名　2-dodecylguanidine hydrochloride

EC 编码　[237-030-0]

理化性质　十二烷基胍常以十二烷基盐酸胍的形式出现，含量为 35%，呈淡黄色的液体，具有弱的酒精气味。沸点 108℃。冰点 0℃。pH 值（10%）4.3。相对密度（25℃）1.02～1.06。溶解度：易溶于水（来源：NALCO）。

毒性　雌性大鼠吸入 LC_{50}（4h）0.2mg/L。大鼠急性经口 LD_{50} 1400mg/kg。兔急性经皮 LD_{50}＞2000mg/kg（来源：LANXESS）。

抗菌防霉效果　十二烷基盐酸胍在 pH 1～12 之间稳定快速杀灭细菌、真菌和藻类，包括硫酸盐还原菌（SRB）。宋永波等报道在 25mg/L 下对金黄色葡萄球菌和大肠埃希氏菌的抑菌率达 100%。其对一些微生物的最低抑制浓度见表 2-182。

表 2-182　十二烷基盐酸胍对一些微生物的最低抑制浓度（MIC）

微生物	MIC/(mg/L)	微生物	MIC/(mg/L)
松脂芽枝霉	20	金黄色葡萄球菌	50
蜡叶芽枝霉	30	大肠杆菌	40
黑曲霉	100	铜绿假单胞杆菌	80
橘青霉	50	产氨短杆菌	70
黄曲霉	110	枯草杆菌	60
球毛壳霉	40	普通变形杆菌	25
啤酒酵母	40		

制备 以氰胺与脂肪伯胺为原料，在低碳醇溶剂中合成十二烷基胍。

应用 十二烷基盐酸胍可作杀菌剂、消毒剂、表面活性剂。广泛适用于医院、食品厂、制药厂等用作卫生毛巾、卫生口罩、长大衣、帽子等的消毒；还有用于医疗器械的用布、卫生材料、手术衣、浴室抹布、婴儿尿布等的消毒；亦可用于造纸、水处理等行业或农业领域。

实际应用参考：

① 作为纤维织物、纸张、纸浆等的杀菌剂。使用方法，将纸或纤维浸渍在其溶液中，或者以一定浓度的十二烷基盐酸胍喷雾作表面处理。这种药物的原液，一般含有效成分十二烷基盐酸胍 24.7%。以原液稀释，配制成一定的浓度使用。

② 在纸浆防腐中，十二烷基盐酸胍当加入纸浆后可有效杀死藻类和细菌，并且能与木质纤维中的羰基形成静电键，保护其不受真菌侵害。另外由于它对无机盐类和氧化物有很强的分散作用，同时可生物降解，因此对工业水处理有特殊的使用价值。

法规 欧盟化学品管理局（ECHA）：根据指令 98/8/EC（BPD）或规则（EU）No. 528/2012（BPR）提交了批准申请的所有活性物质/产品类型组合为 PT-6（产品在储存过程中的防腐剂）、PT-11（液体制冷和加工系统防腐剂）。十二烷基盐酸胍（dodecylguanidine monohydrochloride）申请目前处于审核进行之中。

4-三氟甲基苯磺胺
[4-(trifluoromethyl)benzenesulfonamide]

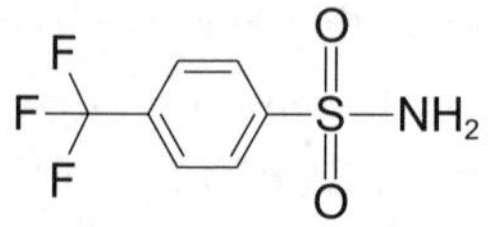

$C_7H_6F_3NO_2S$, 225.2, 830-43-3

其他名称 对三氟甲基苯磺酰胺

IUPAC 名 4-(trifluoromethyl)benzenesulfonamide

EC 编码 [212-596-1]

理化性质 无色晶体。熔点 181～183℃。溶解度：微溶于水；溶于醇类有机溶剂。稳定性：在酸性或碱性介质中稳定。

毒性 小鼠腹腔注射 LD_{50} 533mg/kg（来源：Pubchem）。

抗菌防霉效果 4-(三氟甲基)苯磺胺对真菌抑制效果优于对细菌抑制效果。

制备 4-(三氟甲基)苯磺胺由原料对三氟甲基苯胺反应而得。

应用 4-(三氟甲基)苯磺胺可作水性涂料干膜防霉剂，亦可协助罐内防腐。

双胍辛盐
(guazatine)

$$R-\overset{H}{N}-(CH_2)_8-\overset{R}{\underset{|}{N}}-\left[(CH_2)_8-\overset{R}{\underset{|}{N}}\right]_n-H$$

式中，n 可以是 0、1 或 2 等，任一个 R 取代基可以是—H（17%～23%）或—$C(NH_2)$═NH(83%～77%)。

化学名称 双胍辛盐是一种来自于聚胺（polyamines）的反应物的混合物，主要组成：辛二胺和亚氨基二（亚辛基）二胺、亚辛基双（亚氨基亚辛基）二胺以及氨基化氰。

CAS 登录号 [108173-90-6]；[79956-56-2]（被删除的登录号）；双胍辛乙酸盐(guazatine acetates)[115044-19-4]。

理化性质 经批准的英文通用名 guazatine 最初定义为适用于 1,1-亚氨基双（亚辛基）二胍（BSI 从 1970～1972 年使用的名称 guanoctine）。目前知道市场上销售的是一个反应混合物。产生于工业亚胺基双（亚辛基）二胺脒化，商业双胍辛盐包含大量的胍类（其中聚胺链的氨基和亚氨基是组成部分）和聚胺，基本都具有杀菌活性。

双胍辛乙酸盐 原药为黄色至褐色液体。蒸气压（50℃）$<1\times10^{-2}$mPa。相对密度（20℃）1.09。溶解度：水>3kg/L（室温）；甲醇 510g/L、N-甲基吡咯烷酮 1000g/L、二甲基甲酰胺 500g/L、乙醇约 200g/L、二氯甲烷和正己烷 0.1g/L（20℃）。在二甲苯和其他烃类溶剂中溶解度很小。稳定性：25℃，pH 7、9 条件下 1 个月后无明显水解现象。pK_a：强碱性乙酸盐。

抗菌防霉效果 双胍辛乙酸盐能抑制病菌孢子萌发和附着胞的形成，同时可抑制侵入菌丝的生长。其对部分真菌有很高的生物抑制活性。尤其对青霉、木霉、曲霉、芽枝霉、链格孢霉菌等有抑杀作用。

毒性

双胍辛盐 大鼠急性经口 LD_{50} 300mg/kg。大鼠无作用剂量（2 年）2.8mg/(kg·d)。ADI/RfD（JMPR）无 ADI [1997]；（BfR）0.008mg/kg [2001]。

双胍辛乙酸盐 大鼠急性经口 LD_{50} 360mg/kg。大鼠急性经皮 LD_{50}>1000mg/kg，兔急性经皮 LD_{50} 1176mg/kg。对兔眼睛有刺激作用。大鼠急性吸入 LC_{50}（4h）225mg/m^3。大鼠 2 年无作用剂量 17.5mg/(kg·d)。虹鳟鱼 LC_{50}（96h）1.41mg/L，水蚤 LC_{50}（48h）0.15mg/L。

应用 双胍辛乙酸盐是一种广谱杀菌剂，对农业和园艺的主要真菌病害有很高的生长抑制活性，主要用于防治谷类种子和柑橘储藏防腐，如抑制青绿霉、酸腐、黑霉、蒂腐等，特别对酸腐病害具有特效。还可用于木材防腐。

实际应用参考：

① 烷基双胍同时具有抗菌和杀菌的活性，对苹果腐烂病有极好的防效，其液剂可在冬眠季节施用，其膏剂可在刮去果树受侵染部分后涂于患处。它对防治储存的柑橘病害也非常有效，如防治白孢意大利青霉、指状青霉、柑橘链格孢等，同时对防治小麦雪腐病也非常有效。

② 专利 CN 201510495023 实例，一种油田杀菌剂的制备方法，包括如下步骤：a. 取 4g 双胍辛乙酸盐、6g 季磷盐三丁基十四烷基氯化磷加入 75g 去离子水中，搅拌使其完全溶解；b. 取 4g 三氯卡班和 1g 德固赛 5840 加入步骤 a. 配制的溶液中，搅拌使其完全溶解；c. 取 10g 肉桂醛，在上述溶液中 10min 内匀速滴加完毕；d. 将上述混合液静置 24h 后即为所制油田杀菌剂。本发明的油田杀菌剂与油田油水体系的配伍性好、对体系 pH 值变化适应性强、对菌落的穿透力强和剥离能力较好，具有较好的缓蚀作用和广谱杀菌效果。

双(*N*-环己烷基二氮烯二氧)铜(Cu-HDO)
[bis(*N*-cyclohexyldiazeniumdioxy)copper]

$C_{12}H_{22}CuN_4O_4$, 349.9, 312600-89-8

其他名称 Cu Xyligen、铜-己二醇

IUPAC 名 bis（*N*-cyclohexyl-diazenium-dioxy）copper

理化性质 蓝色结晶粉末。熔点 149℃。沸点 182℃（分解）。相对密度（20℃）1.514。蒸气压（20℃）$<1\times10^{-6}$ hPa。pH 值为（6mg/L，20℃）7。$\lg K_{ow}=2.6$（pH 6.1，25℃）。溶解度：水 34.6mg/L（pH 4，23℃）；水 6.1mg/L（pH 7，23℃）；水 8.6mg/L（pH 9，23℃）；正辛醇 6100mg/L（25℃）。商品名为 Wolmanit CX-A。其有效组成成分如表 2-183 所示。

表 2-183 Wolmanit CX-A 有效组成成分

有效成分名称	有效成分比例
二价铜(以 CuO 计)	55.3%～67.7%(61.5%)
HDO	12.6%～15.4%(14.0%)
硼(以 H_3BO_3 计)	22.1%～26.9%(24.5%)

毒性 大鼠急性经口 LD_{50} 380mg/kg。大鼠急性经皮 LD_{50} >2000mg/kg。兔子的

测试中，不会刺激皮肤和眼睛（来源 BASF）。

抗菌防霉效果 双（*N*-环己烷基二氮烯二氧）铜为（Cu-HDO）防止木材破坏的真菌，包括引起软腐的真菌提供预防功效。

应用 由德国 Dr. WolmanGmbH 公司研发的双（*N*-环己烷基二氮烯二氧）铜（Cu-HDO），商品名为 Wolmanit CX-A 的木材防腐剂。特别适用于室内和室外使用的结构木材。例如：木材在园艺和景观园艺、篱笆、栅栏、操场设备等。

法规

① 2013 年，欧盟生物杀灭剂产品委员会（BPC）发布法规（EU）2014/89，批准 Cu-HDO（CAS 登录号 312600-89-8）作为第 8 类（木材防腐剂）生物杀灭剂产品的活性物质。批准日期 2015 年 9 月 1 日，批准期满 2025 年 9 月 1 日。

② 2014 年，欧盟生物杀灭剂产品委员会（BPC）发布法规（EU）2014/227，未批准 Cu-HDO（CAS 登录号 312600-89-8）作为第 7 类（干膜防霉剂）、第 9 类（纤维、皮革、橡胶和聚合材料防腐剂）和第 10 类（建筑材料防腐剂）生物杀灭剂产品的活性物质。

四甲基秋兰姆二硫化物(thiram)
(tetramethylthiuram disulfide)

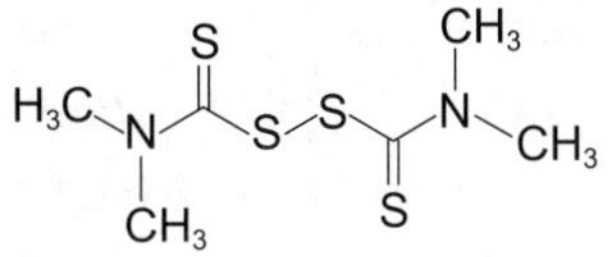

$C_6H_{12}N_2S_4$, 240.4, 137-26-8

其他名称 福美双、TMTD、秋兰姆、二硫化四甲基秋兰姆

商品名称 Preventol® A 2-D、Spotrete 75 WDG、Spotrete F

IUPAC 名 dimethylcarbamothioylsulfanyl *N*,*N*-dimethylcarbamodithioate

EC 编码 [205-286-2]

理化性质 纯品为类白色粉末。沸点（20mmHg）129℃。熔点 155～156℃。蒸气压（25℃）2×10^{-2} mPa。lgK_{ow}＝2.1。相对密度（20℃）1.36。闪点 89℃（闭杯）。溶解度：水 30mg/L（25℃）；己烷 0.093g/L、二甲苯 8.3g/L、甲醇 1.91g/L、二氯甲烷 164g/L、丙酮 21.0g/L、乙酸乙酯 8.53g/L（20℃）。稳定性：在中性或碱性溶液中迅速分解。DT_{50}（25℃）68.5d（pH 5）、3.5d（pH 7）、＜1d（pH 9）。pK_a 为 8.19。

毒性 急性经口 LD_{50}：雄大鼠 3700mg/kg，雌大鼠 1800mg/kg，小鼠 1500～2000mg/kg，兔 210mg/kg。大鼠急性经皮 LD_{50}＞2000mg/kg。对眼睛有中度刺激性。对皮肤无刺激性。对豚鼠皮肤有致敏性。吸入 LC_{50}（4h）：雄大鼠 5.04mg/L（空气），雌

大鼠3.46mg/L（空气）。NOEL大鼠（2年）1.5mg/(kg·d)；狗（1年）0.75mg/(kg·d)。动物：在体内迅速且广泛代谢。降解物被排出体外或作为天然成分融入大自然。水生生物：LC_{50}（96h）蓝鳃翻车鱼0.13mg/L、虹鳟鱼0.046mg/L。水蚤EC_{50}（48h）0.011mg/L。羊角月牙藻EC_{50}（72h）0.065mg/L。

抗菌防霉效果 四甲基秋兰姆二硫化物属于非特异性、多作用点杀菌剂，抑制真菌多种酶，从而抑制孢子萌发和菌丝生长，具有广泛的抑菌活性，对霉菌和细菌均有良好的抑制效果。

四甲基秋兰姆二硫化物对实验室试验菌的抗菌情况见表2-184。四甲基秋兰姆二硫化物对一些微生物的最低抑制浓度见表2-185。

表2-184 四甲基秋兰姆二硫化物对实验室试验菌的抗菌力

福美双浓度/%	抑菌圈(直径)	
	混合霉菌/mm	混合细菌/mm
0.5	32	36
0.3	28	35
0.1	26	30

表2-185 四甲基秋兰姆二硫化物对一些微生物的最低抑制浓度（MIC）

微生物	MIC/(mg/L)	微生物	MIC/(mg/L)
黑曲霉	100	巨大芽孢杆菌	250
黄曲霉	50	大肠杆菌	100
变色曲霉	20	金黄色葡萄球菌	100
球毛壳霉	50	枯草杆菌	100
蜡叶芽枝霉	50	荧光假单胞杆菌	>1000
橘青霉	50	铜绿假单胞杆菌	>1000
宛氏拟青霉	50	酒精酵母	50
链格孢霉	50	白色念珠菌	100

（来源：万厚生物）

制备 将二甲基二硫代氨基甲酸钠加入亚硝酸钠水溶液，再滴加硫酸等反应而成。

应用 四甲基秋兰姆二硫化物可以用于涂料、木材、纺织品、漆布及纸张纸浆等工业领域抗菌防霉防藻；本身也是天然橡胶、合成橡胶及乳胶用的超硫化促进剂；亦作农业杀菌剂或小型动物驱避剂。

实际应用参考：

① 叶面喷施用于葡萄、生菜与其他蔬菜或观赏植物，防治灰霉病、锈病等病害。叶面使用剂量为0.1%～0.3%有效成分。用于土壤处理防治土壤传播的病害，使用剂量为0.5～1g/m^2。作种子处理使用剂量为0.05～0.20kg/100kg（种子）。

② 专利 CN 106879616 A：本发明公开了一种能够高效抗菌的塑料杀菌剂，包括以下质量份的组分：四氯苯二腈 30～60 份、*N*-(三氯甲基硫代)邻苯二酰亚胺 15～25 份、四甲基秋兰姆二硫化物 25～50 份。该塑料杀菌剂能够提高塑料制品的抗菌性能，有效提升塑料制品的品质。

法规 欧盟化学品管理局（ECHA）：根据指令 98/8/EC（BPD）或规则（EU）No. 528/2012（BPR）提交了批准申请的所有活性物质/产品类型组合为 PT-9（纤维、皮革、橡胶和聚合材料防腐剂），生物杀灭剂福美双（thiram）申请目前处于审核进行之中。

1-羧甲基-3,5,7-三氮杂-1-氮鎓盐酸盐氯化物 (1-carboxymethyl-3,5,7-triaza-1-azoniaadamante chloride)

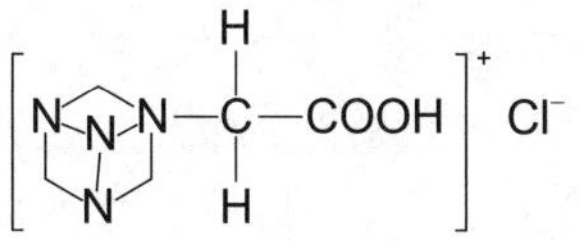

$$\left[\text{N}_3\text{-adamantyl-N}^{+}\text{—CH}_2\text{—COOH} \right]^{+} Cl^{-}$$

$C_8H_{15}ClN_4O_2$, 234.7, 92623-86-4

化学名称 1-羧甲基-3,5,7-三氮杂-1-氮鎓盐酸盐氯化物

理化性质 有效含量 40%（醛含量约 28%），外观清澈，棕色液体。密度（20℃）1.19g/mL。pH 值为（1% 水溶液）5.5～7.0。溶解度：高度溶于水，可溶于极性溶剂。

毒性 大鼠急性经口 LD_{50} ＞5000mg/kg（40%钠盐溶液）。兔急性经皮 LD_{50} ＞2000mg/kg（40%钠盐溶液）（来源：Buckman）。

抗菌防霉效果 抗菌活性基于甲醛的释放，1-羧甲基-3,5,7-三氮杂-1-氮鎓盐酸盐氯化物对常规微生物的抑制效果见表 2-186。

表 2-186 40%有效含量对常见微生物的最低抑制浓度（MIC）

微生物	MIC/(mg/L)	微生物	MIC/(mg/L)
枯草芽孢杆菌	80	产气肠杆菌	100
大肠杆菌	120	肺炎克雷伯菌	80
普通变形杆菌	100	铜绿假单胞杆菌	200
沙门氏菌	80	金黄色葡萄球菌	80

应用 1-羧甲基-3,5,7-三氮杂-1-氮鎓盐酸盐氯化物在宽泛的 pH 范围内使用，可作各种水性物流的防腐剂。添加量一般为 0.1%～0.3%。

噻菌灵
(thiabendazole)

$C_{10}H_7N_3S$, 201.3, 148-79-8

其他名称 噻苯咪唑、TBZ、特克多、噻苯达唑

化学名称 2-(1,3-噻唑-4-基)苯并咪唑

IUPAC 名 4-(1*H*-benzimidazol-2-yl)-1,3-thiazole

EC 编码 [205-725-8]

理化性质 纯品为白色无味粉末。熔点 297～298℃。蒸气压（25℃）5.3×10^{-4} mPa。相对密度 1.3989。$\lg K_{ow}=2.39$（pH 7，25℃）。溶解度（20℃）：水 0.16g/L（pH 4），水 0.03g/L（pH 7），水 0.03g/L（pH 10）；庚烷<0.01g/L、二甲苯 0.13g/L、甲醇 8.28g/L、二氯甲烷 0.81g/L、丙酮 2.43g/L、乙酸乙酯 1.49g/L、正辛醇 3.91g/L。稳定性：水解稳定；水中光解 DT_{50} 29h（pH 5）。$pK_{a1}=4.73$，$pK_{a2}=12.00$。

毒性 急性经口 LD_{50}：小鼠 3600mg/kg、大鼠 3100mg/kg、兔≥3800mg/kg。兔急性经皮 LD_{50}>2000mg/kg。对兔眼睛和皮肤无刺激，对豚鼠皮肤无刺激。大鼠吸入 LC_{50}>0.5mg/L。NOEL 大鼠 NOAEL（2 年）10mg/(kg·d)。动物：当经口给药时，噻菌灵迅速被吸收，24h 内高达 90%的总剂量被排泄（约 65%经尿液、25%经粪便）。本品迅速分布到动物各组织中，经查，心脏、肺、脾、肾和肝中药量最高；两个剂量组中，该化合物基本上均于 7d 内被完全从动物体内清除。噻菌灵经 5-位羟基化，并与葡糖苷酸和硫酸共轭进行代谢。水生生物：蓝腮翻车鱼 LC_{50}（96h）19mg/L。虹鳟鱼 LC_{50}（96h）0.55mg/L。水蚤 LC_{50}（48h）0.81mg/L。月牙藻 EC_{50}（96h）9mg/L。

抗菌防霉效果 通过与微管蛋白结合抑制有丝分裂，从而严重影响真菌的生长和发育。噻菌灵为具有保护、治疗作用的内吸性杀菌剂。噻菌灵对许多微生物都显示出良好的抑制作用，对霉菌的效果特别好。噻菌灵对一些微生物的最低抑制浓度见表2-187。

表 2-187 噻菌灵对一些微生物的最低抑制浓度（MIC）

微生物	MIC/(mg/L)	微生物	MIC/(mg/L)
黑曲霉	10	杂色曲霉	10
黄曲霉	15	球毛壳霉	5
米曲霉	25	树脂枝孢霉	10
烟曲霉	10	蜡叶芽枝霉	15

续表

微生物	MIC/(mg/L)	微生物	MIC/(mg/L)
出芽短梗霉	0.2	疣孢冻斑菌	5
橘青霉	15	刺状毛霉	10
草酸青霉	5	膝曲弯孢	20
淡黄青霉	1	烟色盘多毛孢	30
黑根霉	30	尖镰孢	20

制备　由4-噻唑羧基酰胺与邻苯二胺在缩合磷酸中反应而得。

应用　噻菌灵是20世纪60年代初美国发明的一种驱寄生虫药，具有内吸向顶传导性能，但不能向基传导。在工业上可用于涂料、纺织品、纸张、皮革、电线电缆等领域的防霉；还可在医药上作为人、畜肠道的驱虫药剂；亦作水果保鲜剂或农业杀菌剂。

实际应用参考：

① 把噻菌灵按照0.2%添加量加到水性涂料，做成防霉涂料，在干膜防霉试验中，连续培养100d以上，涂膜防霉等级0。而未加本品的对照样品，培养20d时间，霉菌丛生，防霉等级为4。

② 在电子回路的环氧树脂与氨基甲酸树脂上以及线圈的清漆中添加0.5%～1.0%的噻菌灵，防霉效果优异，且不影响电气性能和腐蚀导体。

③ 将噻菌灵以0.1%～0.2%的量添加到聚乙烯薄膜、聚丙烯薄膜、聚氯乙烯薄膜以及各种复合薄膜中去，做成防霉塑料薄膜，用来包装食品，可以防止食品发霉。

④ 专利CN 104963191 A：本发明公开一种二步法制备铜离子纤维。第一工序为使用第一处理液对腈纶纤维进行浸渍处理，温度为35～75℃，0.5h后取出；所述第一处理液按照质量比包括硫代硫酸铜：硫代硫酸钠：柠檬酸钠=1：(0.05～0.25)：(0.06～0.09)，硫酸铜液体浓度为0.5%～1.5%（质量分数）；第二工序为将所述第一工序处理后的纤维使用第二处理液进行浸渍处理，然后在110～230℃的气流下热处理；所述第二处理液按照质量比包括碱性染料：抗菌剂=1：(0.7～1.2)，碱性染料的浓度为0.05%～0.15%（质量分数）。

所述抗菌剂选自噻菌灵（TBZ）、抑霉唑、多菌灵、TCMTB、戊唑醇中的1种或2种以上。

法规

① 欧盟化学品管理局（ECHA）：2008年，欧盟生物杀灭剂产品委员会（BPC）发布法规Directive 2008/85/EC，批准噻菌灵（thiabendazole）作为第8类（木材防腐剂）生物杀灭剂产品的活性物质。批准日期2010年7月1日，批准期满2020年7月1日。

② 欧盟化学品管理局（ECHA）：根据指令98/8/EC（BPD）或规则（EU）No. 528/2012（BPR）提交了批准申请的所有活性物质/产品类型组合为PT-7（干膜防霉剂）、PT-9（纤维、皮革、橡胶和聚合材料防腐剂）、PT-10（建筑材料防腐剂），生物杀灭剂噻菌灵（thiabendazole）申请目前处于审核进行之中。

2,4,5-三氯苯酚
(2,4,5-trichlorophenol)

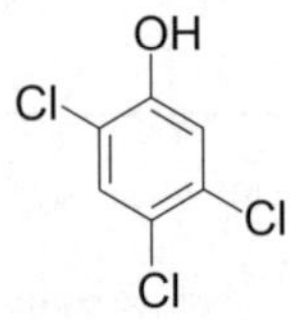

$C_6H_3Cl_3O$, 197.5, 95-95-4

其他名称 2,4,5-TCP、TCP

IUPAC 名 2,4,5-trichlorophenol

EC 编码 [202-467-8]

理化性质 纯品为灰白色片状固体，从石油醚中得到针状结晶，有强烈酚臭。沸点(760mmHg) 252.8℃ (NTP，1992 年)。熔点 67.8℃ (NTP，1992 年)。闪点 133.0℃ (闭杯)。$\lg K_{ow}=3.72$。溶解度 (25℃)：水 0.12g/100g，丙酮 615g/100g，苯 163g/100g，四氯化碳 51g/100g，乙醚 525g/100g；溶于有机溶剂和碱性溶液。稳定性：该品能升华，具弱碱性和强烈酚类气味。$pK_a=7.43$。

毒性 大鼠急性经口 LD_{50} 820mg/kg。小鼠急性经口 LD_{50} 600mg/kg。大鼠腹腔注射 LD_{50} 355mg/kg。大鼠皮下注射 LD_{50} 2260mg/kg。对眼睛具有刺激作用，接触后会引起强烈流泪和结膜炎，对皮肤也有一定刺激性。

抗菌防霉效果 2,4,5-三氯苯酚最小抑制浓度：常规细菌 50～250mg/L；真菌 10mg/L。

制备 2,4,5-三氯苯酚由 2,3,5,6-四氯苯、固碱、甲醇，经高压釜反应脱色而得。

应用 2,4,5-三氯苯酚及其钠盐作为杀菌防霉剂，兼有气相杀菌功效；亦作化学中间体。

实际应用参考：

① 应用于工业循环冷却水，以控制水中的藻类、真菌、细菌以及工业黏泥。它的杀菌效力与 pH 值有关，pH 值增高则活性降低。在工业循环冷却水中，当浓度在 100mg/kg 时，杀菌率可达 99%，杀菌性能优于对氯酚、二氯酚，三氯酚和五氯酚与它们混合使用比单独使用其中任何一种更有效。

② 2,4,5-三氯苯酚还可应用于皮革、凡士林胶冻或加油配方的防霉及乳化型切削油的防腐以及用于木材、胶黏剂、乙酸乙烯胶乳等的防腐剂和保护橡胶和人造纤维等的杀菌剂。它的钠盐也是杀菌剂和防腐剂。

③ 2,4,5-三氯苯酚与 2,4,6-三氯苯酚相比，杀微生物剂的杀灭力更强。可适用于木材、皮革或者含络蛋白营养丰富体系防腐和防霉。

2,4,6-三氯苯酚
(2,4,6-trichlorophenol)

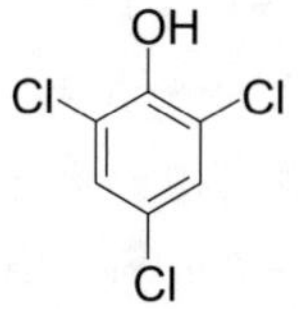

$C_6H_3Cl_3O$, 197.5, 88-06-2

其他名称　三氯苯酚、2,4,6-TCP

IUPAC 名　2,4,6-trichlorophenol

EC 编码　[201-795-9]

理化性质　纯品为结晶性物质。有苯酚的气味。熔点 69℃。沸点 246℃。$\lg K_{ow}$=3.69。溶解度：水 800mg/kg（25℃）；溶于有机溶剂和碱液。pK_a=6.23。

毒性　大鼠急性经口 LD_{50} 820mg/kg。大鼠腹腔注射 LD_{50} 276mg/kg（来源：Pubchem）。

抗菌防霉效果　2,4,6-三氯苯酚对多种微生物显示杀死或抑制作用，其抗菌力优于苯酚。对黑曲霉、变色曲霉、橘青霉、黄绿青霉、木霉、毛壳霉等具有较好的防治效果。

制备　将苯酚放入反应器，通入 3 倍氯气，反应后粗品经亚硫酸钠处理后再蒸馏得成品。

应用　2,4,6-三氯苯酚（2,4,6-TCP）是重要的化工原料，可作杀菌剂、防腐剂、脱叶剂，可以作为皮革、木材、竹制品、草藤制品、帆布漆布以及胶黏剂等的防霉剂。由于其具有高毒性和难降解性，被美国国家环保局（EPA）列入优先控制污染物黑名单，85%的 2,4,6-TCP 在使用后被排入水体，对水生生物产生危害。

2,3,4,6-四氯苯酚
(2,3,4,6-tetrachlorophenol)

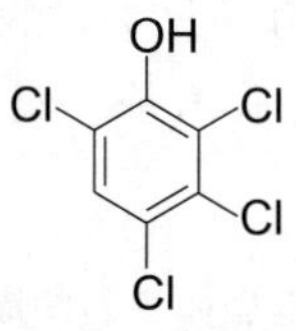

$C_6H_2Cl_4O$, 231.9, 58-90-2

其他名称　TCP

IUPAC 名　2,3,4,6-tetrachlorophenol

EC 编码　[200-402-8]

理化性质 纯品为针状结晶。有强烈特殊气味。熔点 69～70℃。沸点 150℃。$\lg K_{ow}=4.45$。溶解度：水 23mg/L（25℃）；可溶于乙醇、氯仿、二硫化碳、苯，稍溶于石油醚。$pK_a=5.22$。

毒性 小鼠急性经皮 LD_{50} 250mg/kg。小鼠腹腔注射 LD_{50} 82mg/kg。小鼠急性经口 LD_{50} 131mg/kg（来源：rchives of Toxicology，1978 年）。

抗菌防霉效果 四氯苯酚对多种微生物有杀死或抑制作用，其抗菌力优于苯酚。

应用 四氯苯酚的主要用途可作为杀虫剂、消毒剂和竹木、草藤、乳胶、皮革、纸张等的防霉防腐剂。

N-(2,4,6-三氯苯基)马来酰亚胺(TCPM)
[*N*-(2,4,6-trichlorophenyl)maleimide]

$C_{10}H_4Cl_3NO_2$, 276.5, 13167-25-4

其他名称 TCPM、三氯苯基马来酰亚胺

化学名称 1-(*N*-2,4,6-三氯苯基)-1*H*-吡咯-2,5-二酮

IUPAC 名 1-(2,4,6-trichlorophenyl)pyrrole-2,5-dione

EC 编码 [236-108-1]

理化性质 纯品为米黄色晶体。熔点为 128～131℃。溶解度：不溶于水，溶于甲苯、二甲苯、乙醇、氯仿等有机溶剂。

毒性 大鼠的急性经口 $LD_{50}\geqslant4500$mg/kg。日本公开特许公报 JP04300806 报道用其作防污剂在海水中的防污活性超过三年，并且不会对海洋环境产生影响。

抗菌防霉效果 *N*-(2,4,6-三氯苯基）马来酰亚胺（TCPM）对细菌、霉菌以及藻类均有较好的抑杀作用。尤其对防止海洋贝类动物、海洋软体动物和海藻类海洋植物等寄生附在船体上有特效。*N*-(2,4,6-三氯苯基）马来酰亚胺（TCPM）对一些微生物的最低抑制浓度见表 2-188。

表 2-188 TCPM 对一些微生物的最低抑制浓度（MIC）

微生物	MIC/(mg/L)	微生物	MIC/(mg/L)
黑曲霉	40	球毛壳霉	40
黄曲霉	80	蜡叶芽枝霉	20
变色曲霉	50	橘青霉	5

续表

微生物	MIC/(mg/L)	微生物	MIC/(mg/L)
宛氏拟青霉	40	枯草杆菌	10
链格孢霉	40	荧光假单胞杆菌	50
巨大芽孢杆菌	50	啤酒酵母	＞500
大肠杆菌	80	酒精酵母	＞500
金黄色葡萄球菌	10		

制备 由顺丁烯二酸酐、氯化亚锡、2,4,6-三氯苯胺等原料制备而成。

应用 *N*-(2,4,6-三氯苯基)马来酰亚胺（TCPM）是一个不含金属的有机化合物，不仅具有优良的防污性能，同时也具有抗菌防霉防藻等其他性能。广泛应用于海洋防污涂料，主要用于处理船只、渔网、浮标、航道及一些水下构件，有效防止水中诸如贝壳、海藻等海洋生物在这些水下设备上的繁殖；还添加在木材、木地板、胶合板、纤维板处理液中作防腐防霉剂以及添加在水性乳液涂料中作防腐防霉剂。

实际应用参考：

专利JP 04300806：报道了一种由聚合物和 *N*-(2,4,6-三氯苯基)马来酰亚胺（TCPM）所制成的防污材料，这种材料可以缓慢释放出TCPM，能保持长久的防污活性。基本配方：聚合物（polyether-polyol）100份、异佛尔酮二胺（isophoronediamine）4份、TCPM 20份在100℃硬化1h制成一种防污材料，这次材料的抗张强度达到40kg/mm^2，延伸率达300%，在海洋中的防污活性在3年以上。

双氯酚
(dichlorophen)

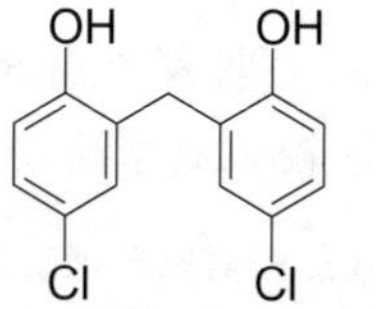

$C_{13}H_{10}Cl_2O_2$, 269.1, 97-23-4

其他名称 ASM、DDM、菌霉净、二氯酚

商品名称 Nipacide® DP

化学名称 4,4-二氯-2,2-亚甲基双酚

IUPAC名 4-chloro-2-［(5-chloro-2-hydroxyphenyl) methyl］phenol

EC编码 ［202-567-1］

双氯酚单钠盐（dichlorophen-monosodium）

IUPAC 名 sodium 4-chloro-2-[(5-chloro-2-hydroxyphenyl)methyl]phenolate

CAS 登录号 [10254-48-5]

分子式 $C_{13}H_{9}Cl_{2}NaO_{2}$，分子量 291.1

理化性质 纯品为无色无味晶体（原药浅棕色粉末，略有酚味）。熔点 177～178℃（原药≥164℃）。蒸气压（25℃）1.3×10^{-5} mPa。溶解度：水 30mg/L（25℃）；乙醇 530g/L、异丙醇 540g/L、丙酮 800g/L、丙二醇 450g/L（25℃）；溶于甲醇、异丙醚和石油醚，微溶于甲苯。稳定性：在空气中缓慢氧化。酸性反应，形成碱金属盐。在缺氧条件下、酸性溶液中光解，导致一个氯原子水解，形成相应的酚；在氧气存在的条件下，形成相应的苯醌。pH 9 时形成同样的产品 4-氯-2,2′-亚甲基双氯酚。

毒性 急性经口 LD_{50} 大鼠 2690mg/kg，小鼠 1000mg/kg，豚鼠 1250mg/kg，狗 2000mg/kg。无作用剂量：大鼠 90 天饲喂试验，饲喂 2000mg/kg 饲料，无不良影响。水生生物：虹鳟鱼 LC_{50}（48h）540μg/L。

抗菌防霉效果 双氯酚对多种霉菌、细菌和酵母菌等显示良好的抑制效果，具有广泛的抗菌谱。该化合物对细菌的抑制效果比对霉菌的抑制效果好，尤其对水中的硫酸盐还原菌、铁细菌、藻类很有效。双氯酚对一些微生物的最低抑制浓度见表 2-189。

表 2-189 双氯酚对一些微生物的最低抑制浓度（MIC）

微生物	MIC/(mg/L)	微生物	MIC/(mg/L)
黑曲霉	250	枯草杆菌	5
黄曲霉	100	巨大芽孢杆菌	5
变色曲霉	100	大肠杆菌	250
橘青霉	100	荧光假单胞杆菌	2
宛氏拟青霉	50	金黄色葡萄球菌	2
蜡叶芽枝霉	50	酒精酵母	250
球毛壳霉	50	啤酒酵母	250

J. C. Gratteau 指出 2,3-二氯苯醌对蓝藻具有毒性，日本文献也作过类似报道。双氯酚对阿氏颤藻细胞生长的影响，远较二氯苯醌明显，结果见表 2-190。

表 2-190 双氯酚对阿氏颤藻细胞生长影响

药剂	10 月 20 日称重/mg	10 月 29 日称重/mg	增重/mg
对照空白组	208	232	24
2,3-二氯苯醌(50mg/kg)	205	293	88
双氯酚(50mg/kg)	210	100	−20

制备 双氯酚由对氯苯酚与甲醛反应而得。

应用 双氯酚广泛用于化肥、石油化工、炼油、冶金等行业冷却循环水处理，当用量为 50～100g/m^3 时，24h 杀菌率达 99%以上；还可作涂料、织物、纸浆、木材的防霉剂以及船舶水下涂层灭藻剂等；该品在农业上、医药上、制造肥皂中可作杀菌剂使用；亦作抗蠕虫药物。

注意：偏碱性条件处理效果更佳；不宜与阳离子药剂（如季铵盐等）共用，但其与某些阴离子表面活性剂复合使用，能够显著降低它的用量，并提高杀生效果。

实际应用参考：

① 木材及其包装箱的防霉，使用浓度为0.5%～1.0%，采用涂刷或喷雾方法。纺织浆料、淀粉浆糊的防霉，使用浓度为0.1%，直接调入浆料或浆糊中。化工、纺织等行业的循环冷却水防腐，使用浓度为0.01%左右，采用水性悬浮剂，直接混入即可。使用双氯酚-戊二醛复合防霉剂，可大大提高杀菌能力。

② 法国"G-4"杀菌剂可灭除藻类，用作灭藻剂，常用量是0.01%～0.1%。法国"G-4"杀菌剂主要由29%双氯酚、5%氢氧化钠、6%乙二醇、59%水、1%对氯苯酚配制而成。使用该杀菌剂时，一般加入适量的氢氧化钠，使其以单钠盐形式存在。在大型化肥厂冷却水系统中使用，水样pH值为7.8～8.2，加入50～100mg/L的G-4，作用24h，杀菌率超过98%；加入100mg/L，杀菌率一直在99.65%以上，药效比较长。

四氯甘脲(TCGU)
(tetrachloroglycoluril)

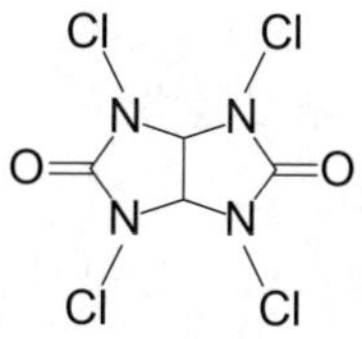

Cl　Cl
N—N
O═　　═O
N—N
Cl　Cl

$C_4H_2Cl_4N_4O_2$, 279.9, 776-19-2

化学名称 1,3,4,6-四氯甘脲

IUPAC名 1,3,4,6-tetrachloro-3a,6a-dihydroimidazo [4,5-*d*]imidazole-2,5-dione

EC编码 [212-276-1]

理化性质 纯品为白色粉末状固体，具有氯气臭味，有效氯含量大于95%。熔点180℃，超过280℃分解。pH值为（饱和水溶液）4.6。溶解度（25℃）：水77mg/L；溶于丙酮、乙腈、甲酰胺等有机溶剂，甲酰胺溶解后加水稀释成任何溶液不再析出。稳定性：稳定性好，加热或暴露于空气后有缓慢分解现象。

毒性 小鼠急性经口 LD_{50} 2150mg/kg（来源：Pubchem）。

抗菌防霉效果 四氯甘脲（TCGU）对细菌有较好的抑制能力。对几种细菌的最低抑制浓度：大肠杆菌5mg/kg，枯草杆菌50mg/kg，金黄色葡萄球菌10mg/kg。

制备 四氯甘脲（TCGU）主要有原料甘脲参与反应而得。

应用 四氯甘脲（TCGU）可作广谱高效消毒剂，主要用于游泳池消毒，或用于污水处理。另外，本品可用于食品厂、化妆品厂、制药厂、医院、饭店、食堂等部门器具消毒。

实际应用参考：

在游泳池水中投放四氯甘脲（TCGU）50mg/L 的量即可控制细菌的繁殖。若用本品与次氯酸钙混合处理污水，灭菌迅速，持效期长。

2,3,5,6-四氯-4-(甲基磺酰)吡啶(TCMS pyridine)(methyl 2,3,5,6-tetrachloro-4-pyridyl sulfone)

$C_6H_3Cl_4NO_2S$, 295.0, 13108-52-6

其他名称 Densil、TCMS pyridine、四氯甲硫酰基吡啶

商品名称 Densil S、Densil S 100、Dowco 282、Dowicil S 13、SA 1013

IUPAC 名 2,3,5,6-tetrachloro-4-methylsulfonylpyridine

EC 编码 [236-035-5]

理化性质 外观为白色至微黄色结晶性粉末。沸点 451.1℃。熔点 152℃。溶解度(25℃)：水 2.5×10^{-5} g/L，甲醇 20g/L，丙酮 220g/L，DMF 343g/L，甲苯 50g/L。稳定性：在 pH 4～8.5 范围内稳定和有效，在碱性介质中水解。

毒性 小鼠急性经口 LD_{50} 770mg/kg（来源：Pubchem）。

抗菌防霉效果 从毒理学的角度来看，2,3,5,6-四氯-4-(甲基磺酰)吡啶（TCMS pyridine）被认为是一种有效的呼吸链抑制剂。因此，该化合物能够阻断在线粒体水平产生三磷酸腺苷（ATP），导致细胞死亡。其对微生物的抑制效果详见表 2-191。

表 2-191 2,3,5,6-四氯-4-(甲基磺酰)吡啶对常见微生物的最低抑制浓度（MIC）

微生物	MIC/(mg/L)	微生物	MIC/(mg/L)
链格孢	7.5	黑曲霉	10
黄曲霉	50	出芽短梗霉菌	7.5
球毛壳霉	10	拟青霉	10
绿色木霉	50	白色念珠菌	10
酿酒酵母	50	枯草芽孢杆菌	200
大肠杆菌	5000	铜绿假单胞杆菌	5000
金黄色葡萄球菌	50		

应用 2,3,5,6-四氯-4-(甲磺酰)吡啶（TCMS pyridine）显示出广谱高效的抗真菌活性，该产品适合于水性的乳液、涂料、胶黏剂、黏合剂、涂饰、皮革、高分子材料、无纺布、人造革、超纤、帆布、金属切削液、木材、文物和纸张的永久性防霉；亦作海洋防污剂。

三氯卡班(TCC)
(triclocarban)

$C_{13}H_9Cl_3N_2O$, 315.6, 101-20-2

其他名称 TCC、三氯卡巴、康洁新、三氯均二苯脲、三氯碳酸苯胺

商品名称 Nipaguard® TC40、Nipaguard® TCC

化学名称 3,4,4′-三氯均二苯脲

IUPAC 名 1-(4-chlorophenyl)-3-(3,4-dichlorophenyl)urea

EC 编码 [202-924-1]

理化性质 纯品为白色结晶性粉末，具有微弱的气味。熔点 254～256℃（分解）。蒸气压（25℃）3.6×10^{-9} mmHg。$\lg K_{ow}=4.90$。溶解度（20～25℃）：水 0.11×10^{-3} g/L；乙醇 10g/L、异丙醇 10g/L、二丙二醇 48g/L、脂肪醇聚乙二醇 100g/L。稳定性：对光和热稳定。

毒性 大鼠急性经口 LD_{50}＞2000mg/kg。小鼠急性经口 LD_{50}＞5000mg/kg。兔急性经皮 LD_{50} 10000mg/kg。水生生物：虹鳟鱼 LC_{50}（96h）0.12mg/L。呆头黑鱼 LC_{50}（96h）0.092mg/L。水蚤 LC_{50}（48h）0.0077～0.020mg/L（来源：ECHA，2014 年）。

抗菌防霉效果 三氯卡班对引起感染或病原性革兰氏阳性菌及革兰氏阴性菌、真菌、酵母菌和病毒（如甲肝、乙肝病毒）等都具有杀灭和抑制作用。对分解体汗及尿的皮肤菌效果特别显著。其对部分微生物抗菌效果见表 2-192。

表 2-192 三氯卡班对一些微生物的最低抑制浓度（MIC）

微生物	MIC/(mg/L)	微生物	MIC/(mg/L)
毛癣菌	500	球毛壳菌	100
枯草芽孢杆菌 ATCC 11774	35～50	粪肠球菌 ATCC 19433	50
大肠杆菌 EHEC DSM 8579	1000	发酵乳杆菌 ATCC 14931	50
嗜肺军团菌 ATCC 33152	＜10	藤黄微球菌 ATCC 7468	5～10
分枝杆菌 ATCC 11758	＜0.05	霍乱沙门氏菌 DSM 4224	1000
金黄色葡萄球菌 ATCC 6538	10～50	溶血葡萄球菌 ATCC 29970	50

（来源：Bayer）

制备 三氯卡班可由4-氯苯基异氰酸酯与3,4-二氯苯胺反应得到。

应用 三氯卡班（TCC）是一种高效、广谱抗菌剂，添加在日化用品中：香皂、香波、沐浴露、洗手液、洗面奶、美容液、去痘霜、洗衣粉、洗衣液、创伤膏、美容化妆品、须用泡沫膏、牙膏、漱口水、抗菌餐具洗涤剂等；亦可用于伤口消毒剂、织物抗菌整理剂、医用消毒剂、纤维纺织品和除腋臭及脚气类产品里，起到杀菌、抑菌和除臭的作用。

注意：三氯卡班和三氯生物理化学性质相近，也具有较强的亲脂性，能在生物体内累积和富集。近些年，关于三氯卡班的潜在危害被不断披露，如崔蕴霞等证明三氯卡班对水生生物具有毒性，Chen等研究显示三氯卡班有可能引发哺乳动物包括癌症、生殖功能障碍和发育异常等病症，李林朋等的研究结果还进一步证实了三氯卡班能引起人体肝细胞的DNA损伤。目前，三氯卡班在加拿大和美国等的清洗或个人护理消费产品中也已逐步被淘汰或明确禁止使用。

法规 我国2015年版《化妆品安全技术规范》规定：三氯卡班在化妆品使用时，最大允许浓度0.2%。

三氯生
(triclosan)

$C_{12}H_7Cl_3O_2$, 289.5, 3380-34-5

其他名称 TCS、三氯新、三氯生（DP300）、玉洁新DP-300

商品名称 Irgasan DP300、CH 3565、Irgacare MP、Lexol 300、Cloxifenolum、Aquasept

化学名称 2,4,4′-三氯-2′-羟基二苯醚

IUPAC名 5-chloro-2-(2,4-dichlorophenoxy)phenol

EC编码 [222-182-2]

理化性质 纯品为白色细小结晶状粉末，有轻微的芳香味。沸点280～290℃（分解）。熔点56～58℃。蒸气压（20℃）4×10^{-6}mmHg。密度1.55～1.56g/mL。蒸气压（20℃）5.32×10^{-6}hPa。闪点223℃。$\lg K_{ow}=4.76$。溶解度（20℃）：水0.01g/L；95%乙醇＞1000g/L、异丙醇＞1000g/L、丙二醇＞1000g/L、乙酸乙酯＞1000g/L、1mol/L氢氧化钠溶液371g/L。稳定性：常温常压下其挥发性较低。280～290℃以下不

会迅速分解，在200℃加热14h仅有2%活性物被分解，长时间的紫外线照射下也只有轻微的分解。$pK_a=8.1$。

毒性　大鼠急性经口$LD_{50}>5000mg/kg$。兔子急性经皮$LD_{50}>6000mg/kg$。大量动物毒理实验表明，三氯生属于无急性毒性及慢性毒性的化合物，但它能与含氯漂白剂反应，生成有毒的含氯衍生物，受紫外线照射及加热后会产生致癌物质。三氯生（TCS）对自然环境和人体健康具有不容忽视的潜在危害。

抗菌防霉效果　作用机理是先吸附于细菌细胞壁，再穿透细胞壁，与细胞质的脂质、蛋白质反应，产生不可逆变性，杀死细菌。三氯生是一种非离子型化合物，与皮肤（蛋白质）有良好的亲和性，能与各种日化常用原料共同使用，对革兰氏阳性菌、革兰氏阴性菌、霉菌、酵母菌、病毒等具有广泛、高效的杀灭和抑制作用。

制备　将2,4,4′-三氯-2′-氨基二苯醚（TADE）与亚硝酸、硫酸及二氯苯混合、水解后，再加入碱液进行反应，有机溶剂提取、中和而得。

应用　三氯生属于酚类杀菌剂，其最早由瑞士的巴塞尔人Ciba-Geigy Co合成的。作为一种高效抗菌、消毒、防腐、防臭剂而曾广泛应用于牙膏、漱口液、香皂、卫生洗液、洗涤用品、除腋臭/脚气雾剂、伤口消毒剂、高档日化产品的生产，医疗及饮食行业器械消毒剂、空气清新剂、冰箱除臭剂，也用于卫生织物的整理，塑料抗菌处理。

酚类杀菌剂是指苯酚及其衍生物，主要有苯酚、甲酚、2,4,4′-三氯-2′-羟基二苯醚（三氯生、DP300）和对氯间二甲苯酚（PCMX）等。酚类杀菌剂的杀菌机理是使细菌蛋白质变性，同时破坏菌体细胞膜。同醛类杀菌剂中的醛基一样，酚羟基也极易被氧化变成黄色醌类，这也是市面上含有此类物质日化产品的色泽普遍泛黄的原因之一。

注意：

① 三氯生是一种可添加在许多消费品（包括化妆品）中用于降低或者防止细菌污染的一种成分。动物实验显示，三氯生会改变动物体内激素调节，也有数据显示三氯生可能会导致细菌对抗生素产生耐药性。

② 欧盟SCCS认为，考虑到总暴露值（其他暴露来源）的级别，继续使用三氯生作为防腐剂在所有类型化妆品中的最大使用浓度为0.3%是不安全的。该防腐剂在牙膏、洗手液、肥皂/沐浴露和除臭剂中的最大使用浓度为0.3%被认为是安全的，在规定的使用方法（用于清洁手指甲和脚趾甲）和频率（每3周或4周，最坏情况下每2周）下，消费者暴露在三氯生浓度为0.3%的指甲类产品中被认为是安全的。

法规

① 我国2015年版《化妆品安全技术规范》中规定：三氯生在化妆品中的最大允许量（质量分数）为0.3%。限制范围和限制条件：洗手皂、浴皂、沐浴液、除臭剂（非喷雾）、化妆粉及遮瑕剂、指甲清洁剂（指甲清洁剂的使用频率不得高于2周一次）。

② 2014年1月欧盟新规，将三氯生从法规No.1223/2009附录Ⅴ中删除，并限制其作为化妆品防腐剂使用。

③ 欧盟化学品管理局（ECHA）：

三氯生申请用作以下几种产品类别的杀生物剂未被通过：产品类型 PT-1（人体卫生学消毒剂）[(EU) 2016/110]；产品类型 PT-2（不直接用于人体或动物的消毒剂和杀藻剂）（Decision 2014/227/EU）；产品类型 PT-7（干膜防霉剂）（Decision 2014/227/EU）；产品类型 PT-9（纤维、皮革、橡胶和聚合材料防腐剂）（Decision 2014/227/EU）。

山梨酸
(sorbic acid)

$H_3C-CH=CH-CH=CH-COOH$

$C_6H_8O_2$, 112.1, 110-44-1

其他名称 花楸酸、2-丙烯基丙烯酸

商品名称 Elestab® 4150 Lipo、Tristat

化学名称 2,4-己二烯酸

IUPAC 名 (2*E*,4*E*)-hexa-2,4-dienoic acid

EC 编码 [203-768-7]

山梨酸钾（potassium sorbate）

化学名称 2,4-己二烯酸钾

IUPAC 名 potassium (2*E*, 4*E*)-hexa-2,4-dienoate

CAS 登录号 [24634-61-5]

EC 编码 [246-376-1]

理化性质

山梨酸　无色的针状结晶或白色的结晶性粉末，无臭或稍带刺激性臭味。沸点(101kPa) 228℃（分解）。熔点 134℃。蒸气压（20℃）0.013hPa。闪点 127℃。pK_a = 4.76。溶解度：微溶于水，溶于乙醇、乙醚。稳定性：对光、热稳定，但在空气中长期放置易被氧化着色。

山梨酸钾　分子式 $C_6H_7O_2K$，分子量 150.2。无色或白色的鳞体状结晶或结晶性粉末，无臭或稍有臭味。熔点 270℃（分解）。溶解度：易溶于水，微溶于乙醇。稳定性：在空气中不稳定，能被氧化着色，有吸湿性。

毒性　山梨酸是一种不饱和的脂肪酸，基本上和天然不饱和脂肪酸一样可以在机体内被同化产生二氧化碳和水，故山梨酸可看成是食品的成分。山梨酸及其盐在体内体外的基因毒性试验表明，山梨酸不会影响染色体和 DNA 的合成与代谢，没有基因毒性，ADI 为 25mg/kg，大鼠经口 LD_{50} 10.5g/kg，其毒性仅为苯甲酸的 1/4，与氯化钠相当。

抗菌防霉效果　山梨酸作用机理是与微生物酶系统中的巯基结合，从而破坏微生物

许多重要酶系的作用。

山梨酸属弱有机酸型防腐剂，其防腐效果随 pH 值的升高而降低，山梨酸和山梨酸钾宜在 pH 5～6 以下的范围内使用。一般认为只有未离解的分子状态的山梨酸才起到防腐作用，而山梨酸的离解度与所处溶液环境的 pH 值有关（见表 2-193）。

另外山梨酸对霉菌、酵母菌和好气性菌均有抑制作用，但对嫌气性芽孢形成菌与嗜酸乳杆菌几乎无效。山梨酸完全抑制各种微生物的最小浓度（以 mg/kg 表示）见表2-194。

表 2-193　不同 pH 值时山梨酸的离解度

pH 值	3	4	4.4	5	6	7
离解度/%	2	14	30	63	94	99.4

表 2-194　山梨酸对一些微生物的最低抑制浓度　　单位：mg/kg

微生物	pH 3.0	pH 4.5	pH 5.5	pH 6.0	pH 6.5
黑曲霉	250	500	2000	<2000	
娄地青霉	130	500		<2000	
黑根霉	60	250	1000	1000	2000
啤酒酵母	130	250	500	2000	<2000
球形德巴利氏酵母	250	500	2000	2000	<2000
异形汉森氏酵母	60	250	500	1000	1000
毕赤氏皮膜酵母	130	250	500	2000	2000
纹膜乙酸杆菌		2000	2000	<2000	
乳酸链球菌		1000	2000	2000	<2000
嗜酸乳杆菌		<2000	<2000	<2000	
枯草芽孢杆菌			1000	1000	2000
蜡状芽孢杆菌			500	1000	2000
凝结芽孢杆菌			1000	2000	2000
巨大芽孢杆菌			500	1000	2000
金黄色葡萄球菌			1000		
普通变形杆菌			1000	2000	<2000
生芽孢梭状芽孢杆菌				<2000	

制备　采用乙酸高温裂解生成乙烯酮，乙烯酮和丁巴豆醛聚合生成中间胶黏状产物聚酯，聚酯经酸解后结晶得粗山梨酸，再由粗山梨酸精制得到山梨酸。

应用　美国于 1953 年正式批准了山梨酸为食品添加剂，日本于 1955 年批准使用，我国于 1980 年批准使用。山梨酸是迄今为止国际公认的安全无毒防腐剂。随着人民生活水平的提高，对食品添加剂的安全性要求将逐渐提高，山梨酸替代苯甲酸已为食品工业发展的必然趋势。

作为防腐剂还可用于医药、染料、香料、合成树脂、橡胶工业、饲料加工工业、农药工业、日用化工、石油化工等多个领域。注意：①山梨酸对水的溶解度低，使用前要先将山梨酸溶解在乙醇、碳酸氢钠或碳酸钠的溶液中，然后再加到食品中去。②溶解时注意不要使用铜、铁容器。③在食物中已含有过多微生物的情况下，山梨酸无法发挥作用，它只适合用于良好卫生条件和微生物数量较低的食品的防腐。④山梨酸和苯甲酸均属于酸性体系有效的防腐剂，两者于 pH 7 时无活性，于 pH 5 时分别呈现出 37%和 13%的活性，因此它们应在偏酸性的介质中应用。

实际应用参考：

① 高分子材料中加入山梨酸、山梨酸钾或山梨酸钙，可制成抗菌包装薄膜，这种薄膜与水或食品接触时可释放山梨酸。山梨酸钙不易氧化，更适宜制作抗菌性包装材料。

② 户帅锋等研究报道，将山梨酸粉末添加到低密度聚乙烯树脂中，通过共混、挤出、吹塑等工艺制备出山梨酸-LDPE 抗菌薄膜，随着山梨酸含量的增加，薄膜的抗张强度先增加再减小，透射率逐渐下降，雾度逐渐上升，薄膜的水蒸气透射率先下降后上升，山梨酸质量分数在 1.5%以上时对大肠杆菌具有抑制作用，在 2%以上时对单增李斯特菌和金黄色葡萄球菌具有抑制作用。结论：山梨酸-LDPE 薄膜具有优良的包装性能和抑菌效果，是一种良好的食品包装材料。

法规

① 欧盟化学品管理局（ECHA）：根据指令 98/8/EC（BPD）或规则（EU）No. 528/2012（BPR）提交了批准申请的所有活性物质/产品类型组合为 PT-6（产品在储存过程中的防腐剂），山梨酸（hexa-2,4-dienoic acid）申请目前处于审核进行之中。

② 欧盟化学品管理局（ECHA）：2015 年，欧盟生物杀灭剂产品委员会（BPC）发布法规（EU）2015/1729，批准山梨酸钾［potassium（*E*,*E*）-hexa-2,4-dienoate（potassium sorbate）］作为 PT-8（木材防腐剂）类型生物杀灭剂产品的活性物质。批准日期 2016 年 12 月 1 日，批准期满 2026 年 12 月 1 日。其中 PT-6（产品在储存过程中的防腐剂），山梨酸钾［potassium（*E*,*E*）-hexa-2,4-dienoate（potassium sorbate）］申请处于审核进行之中。

③ 我国 2015 年版《化妆品安全技术规范》规定：山梨酸及其盐类在化妆品中使用时的最大允许浓度为 0.6%（以酸计）。

三氯叔丁醇
(chlorobutanol)

Cl CH$_3$
Cl—C—C—OH
Cl CH$_3$

$C_4H_7Cl_3O$, 177.5, 57-15-8(无水)

其他名称 氯丁醇

化学名称 1,1,1-三氯-2-甲基-2-丙醇

IUPAC 名 1,1,1-trichloro-2-methylpropan-2-ol

CAS 登录号 [6001-64-5]（半水合物）

EC 编码 [200-317-6]

理化性质 纯品为白色结晶，有微似樟脑的特臭，易挥发。半水合物熔点 78℃，无水物熔点 91℃，沸点 167℃。溶解度：易溶于热水、醇和甘油，溶于氯仿、乙醚、丙酮、冰醋酸。在水中微溶。稳定性：碱性溶液不稳定，酸性溶液较稳定。

毒性 大鼠急性经口 LD_{50} 213mg/kg，对眼睛和黏膜有一定刺激，使用时做好防护措施。

抗菌防霉效果 三氯叔丁醇对细菌繁殖体及霉菌均有作用，且优于苯甲醇。在酸性体系中，抑制效果尤佳。

制备 由丙酮与氯仿反应而得。

应用 作为一种医药中间体，也是一种高效的防腐剂，广泛用于医药、食品、化妆品等领域。

实际应用参考：

本品有杀灭细菌和真菌的活性，常用 0.5%溶液在注射剂、滴眼剂及化妆品中作防腐剂。用 5%～10%的软膏或 1%～2%撒粉治疗皮肤瘙痒及其他皮肤刺激性疾患。口服还被用作镇静剂和局部止痛剂。1%的液体石蜡液用于治疗鼻炎。

山梨坦辛酸酯
(sorbitan caprylate)

$C_{14}H_{26}O_6$, 290.4, 60177-36-8

商品名称 Velsan® SC

EC 编码 [262-098-3]

理化性质 纯品含量≥99.0%，外观呈无色至琥珀色透明液体。沸点 144℃。凝固点<−13℃。闪点 200℃。pH 值为（5%在乙醇∶水＝1∶1 中溶液）5～7。密度（20℃）1.198～1.200g/cm^3。皂化值（以 KOH 计）185～210mg/g。溶解度：水 1.8g/L（22℃）；易溶于辛酸，溶于醇。稳定性：80℃稳定，低气味非挥发。

毒性 大鼠急性经口 LD_{50}＞2000mg/kg。纯品对眼和皮肤有微弱的刺激作用。大量的毒理试验证实了山梨坦辛酸酯良好的耐受性。被证明无毒而且对皮肤无刺激性，非诱变性，没有发现光毒性或光敏感作用。

抗菌防霉效果 山梨坦辛酸酯是双亲分子（具有表面活性），它可以和细菌膜上的双亲分子进行接触，进而松动细菌细胞膜，协助其他防腐剂顺利穿透细胞膜。其抑菌能力与常用芳香醇类相比较相当，优势在于能够增效传统防腐剂，数据详见表2-195。

表 2-195 山梨坦辛酸酯与芳香醇的最低抑制浓度（MIC）

防腐体系	MIC/%				
	绿脓杆菌	金黄色葡萄球菌	大肠杆菌	白色念珠菌	黑曲霉
苯氧乙醇	0.4	0.4	0.4	0.6	0.6
苯甲醇	0.4	0.4	0.4	0.4	0.4
苯甲酸	0.15	0.08	0.08	0.15	0.4
山梨坦辛酸酯	＞1.0	0.08	1.0	0.2	0.4

制备 山梨坦辛酸酯是由可再生物质山梨聚糖和辛酸酯化而成的，山梨聚糖是从小麦或玉米中提取的山梨糖醇制备的，辛酸可以通过椰子油或者棕榈油制备。

应用 山梨坦辛酸酯已经在化妆品中广泛应用多年，即使使用浓度提高到5%也仅仅显示出轻微的刺激性并且没有致敏的风险（CIR report，2002 年）。在日化体系，通常和传统的防腐剂配合使用，可大大减少防腐剂的用量，提升产品的毒理安全性。如霜剂、凝露、洗剂、洗发剂、沐浴露、除臭剂、湿巾等。

实际应用参考：

① 专利CN 201280038022［P］公开了液体组合物，它含有40%～99.9%脱水山梨醇单辛酸酯和0.1%～60%选自一种或多种抗微生物物质，如有机酸和它们的盐、甲醛供体、甲基异噻唑啉酮、对羟苯甲酸酯和它们的盐、吡啶硫酮和它们的盐。该液体组合适用于生产化妆品、皮肤病学或药物产品的防腐。

② 在中国，根据《化妆品安全技术规范》(2015 年)，芳香醇苯氧乙醇和苯甲醇可以在最大限定浓度1%范围内使用。由于这些物质固有的气味和具有令部分化妆品乳化体系变稀的性质，导致当使用较高浓度时会造成部分乳化体系不稳定，所以苯氧乙醇和苯甲醇的实际使用浓度会低于0.6%。这样就导致这类抗菌剂的单一使用不能满足实际化妆品的防腐需求。在这样的情况下，山梨坦辛酸酯展现出对芳香醇类，如苯氧乙醇、苯甲醇的协同增效的特别意义。当山梨坦辛酸酯＜1%浓度时，不能抑制革兰氏阴性菌、绿脓假单胞杆菌的生长，但当与苯氧乙醇或苯甲醇协同使用时，这一缺陷便很容易就被填补。同时，其他细菌的生长也能被更容易地抑制，得到更广谱的抑菌效果（庄孟芙等，2017 年）。

十六烷基吡啶氯化铵 (hexadecylpyridinium chloride)

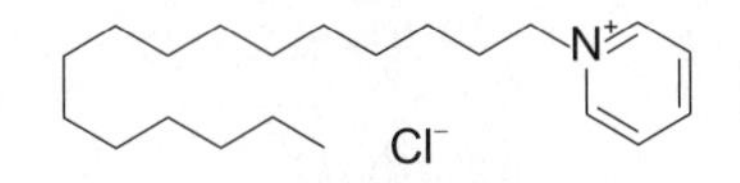

$C_{21}H_{38}ClN$, 340.0, 123-03-5(无水)

其他名称　氯化十六烷吡啶、西吡氯铵

商品名称　CPC 6060、Uniquart CPC

化学名称　氯化-*N*-十六烷基吡啶鎓盐

IUPAC 名　1-hexadecylpyridin-1-ium chloride

CAS 登录号　[123-03-5]（无水）

EC 编码　[204-593-9]

西吡氯铵单水合物（cetylpyridinium chloride monohydrate）

其他名称　氯化十六烷吡啶单水合物、CPC

化学名称　十六烷基吡啶氯化铵

IUPAC 名　1-hexadecylpyridin-1-ium chloride hydrate

CAS 登录号　[6004-24-6]

分子式　$C_{21}H_{38}ClN \cdot H_2O$，分子量 358.0

理化性质　纯品为白色固体粉末。该物质有两个异构体，熔点分别为 83℃ 和 217℃。其中，一水物质的分子量为 358.0。熔点 77～83℃。pH 值（1%水溶液）6.0～7.0。溶解度：溶于水、醇、氯仿；难溶于苯和醚。

毒性　本品黑鼠急性经口 LD_{50} 200mg/kg。家兔静脉注射 LD_{50} 35mg/kg，皮下注射 LD_{50} 30mg/kg，经口 LD_{50} 大于 4000mg/kg。

抗菌防霉效果　作用机制：单链季铵盐化合物中带正电荷的有机阳离子可被细菌（带负电荷）选择性地吸附，通过渗透和扩散作用穿过表面进入细胞膜，从而阻碍细胞膜的半渗透作用，并进一步渗入细胞内部，使细胞酶钝化，抑制蛋白酶的生成，使蛋白酶变性而达到杀菌作用。

文献报道十六烷基吡啶氯化铵对革兰氏阳性菌和革兰氏阴性菌都有很强的杀菌能力，对抗生素有抗性的葡萄球菌也具有杀菌作用，对伤寒杆菌抑制浓度为 250mg/kg，对金黄色葡萄球菌抑制浓度为 111mg/kg。它的杀菌作用随温度升高而增强，pH 值对其杀菌作用影响很小。有机物存在时，其杀菌能力显著降低（见表 2-196），另外十六烷基吡啶氯化铵对水中常见的异养菌、铁细菌和硫酸盐还原菌的杀菌试验情况见表2-197。

表 2-196 十六烷基吡啶氯化铵的杀菌作用

微生物	37℃时杀菌浓度/(mg/kg)	
	不添加血清	添加 10%的牛血清
金黄色葡萄球菌	10	80
白色葡萄球菌	10	80
绿色链球菌	20	80
酿脓链球菌	10	60
黏膜炎布兰汉氏球菌	10	80
肺炎双球菌Ⅰ	10	70
肺炎双球菌Ⅲ		50
铜绿假单胞杆菌	170	>1000
肺炎克雷伯氏菌	20	180
白喉棒杆菌	20	70
草分枝杆菌	670	1000
伤寒埃伯泽氏菌	20	330
大肠杆菌	20	>1000
普通变形杆菌	30	500
痢疾志贺氏菌	20	200
副痢疾志贺氏菌	20	290
索氏志贺氏菌	20	150
嗜酸乳酸菌		60
流产布鲁氏菌		50
白色假丝酵母	30	290
新型隐球酵母	20	170
须发癣菌	30	330
狗小胞霉	30	20

表 2-197 十六烷基吡啶氯化铵对水中常见菌的杀菌率

药剂浓度/(mg/kg)	异养菌杀菌率/%	铁细菌杀菌率/%	硫酸盐还原菌杀菌率/%
1	88.7	97.0	68.6
5	96.5	97.4	75.5
10	99.9	99.9	99.99

制备 十六烷基吡啶氯化铵将氯代十六烷和吡啶油浴加热反应，再加入丙酮，混合物水浴加热溶解后再冷却得到产品。

应用 该化合物作为阳离子杀菌剂、表面活性剂，广泛应用于食品、制药、医药、化妆品、日化用品、工业助剂、精密电镀、水处理、油田化学品等行业。

实际应用参考：

在用作水处理时采用每天少量投药的方式，可抑制微生物生长。如每隔数日采用依次冲击式大剂量投药，则能够杀死微生物。一般用量为10～20mg/L。

十六烷基吡啶溴化铵 (cetylpyridinium bromide)

$C_{21}H_{38}NBr$, 384.4, 140-72-7

其他名称　CPB、溴代鲸蜡基吡啶、溴代十六烷基吡啶

商品名称　Acetoquat CPB

化学名称　十六烷基溴化吡啶

IUPAC 名　1-hexadecylpyridin-1-ium bromide

EC 编码　[205-428-3]

理化性质　纯品为白色或淡黄色粉状固体。熔点61～62℃。$\lg K_{ow}=1.83$。溶解度：溶于丙酮、乙醇和氯仿；微溶于水、苯、石油醚。

毒性　大鼠急性经口 LD_{50} 475mg/kg（来源：Pubchem）。

抗菌防霉效果　作用机制：单链季铵盐化合物中带正电荷的有机阳离子可被细菌（带负电荷）选择性地吸附，通过渗透和扩散作用穿过表面进入细胞膜，从而阻碍细胞膜的半渗透作用，并进一步渗入细胞内部，使细胞酶钝化，抑制蛋白酶的生成，使蛋白酶变性而达到杀菌作用。文献报道十六烷基吡啶溴化铵的杀菌性能优于十六烷基吡啶氯化铵，其杀菌试验结果见表2-198。

表2-198　十六烷基吡啶溴化铵杀菌试验效果

药剂使用浓度/(mg/kg)	杀菌率/%		
	异氧菌	铁细菌	硫酸盐还原菌
1	88.7	97.0	68.8
2	96.5	97.4	75.5
5	99.9	99.9	99.99
10	99.9	99.9	100

制备　溴代十六烷基吡啶由原料吡啶和十六烷基溴季铵化反应而得。

应用　该化合物在工业冷却水处理中可用作杀菌剂和缓释剂，在食品厂、医疗、环境卫生用作环境杀菌剂及工业材料和设备的消毒剂。注意：柠檬醛和溴化十六烷基吡啶复配，杀菌效果协同增效明显。

十六烷基三甲基氯化铵(CTAC)
(hexadecyltrimethylammonium chloride)

$C_{19}H_{42}N \cdot Cl$, 320.0, 112-02-7

其他名称 西曲氯铵、CTAC、1631、鲸蜡烷三甲基氯化铵、氯化十六烷基三甲铵

商品名称 Arquad® 16-29、Daistat CM 80、Nissan Cation PB-300

IUPAC 名 hexadecyl (trimethyl) azanium chloride

EC 编码 [203-928-6]

理化性质 无色或淡黄色的液体、膏体或固体（因含量不同而异），(50±2)%的产品时常为软膏体。沸点（760mmHg）82.2℃（异丙醇，USCG，1999 年）。凝固点16.1℃。pH 值为（1%的水溶液）6～8。闪点 20.5℃（USCG，1999 年）。相对密度（25℃）0.90。$\lg K_{ow}$=3.23。溶解度：水 440mg/L（30℃）。

毒性 大鼠急性经口 LD_{50} 250～300mg/kg。小鼠静脉注射 LD_{50} 325mg/kg。本品刺激皮肤，刺激眼睛，有腐蚀性。

抗菌防霉效果 作用机制主要通过破坏细胞壁、膜结构，抑制酶或蛋白活性，影响细胞代谢发挥作用。参见氯化十二烷基二甲基苄基铵有关部分。

制备 在以硅胶为载体的 CuO/Cr_2O_3 系催化剂的催化下，十六烷醇与二甲胺于一定温度和压力下合成十六烷基二甲基叔胺。再以氢氧化钠为催化剂与一氯甲烷反应制得氯化十六烷基三甲基铵。

应用 十六烷基三甲基氯化铵（CTAC）为阳离子表面活性剂，能耐热、耐光、耐强酸和强碱，与阳离子、非离子和两性表面活性剂有良好的配伍性，具有优良的渗透、柔化、乳化、抗静电、生物降解性及杀菌等性能。适用于香波及护发类产品调理剂、纺织柔软剂；亦可在石油、造纸、食品加工、纺织等工业水处理中作为杀菌灭藻剂；牲畜和蚕室蚕具等环境消毒杀菌剂。

法规 2014 年 3 月，欧洲委员会向世贸组织发布公告，将对化妆品法规的几种防腐剂进行限制使用，通报了化妆品使用物质的 3 个侵权，其中涉及：防腐剂西曲氯铵、十八烷基三甲基氯化铵和二十二烷基三甲基氯化铵高于化妆品防腐剂浓度的其他应用。

十六烷基三甲基溴化铵(CTAB)(hexadecyltrimethylammonium bromide)

$C_{19}H_{42}BrN$, 364.5, 57-09-0

其他名称 CTAB、西曲溴胺、溴化十六烷基三甲铵

商品名称 Acetoquat CTAB、Bromat Cetrimide BP

IUPAC 名 hexadecyl（trimethyl）azanium；bromide

EC 编码 ［200-311-3］

理化性质 无色无味的晶体。熔点 248～251℃。闪点 244℃。pH 值（1%水溶液）约 5～7。$\lg K_{ow}=3.18$。溶解度：溶于水（泡沫），100g/L（来自：MERCK INDEX，1996 年）。

毒性 小鼠腹腔注射 LD_{50} 106mg/kg。小鼠静脉注射 LD_{50} 32mg/kg。大鼠急性经口 LD_{50} 410mg/kg。大鼠静脉注射 LD_{50} 44mg/kg。

抗菌防霉效果 作用机制：单链季铵盐化合物中带正电荷的有机阳离子可被细菌（带负电荷）选择性地吸附，通过渗透和扩散作用穿过表面进入细胞膜，从而阻碍细胞膜的半渗透作用，并进一步渗入细胞内部，使细胞酶钝化，抑制蛋白酶的生成，使蛋白酶变性而达到杀菌作用。文献报道十六烷基三甲基溴化铵（CTAB）对革兰氏阳性菌非常有效，但是对于革兰氏阴性菌而言并不是那么有效。其抗菌效果见表 2-199。

表 2-199 CTAB 对常见微生物的最小杀菌浓度（MMC）(22℃，24h)

微生物	MMC/(mg/L)	微生物	MMC/(mg/L)
金黄色葡萄球菌	1.5	金黄色酿脓葡萄球菌	0.6
枯草芽孢杆菌	6	大肠杆菌	25
铜绿假单胞杆菌	＞50	黏质沙雷氏菌	25
脱硫微螺菌	50	分枝杆菌 607	6
白色念珠菌	25	产黄青霉	＞50

制备 以十六醇和氢溴酸为原料，在硫酸催化剂存在下先进行溴化反应，生成溴代十六烷，然后与三甲胺进行季铵化反应而得。

应用 十六烷基三甲基溴化铵（CTAB）主要作抗菌、抗静电、乳化、防腐剂、表面活性剂。该化合物具有阳离子表面活性剂的特性，即亲水性和亲酯性，作为化妆品乳

化调理剂、杀菌剂广泛应用于各类香波、护发素产品中。亦作杀菌消毒或抗静电剂应用于其他领域。

实际应用参考：

① 复配消毒剂（西曲溴胺 1033mg/L＋葡萄糖酸氯己定 103mg/L）作用 5min 对金黄色葡萄球菌和大肠杆菌的杀灭率均为 99.97%，作用 10min 对白色念珠菌的杀灭率为 99.97%。小牛血清、温度及 pH 值对其杀菌效果均无影响（戎毅等，2004 年）。

② 十六烷基三甲基溴化铵（CTAB）可用于循环水系统的微生物控制与清洗，对异养菌、铁细菌、硫酸盐还原菌有很好的杀灭效果。通常情况下，其使用浓度为 50～100mg/L。

法规 我国 2015 年版《化妆品安全技术规范》规定：烷基（C_{12}～C_{22}）三甲基铵溴化物或氯化物，在化妆品中使用时的最大允许浓度均为 0.1%。

三氯异氰尿酸 (trichloroisocyanuric acid)

$C_3Cl_3N_3O_3$, 232.4, 87-90-1

其他名称 TCCA、三氯（均）三嗪三酮、强氯精

IUPAC 名 1,3,5-trichloro-1,3,5-triazinane-2,4,6-trione

EC 编码 [201-782-8]

理化性质 纯品含量＞95%（氯含量约 46.8%），外观呈白色棱状结晶或白色粉末，带有一定氯味。熔点 249～251℃（分解）。蒸气压（25℃）1.6×10^{-8} mmHg。pH 值为（1%水溶液）2.7～2.9。闪点 250℃（开杯）。lgK_{ow}＝0.94。溶解度（25℃）：水 12g/L，苯 36g/L，高度溶于二氯乙烷。稳定性：与碱性物质相混合会分解。

毒性 大鼠急性经口 LD_{50} 750mg/kg。兔急性经皮 LD_{50} 2000mg/kg。大鼠吸入 LC_{50}（1h）＞50mg/kg。水生生物：水蚤 EC_{50}（静态，48h）640μg/kg。虹鳟鱼 LC_{50}（静态，96h）80μg/L。

抗菌防霉效果 三氯异氰尿酸的杀菌作用主要依靠水解产物次氯酸，杀菌作用与氯类似。其对细菌、芽孢、肝炎病毒和水中的藻都有较好的杀灭效果。水中水解，1mol 三氯异氰尿酸水解生成 3mol 次氯酸和 1mol 异氰尿酸。三氯异氰尿酸对部分微生物的最低抑制浓度见表 2-200。

表 2-200　三氯异氰尿酸对一些微生物的最低抑制浓度（MIC）

微生物	MIC/(mg/L)	微生物	MIC/(mg/L)
黑曲霉	40	巨大芽孢杆菌	500
黄曲霉	80	大肠杆菌	60
变色曲霉	80	金黄色葡萄球菌	60
球毛壳霉	80	枯草杆菌	100
蜡叶芽枝霉	80	荧光假单胞杆菌	100
橘青霉	500	啤酒酵母	150
宛氏拟青霉	150	酒精酵母	150
链格孢霉	80		

制备　三氯异氰尿酸以尿素与氯化铵为主要原料，经热裂解制得三聚氰酸，再经氯化制取。

应用　三氯异氰尿酸的杀菌性能优异，是新一代广谱、高效、低毒的杀菌剂，漂白剂和防腐剂。主要用于饮用水、工业循环水，游泳池、餐馆、旅店等公共场所，家庭、医院、禽蛋和防治鱼病变等的消毒杀菌。

实际应用参考：

(1) 卫生间、便器刷洗消毒，300 倍水稀释液，作用时间 30min。

(2) 公共场所及地面消毒：1500～3000 倍水稀释液喷洒擦拭，作用时间 30min，传染病疫区，用 150～200 倍水稀释液喷洒消毒。

(3) 白色衣物、被罩消毒：较清洁物品 2000～3000 倍水稀释，浸泡 10min，污染较重者 500 倍稀释，浸泡 20min。

(4) 游泳池消毒：按 2～3g/m^3 计算投量，作用 30～60min。

(5) 非金属医疗器械消毒：500～1000 倍水稀释液，浸泡 30min，带脓血器具消毒，用 100 倍水稀释，作用时间 30min。

(6) 非金属餐具消毒：500～1000 倍水稀释，作用时间 30min。

法规　欧盟化学品管理局（ECHA）：根据指令 98/8/EC（BPD）或规则（EU）No. 528/2012（BPR）提交了批准申请的所有活性物质/产品类型组合为 PT-2（不直接用于人体或动物的消毒剂和杀藻剂）、PT-3（兽医卫生消毒剂）、PT-4（食品和饲料领域消毒剂）、PT-5（饮用水消毒剂）、PT-11（液体制冷和加工系统防腐剂）、PT-12（杀黏菌剂）。生物杀灭剂三氯异氰尿酸（symclosene）申请目前处于审核进行之中。

四硼酸钠
(sodium tetraborate)

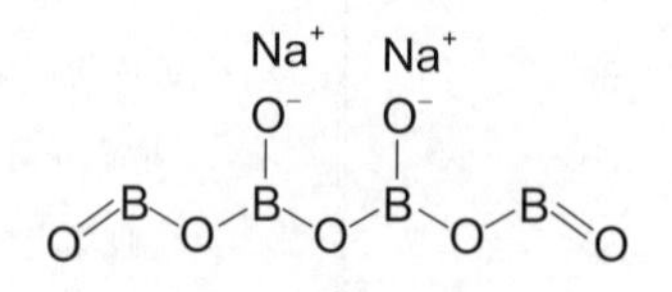

$B_4Na_2O_7$, 201.2, 1330-43-4

其他名称　无水硼砂

IUPAC 名　disodium tetraborate anhydrous

CAS 登录号　[1330-43-4] 无水；[12179-04-3] 五水；[12267-73-1] 七水

EC 编码　[215-540-4] 无水

硼砂（borax）

其他名称　硼砂

化学名称　四硼酸钠十水合物

CAS 登录号　[1303-96-4] 十水

分子式　$B_4Na_2O_7 \cdot 10H_2O$，分子量 318.4

理化性质

四硼酸钠　灰白色固体。沸点 1575℃（分解）。熔点 725℃。溶解度：溶于水、甘油。稳定性：吸湿性较强。

硼砂　白色结晶粉末。相对密度 1.73。溶解度：稍溶于冷水，较易溶于热水、甘油。水溶液呈碱性。稳定性：在 60℃时失去 8 个结晶水，在 320℃时失去全部结晶水。在空气中可缓慢风化。

毒性　大鼠急性经口 LD_{50} 2400mg/kg。兔急性经皮 LD_{50} >2000mg/kg。对人类的慢性影响的特别说明：可能导致不良生殖影响。

抗菌防霉效果　该系列化合物对常见的微生物具有一定的抑制作用，尤其对木材腐败菌如采绒革盖菌有很强抑杀力。

应用　硼砂适用于木材、印染、医用、农业等领域作防腐剂、消毒剂、除草剂；亦用于其他工业领域。注意：硼砂常指四硼酸钠的十水合物，即 $Na_2B_4O_7 \cdot 10H_2O$，但市售硼砂往往已经部分风化。

实际应用参考：

专利 CN 201210393524：

一种木制品防腐剂，其由以下质量分数的组分组成：40%～60%碳酸氢铜、1%～10%椰油基三甲基氯化铵、2.6%～4.4%四硼酸钠、2%～5%环丙唑醇、2%～5%氨水，余量为去离子水。本发明不含砷、铬等物质，毒性低，具有良好的防腐、防虫效果。

法规 欧盟化学品管理局（ECHA）：2009 年，欧盟生物杀灭剂产品委员会（BPC）发布法规 Directive 2009/91/EC，批准四硼酸钠（disodium tetraborate）作为第 8 类（木材防腐剂）生物杀灭剂产品的活性物质。批准日期 2011 年 9 月 1 日，批准期满 2021 年 9 月 1 日。

四羟甲基甘脲 (tetramethylolacetylene diurea)

$C_8H_{14}N_4O_6$, 262.2, 5395-50-6

其他名称 1,3,4,6-四羟甲基甘脲

商品名称 Fixapret 140、Protectol® 140、parmetol DF 12

化学名称 四羟甲基咪唑杂[4,5-*d*]咪唑-2,5(1*H*,2*H*)-二酮

IUPAC 名 1,3,4,6-tetrakis(hydroxymethyl)-3a,6a-dihydroimidazo[4,5-*d*]imidazole-2,5-dione

EC 编码 [226-408-0]

理化性质 商品 45%～49%水溶液（醛含量 20%～24%），外观呈无色或淡黄色透明液体。pH（20℃）值为 6.5～7.5。密度（20℃）1.21～1.22g/mL。溶解度：溶于水和低级醇。稳定性：HCHO 的释放随着 pH 值和温度的升高而增加。

毒性 大鼠急性经口 LD_{50} ＞5000mg/kg。圆腹雅罗鱼 LC_{50}（96h）＞100mg/L（来源：BASF）。

抗菌防霉效果 四羟甲基甘脲活性基于甲醛的释放，其对常见微生物的抑制效果见表 2-201。

表 2-201 47%四羟甲基甘脲乳液对常见微生物的最低抑制浓度（MIC）

微生物	MIC/(mg/L)	微生物	MIC/(mg/L)
金黄色葡萄球菌 ATCC 6538	1000	大肠杆菌 ATCC 11229	1000
变形杆菌 ATCC 14153	1000	绿脓假单胞杆菌 ATTC 15442	1000
白色念珠菌 ATTC 10231	5000		

（来源：BASF）

制备 四羟甲基甘脲由甲醛和甘脲为原料制备而成。

应用 四羟甲基甘脲可作工业水性产品保存防腐剂；亦与其他杀微生物剂一起使用配制硬表面消毒剂、畜牧业消毒剂等。

法规 欧盟化学品管理局（ECHA）：根据指令 98/8/EC（BPD）或规则（EU）No. 528/2012（BPR）提交了批准申请的所有活性物质/产品类型组合为 PT-2（不直接用于人体或动物的消毒剂和杀藻剂）、PT-6（产品在储存过程中的防腐剂）、PT-11（液体制冷和加工系统防腐剂）、PT-12（杀黏菌剂）、PT-13（金属工作或切削液防腐剂）。生物杀灭剂四羟甲基甘脲（TMAD）申请目前处于审核进行之中。

四羟甲基硫酸磷(THPS)
[tetrakis (hydroxymethyl) phosphonium sulfate]

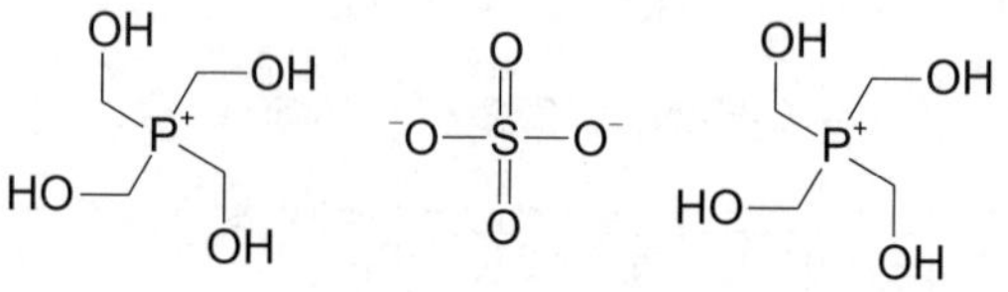

$C_8H_{24}O_{12}P_2S$, 406.3, 55566-30-8

其他名称 THPS、Tetrakis（hydroxymethyl）phosphonium sulphate（2∶1）

商品名称 AVANCID® 75 biocide、AQUCAR™ THPS 75

IUPAC 名 tetrakis（hydroxymethyl）phosphanium sulfate

EC 编码 [259-709-0]

理化性质 含量 70%～75%（醛含量约 30%），活性磷≥11%，外观无色透明黏稠液体。沸点（760mmHg）111.2℃。熔点 −35℃。蒸气压（51.2℃）32mmHg。相对密度（22.3℃）1.381。闪点 93.4℃。$\lg K_{ow}=-20.39$。溶解度：水≥100mg/mL（18℃）。稳定性：当加热分解时，会发出非常有毒的氧化磷和硫氧化物的烟雾（来自：CAMEO Chemicals）。

毒性 大鼠急性经口 LD_{50} 248mg/kg。水生生物：虹鳟鱼 LC_{50}（96h）119mg/L。铜吻鳞腮太阳鱼 LC_{50} 93mg/L。水蚤 EC_{50}（48h）19mg/L。

抗菌防霉效果 四羟甲基硫酸磷（THPS）分子式中磷原子半径较大，使其极化作用增大，周围的正电性增加，更容易与带负电的微生物产生静电吸附作用，通过渗透和扩散作用进入细胞膜，阻碍细胞膜的半渗透作用，使细胞膜纯化，蛋白质变质而达到杀死微生物的目的。比如 50mg/L 四羟甲基硫酸磷在 6h 内将 2.5×10^5 个 SRB 降低到 2.7×10^3 个。其对部分微生物最低抑制浓度见表 2-202。

表 2-202　四羟甲基硫酸磷（THPS）对常见微生物的最低抑制浓度（MIC）

微生物	MIC/(mg/L)	微生物	MIC/(mg/L)
好气杆菌	400	白色念珠菌	＞800
枯草芽孢杆菌	400	红色酵母	400
大肠杆菌	800	黑曲霉	＞800
明串珠菌属	400	球毛壳霉	600
奇异变形杆菌	800	青霉	＞800
铜绿假单胞杆菌	800	产朊圆酵母	800
荧光假单胞杆菌	800		

制备　在硫酸和水存在下，由磷化氢气体与甲醛水溶液等制备而得。

应用　四羟甲基硫酸磷（THPS）最早是作为处理工作服等棉纤维制品的阻燃剂的前体化合物而大规模生产的。20 世纪 80 年代，美国 Abright & Wilson 公司将该产品作为杀生剂应用于英国的冷却水系统，后来又应用于油田水系统，它对于杀灭硫酸盐还原菌特别有效。1995 年 THPS 作为杀生剂取得 EPA 注册，这是其发展的一个里程碑，打开了 THPS 作为杀生剂在美国冷却水、造纸和油田领域的市场。THPS 依靠进行 EAP 注册时提供的大量与传统杀生剂相比在毒性、环境和安全方面更好的数据，于 1997 年获得美国“总统绿色化学奖”，同年通过美国安全证明，正式用于环境保护领域。

注意：THPS 是只有一个碳原子长短侧链的特殊四元结构，决定了它具有季铵盐杀生剂广谱、高效和快速杀菌的优点，却没有季铵盐杀生剂普遍存在的易产生泡沫以及易与阴离子型药剂反应的缺点，同时具有快速的杀生能力，杀生之后能被氧化成无杀生活性的毒性非常低的三羟甲基氧化膦（THPO），THPO 易被生物降解成正磷酸盐。

THPS 与氧化杀菌剂不兼容，但与大多数常用非氧化杀生物剂如季铵盐或戊二醛相容。THPS 在厌氧条件下比有氧条件下更稳定。

法规　欧盟化学品管理局（ECHA）：根据指令 98/8/EC（BPD）或规则（EU）No. 528/2012（BPR）提交了批准申请的所有活性物质/产品类型组合为 PT-6（产品在储存过程中的防腐剂）、PT-11（液体制冷和加工系统防腐剂）、PT-12（杀黏菌剂）。四羟甲基硫酸磷（THPS）申请目前处于审核进行之中。

双(羟甲基)咪唑烷基脲
(diazolidinyl urea)

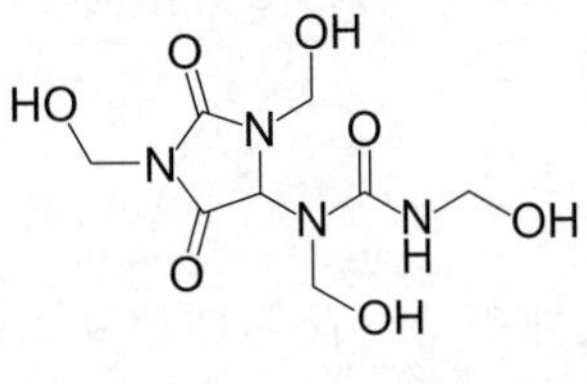

$C_8H_{14}N_4O_7$, 278.2, 78491-02-8

其他名称 二偶氯烷基脲、极美Ⅱ、杰马 B、杰马 115、重氮烷基脲

商品名称 Abiol Forte、Germall Ⅱ、Liposerve DU、Nipa Biopure200

化学名称 *N*-(1,3-二羟甲基-2,5-二酮-4-咪唑烷基)-*N*,*N*′-二羟甲基脲

IUPAC 名 1-[1,3-bis(hydroxymethyl)-2,5-dioxoimidazolidin-4-yl]-1,3-bis(hydroxymethyl) urea

INCI 名称 diazolidinyl urea

EC 编码 [278-928-2]

理化性质 白色结晶性粉末，有轻微气味，含量接近 100%（醛含量 43%）。熔点约 150℃（分解）。溶解度（20℃）：水 700g/L、乙醇 0.1g/L、甘油 360g/L、丙二醇 400g/L。稳定性：耐温性可达 60℃。

毒性 小鼠急性经口 LD_{50} 3573mg/kg。大鼠急性经口 LD_{50} 2600mg/kg。兔急性经皮 LD_{50} 2000mg/kg（来源：Pubchem）。

抗菌防霉效果 孙晓青等报道杀菌机理有两种解释：其一，这类防腐剂是通过缓慢分解释放甲醛起抑菌、杀菌作用，甲醛是活性成分；其二，这类防腐剂分子中 *N*-羟甲基本身是一个灭菌活性基团，可起灭菌作用。双（羟甲基）咪唑烷基脲抑制或使必需的细胞酶失活，通常在酶的活性部位与巯基或羟基反应，直接攻击酶的活性物。

该化合物对革兰氏阳性菌和阴性菌均有很好的抑杀效果；而对霉菌和酵母菌为选择性抑制，抑杀能力一般。双（羟甲基）咪唑烷基脲对常见微生物的最低抑制浓度见表2-203。

表 2-203 双（羟甲基）咪唑烷基脲对常见微生物的最低抑制浓度（MIC）

微生物	MIC/%	微生物	MIC/%
铜绿假单胞杆菌 NCIB 8626	0.1	恶臭假单胞杆菌 NCTC 10936	0.15
大肠杆菌 NCIB 8545	0.125	普通变形菌 NCTC 4635	0.125
沙门氏菌 NCTC 5188	0.15	金黄色葡萄球菌 ATCC 6538	0.08
蜡状芽孢杆菌 NCTC 7464	0.10	枯草芽孢杆菌 NCTC 3160	0.10
化脓性链球菌 ATCC 19615	0.25	白色念珠菌 NCPF 3179	>0.6
酿酒酵母 NCYC 200	0.15	黑曲霉 IMI 149007	0.3

（来源：CLARIANT）

应用 美国 Sutton 公司于 20 世纪 80 年代研制的新型化妆品防腐剂双（羟甲基）咪唑烷基脲，常用商品名为 Germal。该类型防腐剂能够缓释甲醛，对革兰氏阳性、阴性菌包括假单孢菌有抑菌效果，对酵母菌、霉菌有选择性抑制作用，适用于含高蛋白营养成分的化妆品中。

实际应用参考：

该产品为白色、自由流动的吸湿性粉末，极易溶于水。60℃以下加入家化日化配方，pH 值在 3.0～10.0 时有效抑制革兰氏阴性菌和阳性菌。常用剂量在 0.3%以下，具有优异的防腐效能。在原料配伍方面，建议避免与二苯酮类防晒剂共用。

法规

① 欧盟化妆品法规中的要求：1982年至今，双（羟甲基）咪唑烷基脲最大允许用量0.5%，如果成品中甲醛含量大于0.05时需要标注“含甲醛”。

② 我国2015年版《化妆品安全技术规范》规定：该防腐剂在化妆品中使用时，最大允许浓度为0.5%。

③ 美国化妆品成分审核（Cosmetic Ingredient Review）和欧洲化妆品和非食品消费者科学委员会（The Scientific Committeeon Cosmetic Products and non-food Productsintended for Consumers）对甲醛释放体的安全评估报告均明确表示在目前的研究数据支持下，甲醛释放体在法规允许使用限量下安全无毒、不致癌、不致畸。

三(羟甲基)硝基甲烷
[tris (hydroxymethyl) nitromethane]

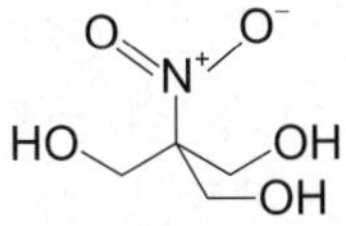

$C_4H_9NO_5$, 151.1, 126-11-4

化学名称 2-(羟甲基)-2-硝基-1,3-丙二醇

商品名称 Bioban® CWT、Midguard TN-20、Tris Nitro®、AQUCAR™ TN 50、Tris Nitro

IUPAC 名 2-hydroxymethyl-2-nitropropane-1,3-diol

EC 编码 [204-769-5]

理化性质 纯品白色或淡黄色无味晶体粉末，含量99%（醛含量60%）。熔点214℃（纯）。蒸气压（25℃）3.2×10^{-7} mmHg（计算）。pH值（0.1mol/L水溶液，20℃）5.0。$\lg K_{ow}=-1.66$。溶解度（20℃）：水2200g/L；易溶于乙醇等醇类；几乎不溶于煤油、矿物油、苯、甲苯等。稳定性：其水溶液在中性或酸性时稳定。在碱性溶液中会慢慢分解出甲醛。热稳定较差，在60℃以上长时间受热，会产生刺激性气味。

毒性 大鼠急性经口 LD_{50} 1.875mg/kg。兔子急性经皮 LD_{50} >2000mg/kg。大鼠吸入 LD_{50}（4h）2.4mg/L。虹鳟 LC_{50}（96h）410mg/L。水蚤 LC_{50}（24h）50mg/L。藻类 EC_{50}（72h）64.3mg/L（来源：DOW-ANGUS，50%水溶液）。

抗菌防霉效果 作用机制来自活性成分甲醛（HCHO）的缓慢释放。溶液pH值越高或温度越高，三（羟甲基）硝基甲烷释放甲醛速度越快，其杀菌效果越明显。

三（羟甲基）硝基甲烷对一些微生物的最低抑制浓度见表2-204。

表 2-204 50%三（羟甲基）硝基甲烷对一些微生物的最低抑制浓度（MIC）

微生物	MIC/(mg / L)	微生物	MIC/(mg / L)
黑曲霉	＞2000	大肠杆菌	500～1000
须发癣菌	250～500	金黄色葡萄球菌	62～125
念珠形镰刀菌	＞2000	藤黄八迭球菌	125～250
白色念珠菌	＞2000	粪链球菌	250～500
酿酒酵母	500～1000	铜绿假单胞杆菌	500～1000
枯草杆菌	250～500	伤寒杆菌	65～125

（来源：DOW-ANGUS）

制备 三（羟甲基）硝基甲烷由硝基甲烷和甲醛在碱性条件下缩合而得。

应用 三（羟甲基）硝基甲烷可用于循工业水系统、切削油、研磨液、轴承液、轧制液等以及其他水性浆料中，抑制细菌繁殖。注意：碱性条件和高于 50℃下不稳定并分解成甲醛。

实际应用参考：

三（羟甲基）硝基甲烷是一种用在金属加工液中的甲醛释放型杀菌剂，具有快速杀菌性能。在停止工作前向系统中加入这种化学物质可以十分有效地阻止“周一早晨的臭气”。三（羟甲基）硝基甲烷能与异噻唑啉酮杀菌剂具有很好的协同作用。使用剂量在 1000～2000mg/kg 活性成分时，就能达到使用稀释液中的细菌控制。

双羟甲脲
(dimethylol urea)

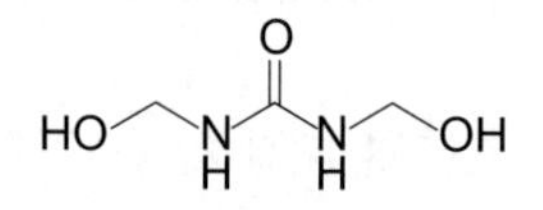

$C_3H_8N_2O_3$, 120.1, 140-95-4

其他名称 1,3-双(羟甲基)脲

商品名称 Kaurit® S、Permafresh ®477、Protectol® DMU

化学名称 *N*,*N*′-双二羟基甲基脲

IUPAC 名 1,3-bis（hydroxymethyl）urea

INCI 名称 dimethylol urea

EC 编码 [205-444-0]

理化性质 白色晶体，醛含量 50%。熔点 126℃。沸点 460℃。溶解度：水 150g/L。稳定性：分子中有活泼的羟甲基，和许多其他羟甲基化合物一样，在适当的条件下能缓慢稳定地解聚分解，释放出微量甲醛。

抗菌防霉效果　双羟甲基脲作用机制是其分子中有二个羟甲基，受邻近酰胺基的影响变得活泼，在极性水分子作用下，羟甲基就容易断裂，分解放出甲醛分子，一个双羟甲基脲分子可放出两个甲醛分子，然而这时的甲醛分子并非完全自由，它与原来的双羟甲基脲形成平衡。如此时的甲醛不消耗，则双羟甲基脲是不会分解的，而当甲醛遇到细菌等其他微生物，并与其中蛋白质发生生化反应，杀死细菌而被消耗掉，上述平衡被打破，双羟甲基脲就会开始分解，生成甲醛维持平衡，如果甲醛不断被消耗，那么双羟甲基脲就会缓慢而稳定地分解产生甲醛，直至耗尽。

制备　双羟甲基脲由尿素和甲醛在盐类或碱性催化剂存在下制得。

应用　双羟甲基脲属于甲醛释放类化合物，可用于日化家化、工业领域杀菌防霉；亦可用于土壤消毒，杀灭线虫和真菌；使用时可单用也可复配，用量最佳为0.1%～0.01%；亦作化学中间体。

四水八硼酸二钠
(disodium octaborate tetrahydrate)

$Na_2B_8O_{13} \cdot 4(H_2O)$,412.5,12280-03-4

其他名称　八硼酸钠、四水八硼酸钠

IUPAC 名　disodium octaborate tetrahydrate

EC 编码　[234-541-0]

理化性质　白色无味固体粉末。熔点803～813℃。相对密度（22℃）1.874。溶解度（20℃）：水223.65g/L（pH 7.64饱和溶液）。稳定性：放置在干燥空气中容易失去水分子而风化，当加热到60℃时失去8分子结晶水，在320℃失去全部结晶水。它的水溶液呈碱性。为了提高硼化物的浓度，由硼砂和硼酸按1∶1.54配合，经熔融而制成四水八硼酸二钠（$Na_2B_8O_{13} \cdot 4H_2O$），这种产品具有良好的扩散性能。

毒性　硼化物一般来讲对人畜均无毒。大鼠急性经口LD_{50} 2550mg/kg体重。大鼠急性经皮LD_{50}>2g/kg体重。

抗菌防霉效果　八硼酸钠具有良好的抑菌性能。不仅抗细菌，而且用量很少即可取得较好的抑菌效果。八硼酸钠处理过的木材，其防腐效果比较好，详见表2-205。

表2-205　八硼酸钠对腐朽菌毒性实验

供试菌	处理液浓度/(g/mL)	吸药量/(kg/m³)	质量损失率/%
白腐菌	0	0	76
	0.06	4.2	3.9
	0.12	7.6	0.9

续表

供试菌	处理液浓度/(g/mL)	吸药量/(kg/m³)	质量损失率/%
褐腐菌	0	0	83
	0.06	5.0	4.2
	0.12	9.8	1.0

制备 生产四水八硼酸钠的方法主要为硼砂、硼酸聚合法，其他还有氢氧化钠法，各种生产方法的设备基本相同。

应用 四水八硼酸钠由硼酸钠的水合物及其他原料改性而成，是硼酸盐的聚合物。含硼量高，B元素理论含量为20.967%，实际含量20%～21.5%，极易溶于水。作为一种环保型防腐剂，四水八硼酸钠具有良好的抑菌性能，不仅抗细菌，而且用量很少即可取得较好的抑菌效果；安全性好，没有毒性和刺激性；与大多数原料相容，不改变最终产品的颜色。这些优点使它在一些日用化学工业、墙面涂料、文物的保护以及医药方面都有特殊的用途。

实际应用参考：

① 用于木材的防虫剂种类很多，但综合评价杀虫效力、对人畜的毒害、成本、使用的方便程度等诸多因素，四水八硼酸钠是个不错的选择。用八硼酸钠处理过的木材可以防止木腐菌对细木工构件和房屋桁架的侵蚀，也可以抵抗家天牛、粉蠹等幼虫对木材的破坏。用八硼酸钠处理的木材表面洁净，无刺激性气味，对人畜和环境无危害，对处理过的木材再进行加工时无须专门防护。由于四水八硼酸钠的pH接近中性，对木材的酸碱性质无影响，处理后不改变材色，不改变木材的力学强度，便于着色、涂漆与胶合。目前有些工厂将CCA改为CCB，B就是硼，而A为砷。另外，四水八硼酸钠还成为阻燃材料、结构材料的重要成分之一。

② 钱晓倩等研究了SiO_2溶胶对八硼酸钠处理木材抗流失性能的影响。利用二次加压浸注处理工艺，对杉木试件先进行八硼酸钠浸注处理，然后进行SiO_2溶胶浸注处理。

结果表明：经八硼酸钠+SiO_2溶胶处理的木材试件抗浸提值在不同浓度下分别达到了60.64%、71.06%、72.24%、81.14%和188.58%，而只经单一八硼酸钠处理的木材试件抗浸提值均小于4.5%（甚至为负数）。

③ 孙芳利等报道，尽管铜的毒性较低，但长期使用会在水体和土壤中蓄积，具有潜在危害，因此含铜等金属化合物的防腐剂也日益受到国际社会的质疑，特别是在欧洲国家，不含重金属的防腐剂已成为很多国家研究和应用的新方向。硼盐因具有毒性低、抗菌防虫、阻燃等多功能特性，是木质门窗、桁架等产品的常用保护剂。硼酸和硼砂是应用较早的防腐防变色剂，已有50多年的历史，且至今未发现腐朽菌对硼盐会产生抗药性。但硼酸和硼砂在水中溶解度小，加热溶解后又易析出，因此应用受到一定限制。四水八硼酸钠（disodium octoborate tetrahydrate，DOT）克服了硼酸和硼砂的缺点，

不仅溶解度大、扩散能力强，而且含硼量高，1949 年起开始大量应用于室内且不与地面接触的木制品保护。硼化合物对环境和人体毒性低，且杀菌谱广，兼具防虫和阻燃作用，因此颇受研究者和应用者关注，并极力拓宽其应用领域。但硼化合物易流失，不宜应用于与水和土壤接触的环境中。

法规 欧盟化学品管理局（ECHA）：2009 年，欧盟生物杀灭剂产品委员会（BPC）发布法规 Directive 2009/96/EC，批准四水八硼酸二钠（disodium octaborate tetrahydrate）作为第 8 类（木材防腐剂）生物杀灭剂产品的活性物质。批准日期 2011 年 9 月 1 日，批准期满 2021 年 9 月 1 日。

双十八烷基二甲基氯化铵 (dimethyldioctadecylammonium chloride)

N^+ Cl^-

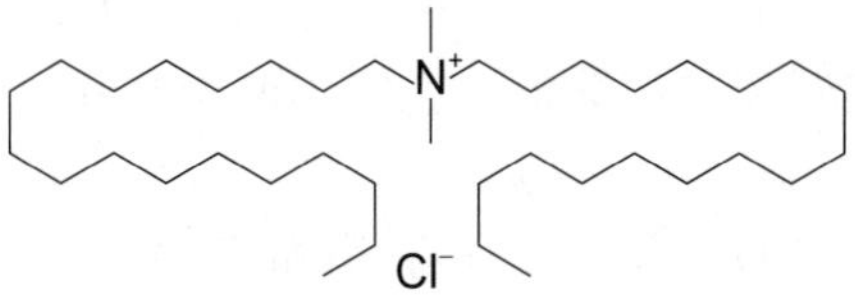

$C_{38}H_{80}NCl$, 586.5, 107-64-2

其他名称 D1821、DSDMAC、DODMAC、二甲基双十八烷基氯化铵

IUPAC 名 dimethyl（dioctadecyl）azanium chloride

EC 编码 ［203-508-2］

理化性质 纯品为固体。沸点 135℃（分解）。熔点 72～122℃。密度（88℃）0.84g/cm^3。溶解度：水 2.7mg/L。lgK_{ow}＝3.80（计算）。

毒性 大鼠急性经口 LD_{50} 11300mg/kg（来源：Pubchem）。

抗菌防霉效果 双链季铵盐通过破坏细胞壁、膜结构，抑制酶或蛋白活性，影响细胞代谢发挥作用，还可干扰细胞核酸和蛋白质的合成，因此对微生物的杀灭效果优于单链季铵盐。可参见双十二烷基二甲基氯化铵有关部分。

制备 双十八烷基二甲基氯化铵由双十八烷基甲基叔胺与氯甲烷进行季铵化反应制得。

应用 该化合物在工业水处理中可作杀菌和黏泥防止剂。同时，被广泛用于织物、纺织、化工、石油开采等多种领域杀菌除藻。亦为环境消毒剂（蚕室、蚕居、畜圈、食品机械器具）或农业的杀菌剂。亦可作柔软剂、抗静电剂。

双十二烷基二甲基氯化铵
(didodecyldimethylammonium chloride)

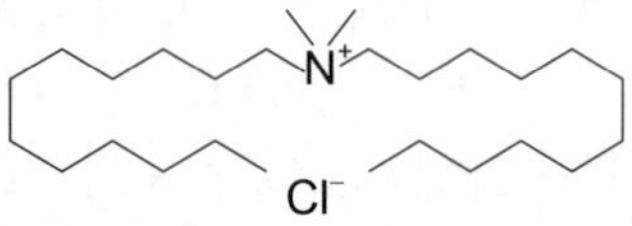

$C_{26}H_{56}NCl$, 418.2, 3401-74-9

其他名称 DDDMAC、D1221、氯化双月桂基二甲基胺

IUPAC 名 didodecyl（dimethyl）azanium chloride

EC 编码 [222-274-2]

理化性质 本品为无色或淡黄色液体或膏体（随活性物含量不同而异）。相对密度0.86。活性物含量有90%、75%、50%三种。它微溶于水，易溶于极性溶剂，5%溶液的pH值为5.0～7.5。其有较好的分散、乳化和起泡作用，有良好的抗静电性和防腐蚀性能。

毒性 小鼠腹腔注射 LD_{50} 150mg/kg。小鼠急性经口 LD_{50} 2000mg/kg（来源：Pubchem）。

抗菌防霉效果 双链季铵盐通过破坏细胞壁、膜结构，抑制酶或蛋白活性，影响细胞代谢发挥作用，还可干扰细胞核酸和蛋白质的合成，因此对微生物的杀灭效果优于单链季铵盐。双十二烷基二甲基氯化铵是季铵盐杀菌剂的第三代产品之一，其对微生物的杀灭能力明显高于第一、二代产品。它还能与第一代产品复配制得第四代产品。具体可参照其他季铵盐类杀菌剂。

制备 双十二烷基二甲基氯化铵是由双十二烷基甲基叔胺与氯甲烷进行季铵化反应制得。

应用 双十二烷基二甲基氯化铵是抗静电剂、稳定剂、絮凝剂、防腐蚀剂、杀菌消毒剂等。在工业水处理中作为杀菌剂和黏泥防止剂、它还用作油田化学品的分散剂、纺织品的柔软剂及染色助剂、矿物浮选剂、沥青和三次采油的乳化剂等。

双十烷基二甲基氯化铵(DDAC)
(didecyldimethylammonium chloride)

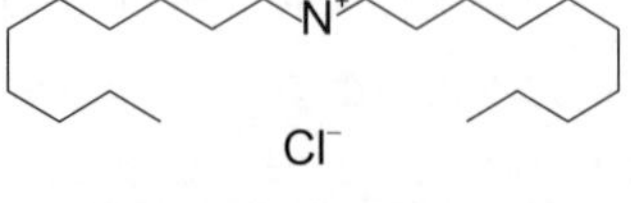

$C_{22}H_{48}N \cdot Cl$, 362.1, 7173-51-5

其他名称 氯化二甲基双癸基铵、二癸基二甲基氯化铵

商品名称 Arquad 2.10-50、Bardac® 22、BTC® 885、Maquat 4450-E

IUPAC 名 didecyldimethylammonium chloride

EC 编码 [230-525-2]

理化性质 纯品浅色固体（纯度 87.0%～99.5%质量分数，干重）。熔点 188～205℃。煮沸前约 280℃分解。蒸气压（20℃）5.9×10^{-6}Pa。蒸气压（25℃）1.1×10^{-5}Pa。相对密度（20℃）0.902。溶解度（20℃）：水 500g/L（pH 2.2～9.2）；丙酮>600g/L；甲醇>600g/L；辛醇>250g/L（来源：BPR 指令 98/8/EC 的附件Ⅰ，2012 年）。商品有 40%、50%、70%等活性物含量溶液。

毒性 大鼠急性经口 LD_{50} 645mg/kg。兔急性经皮 LD_{50} 2600mg/kg。虹鳟鱼 LC_{50}（96h）2mg/L。水蚤 EC_{50}（48h）<1mg/L。藻类 ErC_{50}（72h）0.33mg/L。

抗菌防霉效果 双链季铵盐由于分子结构中有两个长链的疏水基团，可以产生协同作用，从而使杀菌性能优于一般的单链季铵盐；同时由于分子中有 2 个带正电荷的 N^+ 离子，诱导作用使得季铵盐上的正电荷密度增加，更有利于吸附在细菌表面，从而影响细胞膜的正常功能，还可干扰细胞核酸和蛋白质的合成，导致细胞死亡。

季铵盐化合物具有表面活性特性，有助于溶解微生物细胞膜（Merianos，1991 年），导致细胞损伤并最终导致微生物死亡。当与其他杀伤细胞壁的杀菌剂组合使用时，作为表面活性剂的季铵盐有助于使微生物细胞壁更容易被其他杀生物剂接触，比如戊二醛、甲醛和 THPS，并导致这些杀生剂增强杀生物活性。双十烷基二甲基氯化铵（DDAC）是季铵盐杀菌剂的第三代产品之一，其对微生物的杀灭能力明显高于第一、二代产品。它还能与第一代产品复配制得第四代产品，据报道其杀菌性能可比前三代产品高出 4～20 倍。

在常温（20℃）下，含双十烷基二甲基氯化铵（DDAC）5000mg/L 的该双链季铵盐消毒液对枯草杆菌黑色变种芽孢基本无杀灭作用。将 2500mg/L 该双链季铵盐消毒液加温至 40℃作用 120 min，对枯草杆菌黑色变种芽孢杀灭对数值>3.0；加温至 60℃作用 30min，杀灭对数值>3.0。将 1250mg/L 该双链季铵盐消毒液加温至 80℃作用 60min，对枯草杆菌黑色变种芽孢杀灭对数值>5.00。

双十烷基二甲基氯化铵（DDAC）对金黄色葡萄球菌、大肠杆菌杀菌作用见表2-206。

表 2-206 双十烷基二甲基氯化铵（DDAC）对部分细菌的杀菌作用

双十烷基二甲基氯化铵的含量/(mg/kg)	作用不同时间平均杀灭率/%			
	1min	3min	5min	7min
	大肠杆菌			
60	99.99	100.0	100.0	100.0
40	99.94	99.99	100.0	100.0

续表

双十烷基二甲基氯化铵的含量/(mg/kg)	作用不同时间平均杀灭率/%			
	1min	3min	5min	7min
	大肠杆菌			
20	98.81	99.94	99.99	99.99
	金黄色葡萄球菌			
40	99.99	100.0	100.0	100.0
20	99.99	99.99	99.99	99.99
10	99.89	99.99	99.99	99.99

制备 在碘化钾的存在下，氯代癸烷与甲胺反应，先制得双癸基甲基叔胺，再将双癸基甲基叔胺放在压力容器内，在水和异丙醇介质中，加热加压下同氯甲烷反应，制得氯化双癸基二甲基铵产品。

应用 双十烷基二甲基氯化铵（DDAC）在医药卫生和民用等方面用作消毒；也可用于油田注水和工业循环冷却水系统作杀菌灭藻剂；还可用于环境和生产设备的消毒剂；也用作杀软体动物剂。

同时，DDAC是最具应用前景的木材防腐剂和抗变色的药剂。DDAC对木材具有天然亲和力，通过阳离子交换作用固定在木材上，可作与地面接触场合的木材防腐剂，但其固定速度较慢，一般需两周。注意：硬水会降低季铵盐的抗菌活性（petrocci，1974年)；季铵盐作为杀菌剂时，起泡通常是最大的担忧。

实际应用参考：

① 李晓文等报道，将具有较好杀菌效果的IPBC和DDAC，用于橡胶木防霉防蓝变处理。室内试验显示，单方IPBC制剂和IPBC与DDAC复配制剂处理的木材均具有较优的防霉防蓝变性能，且复配制剂处理效果更优；野外试验显示，采用常压处理和真空加压处理后，复配制剂处理材的防霉防蓝变性能可满足橡胶木加工初期生产周转的要求(来源：木材工业，29卷2期，2015年)。

② 张金萍等研究发现碳链长度对双链季铵盐抑菌作用的影响，采用抑菌圈法研究了双八烷基二甲基氯化铵（$DDAC_8$）、双十烷基二甲基氯化铵（$DDAC_{10}$）、双十二烷基二甲基氯化铵（$DDAC_{12}$）、双十烷基二甲基溴化铵（$DDAB_{10}$）、双十二烷基二甲基溴化铵（$DDAB_{12}$）、双十八烷基二甲基溴化铵（$DDAB_{18}$）6种双链季铵盐对大肠杆菌(*E. coli*)、枯草芽孢杆菌（*B. subtilis*）和金黄色葡萄球菌（*S. aureus*）的杀灭效果。结果表明，3种氯化物随碳链长度增加杀菌效果逐渐减弱；3种溴化物对大肠杆菌的抑制作用亦随碳链增长而减弱；对枯草芽孢杆菌抑制作用较好的是$DDAB_{10}$；对金黄色葡萄球菌，$DDAB_{10}$和$DDAB_{12}$作用效果接近，而$DDAB_{18}$效果最差。将$DDAC_8$与其他组分复配，抑菌圈试验和定量杀菌试验结果显示复配后样品液抑菌作用明显增强。透射电镜和显微镜下分别观察细菌和脂质体在$DDAC_8$作用时的形态变化，结果显示双链季铵

盐是通过作用于细胞膜而产生杀菌效应的。

法规

① 欧盟化学品管理局（ECHA）：根据指令 98/8/EC（BPD）或规则（EU）No. 528/2012（BPR）提交了批准申请的所有活性物质/产品类型组合为 PT-1（人体卫生学消毒剂）、PT-2（不直接用于人体或动物的消毒剂和杀藻剂）、PT-3（兽医卫生消毒剂）、PT-4（食品和饲料领域消毒剂）、PT-6（产品在储存过程中的防腐剂）。双十烷基二甲基氯化铵（DDAC）申请目前处于审核进行之中。

② 欧盟化学品管理局（ECHA）：2013 年，欧盟生物杀灭剂产品委员会（BPC）发布法规（EU）2013/4，批准双十烷基二甲基氯化铵（DDAC）作为第 8 类（木材防腐剂）生物杀灭剂产品的活性物质。批准日期 2015 年 2 月 1 日，批准期满 2025 年 2 月 1 日。

③ 欧盟化学品管理局（ECHA）：双十烷基二甲基氯化铵［DDAC（C_8～C_{10}）］，CAS 登录号［68424-95-3］，EC 编码［270-331-5］，杀菌效果参考二癸基二甲基氯化铵 DDAC。根据指令 98/8/EC（BPD）或规则（EU）No. 528/2012（BPR）提交了批准申请的所有活性物质/产品类型组合为 PT-1（人体卫生学消毒剂）、PT-2（不直接用于人体或动物的消毒剂和杀藻剂）、PT-3（兽医卫生消毒剂）、PT-4（食品和饲料领域消毒剂）、PT-6（产品在储存过程中的防腐剂）。双十烷基二甲基氯化铵［DDAC（C_8～C_{10}）］申请目前处于审核进行之中。

双十烷基二甲基溴化铵(DDAB)
(didecyldimethylammonium bromide)

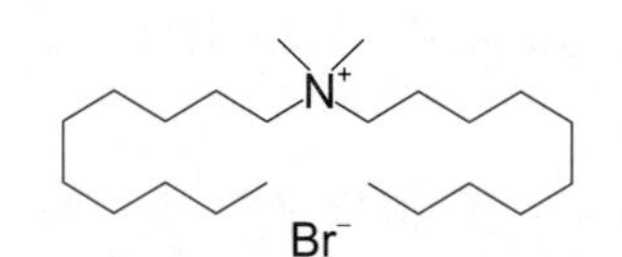

$C_{22}H_{48}N \cdot Br$, 406.5, 2390-68-3

其他名称　二癸基二甲基溴化铵

化学名称　双十烷基二甲基溴化铵

IUPAC 名　didecyl（dimethyl）azanium bromide

EC 编码　［219-234-1］

理化性质　商品膏状物或液体，含量 80%。游离胺含量一般≤2.0%。pH 值（10%水溶液）为 5.0～9.0。

毒性　小鼠急性经口 LD_{50} 681mg/kg（雌）。小鼠急性经口 LD_{50} 316mg/kg（雄）。

抗菌防霉效果　双链季铵盐由于分子结构中有两个长链的疏水基团，可以产生协同作用，从而使杀菌性能优于一般的单链季铵盐；同时由于分子中有 2 个带正电荷的 N^+ 离子，诱导作用使得季铵盐上的正电荷密度增加，更有利于吸附在细菌表面，从而影响细胞膜的正常功能，还可干扰细胞核酸和蛋白质的合成，导致细胞死亡。

双十烷基二甲基溴化铵（DDAB）对常见细菌有较好的抑杀效果。本剂在 500mg/L 时作用 1min，250mg/L 时作用 5min，125mg/L 时作用 10min，就能杀灭大肠杆菌。浓度为 500mg/L 时作用 0.5min，250mg/L 时作用 2min，125mg/L 时作用 10min，能杀灭金黄色葡萄球菌。浓度为 500mg/L 时作用 2min，250mg/L 时作用 10min，可杀灭铜绿假单胞杆菌。

应用 双十烷基二甲基溴化铵（DDAB）可作催化剂、乳化剂、消毒剂、杀菌剂、抗静电剂等。广泛用于木材防腐、油田杀菌、医药卫生、工业循环水杀菌灭藻、油田钻井等方面，其杀菌效果优于目前使用的最广的十二烷基二甲基苄基氯化铵 1227 等。

双(三氯甲基)砜
[bis(trichloromethyl)sulfone]

$C_2Cl_6O_2S$, 300.8, 3064-70-8

其他名称 六氯二甲砜

化学名称 二（三氯甲基）砜

IUPAC 名 trichloro（trichloromethylsulfonyl）methane

EC 编码 ［221-310-4］

理化性质 白色结晶性粉末，有刺激性气味。熔点 35～38℃。蒸气压（25℃）3.1×10^{-3}mmHg。$\lg K_{ow}=3.3$。溶解度：水 0.07g/L，苯 780g/L，己烷 530g/L，溶剂油 150～450g/L，白油 600g/L。稳定性：100～140℃开始热分解。pH＞7 介质水解。

毒性 小鼠静脉注射 LD_{50} 18mg/kg。兔急性经皮 LD_{50}＞631mg/kg。大鼠急性经口 LD_{50} 691mg/kg（来源：Pubchem）。

抗菌防霉效果 双（三氯甲基）对大多数细菌、霉菌、酵母菌和藻类的最低抑制浓度（MIC）范围在 10～100mg/L。由 Kato & Fukumura（1962 年）报道，尤其对形成黏液的细菌特别有效，MIC 约为 0.5mg/L。

应用 由于双（三氯甲基）砜在水中的稳定性有限，双（三氯甲基）砜主要用作工艺用水等水性体系的非持久性杀细菌剂和杀藻剂。

十四烷基二甲基苄基氯化铵 (tetradecyldimethylbenzylammonium chloride)

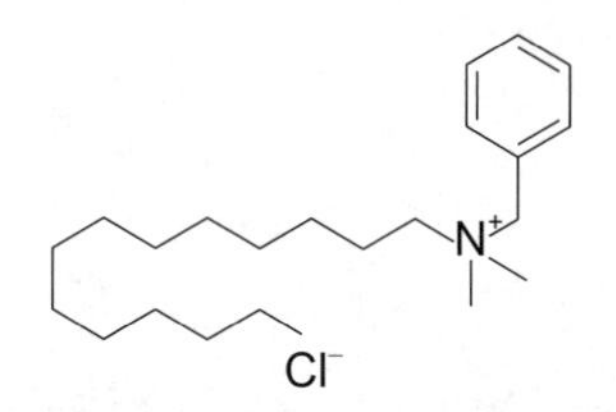

$C_{23}H_{42}N \cdot Cl$, 368.0, 139-08-2

其他名称 TDBAC、ADBAC、米他氯铵、肉豆蔻基苄基二甲基氯化铵、1427

商品名称 Barquat® MS-100 Barquat® MX-50 Barquat® MX-80

化学名称 十四烷基二甲基苄基氯化铵

IUPAC 名 benzyldimethyltetradecylazanium chloride

EC 编码 [205-352-0]

理化性质 活性物含量在85%以上的十四烷基二甲基苄基氯化铵为白色或淡黄色结晶粉末，含二个结晶水的产品，熔点为63℃。蒸气压（25℃）3.6×10^{-10} mmHg。活性物含量为40%的产品为无色或淡黄色液体，略有苦杏仁味。pH 值 6～8。$\lg K_{ow}$ = 3.91。溶解度：溶于水和乙醇。稳定性：随着温度的上升，在188.27～370.6℃时急剧失重，总失重率达到99.858%，在370.6℃完全分解。

毒性 小鼠静脉注射 LD_{50} 18mg/kg（来源：Pubchem）。

抗菌防霉效果 文献报道，对一系列烷基二甲基苄基氯化铵的杀菌活性与结构关系研究表明：十四烷基二甲基苄基氯化铵显示较高活性，其杀菌试验结果见表2-207。

表 2-207 十四烷基二甲基苄基氯化铵的杀菌试验效果

加药浓度/(mg/kg)	异养菌杀菌率/%	铁细菌杀菌率/%	硫酸盐还原菌杀菌率/%
5	98.5	95.5	99.9
10	99.9	99.0	99.9
20	99.99	99.6	99.9

制备 十四烷基二甲基苄基氯化铵由十四烷基二甲基叔胺与氯化苄反应制得。

应用 十四烷基二甲基苄基氯化铵可作杀藻剂、杀菌剂、木材防腐剂、杀虫剂、除臭剂以及消毒剂等，亦可作表面活性剂。适用于餐馆、酿酒工业，食品加工设备消毒以及用于工业循环冷却水处理的杀菌灭藻剂和油田回注水处理的杀菌剂。注意：本品与1227、1627、异噻唑啉酮等复配使用，可大大提高杀菌率。

十四烷基三丁基氯化鏻(TTPC)
(tributyltetradecylphosphonium chloride)

$C_{26}H_{56}ClP$, 435.2, 81741-28-8

其他名称 三正丁基十四烷基氯化膦、氯化三丁基十四烷基磷

商品名称 Bellacide 350

IUPAC 名 tributyl (tetradecyl) phosphanium chloride

EC 编码 [279-808-2]

理化性质 纯品为白色或浅黄色固体。熔点 45℃。溶解度：与水完全混溶。稳定性：在不同的酸碱性都可保持高活性成分，该剂在强光下不会分解，有非常高的稳定性。

商品一般为 50%的水剂，无色至淡黄色透明液体，轻微气味，沸点 100～101℃，pH 值 6～8，密度（20℃）0.95～1.00g/mL，黏度（20℃）55～65mm^2/s。

毒性 大鼠急性经口 LD_{50} 1002mg/kg。大鼠吸入 LC_{50}（4h）<0.9mg/L。家兔试验表明，其对皮肤和眼睛均有刺激性。十四烷基三丁基氯化鏻易生物降解。

抗菌防霉效果 长链烷烃和亲水基团的阳离子的综合作用使其结构具有良好的表面活化性能；活性原子 P 半径比较大，其极化作用更强，增加在细菌体内的吸附作用，更加有效杀灭微生物。在正常条件下，5×10^{-6}～10×10^{-6}的 TTPC 可以显示出对各种细菌、真菌和藻类的极好的杀虫作用，约 5×10^{-6}的产品可以有效控制微生物的生长。尤其对异养菌、铁细菌、硫酸盐还原菌等具有优异的杀菌性能，具体详见表 2-208。

表 2-208 TTPC 和 B-350 的杀菌效果对比（20μg/mL）

试验时间	药剂名称	异养菌/(个/mL)		铁细菌/(个/mL)		硫酸盐还原菌/(个/mL)	
		存活菌数	杀菌率/%	存活菌数	杀菌率/%	存活菌数	杀菌率/%
4h	对照	2.5×10^6		2.5×10^4		1.1×10^5	
	TTPC	1.4×10^6	44.0	1.5×10^1	99.94	7.5×10^0	99.99
	B-350	1.36×10^6	45.6	2.5×10^1	99.9	4.5×10^0	99.99

（来源：杀菌试验由东南大学水处理研究室负责测试；B-350 为英国 Giba-Geigy 公司产品；TTPC 和 B-350 的活性物含量均为 50%）

制备 由1-氯代十四烷和三丁基膦为原料制备而得。

应用 TTPC为季鏻盐杀菌剂，可广泛应用于工业循环冷却水系统、油田注水系统、造纸纸浆和其他工业用水中的微生物杀灭、抑制微生物繁殖和生物污垢处理；亦可用来杀灭海水软体动物。

实际应用参考：

① 在工业水处理中，TTPC对水中常见的危害菌的最低抑制浓度在1～7mg/L。当向水系统投加含量为51%的TTPC 30mg/L时，2h后管内壁藻类部分脱落，4天后塔内藻类和黏泥剥离干净。

② 毕相东等研究得知：TTPC对铜绿微囊藻（FACHB 469）生长及生理的影响。结果表明当TTPC浓度超过0.6mg/L时能有效地抑杀铜绿微囊藻，当TTPC浓度为0.8mg/L，藻细胞与药剂接触时间96h，相对抑制率达84.68%，同时铜绿微囊藻的可溶性蛋白质量分数、叶绿素a含量及总糖质量分数与对照组相比均显著下降（$p<0.05$）。根据以上实验结果推测TTPC杀藻机理可能是通过阻碍藻细胞生命活动所必需的蛋白合成，抑制叶绿素a的合成，导致藻细胞生命活动所需糖类等物质含量急剧降低，从而使藻细胞生命过程受到阻塞，最终破坏整个藻细胞。

2,4,6-三溴苯酚
(2,4,6-tribromophenol)

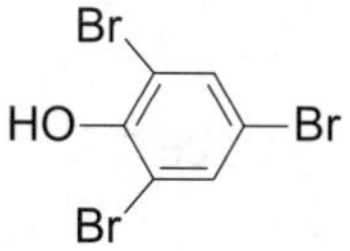

$C_6H_3Br_3O$, 330.8, 118-79-6

其他名称 对称三溴酚、TBP、三溴苯酚

商品名称 Bromkal Pur 3、Bromol、FR-613

化学名称 2,4,6-三溴苯酚

IUPAC名 2,4,6-tribromophenol

EC编码 [204-278-6]

理化性质 白色片状粉末，含有轻微酚类气味（理论含溴量72.6%）。沸点(760mmHg) 282～290℃（升华）。熔点92～96℃。蒸气压（25℃）4.2×10^{-2}Pa。密度（20℃）2.55g/cm^3。$\lg K_{ow}=4.13$。溶解度：水0.059g/L（25℃）；苯720g/L、庚烷80g/L（20℃）；溶于碱液和有机溶剂。稳定性：在空气中通过UV光直接光解，表明半衰期为4.6h（Velsicol Chemical Corp.，1978年）。$pK_a=5.97$（25℃）。

毒性 大鼠急性经皮$LD_{50}>2000$mg/kg（体重）。大鼠急性经口LD_{50} 1486mg/kg

(体重)。大鼠吸入 LC_{50} (4h) ＞50000mg/m^3。水生生物：水蚤 EC_{50} (静态，48h) 1310μg/L。鲤鱼 LC_{50} (96h) 1.1mg/L (来源：HSDB)。

抗菌防霉效果 三溴苯酚是苯酚的溴代产物，其对常见霉菌均有较好的抑制效果，对部分微生物最低抑制浓度见表 2-209。

表 2-209 三溴苯酚对一些微生物的最低抑制浓度 (MIC)

微生物	MIC/(mg/L)	微生物	MIC/(mg/L)
黑曲霉	25	球毛壳菌	50
青霉	50	黑根霉	250
绿色木霉	250		

制备 三溴苯酚由苯酚与溴水氧化而得。

应用 三溴苯酚作为防霉剂主要用于木材、草藤制品、手工艺品、涂料、纸张等行业，与三氯苯酚并用效果更佳；杀虫效果明显；亦可作阻燃剂。

4-叔辛基酚
(4-tertiary octylphenol)

$C_{14}H_{22}O$, 206.3, 140-66-9

其他名称 辛基酚

化学名称 4-(1,1,3,3-四甲基丁基)苯酚

IUPAC 名 4-(2,4,4-trimethylpentan-2-yl)phenol

EC 编码 [205-426-2]

理化性质 白色结晶物质，熔点 83℃。沸点 279℃。闪点 138℃。溶解度：不溶于水，易溶于乙醇、甲苯、丙酮等有机溶剂。

毒性 小鼠急性经口 LD_{50} 3210mg/kg。大鼠急性经口 LD_{50} 4600mg/kg (来源：Pubchem)。

抗菌防霉效果 抗菌活性明显优于苯酚。

制备 由叔丁醇和苯酚味原料合成而得。

应用 4-叔辛基酚可作蛋白质产品的防腐剂，如非食用明胶；亦是制造油溶性酚醛树脂、表面活性剂、黏合剂等的原料。

3,5,4′-三溴水杨酰苯胺 (3,5,4′-tribromosalicylanilide)

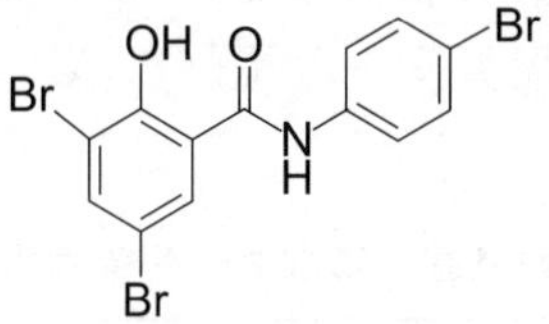

$C_{13}H_8NO_2Br_3$, 449.9, 87-10-5

其他名称 三溴沙仑、三溴水杨酰苯胺、3,5-二溴代水杨酰对溴苯胺

化学名称 3,5-二溴-*N*-(4-溴代苯基)-2-羟基苯甲酰胺

IUPAC 名 3,5-dibromo-*N*-(4-bromophenyl)-2-hydroxybenzamide

EC 编码 [201-723-6]

理化性质 无色至浅棕色针状结晶。熔点 227～228℃。$\lg K_{ow}=5.97$。溶解度：易溶于二甲基甲酰胺，溶于热丙酮，微溶于乙醇，不溶于水。

抗菌防霉效果 三溴水杨酰苯胺对常见微生物的有效剂量为 1500×10^{-6}～2000×10^{-6}。

制备 工业合成工艺路线有两条：一是以水杨酰苯胺为原料溴化而得；二是由3,5-二溴代水杨酸与对溴苯胺反应制得。

应用 三溴水杨酰苯胺适用于涂料、塑料、橡胶、纤维，对聚氯乙烯薄膜的防霉特别有效，也是肥皂和化妆品的杀菌剂。

实际应用参考：

用于制造消毒药皂（中性皂中含有本品 0.3%～0.5%），可用于防治皮肤病，作为医药消毒洗涤液。

1,2-双(溴乙酰氧基)乙烷(BBAE) [1,2-bis (bromoacetoxy) ethane]

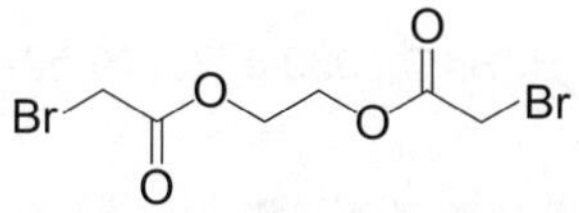

$C_6H_8Br_2O_4$, 303.9, 3785-34-0

其他名称 溴乙酸乙烯酯、二(溴乙酸)乙二醇酯

IUPAC 名 2-(2-bromoacetyl)oxyethyl 2-bromoacetate

EC 编码 ［223-250-4］

理化性质 纯品为微黄色透明液体，刺激性气味。沸点（18.5hPa）176.5～177.5℃。溶解性：微溶于水，易溶于醇、醚和苯。稳定性：水解。

毒性 狗静脉注射 LD_{50} 15mg/kg。小鼠腹腔注射 LD_{50} 39mg/kg（来源：Pubchem）。

抗菌防霉效果 1,2-双（溴乙酰氧基）乙烷（BBAE）对霉菌、酵母菌、细菌均有较好的抑杀效果。1,2-双（溴乙酰氧基）乙烷（BBAE）对一些微生物的最低抑制浓度见表 2-210。

表 2-210 1,2-双（溴乙酰氧基）乙烷对一些微生物的最低抑制浓度（MIC）

微生物	MIC/(mg / L)	微生物	MIC/(mg / L)
黑曲霉	10	巨大芽孢杆菌	40
黄曲霉	20	大肠杆菌	20
变色曲霉	40	金黄色葡萄球菌	20
球毛壳霉	5	枯草杆菌	30
蜡叶芽枝霉	20	荧光假单胞杆菌	30
宛氏拟青霉	30	啤酒酵母	500
链格孢霉	40		

制备 1,2-双（溴乙酰氧基）乙烷（BBAE）由乙二醇、溴乙酰溴等原料制备而得。

应用 1,2-双（溴乙酰氧基）乙烷（BBAE）属于溴系列化合物，是一种高效的杀菌防腐剂，广泛用于工业循环水、冷却水以及油田回注水的水处理，也可用于纸浆防腐等。

1,4-双(溴乙酮氧)-2-丁烯(BBAB)
[1,4-bis (bromoacetoxy)-2-butene]

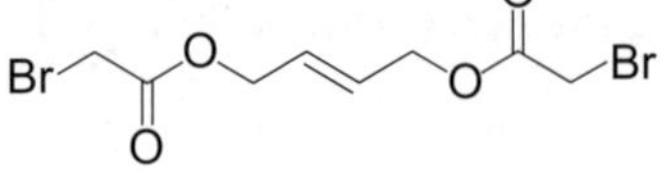

$C_8H_{10}Br_2O_4$, 330.0, 20679-58-7

其他名称 2-丁烯-1,4-二醇双(溴乙酸)酯

商品名称 BUSAN 1210

IUPAC 名 (*E*)-4-(2-bromoacetyl)oxybut-2-enyl2-bromoacetate

EC 编码 ［243-962-9］

理化性质 含量为95%以上，暗棕色油状液体，具有刺激性气味。沸点（6.7×10^{-4}kPa）135～136℃。凝固点<－20℃。溶解性：几乎不溶于水；溶于有机溶剂，如丙酮、甲苯、二氯甲烷。稳定性：水解敏感，尤其对pH>7的系统。半衰期：8.25d（pH 5），6.89h（pH 7），4.15min（pH 9）。

毒性 大鼠急性经口LD_{50} 191mg/kg。小鼠急性经口LD_{50} 125mg/kg。大鼠急性经皮LD_{50} 983mg/kg。斑马鱼LC_{50}（48h）0.32mg/L。水蚤EC_{50}（24h）0.024mg/L。

抗菌防霉效果 BBAB属有机溴杀菌剂，具有广泛的抑菌效果，尤其对抑制黏性细菌有特效。BBAB对一些微生物的最低抑制浓度见表2-211，不同浓度BBAB溶液对工业循环冷却水的抑菌实验结果如表2-212所示。

表2-211 1,4-双（溴乙酮氧）-2-丁烯对一些微生物的最低抑制浓度（MIC）

微生物	MIC/(mg/L)	微生物	MIC/(mg/L)
黑曲霉	40	巨大芽孢杆菌	100
黄曲霉	40	大肠杆菌	50
变色曲霉	50	金黄色葡萄球菌	10
球毛壳霉	50	枯草杆菌	10
蜡叶芽枝霉	50	荧光假单胞杆菌	50
宛氏拟青霉	80	啤酒酵母	500
链格孢霉	50	酒精酵母	500

表2-212 不同浓度BBAB溶液对工业循环冷却水的抑菌实验结果

编号	BBAB浓度/(mg/L)	菌落数/(个/mL)				
		1h	6h	12h	24h	48h
1#	0	59000	59000	59000	60000	62000
2#	10	830	218	118	63	405
3#	20	330	201	98	52	301
4#	50	3	0	0	0	158
5#	100	0	0	0	1	1

（来源：黄捷，等．化学与生物工程．2015，32（11）．

由表2-212可知，BBAB溶液在低浓度下就具有较高的抑菌能力，浓度为10mg/L，1h后抑菌率就可达98%以上。

制备 由溴乙酸在氯化镁、二甲苯的存在下，滴加2-丁烯-1,4-二醇制备而成。

应用 1,4-双(溴乙酮氧)-2-丁烯（BBAB）属于溴系列化合物，是一种高效的防腐剂，广泛用于工业循环水、工业冷却水、油田回注水的水处理剂以及造纸行业水处理杀菌剂等。

三氧化二砷
(arsenic trioxide)

As_2O_3, 197.8, 1327-53-3

其他名称 砒霜、亚砷酸、白砒、氧化砷

IUPAC 名 dioxodiarsanium olate

EC 编码 [215-481-4]

理化性质 纯品为白色粉末或结晶，有三种晶型：单斜晶体相对密度 4.15，193℃升华；立方晶体相对密度 3.865；无定形体相对密度 3.738，熔点 312.3℃。溶解度：微溶于水而生成亚砷酸。其无定形体溶于碱类，但不溶于乙醇。

毒性 砷化物是一类毒化合物，可产生有毒气体如砷化氢，对人畜有剧毒，特别是亚砷化物是致癌物质。单体砷对生物是无毒害的，但水溶性三价砷和五价砷对生物有剧毒，有人证明在生物体内五价砷能还原成三价砷，然后使生物中毒。大鼠急性经口 LD_{50} 14.6mg/kg。

抗菌防霉效果 一般来讲砷化物对多数木材腐败菌有较好的抑杀能力，但部分木腐菌的耐药性会相差 20～30 倍。几种砷化物对不同木腐菌的抑杀性能见表 2-213。

表 2-213 几种砷化物对不同木腐菌的抑杀性能

砷化物	使用剂量/(kg/m³)			
	地窖粉孢革菌	棉腐卧孔菌	冷杉多孔菌	洁丽香菇
三氧化二砷	0.08～0.10	1.13～1.53	0.04～0.07	0.07～0.18
砷酸	0.15～0.30	—	—	—
砷酸钠	0.015～0.024	0.81～1.02	0.15～0.20	0.16～0.23
砷酸二氢钠	1.05	—	—	—
砷酸氢二钠	0.6～0.98	1.75～2.52	0.13～0.29	0.63～1.12

制备 直接法（氧化焙烧法）：将雄黄矿石经破碎至粒径小于 3mm 后，送入焙烧炉中，通入空气于 550℃左右进行氧化焙烧，生成的含砒尘的炉气经除尘、冷凝、重力沉降，在 220～250℃下冷却结晶，再经电除尘，所得固体三氧化二砷经分级、风选，即得三氧化二砷成品。

应用 三氧化二砷作为药物使用历史悠久，但因其毒性较大而使用较少。砷化物是农药中常用的杀虫剂，同时也是杀菌剂。

目前常用的含砷防腐剂是铜铬砷（CCA），主要用于木材防腐，用于玻璃、搪瓷、颜料工业和杀虫剂、皮革保存剂等，但在很多国家已禁止或限制使用。

法规 联合国环境规划署出版的《砷的环境卫生标准》的砷安全评价报告指出，长期接触含砷化合物对许多器官系统都有不良反应，无机砷表现为周围神经系统障碍、造血机能受阻、肝脏肿大和色素过度沉积，有机砷表现为中枢神经系统失调、脑病和视神经萎缩的发病率升高。由于胎盘对砷化物无阻碍作用，故母体砷会给胎儿带来直接影响，甚至引起流产和死胎。此外体内长期蓄积的砷还会增加肺癌、皮肤癌等的发病率。国际癌症研究机构1980年公布砷为致癌因子。

水杨菌胺
(trichlamide)

$C_{13}H_{16}Cl_3NO_3$, 340.6, 70193-21-4

其他名称 杨菌胺、真菌灵

化学名称 (*R*,*S*)-*N*-(1-正丁氧基-2,2,2-三氯乙基)水杨酰胺

IUPAC名 *N*-(1-butoxy-2,2,2-trichloroethyl)-2-hydroxybenzamide

理化性质 纯品为白色结晶。熔点73～74℃。相对密度1.43。溶解度（25℃）：水6.5mg/L，丙酮、甲醇、氯仿2000g/L以上，己烷55g/L，苯803g/L。稳定性：对酸、碱、光稳定。

毒性 小鼠急性经口 LD_{50} ＞5000mg/kg。小鼠急性经皮 LD_{50} ＞5000mg/kg。大鼠急性经口 LD_{50} 7590mg/kg。大鼠急性经皮 LD_{50} ＞5000mg/kg（来源：Pubchem）。

抗菌防霉效果 水杨菌胺对曲霉属和青霉属真菌以及毛壳霉、黑根霉、镰刀霉等有较强的抑制效果，对大肠杆菌、金黄色葡萄球菌、枯草杆菌等各种微生物也有一定的杀灭作用。对常见工业污染菌的最低抑制浓度（MIC）一般为 50×10^{-6}～500×10^{-6}。

应用 水杨菌胺是一种优良的高效低毒防霉剂，广泛应用于皮革、涂料、布塑胶、纺织浆料等防霉杀菌。在农业方面可防治瓜类、豆类及蔬菜等的枯萎病、立枯病、炭疽病、疫病及根腐病，还可用作土壤消毒剂。

双乙酸钠
(sodium diacetate)

$H_3C-C(=O)-O^-$　Na^+　$H_3C-C(=O)-OH$

$C_4H_7NaO_4$, 142.1, 126-96-5(无水)

其他名称 SDA、二醋酸一钠、双醋酸钠

化学名称 双乙酸氢钠

EC 编码 [204-814-9]

理化性质 双乙酸钠是乙酸和乙酸钠的分子复合物。外观为白色结晶状粉末，易溶于水和乙醇。熔点 96℃，略带乙酸气味。常温可保持一年，150℃以上完全分解。10%的溶液 pH 值为 4.5～5.5，含有 40%的游离乙酸。

毒性 双乙酸钠的小白鼠急性经口 LD_{50} 3310mg/kg，大白鼠急性经口 LD_{50} 4960mg/kg。其致畸、致癌及致突变试验均为阴性，蓄积毒性试验亦表明其无明显临床中毒症状，病理组织学检查未发现有意义的病理形态学改变，因此，双乙酸钠用于食品保鲜是安全的。

抗菌防霉效果 双乙酸钠主要通过单分子乙酸降低产品的 pH 值起作用，乙酸分子与类脂化合物的相容性较好，当乙酸透过细胞壁，不离解的乙酸（双乙酸钠中游离乙酸）比离子化的乙酸能更有效地渗透霉菌（酵母菌）组织的细胞壁，以干扰细胞间酶的相互作用，可使细胞内蛋白质变性，从而起到抗菌作用。当既要求保持乙酸的杀菌性能，又要求因它的加入而不至于产生酸性增强太多时，则不直接用乙酸而使用双乙酸钠。

国内外大量实验证明，双乙酸钠对黄曲霉菌、黑曲霉菌、灰绿曲霉菌、白曲霉菌、绳状青霉菌、微小根毛霉菌、假丝酵母、伞枝犁头霉菌等 10 多种霉菌具有较强的抑制效果，其效果优于常用防腐剂苯甲酸钠、山梨酸钾。它还对大肠杆菌、金黄色葡萄球菌等细菌有一定的抑制作用。

试验得知：双乙酸钠对黑曲霉抑制效果明显优于山梨酸，前者的最低抑制浓度为 5200mg/L，而后者在 9100mg/L 以上。双乙酸钠对黑根霉的抑制效果优于山梨酸，前者的最低抑制浓度为 2500mg/L，后者为 3700mg/L；双乙酸钠对黄曲霉的抑制效果明显优于山梨酸，前者的最低抑制浓度为 5200mg/L，后者为 7900mg/L；双乙酸钠对扩展青霉的抑制效果明显优于山梨酸，前者的最低抑制浓度为 4500mg/L，后者为 9100mg/L；双乙酸钠对绿色木霉的抑制效果优于山梨酸，前者的最低抑制浓度为 3000mg/L，后者为 4000mg/L。

制备 双乙酸钠的合成方法主要有乙酸与乙酸钠反应法、乙酸与三水乙酸钠反应

法、乙酸与碳酸钠反应法、乙酸与氢氧化钠反应法、乙酸-乙酐与碳酸钠反应法和乙酐与氢氧化钠反应法。

应用　双乙酸钠（SDA）在日本被称为固体乙酸，是乙酸和乙酸钠的分子复合化合物，由短氢键相螯合。双乙酸钠（SDA）被联合国卫生组织公认为“0”毒性物质，是目前替代山梨酸钾、苯甲酸钠、丙酸钙等防霉剂的理想产品。主要用作饲料防霉剂、粮食防霉剂、食品保鲜防腐剂、酸味剂、缓冲剂、有机合成中间体、电镀添加剂、媒染剂等。

实际应用参考：

① 用作饲料的防霉剂：双乙酸钠（SDA）适用于所有植物混配饲料、青储饲料及其原料的防霉保鲜。双乙酸钠能抑制饲料中霉菌孢子的生长，能有效地防止饲料的霉变，一般饲料中加入0.1%～0.5%的双乙酸钠即可有效地防止霉变，使青储饲料在pH值为4时储存期延长3周以上。

② 用作粮食防霉剂：双乙酸钠（SDA）适用于所有粮食的防腐防霉，其突出的优点是对含水量20%以上的新收割粮食有显著防霉效果。使用双乙酸钠（SDA）作为粮食防霉，无须晒干或烘干粮仓，节省大量人力、物力及场地，操作成本极低，在我国这样的产粮大国推广使用双乙酸钠，具有巨大的经济和社会效益。

③ 用作食品防腐剂：由于双乙酸钠（SDA）对人畜无毒害、不致癌，具有极好的防腐抗菌作用，其广泛应用于面点、水果、肉类、禽、鱼类等食品的保鲜，罐头产品和腌制菜类的防霉均可采用双乙酸钠（SDA）。目前欧美各国已越来越趋向于使用双乙酸钠取代丙酸盐作为食品防腐剂。

水杨酸
(salicylic acid)

$C_7H_6O_3$, 138.1, 69-72-7

其他名称　柳酸、邻羟基苯甲酸

化学名称　2-羟基苯甲酸

IUPAC 名　2-hydroxybenzoic acid

EC 编码　[200-712-3]

理化性质　纯品为白色结晶或结晶粉末。沸点211℃。熔点158～161℃。密度(20℃) 1.44g/mL。蒸气压（25℃）8.2×10^{-5}mmHg。闪点157℃（闭杯）。pH值为（水中的饱和溶液）2.4。$\lg K_{ow}=2.26$。溶解度（20℃）：水2.2g/L，乙醇370g/L，甘

油17g/L。稳定性：在76℃时升华，210℃开始分解。其水溶液呈酸性，遇碳酸铁呈紫色。pK_a=2.97（来源：HSDB）。

毒性　小鼠急性经口LD_{50} 480mg/kg。大鼠急性经口LD_{50} 891mg/kg。小鼠皮下注射LD_{50} 520mg/kg。大鼠急性经皮LD_{50}>2000mg/kg。大鼠吸入LC_{50}（1h）>900mg/m^3。兔皮肤刺激性轻度。水蚤EC_{50}（48h）870mg/L（来源：HSDB）。

抗菌防霉效果　水杨酸对各种革兰氏阳性菌、革兰氏阴性菌、霉菌和酵母菌均有较强的抑杀效果。在真菌中水杨酸对白色假丝酵母抑制作用较强，而对黑曲霉抑制作用较弱，其抑制作用见表2-214和表2-215。

表2-214　水杨酸对三种细菌的抑制率　单位：%

浓度/(mg/kg)	供试菌种		
	大肠杆菌	枯草芽孢杆菌	金黄色葡萄球菌
50	70.2	76.9	87.2
25	44.7	46.2	51.7
12	30.0	30.8	33.3
6	17.2	17.7	20.6

表2-215　水杨酸的最低抑制浓度（MIC）

供试菌种	浓度/(mg/L)							
	6.00	3.00	1.50	0.75	0.38	0.19	0.09	0.05
金黄色葡萄球菌	−	−	−	−	−	−	+	+
枯草芽孢杆菌	−	−	−	−	−	+	+	+
大肠杆菌	−	−	−	−	+	+	+	+

注："−"表示无菌落生长，"+"表示有菌落生长。

从表2-214中可以看出，水杨酸对三种细菌的抑制率随浓度的增大而增大，且对金黄色葡萄球菌的抑制作用最强，其次是枯草芽孢杆菌，再次是大肠杆菌。

从表2-215中亦可看出，水杨酸对金黄色葡萄球菌的抑制作用最强，其最低抑菌浓度为0.19mg/L；对枯草芽孢杆菌的抑制作用次之，其最低抑菌浓度为0.38mg/L；对大肠杆菌的抑制作用相对较小，其最低抑菌浓度为0.75mg/L。

综上所述，水杨酸对大肠杆菌、枯草芽孢杆菌、金黄色葡萄球菌这三种常见细菌具有良好的抑菌作用。

制备　苯酚与氢氧化钠反应生成苯酚钠，蒸馏脱水后，通二氧化碳进行羧基化反应，制得水杨酸钠盐，再用硫酸酸化，而得粗品，粗品经升华精制得成品。

应用　水杨酸是一种使用较早的防腐防霉剂，可在化妆品、黏合剂、胶水、粉状物和纸张等领域防腐防霉；水杨酸亦可作消毒防腐剂，用于局部角质增生及皮肤霉菌感染的治疗。在农业方面，可为保鲜剂。水杨酸具有与阿司匹林（乙酰水杨酸）相近的结构与药效，也可用于治疗痤疮。

实际应用参考：

① 果蔬保鲜剂：据报道水杨酸对于芒果、番茄、苹果、梨、桃等果蔬都有较好的保鲜效果。水杨酸可明显降低果蔬在储藏期间的呼吸速率，对采后果蔬的成熟有调节作用，能抑制果蔬成熟中乙烯的产生，降低细胞膜通透性和过氧化物酶活性，而且能诱导采后果蔬对病毒、真菌及细菌的抗病性。

同时水杨酸处理延缓切花菊衰老的效果较好，对保持切花菊的花色、花梗的支撑力及抑制花瓣脱落均具有较好的作用，较对照组延长切花寿命 12d。

② 宋杰等报道水杨酸及焦油类并非为抗真菌而设计，因此不具有明显的抗真菌功效。通过使用水杨酸制剂等去角质成分对已经形成的头屑进行处理，或利用焦油类抑制角质细胞的过度增生则可谓是治标不治本之策。另外，焦油及硫黄因为具有很强的颜色或气味，不适宜在日常的洗发产品中使用，尤其是长期使用含水杨酸的洗发剂后可能会出现耳鸣、晕眩、恶心或电解质失调等中毒症状。

法规

① 欧盟化学品管理局（ECHA）：根据指令 98/8/EC（BPD）或规则（EU）No. 528/2012（BPR）提交了批准申请的所有活性物质/产品类型组合为 PT-2（不直接用于人体或动物的消毒剂和杀藻剂）、PT-3（兽医卫生消毒剂）、PT-4（食品和饲料领域消毒剂）。生物杀灭剂水杨酸（salicylic acid）申请目前处于审核进行之中。

② 我国 2015 年版《化妆品安全技术规范》规定：水杨酸适用于驻留类产品和淋洗类肤用产品（化妆品使用时最大添加量 2.0%）和淋洗类发用产品（化妆品使用时最大添加量 3.0%），且明确表明不得用于三岁以下儿童使用的产品中。

水杨酰苯胺
(salicylanilide)

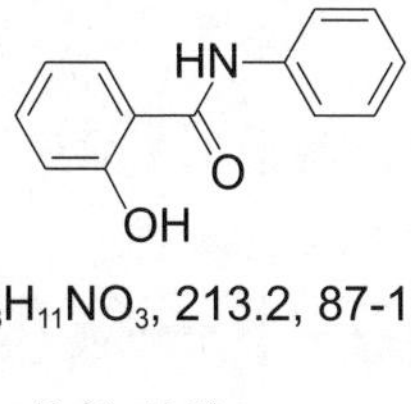

$C_{13}H_{11}NO_3$, 213.2, 87-17-2

其他名称　*N*-水杨酰苯胺、*N*-苯柳酰胺

化学名称　2-羟基-*N*-苯基苯酰胺

IUPAC 名　2-hydroxy-*N*-phenylbenzamide

EC 登录号　[201-727-8]

理化性质　纯品白色叶片状结晶。熔点 135.8～136.2℃。沸点 294.3℃。蒸气压 2.45×10^{-8}mmHg。溶解度：易溶于醇、醚、苯和氯仿，微溶于水，其钠盐能溶于水。

稳定性：相对耐热，不挥发。

毒性 小鼠急性经口 LD_{50} 2400mg/kg。小鼠腹腔注射 LD_{50} >500mg/kg（来源：Farmaco，1989 年）。

抗菌防霉效果 水杨酰苯胺抗真菌作用较强，对小孢子菌和某些毛癣菌有特效，且能杀死在相对湿度大的情况下生长的毛霉、交链孢霉、根霉等。水杨酰苯胺对一些微生物的最低抑制浓度见表 2-216。

表 2-216 水杨酰苯胺对一些微生物的最低抑制浓度（MIC）

微生物	MIC/(mg/L)	微生物	MIC/(mg/L)
黑曲霉	60	绿色木霉	50
黄曲霉	70	枯草杆菌	120
变色曲霉	80	大肠杆菌	80
橘青霉	60	金黄色葡萄球菌	90
宛氏拟青霉	60		

制备 水杨酰苯胺由乙酰水杨酸（或水杨酸）和苯胺为原料制备而成。

应用 早在 1930 年就已发现水杨酰苯胺有防止纺织品发霉的作用，国内主要用于电器设备、包装材料、布胶鞋、皮革等方面的防霉，也可用于聚氯乙烯等塑料、橡胶、涂料、黏合剂等材料的防霉。亦可用于治疗皮肤癣病和化学中间体。

实际应用参考：

① 常与其他防霉剂（例如：多菌灵、硼砂等）复合使用，其浓度一般为 0.1%～0.5%。在布胶鞋黏合剂中的配方是水杨酰苯胺 0.05%与多菌灵 0.05%的混合液。在武器包装材料中的配方是水杨酰苯胺 0.3%与多菌灵 0.1%的混合液。

② 水杨酰苯胺加入 50%的乙酸中，于 55℃滴加溴素反应 1h，可得到 3,4′,5-三溴水杨酰苯胺。这是一种用于肥皂和化妆品的杀菌剂。

③ 专利 CN 106577655A：本发明公开了一种鞋子防霉剂，由以下质量份配方成分组成：水杨酰苯胺 6～8 份、酸性的硅藻土 10～20 份、新洁尔灭 2～4 份、冰醋酸 4～6 份、硬脂酸钠 3～5 份、煅烧高岭土 12～14 份、抗菌剂 1～2 份、氢氧化铝 6～8 份、吸附剂 1～3 份。本发明防霉效果明显，制备工艺简单，原料易得，使用方便。

10-十一烯酸
(undecylenic acid)

O
OH

$C_{11}H_{20}O_2$, 184.3, 112-38-9

其他名称　十一烯酸

化学名称　10-十一碳烯酸

IUPAC 名　undec-10-enoic acid

EC 编码　[203-965-8]

十一烯酸锌（zinc undecylenate）

化学名称　十一烯酸锌

CAS 登录号　[557-08-4]

EC 编码　[209-155-0]

理化性质

十一烯酸　无色液体，具有独特的气味。沸点（101kPa）275℃（分解）。熔点 24.5℃。密度（25℃）0.912g/mL。折射率（n_D，25℃）1.4478。闪点 149℃。溶解度：水 73.7g/L（30℃）；溶于大多数有机物溶剂。稳定性：正常条件下稳定。

十一烯酸锌　分子式 $C_{22}H_{38}O_4Zn$，分子量 431.9。白色蓬松状细粉，具有特殊气味，易燃，熔点 115～116℃。溶解度：几乎不溶于水、乙醇。稳定性：遇强酸分解为十一烯酸和相应的锌盐。

毒性　大鼠急性经口 LD_{50} 2500mg/kg。小鼠急性经口 LD_{50} 8150mg/kg。浓度＞1%时对黏膜有刺激性。

抗菌防霉效果　十一烯酸通过酸来抑制菌的生长，对真菌如曲霉、青霉等具有较好的抑制效果。特别对常见霉菌和皮肤癣菌有良好的抑制效果，具有优良的去头屑功能。

制备　十一烯酸由蓖麻油直接裂解或酯化裂解制得。

应用　十一烯酸及其盐类锌主要用作膏霜类化妆品的助乳化剂，具有良好的乳化和杀菌作用；还可作抗霉药剂，制成脚气灵软膏，用于治疗皮肤霉菌病；另外也可用于美术颜料、纸张、帆布、漆纸等行业抗菌防霉。本身亦是合成香料的重要原料。注意：最适 pH 值在酸性范围（4.5～6）。

法规　我国 2015 年版《化妆品安全技术规范》规定：十一烯酸及其盐类在化妆品中使用时的最大允许浓度总量为 0.2%（以酸计）。

三唑醇
(triadimenol)

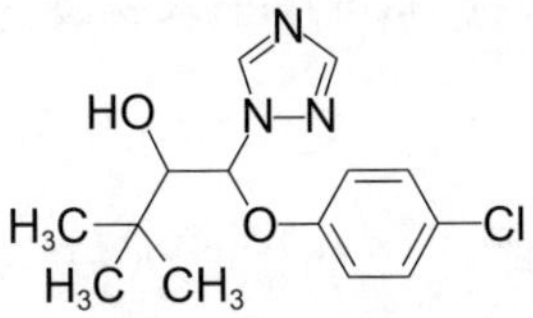

$C_{14}H_{18}ClN_3O_2$, 295.8, 55219-65-3

化学名称 1-(4-氯苯氧基)-1(1*H*-1,2,4-三唑)-3-二甲基-2-丁醇

IUPAC 名 1-(4-chlorophenoxy)-3,3-dimethyl-1-(1,2,4-triazol-1-yl)-2-butanol

EC 编码 [259-537-6]

理化性质 三唑醇是非对映异构体A、B的混合物，A代表对映异构体（1*R*，2*S*）体和（1*S*，2*R*）体的混合物；B代表对映异构体（1*R*，2*R*）体和（1*S*，2*S*）体的混合物；A∶B＝7∶3。纯品为无色结晶状固体且带有轻微特殊气味，熔点：A为138.2℃，B为133.5℃，A＋B共晶为110℃（原药103～120℃）。相对密度：A为1.237，B为1.299。溶解度（20℃）：水A 62mg/L；B 33mg/L；二氯甲烷200～500g/L、异丙基乙醇50～10g/L、正己烷0.1～1.0g/L、甲苯20～50g/L（20℃）。两个非对映异构体对水解稳定，它的半衰期DT_{50}（20℃）＞1年（pH 4、pH 7或pH 9）。

毒性 大鼠急性经口LD_{50} 700mg/kg，小鼠急性经口LD_{50} 1300mg/kg；大鼠急性经皮LD_{50}＞5000mg/kg。对兔皮肤和眼睛无刺激作用。大鼠急性吸入LC_{50}（4h）＞0.9mg/L空气。2年喂养无作用剂量：大鼠和小鼠125mg/kg，狗600mg/kg。水生生物：虹鳟鱼LC_{50}（96h）14～23.5mg/L、蓝鳃翻车鱼LC_{50}（96h）15mg/L；水蚤LC_{50}（48h）51mg/L。

抗菌防霉效果 主要抑制赤霉素和麦角固醇的生物合成，进而影响细胞分裂速率。对球毛壳霉、链格孢霉等真菌有较好的抑制效果。三唑醇对一些微生物的最低抑制浓度见表2-217。

表2-217 三唑醇对一些微生物的最低抑制浓度（MIC）

微生物	MIC/(mg/L)	微生物	MIC/(mg/L)
黑曲霉	500～1000	宛氏拟青霉	500～1000
黄曲霉	500～1000	链格孢霉	200
变色曲霉	500～1000	绿色木霉	500～1000
球毛壳霉	50	大肠杆菌	300
蜡叶芽枝霉	500～1000	金黄色葡萄球菌	400

制备 三唑醇是以甲酸/甲酸钠的加成物为还原剂，在催化剂氯化亚铜催化下，还原1-(1,2,4-三唑-1-基)-3,3-二甲基-1-(4-氯苯氧基)-2-丁酮而制备的。其收率93%～94%，产品纯度达87%以上。依据本发明所提供的方法制备三唑醇，可降低产品成本，而且在光学异构体混合物的产品中增加了A体的含量（南开大学，CN 85102944A）。

应用 三唑醇可作农业杀菌剂；亦可用于木材及其制品、草藤制品、皮革、帆布、塑料等领域抗菌防霉。

实际应用参考：

含有三唑环的纺织品抗菌整理剂（CN 103290679A）：本发明针对三唑类杀菌剂在棉织物上应用的易洗性和缺乏亲和力的缺点，提供一种含有反应性基团的三唑类的制备与应用方法，通过化学反应将三唑类键合到棉织物上，提高抗菌整理的耐洗性和耐

久性。

在装有电动搅拌器和温度计的500mL的四口烧瓶中，加入14.5g三唑醇、少量催化剂和150mL氯仿，搅拌溶解，降温至0～5℃，滴加100mL三聚氯氰的氯仿溶液(其中含有三聚氯氰11.5g)，滴加结束后，再于0～5℃下反应12h，室温下过滤，去除催化剂，将反应液减压蒸馏，得到黏稠液体，蒸馏水重结晶，得白色固体，即为反应型三唑杀菌剂。产品收率62.3%。将第一步中所得抗菌剂适量、壬基酚聚氧乙烯醚5g、聚氧乙烯醚失水山梨醇酯4.6g加入到100g去离子水中，配置乳化工作液。按照浴比为1∶15对纯棉白色针织织物进行浸渍处理。将织物在常温下进入工作液中，浸泡5min，升温至40℃，加入20g/L的氯化钠，保温反应40min，加入15g/L的碳酸钠，继续反应40min，取出织物，水洗2次，在空气中自然晾干即可。

三正丁基苯甲酸锡(TBTB)
(tributyltin benzoate)

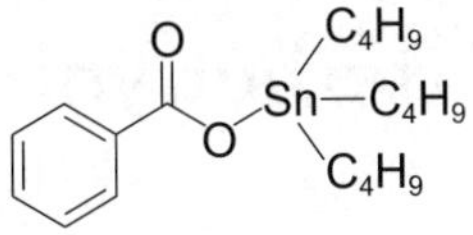

O=C(c1ccccc1)O–Sn(C_4H_9)$_3$

$C_{19}H_{32}O_2Sn$, 411.2, 4342-36-3

其他名称　(苯甲酰氧基) 三丁基锡

商品名称　Fungitrol® 334

IUPAC名　tributylstannyl benzoate

EC编码　[224-399-8]

理化性质　纯品含量97% (Sn含量28%)，一般呈无色液体。沸点 (1.3kPa) 约135℃。密度 (20℃) 1.17～1.20g/L。黏度 (25℃) 约20mPa·s。溶解度：微溶于水，溶于有机溶剂。商品含量45.6%，外观呈无色液体。密度 (20℃) 1.080～1.120g/mL。黏度 (25℃) ≤50mPa·s。闪点170℃。溶解度：不溶于水，溶于有机溶剂。

毒性　纯品大鼠急性经口 LD_{50} 100～200mg/kg。小鼠急性经口 LD_{50} 108mg/kg。大鼠急性经皮 LD_{50} 508mg/kg。刺激皮肤、黏膜和眼睛。制剂急性经口 LD_{50} 174mg/kg。兔急性经皮 LD_{50} >2000mg/kg。皮肤接触可能致敏。对鱼、鸟类和其他野生动物有毒。

抗菌防霉效果　有机锡化合物对细菌、霉菌和酵母菌均有良好的抑杀效果，具体数据详见表2-218。

表 2-218 45.6%TBTB 制剂对常见微生物的最低抑制浓度（MIC）

微生物	MIC/(mg/L)	微生物	MIC/(mg/L)
枯草芽孢杆菌 ATCC 27328	2.5	地衣芽孢杆菌 ATCC 27326	5.0
巨大芽孢杆菌 ATCC 27327	10	金黄色葡萄球菌 ATCC 6588	2.5
绿脓假单胞杆菌 ATCC 10145	100	恶臭假单胞杆菌 ATCC 21399	100
大肠杆菌 ATCC 8739	>4000	白色念珠菌 ATCC 2091	5
黑曲霉 ATCC 6275	5	米曲霉 ATCC 10191	5
出芽短梗霉 ATCC 9348	5	青霉菌 ATCC 11797	10

（来源：ISP）

制备 三正丁基苯甲酸锡由三丁基氧化锡和苯甲醛为原料制备而得。

应用 三正丁基苯甲酸锡具有优异的抗菌活性，尤其针对各种工业材料领域真菌的繁殖和生长。注意：紫外线对其影响的敏感性。

特丁净
(terbutryn)

$C_{10}H_{19}N_5S$, 241.4, 886-50-0

其他名称 去草净

化学名称 2-甲硫基-4-乙氨基-6-叔丁氨基-1,3,5-三嗪

IUPAC 名 2-*N*-(*tert*-butyl)-4-*N*-ethyl-6-methylsulfanyl-1,3,5-triazine-2,4-diamine

EC 编码 [212-950-5]

理化性质 纯品为白色粉末。熔点 104～105℃。沸点（101kPa）274℃。蒸气压（25℃）0.225mPa（OECD）。相对密度（20℃）1.12。溶解度：水 22mg/L（pH 6.8，22℃）；丙酮 220g/L、正己烷 9g/L、正辛醇 130g/L、甲醇 220g/L、甲苯 45g/L（20℃）；易溶于二噁烷、二乙醚、二甲苯、三氯甲烷、四氯化碳和二甲基酰胺；微溶于石油醚。稳定性：常规条件下稳定，强酸强碱条件下容易水解。25℃，pH 5、pH 7 或 pH 9 时没有显著水解现象。pK_a=4.3，弱碱。

毒性 急性经口 LD_{50}：大鼠 2045mg/kg，小鼠 3884mg/kg。急性经皮 LD_{50}：大鼠 >2000mg/kg，兔>20000mg/kg，对皮肤无刺激性（兔），对皮肤无敏感性（豚鼠）。空气吸入毒性：大鼠 LC_{50}（4h）>2200mg/m^3。NOEL 大鼠（2 年）100mg/kg（饲料）

[雄大鼠 4.03mg/(kg·d)，雌大鼠 4.69mg/(kg·d)]；狗（1年）100mg/kg（饲料）[雄狗 2.73mg/(kg·d)，雌狗 2.67 mg/(kg·d)]。动物：经口给药进入哺乳动物体内后，24h内，73%～85%以脱烷基化的羟基代谢物形式通过粪便排出体外。水生生物：虹鳟鱼 LC_{50}（96h）1.1mg/L。蓝腮翻车鱼 LC_{50}（96h）1.3mg/L。鲤鱼 LC_{50}（96h）1.4mg/L。红鲈鱼 LC_{50}（96h）1.5mg/L。水蚤 LC_{50}（48h）2.66mg/L。羊角月牙藻 EbC_{50}（72h）0.00176mg/L。

抗菌防霉效果　特丁净属于光系统Ⅱ受体部位的光合电子传递抑制剂。通过根部和叶片吸收后，通过木质部向顶传导，并富集在顶端分生组织。

制备　三聚氯氰与特丁胺作用生成 2,4-二氯-6-叔丁氨基-1,3,5-三嗪；然后与乙胺作用生成 2-氯-4-乙氨基-6-叔丁氨基-1,3,5-三嗪，最后与甲硫醇反应生成特丁净。

应用　均三氮苯类除草剂，具有内吸性传导作用。属选择性芽前和芽后除草剂。芽前处理，用量 1～2kg/hm^2。制剂 Clarosan 用于防治藻类和浸没在水道、水库和鱼塘中的管束植物。

法规　欧盟化学品管理局（ECHA）：根据指令 98/8/EC（BPD）或规则（EU）No.528/2012（BPR）提交了批准申请的所有活性物质/产品类型组合为 PT-7（干膜防霉剂）、PT-9（纤维、皮革、橡胶和聚合材料防腐剂）。PT-10（建筑材料防腐剂）。生物杀灭剂特丁净（terbutryn）申请目前处于审核进行之中。

酮康唑
(ketoconazole)

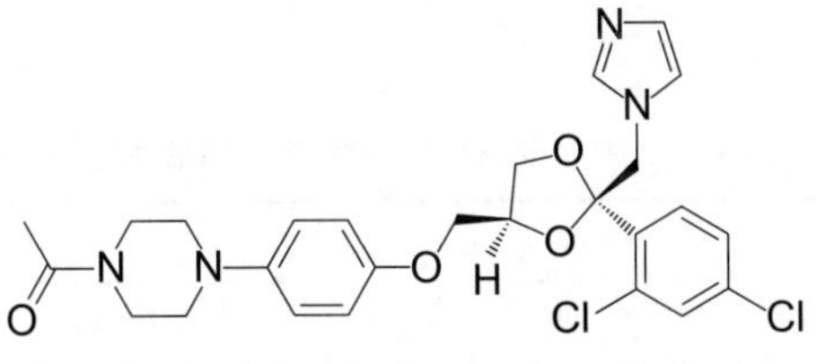

$C_{26}H_{28}Cl_2N_4O_4$, 531.4, 65277-42-1

化学名称　1-乙酰基-4-(4-(2-(2,4-二氯苯基)-2-(1*H*-咪唑-1-基甲基)-1,3二氧戊环-4-甲氧基)苯基)哌嗪

EC 编码　[265-667-4]

理化性质　纯品为白色或类白色结晶性粉末。无臭无味。熔点 147～151℃。蒸气压（25℃）6.41×10^{-14} mmHg。lgK_{ow}=4.34。溶解度：氯仿中易溶，乙醇中微溶，水中几乎不溶。pK_a=3.96（胺）。

毒性　小鼠腹腔注射 LD_{50} 2937mg/kg。小鼠皮下注射 LD_{50}>4000mg/kg。大鼠腹腔注射 LD_{50} 1474mg/kg。大鼠皮下注射 LD_{50}>2400mg/kg（来源：Pubchem）。

抗菌防霉效果 作用机制为抑制真菌细胞膜麦角甾醇的生物合成，影响细胞膜的通透性，从而抑制其生长。其对真菌、酵母菌（念珠菌属、糠秕孢子菌属、球拟酵母菌属、隐球菌属）有抑菌和杀菌作用，该化合物对曲霉菌、某些暗色孢科、毛霉菌属的作用较弱。

制备 由 1-乙酰基-4-(4-羟基苯）哌嗪、氰化钠、硫酸二甲酯、2-(2,4-二氯苯基)-2-(1*H*-咪唑-1-基甲基)-1,3-二氧戊环-4-基甲基甲磺酸酯等原料反应而得。

应用 咪唑类抗真菌药。可用于治疗浅表和深部真菌病，如皮肤和指甲癣、阴道白色念珠菌病、胃肠真菌感染等以及由白色念珠菌、类球孢子菌、组织胞浆菌等引起的全身感染；1992 年美国 FDA 批准可用于香波中的去屑止痒剂，具有很好的去屑效果，但止痒效果一般，产品易发红。

法规 食品药品监管总局关于停止生产销售使用酮康唑口服制剂的通知，食药监药化监（2015）75 号。

铜铬砷(CCA) (chromated copper arsenate)

理化性质 美国木材防腐者协会规定铜铬砷（CCA）有三种类型，它们的组成成分、特性和主要用途见表 2-219。CCA-C 型兼有 A 型和 B 型的优点，所以配比比较恰当，目前世界上用得比较多的是 CCA-C 型。制备固体、膏状、浓缩液或处理液的原料化合物如下：六价铬（重铬酸钾或重铬酸钠、三氧化铬）；二价铜（硫酸铜、碱性碳酸铜、氧化铜或氢氧化铜）；五价砷（五氧化二砷、砷酸、砷酸钠或焦砷酸钠）。CCA 处理液的 pH 值应为 1.6～2.5。

表 2-219 三种型号 CCA 的组成、特性和主要用途

型号	组成(质量分数)			特性
	CrO_3	CuO	As_2O_5	
CCA-A	59.4%～69.3%(65.5%)	16.0%～20.9%(18.1%)	14.7%～19.7%(16.4%)	抗流失性能最强
CCA-B	33.0%～38.0%(35.3%)	18.0%～22.0%(19.6%)	42.0%～48.0%(45.1%)	防虫、白蚁的效果最好
CCA-C	44.5%～50.5%(47.5%)	17.0%～21.0%(18.5%)	30.0%～38.0%(34.0%)	兼有 A 型和 B 型的特性

毒性 欧盟 2002 年公布的对铜铬砷（CCA）处理木材与木制品的环境风险分析评估结果表明，使用含砷的铜铬砷（CCA）等防腐剂处理的木材与木制品对人身健康有危害，还认定对儿童健康有特殊的危害，如运动场上使用的铜铬砷（CCA）处理木制品对儿童健康有危害，还会对土壤和水环境等造成影响。

抗菌防霉效果 铜铬砷（CCA）防腐剂由含砷化物、含铬化物以及含铜化物等组成。在这些成分中，砷化物是抵抗木材腐朽菌和害虫的主要活性剂，而且对菌虫、白蚁都有较高的毒性。在配方中加入硫酸铜，不但能增加毒效，而且能显著提高抗流失性能。铬化物是氧化剂，能与其他金属盐作用，生成不易溶于水的化合物，并对木材组织起到很好的固着作用，降低药剂对金属的腐蚀性和抑制其他盐类的腐蚀作用。

应用　1933 年含铬和砷的化合物如铜铬砷（chromated copper arsenate，CCA）由印度工程师 Sonti Kamesam 发明，20 世纪 40 年代开始大量使用，曾是世界公认的防腐和抗流失效果最好的木材保护剂，但因其对人体和环境的毒性，于 2003 年 12 月底最终被美国禁止和限用，随后欧盟、日本等国家和地区相继禁止和限用铜铬砷（CCA）处理木材。中国木材防腐起步较晚，2002 年开始大量使用防腐木，目前有 70%以上的户外防腐木采用铜铬砷（CCA）处理，但近几年 CCA 防腐剂的应用在行业内也引起不少争议。中华人民共和国工业和信息化部在《建材工业发展规划（2016～2020 年）》中明确提出了开发低毒、无毒木材防腐剂，减少并逐步替代使用 CCA 类高毒防腐剂，推动木材保护行业绿色发展。

实际应用参考：铜铬砷（CCA）防腐剂具有较高的灭菌、防虫防白蚁、防海生钻孔动物的能力；有效成分能牢固地固定在木材中，不被土壤中的水分、雨水、海水所流失，持久性好；处理后木材无气味，可以涂漆、胶合；对木材强度性质影响小；还具有一定的阻燃性。CCA 防腐剂广泛应用于室内外的建筑木结构用材的防腐，也可以用来防腐坑木、桩木、枕木、电杆、凉水塔木架等。还可以用于海洋用木材的防腐，防止海生钻孔动物的侵害。

经铜铬砷（CCA）处理后的木材，一般要经过 20d 左右的时间固定后才能使用，如加热至 90～100℃，可加速固化，保持 3～4h 后，就可以投入使用。

脱氢乙酸(DHA)
(dehydroacetic acid)

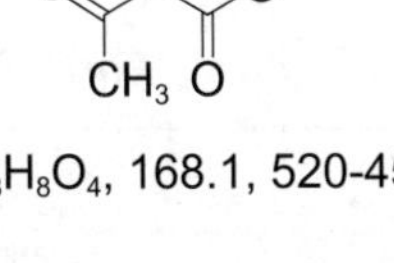

$C_8H_8O_4$, 168.1, 520-45-6

其他名称　甲基乙酰吡喃二酮、保果鲜、脱氢醋酸

化学名称　3-乙酰基-6-甲基二氢吡喃-2,4(3*H*)-二酮

IUPAC 名　3-acetyl-6-methylpyran-2,4-dione

EC 编码　[208-293-9]

脱氢乙酸钠（sodium dehydroacetate）

其他名称　脱氢醋酸钠

化学名称 3-乙酰基-6-甲基-2,4-吡喃二酮钠盐

IUPAC 名 sodium 1-(3,4-dihydro-6-methyl-2,4-dioxo-2*H*-pyran-3-ylidene)ethanolate

CAS 登录号 [4418-26-2]

EC 编码 [224-580-1]

理化性质

脱氢乙酸 纯品为白色结晶性粉末。沸点（760mmHg）269.9℃。熔点 109～110℃（升华）。$pK_a=5.27$。闪点 157℃（开杯）。溶解度（质量分数，25℃）：丙酮 22%，苯 18%，甲醇 5%，四氯化碳 3%，乙醇 3%，水<0.1%。易溶于苯、乙醚、丙酮及热酒精等溶剂中。稳定性：对光、热稳定。经过 100℃加热后杀菌效力不变，在热强碱中易破坏。

脱氢乙酸钠 分子式 $C_8H_7NaO_4$，分子量 190.1。纯品为白色结晶粉末。熔点为 109～119℃。溶解度：易溶于水（1g/3mL）、丙二醇（1g/2mL）及甘油（1g/7mL）；微溶于乙醇（1%）和丙酮（0.2%）。稳定性：具有较好的耐光、耐热性，水溶液于 120℃加热 2h 仍保持稳定。

毒性 脱氢乙酸小鼠急性经口 LD_{50} 1000～1200mg/kg。在试验中，动物中毒症状为运动失调、呕吐等。病理所见为脂肪变性、细胞浸润。在饲料中混入脱氢乙酸，以每千克（kg）体重计，用 0.1g 喂养猴子一年后，未见病变。以 0.5g 喂养大白鼠二年后，才发现轻微的中毒症状。

脱氢乙酸逐渐分解后产物是 2,6-二甲基-4-吡咯或 2,6-二甲基-吡咯-3-羧酸等产物，其毒性比脱氢乙酸还低，且可以从尿、乳中排出。这为脱氢乙酸使用后可能引起的麻烦消除了顾虑。由此可见，食品中使用脱氢乙酸，在达到防腐目的的使用量内，对人畜是无害的。

抗菌防霉效果 脱氢乙酸在酸性或微酸性条件下，对细菌、霉菌、酵母菌都有抑制作用，但不能抑制毛霉或交链孢霉。在 pH 5 以下的环境中，脱氢乙酸对酵母菌的抑制效果比苯甲酸钠大 2 倍，对灰绿色青霉菌和黑曲霉菌的抑制效果则比苯甲酸钠大 2.5 倍。大量实验证明，脱氢乙酸的抑菌效果显著，对于霉菌的抑制效果比苯甲酸强 40～50 倍，对细菌的抑制效果比苯甲酸强 15～20 倍，对乳酸杆菌的抑制效果两者接近。脱氢乙酸对一些微生物的最低抑制浓度见表 2-220。

表 2-220 脱氢乙酸对一些微生物的最低抑制浓度（MIC）

微生物	MIC/(mg/L)	微生物	MIC/(mg/L)
黑曲霉	400	啤酒酵母	250
黄曲霉	400	酒精酵母	300
杂色曲霉	400	面包酵母	300
橘青霉	300	枯草杆菌	5000
拟青霉	300	巨大芽孢杆菌	12000
木霉	100	荧光假单胞杆菌	4000

制备 脱氢乙酸由乙酰乙酸乙酯缩合等法制取。

应用 脱氢乙酸（去水乙酸，简称 DHAA 或 DHA）是一种常用的防腐剂，是吡喃的衍生物。脱氢乙酸对水的溶解度小，其盐类脱氢乙酸钠对水的溶解度较大，因此后者也常用来作为防腐剂。脱氢乙酸（钠盐）在国内外已广泛应用于乳制品、鱼肉制品、饮料、果蔬、泡菜、酱菜等食品的防腐保鲜，以及在纺织、造纸、橡胶、塑料、档案、饲料和工艺美术品等工业品的防霉防腐，取得了很好的效果。另外还用于医药（如癣症的治疗）以及齿科材料的防腐。脱氢乙酸也常用作合成纤维的塑化剂。

实际应用参考：

脱氢乙酸（钠盐）作为化妆品防腐剂。添加量一般为 0.02%～0.2%。当化妆品 pH 值小于 5 时，添加量为 0.1%；作为饲料防腐剂，添加量为 0.4～1.2kg/t 饲料。

法规 我国 2015 年版《化妆品安全技术规范》规定：脱氢乙酸（钠盐）在化妆品中使用时，最大允许浓度为 0.6%（以酸计），禁用于喷雾产品。

铜唑防腐剂(CuAz)

化学名称 copper azole [CBA-A 和 CA-B]

理化性质 铜唑防腐剂（CuAz）是由 Arch 木材保护公司研究开发的。目前在市场销售和使用的主要有两种铜唑防腐剂，即 CBA-A 和 CA-B，其主要组成成分见表2-221。A 型因其成分中含有硼，因此又称铜硼唑（CBA），简称 CBA-A 或 CuAz-1。二价铜应溶于乙醇胺或氨的水溶液中，用乙醇胺时，处理液中所含乙醇胺的质量应为铜的质量的（3.8±0.2）倍；当乙醇胺和氨水混合使用时，它们的量应足够使铜溶解。

表 2-221 两种铜唑防腐剂的主要成分

型号	组成成分(质量分数)			溶剂
	CuO	硼酸	戊唑醇	
CBA-A	44.0%～54.0%(49%)	44.0%～54.0%(49%)	1.8%～2.8%(2%)	乙醇胺
CA-B	95.4%～96.8%(96.1%)	—	3.2%～4.6%(3.9%)	乙醇胺

抗菌防霉效果 CBA-A 中含有硼化物，而硼化物不会固着，很快会流失，剩下的铜和唑可以达到防腐效果。

应用 铜唑（copper azole），简称 CA 或 CuAz，是美国 Arch 木材公司的前身 Hickson 木材保护公司于 20 世纪 90 年代初开发的水载型木材防腐剂。其中含的戊唑醇具有良好的灭菌防虫的效果，而 CuO 本身就是一种强有力的杀菌剂，所以它们之间的组合的确是一种很好的防腐剂。在 CBA-A 中，硼的作用是在开始阶段增强防虫的效果，但是众所周知，硼是不抗流失的，在野外使用时，很快就会流失，所以，在露天或与土壤接触的场合下，处理同一环境条件的木材，用 CBA-A 处理的防腐剂活性成分保持量要比 CA-B 处理的保持量几乎高一倍以上。注意：该混合物铜离子的流失，铜离子虽然毒性较 CCA 低，但对环境的影响也不容忽视。

实际应用参考：

以铜为主剂的防腐剂作为 CCA 等含铬、砷防腐剂的最佳替代品已成为研究的焦点。为了提高含铜防腐剂的渗透性和抗流失性，铜盐主要以络合物、微米铜或纳米铜粒子等形式进入木竹材中，然后通过离子交换、物理吸附、化学结合等方式固着于木竹材中。以铜氨（或胺）溶液为主剂的防腐剂（简称铜胺基防腐剂），包括铜季铵盐（ammoniacal copper quaternary，ACQ）、铜唑（copper azole，CA）、二甲基二硫代氨基甲酸铜（copper dimethyldithiocarbamate，CDDC）和铜 HDO（copper xyligen，CX）等，是继 CCA 之后出现的环保型保护剂，广泛应用于北美地区，在国内也展开了大量的研究和应用。

威百亩
(metam)

$HS-C(=S)-NH-CH_3$

$C_2H_5NS_2$, 107.2, 144-54-7

化学名称 甲氨基二硫代甲酸

IUPAC 名 methylcarbamodithioic acid

EC 编码 [205-632-2]

威百亩钠（metham sodium）

其他名称 SMDC、甲基二硫代氨基甲酸钠

化学名称 甲氨基二硫代甲酸钠

IUPAC 名 sodium *N*-methylcarbamodithioate

CAS 登录号 [137-42-8]；[6734-80-1]（二水合物）

EC 编码 [205-293-0]

分子式 $C_2H_4NNaS_2$，分子量 129.2

威百亩钾（metam potassium）

其他名称 甲基二硫代氨基甲酸钾

化学名称 甲氨基二硫代甲酸钾

IUPAC 名 potassium *N*-methylcarbamodithioate

CAS 登录号 [137-41-7]

EC 编码　[205-292-5]

分子式　$C_2H_4KNS_2$，分子量 145.3

威百亩铵（metam-ammonium）

其他名称　安百亩

化学名称　甲基氨基二硫代甲酸铵

IUPAC 名　azanium *N*-methylcarbamodithioate

CAS 登录号　[39680-90-5]

分子式　$C_2H_8N_2S_2$，分子量 124.2

理化性质

威百亩钠　纯品的二水合物为白色结晶。分解，无熔点；不挥发。K_{ow} $\lg P<1$（25℃）。相对密度（20℃）1.44。溶解度（20℃）：水 722g/L；丙酮、乙醇、石油醚、二甲苯均小于 5g/L；难溶于大多数有机溶剂。稳定性：该浓溶液较稳定，稀释后不稳定，遇酸和重金属能加速其分解。其溶液暴露于光线下 DT_{50} 1.6h（pH 7，25℃）。水解（25℃）DT_{50} 23.8h（pH 5）、180h（pH 7）、45.6h（pH 9）。

威百亩钾　40%水溶液，外观呈黄色至绿色的液体，有轻微的亚硫酸味。沸点（101kPa）＞100℃。密度（25℃）1.23g/mL。蒸气压（25℃）＜10mPa。闪点＞100℃（闭杯）。pH 值为（100mg/L 水溶液）8～10。溶解度：溶于水和醇类溶剂。稳定性：酸性体系分解。与重金属接触可能形成有色反应物。分解温度≥70℃。

毒性

威百亩钠　急性经口 LD_{50} 为大鼠 806mg/kg，小鼠 285mg/kg。在土壤中形成的异硫氰酸甲酯对大鼠急性经口 LD_{50} 97mg/kg。兔急性经皮 LD_{50} 1300mg/kg。对兔眼睛中度刺激性，对兔皮肤有损伤。人体皮肤或器官与其接触应按烧伤处理。大鼠急性吸入 LC_{50}（4h）＞4.7mg/L。大鼠暴露 65d 试验（6h/d，5d/周），NOEL 值 0.045mg/L（空气）。NOEL 值：狗（90d）1mg/kg；小鼠（2 年）1.6mg/kg（EPA Tracking）。无生殖毒性；在动物试验中没有表现出致癌作用。水生生物：LC_{50}（96h），虹鳟鱼 35.2mg/L、孔雀鱼 4.2mg/L、蓝鳃翻车鱼 0.39mg/L。水蚤 LC_{50}（48h）2.3mg/L。藻类 EC_{50}（72h）0.56mg/L。

威百亩钾　大鼠急性经口 LD_{50} 630mg/kg。兔急性经皮 LD_{50}＞2000mg/kg（来源：BUCKMAN）。

抗菌防霉效果　威百亩主要通过分解成异硫氰酸甲酯而呈现广泛的抗菌作用，尤其对常见细菌有不错的抑制效果。具体可参见二甲基二硫代氨基甲酸钠。

制备　威百亩由甲胺、二硫化碳和氢氧化钠制备。

应用　威百亩具有熏蒸作用的土壤消毒剂；亦可作土壤杀真菌剂、杀线虫剂和除草剂，且有熏蒸作用，用量约为 155L（32.7%水溶液）/hm^2。通过分解产生异氰酸酯而呈现活性，有药害，因此必须在土壤处理的药剂全部分解和消失以后才能栽植。在潮湿土壤中，威百亩在两周内便可分解。威百亩由于稳定性有限，工业领域主要是用于短期控制微生物污染。

法规　欧盟化学品管理局（ECHA）：根据指令 98/8/EC（BPD）或规则（EU）、No. 528/2012（BPR）提交了批准申请的所有活性物质/产品类型组合 PT-9（纤维、皮革、橡胶和聚合材料防腐剂）PT-11（液体制冷和加工系统防腐剂）。生物杀灭剂威百亩钠（metam-sodium）申请目前处于审核进行之中。

1,2-戊二醇 (pentylene glycol)

OH
OH

$C_5H_{12}O_2$, 104.1, 5343-92-0

其他名称　戊二醇

IUPAC 名　pentane-1,2-diol

INCI 名称　pentylene glycol

EC 编码　[226-285-3]

理化性质　无色至微黄色透明液体。密度（20℃）0.98g/cm^3。熔点－40℃。蒸气压（20℃）0.01hPa。闪点 110℃。lgK_{ow}＝0.06（25℃）。溶解度：易溶于水和醇类等有机溶剂。

毒性　可能会严重损害眼睛。不刺激皮肤，不会对皮肤敏感。据报道，1,2-戊二醇被认为对水生生物无毒性。

抗菌防霉效果　1,2-戊二醇具有较广的抗菌活性，与传统防腐剂之间有协同效应。其他抗菌数据详见表 2-222。

表 2-222　1,2-戊二醇对常见微生物的最低抑制浓度（MIC）

微生物	MIC/%	微生物	MIC/%
大肠杆菌	8	铜绿假单胞杆菌	4
金黄色葡萄球菌	8	白色念珠菌	8
黑曲霉	NA		

制备　以正戊酸为原料，经过溴代、水解和还原反应制得 1,2-戊二醇。

应用　1,2-戊二醇是性能优异的保湿剂，同时具有防腐作用。适用于护肤霜、眼霜、护肤水、婴儿护理产品、防晒产品等各种个人护理产品；亦可用于维护产品，比如家具、皮革、清洁剂、空气护理产品等。

戊二醛
(glutaraldehyde)

$C_5H_8O_2$, 100.1, 111-30-8

其他名称　胶醛

商品名称　Aqucar 515、Busan® 1202、Protectol® GDA、Sepacid® GA 50

化学名称　1,5-戊二醛

IUPAC 名　pentanedial

EC 编码　[203-856-5]

理化性质　市售戊二醛，有效含量 50%，外观呈无色透明油状液体，具有刺激性气味。沸点为 187～189℃（分解）。熔点 －14℃。蒸气压（20℃）17mmHg。密度（20℃）1.062～1.124g/mL。折射率（n_D，20℃）1.421。pH 值为（25℃）3.1～4.5。$\lg K_{ow}=-0.33$。溶解度：易溶于水和低级醇。稳定性：挥发性。酸性溶液中稳定。在空气中氧化。

毒性　大鼠急性经口 LD_{50} 134～320mg/kg。兔急性经皮 LD_{50} >2600mg/kg。大鼠吸入 LC_{50}(4h) 480mg/m³。圆腹雅罗鱼 EC_{50}(96h) 10～100mg/L。水蚤 EC_{50} (48h) 10～100mg/L。戊二醛对呼吸道黏膜、眼和皮肤有刺激作用，但刺激性远较甲醛、乙二醛等小。

抗菌防霉效果　戊二醛主要通过 2 个活泼的醛基来杀灭微生物，对革兰氏阴性菌和阳性菌的繁殖体、芽孢、真菌的菌丝体孢子、噬菌体、病毒等都有良好的杀灭性能，包括对艾滋病病毒和乙型肝炎表面抗原 HbsAg 的灭活有效。其对常规微生物的最低抑制浓度见表 2-223。

表 2-223　戊二醛对常见微生物的最低抑制浓度（MIC）

微生物	MIC/(mg/L)	微生物	MIC/(mg/L)
金黄色葡萄球菌 NCIB 9518	50	枯草芽孢杆菌 NCTC 10073	250
蜡样芽孢杆菌 NCOO 2599	1250	产气克雷伯氏菌 NCTC 418	150
肺炎克雷伯杆菌 PC 1602	150	绿脓杆菌 NCIMB 8626	150
荧光假单胞杆菌 NCIB 9046	150	脱硫弧菌 NCIB 8301	60
白色念珠菌 NCPF 3179	1250	酿酒酵母 NCTC 87	1250
黑曲霉 IMI 14007	500	绳状青霉 IMI 87160	250

（来源：BASF）

一般来说，用2%戊二醛水溶液杀灭芽孢，达到灭菌所需时间，对无保护的芽孢为1～3h，对有血清保护的芽孢需7～10h；杀灭细菌繁殖体只需2～10min就可达到杀灭率99.9999%的水平；对一切真菌的杀灭作用时间一般需5～30min；同样，作用10min，可灭活一般亲水和亲脂病毒；而对乙型肝炎病毒的杀灭，作用时间需20～30min。2%戊二醛溶液中加入0.3% $NaHCO_3$，使pH值增至7.7～8.3时，可明显增强杀菌作用。

制备 利用烯烃或醇为原料，通过氧化反应制备醛。

应用 戊二醛属于醛类杀菌剂。主要用于实验室消毒（如工作台的表面和大型仪器）、家化日化生产设备、容器以及畜牧环境等领域杀菌消毒。

需要注意的是，戊二醛醛基较为活泼，在光照和高温条件下极易发生氧化和聚合等反应。另外，戊二醛的杀菌效果受pH影响较大，产品pH应尽量控制为中性或更低。此外戊二醛对碳钢、不锈钢、玻璃、塑料以及橡胶等多种材料几乎没有腐蚀性。

所表述的醛类杀菌剂是指含有醛基的化合物，主要有甲醛、聚甲醛、戊二醛、邻苯二甲醛等，醛类杀菌剂是应用最早的化学杀菌剂，具有高效、广谱的杀菌特性，以甲醛、戊二醛使用最多。

实际应用参考：

① 戊二醛在酸性溶液中较稳定，用于消毒可4周更换一次，但杀菌性能不及2%碱性戊二醛水溶液。市售戊二醛酸性溶液在使用之前需活化（碱性化），活化的碱性戊二醛使用时间不应超过2周。

有人认为与乳化剂OP（烷基酚聚氧乙烯醚）复配的酸性强化戊二醛杀菌性能优于碱性戊二醛。Boucher等研究了一种酸性戊二醛溶液，称为增效戊二醛。加拿大的Ayerst Mckenna和HarrisonLtd曾以商品名“Sonacide”在市场上出售，这是一类复配有非离子表面活性剂的产品。

② 戊二醛是一种快速作用的杀生物剂，且具有良好的穿透能力。典型使用浓度100～125mg/L，严重的初始添加浓度为200～300mg/L，可以有效控制水性体系的生物黏泥。

法规

① 欧盟化学品管理局（ECHA）：2015年10月2日，欧盟委员会发布法规（EU）2015/1759，批准戊二醛（glutaraldehyde）作为第2类（不直接用于人体或动物的消毒剂和杀藻剂）、第3类（兽医卫生消毒剂）、第4类（食品和饲料领域消毒剂）、第6类（产品在储存过程中的防腐剂）、第11类（液体制冷和加工系统防腐剂）和第12类（杀黏菌剂）生物杀灭剂产品的活性物质。批准日期2016年10月1日，批准期满2016年10月1日。发布法规Decision 2014/227/EU，未批准戊二醛（glutaraldehyde）作为第1类（人体卫生学消毒剂）、第13类（金属工作或切削液防腐剂）生物杀灭剂产品的活性物质。

② 我国 2015 年版《化妆品安全技术规范》规定：戊二醛在化妆品中使用时的最大允许浓度为 0.1%。使用范围和限制条件：禁用于喷雾产品。

③ 2014 年国家食品药品监督管理总局将戊二醛列入《已使用化妆品原料名称目录》，目前戊二醛作为杀菌剂已逐步应用于洗涤剂配方。

戊环唑
(azaconazole)

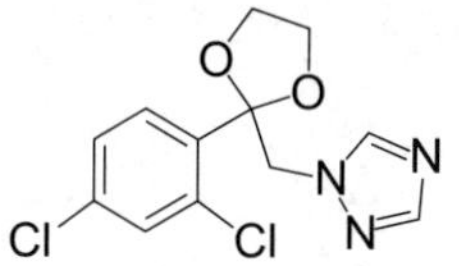

$C_{12}H_{11}Cl_2N_3O_2$, 300.1, 60207-31-0

其他名称　氧环唑、阿扎康唑

化学名称　1-[2-(2,4-二氯苯基)-1,3-二氧环戊-2-基]甲基-1,2,4-三唑

IUPAC 名　1-[2-(2,4-dichlorophenyl)-1,3-dioxolan-2-yl]methyl-1,2,4-triazole

EC 编码　[262-102-3]

理化性质　纯品为米黄色至棕色粉状。熔点 112.6℃。蒸气压（20℃）0.0086mPa。$\lg K_{ow}=2.17$[pH 6.4，(23±1)℃]。相对密度（23℃）1.511。溶解度：水 0.3g/L（20℃）；丙酮 160g/L、己烷 0.8g/L、甲醇 150g/L、甲苯 79g/L（20℃）。稳定性：低于或等于 220℃时稳定。普通储存条件下对光稳定，但在酮类溶剂中不稳定。pH 4 和 pH 9 时无明显水解。$pK_a<3$，非常弱的碱性。闪点 180℃。

毒性　大鼠急性经口 LD_{50} 308mg/kg，小鼠急性经口 LD_{50} 1123mg/kg，狗急性经口 LD_{50} 114～136mg/kg，大鼠急性经皮 LD_{50}＞2560mg/kg。对兔皮肤和眼睛有轻微刺激。对豚鼠皮肤无致敏作用。大鼠急性吸入 LC_{50}(4h)＞0.64mg/L 空气（5%和 1%制剂）。大鼠 NOEL：2.5mg/(kg·d)。水生生物：虹鳟 LC_{50}(96h) 42mg/L。水蚤 LC_{50}(96h) 86mg/L。

抗菌防霉效果　戊环唑主要为甾体脱甲基化抑制剂。对霉菌有较好的抑制作用，特别对朽木菌和木材变色真菌具有特殊活性。

制备　以氯乙酸为原料经酰氯化、酰基化、环化和取代四步反应合成。

应用　戊环唑主要用于木材防腐，或与抑霉唑混合用于树木作为伤口治愈剂；还可用作蘑菇栽培中的消毒剂；亦是重要的农业杀菌剂。

烷基铵化合物(AAC)
(alkylammonium compound)

其他名称 AAC

理化性质 烷基铵化合物（AAC）是第三级和第四级季铵盐的总称，AAC-1 的组成如下：二癸基二甲基氯化铵（DDAC）≥90%；双十二烷基或双八烷基二甲基氯化铵（含有 C_8 或 C_{12}）≤10%。AAC-2 的组成如下：十二烷基苄基二甲基氯化铵（BAC）≥90%；其他烷基胺的混合物≤10%。液体浓缩液应由短链醇（≤C_4）或水或两者配成，pH 值应为 3.0～7.0。

抗菌防霉效果 烷基铵化合物（AAC）对于常见的白腐菌、褐腐菌有较好的防治效能。

应用 烷基铵化合物（AAC）由 20 世纪 80 年代初研制成为一类高效、低毒的新型木材防腐剂，对木腐菌和虫类都有很好的毒杀效果，处理后木材保持本色，对金属的腐蚀性很小，不影响涂料等二次加工。

烷基(C_{12}～C_{16})二甲基苄基氯化铵
[alkyl(C_{12}～C_{16})dimethylbenzyl ammonium chloride]

Cl^- R CH_3 N^+ CH_3

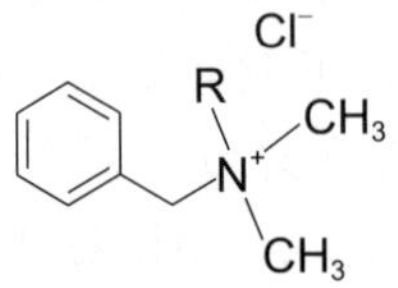

$C_9H_{13}NClR$ (R = $C_{12}H_{25}$, $C_{14}H_{29}$或$C_{16}H_{33}$), 68424-85-1

其他名称 ADBAC、1227、BKC、BAC、苯扎氯胺、洁儿灭、benzalkonium chloride

商品名称 Barquat CB-50、Barquat MB-80、Arquad MCB-50

化学名称 烷基（C_{12}～C_{16}）二甲基苄基氯化铵混合物

EC 编码 ［270-325-2］

十二烷基二甲基苄基氯化铵（DDBAC）

分子式 $C_9H_{13}NCl—C_{12}H_{25}$

CAS 登录号 ［139-07-1］

十四烷基二甲基苄基氯化铵（TDBAC）

分子式 $C_9H_{13}NCl—C_{14}H_{29}$

CAS 登录号 [139-08-2]

十六烷基二甲基苄基氯化铵(HDBAC)

分子式 $C_9H_{13}NCl—C_{16}H_{33}$

CAS 登录号 [122-18-9]

理化性质 (C_{12}~C_{16})ADBAC 是混合物,烷基链长度分布(C_{12}:39%~75%。C_{14}:20%~52%。C_{16}:<12%)详见表 2-224、表 2-225。分子量[340.0~396.1(平均值 359.6)]。纯度(94%~99%,质量分数,干重)。典型商品:41.82% C_{12} + 48.43% C_{14} + 9.51% C_{16},纯品含量≥96.6%,外观是浅米色固体。熔融之前分解>150℃。蒸气压(20℃)6.03×10^{-4} Pa。相对密度(20℃)0.96。溶解度(20℃):水 409g/L(pH 5.5);水 431g/L(pH 6.5);水 379g/L(pH 8.2);乙醇>250g/L;异丙醇>250g/L。稳定性:乙醇或异丙醇体系内,55℃存放 2 周,活性物质下降 5%。

表 2-224 部分(C_{12}~C_{16})ADBAC 烷基链长度组合表(一)

CAS 登录号	烷基链长度组合比例/%		
	C_{12}	C_{14}	C_{16}
68424-85-1	40	50	10
139-08-2	1	98	1
68424-85-1	25	60	15
68424-85-1	65	25	10
85409-22-9	70	30	0

(来源:USEPA,2006 年)

表 2-225 部分(C_{12}~C_{16})ADBAC 烷基链长度组合表(二)

CAS 登录号	烷基链长度组合比例/%		
	C_{12}	C_{14}	C_{16}
8001-54-5/63449-41-2(苯扎氯胺)	68	32	0
68424-85-1	40	50	10

(来源:康爱特)

毒性 雄大鼠急性经口 LD_{50} 510.9mg/kg。雌大鼠急性经口 LD_{50} 280.8mg/kg。大鼠急性经皮 LD_{50} 930mg/kg。

抗菌防霉效果 梁光江等在《滴眼剂中常用几种抑菌剂的应用和观察》中报道,该系列化合物可使微生物菌体蛋白或蛋白质类凝固,阻止细胞的代谢,杀菌力强,对许多非芽孢致病菌几分钟内即可杀灭。抑菌和杀菌机制由下列 3 种机制共同组成:①能抑制细菌酶的作用,主要针对产生能量的酶,如能分解葡萄糖、琥珀酸盐、丙酮酸的相关酶;②能使细菌蛋白质变性;③增加细胞膜的渗透能力,最后使细胞膜破裂而释放赖氨酸和谷氨酸。

该系列化合物对异氧菌的杀菌效果较好，杀霉菌的性能则较差。其使用浓度为20～30mg/L时，即可将硫酸盐还原菌杀死，它们的灭藻效果比杀菌效果更好。其杀菌性能见表2-226。

表 2-226 苯扎氯胺杀菌性能表

浓度/(mg/kg)	杀菌率/%		
	异氧菌	铁细菌	硫酸盐还原菌
5	98.4	52.6	99.2
10	98.3	82.4	99.7
20	99.9	95.2	99.8
30	99.99	99.9	99.8

同时对常见木材腐败菌有出色的杀菌作用。对粉孢革菌（*Coniophora puteana*）、密黏褶菌（*Gloeophyllum trabeum*）和采绒革盖菌（*Coriolus versicolor*）有很好的防治效果。

制备 由十二烷基二甲基叔胺、氯化苄等原料反应而得。

应用 张勇等报道：苯扎氯铵又名洁尔灭（BAC），是一种阳离子表面活性剂，是由正烷烃基取代二甲基苄基氯化铵组成的同系物混合物，其中以十二烷基二甲基苄基氯化铵（DDBAC）、十四烷基二甲基苄基氯化铵（TDBAC）和十六烷基二甲基苄基氯化铵（HDBAC）最为常见。

该产品常用于伤口清洗、医疗、公共卫生、农业畜牧等方面的消毒杀菌，以及游泳池的杀菌去污。在工业循环冷却水中用作杀菌灭藻剂、缓蚀剂、垢和黏泥剥离剂。其也可用在石油工业中作为压裂液的防腐杀菌剂、油田注水系统的杀菌剂。亦用于木材防腐或农业杀菌剂。

注意：①常用浓度为0.01%，对某些铜绿假单胞杆菌无效。本品为阳离子表面活性剂，不能与阴离子型药物、高浓度非离子表面活性剂、水杨酸或硝酸配伍。对角膜上皮有损害，能使塑料瓶开裂，对肥皂、碘及蛋白银、硝酸银、硫酸锌、水杨酸盐、枸橼酸盐、5%硼酸均有配伍禁忌，应避光、避免与铝制品直接接触等。②烷基（C_{12}～C_{18}）二甲基苄基氯化铵（C_{12}～C_{18}）ADBAC，CAS登录号［68391-01-5］，EC编码［270-325-2］。其杀菌效果参考（C_{12}～C_{16}）ADBAC。③根据指令98/8/EC（BPD）或规则（EU）No.528/2012（BPR）提交了批准申请的所有活性物质/产品类型组合：PT-1、PT-2、PT-3、PT-4、PT-10、PT-11、PT-12、PT-22。烷基（C_{12}～C_{18}）二甲基苄基氯化铵［ADBAC（C_{12}～C_{18}）］申请处于审核进行中。

法规

①欧盟化学品管理局（ECHA）：根据指令98/8/EC（BPD）或规则（EU）No.528/2012（BPR）提交了批准申请的所有活性物质/产品类型组合为PT-1（人体卫生学消毒剂）、PT-2（不直接用于人体或动物的消毒剂和杀藻剂）、PT-3（兽医卫生消

毒剂)、PT-4(食品和饲料领域消毒剂)、PT-10(建筑材料防腐剂)、PT-11(液体制冷和加工系统防腐剂)、PT-12(杀黏菌剂)、PT-22(尸体和样本防腐液)。烷基(C_{12}～C_{16})二甲基苄基氯化铵[ADBAC/BKC(C_{12}～C_{16})]申请处于审核进行中。

② 欧盟化学品管理局(ECHA):2013年,欧盟生物杀灭剂产品委员会(BPC)发布法规(EU)2013/7,批准烷基(C_{12}～C_{16})二甲基苄基氯化铵[ADBAC/BKC(C_{12}～C_{16})]作为第8类生物杀灭剂产品的活性物质。批准日期2015年2月1日,批准期满2025年2月1日。

③ 我国2015年版《化妆品安全技术规范》规定:化妆品最大允许使用总量0.1%(以苯扎氯胺计),避免接触眼睛。

烷基(C_{12}～C_{18})二甲基乙基苄基氯化铵 [C_{12}～C_{18}-alkyl((ethylphenyl)methyl) dimethyl ammonium chloride]

商品名称 STEPANQUAT® 2125M-80%、Scunder® EQ60

分子式 $[C_nH_{2n}+1N(CH_3)_2C_9H_{11}]^+Cl^-$ (n=12,14,16,18)

理化性质 烷基(C_{12}～C_{18})二甲基乙基苄基氯化铵是混合物,外观为无色至淡黄色透明液体。pH值为(10%水溶液)5～9。游离胺及其盐≤1.5%。烷基链长度分布详见表2-227。

表2-227 部分烷基(C_{12}～C_{18})二甲基乙基苄基氯化铵烷基链长度组合表

CAS登录号	烷基链长度组合比例/%			
	C_{12}	C_{14}	C_{16}	C_{18}
68956-79-6	5	60	30	5
8045-21-4	50	30	17	3

抗菌防霉效果 该系列化合物抗菌活性可参考烷基(C_{12}～C_{16})二甲基苄基氯化铵。

制备 由十二烷基二甲基叔胺、乙基苄基氯等原料反应而得。

应用 该产品常用于伤口清洗、医疗、公共卫生、农业畜牧等方面的消毒杀菌,以及游泳池的杀菌去污。在工业循环冷却水中用作杀菌灭藻剂、缓蚀剂、垢和黏泥剥离剂。其也可用在石油工业中作为压裂液的防腐杀菌剂、油田注水系统的杀菌剂。亦用于木材防腐或农业杀菌剂。具体使用可参考烷基(C_{12}～C_{16})二甲基苄基氯化铵。

戊菌唑
(penconazole)

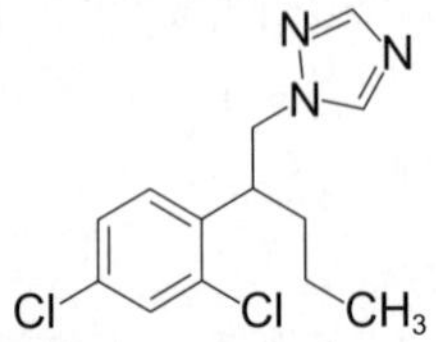

$C_{13}H_{15}Cl_2N_3$, 284.2, 66246-88-6

化学名称 1-[2-(2,4-二氯苯基)戊基]-1*H*-1,2,4-三唑

IUPAC 名 1-[2-(2,4-dichlorophenyl)pentyl]-1,2,4-triazole

EC 编码 [266-275-6]

理化性质 纯品为白色粉状固体。熔点 60.3～61.0℃。沸点>300℃。蒸气压（25℃）0.37mPa。$\lg K_{ow}=3.1$（pH 5.7，25℃）。相对密度（20℃）1.30。溶解度（25℃）：水 73mg/L；乙醇 730g/L、丙醇 770g/L、正辛醇 400g/L、甲苯 610g/L、正辛醇 400g/L、正己烷 24g/L。稳定性：水中稳定（pH 4～9），温度至 350℃仍稳定。$pK_a=1.51$，弱碱。

毒性 急性经口 LD_{50}：大鼠 2125mg/kg，小鼠 2444mg/kg。大鼠急性经皮 LD_{50}>3000mg/kg。对兔皮肤和眼睛无刺激作用。对豚鼠皮肤没有刺激性。大鼠急性吸入 LC_{50}（4h）>4.046mg/m³。NOEL（2 年）大鼠 7.3mg/(kg·d)，小鼠 0.71mg/(kg·d)；NOEL（1 年）狗 3.0mg/(kg·d)。无致畸、致癌、致突变作用。动物：经口摄入后，戊菌唑几乎全部通过尿液和粪便迅速排出，在组织中的残留量很少，而且不会累积。水生生物：虹鳟鱼 LC_{50}（96h）1.3mg/L、鲤鱼 LC_{50}（96h）3.8mg/L、蓝腮翻车鱼 LC_{50}（96h）2.1mg/L。水蚤 LC_{50}（48h）6.7mg/L。近头状伪蹄形藻 EC_{50}（3d）1.7mg/L。

抗菌防霉效果 戊菌唑主要为甾醇脱甲基化抑制剂，破坏和阻止病菌的细胞膜重要组成成分麦角甾醇的生物合成，导致细胞膜不能形成，使病菌死亡。其能有效地防治子囊菌、担子菌和半知菌所致的病害，对常见的细菌、霉菌以及酵母菌均有良好的抑制效果。戊菌唑对一些微生物的最低抑制浓度见表 2-228。

表 2-228 戊菌唑对一些微生物的最低抑制浓度（MIC）

微生物	MIC/(mg/L)	微生物	MIC/(mg/L)
黑曲霉	10	链格孢霉	10
黄曲霉	50	枯草杆菌	80
变色曲霉	15	巨大芽孢杆菌	100
橘青霉	20	大肠杆菌	80
宛氏拟青霉	40	金黄色葡萄球菌	80
蜡叶芽枝霉	5	酒精酵母	400
球毛壳霉	2.5	啤酒酵母	150

制备 刘丽等报道，以2,4-二氯苯乙腈和溴代正丙烷为起始原料，经过烷基化、酯化、还原、甲磺酰化、缩合等5步制得戊菌唑。

应用 戊菌唑是汽巴-嘉基公司研究开发的三唑类杀菌剂。工业领域可用于竹木草藤制品、皮革、合成革、涂料、胶黏剂、油墨、颜料、帆布漆布漆纸、铜版纸、塑料、橡胶、包装材料等领域的防霉；亦可用于重要的农业杀菌剂。

五氯苯酚(PCP)
(pentachlorophenol)

C_6HCl_5O, 266.3, 87-86-5

其他名称 五氯酚、penta

IUPAC名 2,3,4,5,6-pentachlorophenol

EC登录号 [201-778-6]

五氯酚钠（sodium pentachlorophenolate）

化学名称 五氯酚钠

IUPAC名 sodium 2,3,4,5,6-pentachlorophenolate

CAS登录号 [131-52-2]

EC编码 [205-025-2]

理化性质

五氯苯酚 纯品为白色晶体（原药为深灰色），具有酚气味。熔点191℃（原药187～189℃）。沸点309～310℃（分解）。密度（22℃）1.978g/mL。溶解度：水80mg/L（30℃）；溶于多数有机溶剂，如丙酮215g/L（20℃），微溶于四氯化碳和石蜡烃。钠盐、钙盐和镁盐均溶于水。稳定性：相对稳定，不吸潮。pK_a=4.71。不易燃。

五氯酚钠 分子式C_6Cl_5NaO，分子量288.3。作为一水合物遇水结晶，水中溶解度为330g/L（25℃），不溶于石油。

毒性

五氯苯酚 大鼠急性经口LD_{50} 210mg/kg。固体和水溶液（>10g/L）对皮肤、眼睛和黏膜有刺激作用。NOEL每天摄入3.9～10mg，70～190d，在狗和大鼠中无死亡。动物：在雌大鼠体内，基本代谢产物为四氯单酚、二元酚和对苯二酚。鱼类急性LC_{50}<1mg/L（HSG）。

五氯酚钠 参考五氯苯酚。

抗菌防霉效果 五氯苯酚对革兰氏阳性菌或阴性菌、担子菌、藻类、霉菌和酵母菌等多种微生物都显示出良好的杀菌力。其在酚类杀菌剂中有最高的杀菌力，并且抑制孢子萌发能力优于其盐类。表 2-229 为它对几种木腐菌的抗菌性能。

表 2-229 五氯苯酚对几种木腐菌的使用剂量

菌种名称	使用剂量/(kg/m^3)	菌种名称	使用剂量/(kg/m^3)
洁丽香菇菌	0.5～1.0	地窖粉孢革菌	1～5
密黏褶菌	1.8～3.2	棉腐卧孔菌	0.4～4
采绒革盖菌	0.6～1.0		

制备 五氯苯酚（PCP）由六氯苯与氢氧化钠高压反应，水解制备而成。

应用 五氯苯酚（PCP）及其钠盐曾是一种重要的防腐剂，可用于棉花和羊毛等天然纤维的储存、运输，也可用作印花浆料防腐防霉的稳定剂。它能阻止真菌的生长、抑制细菌的腐蚀作用，因此是传统的防腐防霉剂。此外，五氯苯酚还用作除草剂、木材防腐剂等。动物试验证明 PCP 是一种强毒性物质，对人体具有致畸和致癌性，它会通过皮肤接触进入人体并累积。

注意：①该物质不仅对人类健康造成威胁，而且在燃烧时会释放出二噁英类化合物，对环境造成持久的损害。②很多国家和行业禁用。

实际应用参考：胡国康等报道，为防止霉菌造成霉斑，有时会在纺织品、皮革和木质品上直接加上氯化苯酚［包括五氯苯酚（PCP）和 2,3,5,6-四氯苯酚（PeCP）］。PCP 和 PeCP 毒性强烈，被列为致癌物质。它们的化学稳定性也相当高，不容易被分解，因此对人类和环境都有害。

法规 欧盟所有成员国、中国、印度、印度尼西亚、新西兰、俄罗斯和瑞士均已停止使用或禁用五氯苯酚。在加拿大、墨西哥和美国，五氯苯酚仅允许用于木材防腐，并对其颁布了额外的限制条款和监管规定。墨西哥还报告称，五氯苯酚被登记用于黏合剂、制革、纸张和纺织品中。当前墨西哥和美国仍生产该物质。

乌洛托品
(hexamethylenetetramine)

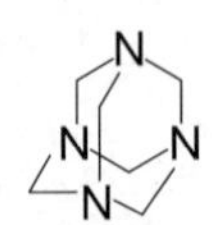

$C_6H_{12}N_4$, 140.2, 100-97-0

其他名称 hexamine、HMTA、HTA

商品名称 Vulkacit H30、Elestab® 48

化学名称 六亚甲基四胺

INCI 名称 methenamine

EC 编码 [202-905-8]

理化性质 白色结晶粉末，含量 99.5%（醛含量 6mol/L）。熔点 280℃（230～270℃升华）。蒸气压（25℃）6.1×10^{-4} mmHg。闪点 250℃（闭杯）。pH 值为（0.2mol/L 水溶液）8.4。$\lg K_{ow}=-2.18$（pH 7～9，20℃）。溶解度（20℃）：水 680g/L、乙醇 28g/L；易溶于氯仿，不溶于乙醚。稳定性：中性和碱性体系稳定；酸性介质中释放甲醛。$pK_a=4.89$。

毒性 大鼠静脉注射 LD_{50} 9200mg/kg。小鼠皮下注射 LD_{50} 215mg/kg。

抗菌防霉效果 乌洛托品的杀菌功效是基于其甲醛含量，且仅在酸性介质中释放甲醛，对革兰氏阴性菌有效。杀菌性能参考甲醛或多聚甲醛。

制备 乌洛托品由甲醛和氨缩合制得。

应用 乌洛托品的研究在我国起步较晚，1956 年开始工业化生产，1975 年产量突破 1 万吨。作为一种重要的化工产品，乌洛托品可作酚醛塑料的固化剂、氨基塑料的催化剂、橡胶硫化的促进剂；还可以作为工业防腐剂、农业上的杀虫剂以及防毒面具的光气吸收剂等；亦是大型锅炉的盐酸酸洗常用缓蚀剂等。

实际应用参考：

乌洛托品外用喷雾剂及制备方法——CN 1435174 A：本发明公开了一种乌洛托品外用喷雾剂及制备方法，本发明所述的外用喷雾剂每 1000mL 含有乌洛托品 1～100g、浓度为 75%～95%的乙醇 100～700mL，余量为水。还可加入助溶剂 100～250mL、矫嗅剂 0.1～5g、抑菌剂 0.1～10g、抗氧剂 0.1～5g、表面活性剂 0.1～10g。助溶剂可为丙二醇或丙三醇。本发明所述外用喷雾剂的制备方法为：将配方中各组分溶解，搅拌，混匀，调节 pH 值至 4～11 过滤，灌装于喷雾瓶，封口，包装，检验得成品。本发明喷雾剂是直接对准腋下或手足喷雾给药，使用方便，可定量喷出治疗量，使用剂量准确，具有杀菌、收敛、止汗作用，可用于手足多汗及腋臭（狐臭）的治疗。

法规 根据我国 2015 年版《化妆品安全技术规范》规定：乌洛托品从表中删除，即被禁用作化妆品防腐剂。

戊唑醇
(tebuconazole)

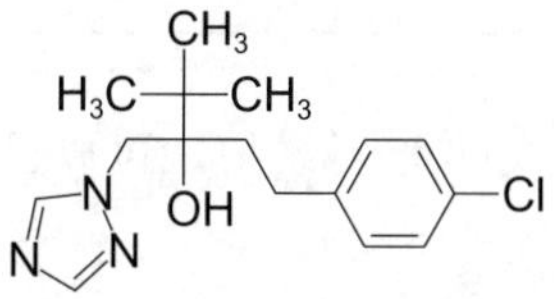

$C_{16}H_{22}ClN_3O$, 307.8, 107534-96-3

化学名称 (*RS*)-1-(4-氯苯基)-4,4-二甲基-3-(1*H*-1,2,4-三唑-1-基甲基)-3-戊醇

IUPAC 名 1-(4-chlorophenyl)-4,4-dimethyl-3-(1,2,4-triazol-1-ylmethyl)-3-pentanol

EC 编码 [403-640-2]

理化性质 组成为外消旋体。无色晶体（原药为无色至浅棕色粉末）。熔点 105℃。蒸气压（20℃）1.7×10^{-3}mPa。相对密度（26℃）1.25。$\lg K_{ow}=3.7$（20℃）。溶解度（20℃）：水 36mg/L（pH 5～9）；二氯甲烷＞200g/L、异丙醇与甲苯 50～100g/L、己烷＜0.1g/L。稳定性：对高温稳定，在无菌条件下，纯水不易发生水解和光解；水解 DT_{50}＞1 年（pH 4～9，22℃）。

毒性 急性经口 LD_{50}：雄大鼠 4000mg/kg，雌大鼠 1700mg/kg，小鼠约 3000mg/kg。大鼠急性经皮 LD_{50}＞5000mg/kg（生理盐水溶液）。对兔皮肤无刺激性，对眼睛有中度刺激性。大鼠吸入 LC_{50}（4h）0.37mg/L（空气），＞5.1mg/L（粉尘）。NOEL 大鼠（2 年）300mg/kg 饲料，狗 100mg/kg 饲料（2.95mg/kg），小鼠 20mg/kg 饲料。动物：在大鼠体内 3d 后，几乎完全消解（＞90％回收剂量），戊唑醇经尿液和粪便排出。在哺乳的山羊和蛋鸡体内，戊唑醇主要通过羟基化和共轭代谢。水生生物：虹鳟鱼 LC_{50}（96h，流动）4.4mg/L。蓝腮翻车鱼 LC_{50}（96h，流动）5.7mg/L。水蚤 LC_{50}（48h，流动）2.79mg/L。近头状伪蹄形藻 ErC_{50}（72h，静态）3.8mg/L。

抗菌防霉效果 戊唑醇主要为甾醇脱甲基化抑制剂，破坏和阻止病菌细胞膜的重要组成成分麦角甾醇的生物合成，导致细胞膜不能形成，使病菌死亡。对常见的黑曲霉、青霉、绿色木霉、链格孢霉等均有很好的抑制效果。戊唑醇对一些微生物的最低抑制浓度见表 2-230。

表 2-230 戊唑醇对一些微生物的最低抑制浓度（MIC）

微生物	MIC/(mg/L)	微生物	MIC/(mg/L)
黑曲霉	25	链格孢霉	15
黄曲霉	25	枯草杆菌	100
变色曲霉	25	巨大芽孢杆菌	100
橘青霉	25	大肠杆菌	25
宛氏拟青霉	100	金黄色葡萄球菌	65
蜡叶芽枝霉	10	假单胞荧光杆菌	1000
球毛壳霉	10	酒精酵母	＞1000

制备 以戊酮为原料，制备戊唑醇环氧物，再以己醇为溶剂，和 1,2,4-三唑等原料反应制得戊唑醇。

应用 戊唑醇为三唑类杀菌剂，国外最早由拜耳公司研制，并于 1986 年制成商品投放市场。农业上戊唑醇用作种子处理剂和叶面喷雾，杀菌谱广，不仅活性高，

而且持效期长。工业上作为抗菌防霉剂，可用于竹木草藤制品、皮革、合成革、涂料、胶黏剂、油墨、颜料、帆布、漆布、漆纸、铜版纸、塑料、橡胶、包装材料等领域。

实际应用参考：

① 倪洁等报道，以4.76%己唑醇衍生物、4.76%戊唑醇、0.48%氯菊酯为有效成分，经乳化制得的水载型复合木材防腐剂，不含金属，低毒、环境友好，应用范围广，成本低廉。水载型复合木材防腐剂为均相、透明的液体，粒径分布在10～100nm；在±2℃低温条件和（54±2)℃的高温条件下，防腐剂性能稳定，稀释性好；在−18℃下冷冻，融化后能恢复均相透明状态，且稀释稳定性无明显变化。水载型木材防腐剂与有效成分质量分数相同的有机溶剂型防腐剂抑菌试验结果相当，在不少场合可以用水载型防腐剂替代有机溶剂型木材防腐剂，避免了挥发性有机化合物的大量使用，减少了生产成本，保护了环境。

② 席丽霞等报道：通过制备三唑制剂进行室内耐腐及野外耐久试验，以研究该制剂的防腐及防白蚁性能。结果表明：环丙唑醇（CY）、戊唑醇（TEB）和丙环唑（PPZ）对褐腐菌（GT）和白腐菌（TV）均具有很好的抑制效果。在室外地上（C3）使用条件下，对于CuPT（以PPZ、TEB和Cu为有效成分制备得到制剂，Cu∶PPZ∶TEB=50∶1∶1）各处理材，1.0kg/m³推荐为合理载药量；对于PT（以PPZ和TEB为有效成分制备得到的制剂，PPZ∶TEB=1∶1）各处理材，200g/m³推荐为合理载药量。在室外与地接触（C4.1）使用条件下，对于CuCY（以Cu和CY为有效成分制备得到的制剂，Cu∶CY=98.6∶1.4）各处理材，初步证明合理载药量在1.8～3.6kg/m³之间，但在白蚁危害十分严重地区，CuCY的载药量应大于3.6kg/m³。

③ 经试验表明，戊唑醇对多种木材腐朽菌和害虫都有抵抗能力，剂量在0.07～0.44kg/m³。并有抗流失和抗挥发的性能，是一种高效低毒长效的木材防腐剂。在实际使用时，制成25%的乳浊液，与二价铜复合成铜唑类木材防腐剂，如CBA-A和CA-B防腐剂中就含有戊唑醇化合物。

法规

① 欧盟化学品管理局（ECHA）：2008年，欧盟生物杀灭剂产品委员会（BPC）发布法规2008/86/EC，批准戊唑醇（tebuconazole）作为第8类（木材防腐剂）生物杀灭剂产品的活性物质。批准日期2010年4月1日，批准期满2020年4月1日。

② 欧盟化学品管理局（ECHA）：2013年，欧盟生物杀灭剂产品委员会（BPC）发布法规（EU）1038/2013，批准戊唑醇（tebuconazole）作为第7类（干膜防霉剂）和第10类（建筑材料防腐剂）生物杀灭剂产品的活性物质。批准日期2015年7月1日，批准期满2025年7月1日。

溴虫腈
(chlorfenapyr)

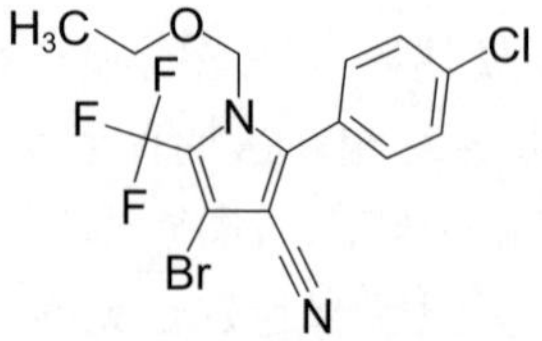

$C_{15}H_{11}BrClF_3N_2O$, 407.6, 122453-73-0

其他名称 虫螨腈

化学名称 4-溴-2-(4-氯苯基)-1-乙氧基甲基-5-三氟甲基吡咯-3-腈

EC 编码 [602-782-4]

理化性质 白色固体。熔点 101～102℃。蒸气压（20℃）＜1.2×10^{-2} mPa。$\lg K_{ow}$=4.83。相对密度（24℃）0.355。溶解度（25℃）：水 0.14mg/L（pH 7）；己烷 0.89g/100mL、甲醇 7.09g/100mL、乙腈 68.4g/100mL、甲苯 75.4g/100mL、丙酮 114g/100mL、二氯甲烷 141g/100mL。稳定性：水中（直接光解），DT_{50} 4.8～7.5d。pH 4、pH 7、pH 9 时不水解。

毒性 急性经口 LD_{50}：雄大鼠 441mg/kg，雌大鼠 1152mg/kg，雄小鼠 45mg/kg，雌小鼠 78mg/kg（EPA Fact Sheet）。兔急性经皮 LD_{50}＞2000mg/kg。中度刺激兔眼睛；不刺激兔皮肤。大鼠吸入 LC_{50} 1.9mg（原药）/L（空气）。NOEL 经口慢性毒性和致癌性，NOAEL（80 周）雄小鼠 2.8mg/(kg·d)（20mg/kg)；饲喂神经毒性，NOAEL（52 周）大鼠 2.6mg/(kg·d)（60mg/kg)（EPA Fact Sheet）。动物：大鼠经口摄入，24h 内＞60％的剂量被排出，主要通过粪便。吸收的残留通过 *N*-脱烷基化、脱卤化、羟化和轭合的途径代谢。在蛋、奶和诸如脂肪和肝组织中发现母体和少数极性代谢产物。母鸡和山羊体内的代谢机制类似大鼠，但这些物种中 80％的经口摄入剂量被迅速排出。未排出的残留存在于肝肾。在潜在的最大饲喂负荷下，所有的残留均＜0.01mg/kg。溴虫腈是唯一重要的残留物。水生生物：虹鳟鱼 LC_{50}（96h）7.44μg/L。蓝腮翻车鱼 LC_{50}（96h）11.6μg/L。水蚤 LC_{50}（96h）6.11μg/L。羊角月牙藻 EC_{50} 132μg/L。

抗菌防霉效果 溴虫腈（chlorfenapyr）作用机制：活体内 *N*-乙氧基甲基基团被氧化脱去，产生活性物质，后者为线粒体去偶联剂，主要是胃毒作用，有部分触杀活性。有效防治多种害虫和害螨，包括螨、蛾、红蜘蛛、蚁、蠊等。

制备 由三氟乙酰氨基-4-氯苯甲酸与醛酸酐作用，再将与 α-氯代丙烯腈反应，制得 2-(4-氯苯基)-5-三氟甲基吡咯-3-腈，随后再先后与溴素和氯甲基乙醚反应制得虫螨腈。

应用 美国氰胺公司于20世纪80年代对天然抗生素的研究中发现了微生物链霉菌 *Streptomyces fumanus* 的代谢产物二噁吡咯霉素 Dioxapyrrolomycin 的杀虫活性，继而开发出了新型芳基吡咯腈类杀虫杀螨剂——溴虫腈。

溴虫腈高效广谱，具有胃毒和一定的触杀作用及内吸活性，在作物上有中等防效，对钻蛀、刺吸和咀嚼式害虫及螨类的防效优异。溴虫腈还对抗性害虫具有突出防效，与其他杀虫剂无交互抗性，对作物安全，是一个广受关注的农药新品种。

非农领域，溴虫腈适用于建筑结构和室内蚁科害虫（特别是弓背蚁、虹臭蚁、单家蚁、火蚁）、姬蠊（特别是蜚蠊、小蠊、大蠊）、干木白蚁和鼻白蚁防治，剂量0.125%～0.50%（质量分数）。

实际应用参考：

① 对钻蛀、刺吸和咀嚼式害虫及螨类有优良的防效。比氯氰菊酯和氟氰菊酯更有效，其杀螨活性比三氯杀螨醇和三环锡强。该药剂具有以下特征：广谱性杀虫、杀螨剂；兼有胃毒和触杀作用；与其他杀虫剂无交互抗性；对哺乳动物经口毒性中等，经皮毒性较低；有效施药量低（100g有效成分/hm^2）。

② 倪珏萍等（CN 02112646）发明了具有杀虫杀螨活性的组合物，实例胶悬剂溴虫腈：10份氯虫酰肼＋10份高效氯氰菊酯＋5份乙二醇＋15份十二烷基苯磺酸钠＋15份黄原胶＋1份水＋44份将溴虫腈、氯虫酰肼、高效氯氰菊酯和预先配制的乙二醇、十二烷基苯磺酸钠、黄原胶的混合物在水中充分混合并分散，然后将该浆料用球磨机磨细磨匀，得到胶悬剂。本发明具有杀虫杀螨活性的组合物可有效地用于农业园林等作物防治害虫和螨。

法规 欧盟化学品管理局（ECHA）：2013年，欧盟生物杀灭剂产品委员会（BPC）发布法规2013/27/EU，批准溴虫腈（chlorfenapyr）作为第8类（木材防腐剂）生物杀灭剂产品的活性物质。批准日期2015年5月1日，批准期满2025年5月1日。作为第18类（杀虫剂，杀螨剂和控制其他节肢动物的产品）生物杀灭剂产品的活性物质申请目前处于审核之中。

溴代吡咯腈
(econea)

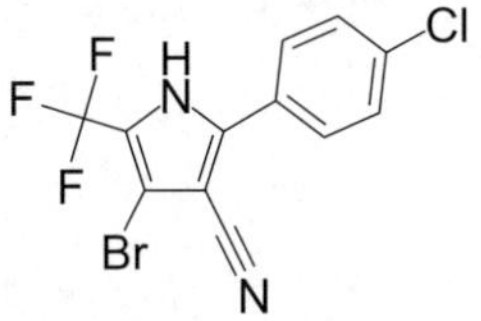

$C_{12}H_5BrClF_3N_2$, 349.5, 122454-29-9

其他名称 tralopyril、曲洛比利、2-对氯苯基-3-氰基-4-溴基-5-三氟甲基吡咯

化学名称 4-溴-2-(4-氯苯基)-5-三氟甲基-1*H*-吡咯-3-甲腈

IUPAC 名 4-bromo-2-(4-chlorophenyl)-5-trifluoromethyl-1*H*-pyrrole-3-carbonitrile

理化性质 纯品为米色至浅棕色粉末。熔点 252.3℃。相对密度 1.714。水中溶解度为 0.17mg/L。

毒性 溴代吡咯腈（econea）对海洋环境友好，可在海水中迅速降解，并不会产生积累现象。

抗菌防霉效果 溴代吡咯腈（econea）对无脊椎污损海生物具有广谱、优异的防污活性。

应用 溴代吡咯腈（econea）成为新型海洋防污剂，是制备无铜防污涂料的理想选择。

实际应用参考：

① 海洋防污：由比利时 Janssen Pharmaceutica NV 公司（隶属美国 Johnson & Johnson 集团公司）研发成功，商品名为 Econea。Econea 对无脊椎污损海生物具有广谱、优异的防污活性，因此成为制备无铜防污涂料的理想选择。Econea 也可用于铜基防污涂料中，用以降低 Cu_2O 的含量或提高防污性能。Econea 对海洋环境友好，可在海水中迅速降解，并不会产生积累现象。Econea 在 25℃海水中的水解半衰期为 3h，在 10℃海水中的水解半衰期为 15h，其光降解速率、好氧降解速率和厌氧降解速率也非常快，并且降解产物能够进行进一步的生物降解。

② 专利 CN 104559579 A：本发明为环保型高附着力自抛光防污漆，其组分中各原料的质量分数为：水解型丙烯酸锌树脂 15%～31%、松香 11%～13%、有机膨润土 0.4%～0.7%、氯醚树脂 6%～8%、氧化铁红 4%～8%、生姜油 6%～8%、溴代吡咯腈（econea）6.5%～8.5%、氯化石蜡（CP52）3.5%～4.5%、滑石粉 4%～7%、代森锌 18%～20%、改性氢化蓖麻油 0.3%～0.6%、二甲苯 7%～9%。本发明的防污漆使用不含铜的生物杀菌剂代森锌及新型的杀菌剂 econea，配合使用生姜油，短期效至中期效防污效果好；通过引入氯醚树脂 LAROFLEX MP-45 提高了防污漆涂层与底层防锈底漆的附着力；涂层之间最大的覆涂间隔时间可延长至 1 个月，能解决现有防污漆在船舶下水后容易出现片落的问题。

法规 欧盟化学品管理局（ECHA）：2014 年，欧盟生物杀灭剂产品委员会（BPC）发布法规（EU）1091/2014，批准溴代吡咯腈（econea）作为第 21 类（海洋防污剂）生物杀灭剂产品的活性物质。批准日期 2015 年 4 月 1 日，批准期满 2025 年 4 月 1 日。

α-溴代肉桂醛(BCA)
(α-bromocinnamaldehyde)

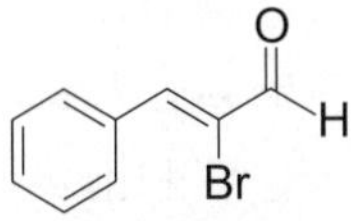

C_9H_7BrO, 211.1, 5443-49-2

其他名称 BCA、α-溴肉桂醛、α-溴代苯丙烯醛

化学名称 α-溴代-β-苯基-2-丙烯醛

IUPAC 名 (*Z*)-2-bromo-3-phenylprop-2-enal

EC 编码 [226-637-6]

理化性质 淡黄色粉末，具有类似于肉桂的气味。熔点 71～72℃。蒸气压（20℃）0.0013hPa。堆积密度（20℃）650～700g/L。溶解度：微溶于水，易溶于有机溶剂，如乙醇、丙酮、甲基乙基酮、苯、甲苯、二甲苯。稳定性：在 3～11 的 pH 范围内稳定，在 230～240℃分解。

毒性 小鼠腹腔注射 LD_{50} 822mg/kg。小鼠皮下注射 LD_{50} 2200mg/kg。大鼠腹腔注射 LD_{50} 513mg/kg。大鼠急性经口 LD_{50} 1450mg/kg。大鼠皮下注射 LD_{50} 1210mg/kg（来源：Pubchem）。

抗菌防霉效果 α-溴代肉桂醛（BCA）作用机制之一为醛基（—CHO）的极性效应使醛基碳带上正电荷，醛基氧带负电荷，醛类通过带正电荷的碳与蛋白质上带孤对电子的氨基（$—NH_2$，细菌蛋白质的氨基）、亚氨基或巯基（—SH，细菌酶系统的巯基）等活性基团发生亲核加成反应，使细菌失去复制能力，引起代谢系统紊乱而达到杀菌的目的。该化合物常温下的蒸气压极低，在密闭的容器内，蒸气不会再形成结晶，但能杀死多种霉菌、酵母菌、细菌及一些害虫。α-溴代肉桂醛对一些微生物的最低抑制浓度见表 2-231。

表 2-231 α-溴代肉桂醛（BCA）对一些微生物的最低抑制浓度（MIC）

微生物	MIC/(mg/L)	微生物	MIC/(mg/L)
黑曲霉	40	球毛壳霉	20
黄曲霉	50	枯草杆菌	20
变色曲霉	75	巨大芽孢杆菌	20
橘青霉	30	大肠杆菌	50
宛氏拟青霉	20	荧光假单胞杆菌	50
蜡叶芽枝霉	10	金黄色葡萄球菌	10

制备 将肉桂醛和冰醋酸激烈搅拌，冷却下加溴反应。然后加入无水碳酸钾，将反应物加热回流半小时，冷却，析出粗品。粗品用乙醇溶解，重结晶，得成品。

应用 α-溴代肉桂醛（BCA）是挥发性化学物质，尤其适用于密闭的容器内杀菌除臭。亦适用于服装、包装、建材工业领域防腐防霉。

注意：①如果制品不允许加入杀微生物剂以防止生物降解，这是特别有用的。②对有害昆虫也有一定抑制作用，亦可作防治森林木材腐蛀。

实际应用参考：①可添加或涂布于橡胶和泡沫塑料中，制成各种防臭胶鞋、球鞋、旅游鞋和各种鞋垫。除具有明显防霉、除臭效果外，对医治各类脚癣也有明显效果。②可添加于纸浆中，制成防霉纸张、防霉贴墙纸；亦可放置于书库中，防止书籍、档案文件发霉。③可喷涂于皮革或皮革制品中，防止皮革及其制品发霉；亦可添加于鞋油中，用于防止皮鞋和皮件发霉。④可将其吸收在沸石内、袋装置于吸尘器中，可除去吸尘器内灰中的异味，并防止微生物的生长。⑤可作为工厂纺织、制药、食品车间、家用厨房、卫生间墙壁和家具装饰面的防霉和除臭剂。⑥用于光学仪器、声像器材、乐器、电子通信部件、精密仪器防霉，其不会损害透镜、快门及精密零部件。⑦可用于金属切削油、汽油、润滑油以及尸体保存的防腐。

4-溴-2,5-二氯苯酚
(4-bromo-2,5-dichlorophenol)

$C_6H_3BrCl_2O$, 241.9, 1940-42-7

其他名称 防霉剂 DP、2,5-二氯-4-溴苯酚

IUPAC 名 4-bromo-2,5-dichlorophenol

EC 编码 [217-719-2]

理化性质 纯品为白色或浅灰色粉末，具酚类气味。溶于乙醇、丙酮、氯仿、苯、甲苯、四氯化碳、油类等有机溶剂。不溶于水，其钠盐溶于水（pH 值为 10 左右）。熔点为 71～72℃，加热到 230℃时也不分解。制成钠盐时需用 50%的氢氧化钠，即能制成 30%的钠盐溶液，其 pH 值为 10 左右。

毒性 大鼠急性经口 LD_{50} 1350mg/kg（来源：Pubchem）。

抗菌防霉效果 对多种微生物有杀死或抑制作用。据文献报道，使用本品 100×10^{-6}浓度时，就能抑制霉菌的生长。对细菌和酵母菌亦显示出良好的抑制效果。4-溴-

2,5-二氯苯酚对实验室试验菌的抗菌情况见表 2-232，对一些微生物的最低抑制浓度见表 2-233。

表 2-232 4-溴-2,5-二氯苯酚对实验室试验菌的抗菌力

防霉剂 DP 浓度/%	抑菌圈(直径)	
	混合霉菌/mm	混合细菌/mm
0.5	57	50
0.3	34	34
0.1	20	20

表 2-233 4-溴-2,5-二氯苯酚对一些微生物的最低抑制浓度（MIC）

微生物名称	MIC/(mg/L)	微生物名称	MIC/(mg/L)
黑曲霉	10	枯草杆菌	10
黄曲霉	10	巨大芽孢杆菌	25
变色曲霉	10	大肠杆菌	25
橘青霉	10	荧光假单胞杆菌	50
宛氏拟青霉	10	金黄色葡萄球菌	10
蜡叶芽枝霉	10	酒精酵母	10
绿色木霉	25	啤酒酵母	10
球毛壳霉	10		

注：上述结果采用液体振荡培养法测得。

制备 由 2,5-二氯苯酚溴化而得。将 2,5-二氯苯酚、冰醋酸加入反应器内，在 30℃滴加溴素。粗品熔点 52～59℃，收率 95%以上。

应用 4-溴-2,5-二氯苯酚是一种低毒、高效、广谱杀菌剂，主要用于皮革及其制品的防霉，还可以用于橡胶、竹木制品等的防霉。添加方法：浸渍、调入、涂布、喷雾等均可。根据其用途的不同，可以制成各种剂型，如制成钠盐水溶液、乳剂、油剂、混悬剂、颗粒剂等。注意：若将 4-溴-2,5-二氯苯酚与 PCMC 按比例复配使用，效果更佳。

实际应用参考：

使用浓度：植鞣底革于加入工艺中加入，其浓度为 0.2%左右。铬鞣面革于加脂工艺中加入，其用量为 0.1%左右。涂饰剂使用本品时，其用量为 0.5%～1.0%。另外，皮革制品的辅料（鞋里布、鞋带、箱夹里等）使用本品的浓度为 0.1%～0.2%。鞋油使用本品的浓度为 1.0%～1.5%。

溴菌腈(DBDCB)
(1,2-dibromo-2,4-dicyanobutane)

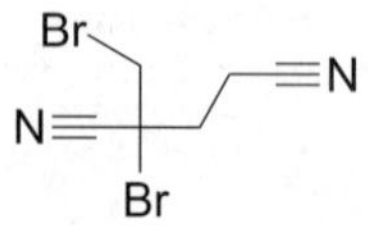

$C_6H_6Br_2N_2$, 266.0, 35691-65-7

其他名称 休菌清、甲基二溴戊二腈、MDBGN

商品名称 Nipacide JMDB 46、VeriGuard® DBDCB AD、Tektamer 38

化学名称 1,2-二溴-2,4-二氰基丁烷

IUPAC 名 2-bromo-2-(bromomethyl) pentanedinitrile

INCI 名称 methyldibromoglutaronitrile

EC 编码 [252-681-0]

理化性质 白色至黄色结晶性粉末。熔点 52.2～53.2℃。密度（20℃）0.970g/mL。蒸气压（25℃）6.70×10^{-3}hPa。溶解度（室温）：水 0.212g/100mL；溶于有机溶剂等（来源：EPA)。稳定性：分解温度可达 190℃。持久稳定于 pH 8 和 60℃水性体系。

毒性 大鼠急性经口 LD_{50} 541mg/kg。兔急性经皮 LD_{50} >5000mg/kg。大鼠吸入（1h）LC_{50} >200mg 粉末/L。在兔子试验中严重眼刺激。刺激皮肤。蓝腮翻车鱼 LC_{50}（96h）4.09mg/L。虹鳟鱼 LC_{50}（96h）1.75mg/L。水蚤 LC_{50}（48h）2.2mg/L（来源：MERCK，USA)。

抗菌防霉效果 溴菌腈（DBDCB）对细菌、霉菌和藻类均有效。尤其抗细菌作用的有效浓度为 0.025%～0.075%，并能持续 18 个月。DBDCB 对一些微生物的最低抑制浓度见表 2-234。

表 2-234 溴菌腈（DBDCB）对一些微生物的最低抑制浓度（MIC）

微生物	MIC/(mg/L)	微生物	MIC/(mg/L)
产气杆菌 ATCC 7356	5	芽孢杆菌 IPC 509	10
大肠杆菌 ATCC 4352	10	奇异变形杆菌 ATCC 7002	10
绿脓假单胞杆菌 ATCC 10145	100	黑曲霉 ATCC 6275	100
球毛壳菌 ATCC 6205	10	黄曲霉 ATCC 10466	50
产糖芽霉菌 ATCC 9348	25	绿色木霉 ATCC 9678	100
酿酒酵母 ATCC 4111	5	蛋白核小球藻 Wisc 2005	5

（来源：Lederer 等，1982 年）

制备 DBDCB由丙烯腈制取2-亚甲基戊二腈，再与溴素加成制得。

应用 DBDCB广泛用于下列领域的防霉防腐和灭藻：纺织品、皮革、毛皮、涂料、黏合剂、金属加工液、钻探泥浆、化妆品、纸张、竹木材等。也可用于水池、冷却循环水系统的杀菌灭藻；亦可作为农用杀菌剂使用。

实际应用参考：

① 当溴菌腈：Quat产品的比率在约2：1至1：20之内时，杀菌协同增效明显。其中季铵化合物（Quat）选自烷基二甲基苄基氯化铵、月桂基三甲基氯化铵、十六烷基三甲基氯化铵和氯化十六烷基吡啶。

② 商品有效含量约25%，主要应用于黏合剂、乳胶乳液、颜料、油墨、金属加工液等水性体系杀菌防腐，建议添加量糊精黏合剂（0.30%～0.40%）；络蛋白黏合剂（0.40%～0.60%）。乳胶乳液0.04%～0.20%。金属加工液0.10%～0.40%。

法规

① 欧盟化学品管理局（ECHA）：2016年，欧盟委员会发布法规（EU）2016/1086，批准溴菌腈（DBDCB）作为第6类（产品在储存过程中的防腐剂）生物杀灭剂产品的活性物质。批准日期2018年1月1日，批准期满2028年1月1日。

② 化妆品中曾允许使用的防腐剂EC列表提及最大认可浓度为0.1%的DCB，但不能用于浓度超过0.025%的化妆品防晒产品。根据2015年版《化妆品安全技术规范》规定：该防腐剂从表中删除，即被禁用作化妆品防腐剂。

N-(4-溴-2-甲基苯基)-2-氯乙酰胺(BMPCA)
[*N*-(4-bromo-2-methylphenyl)-2-chloroacetamide]

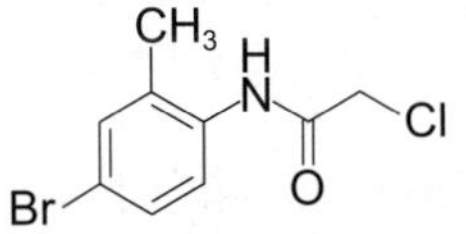

$C_9H_9BrClNO$, 262.5, 96686-51-0

商品名称 Cosan 528

IUPAC名 *N*-(4-bromo-2-methylphenyl)-2-chloroacetamide

理化性质 纯品为白色粉末。熔点135～136℃。蒸气压（24℃）＜2hPa。溶解性：几乎不溶于水，可溶于有机溶剂。稳定性：强酸和碱性体系不稳定。

毒性 大鼠急性经口LD_{50} 4044mg/kg。兔急性经皮LD_{50}＞21g/kg。大鼠吸入LC_{50}＞10mg/L。在豚鼠检测中无致敏。稍微中度刺激皮肤和黏膜（来源：COSAN）。

抗菌防霉效果 *N*-(4-溴-2-甲基苯基)-2-氯乙酰胺（BMPCA）具有广谱抗菌活性，添加量少，甚至在31～125mg/L浓度下也至少对6种常见的真菌具有抑制作用。

BMPCA 对一些微生物的最低抑制浓度见表 2-235。

表 2-235 BMPCA 对一些微生物的最低抑制浓度（MIC）

微生物	MIC/(mg/L)	微生物	MIC/(mg/L)
黑曲霉	35	青霉	63
黄曲霉	50	镰刀霉	105
交链孢霉	31	黑根霉	65
橘青霉	75	球毛壳霉	32
出芽短梗霉	63	脉孢霉	125

制备 由氯乙酰胺、2-甲基-4-溴苯胺等原料制备而来。

应用 BMPCA 主要用作涂料防霉剂。

实际应用参考：

BMPCA 与涂料中各组分不发生作用，对涂料的物化性能如黏度、气味、色泽及防腐性能等均无影响。BMPCA 抗氧化、抗紫外线照射而不发生涂层分解、粉化、脱落和发黄，因此在户外涂料中的应用前景十分广阔。BMPCA 抗水解能力强，除用于溶剂型涂料外也可用于水基涂料。与其他工业防霉剂共用，还具有协同增效作用。

溴甲烷
(bromomethane)

CH_3Br，95.0，74-83-9

其他名称 甲基溴、溴代甲烷

EC 编码 ［200-813-2］

理化性质 室温下，纯品为无色、无味气体，在高浓度下具有氯仿气味。熔点 −93℃（EPA，1998 年）。沸点（76mmHg）3.6℃（EPA，1998 年）。蒸气压（20℃）1420mmHg（EPA，1998 年）。$\lg K_{ow}=1.19$。溶解度：本品在 20℃时，100g 水中溶解 1.75g，能溶于乙醇、乙醚、氯仿、二硫化碳等有机溶剂。稳定性：在水中水解缓慢，碱性介质中则水解很快。

毒性 大鼠急性经口 $LD_{50}<100$mg/kg（PDS）。液体能烧伤眼睛和皮肤。大鼠吸入 LC_{50}（4h）3.03mg/L 空气。对人类高毒，临界值为 0.019mg/L 空气。动物：代谢不完全，形成无机溴化物离子。水生生物：鱼 LC_{50}（96h）3.9mg/L。水蚤 EC_{50}（48h）2.6mg/L。

抗菌防霉效果 通常通过酶的抑制作用，接着是酶蛋白部分的甲基化发挥作用，尤其是在任何巯基基团上。溴甲烷和其他烷基消毒剂一样，亦是一种广谱杀菌剂。但其杀菌作用较弱，仅为环氧乙烷的 1/10。

用 3400～3500mg/L 溴甲烷在相对湿度 40%～60%、温度为 20℃的条件下，作用 18h 可杀灭炭疽芽孢杆菌。干燥的芽孢对溴甲烷的抵抗力增强。芽孢干燥后再用上述条件消毒，作用 3 天亦不能达到灭菌，但若增高灭菌环境的相对湿度，作用 24h 则可达到灭菌效果。溴甲烷和环氧乙烷混合使用，其杀菌作用增强。

制备　溴甲烷由甲醇和溴化氢制备而成。

应用　溴甲烷可用作杀菌剂、杀虫剂、杀鼠剂、熏蒸剂、杀线虫剂、化学中间体。

溴甲烷系粮食熏蒸杀菌剂和杀虫剂，可用它来保存稻谷、大米、玉米、三麦等，其用量一般为 15～18g/m^3。亦可做储存设施（如工厂、仓库、船舶和货运车辆）消毒灭虫。还可以作为木材防腐剂和用于农作物病害的防治。注意：①溴甲烷液体一般采用钢瓶盛装，由于沸点低，故在室温下打开钢瓶口开关时液体喷出。②怀疑引起遗传的基因缺陷；对水生生物的危害非常严重；破坏高层大气中的臭氧。

1-溴-3-氯-5,5-二甲基海因(BCDMH)
(1-bromo-3-chloro-5,5-dimethylhydratoin)

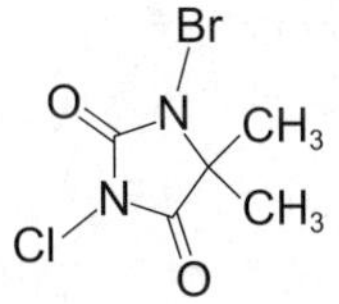

$C_5H_6BrClN_2O_2$, 241.5, 32718-18-6

其他名称　溴氯海因、溴氯-5,5-二甲基咪唑烷-2,4-二酮

IUPAC 名　1-bromo-3-chloro-5,5-dimethyl-2,4-imidazolidinedione

EC 编码　[251-171-5]

理化性质　纯品为白色粉末，可进一步加工至颗粒和片状。沸点 233℃。熔点 159～163℃。pH 值为（1%水溶液）2.88。溶解度：微溶于水，20℃时 1L 水中可溶解 2.5g。稳定性：在强酸或强碱中易分解。干燥时稳定，有轻微的刺激气味。

毒性　小鼠急性经口 LD_{50} 929mg/kg。在正常使用剂量范围内无腐蚀性，但在高剂量下具有腐蚀性。对人的皮肤、眼及细胞有强烈的刺激性，潮湿的皮肤长期接触本品有时会发生过敏反应。水生生物：斑马鱼 LC_{50}（96h）3.68mg/L。吉富罗非鱼苗 LC_{50}（24h）和 LC_{50}（48h）分别为 9.61mg/L 和 8.66mg/L。大型水蚤 LC_{50}（24h）1.44mg/L。小球藻 EC_{50}（96h）4.158mg/L。发光菌 EC_{50}（1h）0.628mg/L。

抗菌防霉效果　1-溴-3-氯-5,5-二甲基海因（BCDMH）是一种广谱杀菌剂，杀菌速度快。其杀生效果高，是氯气的 20 倍、二氯二甲海因的 4 倍，其使用浓度仅为 0.1～

1mg/L，不会对水质造成任何形式的影响。而且溴氯海因对水质要求不严格，在弱酸弱碱性（pH 5～9）的水中或在含氨（NH_3等）的水中其杀生能力不受影响。

含有效溴氯 550mg/L 的该消毒剂溶液作用 15min，对大肠杆菌和金黄色葡萄球菌的平均杀灭对数值均≥5.00；有效溴氯含量为 5500mg/L，作用 135min，对枯草杆菌黑色变种芽孢的平均杀灭对数值为 4.71；有效溴氯含量为 550mg/L，作用 7.5min，对脊髓灰质炎病毒的平均灭活对数值≥4.00。

应用 1-溴-3-氯-5,5-二甲基海因（BCDMH）主要用于工业循环水、油田注水、泳池、景观喷泉、医院污水、医疗用具、食品加工、宾馆家庭卫生洁具的消毒杀菌灭藻，还可用于保鲜库及气调库杀菌保鲜、水产养殖消毒杀菌、口岸检验检疫处理消毒杀菌及疫区的防疫消毒。其还能预防及治疗由于细菌及病毒引发的水产养殖动物疾病。

注意：可与阻垢剂和缓蚀剂相容，对水中有机物和含氯化合物不敏感，便于管理和控制。

实际应用参考：

① 造纸厂生物黏泥处理：由于特定的产业和工艺过程物料的性质，海因类溴系杀生剂在纸浆和造纸行业的应用日趋广泛。一种含溴氯二甲基海因、吡咯烷酮的复合型液体制剂，可用于纸浆中微生物的控制。配方是海因 1 份，吡咯烷酮 0.07 份，水 98.93 份（质量份）。这种 pH 值为 7 的液体，在 40℃存放两个月仅有 4% 的分解。鉴于造纸厂中近年来应用海因类溴系杀生剂的数量日趋增长，而很多纸张作为包装用具又与食品接触，为此，美国 FDA 于 2000 年 6 月 30 日确认，海因类溴系杀生剂作为纸和纸板的添加剂可安全使用。

② 水果保鲜：目前已有将二溴海因或溴氯海因作为杀菌剂、甘油单硬脂酸酯和吐温-80 乳液为涂膜剂和分散剂制备的复合保鲜剂，用于蜜橘杀菌保鲜。结果表明：含有 0.03%（质量分数）的二溴海因和 0.05%（质量分数）溴氯海因的复合保鲜剂具有较好的保鲜效果；储藏 50 天后好果率为 95%左右，3 个月后好果率分别可达到 85.2%和 81.2%；储藏水果营养物质损失少，果实饱满。

③ 该化合物是近几年发展的海因类消毒剂，属高效、广谱氧化性消毒剂，在除去生物膜和防止生物膜在传热面上形成方面有其独特之处。1-溴-3-氯-5,5-二甲基海因（BCDMH）主要是溶解于水中生成次溴酸和次氯酸而发挥杀灭微生物作用，次溴酸和次氯酸能与微生物内的原生质结合，进而与蛋白质中的氮形成稳定的氮-卤键，导致微生物死亡。次氯酸扩散到细菌表面，穿透细胞膜进入菌体内，使菌体蛋白氧化，从而杀灭微生物。

法规 欧盟化学品管理局（ECHA）：根据指令 98/8/EC（BPD）或规则（EU）No.528/2012（BPR）提交了批准申请的所有活性物质/产品类型组合为 PT-2（不直接用于人体或动物的消毒剂和杀藻剂）、PT-11（液体制冷和加工系统防腐剂）、PT-12（杀黏菌剂）。溴氯海因申请目前处于审核进行之中。

溴氯芬
(bromochlorophen)

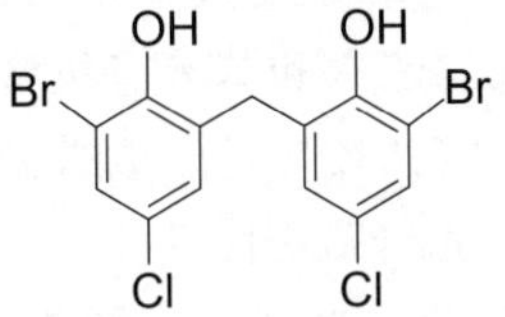

$C_{13}H_8Br_2Cl_2O_2$, 426.9, 15435-29-7

其他名称 溴氯苯

化学名称 2,2'-亚甲基双(6-溴-4-氯苯酚)

IUPAC 名 2-bromo-6-(3-bromo-5-chloro-2-hydroxyphenyl) methyl-4-chlorophenol

EC 编码 [239-446-8]

理化性质 白色结晶粉末，具有轻微酚类气味。熔点 188～191℃。溶解度（20℃）：95g/L（乙醇）、70g/L（正丙醇）、40g/L（异丙醇）、<1.0g/L（水）、<1.0g/L（甘油）。

毒性 大鼠急性经口 LD_{50} 3700mg/kg，良好的皮肤相容性（来源：Pubchem）。

抗菌防霉效果 溴氯芬对金黄色葡萄球菌的最低抑制浓度范围在 10mg/L 左右；对大肠杆菌和铜绿假单胞杆菌的最低抑制浓度范围在 1000mg/L 左右；对真菌的抑制功效不明显。最佳的 pH 应用范围 5～6 之间。

制备 溴氯芬由双氯酚等原料反应制备而得。

应用 溴氯芬可作家化日化、画材颜料等领域的抗菌剂、防腐剂、除臭剂。

法规

① 我国 2015 年版《化妆品安全技术规范》规定：该防腐剂在化妆品中使用时，最大允许浓度为 0.1%。

② 我国 GB 6675.14—2014《玩具安全 第 14 部分：指画颜料技术要求及测试方法》规定：该防腐剂在指画颜料中的最大允许限量为 0.1%。

1-溴-3-氯-5-甲基-5-乙基海因(BCMEH)
(1-bromo-3-chloro-5-ethyl-5-methylhydantoin)

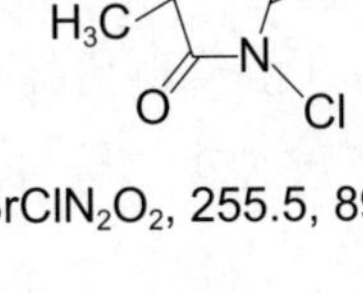

$C_6H_8BrClN_2O_2$, 255.5, 89415-46-3

其他名称 溴氯甲乙基海因

IUPAC 名 1-bromo-3-chloro-5-ethyl-5-methylimidazolidine-2,4-dione

理化性质 纯品为白色或浅黄色结晶性粉末，熔点 162～164℃。含溴海因类衍生物性质基本相似，均为白色或微黄色结晶或微细粉末，具有类似漂白粉的气味。溶解度：水中溶解度较小；可溶于氯仿、乙醇和苯等有机溶剂。稳定性：在强酸或强碱中分解。由于这类杀生剂均为固体且稳定性较好，一般被制成片状、棒状或粒状，在通常条件下，储存半年后有效卤素的含量基本无变化。

毒性 海因类溴系杀生剂属低毒杀生剂，在释放出溴、氯以后，剩余的二甲基海因，在自然条件下很快被光、氧气和微生物分解为氨和二氧化碳，因此无残留而不会污染环境。这也是这类杀生剂被美国环保局批准并取得 FDA 认证的原因。

抗菌防霉效果 海因类溴系杀生剂系通过在水中水解反应生成次溴酸和次氯酸达到杀生作用。杀生活性成分主要是分子态次卤酸，次卤酸根不具备杀生活性。反应式如下：

$$C_5H_6BrClN_2O_2 + H_2O \longrightarrow C_5H_8N_2O_2 + HBrO + HClO$$

环境温度、pH 值和有机物的存在都会影响杀生作用，温度升高所需的杀生时间会缩短。海因类药剂在偏酸性的环境中杀生效果强烈，特别是含氯的海因，在偏酸性范围（pH 5.8～7.0）的环境中更容易释放出次氯酸。含溴的海因能适用于 pH 变化更大的环境中，即使有 NH_3 和 H_2S 存在的条件下也能发挥很好的杀生作用。有机物的存在对杀生效果有较大的影响，溴氯甲乙基海因对含有有机物水中的军团嗜肺杆菌的杀灭作用仅能使细菌的数量下降一个对数级；如水中不含有有机物，溴氯甲乙基海因的投放浓度只需达到 1mg/L，就能使水达到卫生标准。

制备 1-溴-3-氯-5-甲基-5-乙基海因（BCMEH）由二甲基海因（DMH）和甲乙基海因（MEH）混合后卤化制得。

应用 BCMEH 主要用于杀菌灭藻。其应用领域很多，主要有冷却水处理、造纸厂生物黏泥处理、保鲜剂、防腐剂、卫生消毒剂以及游泳池用水消毒等。

实际应用参考：

① 腐蚀性：溴氯二甲基海因、二溴二甲基海因和溴氯甲乙基海因对碳钢、海军钢有轻度腐蚀，但均小于氯和二氯异氰尿酸钠。例如溴氯甲乙基海因对碳钢和海军钢的腐蚀分别为 0.055mm/年和 0.005mm/年，而氯则大于 0.127mm/年和 0.025mm/年；对不锈钢基本不腐蚀。

② 水处理：美国 Gulf Coast 炼油厂曾进行了用溴氯甲乙基海因代替氯处理冷却水的扩大试验。原工艺采用连续加氯的方法控制菌藻，缓蚀阻垢水稳系统采用膦系-钼系-甲苯二唑复合配方。两座冷却塔分别为 $340m^3$ 和 $435m^3$，循环水量分别为 $38m^3$ 和 $45m^3$，浓缩倍率为 4～5，pH 8.6，药剂由给料槽提供，并以棒状（每棒 12g）产品补给，以降低药剂的消耗量。扩试表明，冷却水系统每天只需 0.5～1.0h 的杀生处理即可获得满意的结果，见表 2-236。

表 2-236　溴氯甲乙基海因和氯处理冷却水结果比较

项目	溴氯甲乙基海因	氯
游离卤素(以 Cl 计)/(mg/L)	0.02	0.5～3.0
碳钢腐蚀率/(mm/a)	0.055	0.127
海军钢(Cu70%,Zn29%,Sn%)腐蚀率/(mm/a)	0.055	0.025
细菌数/(col/mL)	10	10
药剂投加量(每周)/kg	10.9	79.4
相对用量/%	13.7	100

由表 2-236 可见，1kg 溴氯甲乙基海因的杀生效力相当于 7kg 氯的处理效果。它在腐蚀速率方面也明显低于氯。由于用溴氯甲乙基海因处理可省去用氯处理所必需的辅助设施，如储罐、加氯器以及排污池残氯的脱除处理等。因此，在经济上更具有竞争力。从安全作业方面考虑，海因药剂也较氯优越。

西玛津
(simazine)

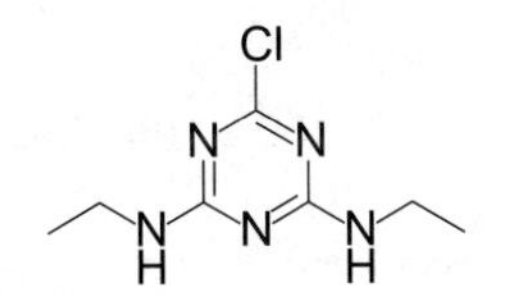

$C_7H_{12}ClN_5$, 201.7, 122-34-9

其他名称　西玛嗪

化学名称　2-氯-4,6-二乙氨基-1,3,5-三嗪

IUPAC 名　6-chloro-2-*N*，4-*N*-diethyl-1,3,5-triazine-2,4-diamine

EC 编码　［204-535-2］

理化性质　白色粉末。熔点 225.2℃（分解）。蒸气压（25℃）2.94×10^{-3} mPa。相对密度（22℃）1.33。$\lg K_{ow}=2.1$（25℃，非电离）。溶解度（22℃）：水 6.2mg/L (pH 7)；乙醇 570mg/L，丙酮 1500mg/L，甲苯 130mg/L，正己烷 3.1mg/L。稳定性：在中性、弱酸、弱碱介质中相对稳定，遇更强酸或碱水解，DT_{50}（20℃）8.8d（pH 1）、96d（pH 5）、3.7d（pH 13）。紫外线照射下分解（96h）90%。耐温可达 200℃。$pK_a=1.62$（弱碱）。

毒性　大鼠和小鼠急性经口 LD_{50}＞5000mg/kg。大鼠急性经皮 LD_{50}＞2000mg/kg。对兔皮肤和眼睛无刺激，对皮肤无致敏性。大鼠吸入 LC_{50}（4h）＞5.5mg/L。LC_{50} (96h)：蓝腮翻车鱼 90mg/L，虹鳟鱼＞100mg/L，鲫鱼＞100mg/L，孔雀鱼＞49mg/L。水蚤 LC_{50}（48h）＞100mg/L。近具刺链带藻 EC_{50}（72h）0.042mg/kg。浮萍 EC_{50}

(14d) 0.32mg/L。

抗菌防霉效果 均三嗪类除草剂属于光系统Ⅱ受体部位光合电子传递抑制剂，易被土壤吸附在表层，形成毒土层，浅根性杂草幼苗根系吸收到药剂即被杀死，对根系较深的多年生或深根杂草效果较差。

制备 以水为反应介质，在缚酸剂存在下于0℃左右将三聚氯氰与乙胺混合，然后在70℃保温反应2h制得。

应用 西玛津属选择性内吸传导型土壤处理除草剂，用于防除一年生阔叶杂草及禾本科杂草。西玛津可应用于池塘中以抑制藻类和植物的生长或者应用于涂料作灭藻剂；适当增大剂量也作森林防火道、铁路路基沿线、庭院、仓库存区、油罐区、储木场等作灭生性除草剂。

香芹酚
(carvacrol)

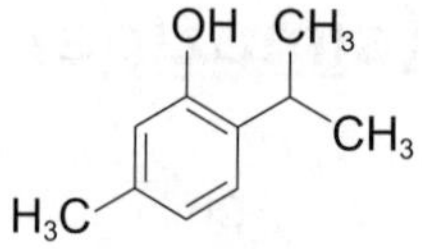

$C_{10}H_{14}O$, 150.2, 499-75-2

其他名称 香麝香草酚、5-异丙基邻甲酚

化学名称 5-异丙基-2-甲基苯酚

IUPAC 名 2-methyl-5-propan-2-ylphenol

EC 编码 [207-889-6]

理化性质 黏稠的无色至黄色液体，独特气味。沸点（760mmHg）237～238℃。熔点1℃。密度（20℃）0.976g/mL。折射率（n_D，20℃）1.5233。闪点100℃。pK_a=10.32。溶解度（25℃）：水1.25mg/mL；溶于乙醇、乙醚、碱液。稳定性：挥发性；易被氧化。

毒性 大鼠急性经口 LD_{50} 810mg/kg。小鼠静脉注射 LD_{50} 89mg/kg。小鼠皮下注射 LD_{50} 680mg/kg。小鼠腹腔注射 LD_{50} 73.3mg/kg。

抗菌防霉效果 酚类化合物对大多数微生物均有一定的抑制效果，具体见表2-237。

表 2-237 香芹酚对常见微生物的最低抑制浓度（MIC）

微生物	MIC/(mg/L)	微生物	MIC/(mg/L)
大肠杆菌	200	金黄色葡萄球菌	200
黑曲霉	200	球毛壳霉	100
青霉	200		

制备　从牛至油、百里香油用碱液制成酚盐将其单离出来，或用对伞花烃经磺化成相应的对伞花烃-2-磺酸，然后经碱熔处理转化为所需的产品。

应用　香芹酚主要用于香料、食品添加剂、饲料添加剂、抗氧剂、卫生杀菌剂、驱虫剂、防腐剂、脱味剂、医药中间体。

实际应用参考：

① 配制香草香精，具有消毒杀菌作用。近百年来在牙膏、牙粉、口腔用品、爽身粉、香皂等应用门类十分广泛。少量用于食用香精，如辛香肉类、柑橘和凉味香精等。

② 植物源杀菌剂，具有较强的抗菌作用，抗真菌能力尤为突出。是预防和治疗黄瓜灰霉病、水稻稻瘟病的有效药剂。不污染环境，对天敌安全。

2-溴-4′-羟基苯乙酮(BHAP) (2-bromo-4′-hydroxyacetophenone)

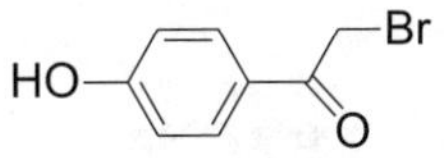

HO—C6H4—C(=O)—CH2—Br

$C_8H_7BrO_2$, 215.0, 2491-38-5(168693-83-2)

其他名称　BHAP

商品名称　Busan BHAP、Busan 90、Busan 93、Busan 1130

化学名称　alpha-溴代对羟基苯乙酮

IUPAC 名　2-bromo-1-(4-hydroxyphenyl)ethanone

EC 编码　[219-655-0]

理化性质　纯品红棕色黏稠液体。沸点（737.9mmHg）(139.1±0.7)℃。蒸气压（25℃±1℃）1.1×10^{-5}mmHg。相对密度（20℃）1.2733。$pK_a=7.6\pm0.3$（24℃）。pH 3.25±0.02（25℃）。闪点（48.2±0.6）℃。溶解度：水（0.248±0.070）g/100mL（EPA 738-R-95-010，1995 年）。

10%配方指标如下：棕红色液体，有轻微气味。沸点（101 kPa）>115℃。密度（25℃）1.02g/mL。黏度<10mPa·s。闪点约 70℃（闭杯）。溶解度：与水混溶。稳定性：DT_{50}（在水中生物降解）2.8d。

毒性　大鼠急性经口 LD_{50} 1150mg/kg。大鼠急性经皮 LD_{50}> 2000mg/kg。腐蚀皮肤、眼睛和黏膜。皮肤过敏。水生生物：浓缩产品对鱼有毒（来源：BUCKMAN，10%制剂）。

抗菌防霉效果　有机溴化合物对常见微生物均有良好的抑杀效果，2-溴-4′-羟基苯乙酮（BHAP）具体数据详见表 2-238。

表 2-238 BHAP 对常见微生物的最低抑制浓度（MIC）

微生物	MIC/(mg/L)	微生物	MIC/(mg/L)
球毛壳菌	500	黑曲霉	100
青霉	200	铜绿假单胞杆菌	200
粘细菌	1～2	大肠杆菌	100

（备注：Described by Kato & Fukumura，1962 年）

制备 由对羟基苯乙酮原料制备而来。

应用 2-溴-4′-羟基苯乙酮（BHAP）用于工艺用水系统的应用，主要在纸浆和造纸厂杀菌。

注意：①该化合物 pH 适用范围比较广，可在高 pH 值下稳定。②水中半衰期比较长，一般为 175～250h。

实际应用参考：

工业冷却水：适用于低水平连续或半连续给药的情况，30% 2-溴-4′-羟基苯乙酮（BHAP）活性含量制剂，日常维护一般添加量 10～20mg/L，污染系统添加 80mg/L。

硝酸银
(silver nitrate)

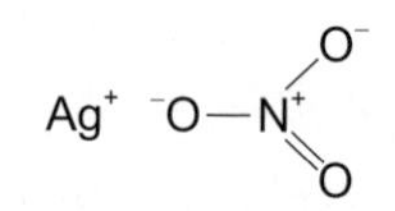

$AgNO_3$, 169.9, 7761-88-8

IUPAC 名 silver nitrate

EC 编码 [231-853-9]

理化性质 纯品无色至白色透明斜方晶体。熔点 212℃，444℃时分解。密度 4.352kg/L。折射率（20℃）1.729～1.788。溶解度：易溶于水，0℃时溶解度 122g/100g，20℃时增至 222g/100g，100℃时为 952g/100g。稳定性：在有机物存在时，该品见光变灰色或灰黑色。加热易分解。纳米银（nano silver）就是将粒径做到纳米级的金属银单质，纳米银粒径大多在 25nm 左右。

毒性 小鼠急性经口 LD_{50} 50mg/kg。小鼠腹腔注射 LD_{50} 23.7mg/kg。水蚤 LC_{50}（48h）9.5μg/L（来源：HSDB）。

抗菌防霉效果 1927 年，德国学者 Krause 发现银离子浓度在 0.01mg/L 时就表现出优良的杀菌性能。硝酸银对肺炎链球菌和乙型溶血型链球菌具有抑制作用。肺炎链球菌和乙型溶血型链球菌是引起上呼吸道感染的主要病原。表 2-239 为硝酸银对上述两病菌的抑制活性。经研究还证实，硝酸银对流感病毒和腺病毒也有明显的抑制作用。

表 2-239　硝酸银对肺炎链球菌和乙型溶血型链球菌的抑制作用

组别	肺炎链球菌	乙型溶血型链球菌
硝酸银组	0	0
培养基对照组	208±15	240±12

制备　将银块用蒸馏水冲洗，除去表面污物后，加入带夹套加热的反应器中，先加入蒸馏水，再加浓硝酸，使硝酸浓度约60%～65%，要控制加酸速度，使反应不致过剧。加热至100℃以上，使氧化氮气体逸出。反应液用蒸馏水稀释至溶液相对密度1.6～1.7，冷却静置10～16h，过滤除去硫酸银、硫酸铋等杂质。清液经减压蒸发，待溶液浓缩至液面出现结晶膜后，送至结晶器，经静置、冷却结晶、离心分离、在90℃下干燥，制得硝酸银成品。

应用　硝酸银化学式为$AgNO_3$，无色晶体，易溶于水，遇有机物变灰黑色，分解出银。纯硝酸银对光稳定，但由于一般的产品纯度不够，其水溶液和固体常被保存在棕色试剂瓶中。硝酸银溶液由于含有大量银离子，故氧化性较强，并有一定腐蚀性，医学上用于腐蚀增生的肉芽组织，稀溶液用于眼部感染的杀菌剂。

根据WTO规定，饮水含银量应控制在0.05mg/L以下，硝酸银可用于消毒饮用水。工业领域可用于纤维纺织等方面进行抗菌防霉处理；所谓的阿波罗技术即包括利用银铜低压电解生成Ag^+和Cu^+杀菌灭藻技术，已用于登月和水族馆用水杀菌。

实际应用参考：

① 刘萍等报道采用沉淀法，以硝酸银、氯化钠、偏钛酸为原料，Ag^+和Cl^-直接反应沉淀生成AgCl。以AgCl为晶种，调节pH=9～10，使偏钛酸在晶种表面沉淀出$Ti(OH)_4$，经过抽滤、洗涤、干燥后，在箱式电阻炉中以10℃/min的加热速度升至800℃，煅烧2～3h，得到载银纳米二氧化钛复合抗菌粉体。

将质量分数20%～30%的载银纳米二氧化钛复合抗菌粉体、质量分数70%～80%的PET或PBT切片共混，用螺杆挤压机挤出、切粒，制得载银纳米二氧化钛复合抗菌母粒（共混温度为272～285℃）。

② 潘立博等报道：用3种药物分别制成含不同梯度浓度药物的培养基，然后在其上涂布相应的细菌、真菌，根据菌落生长被抑制的状态判断最小抑菌浓度。结果硝酸银对细菌和真菌都有抑菌作用，且无显著差异（$P>0.05$），最小抑菌浓度3～7μg/mL；金黄色葡萄球菌和肺炎克雷伯菌对新霉素较敏感，最小抑菌浓度在0.1～1μg/mL之间；庆大霉素对金黄色葡萄球菌和大肠杆菌的最小抑菌浓度分别为0.1μg/mL和1.25μg/mL；庆大霉素对绿脓杆菌无抑菌作用，而新霉素对绿脓杆菌的抑菌作用较差，其最小抑菌浓度为16μg/mL。结论是硝酸银对细菌和真菌的抑菌作用无选择性，而抗生素却表现出了抑菌的高度选择性。随着银粒子及银离子在医疗上的作用被重新认识，在临床上可以复合使用硝酸银和抗生素以达到更好的杀菌和抑菌效果。

③ 胡毅等报道：量取一定量的 $AgNO_3$ 溶液于干净的烧杯中，加入对应量的 NaOH 溶液，然后连续振荡下滴加 $NH_3 \cdot H_2O$ 使生成的沉淀完全溶解，$NH_3 \cdot H_2O$ 不应过量，否则会使试剂的灵敏性降低，同时制备的银氨溶液不能久置存放，以免生成一种爆炸性沉淀（叠氮化银），在具有磨口塞的瓶中存放更为危险。银镜底液：在一定量的水中，加入一定量配好的分散剂 A 和 B，预先快速搅拌 5min 后，加入反应量的甲醛（稍过量为好，加热有挥发）。银镜反应：将制备好的银氨溶液稀释到一定体积倒入酸式滴定管中，45～50℃，边高速搅拌边慢慢滴入反应液中，析出细银粒。

织物整理：浸轧（4 浸 4 轧），轧余率 100%，上述纳米银溶液若干毫升/升，PU 25g/L，$MgCl_2$ 5g/L，尿素 10g/L，交联剂→烘干（100℃，3min）→焙烘（180℃，4min）。

法规 欧盟化学品管理局（ECHA）：根据指令 98/8/EC（BPD）或规则（EU）No. 528/2012（BPR）提交了批准申请的所有活性物质/产品类型组合为 PT-1（人体卫生学消毒剂）、PT-2（不直接用于人体或动物的消毒剂和杀藻剂）、PT-3（兽医卫生消毒剂）、PT-4（食品和饲料领域消毒剂）、PT-5（饮用水消毒剂）、PT-7（干膜防霉剂）、PT-9（纤维、皮革、橡胶和聚合材料防腐剂）、PT-11（液体制冷和加工系统防腐剂）。硝酸银（silver nitrate）申请目前处于审核进行之中。

溴硝醇(bronopol)
(2-bromo-2-nitro-1,3-propanediol)

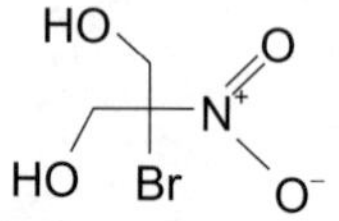

$C_3H_6BrNO_4$, 200.0, 52-51-7

其他名称 bronopol、BNPD、布罗波尔、溴硝丙醇、溴硝丙二醇

商品名称 Rocima 607，Proxel BN，Preventol P 91，Acticide LA 1209，万立净 5100、裕凯 BNP

化学名称 2-溴-2-硝基-1,3-丙二醇

IUPAC 名 2-bromo-2-nitropropane-1,3-diol

INCI 名称 2-bromo-2-nitropropane-1,3-diol

EC 编码 ［200-143-0］

理化性质 纯品含量 99%（醛含量 30%），外观呈白色至淡黄色粉末或结晶。熔点 130℃。蒸气压（20℃）1.68mPa。溶解度：水 250g/L（22℃）；乙醇 500g/L、异丙醇 250g/L、丙二醇 143g/L、甘油 10g/L、液体石蜡＜5g/L（23～24℃）。稳定性：轻微的吸湿性。根据国外文献报道，溴硝醇在酸性条件下相对稳定，提高 pH 值会加速溴硝

醇的分解，其结果如下：50%分解时间>5 年（pH 4）；50%分解时间可达 1 年半（pH 6）；50%分解时间 2 个月（pH 8）。但是即使在碱性条件下，溴硝醇仍然有防腐作用，是其分解放出甲醛的缘故。

毒性　急性经口 LD_{50}：大鼠 180～400mg/kg、小鼠 250～500mg/kg、狗 250mg/kg。大鼠急性经皮 LD_{50} >1600mg/kg。对皮肤和黏膜的试验：当布罗波尔浓度低于 0.5%浓度时，对皮肤和黏膜没有任何刺激。当用 0.5%布罗波尔稀释液（高于使用浓度 10 倍），对家兔皮肤进行一次性刺激试验，结果为轻刺激性。大鼠急性吸入 LC_{50}（6h）>5mg/L 空气。大鼠（72d）NOEL 1000mg/kg（饲料）。动物：急性经口后迅速吸收并排出，主要通过尿液，主要代谢物被确认为 2-硝基-1,3-丙二醇。水生生物：虹鳟 LC_{50}（96h）20.0mg/L。水蚤 LC_{50}（48h）1.4mg/L。

抗菌防霉效果　作用机制：溴硝醇分别在有氧和无氧氛围下通过不同化学反应机理而起杀菌作用。在有氧氛围下，溴硝醇催化氧化半胱氨基酸为胱氨酸残基（Shepherd 等人，1988 年）。这个机理被认为是通过形成活性氧物质如超氧化物或过氧化物而起杀灭微生物作用。而且，形成的胱氨酸残基连接在细胞壁上，阻止了细胞壁的正常形成。活性氧物质的形成和胱氨酸残基与细胞壁的交联作用共同导致了细胞的死亡。在无氧环境下，其机理是细胞和胞外亲核物质进攻溴硝醇分子中 2 号碳原子。溴硝醇不是快速杀菌剂，可能分解后会释放甲醛，但少量甲醛对其生物杀灭不起主要作用。

该化合物对革兰氏阳性菌、革兰氏阴性菌、霉菌和酵母菌等均有较好的杀菌抑菌效果，尤其对铜绿假单胞杆菌有特效。溴硝醇对一些微生物的最低抑制浓度见表 2-240。

表 2-240　溴硝醇对一些微生物的最低抑制浓度（MIC）

微生物	MIC/(mg/L)	微生物	MIC/(mg/L)
金黄色葡萄球菌 NCIB 9518	25	表皮葡萄球菌 NCTC 7291	25
粪链球菌 NCTC 8213	25	大肠杆菌 NCIB 9517	25
克雷伯杆菌产科 NCTC 418	25	普通变形杆菌 NCTC 4635	25
铜绿假单胞杆菌 NCTC 6750	25	荧光假单胞杆菌 NCIB 9046	25
鼠伤寒沙门氏菌 NCTC 74	12.5	脱硫弧菌 NCIB 8301	12.5
白色念珠菌 ATCC 10231	1600	酿酒酵母 NCYC 87	3200
球毛壳菌 IMI 45550	800	黑曲霉 ATCC 16404	3200
绿色木霉	6400		

（来源：BASF）

制备　溴硝醇是由硝基甲烷与甲醛、溴反应而得。一般有两种操作方法：①将硝基甲烷、30%甲醛、氯化钙和氢氧化钠按物质的量配比 1∶2∶2∶2 加入反应装置，搅拌，在 0℃以下滴加溴和二氯乙烷配成的溶液。在 1h 加完，溴的用量与硝基甲烷等物质的量。分出二氯乙烷层，蒸去二氯乙烷。得白色固体（粗品）。乙醚重结晶，即得纯品。②将硝基甲烷、30%甲醛溶液按物质的量比 1∶2 加入回流反应装置，再加入 2%碳酸钾，加热回流 1h，冷却、析出结晶得 2-硝基-1,3-丙二醇。然后将其溶解在甲醇中，加入 20%甲醇钠甲醇溶液，在 20℃搅拌，析出 2-硝基-1,3-丙二醇钠。将此钠盐滤出，悬浮于干燥的乙醚中溴化。在 0℃以下向 2-硝基-1,3-丙二醇钠的乙醚悬浮液滴加溴，滴完后再搅拌 10min，即得 2-溴-2-硝基-1,3-丙二醇。

应用　1919 年，溴硝醇由 R. Wilkendorf 制得，此后英国药学协会公布其通用名为 Bronopol。该杀生剂主要应用于工业循环水、造纸纸浆、涂料、塑料、化妆品、木材、冷却水循环系统以及其他领域包括农业在内的杀菌、防腐及防藻。注意：①由于在酸性溶液中溴硝醇具有良好的稳定性，弱酸性介质是理想的领域的应用。②见光可能会使产品发黄，对铁、铝包装材质敏感，与胺和碱性化合物反应。③易燃。在火中产生刺激性或有毒烟雾（或气体），包括溴化氢和氮氧化物。

实际应用参考：

① 作为化妆品的防腐剂，该品被添加于香波、香脂和霜剂等化妆品加工过程中，在化妆品中的杀菌浓度为 0.01%～0.02%时，就能抑制大多数细菌的生长。大多数有机物、各种表面活性剂、低浓度（＜10%）蛋白质都不影响其活性，彼此无拮抗作用。与其他抗微生物剂配合使用，有协同增效的作用。当 25%（质量分数）的甲基异噻唑啉酮和 75%的溴硝醇复配时，对于绿脓杆菌最低协同系数为 0.63，增效作用显著。

② 在工业生产体系中，微生物利用各种有机物质分泌多糖，这些分泌物再和各种有机或无机材料黏合在一起，尤其在管道内壁成为生物黏膜。可采用聚磷酸胍：布罗布尔＝1：1 复配杀菌剂，增效明显，杀菌除膜迅速。

③ 室内人工感染预防试验和治疗试验对这一结果进行了验证。试验显示，溴硝醇和异噻唑啉酮配比为 4：1 的复配制剂，其预防作用及治疗作用均优于单剂。当药物浓度为 4mg/L 和 8mg/L 时，该复配制剂对草鱼水霉病的平均保护率均为 100%；低浓度（4mg/L）时的治愈率为 86.5%，高浓度（8mg/L）时的治愈率可达 96.5%，表现出很好的防治作用（喻运珍等，2016 年）。

④ 贺晓蓉报道：溴硝醇是一类特殊的防腐剂，实际应用中很少单独使用，通常与其他防腐剂复配使用。行业中一直存在对溴硝醇的误解，认为其属于“甲醛释放体”类防腐剂。尽管在某些情况下溴硝醇由于水解作用会释放微量的甲醛，但是即使考虑到最极端水解条件，溴硝醇中释放的甲醛含量远远低于杀菌作用所需要的剂量，因此溴硝醇并不是真正意义上的“甲醛释放体”类防腐剂。

⑤ 经典配方（溴硝醇＋CMIT/MIT）：该系列属于低 VOC，具有优良的耐热性的异噻唑啉酮类杀菌剂，适用于对甲醛敏感的水性产品的湿态防腐，如 ROCIMA™ 520、ACTICIDE® LA 1209、ACTICIDE® LA5008、万立净 5100。

法规

① 欧盟化学品管理局（ECHA）：根据指令 98/8/EC（BPD）或规则（EU）No.528/2012（BPR）提交了批准申请的所有活性物质/产品类型组合：PT-2（不直接用于人体或动物的消毒剂和杀藻剂）、PT-6（产品在储存过程中的防腐剂）、PT-9（纤

维、皮革、橡胶和聚合材料防腐剂)、PT-11(液体制冷和加工系统防腐剂)、PT-12(杀黏菌剂)、PT-22(尸体和样本防腐液)。该生物杀灭剂溴硝醇(bronopol)申请目前处于审核进行之中。

② 我国2015年版《化妆品安全技术规范》规定:溴硝醇(bronopol)在化妆品中使用时,最大允许浓度为0.1%,避免形成亚硝胺。

2-溴-2-硝基丙醇
(2-bromo-2-nitro-1-propanol)

$C_3H_6BrNO_3$, 184.0, 24403-04-1

其他名称 debropol

IUPAC名 2-bromo-2-nitro-1-propanol

EC编码 [407-030-7]

理化性质 纯品含量100%(醛含量16%),外观无色至浅黄色结晶。熔点约40℃。溶解度:水130g/L;易溶于极性有机溶剂。稳定性:随着pH值和温度的提高,水中介质中活性物稳定性降低,分解产物为溴离子、甲醛、亚硝酸盐等。酸性体系,稳定性优于溴硝醇。

抗菌防霉效果 2-溴-2-硝基丙醇(debropol)具有广泛的活性,涵盖细菌、酵母菌、真菌和藻类(见表2-241)。对真菌的功效并不如细菌的活性那么明显。

表2-241 2-溴-2-硝基丙醇(debropol)对常见微生物的最低抑制浓度(MIC)

微生物	MIC/(mg/L)	微生物	MIC/(mg/L)
金黄色葡萄球菌NCIB 9518	50	表皮葡萄球菌NCTC 7291	25
粪肠球菌NCTC 8213	50	绿脓假单胞杆菌NCIB 11338	25
恶臭假单胞杆菌NCIB 9034	25	洋葱假单胞菌NCIB 9085	25
荧光假单胞杆菌NCIB 9046	25	普通变形杆菌NCTC 4635	25
普通变形杆菌NCTC 4635	25	产气克雷伯氏菌NCTC 418	25
鼠伤寒沙门氏菌NCTC 74	25	白色念珠菌ATCC 10231	25~50
酿酒酵母NCYC 87	50	黑曲霉ATCC 16404	100~200
球毛壳菌IMI 45550	25~50	枝孢杆菌	50
绿色木霉	400	小球藻	6.25

(来源:Elsmore&Guthrie,1991年)

应用　考虑到2-溴-2-硝基丙醇（debropol）仅含有一个羟甲基，与含有两个羟甲基的溴硝醇（bronopol）相比具有更好的脂质溶解性，其余特征与溴硝醇（bronopol）类似。实际应用可参考溴硝醇。

溴硝基苯乙烯(BNS) (bromonitrostyrene)

$C_8H_6BrNO_2$, 228.0, 7166-19-0

化学名称　2-溴-2-硝基苯乙烯

IUPAC名　[(*Z*)-2-bromo-2-nitroethenyl]benzene

EC编码　[230-515-8]

理化性质　黄色结晶性粉末。熔点67～69℃。相对密度（21.4℃）1.018。闪点54.5℃。溶解度：水1mg/mL（22℃）（来自：CAMEO Chemicals）。稳定性：在水系统中迅速水解。其杀菌活性范围宽，当pH值大于7时，它的半衰期由19h降到1h，并且其衰变产物对水上动物的毒性更小。

毒性　虹鳟鱼LC_{50}（96h）1～2mg/L。蓝腮翻车鱼LC_{50}（96h）1～2mg/L。

抗菌防霉效果　溴硝基苯乙烯（BNS）对细菌、真菌、藻类都有效。将溴硝基苯乙烯（BNS）和DBNPA复配[比例为（15∶85）～（95∶5）]具有增效作用，其对软垢控制效果与五氯酚和二甲基二硫代氨基甲酸钠的对照见表2-242。溴硝基苯乙烯（BNS）对常见微生物的最低抑制浓度见表2-243。

表2-242　几种杀菌剂对软垢的控制效果

杀菌剂名称	杀菌剂用量/(mg/kg)	3d后杀伤百分率/%	杀菌剂名称	杀菌剂用量/(mg/kg)	3d后杀伤百分率/%
5% DBNPA、BNS、90%惰性物质	5	71	二甲基二硫代氨基甲酸钠（10%活性物质）	50	0
	10	93		100	0
	25	96		5	0
	50	99		10	0
	100	99		25	0
五氯苯酚（10%活性物质）	5	0		50	0
	10	0		100	0
	25	0			

表 2-243　溴硝基苯乙烯（BNS）对常见微生物的最低抑制浓度（MIC）

微生物	MIC/(mg/L)	微生物	MIC/(mg/L)
黑曲霉	10	球毛壳菌	35
青霉	5	大肠杆菌	20
绿脓假单胞杆菌	10	粘细菌	0.25

（来源：Described by Kato & Fukumura，1962 年）

应用　溴硝基苯乙烯（BNS）可用作切削油乳液、化妆品（润肤剂）、胶乳乳浊液和涂料等的防腐防霉剂；在造纸纸浆、工业冷却水、采油回注水等领域用作杀菌灭藻剂。

注意：本品对粘细菌、软体动物有极好的控制性能。

实际应用参考（常见复配）：

① 15%～95%的溴硝基苯乙烯和5%～85%的季铵盐混合，可叠加它们的黏泥防止活性；

② 溴硝基苯乙烯（BNS）和 DBNPA 复配［比例为（15∶85）～(95∶5)］具有增效作用；

③ 5%～95%的六氯二甲亚砜和5%～95%的溴硝基苯乙烯（BNS）构成双组分的杀菌剂，有协同增效作用，本组分药剂用来处理造纸水和工业冷却水，用量一般为1～100mg/L（以被处理水的总量计算）。

5-溴-5-硝基-1,3-二噁烷
(5-bromo-5-nitro-1,3-dioxane)

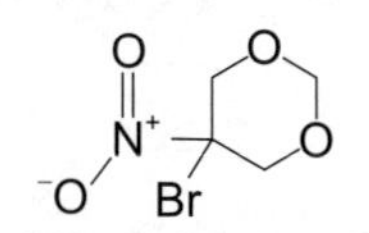

$C_4H_6BrNO_4$, 212.0, 30007-47-7

其他名称　bronidox

商品名称　Bronidox®；Dekasol® 5 & 10

化学名称　5-溴-5-硝基-1,3-二氧杂环己烷

IUPAC 名　5-bromo-5-nitro-1,3-dioxane

INCI 名称　5-bromo-5-nitro-1,3-dioxane

EC 编码　［250-001-7］

理化性质 纯品含量 99%（醛含量 42.3%），外观呈白色结晶。沸点（1.7kPa）113～166℃（分解）。熔点 58～60℃。溶解度（20℃）：水 4g/L；乙醇 250g/L，异丙醇 100g/L，丙二醇 100g/L，三氯甲烷 500g/L；溶于植物油，不溶于石蜡油。稳定性：在 pH 值高达 9 时，其释放甲醛速率非常缓慢且生成数量很少；甚至在 pH 值为 7 且低于 40℃时不释放甲醛。而在 pH<5 且温度超过 50℃时 bronidox 的分子会按照反 Aldol 缩合机理进行裂解。

毒性 小鼠急性经口 LD_{50} 590mg/kg。大鼠腹腔注射 LD_{50} 31mg/mg。大鼠急性经口 LD_{50} 455mg/kg（来源：Pubchem）。

抗菌防霉效果 5-溴-5-硝基-1,3-二嗯烷（bronidox）活性基于甲醛的释放。该化合物对大多数微生物均有一定的抑制效果。具体数据详见表 2-244。

表 2-244 bronidox 对常见微生物的最低抑制浓度（MIC）

微生物	MIC/(mg/L)	微生物	MIC/(mg/L)
大肠杆菌	35	普通变形杆菌	50
铜绿假单胞杆菌	35	荧光假单胞杆菌	50
金黄色葡萄球菌	50	粪链球菌	75
白色念珠菌	50	黑曲霉	50
球毛壳菌	10	青霉	10

制备 5-溴-5-硝基-1,3-二嗯烷（bronidox）由甲醛、溴硝丙二醇等原料反应制备而成。

应用 5-溴-5-硝基-1,3-二嗯烷（bronidox）可作工业水性体系的防腐剂；亦可作化妆品防腐剂。

法规 我国 2015 年版《化妆品安全技术规范》规定：5-溴-5-硝基-1,3-二嗯烷（bronidox）在化妆品中使用时的最大允许浓度为 0.1%。限制范围和限制条件：淋洗类产品；避免形成亚硝铵。

溴乙酸苯酯
(phenyl bromoacetate)

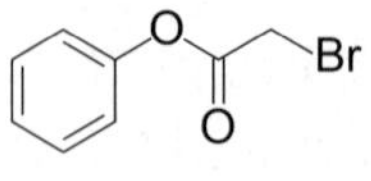

$C_8H_7BrO_2$, 215.0, 620-72-4

其他名称 溴乙酸苯丙酯、溴醋酸苯酯

化学名称　α-溴乙酸苯酯

IUPAC 名　phenyl 2-bromoacetate

理化性质　纯品为片状结晶。熔点 32℃。沸点 134℃。相对密度 1.508。溶解度：不溶于水，可溶于乙醇、丙酮等。

毒性　溴乙酸苯酯有一定的刺激性，使用浓度范围内安全。

抗菌防霉效果　溴乙酸苯酯对细菌、霉菌等微生物均有一定的防治作用。特别是对铜绿假单胞杆菌、曲霉、青霉有良好的抑制效果。

制备　由苯酚与溴乙酰溴反应而得。将新蒸馏的苯酚加入溴乙酰溴中，缓缓加热至110℃，保温 2h，用碱液吸收反应放出的溴化氢。反应毕，减压蒸馏，收集 105～110℃(0.93kPa) 馏分，得溴乙酸苯酯。

应用　溴乙酸苯酯可用作水分散性涂料的防腐，亦可用于防止金属切削液中的细菌生长。注意：该化合物对眼睛、皮肤有严重刺激。

溴乙酸苄酯
(benzyl bromoacetate)

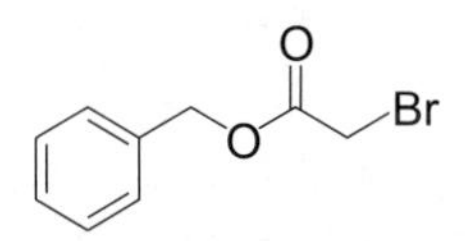

$C_9H_9BrO_2$, 229.1, 5437-45-6

其他名称　二溴乙酸苄酯、溴代醋酸苄酯

商品名称　迈尔巴库 35

化学名称　2-溴乙酸苄酯

IUPAC 名　benzyl 2-bromoacetate

EC 编码　[226-611-4]

理化性质　纯品为无色刺激性液体。沸点（2.9kPa）166～170℃。密度（20℃）1.46g/mL。折射率（n_D，20℃）1.5436。闪点＞110℃。溶解度：微溶于水，易溶于有机物溶剂。稳定性：碱性体系水解。

毒性　刺激皮肤、黏膜、眼睛、呼吸道。吸入和皮肤吸收可能有毒。

抗菌防霉效果　溴乙酸苄酯作为亲电活性化合物，由于其电子吸引力（电负性），溴原子可以亲核取代，从而抑杀微生物。溴乙酸苄酯对一些微生物的最低抑制浓度见表2-245。

表 2-245 溴乙酸苄酯对一些微生物的最低抑制浓度（MIC）

微生物	MIC/(mg/L)	微生物	MIC/(mg/L)
黑曲霉	10	黑根霉	30
橘青霉	10	大肠杆菌	15
蜡叶芽枝霉	5	铜绿假单胞杆菌	5
绿色木霉	35	金黄色葡萄球菌	10
串珠镰刀霉	25	啤酒酵母	5

制备 溴乙酸苄酯由溴乙酸和苯甲醇为原料制备而成。

应用 溴乙酸苄酯可作罐内防腐剂。比如乳胶涂料的防腐，用量为0.2%左右。

实际应用参考：

专利CN 103881485 A：本发明公开了一种建筑涂料的配置方法，采用高效抗菌剂，对黑曲霉、黄曲霉、杂色曲霉等多种霉菌具有有效抑制作用，而且对人体无害，成本低，具有极强的附着力和耐水、耐紫外线性能，长期在潮湿环境下使用不发霉、不起皮、不脱落、不变色。其组成包括：硼酸1%～6%、苯丙乳液15%～20%、溴乙酸苄酯1%～5%、氧化镁3%～5%、聚乙烯醇1%～3%、聚氨酯树脂5%～10%、贝壳粉10%～20%、钛白粉5%～10%，成膜助剂0.5%～2%，六偏硫酸钠0.1%～0.8%、分散剂0.1%～0.5%、增稠剂0.1%～0.5%、重钙10%～25%、硅石灰粉5%～10%、滑石粉6%～10%。

溴乙酸乙酯 (ethyl bromoacetate)

$BrCH_2COOCH_2CH_3$

$C_4H_7BrO_2$, 167.0, 105-36-2

其他名称 antol、溴代醋酸乙酯

化学名称 2-溴乙酸乙酯

IUPAC名 ethyl 2-bromoacetate

EC编码 [203-290-2]

理化性质 无色刺激性液体，具有令人不快的气味。沸点（101kPa）168～169℃。密度（20℃）1.5032g/mL。蒸气压（25℃）3.37mmHg。折射率（n_D，20℃）1.4510。闪点48℃（闭杯）。$\lg K_{ow}$=1.12。溶解度：水7.02g/L；溶于丙酮、乙醇和乙醚等有机溶剂。稳定性：易水解（来源：HSDB）。

毒性 大鼠急性经口LD_{50} 50mg/kg。小鼠急性经口LD_{50} 100mg/kg。刺激皮肤和

黏膜。

抗菌防霉效果　溴乙酸乙酯对于细菌、霉菌、酵母菌以及黏液形成的微生物和藻类均有一定抑制效果，尤其对酵母菌特别有效。

制备　先使溴与乙酸、乙酐在吡啶中反应制备溴乙酸，再由溴乙酸与乙醇在硫酸存在下反应生成溴乙酸乙酯。

应用　溴乙酸乙酯作为广谱的杀菌剂，可用于冷却水等工业领域。

溴乙酰胺
(bromoacetamide)

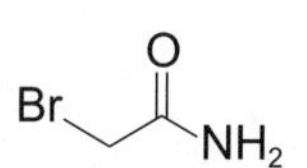

C_2H_4BrNO, 138.0, 683-57-8

化学名称　2-溴代乙酰胺

IUPAC 名　2-bromoacetamide

理化性质　纯品为无色晶体。熔点 88～90℃。蒸气压（25℃）0.024mmHg。溶解度：水 1.60×10^5 mg/L（20℃）。稳定性：在 pH 4～9 之间的水中相对稳定，半衰期 208d（pH 8）。对光和热敏感。

毒性　大鼠急性经口 LD_{50} 100mg/kg。小鼠急性经口 LD_{50} 124mg/kg。兔急性经口 LD_{50} 61mg/kg。大鼠急性经皮 LD_{50} 3160mg/kg（来源：Pubchem）。

抗菌防霉效果　2-溴乙酰胺表现出广泛和均衡的抗菌活性，也可通过气相杀菌显示其抗微生物活性，见表 2-246。

表 2-246　2-溴乙酰胺对常见微生物的最低抑制浓度（MIC）

微生物	MIC/(mg/L)	微生物	MIC/(mg/L)
链格孢	20	黑曲霉	50
出芽短梗霉	50	球毛壳菌	20
青霉	50	黑曲霉	50
绿色木霉	100		

制备　2-溴乙酰胺由溴乙酸乙酯、氨水反应而得。

应用　2-溴乙酰胺可作杀菌剂、杀软体动物剂。亦作伯醇和仲醇的氧化剂。比如：工业循环水体系，添加 5～10mg/L 2-溴乙酰胺足以抑制黏液细菌的生长和繁殖。同时 2-溴乙酰胺具有强的杀软体动物功效（Chin. Acad. med.，1981 年）。

1-溴-3-乙氧基羰基氧基-1,2-二碘-1-丙烯(BECDIP)(1-bromo-3-ethoxycarbonyl-1,2-diiodo-1-propene)

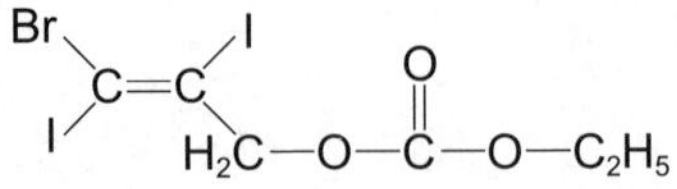

$C_6H_7BrI_2O_3$, 460.8, 77352-88-6

其他名称 BECDIP

理化性质 白色晶体，微弱的特征气味。熔点 40℃。蒸气压（20℃）2.4×10^{-5} hPa。溶解度（25℃）：水 0.119g/L；溶于有机溶剂。稳定性：碱性体系水解。紫外线稳定。

毒性 大鼠急性经口 LD_{50} 641～529mg/kg。大鼠急性经皮 LD_{50} 2858～2849mg/kg。大鼠吸入 LC_{50}（4h）820～1480mg/m^3。

抗菌防霉效果 1-溴-3-乙氧基羰基氧基-1,2-二碘-1-丙烯（BECDIP）对真菌具有高度的抑制活性，具体详见表 2-247。

表 2-247 BECDIP 对常见微生物的最低抑制浓度（MIC）

微生物	MIC/(mg/L)	微生物	MIC/(mg/L)
链格孢	50	黑曲霉	20
出芽短梗霉	50	球毛壳菌	20
青霉	15	绿色木霉	100
大肠杆菌	350	金黄色葡萄球菌	150

应用 1-溴-3-乙氧基羰基氧基-1,2-二碘-1-丙烯（BECDIP）可作杀真菌剂。尤其对木材腐蚀真菌具有特效，可作木材防腐剂使用。

烯唑醇(diniconazole)

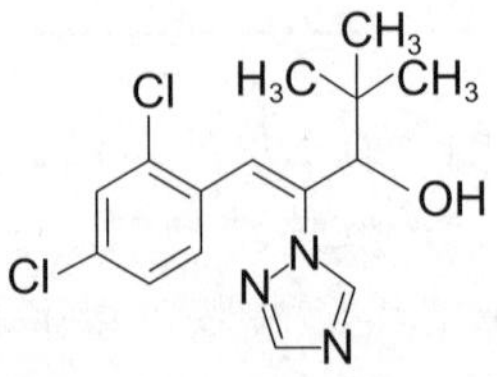

$C_{15}H_{17}Cl_2N_3O$, 326.2, 83657-24-3

化学名称 (*E*)-1-(2,4-二氯苯基)-4,4-二甲基-2-(1,2,4-三唑-1-基)-1-戊烯-3-醇

IUPAC 名 (*E*)-1-(2,4-dichlorophenyl)-4,4-dimethyl-2-(1,2,4-triazol-1-yl)-1-penten-3-ol

EC 编码 [617-485-5]

理化性质 原药为无色结晶状固体，熔点约 134～156℃。相对密度（20℃）1.32。蒸气压（20℃）2.93mPa。溶解度：水 4mg/L（25℃）；丙酮 95g/kg、甲醇 95g/kg、二甲苯 14g/kg、正己烷 0.7g/kg（25℃）。稳定性：对光、热和潮湿稳定。

毒性 大鼠急性经口 LD_{50} 639mg/kg（雄），474mg/kg（雌）。大鼠急性经皮 LD_{50} >5000mg/kg。对兔眼睛刺激严重，无皮肤刺激。对豚鼠无皮肤过敏现象。大鼠急性吸入 LC_{50}（4h）>2770mg/L。水生生物：虹鳟鱼 LC_{50}（96h）>1.58mg/L、鲤鱼 LC_{50}（96h）4.0mg/L。动物：大鼠经口摄入后，烯唑醇易被叔丁基甲基基团的羟基化而迅速代谢。7d 之内 53%～87%通过粪便、13%～46%通过尿液排出。

抗菌防霉效果 烯唑醇属于甾醇脱甲基化抑制剂。其对常见的微生物均有一定的防治效果，尤其对子囊菌、担子菌和半知菌有较好的抑制效果。但对巨大芽孢杆菌、大肠杆菌、金黄色葡萄球菌、枯草杆菌、荧光假单胞杆菌、啤酒酵母以及酒精酵母抑制效果就较差。烯唑醇对一些微生物的最低抑制浓度见表 2-248。

表 2-248 烯唑醇对一些微生物的最低抑制浓度（MIC）

微生物	MIC/(mg/L)	微生物	MIC/(mg/L)
黑曲霉	>40	橘青霉	10
黄曲霉	5	宛氏拟青霉	2.5
变色曲霉	5	链格孢霉	1.25
球毛壳霉	2.5	蜡叶芽枝霉	>40

制备 由三唑、氯频哪酮、二氯苯甲醛等原料经过系列反应而得。

应用 烯唑醇是日本住友化学公司于 1984 年研制成功的，高效、广谱、内吸性低毒，并兼作植物生长调节剂。农业上可作农用杀菌剂或用于果蔬、花卉的运输和保藏；工业上可作竹木制品、纺织品、地毯、漆布、帆布、颜料等领域的防霉。

异丙醇
(isopropanol)

H_3C—CH(OH)—CH_3

C_3H_8O, 60.1, 67-63-0

IUPAC 名 propan-2-ol

EC 编码 [200-661-7]

理化性质 无色透明易燃液体，具有芳香气味。沸点 82～82℃。熔点－88℃。密度（20℃）0.785～0.786g/mL。蒸气压（20℃）41hPa。黏度（20℃）2.2～2.4mPa·s。折射（n_D，20℃）1.377。闪点 12℃。溶解度：完全溶于水、醇类、丙酮。稳定性：挥发性。

毒性 大鼠急性经口 LD_{50} 5850mg/kg。

抗菌防霉效果 作用机制主要通过使蛋白质变性、破坏细菌细胞壁、破坏微生物酶系统发挥作用。异丙醇对于细菌繁殖体、包膜病毒、真菌和分枝杆菌均有很好的杀灭作用，但是对于细菌芽孢和无包膜病毒作用较差。水的存在对异丙醇的抗微生物效能至关重要。鲍威尔（1945 年）的调查显示，在有效浓度为 50%异丙醇水溶液中，20℃室温下，金黄色葡萄球菌 1min 内被杀死；在 50%～91%异丙醇溶液中，20℃室温下，大肠杆菌 5min 内被杀死。

制备 由丙烯等原料反应制备而得。

应用 异丙醇俗称火酒，常温常压下是一种无色有强烈气味的可燃液体，是最简单的仲醇，且是丙醇异构体之一。异丙醇是重要的化工产品和原料。可取代乙醇，作为消毒剂使用；亦可作化妆品辅助防腐剂。

法规 欧盟化学品管理局（ECHA）：2015 年，欧盟生物杀灭剂产品委员会（BPC）发布法规（EU）2015/407，批准异丙醇（2-propanol）作为第 1 类、第 2 类以及第 4 类生物杀灭剂产品的活性物质。批准日期 2016 年 7 月 1 日，批准期满 2026 年 7 月 1 日。

异丙隆
(isoproturon)

$C_{12}H_{18}N_2O$, 206.3, 34123-59-6

化学名称 3-(4-异丙苯基)-1,1二甲基脲

IUPAC 名 1,1-dimethyl-3-(4-propan-2-ylphenyl)urea

EC 编码 [251-835-4]

理化性质 原药纯度≥98.5%。无色晶体。熔点 158℃（原药 153～156℃）。蒸气

压（20℃）3.15×10^{-3} mPa。lgK_{ow}＝2.5（20℃）。相对密度（20℃）1.2。溶解度：水 65mg/L（22℃）；甲醇 75g/L、二氯甲烷 63g/L、丙酮 38g/L、苯 5g/L、混二甲苯与正己烷约 0.2g/L（20℃）。稳定性：对光稳定。酸碱环境下很稳定，强碱条件下加热水解，DT_{50} 1560d（pH 7）。

毒性　急性经口 LD_{50}：大鼠 1826～2417mg/kg，小鼠 3350mg/kg。大鼠急性经皮 LD_{50}＞2000mg/kg。对兔皮肤和眼睛无刺激。大鼠吸入 LC_{50}（4h）＞1.95mg/L（空气）。大鼠（90d）无作用剂量 400mg/kg，狗 50mg/kg（饲料）；大鼠（2 年）80mg/kg（饲料）。动物：大鼠经口摄入后，在最初 8h 内，50％随尿液排出。水生生物：蓝腮翻车鱼 LC_{50}（96h）＞100mg/L、虹鳟鱼 LC_{50}（96h）37mg/L、鲤鱼 LC_{50}（96h）193mg/L。水蚤 LC_{50}（48h）507mg/L。藻类 LC_{50}（72h）0.03mg/L。

抗菌防霉效果　光合电子传递抑制剂，作用位点为光合体系Ⅱ受体。选择性内吸性除草剂，通过根和叶片吸收，在植株内传导。

制备　由异氰酸对异丙基苯酯与二甲胺反应而得。将 33％的二甲胺水溶液加入反应瓶，加水，冷却至 0～5℃时，加速搅拌，滴加异氰酸对异丙基苯酯。在 0～5℃下搅拌反应 2h，抽滤，将滤饼在丙酮中重结晶即得成品。

应用　异丙隆杀草谱广，不论芽前、芽后均能使用。农业领域：该化合物可防治旱地（麦田、棉花、花生、烟叶等）一年生杂草和大多数阔叶杂草，对防治麦田杂草特别有效，如马唐、藜、早熟禾、看麦娘等。使用剂量 1.0～1.5kg/hm^2。工业领域：可作防藻剂使用。

法规　欧盟化学品管理局（ECHA）：根据指令 98/8/EC（BPD）或规则（EU）No.528/2012（BPR）提交了批准申请的所有活性物质/产品类型组合为 PT-7（干膜防霉剂）、PT-10（建筑材料防腐剂）。生物杀灭剂异丙隆[3-(4-isopropylphenyl)-1,1-dimethylurea/isoproturon]申请目前处于审核进行之中。

乙醇
(alcohol)

$H_3C—\overset{H_2}{C}—OH$

C_2H_6O, 46.1, 64-17-5

其他名称　酒精

商品名称　BTC® 1010、BTC® 2125M

IUPAC 名　ethanol

EC 编码　[200-578-6]

理化性质　无色透明易燃液体。沸点 78.5℃。密度（20℃）0.79g/mL。蒸气压

(20℃) 58～59hPa。黏度 (20℃) 1.2mPa·s。折射率 (n_D, 25℃) 1.3595。闪点 12～13℃。溶解度：完全溶于水、醇类、丙酮。稳定性：挥发性，吸湿性。

毒性 大鼠急性经口 LD_{50} 13700mg/kg。兔急性经口 LD_{50} 9500mg/kg。大鼠静脉注射 LD_{50} 4200mg/kg。

抗菌防霉效果 乙醇主要通过使蛋白质变性、破坏细菌细胞壁、破坏微生物酶系统发挥作用。其对于细菌繁殖体、包膜病毒、真菌和分枝杆菌均有很好的杀灭作用，但是对于细菌芽孢和无包膜病毒作用较差。水的存在对乙醇的抗微生物效能至关重要，浓度为 60%～70%乙醇在水中表现出最强的杀菌效果 (Price，1950 年)。乙醇的杀微生物性能详见表 2-249、表 2-250。

表 2-249 乙醇对一些微生物的最低抑制浓度 (MIC)

微生物	MIC/%	微生物	MIC/%
大肠杆菌	11	铜绿假单胞杆菌	7.5
黑曲霉	6	黑根霉	6

表 2-250 乙醇各种浓度的杀菌作用 (以秒为单位的暴露时间)

测试微生物	乙醇浓度			
	60%	70%	80%	95%
金黄色葡萄球菌	15	15	19	
表皮葡萄球菌	30	30		
化脓性链球菌			90	
大肠杆菌	60	30	30	
黏质沙雷氏菌		10		
沙门氏菌		10		
铜绿假单胞杆菌		10		
结核分枝杆菌	60	30	30	30
毛癣菌的孢子			30min	

(来源：Wallhaßußer，1984 年)

制备 工业乙醇可以乙烯和水为原料，通过加成反应制取。

应用 乙醇用作消毒杀菌已有很长历史，并已用于食品加工环境、设备和操作者手指的消毒剂。自 1985 年以来，日本由于在低浓度乙醇防腐技术及其复配技术方面取得的卓越研究成果，使乙醇制剂发展很快，其用量在防腐剂市场的占有率越来越大。

实际应用参考：

① 将乙醇与其他试剂混合使用比单独使用更有效，如 70% (体积分数) 乙醇和 100g/L 的甲醛混合使用，以及使用含有 2g/L 有效氯的乙醇。70% (体积分数) 乙醇溶液可以用于消毒皮肤、实验台和生物安全柜的工作台面，以及浸泡小的外科手术器械。由于乙醇可以使皮肤干燥，所以经常与润滑剂混合使用。在不便于或不可能进行彻

底洗手的情况下，推荐使用含乙醇的擦手液对轻度污染的手进行消毒。但是必须记住，乙醇对孢子无效，而且不能杀死所有类型的非含脂类病毒。

② 马学芬等 2012 年报道日本有微胶囊化的乙醇保鲜剂，在密封包装中缓慢释放乙醇蒸气以防止霉菌的生长，质量分数为 6%的乙醇微胶囊杀菌能力相当于 70%的乙醇，将微胶囊化的乙醇置入乙醇蒸气不易透过的密封包装中，利用胶囊缓慢释放的乙醇气体达到杀菌防腐的目的。应用专利包括 Ethicap，Antimold102，Negamold 和 Ageless type SE。

法规 欧盟化学品管理局（ECHA）：根据指令 98/8/EC（BPD）或规则（EU）No. 528/2012（BPR）提交了批准申请的所有活性物质/产品类型组合为 PT-1（人体卫生学消毒剂）、PT-2（不直接用于人体或动物的消毒剂和杀藻剂）、PT-4（食品和饲料领域消毒剂）、PT-6（产品在储存过程中的防腐剂）。生物杀灭剂乙醇（ethanol）的申请目前处于审核进行之中。

10,10′-氧代二酚噁嗪(OBPA)
(10,10′-oxybisphenoxyarsine)

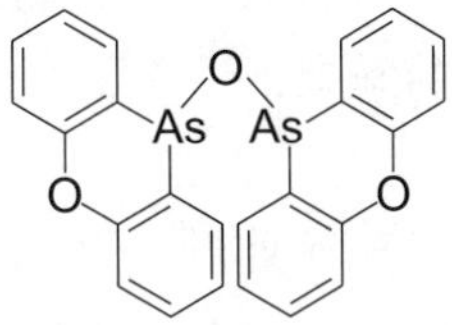

$C_{24}H_{16}As_2O_3$, 502.2, 58-36-6

其他名称 霉克净、vinadine、10，10′-氧代双吩噁砒、75 号防霉剂

商品名称 Vinyzene® BP-5-2，Micropel 5 DIDP，Vinyzene SB

IUPAC 名 10-phenoxarsinin-10-yloxyphenoxarsinine

EC 编码 [200-377-3]

理化性质 纯品为白色、无臭粉末或颗粒，含量约 100%（As 含量 29.84%）。分解温度 380℃。熔点 180～184℃。密度（25℃）1.40～1.42g/mL。蒸气压（25℃）10^{-3}hPa。$\lg K_{ow}=7.51$。溶解度：不溶于水；在一般有机溶剂中的溶解度小，可溶于二甲基酰胺、氯仿、环氧大豆油等。稳定性：稳定地存在于弱酸或弱碱体系。耐温可达 300℃ 以上。

毒性 大白鼠急性经口 LD_{50} 54mg/kg。急性经皮 LD_{50} 250mg/kg。作为有机砷化合物，其毒性比无机砷化合物要低得多（三氧化二砷对鼠急性经口 LD_{50} 1.38mg/kg）。

抗菌防霉效果 作用机理是活性组分中的三价砷与微生物细胞中酶的巯基（—SH）配位结合，从而阻止菌的代谢、杀灭细胞或孢子。该化合物杀菌抑菌效果非常优异，其对一些微生物的最低抑制浓度见表 2-251。

表 2-251 OBPA 对一些微生物的最低抑制浓度（MIC）

微生物	MIC/(mg/L)	微生物	MIC/(mg/L)
黑曲霉	5	甘蔗节菱孢	5
米曲霉	5	黑青霉	5
黄曲霉	8	烟色盘多毛孢	8
松脂芽枝霉	3	尖孢霉	1
蜡叶芽枝霉	3	枯草杆菌	3
橘青霉	3	大肠杆菌	15
淡黄青霉	3	金黄色葡萄球菌	3
出芽短梗霉	3	普通变形杆菌	10
黑根霉	10	溶乳酪小球菌	8
刺状毛霉	10	铜绿假单胞杆菌	30
串珠镰孢霉	5	荧光假单胞杆菌	30
膝曲弯孢	5		

制备 该化合物由二氧化二砷、三氧化二砷、氢氧化钠等原料制备而得。

应用 10,10′-氧代二酚噁嗪（OBPA）可同时防霉、抗菌、抗藻类，曾是工业领域十分有效的抗菌剂之一，添加到 PVC 制品、塑料制品、墙面涂料、海洋防污、涂料、油墨、纸张、电缆等内即可成防霉抗菌制品。注意：由于毒性问题，该化合物在很多行业已被禁止使用。

法规 OBPA 由于安全性方面有一定问题，欧盟于 2012 年 2 月 9 日决议，于 2013 年 2 月 1 日开始禁止使用，包括 PT-9 产品类型（纤维，皮革，橡胶和聚合材料防腐剂）在内的所有 22 种产品类型全部禁用。

1,1′-(2-亚丁烯基)双(3,5,7-三氮杂-1-氮鎓金刚烷氯化物)[(1,1′-2-butenylene)bis(3,5,7-triaza-1-azoniaadamantanechloride)]

$C_{16}H_{30}Cl_2H_8$, 405.4, 51350-84-6

理化性质 纯品含量 96%（醛含量 88.8%），外观白色结晶性粉末，无味。熔点 150℃（分解）。pH 值为（2%水溶液）8.5～9。稳定性：固态下稳定。溶解度：溶于水；不溶于非极性溶剂。

毒性　大鼠急性经口 LD_{50} 3400mg/kg；兔急性经皮 LD_{50} 8000mg/kg（来源：Luloff & Eilender，1975 年）。

抗菌防霉效果　1,1′-(2-亚丁烯基)双(3,5,7-三氮杂-1-氮鎓金刚烷氯化物）抗菌活性基于甲醛的释放，其对常见微生物的抑制效果见表 2-252。

表 2-252　该化合物对常见微生物的最低抑制浓度（MIC）

微生物	MIC/(mg/L)	微生物	MIC/(mg/L)
产气杆菌	125	枯草芽孢杆菌	60
铜绿假单胞杆菌	250	沙门氏菌	60
金黄色葡萄球菌	125		

应用　1,1′-(2-亚丁烯基)双(3,5,7-三氮杂-1-氮鎓金刚烷氯化物）属于广谱型防腐剂。可用于聚合物乳液、乳胶漆、颜料和染料浆料、混凝土添加剂、淀粉、增稠剂等各种水性体系。

乙二醇双羟甲基醚(EGForm)
[(ethylenedioxy)dimethanol]

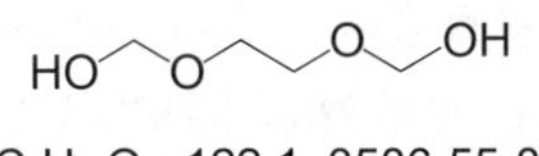

$C_4H_{10}O_4$, 122.1, 3586-55-8

其他名称　乙二醇二羟甲醚、乙二醇半缩醛

商品名称　Dascocide® 9、Nipacide® FC、Preventol® EDDM、万立净 CF

化学名称　[1,2-亚乙基二(氧)]二甲醇

IUPAC 名　2-(hydroxymethoxy) ethoxymethanol

EC 编码　[222-720-6]

理化性质　含量>99%（醛含量 42.2%），外观呈无色透明液体，具有甲醛气味。沸点 89.6℃。密度（20℃）约 1.2g/mL。蒸气压（20℃）<10hPa。折射率（n_D，20℃）1.436。闪点 83℃。溶解性：溶于水和醇类。

毒性　大鼠急性经口 LD_{50} 761mg/kg。刺激皮肤和黏膜。

抗菌防霉效果　乙二醇双羟甲基醚（EGForm）作用机制活性基于甲醛的释放，该化合物对抗细菌特别有效（可参考甲醛或多聚甲醛）。

制备　EGForm 由乙二醇与多聚甲醛反应制备而得。

应用　EGForm 和其他组分复配，协同保护罐内工业产品免于微生物的侵蚀，比如 CMIT/MIT+EGForm。

法规　欧盟化学品管理局（ECHA）：根据指令 98/8/EC（BPD）或规则（EU）

No. 528/2012（BPR）提交了批准申请的所有活性物质/产品类型组合为 PT-2（不直接用于人体或动物的消毒剂和杀藻剂）、PT-6（产品在储存过程中的防腐剂）、PT-11（液体制冷和加工系统防腐剂）、PT-12（杀黏菌剂）、PT-13（金属工作或切削液防腐剂）。

乙二醛
(glyoxal)

O═C—C═O
 H H

$C_2H_2O_2$, 58.0, 107-22-2

商品名称 Protectol® GL

IUPAC 名 oxaldehyde

EC 编码 [203-474-9]

理化性质 乙二醛外观呈无色或淡黄色棱状结晶。沸点（101kPa）51.2℃。熔点15℃。蒸气压（20℃）18mmHg（Exposure Limits）。相对密度（20℃）1.14。折射率（n_D，20℃）1.3826。pH 值为（40%水溶液）2.1～2.7。闪点＞100℃。$\lg K_{ow}$＝－1.66。溶解度：水≥100mg/mL（22℃）；易溶于常用有机溶剂。稳定性：易吸潮。放置、遇水或溶于含水溶剂时迅速聚合。通常以各种聚合形式存在，加热时无水聚合物又变成单体。商品为 30%～40%的水溶液，以四醇型的形式存在。

毒性 兔急性经皮 LD_{50} 10g/kg。大鼠急性经口 LD_{50} 7070mg/kg。小鼠腹腔注射 LD_{50} 200mg/kg 体重。雌鼠吸入 LC_{50}（4h，40%乙二醛）2410mg/kg。水生生物：黑头呆鱼 LC_{50}（静态，96h）215mg/L（来源：HSDB）。

抗菌防霉效果 乙二醛作用机制为醛基（—CHO）的极性效应使醛基碳带上正电荷，醛基氧带负电荷，醛类通过带正电荷的碳与蛋白质上带孤对电子的氨基（$—NH_2$，细菌蛋白质的氨基）、亚氨基或巯基（—SH，细菌酶系统的巯基）等活性基团发生亲核加成反应，使细菌失去复制能力，引起代谢系统紊乱而达到杀菌的目的。

乙二醛显示广泛的抗微生物性能，包括革兰氏阳性菌和革兰氏阴性菌、真菌、孢子和某些病毒。其对一些微生物的最低抑制浓度见表 2-253。

表 2-253 40%乙二醛溶液对一些微生物的最低抑制浓度（MIC）

微生物名称	MIC/%	微生物名称	MIC/%
金黄色葡萄球菌 ATCC 6538	0.25	大肠杆菌 ATCC 11229	0.50
变形杆菌 ATCC 14153	0.50	绿脓假单胞杆菌 ATCC 15442	0.50
白色念珠菌 ATCC 10231	2.50		

（来源：BASF）

制备 乙二醛主要由乙二醇气相催化氧化法和乙醛硝酸氧化法制得。

应用 乙二醛可作杀菌剂、消毒剂、除虫剂、除臭剂，适用于医院和畜牧业作环境消毒；适用于水基油井压裂液作杀菌剂；亦作其他工业用途。

实际应用参考：

醛类化合物的官能团醛基的化学活性较强，可与多种物质发生缩合反应，既可以消除氨及胺类臭气，又可以消除硫化氢、硫醇等含硫臭气。特公昭 60-13701：含乙二醛和硫酸铝盐的固体除臭剂，这种除臭剂对氨效果好，对硫化氢效果较差。特公昭 60-40085：含粉转阳离子高分子化合物、纤维素衍生物和乙二醛的除臭脱水剂，主要用于下水污泥处理。特公昭 62-14589：含乙二醛、乙二醇、氯化钙的除臭剂，可使乙二醛除臭效果延长。

法规 欧盟化学品管理局（ECHA）：根据指令 98/8/EC（BPD）或规则（EU）No. 528/2012（BPR）提交了批准申请的所有活性物质/产品类型组合为 PT-2（不直接用于人体或动物的消毒剂和杀藻剂）、PT-3（兽医卫生消毒剂）、PT-4（食品和饲料领域消毒剂）。

月桂胺二亚丙基二胺
[bis(aminopropyl)laurylamine]

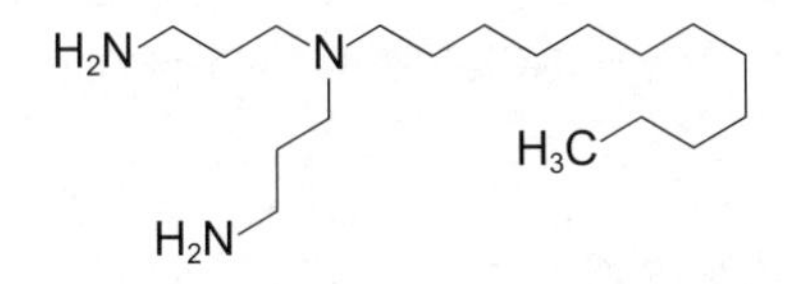

$C_{18}H_{41}N_3$, 300.0, 2372-82-9

其他名称 *N*,*N*-双(3-氨基丙基)十二胺

商品名称 Lonzabac 12. 100、Vancide 12. 100、Lonzabac 12. 30、Triameen® Y12D

化学名称 *N*-(3-氨基丙基)-*N*-十二烷基-1,3-丙二胺

IUPAC 名 *N*′-(3-aminopropyl)-*N*′-dodecylpropane-1,3-diamine

INCI 名称 *N*-(3-aminopropyl)-*N*-dodecyl-1,3-propanediamine

EC 编码 [219-145-8]

理化性质 无色至黄色液体，具有氨气味。密度（20℃）0.8650g/mL。黏度（23℃）38mPa·s。pH 值为（1%水溶液）10～12。闪点>100℃。溶解度：混溶于水和极性有机溶剂。稳定性：在正常条件下稳定。与非离子、阳离子和部分阴离子表面活性剂相容。

毒性 大鼠急性经口 LD_{50} 261m/kg。大鼠急性经皮 LD_{50}> 600mg/kg。水生生物：虹鳟鱼 LC_{50}（96h）0.68mg/L。水蚤 EC_{50}（24h）0.64mg/L。藻类 ErC_{50}（72h）0.04mg/L（来源：LONZA）。

抗菌防霉效果　长链烷基胺（月桂胺二亚丙基二胺）对革兰氏阳性菌、革兰氏阴性菌、藻类均有良好的抑杀效果，亦体现一定的杀病毒活性。

制备　月桂胺二亚丙基二胺由原料十二胺或1,4-二氧六环制备而来（来自：新诺科）。

应用　月桂胺二亚丙基二胺可用于日化家化、医院、工业设备等消毒剂或消毒剂清洁剂中的活性成分；可用于纺织材料的抗微生物处理和驱螨剂；抑杀水体环境中微生物（需氧、厌氧菌）和藻类的增殖。

法规　欧盟化学品管理局（ECHA）：根据指令98/8/EC（BPD）或规则（EU）No.528/2012（BPR）提交了批准申请的所有活性物质/产品类型组合为PT-2（不直接用于人体或动物的消毒剂和杀藻剂）、PT-3（兽医卫生消毒剂）、PT-4（食品和饲料领域消毒剂）、PT-6（产品在储存过程中的防腐剂）、PT-8（木材防腐剂）、PT-11（液体制冷和加工系统防腐剂）、PT-12（杀黏菌剂）、PT-13（金属工作或切削液防腐剂）。月桂胺二亚丙基二胺活性物质申请目前处于审核进行之中。

月桂基氨基丙酸
(lauraminopropionic acid)

$C_{15}H_{31}NO_2$, 257.4, 1462-54-0

其他名称　*N*-十二烷基丙氨酸

化学名称　3-十二烷基氨基丙酸

IUPAC名　3-(dodecylamino)propanoic acid

EC编码　[215-968-1]

理化性质　本品为氨基酸性表面活性剂，水溶液为浅色或无色透明液体。一般将其配成钠盐使用，易溶于水。

毒性　月桂基氨基丙酸毒性较小，按规定量使用安全低毒。

抗菌防霉效果　月桂基氨基丙酸对细菌、霉菌均有较好的抑制作用。月桂基氨基丙酸对一些微生物的最低抑制浓度见表2-254。

表2-254　月桂基氨基丙酸对一些微生物的最低抑制浓度（MIC）

微生物	MIC/(mg/L)	微生物	MIC/(mg/L)
黑曲霉	100	球毛壳霉	40
黄曲霉	100	大肠杆菌	30
橘青霉	50	金黄色葡萄球菌	50
蜡叶芽枝霉	120	普通变形杆菌	80
出芽短梗霉	60	铜绿假单胞杆菌	180

制备 月桂基氨基丙酸由十二胺和丙烯酸甲酯原料制备。

应用 月桂基氨基丙酸是氨基酸型两性表面活性剂，具有毒性低、抗静电、杀菌、防腐、易生物降解等功能，广泛用于印染洗涤、工业清洗、日用化工产品等领域；其他工业领域如胶黏剂、涂料、纸张、纺织品等行业均可以考虑使用。

月桂基甜菜碱
(lauryl betaine)

$C_{16}H_{33}NO_2$, 271.4, 683-10-3

其他名称 十二烷基二甲基甜菜碱、BS-12

商品名称 Cola® Teric LAB、Mackam LAB、Nissan Anon BL

化学名称 十二烷基二甲基胺乙内酯

IUPAC 名 2-[dodecyl(dimethyl)azaniumyl]acetate

EC 编码 [211-669-5]

理化性质 商品含量 30%～33%，外观为无色至浅黄色透明黏稠液体。pH 4.5～6.6。溶解度：溶于水，为两性离子表面活性剂。稳定性：对次氯酸钠稳定，不宜在100℃以上长时间加热。

毒性 月桂基甜菜碱为表面活性剂，生物降解性良好。

抗菌防霉效果 月桂基甜菜碱对洗涤剂、香波等的污染菌具有一定的抑杀作用。

制备 月桂基甜菜碱由十二烷基二甲基叔胺和氯乙酸制备。

应用 月桂基甜菜碱是一种两性表面活性剂，具有良好的洗涤、柔软、抗静电、分散、杀菌消毒、防锈等性能，可作个人护理（香波、沐浴露、洗手液）等日化产品的重要原料；亦可用作纤维、织物柔软剂、羊毛缩绒漂洗剂、金属加工液等产品的配料中。注意：酸性及碱性条件下均具有优良的稳定性。

实际应用参考：

专利 CN 105239380 A：本发明提供了一种抗菌防霉纺织品及其制备方法，是在抗菌防霉纺织品上附有十二烷基二甲基甜菜碱（月桂基甜菜碱）和纳米 ZnO 改性的二羟基聚二苯基硅氧烷的混合物，其中十二烷基二甲基甜菜碱（月桂基甜菜碱）和纳米 ZnO 改性的二羟基聚二苯基硅氧烷的摩尔比为（3～7）∶1。该抗菌防霉纺织品制备方法包括步骤：①将纺织品置于含有十二烷基二甲基甜菜碱和纳米 ZnO 改性的二羟基聚二苯基硅氧烷的混合溶液中超声处理；②将步骤①处理的纺织品烘干或晾干；③将步骤

②所得样品清洗后定型，再干燥得成品。本发明抗菌防霉纺织品，其经 50 次洗涤后抗菌活性仍能保持 97%以上，并且保持了良好的力学性能。

月桂酸甘油酯
(glycerol monolaurate)

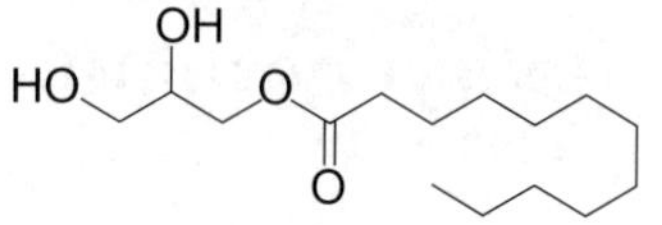

$C_{15}H_{30}O_4$, 274.4, 142-18-7

其他名称　monolaurin、GML、甘油单月桂酸酯、单月桂酸甘油酯、单十二酸甘油酯

商品名称　FINESTER LG 9000、MONOMULS® 90-L 12、Imwitor® 312

化学名称　2,3-二羟基丙醇十二酸酯

IUPAC 名　2,3-dihydroxypropyl dodecanoate

INCI 名称　glyceryl mono laurate

EC 编码　[205-526-6]

理化性质　白色至灰白色结晶粉末。熔点 (58±3)℃。相对密度 0.997。pH 值为 (10% 甲醇∶水=1∶1) 4.0～5.0。

毒性　大鼠急性经口 LD_{50}　53.4mL/kg（来源：Food Research，1956 年）。

抗菌防霉效果　甘油单月桂酸酯（单月桂酸甘油酯）作用机理是通过选择性改变敏感菌株细胞通透性，导致敏感菌株胞内部分蛋白、离子外泄。

赵存洋报道对于单月桂酸甘油酯的抑菌性能的研究，采用倒平板法测定最低抑菌浓度（MIC），液体培养法测定最低杀菌浓度（MBC），光电比浊法测定抑菌时效。结果表明：单月桂酸甘油酯对革兰氏阳性菌、真菌有很好的抑制效果，对革兰氏阴性菌几乎没有抑制效果，其对金黄色葡萄球菌、枯草芽孢杆菌、酵母菌、黑曲霉、灰绿青霉的最低抑菌浓度分别为 0.04mg/mL、0.04mg/mL、0.32mg/mL、0.32mg/mL、0.16mg/mL，最低杀菌浓度分别为 0.16mg/mL、2.5mg/mL、1.25mg/mL、2.5mg/mL、0.64mg/mL，对金黄色葡萄球菌、酵母菌、黑曲霉的抑菌半衰期分别为 50h、115h、115h，对枯草芽孢杆菌的抑菌率始终保持在 100%，对灰绿青霉的抑菌率保持在 85%左右。此外，单月桂酸甘油酯在最低抑菌浓度、最低杀菌浓度方面明显好于传统食品防腐剂山梨酸钾、亚硝酸钠；单月桂酸甘油酯对细菌的抑菌时效好于山梨酸钾和亚硝酸钠，对真菌的抑菌时效差于山梨酸钾和亚硝酸钠。

制备　单月桂酸甘油酯是由一分子 12 碳原子数的月桂酸与一分子甘油酯化形成的单酯。

应用 单月桂酸甘油酯是一种抗革兰氏阳性菌、霉菌和酵母菌的表面活性剂，如果与 EDTA 或丁基羟基甲苯合用，还能有效地抗革兰氏阴性菌，且不受 pH 限制，在中性或微碱性条件下仍有较好的抗菌效果；亦可用于米粉、肉制品、乳制品及果蔬产品的防腐保鲜，显著延长食品的保质期；还可用于肥皂、香波等个人护理品作抗菌剂和表面活性剂。

月桂酸五氯苯酯
(pentachlorophenyl laurate)

$C_{18}H_{23}Cl_5O_2$, 448.6, 3772-94-9

其他名称 PCPL

化学名称 十二酸五氯苯酯

IUPAC 名 2,3,4,5,6-pentachlorophenyl dodecanoate

EC 编码 [223-220-0]

理化性质 棕色，无臭油状液体。密度（20℃）1.25g/mL。溶解度：不溶于水和醇类，溶于丙酮、酯、乙醚、甲苯等。稳定性：不挥发，不受稀酸或碱的影响。

毒性 大鼠急性经口 LD_{50} 760mg/kg，小鼠急性经口 LD_{50} 757mg/kg。

抗菌防霉效果 月桂酸五氯苯酯对细菌、霉菌均有一定的抑制作用，尤对各种木材的丝状真菌有效。月桂酸五氯苯酯对一些微生物的最低抑制浓度见表 2-255。

表 2-255 月桂酸五氯苯酯对一些微生物的最低抑制浓度（MIC）

微生物	MIC/(mg/L)	微生物	MIC/(mg/L)
黑曲霉	>1000	球毛壳菌	>1000
青霉	>1000	大肠杆菌	>2500
金黄色葡萄球菌	750		

制备 月桂酸五氯苯酯由月桂酰氯和五氯酚为原料制备。

应用 月桂酸五氯苯酯的药效类似五氯酚，但毒性较低。月桂酸五氯苯酯主要作木材防腐剂。加在矿油或沥青中浸渍木材，可增强木材的防腐性能，用于枕木、坑木、电杆及建筑木材的防腐。此外，本品加在皮革加脂剂中处理皮革，可增加皮革的耐霉性能。还可用于合成纤维油剂和切削油中，能提高油剂的防腐性能。

月桂酰精氨酸乙酯盐酸盐(LAE)
(ethyl lauroylarginate hydrochloride)

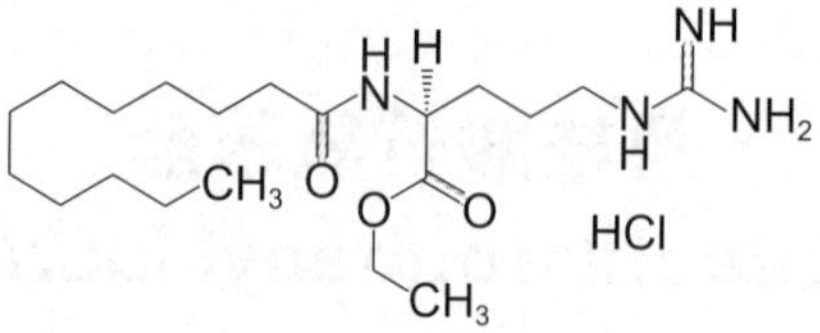

$C_{20}H_{40}N_4O_3$ HCl, 421.0, 60372-77-2

商品名称 Cytoguard LA

INCI 名称 ethyl lauroylarginate HCL

EC 编码 [434-630-6]

理化性质 月桂酰精氨酸乙酯盐酸盐（LAE）的分子组成含有月桂酸、*l*-精氨酸、乙醇，是一种有机盐酸盐。*l*-精氨酸上的羧基与乙醇以酯键相连，它的 α-氨基与月桂酸以肽键相连，同时精氨酸胍基上的氨基与一个盐酸分子相接。月桂酰精氨酸乙酯的活性成分有脂肪酰基取代的氨基酸乙酯、月桂酰精氨酸乙酯盐酸盐。市场上应用的月桂酰精氨酸乙酯盐酸盐（LAE）大都是以 85%～95% 的含量作为月桂酰精氨酸乙酯的活性成分。

月桂酰精氨酸乙酯外观为白色粉末。熔点 50～58.0℃，沸点 107℃（分解）。相对密度 1.11。蒸气压（25℃）5.45×10^{-4} Pa。溶解度：20℃下，溶解性大于 247g/kg。稳定性：在 pH 3～7 范围内化学性质稳定。其稳定性随着温度的升高和 pH 值的降低而下降。总体来讲，月桂酰精氨酸乙酯盐酸盐在无机酸中的稳定性优于在有机酸中的稳定性。

毒性 月桂酰精氨酸乙酯盐酸盐（LAE）有着极好的安全性，在人体内通过化学和代谢途径水解为人体日常饮食中摄入的化合物。英国 Huntingdon Life Science 公司的一系列毒理学实验研究表明，LAE 对人体没有任何不良反应。这些实验包括：LAE 在人体和动物体内的新陈代谢实验、致突变实验、急性毒性实验、亚慢性毒性实验、慢性毒性实验、生殖毒性实验和潜在毒性实验。

抗菌防霉效果 月桂酰精氨酸乙酯盐酸盐（LAE）分子由化学结构产生的表面活性，使它具有广谱的抑菌特性。LAE 主要作用于微生物的细胞壁、细胞膜及细胞壁和细胞膜的中间层，抑制微生物增殖，而抑菌效果由微生物的种类和接触时间决定。月桂酰精氨酸乙酯盐酸盐（LAE）在微生物细胞膜上的直接作用导致细胞膜结构上的显著改变，巴塞罗那大学药学系研究人员的研究表明，和其他因素（温度，pH 等）一样，月桂酰精氨酸乙酯盐酸盐（LAE）也会使微生物细胞产生应激状态，不同的是，月桂酰精氨酸乙酯盐酸盐（LAE）引起了微生物细胞的代谢调节，这种应激状态是临时的，一旦撤去 LAE 的作用，细胞结构会自发恢复到原来的状态。细胞结构状态的临时改变证明 LAE 没有诱发微生物基因层面的抗药性，因而月桂酰精氨酸乙酯盐酸盐（LAE）对微生物有着永久的抑制作用。

有文献表明，月桂酰精氨酸乙酯盐酸盐（LAE）对革兰氏阳性菌、革兰氏阴性菌、病原体、酵母菌和霉菌都具有良好的抑菌效果，且最低抑制浓度普遍较低，详见表2-256。

表 2-256　月桂酰精氨酸乙酯盐酸盐（LAE）对部分微生物的最低抑制浓度（MIC）

测试菌株	MIC/(μg/mL)	测试菌株	MIC/(μg/mL)
金黄色葡萄球菌(ATCC 6538)	8	大肠杆菌 O157H7(ATCC 35150)	32
啤酒酵母(ATCC 9763)	32	粪产碱杆菌 ATCC 8750	64
李斯特菌(ATCC 15313)	32	肺炎克氏杆菌 ATCC 4352	32
脂环酸芽孢杆菌 DSMZ 14558	32	绿脓杆菌 ATCC 9027	32
枯草芽孢杆菌 ATCC 6633	16	鼠伤寒沙门菌 ATCC 14028	32
枯草分枝杆菌 ATCC 41423	2	黑曲霉 ATCC 9763	32
白色念珠菌 ATCC 1023	16	出芽短梗霉 ATCC 9348	16
深红酵母 CECT 11581	16	绿粘帚霉 ATCC 4645	32
啤酒酵母 ATCC 9763	32	绳状青霉 CECT 2914	16

（来源：张赛赛，等．食品工业科技，2009，30（11））.

制备　月桂酰精氨酸乙酯一般由月桂酸、*l*-精氨酸盐酸盐和乙醇制备而成。

应用　最早由西班牙公司 Laboratorios Miret，S. A.（LAMIRSA）合成。月桂酰精氨酸乙酯盐酸盐（LAE）可有效抑制病原体及大多数腐败微生物的生长繁殖，是一种安全、高效的防腐剂。可作食品、日化家化等防腐剂使用。

实际应用参考：月桂酰精氨酸乙酯盐酸盐（LAE）可用于口腔护理方面的产品，如漱口水、牙膏等，可有效抑制口腔内牙斑的形成，与漱口水中的其他化学成分兼容且化学性质稳定。美国专利（US2005/0027001，2005）公开了一个稳定的液体抗斑口腔复配物，含有月桂酰精氨酸乙酯盐酸盐作为抗菌剂，具有稳定的保湿性能和良好的清洁作用。

法规

① 2005 年美国 FDA 公布月桂酰精氨酸乙酯盐酸盐（LAE）通过公认安全食品认证，同时美国农业部也允许 LAE 在肉类食品和禽类食品中使用。2007 年，欧洲 EFSA 批准其作为一种食品防腐剂在食品中使用。2009 年，欧盟委员会首次批准 LAE 作为一种防腐剂在化妆品中使用（除唇妆品、口腔卫生用品及喷雾品以外）。2012 年澳大利亚新食品标准局批准在香肠和香肠肉（包括未加工的肉类原料）中使用防腐剂月桂酰精氨酸乙酯。2014 年加拿大卫生部发布公告，批准月桂酰精氨酸乙酯作为防腐剂用于多种

标准和非标准食品中。

② 胡文静等2013年报道，欧盟消费者安全科学委员会（SCCS）发布了关于月桂酰精氨酸乙酯盐酸盐（CAS登录号：60372-77-2）在化妆品中使用的科学意见，委员会对该物质用于部分口服化妆品中的安全性表示肯定，认为该物质在漱口水中作为防腐剂使用，并且浓度在0.15%时是安全的。2015年，据欧盟化妆品法规1223/2009，SCCS对月桂酰精氨酸乙酯盐酸盐的应用发表意见认为：月桂酰精氨酸乙酯虽然不能作为防腐剂用在所有的口腔产品中，但是以不大于0.15%的浓度作为防腐剂用于漱口水是安全的，但是长期使用对于儿童而言则不安全。

氧化锌 (zinc oxide)

ZnO，81.4，1314-13-2

其他名称 锌氧粉、锌白、锌白粉

IUPAC名 oxozinc

EC编码 [215-222-5]

理化性质 氧化锌，特别是超微细氧化锌，由于粒度高，比表面积大，颗粒的表面原子数增多，表面原子数与颗粒的总原子数比值也增大，其表面能亦随之迅速增加，从而产生表面效应，在有空气和水存在的环境中受到光的作用，于是就发生类似于TiO_2光催化剂的光化学反应和抗菌作用。

毒性 大鼠腹腔注射LD_{50} 240mg/kg。空气中最高容许浓度0.5mg/m^3。

抗菌防霉效果 纳米ZnO抗菌能力主要归因于活性氧的强氧化作用。祖庸等在纳米氧化锌的定量杀菌实验中发现，当纳米氧化锌的浓度为1%时，5min内对金黄色葡萄球菌的杀菌率为98.86%，对大肠杆菌的杀菌率为99.93%。

制备 以硝酸锌为原料、尿素为沉淀剂，均匀沉淀法制备纳米氧化锌。

应用 纳米氧化锌可用于塑料、陶瓷、涂料、皮革、化妆品等行业的抗菌防腐。

实际应用参考：

① 李喜宏等研究了纳米ZnO/PVC膜对大肠杆菌和金黄色葡萄球菌的体外抑菌作用及对苹果切片防腐保鲜效果，以及纳米ZnO含量、溶液pH值、培养条件（无光和光照）等对纳米膜抑菌能力的影响。结果表明：添加纳米ZnO/PVC膜的菌悬液，光照振荡培养4h，大肠杆菌菌落总数减少大半；纳米膜中ZnO粒子含量越高，抑菌效果越好，且该膜对金黄色葡萄球菌的抑制作用高于大肠杆菌；纳米ZnO/PVC膜在不同酸碱度环境中抑菌性能稳定；纳米ZnO/PVC包装可以延缓苹果切片的褐变、腐烂，保持生理品质，常温储藏3d，果实总酚含量高于对照组。

② 赵静等报道采用溶胶-凝胶法制备纳米氧化锌整理剂，对氧化锌粉末进行X-射线衍射表征。用浸轧工艺对棉织物进行整理，工艺条件为：织物二浸二轧（70%～80%）—烘干（80℃×3min）—焙烘（160℃×30s）。结果表明，整理后织物具有良好的抗紫外线性能，UPF等级达到50+，抑菌率达99.97%；成品具有很好的皂洗牢度，且不影响整理织物的白度、断裂强度和透气性等。

③ 纳米氧化锌为无机抗菌剂，应用于抗菌涂料中也具有良好的市场前景。研究发现，将一定比例的纳米氧化锌加到丙烯酸涂料中制得抗菌涂料，其抗菌率可达到90%。将纳米氧化锌复合抗菌剂添加到苯丙乳液中制备出新型抗菌乳胶漆，其抗菌效力高、安全无毒、综合性能优异。研究还发现，添加有纳米氧化锌的抗菌乳胶涂料具有优良的抗菌效果，抗菌率达99%以上。

氧化亚铜
(cuprous oxide)

Cu_2O，143.1，1317-39-1

其他名称 一氧化二铜

IUPAC名 copper（Ⅰ）oxide

EC登录号 [215-270-7]

理化性质 红棕色结晶性粉末。熔点1235℃。沸点1800℃。相对密度6.0。溶解度：不溶于水和醇；溶于稀无机酸和氨水及其盐溶液。稳定性：在潮湿空气中倾向于氧化为氧化铜。在水中铜离子有形成配合物或沉积后被吸附的强烈倾向。

毒性 大鼠急性经口LD_{50} 1500mg/kg，急性经皮LD_{50}>2000mg/kg。对皮肤有中度至最低水平的刺激性。大鼠吸入LC_{50} 5.0mg/L（空气）。水生生物：小金鱼LC_{50}（48h）60mg/L，中金鱼LC_{50}（48h）150mg/L。水蚤LC_{50}（48h）18.9 μg/L。

抗菌防霉效果 二价铜离子（Cu^{2+}）在孢子萌发时被吸收，积累至足够浓度后杀死细胞。活性仅能阻止孢子萌发。尤其对防治海洋微生物具有良好的效果。

制备 干法铜粉经除杂质后与氧化铜混合，煅烧炉内加热到800～900℃煅烧成氧化亚铜。

应用 氧化亚铜是目前船底防污涂料最常用的防污剂之一。

氧化亚铜相对密度为6.0，在海水中的溶解度为5.4μg/mL，对大部分海洋污损生物有防污作用，可通过消化系统或呼吸系统进入生物体内，凝固生物体内的蛋白质，从而避免附着。注意：铜离子渗出行为受两方面因素的影响：一是防污涂料内部因素的影响，如基体树脂的种类和涂料的配方；二是海洋环境外部因素的影响，如海水的pH值、盐度、温度等。

实际应用参考：

王科等报道，氧化亚铜在海水中分解产生的铜离子能够使海洋生物赖以生存的主酶失去活性，或使生物细胞蛋白质絮凝产生金属蛋白质沉淀物，导致生物组织发生变化而死亡。一般认为，铜离子的临界渗出率为 10μg/(cm²·d)时对藤壶有效，10～20μg/(cm²·d)时对水螅、水母有效，20～50μg/(cm²·d)时对藻类有效，40μg/(cm²·d)时对细菌黏膜有效。

法规　欧盟化学品管理局（ECHA）：2016 年，欧盟生物杀灭剂产品委员会（BPC）发布法规（EU）2016/1089，批准氧化亚铜（dicopper oxide）作为第 21 类（海洋防污剂）生物杀灭剂产品的活性物质。批准日期 2018 年 1 月 1 日，批准期满 2026 年 1 月 1 日。

乙环唑
(etaconazole)

$C_{14}H_{15}Cl_2N_3O_2$, 328.2, 60207-93-4

其他名称　抑霉胺、sonax

化学名称　(±)-1-[2-(2,4-二氯苯基)-4-乙基-1,3-二氧戊环-2-甲基]-1*H*-1,2,4-三唑

IUPAC 名　1-[2-(2,4-dichlorophenyl)-4-ethyl-1,3-dioxolan-2-yl] methyl-1,2,4-triazole

EC 编码　[262-107-0]

理化性质　纯品外观呈无色结晶。熔点 75～95℃（与立体异构体含量有关）。相对密度（20℃）1.40。蒸气压（20℃）0.031mPa。溶解度（20℃）：水 80mg/L；丙酮 300g/kg、二氯甲烷 700g/kg、甲醇 400g/kg、异丙醇 100g/kg、甲苯 250g/kg。稳定性：不易水解，在 350℃以下稳定。

毒性　大鼠急性经口 LD_{50} 1343mg/kg。大鼠急性经皮 LD_{50} ＞3100mg/kg。水生生物：虹鳟鱼 LC_{50}（96h）2.5～2.9mg/L，鲤鱼 LC_{50}（96h）4mg/L（实验室结果）。

抗菌防霉效果　乙环唑属甾醇脱甲基化抑制剂，对细菌、霉菌均有较好的防治作用，尤其对曲霉、青霉、木霉等有较强的抑杀效果。乙环唑对一些微生物的最低抑制浓度见表 2-257。

表 2-257　乙环唑对一些微生物的最低抑制浓度（MIC）

微生物	MIC/(mg/L)	微生物	MIC/(mg/L)
黑曲霉	10	巨大芽孢杆菌	500
黄曲霉	50	大肠杆菌	200
变色曲霉	20	金黄色葡萄球菌	200
球毛壳霉	5	枯草杆菌	100
蜡叶芽枝霉	5	荧光假单胞杆菌	>500
橘青霉	40	啤酒酵母	>500
宛氏拟青霉	50	酒精酵母	500
链格孢霉	20		

制备　将2,4-二氯苯乙酮与溴发生取代反应得到w-溴-2,4-二氯苯乙酮，然后在催化剂对甲基苯磺酸存在下，进一步与1,2-丁二醇发生脱水反应后，继续与三氮唑钠缩合得到乙环唑。

应用　乙环唑属于金环唑杀菌剂，是原汽巴嘉基公司开发的一种三唑类杀菌剂，对多种真菌具有抑制或杀灭作用。工业领域：可用于线带制品、帆布漆布、纸张、铜版纸、布胶鞋、地毯、包装纸、皮革、合成革、涂料、塑料等工业产品中防霉；还可用于木材、草木藤制品等领域的抗菌防霉；亦作重要的农业杀菌剂。

所谓的金环唑杀菌剂，蒋木庚等报道金环唑属三唑类杀菌剂，其同系物包括戊环唑（azaconazole）、甲环唑（metaconazole）、乙环唑（etaconazole）、丙环唑（propiconazole）和噁醚唑（difenoconazole）。除戊环唑外，这类化合物的分子既有顺、反异构，又有旋光异构。

鱼精蛋白
(protamtne sulfate)

其他名称　硫酸鱼精蛋白，精蛋白盐

CAS登录号　[53597-25-4]

理化性质　鱼精蛋白是一种引人注目的天然抗菌物质，是一种小而简单的球形蛋白质，含有大量氨基酸，也是一种碱性蛋白质，分子量为5000左右，常与核酸结合，存在于鱼的精子细胞中。鱼精蛋白在中性和碱性介质中显示出较高的抗菌能力，而在pH值为6以下的酸性介质中抗菌力比较弱。鱼精蛋白的热稳定性较高，在210℃加热90min仍有一定的活性。

毒性　各种毒理实验证明，鱼精蛋白实际无毒、弱蓄积性，无染色体畸变作用（包括体细胞染色体畸变和生殖细胞染色体畸变），也无基因突变作用。因此可以认为，鱼

精蛋白是一种对人体无害、高度安全、具有很高营养性和功能性的新型食品防腐剂。

抗菌防霉效果 鱼精蛋白能够抑制多种好氧菌和厌氧菌的呼吸和代谢，从而影响其生长繁殖。至今，科研工作者已发现鱼精蛋白具有广谱抑菌活性，包括革兰氏阳性菌、革兰氏阴性菌、酵母菌和霉菌。

① 鱼精蛋白对细菌的抑制作用 鱼精蛋白对细菌的抑制作用见表 2-258。该表说明鱼精蛋白对革兰氏阳性菌、革兰氏阴性菌生长都有较强的抑制作用，在 pH 7.0 时，对革兰氏阴性菌的最低抑制质量浓度（MIC）小于 1000mg/L，对革兰氏阳性菌（金黄色葡萄球菌）的最低抑制质量浓度小于 500mg/L。结果还表明，随着 pH 值的升高，鱼精蛋白对细菌的最低抑制浓度逐渐降低。因此，鱼精蛋白在偏碱性条件下的抑菌能力较强。

表 2-258 鱼精蛋白对细菌的抑菌作用

菌种	鱼精蛋白质量浓度/(mg/L)	pH 值						
		5.5	6.0	6.5	7.0	7.5	8.0	8.5
铜绿假单胞杆菌	0	+	+	+	+	+	+	+
	200	+	+	+	+	+	+	+
	500	+	+	+	+	—	—	—
	1000	—	—	—	—	—	—	—
沙门氏菌	0	+	+	+	+	+	+	+
	200	+	+	+	+	+	+	+
	500	+	+	+	+	—	—	—
	1000	—	—	—	—	—	—	—
大肠杆菌	0	+	+	+	+	+	+	+
	200	+	+	+	+	+	+	+
	500	+	+	+	+	—	—	—
	1000	—	—	—	—	—	—	—
金黄色葡萄球菌	0	+	+	+	+	+	+	+
	200	+	+	+	+	+	+	+
	500	+	+	+	—	—	—	—
	1000	—	—	—	—	—	—	—
枯草芽孢杆菌	0	+	+	+	+	+	+	+
	200	+	+	+	+	+	+	+
	500	+	+	+	+	—	—	—
	1000	—	—	—	—	—	—	—

注：“—”表示没有菌落生长，“+”表示有菌落生长。

② 鱼精蛋白对真菌的抑制作用　鱼精蛋白对真菌的抑制作用见表 2-259。该表说明鱼精蛋白对真菌具有一定的抑制作用，对酵母菌的抑菌效果相对较好。在 pH 7.0 时，鱼精蛋白对酵母菌和霉菌的最低抑制质量浓度均小于 1000mg/L；pH 5.5 时，对霉菌的最低抑制质量浓度均大于 1000mg/L。随着 pH 值的升高，鱼精蛋白对真菌的最低抑制质量浓度逐渐降低，这与鲑鱼鱼精蛋白的抗菌特性一致。

表 2-259　鱼精蛋白对真菌的抑菌作用

菌种	鱼精蛋白质量浓度/(mg/L)	pH 值						
		5.5	6.0	6.5	7.0	7.5	8.0	8.5
啤酒酵母	0	+	+	+	+	+	+	+
	100	+	+	+	+	+	+	+
	200	+	+	+	+	+	−	−
	500	+	+	+	+	−	−	−
	1000	−	−	−	−	−	−	−
黑根霉	0	+	+	+	+	+	+	+
	100	+	+	+	+	+	+	−
	200	+	+	+	+	−	−	−
	500	+	+	+	−	−	−	−
	1000	+	−	−	−	−	−	−
绳状青霉	0	+	+	+	+	+	+	+
	100	+	+	+	+	+	+	+
	200	+	+	+	+	−	−	−
	500	+	+	−	+	−	−	−
	1000	+	+	−	−	−	−	−
黑曲霉	0	+	+	+	+	+	+	+
	100	+	+	+	+	+	+	+
	200	+	+	+	+	+	+	+
	500	+	+	+	+	−	−	−
	1000	+	+	−	−	−	−	−

注："−"表示没有菌落生长，"+"表示有菌落生长。

制备　通常从鲑、鲟、鲱等鱼中提取。

应用　鱼精蛋白作为安全天然的防腐剂，将在食品行业中发挥越来越大的作用。

鱼精蛋白用作食品防腐剂有很多优点：①具有广谱抑菌活性，不仅能抑制革兰氏阳性菌、革兰氏阴性菌，还能抑制酵母菌和霉菌；②作为一种天然产物，具有很高的安全性，且无臭、无味；③是精氨酸丰富的蛋白质，具有很高的营养性；④能够耐热，经高压灭菌而不丧失抑菌活性，使其可以与食品热处理并用，提高加工食品的保存性；⑤在比较宽的 pH 范围都有抑菌活性，中性到碱性 pH 范围内抑菌效果良好；⑥食品中主要营养成分，如蛋白质、脂肪、糖类对鱼精蛋白抑菌活性影响较小，这有利于其在食品中的应用。

鱼精蛋白在抑菌方面的众多优势使其成为化学防腐剂的一个非常有前景的替代品，在日本已成功用作食品行业的防腐剂。

实际应用参考：

日本研制出一种从鱼精蛋白中提取的新型的天然保鲜剂，具有良好的抗菌防霉保鲜效能。主要成分（质量分数）有：鱼精蛋白提取物 35%、甘氨酸 35%、乙酸钠 25%、聚磷酸钠 5%。试用于马铃薯的保鲜，效果良好，且这种保鲜剂安全可靠，已获得美国 FDA 等 6 个国家标准和专利的认可。

另外在牛奶、鸡蛋、布丁中添加质量分数 0.05%～0.1%的鱼精蛋白，能在 15℃保存 5～6d，而不添加鱼精蛋白的则第 4 天就开始变质。切面中添加同样量的鱼精蛋白，能保存 3～5d，而对照组两天后变质。

乙基大蒜素
(ethylicin)

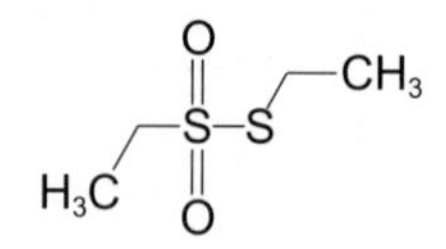

$C_4H_{10}O_2S_2$, 154.3, 682-91-7

其他名称 乙蒜素、抗菌剂 402、抗菌素 401

化学名称 乙基硫代亚磺酸乙酯

IUPAC 名 1-ethylsulfonylsulfanylethane

理化性质 乙基大蒜素是一种植物仿生杀菌剂，系大蒜提取物、大蒜素的乙基同系物。目前市场上有两种生产工艺，一种是纯大蒜生物提取，另一种是采取工业合成。前者生产的是顺式结构体乙蒜素，为微黄色油状透明液体，具有明显的大蒜臭味。工业合成的是反式结构体，为褐黄色油状半透明液体，具有强烈的恶臭味。工业合成品的成本和应用效果明显低于纯大蒜生物提取。本品沸点 80～81℃，相对密度（20℃/4℃）1.1987。溶解度：易溶于乙醇、乙醚、氯仿、乙酸等有机溶剂；稍溶于水（1.2%）。稳定性：加温（130～140℃）或遇铁及碱性物质易分解，有强腐蚀性。对酸较稳定。

毒性 大白鼠急性经口 LD_{50} 140mg/kg。小白鼠急性经口 LD_{50} 80mg/kg。对皮肤和黏膜有强烈的刺激作用。能通过食道、皮肤等引起中毒，损害中枢神经系统，引起呼吸循环衰竭，出现意识障碍和休克。

抗菌防霉效果 乙基大蒜素其分子中含有 S(═S)—S—，与微生物细胞中含硫物质起作用而抑制菌体的正常代谢。其对革兰氏阴性菌或阳性菌以及真菌等均有较好的杀灭效果。同时对异养菌、铁细菌、硫酸还原菌以及藻类等生物也有良好的杀灭作用。乙基大蒜素对实验室试验菌的抗菌情况见表 2-260。

表 2-260 乙基大蒜素对实验室试验菌的抗菌力

防霉剂浓度/%	抑菌圈(直径)	
	混合霉菌/mm	混合细菌/mm
0.5	48	46
0.3	40	37
0.1	28	30

应用 乙基大蒜素是生物降解型的药剂，不会对环境造成污染。一般有商品抗菌剂 401 和抗菌剂 402 两种剂型，都可以作为循环冷却水非氧化杀菌剂使用。但是它容易挥发，在使用过程中有不愉快的气味。

实际应用参考：乙基大蒜素可抑制粮油、棉花、蔬菜、花卉、药材、茶叶等以及蚕业、渔业的数十种病菌。研究表明，80%乙基大蒜素与其他杀菌剂（特别是三唑类杀菌剂）混用防治效果能提升 40%～70%，并能扩大杀菌谱，提高速效性，减少使用剂量。同时用作工业水处理的杀菌剂。在 pH 值为 6.5～7.0 的水中投加 100mg/kg 的纯乙蒜素，其药效可维持 24h 左右。如在碱性水中则易于分解而失效，因此它适合用于酸性或中性循环水系统。在工业水处理中用量为 100～300mg/kg。

乙基己基甘油
(ethylhexlglycerin)

HO–CH₂–CH(OH)–CH₂–O–CH₂–CH(C₂H₅)–(CH₂)₃–CH₃

$C_{11}H_{24}O_3$, 204.3, 70445-33-9

其他名称 3-[2-(乙基己基)氧]-1,2-丙二醇、甘油单异辛基醚、辛氧基甘油

商品名称 Saskine™ 50、EUXYL® PE 9010

化学名称 3-[2-(ethylhexyl)oxyl]-1,2-propanediol

IUPAC 名 3-(2-ethylhexoxy)-1,2-propanediol

INCI 名称 ethylhexylglycerin

EC 编码 [408-080-2]

理化性质 纯品含量≥99.0%，外观呈无色或微黄色黏稠液体。沸点 145℃。凝固点<－76℃。闪点（ASTM D98）152℃。蒸气压（20℃）约 0.3Pa。pH 值为（1.0g/L,

20℃）6～8。密度（20℃）0.950～0.965g/cm^3。折射率（20℃）约 1.451。溶解度：水 1.8g/L（22℃）；高度溶于有机溶剂，如醇、二醇和乙二醇醚。

毒性 大鼠急性经口 LD_{50} 2000mg/kg。据报道，在免洗型产品中使用的浓度高达 2%，并且在洗去型产品中达到 8%。大量的毒理试验证实了乙基己基甘油良好的耐受性。其被证明是无毒和对皮肤是无刺激的。虽然浓缩物对眼部黏膜有刺激性，但 5%的乙基己基甘油不刺激眼睛。在体外和体内试验证明，乙基己基甘油为非诱变性，没有发现光毒性或光敏感作用。

抗菌防霉效果 乙基己基甘油是多功能的皮肤护理添加剂，同时其独特的分子结构使其具有一定的表面活性，影响微生物的细胞膜界面张力，使抗微生物剂和防腐剂更有效地渗透到微生物细胞内将其杀死。其对微生物最小抑制浓度详见表 2-261。

表 2-261 乙基己基甘油对常见微生物的最低抑制浓度（MIC）

微生物	MIC/%	微生物	MIC/%
大肠杆菌	0.14	绿脓杆菌	0.16
金黄色葡萄球菌	0.11	白色念珠菌	0.10
黑曲霉	0.12		

制备 通过酮与缩水甘油醚在三氟化硼催化下羰基加成而得（李程碑等，2017 年）。

应用 乙基己基甘油是一种甘油基醚，又称辛氧基甘油，是一种多用途、多功能的添加剂，还是非常有效的除臭活性物质和防腐剂的增效剂。乙基己基甘油不水解，耐温性好，适合的 pH 上限值可达 12，与所有化妆品成分高度相容，且满足各种化妆品配方的需求。

实际应用参考：

① 乙基己基甘油与传统防腐剂复合使用：乙基己基甘油和苯氧乙醇复配，如德国舒美的 EUXYL® PE 9010。乙基己基甘油影响微生物细胞膜的表面张力，从而提高苯氧乙醇的防腐能力。乳化体系：0.5%～1.0%的 PE 9010 足以对乳化体系进行防腐保护。

② 乙基己基甘油在消毒中的应用：美国专利 2004/0059006 描述了包含乙基己基甘油和一个或多个芳族醇消毒剂组合物。该组合物对于控制分枝杆菌效果明显。

③ 乙基己基甘油是公认的除臭活性成分，可抑制引发恶臭的细菌的生长和繁殖。葡萄柚籽提取物也是已知的除臭活性成分。上述 2 种成分与丙二醇的组合会起到更持久的防臭性能。除臭剂组合物，包括按质量分数计的基于所述除臭剂组合物的总质量：丙二醇 40%～45%，乙基己基甘油 0.1%～0.6%，葡萄柚籽提取物 0.5%～0.9%，硬脂酸钠 2%～4%，甘油 20%，淀粉磷酸酯 0.01%～0.9%，乳化剂 0.01%～0.3%，其他还包括碳酸氢钠、食盐、纤维素等。

3,3-亚甲基双(5-甲基噁唑啉)(MBO) [3,3-methylenebis(5-methyloxazolidine)]

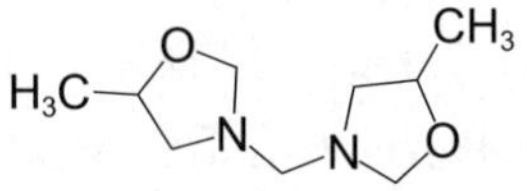

$C_9H_{18}N_2O_2$, 186.3, 66204-44-2

其他名称 3,3′-亚甲基二(5-甲基噁唑烷)

商品名称 Grotan OX

IUPAC 名 5-methyl-3-(5-methyl-1,3-oxazolidin-3-yl)methyl-1,3-oxazolidine

EC 编码 [266-235-8]

理化性质 纯品含量约100%（醛含量约48%），外观为几乎无色液体，具有特征氨气味。沸点（1.7kPa）116℃。熔点<1℃。密度（20℃）1.06g/mL。蒸气压（20℃）<1hPa。闪点>100℃。pH值（1.5g/L，20℃）约10。溶解度：溶于水和极性溶剂。稳定性：对强酸敏感。水性介质下释放甲醛，耐温可达80℃。

毒性 大鼠急性经口 LD_{50} 900mg/kg。斑马鱼 LC_{50}（96h）57.7mg/L。水蚤 EC_{50}（48h）37.9mg/L。淡水藻 LC_{50}（72h）5.7mg/L（来源：SCHUELKE & MAYR）。

抗菌防霉效果 3,3′-亚甲基双(5-甲基噁唑啉）具有广谱抗菌功效（包括硫酸盐还原菌），作用快速有效，同时有很好的防锈性能。本品对一些微生物的最低抑菌浓度见表2-262。

表2-262 3,3′-亚甲基双（5-甲基噁唑啉）对一些微生物的最低抑制浓度（MIC值为质量分数）

微生物	MIC/%	微生物	MIC/%
粪产碱菌	0.075	脱硫弧菌	0.050
日勾维肠杆菌	0.100	白色念珠菌	0.200
大肠杆菌	0.050	黏质红酵母	<0.025
肺炎克氏杆菌	0.050	酿酒酵母	0.050
地分枝杆菌	<0.075	烟草赤星病菌	0.050
龟分枝杆菌	<0.075	黑曲霉	0.050
奇异变形杆菌	0.100	米曲霉	0.100
铜绿假单胞杆菌	0.050	尖镰孢菌	0.100
荧光假单胞杆菌	0.050	绳状青霉	<0.025
恶臭假单胞杆菌	0.050	扩展青霉	0.050
金黄色葡萄球菌	0.050	绿色木霉	<0.025

应用 3,3′-亚甲基双(5-甲基噁唑啉）主要适宜于水溶性金属切削液及其他乳液的

防腐，其 pH 适用范围为 8～11，具有良好的热稳定性，最高可耐到 80℃。

实际应用参考：

水混溶性切削液推荐用量为 0.10%～0.15%；乳液推荐用量为 0.10%～0.15%；金属切削液浓缩液（最终稀释液中有 0.15%的含量）为 2%～4%；系统清洗液（最终稀释液中有 0.15%的含量）为 10%～15%。

法规 欧盟化学品管理局（ECHA）：根据指令 98/8/EC（BPD）或规则（EU）No.528/2012（BPR）提交了批准申请的所有活性物质/产品类型组合为 PT-2（不直接用于人体或动物的消毒剂和杀藻剂）、PT-6（产品在储存过程中的防腐剂）、PT-11（液体制冷和加工系统防腐剂）、PT-12（杀黏菌剂）、PT-13（金属工作或切削液防腐剂）。3,3′-亚甲基双（5-甲基噁唑啉）（oxazolidin/MBO）申请目前处于审核进行之中。

N,*N*′-亚甲基双吗啉(MBM)
(*N*,*N*′-methylenebismorpholine)

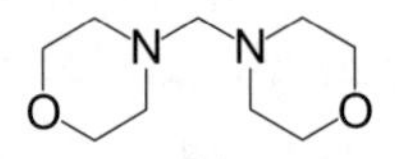

$C_9H_{18}N_2O_2$, 186.3, 5625-90-1

其他名称 亚甲基二吗啉、双吗啉甲烷

商品名称 Acticide® EF、Biozid ST-1、Nipacide® MBM、万立净 M-733

IUPAC 名 4-（morpholin-4-ylmethyl）morpholine

EC 编码 ［227-062-3］

理化性质 商品外观为无色至淡黄色液体，有胺气味，含量接近 100%（醛含量 16%）。沸点（0.02kPa）74℃。密度（25℃）1.052g/mL。折射率（n_D，20℃）1.479～1.483。pH 值（1%稀释液）9.5～10.5。胺值 585～605mg/g。溶解度：完全溶于水和大多数低级醇。稳定性：耐热性可达 100℃。耐碱性 pH 值可达 8～12。酸性介质易降解。

毒性 大鼠急性经口 LD_{50} 550mg/kg（来源：THOR）。

抗菌防霉效果 *N*,*N*′-亚甲基双吗啉（MBM）在推荐使用范围内对铜绿假单胞杆菌、恶臭假单胞杆菌、普通变形杆菌、大肠杆菌、金黄色葡萄球菌、黑曲霉、腐皮镰刀霉、白色念珠菌等都有较好的抑制效果。

制备 *N*,*N*′-亚甲基双吗啉（MBM）由吗啉和甲醛为原料制备而成。

应用 *N*,*N*′-亚甲基双吗啉（MBM）杀菌剂主要应用于金属加工液，在金属加工液浓缩液中的加入量为 2%～5%，在最终稀释液中为 1000～2000mg/kg。亦可用于其他工业水性体系防腐。

法规 欧盟化学品管理局（ECHA）：2015 年，欧盟生物杀灭剂产品委员会

（BPC）发布法规（EU）2015/1981，批准 N,N'-亚甲基双吗啉（MBM）作为第 6 类（产品在储存过程中的防腐剂）和第 13 类（金属工作或切削液防腐剂）生物杀灭剂产品的活性物质。批准日期 2017 年 4 月 1 日，批准期满 2022 年 4 月 1 日。

异菌脲
(iprodione)

$C_{13}H_{13}Cl_2N_3O_3$, 330.2, 36734-19-7

其他名称　扑海因、咪唑霉

化学名称　3-(3,5-二氯苯基)-1-异丙基氨基甲酰基乙内酰脲

IUPAC 名　3-(3,5-dichlorophenyl)-2,4-dioxo-*N*-propan-2-ylimidazolidine-1-carboxamide

EC 编码　[253-178-9]

理化性质　原药纯度≥96%，纯品为白色结晶或粉末，无味、无吸湿性。熔点 134℃（原药 128～128.5℃）。蒸气压（25℃）5×10^{-4} mPa。相对密度（20℃）1.00（原药 1.434～1.435）。$\lg K_{ow}=3.0$（pH 3.5）。溶解度（20℃）：水 13mg/L；正辛醇 10g/L、乙腈 168g/L、甲苯 150g/L、乙酸乙酯 225g/L、丙酮 342g/L、二氯甲烷 450g/L、己烷 0.59g/L。稳定性：酸性条件下相对稳定，在碱性环境中容易分解。$DT_{50}<1$h（pH 9）。水溶液通过紫外线降解，在太阳光下相对稳定。

毒性　大鼠急性经口 LD_{50} 2060mg/kg（雄），LD_{50} 1530mg/kg（雌）。急性经皮毒性，大鼠 LD_{50} 雌、雄鼠>2500mg/kg。扑海因对眼和皮肤无刺激作用，用小鼠和大鼠吸收试验证明，即使在最高浓度（13mg/L）空气中也无毒性。用狗实验，未见扑海因对心血管、呼吸系统或自律神经有影响。动物：大鼠和鸟体内，异菌脲迅速被排出。通过水解和重排反应广泛代谢。水生生物：虹鳟鱼 LC_{50}（96h）4.1mg/L，蓝鳃翻车鱼 LC_{50}（96h）3.7mg/L。水蚤 EC_{50}（48h）0.7mg/L。羊角月牙藻 EC_{50}（120h）1.9mg/L。

抗菌防霉效果　作用于渗透信号传导中的丝裂原活化蛋白组氨酸激酶，主要抑制蛋白激酶，控制许多细胞功能的细胞信号，包括碳水化合物结合进入真菌细胞组分的干扰作用。因此，异菌脲既可抑制真菌孢子萌发及产生，也可抑制菌丝的生长。异菌脲对一些微生物的最低抑制浓度见表 2-263。

表 2-263 异菌脲对一些微生物的最低抑制浓度（MIC）

微生物	MIC/(mg/L)	微生物	MIC/(mg/L)
灰葡萄孢(葡萄)	3	细交链格孢	1.5
小核盘菌	4	甘蓝果斑链格孢	0.5
黑曲霉	15	黑根霉	500
指状青霉	15	巴斯德酵母	500

制备 由甘氨酸、异氰酸异丙酯等原料制备而来。

应用 广谱触杀型杀菌剂。对孢子、菌丝体、菌核同时起作用，抑制病菌孢子萌发和菌丝生长。主要作农业杀菌剂；亦可作其他工业制品防霉。

实际应用参考：

用作香蕉防腐保鲜剂，单独使用效果不太理想，但与甲基硫菌灵或特克多混配使用，效果均优于托布津和特克多。500mg/L 的异菌脲与特克多混配，浸果半分钟，储存 100d 后，好果率为 97.8%；500mg/L 的异菌脲与托布津混配，好果率为 79.8%。广东、四川等地试验，用于柑橙防腐保鲜可储存 4～5 个月，用于香蕉可储存 1 个月。

7-乙基双环噁唑烷(EDHO)
(7-ethylbicyclooxazolidine)

$C_7H_{13}NO_2$, 143.2, 7747-35-5

商品名称 Bioban CS-1246、Chemtan A60、Zoldine ZE

化学名称 7*a*-乙基二氢-1*H*,3*H*,5*H*-噁唑并[3,4-*c*]噁唑

IUPAC 名 7a-ethyl-1,3,5,7-tetrahydro[1,3]oxazolo[3,4-*c*][1,3]oxazole

INCI 名称 7-ethylbicyclooxazolidine

EC 编码 [231-810-4]

理化性质 含量 97.5%（醛含量约 42%），外观呈淡黄色液体，有一定气味。沸点(15mmHg) 71℃。冰点 0℃。蒸气压（71℃）19.95hPa。密度（20℃）1.085g/mL。pH 值 8～9。黏度（25℃）20.8mPa•s。闪点 79.4℃（闭杯）。溶解度：易溶于水、乙醇、苯和丙酮。稳定性：对酸敏感，释放甲醛。

毒性 雄大鼠急性经口 LD_{50} 5250mg/kg。雌大鼠急性经口 LD_{50} 3680mg/kg。兔急性经皮 LD_{50} 1948mg/kg。大鼠吸入 LC_{50}（4h）3.1mg/kg。水生生物：虹鳟鱼 LC_{50}(96h) 240mg/kg、蓝腮翻车鱼 LC_{50}（96h）130mg/kg。水蚤 LC_{50}（48h）42mg/kg。

海藻 EC_{50}（72h）15.7mg/L（来源：DOW）。

抗菌防霉效果 7-乙基双环噁唑烷（EDHO）活性基于甲醛的释放。该化合物对常规的微生物有抑制作用，特别是对化妆品污染菌有抑杀效果，如金黄色葡萄球菌、产气杆菌、链球菌等。其对部分微生物最小抑制浓度见表 2-264。

表 2-264 7-乙基双环噁唑烷（EDHO）对常见微生物的最低抑制浓度（MIC）

微生物	MIC/(mg/L)	微生物	MIC/(mg/L)
巨大芽孢杆菌	200～250	枯草芽孢杆菌	300～350
产气肠杆菌	250～300	大肠杆菌	450～500
嗜酸乳杆菌	200～250	黄曲霉	100～150
藤黄微球菌	450～500	普通变形菌	300～350
铜绿假单胞杆菌	800～850	金黄色葡萄球菌	200～250

（来源：DOW）

制备 由甲醛和 2-氨基-2-乙基-1,3-丙二醇等原料制备而成。

应用 7-乙基双环噁唑烷（EDHO）具有广谱杀菌活性，并应用于涂料、油墨、矿物浆料、胶黏剂、表面活性剂、金属加工液、家化日化等产品体系杀菌防腐。注意：①水、油体系均可使用，不含卤化物。②优异的耐温性，更适于 pH>7.0 以上水性体系。

实际应用参考：

① 消费品、家庭或工业用品：7-乙基双环噁唑烷（EDHO）一般建议添加 500×10^{-6}～2000×10^{-6}，可有效使消费品，包括洗碗和洗衣液、表面清洗和抛光产品在生产、存储和使用过程中免于被微生物降解消耗。

② 金属加工液：7-乙基双环噁唑烷（EDHO）是一种专业金属加工液用杀菌剂，可以用于可溶性的合成或半合成液中。现场工作液补充液的建议剂量 400×10^{-6}～2000×10^{-6}，浓缩液中所需剂量应根据稀释率的改变而变化。添加 7-乙基双环噁唑烷的补充液前，金属加工液的 pH 值调整至 7.0 以上。

比如将典型的金属加工液和 7-乙基双环噁唑烷（EDHO）置于一个含铁屑的循环系统中，来模拟工业环境。该系统每隔一周注入受到严重污染的金属加工液，测试得到：包含 1000×10^{-6}的 7-乙基双环噁唑烷（EDHO）的多数油性乳液、半合成液和合成液可抑菌至少 6 周。

法规

① 欧盟化学品管理局（ECHA）：根据指令 98/8/EC（BPD）或规则（EU）No.528/2012（BPR）提交了批准申请的所有活性物质/产品类型组合为 PT-6（产品在储存过程中的防腐剂）、PT-13（金属工作或切削液防腐剂）。7-乙基双环噁唑烷（EDHO）申请目前处于审核进行之中。

② 根据我国 2015 年版《化妆品安全技术规范》规定：7-乙基双环噁唑烷（EDHO）在化妆品中使用时，最大允许浓度为 0.3%，禁用于接触黏膜的产品。

叶菌唑
(metconazole)

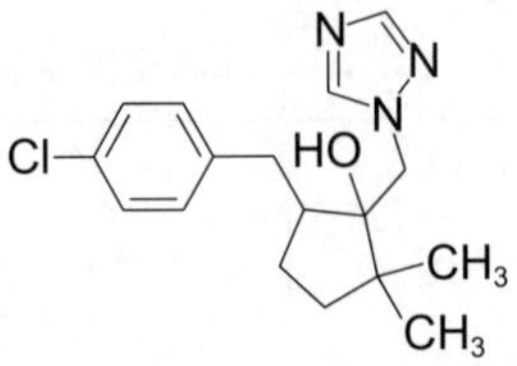

$C_{17}H_{22}ClN_3O$, 319.8, 125116-23-6

其他名称 羟菌唑

化学名称 (1*RS*,5*RS*;1*RS*,5*SR*)-5-(4-氯苄基)-2,2-二甲基-1-(1*H*-1,2,4-三唑-1-基甲基)环戊醇

CAS登录号 [125116-23-6](未说明立体化学)

EC编码 [603-031-3]

理化性质 叶菌唑指两种异构体(1*RS*,5*RS*;1*RS*,5*SR*),两种异构体都有杀菌活性。纯品为白色无味粉末。熔点100～108.4℃。相对密度1.14。水中溶解度30.4mg/L(20℃);甲醇403g/L、丙酮363g/L、己烷1.40g/L、甲苯103g/L、异丙醇132g/L、乙酸乙酯260g/L、二氯甲烷481g/L(20℃)。稳定性:热稳定性和水解稳定性好。

毒性 大鼠急性经口LD_{50} 661mg/kg,大鼠急性经皮LD_{50}>2000mg/kg。对兔皮肤无刺激,对兔眼睛有轻微刺激,无皮肤过敏现象。大鼠吸入LC_{50}(4h)>5.6mg/L。动物:大鼠饲喂14d试验中,最后一次饲喂4d后15%～30%的量从尿液排出,65%～82%的量从粪便排出。主要代谢物是单羟基和多羟基化物、羟基苯基和羧基化物以及混合官能团代谢物。水生生物:虹鳟鱼LC_{50}(96h)2.2～4.0mg/L,鲤鱼3.99mg/L(96h)。水蚤LC_{50}(48h)3.6～4.4mg/L。

抗菌防霉效果 叶菌唑为麦角甾醇生物合成抑制剂,其顺式异构体的活性为高。可有效抑制壳针孢属、柄锈菌属、黑麦喙孢和圆核腔菌、黑粉菌属和核腔菌属的微生物侵染。

叶菌唑对一些微生物的最低抑制浓度见表2-265。

表2-265 叶菌唑对一些微生物的最低抑制浓度(MIC)

微生物	MIC/(mg/L)	微生物	MIC/(mg/L)
黑曲霉	20	橘青霉	100
黄曲霉	100～500	宛氏拟青霉	100～500
变色曲霉	10	链格孢霉	5
球毛壳霉	10	绿色木霉	500～1000
蜡叶芽枝霉	100		

应用 叶菌唑作为抗菌防霉剂，可以用于木材、竹制品、帆布、漆布、漆纸、包装材料等领域；亦是重要的农用杀菌剂。

乙霉威
(diethofencarb)

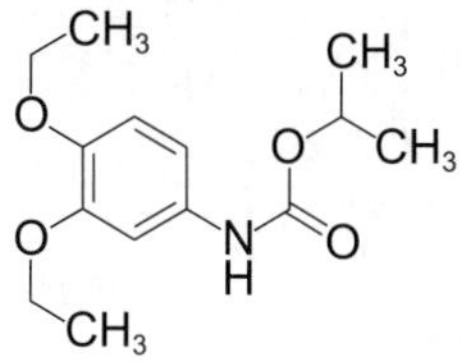

$C_{14}H_{21}NO_4$, 267.3, 87130-20-9

其他名称 万霉灵

化学名称 3,4-二乙氧基苯基氨基甲酸异丙酯

IUPAC 名 propan-2-yl *N*-(3,4-diethoxyphenyl)carbamate

EC 编码 [617-968-0]

理化性质 原药为无色至浅褐色固体，纯品为白色结晶。熔点 98.3～100.9℃。蒸气压（25℃）9.44×10^{-3} mPa。相对密度（23℃）1.19。闪点 140℃。$\lg K_{ow}=3.02$（25℃）。溶解度（20℃）：水 27mg/L；已烷 1.3g/L，甲醇 101g/L，二甲苯 30g/L。闪点 140℃。稳定性：有氧条件下 DT_{50}<1～6d；在无氧、无菌条件下只有很轻微程度的降解。

毒性 大鼠急性经口 LD_{50}>5000mg/kg。大鼠急性经皮 LD_{50}>5000mg/kg。大鼠吸入 LC_{50}（4h）>1050mg/m^3。动物：大鼠摄入 ^{14}C 标记的乙霉威后，98.5%～100% 的 ^{14}C 在 7d 内排出。大鼠体内的主要代谢途径是 4-位乙氧基的去乙基化、氨基甲酸基的断裂、乙酰化，最终生成葡萄糖苷酸和硫酸根的配合物（J. Pestic. Sci.，1990，15：395）。水生生物：虹鳟鱼 LC_{50}（96h）>18mg/L。水蚤 LC_{50}（3h）>10mg/L。

抗菌防霉效果 乙霉威与 β-微管蛋白结合以抑制有丝分裂，能致使病菌形态异常，从而对常见微生物都有一定抑制效果，具有广谱活性。尤其对黑色蒂腐病、青绿霉病、酸腐病等有特效。

制备 以邻苯二乙醚为主要原料，经混酸硝化后催化加氢还原，得中间体对氨基邻苯二乙醚，再与氯甲酸异丙酯缩合，得到乙霉威。

应用 乙霉威属氨基甲酸酯类杀菌剂，与多菌灵甲基硫菌灵等杀菌药剂有负交互抗性，能有效地防治对多菌灵产生抗性的真菌病害。可用于木材防腐、果蔬花卉的运输储藏。同时也可用于其他工业材料及制品的防霉。

实际应用参考：

有效地防治某些产生抗性的灰葡萄孢病菌引起的各种葡萄和蔬菜的病害，大量用于棚栽蔬菜。如黄瓜灰霉病、茎腐病、甜菜叶斑病，使用12～50mg/L浓度喷雾，防治效果达100%。

抑霉唑
(imazalil)

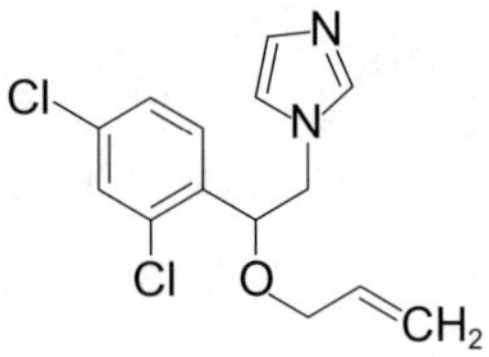

$C_{14}H_{14}Cl_2N_2O$, 297.2, 35554-44-0

化学名称 1-[2-(2,4-二氯苯基)-2-(2-烯丙氧基)乙基]-1*H*-咪唑

IUPAC名 1-[2-(2,4-dichlorophenyl)-2-prop-2-enoxyethyl]imidazole

CAS登录号 [35554-44-0]（未说明立体化学），曾用[73790-28-0]、[51004-46-7]

EC编码 [252-615-0]

抑霉唑硫酸盐

CAS登录号 [58594-72-2]，曾用[60534-80-7]、[76228-57-4]和[83918-57-4]

EC编码 [261-351-5]（未说明立体化学）

理化性质

抑霉唑 原药含量≥95%。纯品为浅黄色结晶。熔点52.7℃，沸点>340℃。蒸气压（20℃）0.158mPa。密度（26℃）1.348g/mL。水中溶解度0.0951g/100mL（pH 5)、0.0224g/100mL（pH 7)、0.0177g/100mL（pH 9）（EPA方法）。有机溶剂中溶解度：丙酮、二氯甲烷、甲醇、乙醇、异丙醇、苯、二甲苯、甲苯>500g/L（20℃）。稳定性：在285℃以下稳定。在室温及避光条件下，对稀酸及碱非常稳定。

抑霉唑硫酸盐 分子式 $C_{14}H_{14}Cl_2N_2O \cdot H_2SO_4$，分子量395.26。原药纯度≥96.4%。近白色至米色粉末。熔点128～134℃。溶解度：易溶于水、醇类，微溶于非极性有机溶剂。

毒性

抑霉唑 大鼠急性经口 LD_{50} 227～243mg/kg，狗急性经口 LD_{50} >640mg/kg。大鼠急性经皮 LD_{50} 4200～4880mg/kg。大鼠吸入 LC_{50}（4h）2.43mg/L。动物：大鼠经口摄入后抑霉唑被广泛吸收并有>85%的药物在24h内排出，几乎全部代谢。水生生物：虹鳟鱼 LC_{50}（96h）1.5mg/L，大翻车鱼 LC_{50}（96h）4.04mg/L。水蚤 LC_{50}（48h）3.2mg/L。

抗菌防霉效果 抑霉唑主要影响细胞膜的渗透性、生理功能和脂类合成代谢，从而破坏霉菌的细胞膜，同时抑制霉菌孢子的形成。抑霉唑对一些微生物的最低抑制浓度见表 2-266。

表 2-266　抑霉唑对一些微生物的最低抑制浓度（MIC）

微生物	MIC/(mg/L)	微生物	MIC/(mg/L)
链格孢	50	黑曲霉	50
出芽短梗霉	5	球毛壳菌	10
支孢霉	50	青霉	10
黑根霉	200	绿色木霉	500

制备　由原料咪唑乙醇、3-溴丙烯等原料制备而得。

应用　抑霉唑对侵袭水果、谷物、蔬菜和观赏植物的许多真菌病害有防效，可用于果蔬、花卉等的运输储藏；亦可用于其他工业领域防霉。

实际应用参考：

① 拌种时，每 100kg 种子使用有效成分 4～5g；收获后水果，每吨用 2～4g 有效成分处理；对蔬菜用每 100L 含有效成分 5～30g 药液处理。

② 对柑橘的青、绿霉菌有极大的抑制作用，能有效地控制柑橘的腐烂。对青霉菌的最低抑制浓度为 0.3mg/L。1983 年浙江建德柑橘研究所用 500mg/L 抑霉唑浸果处理温州蜜橘，储存 82d，保鲜率为 82%，对照果为 44%。

乙萘酚
(2-naphthol)

$C_{10}H_8O$, 144.2, 135-19-3

其他名称　2-萘酚、β-萘酚

化学名称　2-羟基萘

IUPAC 名　naphthalen-2-ol

EC 编码　[205-182-7]

理化性质　纯品为米黄色或白色结晶状粉末。沸点 285～286℃。熔点 121～123℃。相对密度 1.21。$\lg K_{ow}=2.7$。溶解度：水 755mg/kg（25℃）；溶于甘油和碱溶液。稳定性：加热能升华，与蒸汽一同挥发。在空气中长期储存时颜色变深。$pK_a=9.51$。

毒性　小鼠腹腔注射 LD_{50} 97500mg/kg。大鼠急性吸入 LC_{50}（1h）>770mg/kg。大鼠急性经口 LD_{50} 1960mg/kg。

抗菌防霉效果　乙萘酚具有较好的抗菌效果，尤其对青霉、曲霉有较好的抑制效果。由试验得知，0.4%～0.5%浓度的乙萘酚与0.1%浓度的多菌灵抗霉效果接近。0.3%浓度的乙萘酚与0.3%的水杨酰苯胺效力相当。乙萘酚实验室试验菌的抗菌情况见表2-267。

表 2-267 乙萘酚对实验室试验菌的抗菌力

防霉剂浓度/%	抑菌圈(直径)	
	混合霉菌/mm	混合细菌/mm
0.5	26	28
0.3	0	×
0.1	×	×

注：表中数字表示抑菌圈大小；“0”表示无抑菌圈，但滤纸片上不长菌；“×”表示无抑菌圈，滤纸片上也长菌。

制备 以萘和丙烯为原料，在生产2-萘酚的同时副产丙酮。

应用 乙萘酚属于重要的有机原料及染料中间体；亦可作皮革及其制品的防霉。

实际应用参考：

制革厂于植鞣底革或铬鞣面革的加脂工艺中，将乙萘酚与动物油或植物油等加脂剂一起加入转鼓，搅拌约45min。乙萘酚的加入量为0.3%～0.5%（对削匀皮而言）。乙萘酚对皮革的成色有影响，会使白皮变黄，使用时需注意。

乙酸
(acetic acid)

$H_3C-C(=O)-OH$

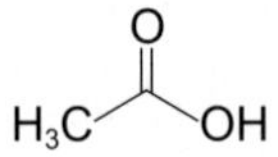

$C_2H_4O_2$, 60.1, 64-19-7

其他名称 醋酸、冰醋酸

IUPAC名 acetic acid

EC编码 [200-580-7]

理化性质 纯乙酸为无色液体，具有特征刺鼻的气味。沸点（760mmHg）117～118℃。熔点16.6℃。蒸气压（20℃）15hPa。相对密度1.049。折射率（n_D，25℃）1.3698。闪点40℃。溶解度：溶于水，与乙醇、乙醚、氯仿、甘油等有机溶剂混溶，不溶于二硫化碳。稳定性：与空气混合的爆炸极限为5.4%（下限）。pK_a=4.8。

毒性 大鼠和小鼠急性经口LD_{50}均为3000～5000mg/kg。由于乙酸能溶解脂类化合物，所以乙酸对体内细胞变性效果强于同样具有氢离子浓度的无机酸。

抗菌防霉效果 在较低的pH值（<4.5）下，乙酸由于其良好的脂溶性可以穿透

微生物细胞并发挥抗菌作用。其能抑制细菌、酵母菌的生长，并在较小程度上抑制霉菌的生长。乙酸对部分微生物抑制作用见表 2-268。

表 2-268 乙酸对部分微生物的最小抑制浓度（MIC）

微生物	抑制 pH 值	MIC/(mg/L)
鼠伤寒杆菌	4.9	400
金黄色葡萄球菌	5.0	300
植物乳杆菌	5.2	200
蜡状芽孢杆菌	4.9	400
茄腐杆菌	4.9	400
啤酒酵母	3.9	5900
黑曲霉	4.1	2700

制备 乙酸可用甲醇羰基化法生产而得。

应用 乙酸可作杀菌剂、除藻剂。注意：①易燃液体和蒸气；②强腐蚀性，乙酸在浓度 30%以上时会侵蚀皮肤。

实际应用参考：

可应用于：①熏蒸消毒室内空气，室内蒸发 5%乙酸可杀灭空气中呼吸道细菌；②肉制品抗菌防腐；③水产品抗菌防腐；④蔬菜、水果制品抗菌消毒；⑤烤制食品的抗菌消毒。

盐酸氯己定 (chlorhexidine dihydrochloride)

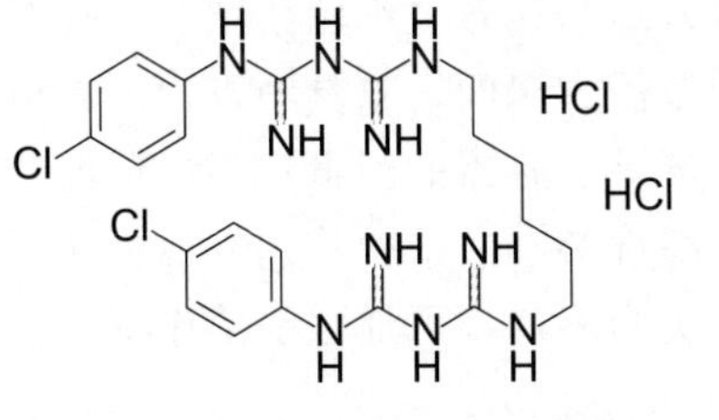

$C_{22}H_{30}Cl_2N_{10} \cdot 2(HCl)$, 578.4, 3697-42-5

其他名称 盐酸洗必泰、氯己定二盐酸盐

INCI 名称 chlorhexidine dihydrochloride

EC 编码 [223-026-6]

理化性质 纯品为白色结晶粉末，无臭，味苦。熔点为 255～262℃（分解）。溶解度：溶于低级醇。20℃时，在水中溶解度为 0.06g/100g，在沸水中为 1g/100g。20℃时，在 50%乙醇中溶解度为 0.4g/100g。

毒性 人每天服用2g盐酸氯己定，连续一周，无中毒现象。经常使用1%溶液可引起红斑，偶有过敏反应，使用浓度高时易引起皮肤粗糙。小鼠皮下注射 LD_{50} > 5000mg/kg（来源：Pubchem）。

抗菌防霉效果 盐酸氯己定能杀灭革兰氏阳性菌与阴性菌繁殖体和真菌，但对结核杆菌及细菌芽孢仅有抑菌作用。盐酸氯己定水溶液与醇溶液都有较好的杀菌作用，见表2-269，其抑制浓度低达 10^{-5}，其杀菌和抑制浓度见表2-270。

表2-269 不同浓度盐酸氯己定杀菌效果

菌种	不同浓度水溶液杀菌时间/min			不同浓度醇溶液杀菌时间/min		
	0.1%	0.05%	0.01%	0.1%	0.05%	0.01%
铜绿假单胞杆菌	<5	15	>15	<5	<5	15
变形杆菌	<5	<5	>15	<5	<5	10
大肠杆菌	<5	<5	10	<5	<5	<5
金黄色葡萄球菌	<5	<5	<5	<5	<5	<5
肺炎杆菌	<5	<5	>5	<5	<5	<5

表2-270 氯己定对几种微生物杀菌和抑制浓度

菌种	氯己定水溶液		菌种	氯己定醇溶液	
	抑制浓度	杀菌浓度		抑制浓度	杀菌浓度
铜绿假单胞杆菌	1∶40000	1∶30000	大肠杆菌	1∶350000	1∶300000
变形杆菌	1∶25000	1∶20000	伤寒杆菌	1∶2000000	1∶1500000
金黄色葡萄球菌	1∶50000	1∶40000	产气杆菌	1∶90000	1∶70000
枯草芽孢杆菌	1∶220000	1∶200000	产气荚膜梭菌	1∶800	1∶600

应用 盐酸氯己定能有效地杀灭各种细菌繁殖体，且对人无不良反应，因此是用途最广泛的消毒剂之一。使用范围：房间、家具消毒；餐具消毒；金属器械的消毒；皮肤消毒；食品工业中的机械、器具、容器的消毒；工厂环境的消毒。

注意：有机物能减弱盐酸洗必泰的杀菌作用，碱性条件可增强杀菌效果，pH值低于8时效果明显降低。以醇类为溶剂，可加强杀菌作用。

实际应用参考：

专利CN 101725046 B：一种皮鞋中底材料，该材料由无纺布及浸入其中的胶体构成，其特征在于浸入无纺布中的胶体是由黏合剂、固化剂、增韧剂、补强剂、抗菌剂构成，各原料的质量份配比如下：黏合剂800～1000份；固化剂300～700份；增韧剂70～130份；补强剂150～250份；抗菌剂7～13份；所述的黏合剂为质量分数为30%的聚乙烯醇溶液；所述的固化剂为白水泥；所述的增韧剂为质量分数为30%的苯丙乳液；所述的补强剂为纳米二氧化硅、硅藻土和陶土的混合物；所述的抗菌剂为盐酸氯己定。

法规　参考氯己定。

异噻唑啉酮
(kathon)

CMIT　　MIT

C_4H_4ClNOS/C_4H_5NOS, 150.0/115.2, 55965-84-9

其他名称　卡松、凯松、CMIT/MIT

商品名称　Kathon LXE、Kathon LX150、万立净 LV-5030、Vancide C15

化学名称　5-氯-2-甲基-4-异噻唑啉-3-酮和 2-甲基-4-异噻唑啉-3-酮（3∶1）混合物

IUPAC 名　5-chloro-2-methyl-isothiazol-3(2*H*)-one 和 2-methylisothiazol-3(2*H*)-one 混合物

INCI 名称　methylchloroisothiazolinone；methylisothiazolinone

CAS 登录号　[55965-84-9]（混合物）；[26172-55-4]＋[2682-20-4]

EC 编码　[611-341-5]

理化性质　异噻唑啉酮主要由 5-氯-2-甲基-4-异噻唑啉-3-酮（CMIT）和 2-甲基-4-异噻唑啉-3-酮（MIT）组成，二者通常以质量比 3∶1[*m*(CMIT)∶*m*(MIT)]的混合物。该混合物有效含量 14.0%：其中 CMIT 10%～12%，MIT 3%～5%，硝酸镁 14%～18%，氯化镁 8%～10%，水 60%～64%。外观呈琥珀色液体，有刺激性气味。沸点（101kPa）100℃。相对密度 1.3g/mL。黏度（25℃）16mPa·s。pH 2.0～4.0。溶解度：溶于水和醇类溶剂。稳定性：温度＞50℃ 开始分解。pH 4～8 之间稳定。水溶性 Cu^{2+} 盐可提高活性物质的稳定性。胺类、硫醇、硫化物、强还原剂（如亚硫酸钠和漂白剂）以及高 pH 值均会使本品失活。

付忠叶等报道，异噻唑啉酮衍生物有很好的环境因素，在环境中能快速自然降解成低毒或无毒物，不会污染环境。水解条件下，随着 pH 值的变化，其降解速度不同，如表 2-271 所示。

表 2-271　异噻唑啉酮衍生物的非生物和生物降解的半衰期

环境介质	半衰期/h		
	CMIT	MIT	DCOIT
水解(pH=5)	＞720	＞720	216
水解(pH=7)	＞720	＞720	＞720

续表

环境介质	半衰期/h		
	CMIT	MIT	DCOIT
水解(pH=9)	528	>720	288
光解作用	158	266	322
有氧水生态体系	17	9	<1
有氧水生态体系(无氧水生态体系)	5		<1
25℃	5		20
无菌生态体系	>1536	>1536	>5600

重金属离子对异噻唑啉酮的降解有很大的影响，Law 等报道，Cu^{2+}、Zn^{2+}、Mn^{2+} 均会抑制 kathon 杀菌剂活性组分 2-甲基-4-异噻唑啉-3-酮（MIT）和 5-氯-2-甲基-4-异噻唑啉-3-酮（CMIT）的降解，铁离子对 kathon 杀菌剂的降解有促进作用，Sb^{3+}、Cu^{2+} 表现为抑制作用。CMIT、MIT、DCOIT 的 $\lg P_{ow}<3$ [辛醇-水（OW）分配系数的对数（$\lg P_{ow}$），是一种化合物的水生生物累积性的最直接标征参数]，所以它们的生物累积性可以忽略。

毒性　大鼠急性经口 LD_{50} 457mg/kg。兔急性经皮 LD_{50} 660mg/kg。大鼠吸入（4h）LC_{50} 0.33mg/L。原液对皮肤和黏膜具有较强的刺激性和致敏性。水生生物：虹鳟鱼 LC_{50} 0.19mg/L（96h）。蓝腮翻车鱼 LC_{50} 0.28mg/L（96h）。水蚤 EC_{50} 0.16mg/L（96h）。藻类 EC_{50} 0.018mg/L。

抗菌防霉效果　付忠叶等报道异噻唑啉衍生物为非氧化性杀菌剂，其穿过细胞膜进入细胞，杂环上的活性部分与细菌体内的蛋白质作用使其键断开。也能与 DNA 结合，一方面阻断核酸的复制从而抑制微生物的繁殖；另一方面导致基因变异引起蛋白质的合成异常，最终导致细胞死亡。Morley J 等通过研究电子结构特性，认为其机理是：杀菌剂透过细胞膜和细胞壁进入菌体分子，并与分子内含巯基的成分发生反应，从而使细胞死亡。图 2-3 为异噻唑啉酮类化合物与谷胱甘肽（GSH）的反应式。异噻唑啉酮衍生物杀藻的机理也相同，其穿过细胞壁和细胞膜进入细胞内，与叶绿素、蛋白质和酶等反应，从而杀死藻细胞。

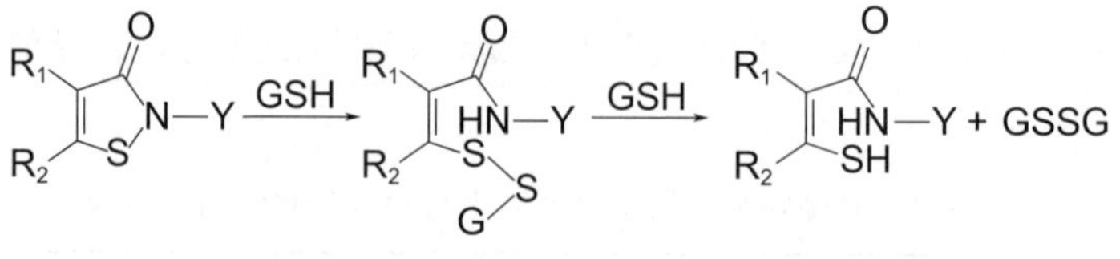

图 2-3　异噻唑啉酮类化合物与谷胱甘肽（GSH）的反应式

因此该化合物对各种细菌、霉菌、酵母菌和藻类均有很强的抑杀能力，亦可杀灭软体动物及浮游生物。异噻唑啉酮对常见微生物的最低抑制浓度见表 2-272。

表 2-272 异噻唑啉酮（含有效物含量为 1.5%）对常见微生物的最低抑制浓度（MIC）

微生物	MIC/(mg/L)	微生物	MIC/(mg/L)
黑曲霉 9642	9	米曲霉 10196	11.5
球毛壳菌 6205	9	粉红粘帚霉 32913	4.5
毛霉 24905	9	青霉菌 9644	11.5
出芽短梗霉 9348	2.3	根霉 10404	11.5
须毛癣菌 9533	4.5	白色念珠菌 11651	9.0
红酵母 9449	9.0	酿酒酵母 2601	9.0
产氨短杆菌 6871	9.0	蜡状芽孢杆菌 11778	9.0
枯草芽孢杆菌 6633	9.0	金黄色葡萄球菌 6538	11.5
表皮葡萄球菌 155	9.0	无乳葡萄球菌 624	9.0
无色杆菌 4335	4.5	粪产碱杆菌 8750	4.5
产气肠杆菌 3906	9.0	大肠杆菌 11229	9.0
黄杆菌 958	9.0	肺炎克雷伯菌 13883	9.0
普通变形杆菌 8427	9.0	铜绿假单胞杆菌 15442	9.0
洋葱假单胞菌 25416	9.0	荧光假单胞杆菌 13525	9.0
志贺氏杆菌 9290	9.0	黏质沙雷氏菌 8100	9.0

（来源：LONZA）

制备 二硫代二丙酸二甲酯与甲胺进行氨解反应生成 N,N'-二甲基二硫代二丙酰胺，然后在乙酸乙酯溶液中通氯气反应，产物经过滤、洗涤、干燥即得。

应用 20 世纪 70 年代，美国的 Rohm & Hass 公司对异噻唑啉酮进行开发研究，并取得商品代号为 Kathon 系列产品的专利权，其中活性成分为 2-甲基-3-异噻唑酮（MIT）和 5-氯-2-甲基-3-异噻唑酮（CMIT），它广泛应用于工业循环冷却水、黏合剂、纺织、涂料、造纸、建材、制革、轻工、金属加工油、农林环保等领域。

注意：其两组分 CMIT 和 MIT 共存，通过工艺的调整，两者比例可随意变换。市售商品 CMIT∶MIT=(2.5～3.5)∶1 是一个经典值。主要综合考虑以下因素：①刺激性和杀菌率。CMIT 是含氮杂环化合物，刺激性大于 MIT，但 CMIT 的杀菌效率远远高于 MIT。②酸碱性和耐温性。CMIT 在偏碱性条件下迅速失活，MIT 可耐受相当高的碱性；MIT 在 80℃体系 3h 内稳定，CMIT 只能短时间耐受 50℃。③兼顾快速杀菌和长效抑菌。主要利用 MIT 的持久抑菌特性和 CMIT 的快速杀菌特性。5-氯-2-甲基-4-异噻唑啉-3-酮（CMIT）与 2-甲基-4-异噻唑啉-3-酮（MIT）的混合物溶解在硝酸镁溶液中，CMIT 与 MIT 的比值在 2.5～4 之间时统称卡松。

O
R_1 N—Y
S
R_2

图 2-4 异噻唑啉酮衍生物结构

于良民等报道异噻唑啉酮衍生物是含有唑啉环的一类化合物的总称，如图 2-4 所示。图中的 R_1、R_2 可为 H、卤素、烷基、环烷基等，Y 是 C_1～C_8 的烷基、C_3～C_6 的环烷基、可达 8 个碳原子的芳烷基、芳烃基或是带有取代基的2个碳原子的芳烃基等。若其中Y为低烷烃，则至少有1个R_1或R_2为H（一般R_1为H）。此类化合物是一类新型高效广谱的杀菌剂，具有高效、低毒、药效持续时间长、对环境安全等优点。

实际应用参考：

① 该类防腐剂在使用方面对pH值比较敏感，在偏酸性的环境中能发挥非常好的防腐作用。但在碱性环境中，则会失去其防腐活性。本类产品中含有镁盐或铜盐，故在使用时必须考虑原料之间的相容性问题，以免发生沉淀或分层，特别是在透明产品中，或者使用卡波类树脂增稠时要注意。此时可选择不含二价金属盐异噻唑啉酮（类似DOW的LXE150、万厚的LV-5021）。此外，胺类、硫醇、硫化物、亚硫酸盐、漂白剂可使卡松失活。

卡松和布罗布尔的复配：布罗布尔的含量达到异噻唑啉酮含量的1倍以上才有明显的协同增效作用，布罗布尔的加入除了可增强对假单胞菌的杀灭效果，还可以强化对真菌的抑制效果，同时增强卡松的稳定性。比如Acticide 1209、万立净LV-5100。

② 甲基氯异噻唑啉酮、甲基异噻唑啉酮的混合物是一种可对动物产生极度过敏的致敏剂。大量的流行病学数据显示欧洲的消费者对该防腐剂有过敏反应，因此欧盟对该防腐剂进行了限用和设置最高限值。

③ CMIT＋MIT经典配方（含二价金属盐）：Acticide RS、Kathon LXE、Proxel CMC、Parmetol K20、Mergal K9N、Preventol D7、Vancide C15、万立净LV-5030、华科88等。CMIT＋MIT经典配方（含一价金属盐）：Kathon LX-150、Acticide MV、Preventol D7LT、万立净LV-5011。

法规

① 欧盟化学品管理局（ECHA）：2016年，欧盟生物杀灭剂产品委员会（BPC）发布法规（EU）2016/131，批准5-氯-2-甲基-3-异噻唑酮（ES编码247-500-7）和2-甲基-3-异噻唑酮（EC编码220-239-6）（CMIT/MIT混合物）作为第2类（不直接用于人体或动物的消毒剂和杀藻剂）、第4类（食品和饲料领域）、第6类（产品在储存过程中的防腐剂）、第11类（液体制冷和加工系统防腐剂）、第12类（杀黏菌剂）、第13类（金属工作或切削液防腐剂）生物杀灭剂产品的活性物质。批准日期2017年7月1日，批准期满2027年7月1日。

② 根据我国2015年版《化妆品安全技术规范》规定：该防腐剂在化妆品中最大允许使用浓度为0.0015%；使用范围和使用限制：淋洗类产品（不能和甲基异噻唑啉酮同时使用）。

③ 根据GB/T 35602—2017《绿色产品评价 涂料》规定：涂料内异噻唑啉酮（CMIT/MIT）含量不得$>15\times10^{-6}$。2018年7月1日实施。

④ 欧盟玩具安全指令（第2009/48/EC号指令）：关于限制在玩具中使用某些化学物质的部分。这些限制针对供36个月以下幼儿使用的玩具，以及让幼儿放进口中的玩具。

欧委会指令 2015/2117：这项新指令管制异噻唑啉酮（Chloromethylisothiazolinone，CMI）、甲基异噻唑啉酮（Methylisothiazolinone，MI），以及 CMI 与 MI 的 3∶1 混合物。

上述化学物质主要用作水性玩具如手指颜料、窗户/玻璃颜料、胶水和肥皂泡里的防腐剂，可构成极端的接触性过敏原，影响人体健康。欧盟的玩具安全专家建议，不应在玩具中使用这些物质。

根据新指令，CMI 与 MI 的 3∶1 混合物，在水性玩具物料中的限值为 1mg/kg（含量限值）。单独使用 CMI，在水性玩具物料中的限值为 0.75mg/kg（含量限值）；单独使用 MI，在水性玩具物料中的限值为 0.25mg/kg（含量限值）。

2017 年 11 月 24 日起，成员国必须实施新规定。

乙型丙内酯
(β-propiolactone)

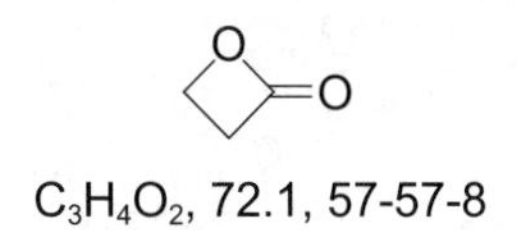

$C_3H_4O_2$, 72.1, 57-57-8

其他名称 β-丙内酯、丙醇酸丙酯

化学名称 β-丙酰内酯

IUPAC 名 oxetan-2-one

EC 编码 [200-340-1]

理化性质 纯品为无色有刺激性气味的液体。熔点 −33.4℃。沸点 162.3℃（分解），相对密度 1.146。闪点 70℃。$\lg K_{ow}=-0.8$。溶解度：能与丙酮、乙醚和氯仿混溶，在水中溶解度为 37%，其水溶液迅速全部水解。

毒性 小鼠腹腔注射 LD_{50} 405mg/kg。大鼠急性吸入 LC_{50}（6h）25×10^{-6}。乙型丙内酯液体和蒸气对皮肤黏膜均有刺激作用，接触时间较久时可致皮疹和水疱。在空气中含有乙型丙内酯的环境中穿着潮湿衣服，可因衣服吸收异型丙内酯而致烧伤。

有些研究表明，乙型丙内酯对动物有致癌作用。因此，在乙型丙内酯消毒时应做好个人防护，尽量减少接触机会，要求穿不透气的防护服，戴防毒面具。

抗菌防霉效果 乙型丙内酯对细菌繁殖体、芽孢、真菌、病毒等均有强大的杀灭作用，且杀灭细菌芽孢和杀灭细菌繁殖体的作用很接近，仅相差 4～5 倍。对细菌繁殖体使用浓度为 10～20mg/L，对金黄色葡萄球菌、大肠杆菌、绿脓杆菌、变形杆菌、伤寒杆菌等均可杀灭。对细菌芽孢使用浓度为 50～75mg/L，可杀灭枯草杆菌黑色变种芽孢、炭疽杆菌芽孢、脂肪嗜热杆菌芽孢、梭状杆菌芽孢等。对真菌使用浓度为 25～

50mg/L，可有效地杀灭头癣小孢菌、黑曲霉、红色毛霉等。

制备 用环氧丙烷与CO进行的催化羰基化反应而得。

应用 乙型丙内酯的液体和气体均有消毒作用，但用途不同。液体纯度在99%以上，不含丙烯酸、乙酐和聚合物的乙型丙内酯液体，可用于生物制品、血液、移植组织、外科缝线和培养基等的灭菌。异型丙内酯液体亦用于胰酶和胰朊酶的灭菌，灭菌后活性不降低。

乙型丙内酯气体的灭菌特点是：作用快，效果可靠，残留气体易驱散，不易在物体表面聚合，在较低温度下亦有杀灭微生物的作用，其主要缺点是穿透力差。故至今仍主要用于室内空气和表面的消毒，其用量为：在室温下，用2～5g/m^3，作用2h（相对湿度为80%以上）可达到消毒目的。

亚硝酸钠
(sodium nitrite)

$NaNO_2$, 69.0, 7632-00-0

EC 编码 [231-555-9]

理化性质 纯品为白色或微黄色结晶或颗粒状粉末，无臭，味微咸，易吸潮。熔点270℃。加热至320℃以上分解。溶解度：易溶于水，微溶于乙醇。稳定性：在空气中可吸收氧而逐渐变为硝酸钠。遇酸迅速分解，放出氧化氮气体。遇强氧化剂产生氧化还原反应，放出高热，使易燃物起火。

毒性 大鼠静脉注射 LD_{50} 65mg/kg。大鼠皮下注射 LD_{50} 96.6mg/kg。大鼠急性经口 LD_{50} 180mg/kg。亚硝酸盐能与多种氨基化合物（主要来自蛋白质分解产物）反应，产生致癌的*N*-亚硝基化合物，如亚硝胺等。

抗菌防霉效果 亚硝酸盐是一种抗微生物制剂。其活性随pH值降低而增加，随氧浓度的降低而增强。在研究亚硝酸盐对鱼的防腐作用时发现，当pH值低于6时，亚硝酸盐的抑菌活性增强。同时证明，在用量为200mg/kg和pH值为6.0的情况下，亚硝酸盐能够抑制无色菌、产气菌、大肠杆菌、黄色杆菌、微球菌核和铜绿假单胞杆菌等。已经证明，沙门氏菌和乳酸杆菌对亚硝酸盐最具抗性，产气荚膜梭状芽孢杆菌和其他梭状杆菌等同样具有比较大的抗性。

应用 亚硝酸钠是一种白色至浅黄色晶体，有非常好的水溶性和吸湿性，水溶液呈弱碱性；在空气中，亚硝酸钠会被缓慢氧化成硝酸钠，后者是一种强氧化剂。亚硝酸盐主要用作食品防腐剂，但在有关的食品中对亚硝酸盐的残留量有严格规定，肉类罐头不得超过 50mg/kg，肉制品中不得超过 30mg/kg。除用于肉制品外，硝酸钠和亚硝酸钠还可用于干酪中。另外采用 30％亚硝酸钠溶液治疗皮肤霉菌病相当有效，尤其是足癣。注意亚硝酸钠遇有机物易发生爆炸。

乙氧基喹啉
(ethoxyquin)

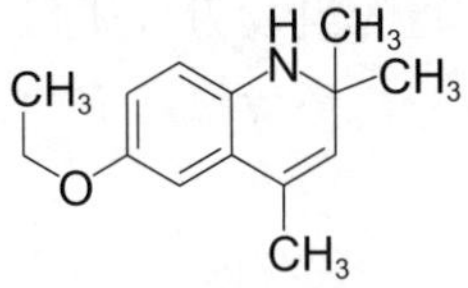

$C_{14}H_{19}NO$, 217.3, 91-53-2

其他名称　乙氧喹啉、防老化剂 AN、抗氧喹、虎皮灵、乙氧喹

化学名称　6-乙氧基-2,2,4-三甲基-1,2-二氢化喹啉

IUPAC 名　6-ethoxy-2,2,4-trimethyl-1*H*-quinoline

EC 编码　[202-075-7]

理化性质　纯品为浅褐色黏稠液体，稍有特异气味。沸点 123～125℃。相对密度 1.029。溶解度：溶于苯、汽油、乙醚、乙醇、四氯化碳、丙酮、二氯乙烷，不溶于水。稳定性：易受空气和光照影响而发生变化。其颜色随时间渐渐变为暗褐色，但不影响生物活性。

毒性　雄大白鼠急性经口 LD_{50} 3150mg/kg，小白鼠急性经口 LD_{50} 3000mg/kg。对鸟、鱼、蜜蜂等无毒。本品易被肠道吸收，原药通过胆道排泄。在家禽脂肪、肝、肌肉中的残留量分别为 0.238mg/kg、0.048mg/kg、0.005mg/kg。在鸡蛋中残留量为 0.031mg/kg。主要分布在蛋黄中。经试验，本品无致突变作用，人体最大耐受量为 60mg/kg。

抗菌防霉效果　乙氧基喹啉对常见微生物，特别对霉菌有较好的抑制效果。

制备　由对氨基苯乙醚与丙酮在催化剂作用下缩合而得。在苯磺酸催化下，对氨基苯乙醚与丙酮在 155～165℃进行缩合反应。反应生成的水和未反应的丙酮返回丙酮蒸发器回收使用。缩合反应后，蒸馏得到成品。

应用　乙氧基喹啉可作食品、水果、饲料等抗氧化剂、保鲜剂和杀菌剂。

实际应用参考：

① 用于苹果和梨方面的保鲜：苹果和梨的保鲜剂量为 0.3mg/kg。保鲜时可配成溶液直接喷洒或浸泡，也可以将本品配制成乳液后制成保鲜纸，包裹在水果的外面。保鲜期 6 个月，有效率 93％。储存的最佳温度 0～1℃，相对湿度为 88％～90％。对防止苹

果和梨储存期产生的虎皮病有特殊效果。

乙氧基喹啉在水果保鲜期间含量的变化如下：用 5mg/kg 处理，1℃条件下储存，56 天后减少到 0.2～0.4mg/kg；72 天后减少到 0.1～0.2mg/kg；82 天后减少到 0.1mg/kg。在室温储存时，减少速度稍快一些。根据这些量可知，如果水果储存 6 个月后食用，几乎没有乙氧基喹啉的残留。

② 腊肉在制备过程中需加入防腐剂，而长期储存会有亚硝胺出现。长期食用，对身体健康不利。如果用乙氧基喹啉处理，就会抑制亚硝胺形成。一般能抑制 80%～100%。在河虾的加工利用中也可使用乙氧基喹啉。如虾制成浆后，可用一种由乙氧基喹啉组成的混合物进行储存。混合物的组成为（体积/质量）H_3PO_4 5%，50% H_2SO_4 10%，丙酸 10%，乙氧基喹啉 0.1%。环境温度下，在塑料袋中储存 6 个月没有霉菌产生。虾青素只有 10%的分解。

椰油双胍乙酸盐 (cocospropylenediamine-1,5-bisguanidinium acetate)

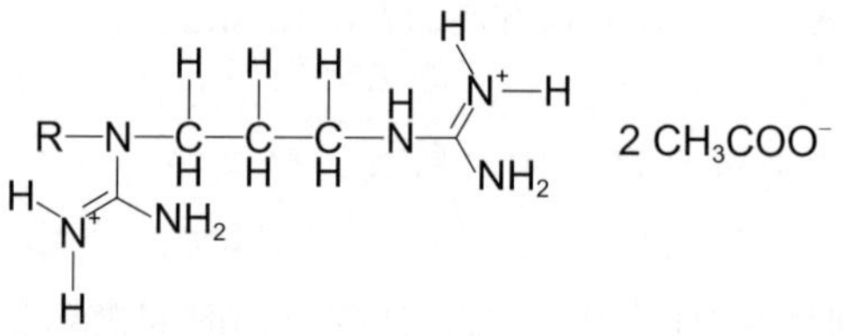

$2\ CH_3COO^-$

R=椰油：月桂醇($C_{12}H_{25}$)，肉豆蔻($C_{14}H_{29}$)，棕榈($C_{16}H_{33}$)
平均分子量：460，85681-60-3

其他名称 1,5-双胍醋酸盐、烷基双胍

化学名称 *N*-椰油二胺双胍醋酸盐

EC 编码 [288-198-7]

理化性质 有效含量 78%，外观清澈，淡黄色黏稠液体，有氨味。密度（20℃）=1.00g/mL。黏度（50℃）180～280mPa·s。pH 值为（1%水溶液）6.0～7.0。溶解度：易溶于水和低级醇。

毒性 大鼠急性经口 LD_{50} 500～2000mg/kg。斑马鱼 LC_{50}（96h）0.1～1.0mg/L（来源：LONZA）。

抗菌防霉效果 椰油双胍乙酸盐显示广谱的杀微生物活性，包括革兰氏阳性菌和革兰氏阴性菌。26%椰油双胍乙酸盐水溶液和 20% PHMB（盐酸双胍）水溶液杀菌率对比详见表 2-273。

表 2-273 26%椰油双胍乙酸盐和 20% PHMB 杀菌率比较

杀菌剂名称	杀菌剂浓度：10×10^{-6}		杀菌剂浓度：100×10^{-6}	
	2h 含菌量/(cfu/mL)	2h 杀菌率/%	2h 含菌量/(cfu/mL)	2h 杀菌率/%
乙酸胍-26	4.4×10^{5}	86.3	2.6×10^{5}	91.9
PHMB-20	6.0×10^{5}	81.3	4.4×10^{5}	86.3
空白对照(CK)	3.2×10^{6}	—	3.2×10^{6}	—

（来源：万厚生物）

注：混合菌株（巨大芽孢杆菌、大肠杆菌、金黄色葡萄球菌、枯草杆菌、荧光假单孢杆菌）；杀菌剂浓度 10/(100×10^{-6})；作用时间 2h。

应用 椰油双胍乙酸盐可作杀菌消毒剂有效成分。

仲丁胺
(2-aminobutane)

H_3C–CH(NH_2)–CH_3...

$C_4H_{11}N$, 73.1, 13952-84-6

其他名称 2-丁胺、另丁胺、2-AB

化学名称 2-氨基丁烷

IUPAC 名 butan-2-amine

EC 编码 [237-732-7]

理化性质 纯品为无色、具氨臭、易挥发的液体，具旋光性。商品一般为外消旋体，呈强碱性。沸点 63℃。蒸气压（25℃）178mmHg。$\lg K_{ow}=0.74$。溶解度：水 1.12×10^{5} mg/L（20℃）；可与乙醇任意混溶。$pK_a=10.56$（25℃水溶液）。

毒性 小鸡急性经口 LD_{50} 250mg/kg。狗急性经口 LD_{50} 225mg/kg。兔急性经皮 LD_{50} 2500mg/kg。大鼠急性经口 LD_{50} 152mg/kg（来源：Pubchem）。

抗菌防霉效果 仲丁胺及其盐类对霉菌有很强的抑杀力，但对细菌和酵母菌的抑杀效果较差。它可与多种杀菌剂、抗氧剂等配合使用，从而起到互补和增效的作用。

制备 通常由甲乙酮与氨催化加氢反应而得，有常压法和高压法两种工艺。常压法采用 Ni-Cr-HPO_3催化剂，在 115℃、空速 $0.15h^{-1}$，原料甲乙酮：氨：氢气＝1：4.5：3.5 的条件下连续反应生产仲丁胺，收率和选择性分别为 99%和 93.3%以上。

应用 仲丁胺主要用于水果、蔬菜储存期以及包装箱运输等作防腐剂；亦作工业中间体原料。

实际应用参考：

仲丁胺及其易分解的盐类（如碳酸盐、亚硫酸氢盐）均具有熏蒸性，本品的衍生物可制成乳剂、油剂、烟熏剂、蜡剂等使用。其蒸气或溶液作为水果、蔬菜储藏期防腐剂，有效浓度为 0.25%。也可加到塑料膜及包装箱、包裹纸等包装材料中起防腐保鲜作用。市售的保鲜剂如克霉灵、保果灵、橘腐净等，均是以仲丁胺为主要有效成分的制剂。

对柑橘、苹果、梨、龙眼等水果和蔬菜的储存保鲜有明显效果。使用方法：使用时将克霉灵（含 50%仲丁胺）蘸在棉花球、布条或纸条上，与产品一起密闭 12h 以上，让仲丁胺自然挥发。用药量一般每千克产品用 60mg 仲丁胺或每立方米用 14g。熏蒸时要避免药物直接与产品接触，注意使药物在容器内均匀地扩散，多设置几个施药点效果更好。

2-正辛基-4-异噻唑啉-3-酮(OIT)
(2-octyl-2*H*-isothiazol-3-one)

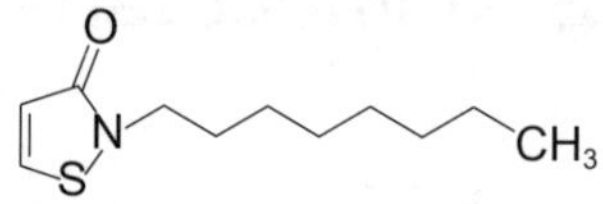

$C_{11}H_{19}NOS$, 213.3, 26530-20-1

其他名称　辛噻酮、*N*-辛基异噻唑啉酮、octhilinone

商品名称　Acticide® OTW、Skane® M-8、ACTICIDE® PLN 9、万立清 LV-616

IUPAC 名　2-octyl-1,2-thiazol-3-one

EC 编码　[247-761-7]

理化性质　纯品为清澈的琥珀色液体、低温下为固体。沸点（0.01mmHg）120℃。蒸气压（25℃）2.98mmHg。相对密度（15.7℃）1.040。闪点>93.3℃。溶解度：水<1mg/mL（18.8℃）（来自：CAMEO Chemicals）。

通常为含有 45%有效成分的液剂，外观呈浅黄色液体，沸点（101kPa）188℃，密度 1.038g/mL，闪点 97℃，pH 值为（10%水溶液）2.45。溶解性（25℃）：水 0.48g/L，甲苯 250g/L，正己烷 5g/L，极易溶于醇、丙酮、醚、乙酸酯，部分溶于油。稳定性：耐热性可达 200℃，pH 值 2～10 之间稳定，碱性介质下易分解。

毒性　大鼠急性经口 LD_{50} 1470mg/kg。兔急性经皮 LD_{50} 690mg/kg。大鼠吸入 LC_{50}（4h）0.58mg/L。NOEL：在 18 个月喂养试验中，887mg/kg [150mg/(kg·d)] 的浓度下对小鼠无致癌性。水生生物：蓝腮翻车鱼 LC_{50}（96h）0.196mg/L，虹鳟鱼 LC_{50}（96h）0.065mg/L。水蚤 LC_{50}（48h）0.180mg/L。

抗菌防霉效果　2-正辛基-4-异噻唑啉-3-酮（OIT）作为 DNA/RNA 合成抑制剂，其对多种细菌、霉菌、酵母菌和藻类都有优异的抗菌效果，尤其对霉菌具有极强的杀灭能力。防霉性能可与有机汞、有机锡的防霉性能相媲美。2-正辛基-4-异噻唑啉-3-酮（OIT）对一些微生物的最低抑制浓度见表 2-274。

表 2-274 2-正辛基-4-异噻唑啉-3-酮（OIT）对一些微生物的最低抑制浓度（MIC）

微生物	MIC/(mg/L)	微生物	MIC/(mg/L)
链格孢	1.5	黑曲霉	5～10
米曲霉	2.0	出芽短梗霉菌	0.3
球毛壳霉	4.0	树脂枝孢霉	0.5
绿粘帚霉	5.0	绳状青霉菌	0.5
灰绿青霉	2.5	匍茎根霉菌	4.0
白色念珠菌	5.0	酿酒酵母	1.0
棒状杆菌	12.5	大肠杆菌	62.5
克雷伯氏菌	125.0	铜绿假单胞杆菌	437.5
斯氏假单胞菌	100.0	金黄色葡萄球菌	31.5
小球藻	5.0	绿藻	5.0

（来源：THOR）

制备 二正辛基二丙酰胺在氯化剂存在下环合，经精制而得。

应用 2-正辛基-4-异噻唑啉-3-酮（OIT）是一种低毒、高效、广谱型防霉剂，对霉菌具有很强的杀灭作用，可广泛应用于涂料、润滑油、鞋油、皮革化学、塑料、木材制品和文物保护等中。

实际应用参考：

① 广谱、非甲醛释放型的干膜防霉剂，广泛用于保护乳胶型和溶剂型干膜不受细菌、真菌的侵蚀。不影响干膜漆的长期稳定性，也不会造成干膜漆的变黄、失色、粉化或开裂。其还可以防止乳胶漆和油性漆的霉菌和其他微生物的生长。

② 经典配方：2-正辛基-4-异噻唑啉-3-酮（OIT）传统为油溶性防霉剂，使用时会产生相应的 VOC。为此 ACTICIDE® OTW、万立清® LV-616 采用新型水性化技术，使防霉剂本身的 VOC 降到最低点，最大限度以满足法规的需求，尤其适用于涂料、胶黏剂、填充剂、密封胶及木材防腐。

法规

① 欧盟化学品管理局（ECHA）：2017 年，欧盟生物杀灭剂产品委员会（BPC）发布法规（EU）2017/1277，批准 2-正辛基-4-异噻唑啉-3-酮（OIT）作为第 8 类（木材防腐剂）生物杀灭剂产品的活性物质。批准日期 2018 年 1 月 1 日，批准期满 2028 年 1 月 1 日。

② 欧盟化学品管理局（ECHA）：根据指令 98/8/EC（BPD）或规则（EU）No. 528/2012（BPR）提交了批准申请的所有活性物质/产品类型组合为 PT-6（产品在储存过程中的防腐剂）、PT-7（干膜防霉剂）、PT-9（纤维、皮革、橡胶和聚合材料防腐剂）、PT-11（液体制冷和加工系统防腐剂）、PT-13（金属工作或切削液防腐剂）。生物杀灭剂 2-正辛基-4-异噻唑啉-3-酮（OIT）申请目前处于审核进行之中。

③ GB/T 35602—2017（绿色产品评价 涂料）规定：2-正辛基-4-异噻唑啉-3-酮（OIT）在涂料领域不得＞500×10^{-6}。实施日期为 2018 年 7 月 1 日。

第三章　防霉抗菌步骤和试验方法

第一节　防霉抗菌工作的步骤

近年来，工业防霉抗菌剂的品种愈来愈多，应用愈来愈广，研究也愈来愈深。但在防霉抗菌剂的使用过程中难免会出现这样或那样的问题。要真正解决工业材料或制品的霉腐问题，将防霉抗菌剂推向工业领域的实际应用，则必须遵循一定的工作步骤。

一、霉腐微生物的调查

这是非常重要的工作，但往往被忽视。由于微生物种类繁多，习性各异，因此，生长在各种不同工业材料或制品上的微生物种类亦不相同。换言之，各种工业材料或制品中的污染菌的品种不一样。例如：在乳胶涂料中繁殖的微生物主要是细菌，包括假单胞杆菌、海生黄杆菌、黄色八叠球菌、蕈状芽孢杆菌等，而在涂膜上生长的微生物主要是霉菌，包括出芽短梗霉、蜡叶芽枝霉、黑曲霉、集团茎点霉、交链孢霉等。尽管从发霉的皮革表面分离到几十种霉菌，但是引起皮革发霉的主要霉菌是青霉和曲霉。使金属加工液腐败发臭的微生物主要是一些生命力很强的细菌，还有少数霉菌和酵母菌，如假单胞杆菌、普通变形杆菌、大肠杆菌、去硫弧菌、枯草芽孢杆菌、镰刀菌、曲霉、青霉、红酵母等。导致光学仪器发霉的主要霉菌包括灰绿曲霉、萨氏曲霉、杂色曲霉、文氏曲霉、土曲霉、橘青霉、黄青霉、芽枝霉、毛壳霉、根霉、毛霉等。石油注水系统的微生物主要是一些生命力很强的细菌，如硫酸还原菌、铁细菌、硫细菌、假单胞杆菌等。

由于不同品种的微生物对某种药物的敏感性不一样，即某种药物对不同品种的微生物具有一定的专一性，因此，依靠一种或几种药物来解决不同工业材料或制品的霉腐问题是不可能的。搞清楚某种工业材料或制品上霉腐微生物的种类，为筛选合适的防霉抗菌剂，解决产品的霉腐问题提供了依据，做到有的放矢，对症下药。

霉腐微生物调查的一般过程如下所述：

（1）采样　使用灭菌的磨口玻璃试剂瓶、大试管或小三角烧瓶和采样工具，到现场取样（最好取微生物数量多的霉腐样品），放入带冰块的保温瓶内，带回实验室，置于冰箱内待检。

（2）分离　使用灭菌的细菌培养基或霉菌培养基，根据污染程度的大小，亦即霉腐菌的多少，用无菌水稀释若干次，于适宜温度下培养一定时间，待污染菌菌落明显出现为止。在无菌室内，于火焰旁，用接种针（环）挑取各菌落于培养基斜面中再培养。最后将长好的斜面保存于冰箱备用。

（3）鉴定　微生物种类的鉴定是一项烦琐和费时的工作，一般由专业机构完成，因为要借助显微镜做形态观察和进行各种生理生化试验。通常情况下，应用单位就不必进行此项工作，只要将分离到的各种微生物编号保藏即可，同样可供防霉抗菌剂的筛选试验之用。当然，如果一定要知道某种污染菌的确切名称，则可委托专业机构完成。

二、实验室供试微生物

（1）霉菌　黑曲霉（*Aspergillus niger*）、黄曲霉（*Aspergillus flavus*）、变色曲霉（*Aspergillus versicolor*）、橘青霉（*Penicillium citrinim*）、宛氏拟青霉（*Pacilomyces varioti*）、蜡叶芽枝霉（*Cladosporium herbarum*）、绿色木霉（*Trichoderma viride*）、球毛壳霉（*Chaetomium globasum*）。

（2）细菌　巨大芽孢杆菌（*Bacillus megaterium*）、大肠杆菌（*Escherichia coli*）、金黄色葡萄球菌（*Staphylococcus aureus*）、枯草芽孢杆菌（*Bacillus subtilis*）、荧光假单孢杆菌（*Pseudomonas fluorescens*）。

（3）酵母　酒精酵母（*Kloccкeria Janke*）、啤酒酵母（*Saccharomyces cereuisiae*）。

（4）其他常见菌　交链孢霉（*Alternaria* sp.）、毛霉（*Aetinomucor elegans*）、根霉（*Rhizopus* sp.）、出芽短梗霉（*Aureobasidium pullulans*）、铜绿假单胞杆菌（*Pseudomonas aeruginosa*）、白色念珠菌（*Candida albicans*）。

三、防霉抗菌剂的筛选

由于工业防霉抗菌剂种类繁多，性质各异，要选择某种或某几种药物来解决工业材料或制品的霉腐问题，就必须对众多的防霉抗菌剂进行一系列筛选试验。

对防霉抗菌剂的要求：作为一种理想的防霉抗菌剂，必须符合高效、广谱、低毒、长效、稳定、互溶性良好、价格适中、货源充沛等要求。还要考虑到色泽、气味、腐蚀性、溶解性等因素。当然，要完全满足上述各种要求是相当困难的。因此在实际使用时，可采用两种或两种以上药物的复配技术，扬长避短，协同作用。

（1）初筛　目前使用的工业防霉抗菌剂有几百种，首先要对各种防霉抗菌剂的物理化学性质有个基本的了解，从中选取所要解决的工业材料或制品霉腐问题之药物。其次要对所选取的药物做防霉抗菌效果的试验。对此十分重要，不然就不能有针对性地寻找到具有良好的防霉抗菌效果的药物。初筛一般采用平板抑菌圈法，初步考察药物对混合细菌、混合霉菌或混合酵母菌的抑杀能力的大小。进而选择抑菌圈大的，也就是防霉抗菌能力强的药物进行进一步复筛试验。

（2）复筛　在对混合细菌、霉菌或酵母菌初筛的基础上，用最低抑制浓度法（MIC法），对各种微生物做最低抑制浓度的检测试验，从而了解各种药物防霉抗菌效果，为防霉抗菌剂在某种工业材料或制品中的应用提供必要的依据。某种药物对各种微生物的 MIC 数据是不一样的，此即为某防霉抗菌剂对某种或某几种微生物效果不好的原因。

① 添加试验　也叫互配试验，即将筛选到的防霉抗菌剂或复配物以一定比例添加到工业材料或制品中。试验者必须熟悉工业材料或制品的制造工艺，以能掌握添加到某一道工序。添加的防霉抗菌剂既要能够解决霉腐问题，又不能影响材料或制品的性能和质量，否则效果再好的防霉抗菌剂工厂也不会使用。例如：当防霉抗菌剂添加到乳胶涂料中后，应关注是否影响涂料的白度？是否破乳而使涂料引起分层、结块？当防霉抗菌剂添加到树脂塑料中时，是否能耐高温？是否会产生难闻的气味？是否影响树脂塑料的颜色？当防霉抗菌剂添加到金属加工液时，pH 是否匹配？是否对机械设备起腐蚀作用？当防霉抗菌剂用于木材防腐时，是否能够抗流失？是否使木材颜色变深？等等。这些均必须予以考虑和关注。

② 挑战试验　就是在已添加防霉抗菌剂的工业材料或制品中加入一定量的供试微生物悬浮液，混合均匀后于适宜温度下考验一定的时间，定期观察样品中微生物的繁殖情况，从而判断所添加的防霉抗菌剂能否有效地解决产品的霉腐问题。作为供试微生物，如无特殊要求，则使用实验室常规试验菌（混合细菌、混合霉菌或混合酵母菌），如有特殊要求，可使用从某种工业材料或制品中分离到的污染菌，也可以两组菌同时使用。每 100g 样品中加入 1mL 菌悬液，含菌量为 10^8cfu/mL。考验时间为 28d，期间每 7d 检查一次，一般情况下，第 7d、14d、21d 可使用平板划线培养法检菌，用“－、＋、＋＋、＋＋＋”来表示菌的有无或多少。第 28d 时，进行活菌计数。诚然，经过 28 天考验后，样品中的菌越少越好，说明防霉抗菌剂发挥了作用；如果样品中的菌越来越多，则说明所加入的防霉抗菌剂及其配方效果不好，应重新筛选。本试验适合于化妆品、洗涤剂、乳胶涂料、胶黏剂、纺织助剂、金属加工液、造纸纸浆、墨水墨汁、循环水、油田注水等。

③ 培养皿试验　就是将添加过防霉抗菌剂的样品裁剪成一定要求的大小，置于固体平板培养基的中央，然后喷洒上霉菌孢子悬浮液（10^8cfu/mL）于（28±1）℃考验一定的时间，每 7d 检查一次，28d 结束试验。长霉程度可用“－、＋、＋＋、＋＋＋”来表示，28d 后最好为“－”，即未长霉。许多工业产品的耐霉要求可参照国家标准或行业标准。本法适用于皮革、塑料、橡胶、涂料、纺织品、铜版纸、帆布、漆布、漆纸、电线、电缆、木材、竹木草藤制品、工艺美术品等。

④ 湿室悬挂试验　就是将添加过防霉抗菌剂的样品裁剪成一定要求的尺寸，悬挂于一定湿度和温度的恒温恒湿箱中，喷洒上霉菌孢子悬浮液，孢子悬浮液浓度为 10^8 cfu/mL。考验时间为 28d，期间每 7d 观察一次。长霉程度可用“－、＋、＋＋、＋＋＋”来表示。试验结束时长霉程度最好为“－”，即未长霉。许多产品的耐霉性要求都有国家标准或行业标准。本法适合对象同③。

⑤ 土壤埋没试验　就是将添加过防霉抗菌剂的样品埋入土壤中，考验一定的时间，

利用土壤微生物的作用来考验样品的耐蚀性。考验时间一般有3个月、6个月、9个月、12个月。耐蚀情况的评定通常用抗张强度的降低或材料的失重来表示。本法适用于接触土壤的工业产品，例如：电线、电缆、帆布、工程塑料、景观木等。

⑥ 应用试验　将通过一系列筛选试验所得到的防霉抗菌剂配方添加到需要解决霉腐问题的工业材料或制品中，进行生产化应用试验。同时定批次抽取样品，带回实验室进行防霉抗菌效果及其他性能检测。一般情况下，三批次产品合格即可视为工艺稳定。另外，跟踪服务非常重要，因为工业产品在制造过程中会遇到这样或那样的问题，加上环境条件的变化，有的会影响到产品的防霉抗菌效果。发现问题，及时改进。

第二节　防霉抗菌试验的有关方法

一、玻璃器皿等的清洗和消毒

微生物试验所用的玻璃器皿必须能耐高温，经得起高压灭菌。玻璃器皿的清洁、灭菌工作也是防霉研究的重要环节。如不严格掌握，不仅会影响培养基的质量和微生物检验的正确性，而且会使工作人员受到致病菌污染，并给下水道及周围环境带来污染。下面特地介绍怎样做好玻璃器皿的清洁和灭菌工作。

1. 玻璃器皿的清洁

新购的培养皿、试管、吸管、烧杯、三角烧瓶等玻璃器皿，先用水冲洗，然后放在5%的碱溶液内洗刷，再于3%的盐酸溶液内中和，最后用水冲洗，晾干（或烘干）即可。

培养（或污染）过微生物的玻璃器皿，在洗涤前必须进行消毒。一般用高压灭菌，也可用常压煮沸或其他化学药品消毒。高压灭菌法消毒彻底且省时，一般于1kg/cm^{2}压力下灭菌30～45min即可。用常压煮沸或化学药品法消毒则需要更长的时间。消毒后，去除培养基的污染物，然后用水冲洗一次，再在肥皂水中洗刷，最后用水冲洗干净，晾干（或烘干）即可。

若遇有不易洗刷干净的玻璃器皿，则可用硫酸重铬酸钾洗液浸泡后再清洗。其配方：粗硫酸900mL，重铬酸钾（粗制）100g，自来水100mL。先将自来水和重铬酸钾置于烧杯中，加热熔化，待冷后，以细流加入硫酸中即可。

若玻璃器皿上有橡皮胶、封蜡、凡士林等物时，应另外处理，然后再按上述清洗过程洗涤。

2. 玻璃器皿的灭菌

微生物试验中所用到的玻璃器皿都可以采用高压灭菌。清洗干净的玻璃器皿晾干（或烘干）后分别进行封口、包扎，然后灭菌。

培养皿一般用牛皮纸包裹（10套/包），用纸扎牢，或装入特制的铝皮盒及皮套铜丝篮内。试管应先加棉花塞（用脱脂棉），棉塞的大小松紧要适宜，以使操作时易于拔取和塞回。然后装进试管筐内，上面包以牛皮纸。吸管管口应先塞以少许棉花，以免使用时不慎而将微生物吸入口中或球内。然后每支吸管都先用薄纸包卷，每10支用牛皮纸包扎好。三角烧瓶用绒布（或几层纱布）和牛皮纸将瓶口包扎好。其他玻璃器皿（如针筒、刮棒、玻璃棒等）也都要用牛皮纸包裹后再进行灭菌。

准备工作做好后，置高压灭菌器内，于1kg/cm^{2}压力下消毒45min左右即可。灭菌后取出，烘干备用。

二、培养基的配制与灭菌

1. 培养基的配制

防霉抗菌工作需要对微生物进行观察，分离或培养。微生物培养需要合适的营养条件（培养基）、pH和温度等，在此特把培养基配制和灭菌作简要介绍。

（1）培养基成分的组成　培养基成分的组成可以视微生物种类和工作目标而选择，在有关微生物的手册或实验指导的书中可以查到。

（2）培养基的形式　培养基的形式可分为固体培养基和液体培养基，在具体使用中要视实验的目的而定。

固体培养基通常是指琼脂凝固而成的培养基，其营养成分可与液体培养基相同。因为琼脂糖一般不为微生物利用，仅仅起了支持体的作用。

（3）培养基配制的方法和操作步骤

① 物料称量　明确培养基的组成部分，根据需要配制的量计算好各成分的质量，写成表格或在记录簿上分项写明，然后逐一称取。同时，需做好记录，以便今后备查、备考。

② 溶解　一般情况下，可几种药品和原料一起放入烧杯调匀，并定容到需要的体积。但有时也需要分别先后加入，如磷酸盐和钙盐配在同一个培养基内时，因为钙盐、镁盐一类药品易与磷酸盐在一起形成结块、沉淀，故宜依次加入。

③ 调节pH　微生物生长需要合适的pH，通常用1mol/L的NaOH、1mol/L的HCl或0.5mol/L的H_2SO_4调pH，调时要慢慢滴入并搅拌，不断用pH试纸检测是否调到了所需的pH范围，也可用pH计进行测定。总之，视工作条件和要求而定。

④ 加热溶解　特别是配制固体培养基，一般是加入2%左右的琼脂，琼脂加热会熔化，使液体变成均匀的胶体溶液，再冷却时便慢慢变成凝胶体。加入琼脂后，必须不断搅拌，以免琼脂黏底烧焦。

⑤ 过滤　一般来说，培养基配好后要过滤，滤去不溶物或块状物。过滤必须趁热进行，一般用3～4层纱布作滤层。

⑥ 分装　按照试验要求，分装进试管、培养皿或三角烧瓶。分装进试管的，一般只装到试管的1/5；装入培养皿的，通常只要铺满皿底即可；装入三角烧瓶的通常是液体培养基，一般只装到瓶的一半以下。

⑦ 加棉花塞或纱布、绒布扎口 培养基配好后，应在试管口或三角烧瓶上加棉塞，其作用有二：一是阻止微生物进入；二是保证有良好的通气，使微生物能不断地获得无菌空气。因此棉塞质量的好坏对实验的结果至关重要。一只好的棉塞外形似未开伞的蘑菇，松紧很相宜。加塞时，塞的 3/5 在口内，2/5 在口外。有时为了通气条件更好，例如做摇瓶时，便不用棉塞，而是用纱布 6～8 层或绒布（1 层）扎在瓶口上。这种包扎，也称为“通气塞”。

⑧ 包扎 棉塞或通气塞塞好后，试管扎成捆，在棉塞的外面包上一层牛皮纸，以防灭菌时冷凝水浸湿棉塞和灭菌后的灰尘侵入，再用棉绳扎好，挂上标签，注明培养的名称及配制日期。

⑨ 灭菌 一般情况下，培养基配制好后应立即灭菌。不及时灭菌，应放入冰箱内保存。有关灭菌的方法，见后面的叙述。

⑩ 定形 固体培养基温度降到一定程度便凝聚成形，所以灭菌后要按照自己的需要放成一定的角度，例如茄子瓶和试管斜面。试管斜面，一般是用一根玻璃棒把一头垫高，搁置成一定的斜度即成。

2. 几种常用的培养基配方

(1) 麦芽汁培养基（适于霉菌和酵母菌）

麦芽汁	5 波美度（9 勃力克斯）
琼脂	2%

调节 pH 5 左右

(2) 马铃薯培养基（适于霉菌）

马铃薯浸液	20%
葡萄糖	2%

调节 pH 5 左右

(3) 蛋白胨-牛肉膏培养基（适于细菌）

蛋白胨	1%
牛肉膏	0.5%
氯化钠	0.5%
琼脂	2%

调节 pH 7.2 左右

(4) 察氏（Czavpek）培养基（适于霉菌）

硝酸钠	0.2%
磷酸氢二钾	0.1%
氯化钾	0.05%
磷酸镁	0.05%
硫酸铁	0.001%
蔗糖	3%

(5) 梅伊尔 (Meyer) 培养基 (适于霉菌和细菌)

蔗糖	5%
磷酸钙	0.25%
硝酸铵	1%
硝酸镁	0.25%
磷酸二氢钾	0.5%

(6) 海纳保格 (Henneberg) 培养基 (适于霉菌)

① 蔗糖	10%
硫酸镁	0.05%
硝酸钾	0.2%
氯化钙	0.01%
磷酸二氢钾	0.1%
② 蔗糖	10%
蛋白胨	1%
硝酸钾	0.2%
磷酸二氢钾	0.2%
硫酸镁	0.05%
氯化钙	0.01%

(7) 海伊达克 (Hayduck) 培养基 (适于酵母菌)

蔗糖	10%
磷酸二氢钾	0.1%
天门冬氨酸	0.25%
硫酸镁	0.3%

(8) 梅伊尔 (Meyer) 培养基 (适于酵母菌)

蔗糖	15%
硫酸镁	0.25%
酒石酸铵	1%
磷酸钾	0.5%
磷酸钙	0.08%

(9) 海钠保格 (Henneberg) 培养基 (适于酵母菌)

① 蔗糖	15%
磷酸二氢钾	0.5%
碳酸钙	0.5%
天门冬氨酸	0.3%
硫酸镁	0.2%
② 蔗糖	15%

蛋白胨　　0.5%
磷酸二氢钾　　0.5%
碳酸钙　　0.5%
硫酸镁　　0.2%

(10) 康氏 (Cohn) 培养基

酒石酸铵　　1%
磷酸氢钙　　0.5%
硫酸镁　　0.25%
磷酸钾　　0.5%

(11) 弗兰开尔 (Frankel) 培养基（适于细菌）

天门冬氨酸钠　　0.4%
乳酸铵　　0.6%
氯化钠　　0.5%
磷酸氢二钾　　0.2%

(12) Wolfie 培养基（适于霉菌和细菌）

蔗糖　　7.5%
磷酸氢二钾　　0.5%
天门冬酰胺　　1%
硫酸镁　　0.25%

(13) Veirijski 培养基（适于霉菌和细菌）

蔗糖　　4%
磷酸氢二钾　　0.004%
硫酸镁　　0.024%
尿素　　1%
硫酸钾　　0.002%
硫酸锌　　0.006%
硅酸钾　　0.006%

(14) Leonian 培养基

干麦芽浸渍物　　0.625%
麦芽糖　　0.625%
蛋白胨　　0.0625%
硫酸镁　　0.0625%
磷酸二氢钾　　0.125%

(15) Hansen 培养基（适于细菌）

胨　　0.1%
麦芽糖　　0.59%

磷酸二氢钾　　　0.03%

硫酸镁　　　0.02%

细菌一般要求中性至微碱性（即 pH 7～8），霉菌和酵母菌一般要求偏酸性（即 pH 4～6），对此要根据具体情况调节 pH 值。如要求培养有特殊营养要求的微生物（如乙酸菌、丙酸菌、乳酸菌等），则需要分别采用特殊培养基。

配制培养基的麦芽汁，可到附近的啤酒厂购买，也可以自己制备，方法如下：

取大麦芽粉 1kg，加水 3L，60℃保温，使其自行糖化，直到液体中无淀粉反应为止（检查方法：取糖化液 0.5mL，加碘液 2 滴，如无蓝紫色出现，即表示糖化完全）。然后过滤，加 2～3 个鸡蛋清（有助于麦芽汁的澄清）、搅拌均匀、煮沸、再过滤。滤液即为麦芽汁，加水稀释至 10 波美度左右，备用。调制麦芽汁浓度时，用波美表或勃力克斯表均可，两者关系如表 3-1 所示。

表 3-1　波美表与勃力克斯表的换算

波美度	相对密度	勃力克斯	波美度	相对密度	勃力克斯
1	1.007	1.8	24	1.200	43.9
2	1.015	3.7	25	1.210	45.8
3	1.022	5.5	26	1.220	47.7
4	1.028	7.2	27	1.231	49.6
5	1.036	9.0	28	1.241	51.5
6	1.043	10.8	29	1.252	53.5
7	1.051	12.6	30	1.263	55.4
8	1.059	14.5	31	1.274	57.3
9	1.067	16.2	32	1.286	59.3
10	1.074	18.0	33	1.297	61.2
11	1.082	19.8	34	1.309	63.2
12	1.091	21.7	35	1.321	65.2
13	1.099	23.5	36	1.333	67.1
14	1.107	25.3	37	1.344	68.9
15	1.116	27.2	38	1.356	70.8
16	1.125	29.0	39	1.368	72.7
17	1.134	30.8	40	1.380	74.5
18	1.143	32.7	41	1.392	76.4
19	1.152	34.6	42	1.404	78.2
20	1.161	36.4	43	1.417	80.1
21	1.171	38.3	44	1.429	82.0
22	1.18	40.1	45	1.442	83.8
23	1.190	42.0	46	1.455	85.7

3. 培养基的灭菌

培养基的灭菌分干热灭菌、湿热灭菌、火焰灭菌和药物灭菌，此处着重介绍湿热灭菌法。

试管、烧瓶、培养皿、漏斗等玻璃器皿及金属用具等可施行干热灭菌。先用水洗涤干净，待干燥后，塞上棉花塞或绒布、牛皮纸等包扎好，置干热灭菌器（常用电热干燥箱），用电热丝加热至150～170℃，约保持1～2h。用这样的高温处理以后，附着在玻璃器皿上的微生物完全被杀灭，器皿即成为无菌状态。一般微生物的营养细胞在100℃的温度下干热1～2h即能死亡，而芽孢菌则需要140℃以上的干热才能完全被杀灭。

在同样条件下，湿热灭菌比干热灭菌的效果好，这是因为蒸汽的穿透力强。湿热灭菌有高压法和常压法两种。有条件的地方一般采用高压法。湿热灭菌主要是杀灭培养基及其他试料的微生物，也可用于玻璃器皿或其他用具的灭菌。培养基灭菌时，通常采用的压力为1kg/cm^{2}维持20～30min。根据培养基的种类和数量，灭菌压力可适当提高，灭菌时间可适当延长。例如，培养基是纤维之类的物质，容器的装液量又较多时，需提高压力或延长时间。但对含葡萄糖等的培养基则必须降低压力和温度，延长灭菌时间，因为高温易使培养基中的糖分破坏。

各类物品灭菌时所需时间、温度和压力可参考表3-2。

表3-2　灭菌所需时间、温度和压力参考表

物品种类	保温时间/min	蒸汽压力/(kg/cm^2)	饱和蒸汽的相对温度/℃
橡胶类	15	1.05～1.1	121
敷料类	30～45	1.05～1.4	121～126
器皿类	30～45	1.05～1.4	121～126
器械类	15	1.05～1.4	121～126
瓶装溶液类	20～40	1.05～1.4	121～126

需要注意的是，灭菌时必须先将器内的空气排放干净，否则尽管压力到了所规定的数值，但还是达不到所需要的温度。

微生物的耐热性与许多因素有关，例如：微生物细菌的耐热性伴随着温度和水分的减少而增高。有脂肪存在的场合，微生物的耐热性增大。盐类对微生物耐热性的影响根据盐类的种类和浓度而不同。悬浊溶剂中，一旦有糖存在时，菌的耐热性就增大。一般来说，微生物在发育的最适pH（例如，细菌在pH 7～8）时耐热性最强。蛋白质含量高的基质比蛋白质含量低的基质杀菌处理困难，因为蛋白质对微生物显示出保护效应。菌的数目也影响杀菌效果，菌数增加时，耐热性似乎变得强起来，这是因为菌在增殖过程中产生各种菌体外的排泄物，其中蛋白质之类的东西较多，其结果也显示出保护作用。菌体的细胞新老也影响到灭菌的效果。细菌细胞发育的休止期，即所谓老的细胞，耐热性强，在对数期增殖时期则抵抗力弱。微生物的耐热性随着培养温度的提高而增大。另外，还受到加热温度与时间的影响，一般来说，加热时间长杀菌效果也好，温度越高杀菌效果越好。

温度与压力的关系见表 3-3。

表 3-3 温度与压力的关系

压力/lbf	摄氏温度/℃	华氏温度/℉	压力/lbf	摄氏温度/℃	华氏温度/℉
0	100.0	212.0	16	122.0	251.6
1	101.9	215.4	17	123.0	253.4
2	103.6	218.4	18	124.1	255.4
3	105.3	221.5	19	125.0	257.0
4	106.9	224.4	20	126.0	258.8
5	108.4	227.1	21	126.9	260.4
6	109.4	229.6	22	127.8	262.0
7	111.3	232.3	23	128.7	263.7
8	112.6	234.7	24	129.6	265.3
9	113.9	237.0	25	130.4	266.7
10	115.2	239.4	26	131.3	268.3
11	116.4	241.5	27	132.1	269.8
12	117.6	243.7	28	132.9	271.2
13	118.8	245.8	29	133.7	272.7
14	119.9	247.8	30	134.5	274.1
15	121.0	249.8			

注：1. 表中温度，指饱和蒸汽压的温度。

2. 1lbf=4.44822N，余同。

三、微生物的接种

接种是微生物技术中最基本的操作之一，接种技术在微生物的分离纯化、生理生化等试验中都非常重要。由于接种的目的不同，所采用的接种方式也不同，接种可分成斜面接种、穿刺接种和三点接种等。选择正确的接种方法，对于微生物的分离、纯化、增殖和鉴别都有重要作用。因接种方法的不同，常常采用不同的接种工具，如接种环、接种针、移液管和涂布棒等。

在接种过程中，必须进行严格的无菌操作。无菌操作一般是在无菌室或接种箱内进行，并靠近煤气灯（或酒精灯，一般用酒精喷灯）的火焰操作。有条件的也可在超净工作台上操作。

1. 斜面接种

斜面接种是从已生长好的菌种斜面上挑取少量菌种，把它移接到另一支新鲜斜面培养基上的一种接种方法。具体操作如下：

步骤一，手持试管，在左手的食指、中指和无名指之间分别夹上菌种和待接斜面

（斜面向上），并斜放使之近水平状态。

步骤二，旋松棉塞，先用右手将棉塞旋松，以便拔出。

步骤三，右手拿接种环（如握钢笔样），在火焰上先将环烧红灭菌，然后将有可能伸入试管的其余部分，也过火灭菌。

步骤四，拔棉花塞，用右手无名指、小指和手掌边先后拔出菌种管和待接试管的棉花塞（或试管帽），然后让管口慢慢过火焰灭菌（切勿让管口烧得过烫）。

步骤五，环冷却，将灼烧过的菌种环伸入菌种管，先使环接触菌种管的培养基（如斜面顶端）部分，使环冷却。

步骤六，待环冷却后，轻轻蘸取少量菌苔（或孢子），然后将接种环移出菌种管。

步骤七，接种，在火焰旁将沾有菌种的接种环伸入另一支待接种的斜面试管，使斜面培养基的底部作“Z”形擅动划线。若要菌种接入液体培养基中，则待接试管要适当向上倾斜。洗脱环上菌体时，要使环与容器壁摩擦几下以利洗下环上的菌体，接好种后还要适当摇动以使菌体分散均匀。有时也可用接种针，仅在待接的斜面上拉一条直线，以便观察菌种的生长特点。

步骤八，塞棉花塞，接种好的试管口再次过火，并塞上棉花塞。

步骤九，接种环灭菌，将接种环烧红灭菌，放下接种环，将棉花塞旋紧。

将接过种的斜面放在37℃（细菌）或28℃（真菌和放线菌）恒温箱中培养。24～48h后观察生长情况。

2. 穿刺接种

经穿刺接种后的菌种常作为保藏菌种的一种形式，同时也是检查细菌运动能力的一种方法，它只适宜于细菌和酵母菌的接种培养。穿刺接种是用接种针，从菌种斜面上挑取少量菌种，并把它穿刺到固体或半固体直立柱培养基中的一种方法。具体操作如下：

步骤一，手持试管。

步骤二，旋松棉塞。

步骤三，右手拿接种针在火焰上将针端烧红灭菌，接着把在穿刺中可能伸入试管的其他部位也过火灭菌。

步骤四，拔塞取菌，用右手的小指和手掌边拔出棉塞。接种针先在培养基部分冷却，以针尖蘸取少量菌种。

步骤五，接种，有两种操作法：一种是水平法，它类似于斜面接种法；另一种是垂直法，即把待接种的试管管口朝下，接种针朝上刺入培养基。不管用哪一种方法，接种针都必须挺直，自培养基的中心刺入，挺直拔出，手要稳，动作轻巧快速，针要刺到底部。最后，塞上棉塞，并将接种针在火焰上灭菌。

将试管直立于试管架上，放在37℃（细菌）或28℃（酵母菌）恒温箱（室）中培养，24～48h后观察生长情况。

3. 三点接种

三点接种是为了获得单菌落所使用的方法之一，它是在培养皿上接种，即用接种针蘸取少量霉菌孢子，在浇有琼脂培养基的培养皿（俗称平板）上，以等边三角形的三点轻轻点一点，培养后即在此三点上长出菌落。其优点是：同种菌落有三个重复，同时在菌落彼此相接近的边缘常留有一条狭窄的空白地带，此处菌丝生长稀疏，较透明，还分化出典型子实体，因此可以直接把培养皿放在低倍镜下观察，便于根据形态特点进行菌种的鉴定。具体操作如下：

步骤一，倒平板，将已灭菌的琼脂培养基放在水浴锅上加热熔化，待冷却至45℃（手握不觉太烫为宜）后，用无菌操作法倒平板。

步骤二，标明三点位置，待平板凝固后，在培养皿底部注明菌种、日期等，并以等边三角形的三个顶点标上记号。

步骤三，右手拿接种针，先在火焰上烧红灭菌，并在平板培养基的边缘冷却且蘸湿。

步骤四，蘸取孢子，将灭过菌而且蘸湿的接种针伸入菌种管，用针尖蘸取少量霉菌孢子。

步骤五，点接，以垂直法或水平法把接种针上的孢子点到预先标记好的部位，注意切勿刺破培养基。

将培养皿倒置，于28℃恒温条件下培养，48h后观察生长情况。

四、菌种的分离方法

在防霉抗菌研究中，常常需要把引起霉（腐）变的微生物进行分离培养，从混杂的微生物群体中把不同种的微生物分离开，以获得纯种（纯化）。获得纯种的方法很多，但基本原理却是相似的，即将分离的样品进行一定的稀释，使微生物的细胞（孢子）尽量以分散状态存在，然后长成一个个单菌落。如将单菌落移接到适当的培养基上，一般就算获得了纯种微生物。

1. 稀释平板法

步骤一，分装无菌水，取若干支空试管（例如8支），依次编号为10^{-1}，10^{-2}，…，10^{-8}，用5mL规格的移液管分别吸取4.5mL蒸馏水装于试管中，灭菌备用。

步骤二，稀释，先摇匀菌种试管内的菌液，然后用一支1mL的无菌移液管伸进菌液管中，反复吸吹几次，然后吸取0.5mL，注入10^{-1}号管中（注意：这只移液管的尖端不能接触10^{-1}号试管内的菌液），随即弃去这支移液管（放入石炭酸缸中）。另取一支1mL的无菌移液管，以同样的方式在10^{-1}号试管中反复吹吸几次，然后吸取0.5mL菌液放入10^{-2}号试管中。其余依次类推，直至10^{-8}号试管为止。

步骤三，把已灭菌的琼脂培养基加热溶解，然后冷却至45℃左右，备用。

步骤四，分别吸取10^{-6}、10^{-7}、10^{-8}三个稀释度的菌液0.2mL置于灭菌的培养皿中，然后倒入适量的琼脂培养基，以铺满皿底为限，晃动培养皿使菌液和培养基充分混匀，平放待冷却凝固。

将冷却后的培养皿倒置于30℃恒温箱（室）中培养1～2d，观察稀释分离结果（单菌落是否分清）。

2. 稀释涂布分离法

步骤一，分装无菌水。如上法。

步骤二，稀释。如上法。

步骤三，把已灭菌的琼脂培养基倒入培养皿中，以铺满皿底为限，平放待冷却凝固。

步骤四，分别吸取 0.2mL 10^{-6}、10^{-7}、10^{-8} 号试管的菌液，置于已凝固的平板上。

步骤五，涂布，菌液一吹入平板上，立即用涂布棒迅速将菌液均匀涂布开。即左手握培养皿，并使皿盖打开一缝，右手拿涂布棒在培养基表面移动，以达到涂开菌液的作用。操作时小心，不要将培养基推破。

将涂布的培养皿倒置于37℃或28℃恒温箱（室）中培养1～2d，观察分离效果。

选取单菌落：以上两法，经培养后长出单菌落。为了分离纯化，把单菌落挑出，移接到斜面试管上，经培养后即得纯种微生物。

3. 划线分离法

平板划线分离法，是用接种环在平板培养基表面通过分区划线而达到分离微生物的一种方法。其原理是将微生物样品在固体培养基表面多次做“由点到线”的稀释而达到分离的目的。方法如下：

步骤一，倒平板，熔化已经配制好并灭过菌的琼脂培养基，冷却至45℃左右倒平板。水平静置待冷却凝固。

步骤二，将待划线分离的平板倒置于煤气灯的左侧，贴上标签（或做记号），若划线时分区没把握，可在皿底上预先分为四个区。

步骤三，接种环烧红灭菌，并伸入菌种试管内冷却，挑取少量斜面菌苔。

步骤四，左手拿培养皿底，此时皿底尽量与桌面垂直，然后将接种环上的菌种先在平板的A区划3～5条平行线，再烧掉环上剩余的菌种。

步骤五，将烧红的接种环在平板培养基的边缘冷却。然后将平板转动一定角度（约60°），用接种环通过A区向B区做来回平行划线；同样，由B区向C区划线。最后由C区向D区划线。区与区的线条间的夹角最好成120°，这样可使D区的线条与A区线条相平行，并可避免此两区线条接触。最后将平板倒放在培养皿盖中。

划线用的接种环要圆滑。划线时，平板与接种环的角度要小一些，滑动要轻巧，线条要平行且密集，这样才能充分利用培养基的表面积。划线时，可把平板分成四个区，四个区的作用不同，所以四个区的面积也不相同，应是D>C>B>A。D区是关键，是单菌落的主要分布区。划D区内的线时，切勿再同A、B区的线条相接触。

培养：将培养皿倒置于37℃（或28℃）恒温箱或恒温室中培养，24h后观察分离效果。

选取单菌落及移种至斜面上：把D区或C区内出现的典型单菌落用接种针以无菌

操作的要求挑取并移接到斜面培养基上，经培养后即为纯种微生物。

五、菌种保藏

进行防霉研究或其他微生物工作时都涉及菌种保藏问题，这里介绍几种常用的菌种保藏方法。

（1）斜面菌种保藏法　霉菌一般用马铃薯琼脂斜面或麦芽汁琼脂斜面或察氏琼脂斜面，酵母菌一般用麦芽汁琼脂斜面，细菌一般用蛋白胨-牛肉膏琼脂斜面，于适宜的温度下培养后，放在低温、干燥而清洁的地方。通常存放于 2～4℃的冰箱或冰库中，有芽孢的细菌及有孢子的霉菌用此法可保存 3～6 个月，无芽孢的细菌及酵母菌用此法可保存 1～3 个月。

（2）麸曲法　此法最适用于产生大量孢子的霉菌。酵母菌不能用此法。做法是这样的：取麸皮与水拌匀，加水量根据不同霉菌对水分的要求不同而具体掌握。一般麸皮与水之比为 1∶1. 把拌匀的麸皮装入小试管中，麸皮的厚度为 1.5～2.0cm。宜疏松，不能压紧。试管口用棉塞塞好，高压灭菌。冷却后接种，于适宜温度下培养，待孢子长好后，取出，放在装有氯化钙的干燥器中，在室温条件下干燥数日，然后连同干燥器放于低温干燥处保存；或者将试管取出，用蜡封口，再放低温处保藏。

（3）液体石蜡法　取液体石蜡油，放入三角烧瓶中，加盖，灭菌。然后置 40℃的恒温箱中使水分蒸发掉。用灭菌吸管取灭菌石蜡油加到已经长好的菌种斜面上，宜高出斜面 0.5～1.0cm，直立地放置在低温而干燥的地方保存。此法对嫌气性细菌尤为适宜。

（4）沙土法　将沙过筛，用 10%的盐酸浸泡，除去有机物，然后水洗至中性，烘干，装入管内，用麸皮法灭菌，封口。具体方法如下：

步骤一，取河沙若干（用量根据需要），过筛，选取中间比较均匀的沙粒放入搪瓷容器中。用 10%的盐酸浸泡处理，以除去其中的有机物质。盐酸的用量以浸没沙石为度，浸泡 2～4h 后倒去盐酸溶液，用水洗涤数次，至呈中性为止。倒去水，烘干或晒干。

步骤二，把干沙分装入小试管中，装入量达 1cm 高左右，塞好棉塞，灭菌。

步骤三，灭菌后，取沙少许，放入无菌液体培养基内，置适宜温度下培养，检查有无微生物生长。如发现无微生物，即可使用。若有，则需再行灭菌。

步骤四，将需要保藏的菌种用 1mL 的无菌吸管吸取其悬浮液滴入沙管中，每小管约 10 滴，用接种针（环）拌匀，盖以棉塞。沙管放入干燥器中，干燥器内用无盖培养皿或其他玻璃器皿盛装五氧化二磷，以吸收水分。若五氧化二磷变湿，成糊状时，需及时更换。沙管干燥后，即可取出，用火在棉塞下边将玻璃封口。当然亦可用真空泵抽气，使成相对真空状态，边抽真空，边用火焰封口。

沙土法最适宜于保藏产生孢子的丝状真菌。用这种方法可以使菌种保存几年时间。

六、活菌计数法和抗菌率

1. 活菌计数法

菌落总数，系指 1g 或 1mL 样品，经过处理，在一定条件下培养后，所得细菌菌落的总数。菌落总数是作为判定样品被污染程度的重要依据。

【用具和材料】

灭菌培养皿（直径 9cm）

熔化状态的琼脂培养基（最好保温于 45℃左右的水浴中）

250mL 灭菌玻璃瓶内装 100mL 无菌生理盐水

装有 4.5mL 无菌生理盐水的灭菌小试管

无菌吸管

玻璃刮棒

被检样品

【试验过程】

（1）以无菌操作，将检样 10g（或 10mL）放于含有 100mL（如检样为液体，则改为 90mL）灭菌生理盐水或其他稀释液的灭菌玻璃瓶内（瓶内预置适当数量的玻璃珠）或灭菌乳钵内，经充分振摇或研磨成 1∶10 的均匀稀释液。

（2）用 1mL 灭菌吸管，吸取 1∶10 稀释液 0.5mL，注入含有 4.5mL 灭菌生理盐水或其他稀释液的试管内，振摇试管混合均匀成 1∶100 稀释液。

（3）另取 1mL 灭菌吸管，按上项操作顺序做 10 倍梯度稀释，如此每稀释一次，即换用 1 支 1mL 灭菌吸管。

（4）根据对标本污染情况的估计，选择 2～3 个适宜稀释度，分别在做 10 倍梯度稀释的同时即以吸取该稀释度的吸管移 1mL 稀释液于灭菌平皿内，每个稀释度做 2 个平皿。

（5）稀释液移入平皿后，应及时将凉至 45℃的营养琼脂培养基倾注入平皿约 15mL，并转动平皿使混合均匀。

（6）待琼脂凝固后，倒置于 37℃温箱内培养 24～48h 取出，计算平皿内菌落数目，乘以稀释倍数，即得每克（或每毫升）样品所含菌落总数。

【注意事项】

（1）所用的操作用具和材料都要事先做灭菌处理，操作必须在无菌室（或无菌箱）内于火焰旁进行。

（2）倒入培养皿的琼脂培养基温度不能太高（一般为 45℃左右），否则会引起微生物的死亡。也不能太低，因为琼脂会很快凝结，以致搅拌不均匀，影响试验结果。

（3）各种微生物的最适生长条件不同，因而霉菌和细菌的计数要分别选择不同的培养基（例如霉菌用麦芽汁培养基，细菌用蛋白胨牛肉膏培养基等）和培养温度（例如：霉菌一般为 25～30℃，细菌一般为 32～37℃等），恒温培养时宜分开放置。

（4）作平板菌落计数时，可用肉眼观察，必要时用放大镜检查，以防遗漏。在记下各平皿的菌落数后，求出同稀释度的各平皿平均菌落数。

【结果评判】

（1）平皿菌落数的选择　选取菌落数在30～300之间的平皿作为菌落总数测定标准。一个稀释度使用两个平皿应采用两个平皿平均数，其中一个平皿有较大片状菌落生长时则不宜采用，而应以无片状菌落生长的平皿作为该稀释度的菌落数；若片状菌落数不到平皿的一半，而其余一半中菌落分布又很均匀，则可计算半个平皿后乘以2代表全皿菌落数。

（2）稀释度的选择　应选择平均菌落数在30～300之间的稀释度，乘以稀释倍数报告之。若有两个稀释度，其生长菌落数均在30～300之间，则应视二者之比如何来决定，若其比值小于2应报告其平均数，若大于2则报告其中较小的数字。若所有稀释度的平均菌落数均大于300，则应按稀释倍数的最高的平均菌落数乘以稀释度报告之。若所有稀释度的平均菌落数均小于30，则应按稀释倍数的最低的平均菌落数乘以稀释倍数报告之。若所有稀释度的平均菌落数均不在30～300之间，其中一部分大于300或小于30时，则以最接近30或300的平均菌落数乘以稀释倍数报告之。菌落数的报告：菌落数在100以内时，按实有数报告；大于100时，采用二位有效数字，在二位有效数字后面的数值以四舍五入法计算，为了缩短数字后面的零数，也可用10的指数来表示。

2. 抗菌率的检测

主要用于在实验室测定杀菌剂杀灭悬液中或载体上微生物的能力大小。

试验分为三组：第一组为试验组，即在悬液中加入一定浓度的被检杀菌剂；第二组为阳性对照组，以磷酸缓冲液代替杀菌剂；第三组为阴性对照组，即空白培养平板。方法可按照活菌计数法的试验过程进行。经24～72h培养，观察最终结果，计算各组的活菌浓度（cfu/mL），并按下式计算抗菌率。

$$抗菌率=\frac{阳性对照组活菌浓度-试验组活菌浓度}{阳性对照组活菌浓度}\times 100\%$$

七、滤纸抑菌圈法

【用具和材料】

灭菌培养皿

无菌吸管（或针筒）

圆片滤纸（直径2cm）

带玻璃珠的无菌水

带过滤漏斗的三角瓶

镊子

接种针（环）

熔化状态的琼脂培养基（最好保温于45℃左右的水浴中）

一定浓度的药剂

供试验用的菌种

【试验过程】

（1）用接种环挑取各试管斜面的菌种于带玻璃珠的无菌水中，用手振荡数分钟使孢子分散，过滤后制成混合孢子悬液。

（2）用无菌吸管（或针筒）向各培养皿中注入一定浓度的混合孢子悬浮液 0.5mL。

（3）向各培养皿内注入 15～20mL 的熔化状琼脂培养基（约 45℃），将菌液与培养基混合均匀，待其冷却。

（4）用镊子将圆片滤纸在不同浓度的防霉剂中浸渍片刻，取出置于带菌培养基平板的中央，盖上盖子。

（5）置适宜温度下，培养 2～3d，观察滤纸圆片周围抑菌圈的有无及大小。

【注意事项】

（1）所用的操作用具和材料都要事先做灭菌处理，操作必须在无菌室（或无菌箱）内于火焰旁进行。

（2）霉菌、细菌、酵母菌等各种微生物都必须分别配制混合菌液，即这里指的混合菌液是霉菌、细菌或酵母菌等诸种菌的混合液，并非霉菌、细菌和酵母菌的混合液。

（3）混合菌液的浓度一般为 10^6～10^8 cfu/mL。

（4）倒入培养皿的琼脂培养基温度不能太高（一般为 45℃左右），否则会引起微生物的死亡。也不能太低，因为琼脂会很快凝结，以致搅拌不均匀，影响试验结果。

（5）各种微生物的最适生长温度不同（例如：霉菌一般为 25～30℃，细菌一般为 32～37℃等），恒温培养时宜分开放置。

【结果评判】

由于滤纸圆片所吸附的药液慢慢向四周扩散，因此在滤纸片的周围就出现清晰的抑菌圈（假如该防霉剂对供试菌有抑制效果的话）。抑菌圈的大小代表药剂抗菌力的高低。在一定的药剂浓度范围内，药剂的浓度越高则抑菌圈的直径越大。当然，此法同样适合于测定单个菌的抗菌效果。

八、最低抑制浓度法(MIC 法)

【用具和材料】

灭菌培养皿（直径 9cm）

无菌吸管或针筒

45℃左右的琼脂培养基（最好保温于 45℃左右的水浴中）

不同浓度的药剂

供试验用的孢子悬液

【试验过程】

（1）用无菌吸管吸取不同浓度的药剂 1mL，依次注入灭过菌的培养皿中。

（2）用无菌吸管（或针筒）吸取各种供试菌液 0.5mL，依次放到上述培养皿中。

（3）立即在各培养皿中注入 15mL 或 20mL 琼脂培养基（注入的量要恒定），摇匀，盖上盖子。

（4）凝固后，置适宜温度下培养一定的时间，观察其生长情况。

【注意事项】

（1）各培养皿中注入的培养基数量要恒定（如 15mL 或 20mL 等），否则会影响培养基中药剂的浓度。

（2）加入的药剂量各 1mL，宜预先计算好浓度，注入培养基后的最终浓度才是药剂的正确浓度。

（3）每种菌都要做不同的药剂浓度试验，假如有 10 个不同的药剂浓度，使用 17 株菌的话，就得做 170 个试样，若一次完成，工作量太大，可分批进行。

（4）药剂、菌液与培养基要搅拌均匀，否则影响试验结果。

（5）药剂对微生物生长的最低抑制浓度的确定也可以采用其他方法（例如：点菌法、液体培养法等）。

【结果评判】

如果培养皿上有菌落生长，说明该浓度的药剂抑制微生物的生长，反之则说明该浓度的药剂不抑制微生物的生长。抑制微生物生长的最小浓度，即为药剂对此种微生物的最低抑制浓度。

下面就以某种药剂为例，详细介绍最低抑制浓度的判定。

药剂对各种微生物的最低抑制浓度见表 3-4。

表 3-4　药剂对各种微生物的最低抑制浓度

菌种	最低抑制浓度/(mg/L)									
	1000	750	500	250	100	75	50	25	10	5
黑曲霉	－	－	－	＋	＋	＋	＋	＋	＋	＋
黄曲霉	－	－	－	－	＋	＋	＋	＋	＋	＋
变色曲霉	－	－	－	－	＋	＋	＋	＋	＋	＋
橘青霉	－	－	－	－	－	－	＋	＋	＋	＋
拟青霉	－	－	－	－	＋	＋	＋	＋	＋	＋
芽枝霉	－	－	－	－	－	－	＋	＋	＋	＋
木霉	－	－	－	－	－	＋	＋	＋	＋	＋
球毛壳霉	－	－	－	＋	＋	＋	＋	＋	＋	＋
交链孢霉	－	－	＋	＋	＋	＋	＋	＋	＋	＋
毛霉	－	＋	＋	＋	＋	＋	＋	＋	＋	＋
枯草杆菌	－	－	－	－	＋	＋	＋	＋	＋	＋
大肠杆菌	－	－	－	－	－	－	－	＋	＋	＋
巨大芽孢杆菌	－	－	－	－	－	＋	＋	＋	＋	＋

续表

菌种	最低抑制浓度/(mg/L)									
	1000	750	500	250	100	75	50	25	10	5
金黄色葡萄球菌	−	−	−	+	+	+	+	+	+	
荧光假单胞杆菌	−	−	−	+	+	+	+	+	+	+
啤酒酵母	−	−	−	−	−	+	+	+	+	+
酒精酵母	−	−	−	−	+	+	+	+	+	+

注：表中符号“−”表示平板上不长菌，说明该浓度的药剂对微生物的生长有抑制作用；“+”表示平板上出现菌落，即该浓度的药剂对微生物的生长无抑制作用。

由表3-4可知，药剂对微生物生长的最低抑制浓度（MIC）见表3-5。

表3-5　药剂对微生物生长的最低抑制浓度（MIC）

微生物名称	MIC/(mg/L)	微生物名称	MIC/(mg/L)
黑曲霉	500	毛霉	1000
黄曲霉	250	枯草杆菌	250
变色曲霉	250	大肠杆菌	50
橘青霉	75	巨大芽孢杆菌	100
拟青霉	250	金黄色葡萄球菌	500
芽枝霉	75	荧光假单胞杆菌	500
木霉	100	啤酒酵母	100
球毛壳霉	500	酒精酵母	250
交链孢霉	750		

假如要更详细一点了解某种药剂对各种微生物生长的最低抑制浓度，则可以将药剂的浓度范围再分割得细一点，例如：1000mg/L、950mg/L、900mg/L、850mg/L、…、10mg/L、5mg/L、1mg/L等。也可以在初步找到了某药剂的最低抑制浓度后，再在这个浓度以下做更细的工作。例如：由表3-5知道某药剂对黑曲霉的最低抑制浓度是500mg/L，而比500mg/L小的下一档浓度是250mg/L，那么黑曲霉的真正可能的最低抑制浓度是在250mg/L与500mg/L之间，可能小于500mg/L，也可能等于500mg/L，但一定大于250mg/L（因为在250mg/L的平板上出现菌落，说明该药剂浓度对该种菌无抑制作用）。据此，可以将药剂浓度范围再分割得细一点，例如：500mg/L、490mg/L、480mg/L、…、260mg/L、250mg/L等（如表3-6所示）。

表3-6　药剂对黑曲霉的最低抑制浓度举例

药剂浓度/(mg/L)	500	490	480	470	460	…	290	280	270	260	250
抑制情况	−	−	−	−	+	…	+	+	+	+	+

由表3-6可知，药剂对黑曲霉的最低抑制浓度为470mg/L，这个数值比原来的500mg/L更精确一些。

九、圆片培养皿法

圆片培养皿法适宜于测定质地比较柔软、厚度比较小的材料或制品，例如：纸张、纺织品、皮革、塑料、感光材料等。有些材料或制品虽然体积较大，但可采用裁剪工具适当减薄或减小，做成所要求的规格。有些液状材料或制品，例如：合成洗涤剂、乳胶涂料、轧制乳化液以及黏胶剂等，可借用滤纸做载体。各种材料或制品做成一定直径大小圆片的目的，主要是为了观察抑菌圈。一般地说，抑菌圈的大小即代表材料或制品防霉力的高低。

【用具和材料】

灭菌培养皿（直径 9cm）

灭菌刻度吸管（或针筒）

裁剪工具

不锈钢镊子

接种针（环）

熔化状态的琼脂培养基（最好保温于 45℃左右的水浴中）

供试样品

供试验用的孢子悬液

【试验过程】

(1) 将材料或制品裁剪成直径为 3cm 左右的圆片。

(2) 用刻度吸管（或针筒）向各灭菌培养皿中注入一定量的孢子悬浮液。

(3) 向上述培养皿内倒入 15mL 左右的熔化状态的琼脂培养基（45℃左右），摇匀，放置，凝固。

(4) 用镊子将试样置于上述带菌培养基平板的中央，盖上盖子。

(5) 置适宜温度下，培养一定的时间，观察结果并记录。

【注意事项】

(1) 假如供试材料或制品体积小、硬度大、形状不规则等，无法裁剪时，则可采用其他方法进行测试。

(2) 此法既可采用单个菌测试，亦可采用混合菌测试；既可采用霉菌测试，亦可采用细菌或其他菌测定。

(3) 必须在同样条件下，做空白对照试验（即使用未添加过防霉剂的材料或制品作对照）。

(4) 观察时间一般为 7d、14d、21d、28d，应注意保持培养皿的湿度。

(5) 制作带菌培养基平板时，应控制培养基的温度在 45℃左右。否则，温度太高，会杀死微生物；而太低便会迅速凝固。

可以对此法进行改良，先配制成不带菌的琼脂培养基平板，即在培养基倒入培养皿之前不先加入孢子悬浮液。此时，培养基的温度就不一定控制在 45℃左右，温度稍高亦无妨。待培养基凝固后，用灭菌刻度吸管（或针筒）向各培养基平板内注入一定量的供试菌孢子悬浮液，接着用灭菌玻璃涂棒将菌液涂布均匀。再在带菌培养基平板的中央放置一片直径为 3cm 左右的样品，置适宜温度下，培养一定的时间，观察结果。

也可以先将一定量的孢子悬浮液注入 45℃左右的熔化状琼脂培养基中，充分混合，立即向各灭菌培养皿内倒入 15mL 左右的带菌培养基。凝固后，再将直径 3cm 的供试样品置于带菌培养基平板的中央，置适宜温度下，培养一定的时间，观察结果。

【结果评判】

由于材料或制品添加过防霉剂，当试样圆片置于带菌培养基平板的中央时，其防霉剂就逐渐向四周扩散、渗透。假如该防霉剂的抗菌效果较佳的话，则试样的周围就呈现出明显的抑菌圈，无疑试样上面亦不长菌。一般地说，抑菌圈的大小即代表材料或制品防霉力的高低。同样也可以对没有添加过防霉剂的材料或制品进行防霉力的判断。

十、湿室挂片法

所谓湿室挂片法，就是在保持一定温度和湿度的空间内悬挂一系列喷洒上孢子悬浮液的供试样品，定期观察其霉变情况。

【用具和材料】

调温调湿箱（或调温调湿室）

密闭玻璃柜

裁剪工具

供试样品

供试验用的霉菌孢子悬液

【试验过程】

（1）将添加过防霉剂的材料或制品裁剪成一定大小的试样（例如：20mm×200mm 或 40mm×100mm 等）。

（2）将裁剪好的试样悬挂在密闭的玻璃柜内，均匀地喷洒上霉菌孢子悬浮液。

（3）将喷洒上菌液的试样移至调温调湿箱（或室），依次悬挂。

（4）调节所需要的温度和湿度（例如：温度 28℃，相对湿度 95%等），定时观察结果并记录。

【注意事项】

（1）试样的大小视情况而定，不求一律。有些材料或制品本身体积小或硬度大，就不必裁剪。

（2）喷洒孢子悬浮液的浓度一般为 10^6～10^8cfu/mL，以洒湿试样表面为宜。

（3）试样必须依次悬挂，并保持一定的距离，且不要贴住箱壁。

（4）观察时间一般为 7d、14d、21d、28d。

（5）此法同样适宜于判断没有添加过防霉剂的材料或制品的防霉力。

【结果评判】

试样在调温调湿箱（或室）内悬挂一定时间以后，即用肉眼观察其表面菌的生长情况。假如某种材料或制品具有防霉力，则在试样的表面就看不到菌丝的生长。反之，不具防霉力的材料或制品，就能在试样的表面看到菌丝的生长。一般来说，由试样表面菌丝生长繁殖的程度可以判断材料或制品防霉力的高低，如表 3-7 所示。一般来说，经过 28 天恒温恒湿喷洒菌考验后，材料或制品的防霉力达到 0 级或 1 级为合格，否则为不合格（表 3-7）。

表 3-7 试样表面菌丝生长情况与防霉力评定的关系

菌丝生长情况	霉菌抗性表示	防霉力的评定
试样的表面看不到菌丝的生长	－	0 级
试样的表面看到菌丝的生长，但菌丝生长面积不超过全面积的 1/3	＋	1 级
试样的表面看到菌丝的生长，菌丝生长面积超过全面积的 1/3，但不超过全面积的 2/3	＋＋	2 级
试样的表面看到菌丝的生长，菌丝生长面积超过全面积的 2/3	＋＋＋	3 级

十一、土壤埋没法

所谓土壤埋没法就是将裁剪成一定大小的试样埋没于土壤中，利用自然土壤菌的作用来判断材料或制品防霉力的高低。此法适用于测定线带、帆布、缆绳、皮革、塑料等材料或制品的防霉力。

【用具和材料】

含腐殖质较多的园艺土

培养盘（木制、玻璃制或陶瓷制等）

裁剪工具

供试样品

【试验过程】

（1）将材料或制品裁剪成一定大小的试样（例如：直径为 4～6cm 的圆片，或 4cm×4cm 到 6cm×6cm 的方块等）。

（2）将试样埋没于人工制造的土壤培养床中，深度约为 2～4cm。

（3）保持适宜的温度和湿度，定时观察结果。

【注意事项】

（1）材料或制品试样的大小不求一律，需根据培养盘的大小灵活掌握。

（2）试样依次埋没，互相分隔，不要重叠。

（3）土壤采用含较多腐殖质和少量砂粒的园艺土，用筛网筛过，pH 值为 7 左右，这样的土壤适合于微生物的繁殖和活动。

（4）可将培养盘置恒温室中保温，同时经常在土壤表面浇水，设法保持土壤中的平均湿度为25%～30%。为此，要经常检查土壤水分的含量，不断补充蒸发掉的水分。

(5) 埋没时间一般为1～3个月，需要时可适当延长。

(6) 可将未经防霉剂处理的样品用同样的方法做对照试验，以便比较。

假如没有恒温设备，也可在室外进行，但受季节气候的影响。可选择一块肥沃的、有团粒构造的园艺土，同本法进行。夏天，室外气温高，试验时间仍为1～3个月。春秋季节气温低，微生物的活动能力减弱，埋没时间可适当延长。冬季天气更冷，一般不宜在室外进行试验。

【结果评判】

各试样经过一定时间的埋没试验后，全部从土壤中取出，小心地用水洗去附在试样上面的土壤及微生物。然后在50℃左右的温度下干燥2h，再在温度约20℃、相对湿度约65%的环境中保持24h。接着进行破坏性试验，与未做土壤埋没试验的样品及未用防霉剂处理的土壤埋没样品做比较。在一般情况下，试样经过埋没试验后应保持原来强度的80%～90%方为合格，否则为不合格。

十二、挥发性防霉剂效果的测定

防霉剂种类繁多，性质各异，用途不一。防霉剂效力的测定通常采用滤纸平板抑菌圈法和最低抑制浓度（MIC）法。物品防霉力的判断一般采用圆片培养皿法、湿片挂片法和土壤埋没法。但是，对于某些具有挥发性的防霉剂，由于对它的特殊使用要求，其防霉效果就不能单用上述方法来测定，必须有一种能够测定出挥发性防霉效果的方法。挥发性防霉剂品种较少，过去主要用于精密仪器防霉。随着含萘樟脑丸的潜在危险性被人们逐步认识，使用者愈来愈少，其发展趋势终将被安全的挥发性防霉剂淘汰。近年来，新型的不含萘的防霉剂不断被研究开发出来，因此如何测定其挥发性防霉效果就显得十分迫切。本书作者根据多年的工作实践设计出适合于测定挥发性防霉效果的方法，在实践应用中取得良好结果并获专家认可。本方法的原理是在规定的容积内放置一定量的挥发性防霉剂，并悬挂各种喷洒过霉菌孢子悬浮液的受试底物，于适宜温度下培养一定时间，最后观察结果。

【用具和材料】

容积为1200cm^3左右带盖的圆柱形玻璃器皿

密闭玻璃柜

200mL无菌水

喷雾器

受试底物：白板纸（30mm×50mm），纯棉织物（30mm×50mm），白色丝绸（30mm×50mm），白色毛料（30mm×50mm），等

供试验用的霉菌孢子悬液

恒温培养箱

【试验过程】

(1) 先用洗洁精擦洗圆柱形玻璃器皿，再用75%乙醇涂擦消毒。

(2) 将受试底物悬挂在密闭的玻璃柜内，喷洒霉菌孢子悬浮液（以表面湿润为宜），晾干，备用。

(3) 在圆柱形玻璃器皿底部倒入200mL无菌水，将1g挥发性防霉剂悬挂于玻璃器皿中央部位。

(4) 在防霉剂两侧悬挂受试底物（间隔至少1cm，不能相互碰着，盖紧盖子，保持密封）。

(5) 将玻璃器皿置于恒温培养箱内，于(28±1)℃，培养28d。

(6) 在圆柱形玻璃器皿中央部位不悬挂挥发性防霉剂，作为空白对照。

【结果评判】

目前，对防霉剂防霉效力评定的标准很多，不同的材料及检测方法有不同的评判标准。但是，对挥发性防霉剂效果的评定至今没有标准。

本书作者根据多年来测试情况及客户要求，确定试样表面菌丝生长情况与防霉力评定的关系见表3-8。

表3-8 试样表面菌丝生长情况与防霉力评定关系

菌丝生长情况	长霉程度	长霉等级	挥发性防霉剂防霉效果
试样表面看不到菌丝生长	—	0级	好
试样表面看到菌丝生长，但菌丝生长面积不超过全面积的1/3	+	1级	较好
试样表面看到菌丝生长，菌丝生长面积为全面积的1/3～2/3	++	2级	较差
试样表面看到菌丝生长，菌丝生长面积超过全面积的2/3	+++	3级	差

注：空白对照的受试底物通常情况长霉程度应为“++”、“+++”，即长霉等级为2级、3级。否则，整个试验需重做。

十三、挑战试验

挑战试验（challenge testing）就是在添加过防霉抗菌剂的样品中加入一定量的供试微生物，搅拌均匀，置适宜温度下，考验一定的时间，定期取样检测微生物的生长繁殖情况。假如所添加的防霉抗菌剂有效，则样品中的微生物数量应该愈来愈少，直至最低水准，反之，微生物会愈来愈多，直至严重超标。本法主要用于液体、胶体、乳剂等产品的试验，例如：化妆品、洗涤剂、胶黏剂、乳胶涂料、金属加工液、墨水、墨汁、纺织染料、制革、造纸纸浆、循环冷却水、油田注水等。

【用具和材料】

灭过菌的磨口玻璃试剂瓶（200mL）

灭过菌的玻璃棒（搅拌样品用）

灭过菌的培养皿（直径 9cm）

灭过菌的小试管

无菌吸管

带玻璃珠的无菌水

接种针（环）

熔化状态的琼脂培养基（最好保温于 45℃左右的水浴中）

供试验用的孢子悬液

【试验过程】

（1）用灭过菌的磨口玻璃试剂瓶称取 100g 样品。

（2）向上述样品中加入 1mL 供试微生物悬浮液。

（3）用灭过菌的玻璃棒将样品和菌液搅拌均匀。

（4）置适宜温度下考验一定的时间。

（5）定期取样检测微生物的数量。

【注意事项】

（1）上述操作必须在无菌室内进行。

（2）供试微生物悬浮液的浓度控制在 10^8 cfu/g 左右（样品中供试微生物的浓度则为 10^6 cfu/g）。

（3）供试微生物分两组，一组是实验室常规试验菌，另一组是从材料或制品中分离到的特殊试验菌，根据客户要求决定。

（4）细菌或霉菌必须分别加入，于不同温度下培养。

（5）考验时间通常为 28d，其中每 7d 检测一次，第 7d、14d、21d、28d 可采用活菌计数法检测样品中的含菌量。

附录　抗菌防腐相关标准和规范

1. 药典及规范标准

中国药典 2015（第二部）附录ⅪⅩN　抑菌剂效力检查法指导原则

美国药典 USP39（51）　微生物防腐功效测试

欧洲药典 EP9.0（5.1.3）　微生物防腐功效测试

英国药典 BP（2016）　附录ⅩⅥC　微生物防腐功效测试

卫生部《消毒技术规范》2015

《化妆品安全技术规范》（2015 年版）

2. 消毒相关标准

ASTM E 2274—2009　评价洗涤中使用的洗衣卫生消毒剂和灭菌剂的标准试验方法

GB 14930.2—2012　食品安全国家标准　消毒剂

GB 14934—2016　食品安全国家标准　消毒餐（饮）具

GB 15981—1995　消毒与灭菌效果的评价方法与标准

附录 B：消毒剂定性消毒试验；附录 C：消毒剂定量消毒试验

GB 27948—2011　空气消毒剂卫生要求

GB 27950—2011　手消毒剂卫生要求

GB 27951—2011　皮肤消毒剂卫生要求

GB 27952—2011　普通物体表面消毒剂的卫生要求

GB/T 26366—2010　二氧化氯消毒剂卫生标准

GB/T 26367—2010　胍类消毒剂卫生标准

GB/T 26368—2010　含碘消毒剂卫生标准

GB/T 26369—2010　季铵盐类消毒剂卫生标准

GB/T 26370—2010　含溴消毒剂卫生标准

GB/T 26371—2010　过氧化物类消毒剂卫生标准

GB/T 26372—2010　戊二醛消毒剂卫生标准

GB/T 26373—2010　乙醇消毒剂卫生标准

GB/T 27947—2011　酚类消毒剂卫生要求

SN/T 3229—2012　食品消毒剂和防腐剂杀菌效果评价方法

WS/T 466—2014　消毒专业名词术语

3. 食品接触抗菌标准

GB 2760—2014　食品安全国家标准　食品添加剂使用标准

GB 4789.15—2016　食品安全国家标准　食品微生物学检验　霉菌和酵母计数

GB 4806.1—2016　食品安全国家标准　食品接触材料及制品通用安全要求

GB 9685—2016　食品安全国家标准　食品接触材料及制品用添加剂使用标准

GB4806.10—2016　食品安全国家标准　食品接触用涂料及涂层

DB22/T 2203—2014　高分子材料　三氯生的测定　高效液相色谱法

SN/T 2274—2015　食品接触材料　高分子材料类检验规程

SN/T 2495—2010　食品接触材料　纺织材料类检验规程

SN/T 3655—2013　食品接触材料　纸、再生纤维材料异噻唑啉酮类抗菌剂的测定　液相色谱-质谱法

SN/T 4946—2017　食品接触材料　纸、再生纤维素材料　纸和纸板抗菌物质判定　抑菌圈定性分析测试法

4. 无机抗菌标准

GB/T 21510—2008　纳米无机材料抗菌性能检测方法

HG/T 3794—2005（2012）　无机抗菌剂——性能及评价

HG/T 4317—2012　含银抗菌溶液

SN/T 3122—2012　无机抗菌材料抗菌性能试验方法

4.1　光催化抗菌标准

ISO 27447—2009　精细陶瓷（高级陶瓷、高技术陶瓷）半导体光催化材料抗菌活性的试验方法

JIS R1702—2012　精细陶瓷（高级陶瓷、高技术陶瓷）光催化材料抗菌活性和功效的试验方法

JIS R1706—2013　精细陶瓷（高级陶瓷、高技术陶瓷）光催化材料抗菌性能的测定——使用细菌噬菌体 Qβ 的试验方法

JIS R1756—2013　精细陶瓷（高级陶瓷、高技术陶瓷）室内光环境下光催化材料抗菌活性测定——使用细菌噬菌体 Qβ 的试验方法

GB/T 23763—2009　光催化抗菌材料及制品　抗菌性能的评价

GB/T 30706—2014　可见光照射下光催化抗菌材料及制品抗菌性能测试方法及评价

CNS 15380—2010　精密陶瓷光线照射下光触媒抗菌加工制品之抗菌性能测定法

4.2　金属/瓷器抗菌标准

GB/T 24170.1—2009　表面抗菌不锈钢　第 1 部分：电化学法

GB/T 28116—2011　抗菌骨质瓷器

JC/T 897—2014　抗菌陶瓷制品抗菌性能　抗菌玻璃标准

SN/T 2399—2010　抗菌金属材料评价方法

YB/T 4171—2008　含铜抗菌不锈钢

5. 日化/家化用品抗菌标准

ASTM E640—2006（2012） 含水化妆中防腐剂的标准试验方法

BS EN ISO 11930—2012 化妆品 微生物学—款化妆品的抗菌保护评价

ISO 11930—2012 化妆品 微生物学 化妆品的抗微生物保护评价

ISO 16212—2017 化妆品 微生物学 酵母菌和霉菌的计数

ISO 18416—2015 化妆品 微生物学 白色念球菌的检测

ISO 21150—2015 化妆品 微生物学 大肠杆菌的检测

ISO 22717—2015 化妆品 微生物学 铜绿假单胞菌的检测

GB 15979—2002 一次性使用卫生用品卫生标准
附录 C4：溶出性抗（抑）菌产品
附录 C5：非溶出性抗（抑）菌产品

GB/T 8372—2017 牙膏

GB/T 18670—2017 化妆品分类

GB/T 26517—2011 化妆品中二十四种防腐剂的测定高效液相色谱法

GB/T 34819—2017 化妆品用原料 甲基异噻唑啉酮

GB/T 34822—2017 化妆品中甲醛含量的测定高效液相色谱法

GB/T 35800—2018 化妆品中防腐剂已脒定和氯已定及其盐类的测定高效液相色谱法

DB 31/T 363—2006 防蛀、防霉类日用化学品卫生安全要

DB 35/T 977—2010 抑菌型纸尿裤（含纸尿片/垫）

QB/T 2738—2012 日化产品抗菌抑菌效果的评价方法

QB/T 4955—2016 家用卫生杀虫用品杀虫气雾剂推进剂 丙丁烷

5.1 湿巾

ASTM E2896—2012 用定量培养皿法测定抗菌纸巾有效性的试验方法

WS 575—2017 卫生湿巾卫生要求

5.2 洗手液

GB 19877.1—2005 特种洗手液

QB/T 2654—2013 洗手液

GB/T 34855—2017 洗手液

5.3 洗涤剂

GB 9985—2000 手洗餐具洗涤剂

GB/T 34856—2017 洗涤用品 三氯卡班含量的测定

QB/T 2850—2007 抗菌抑菌型洗涤剂

5.4 沐浴剂

GB 19877.2—2005 特种沐浴剂

GB/T 34857—2017 沐浴剂

5.5　抗菌皂

GB 19877.3—2005　特种香皂

DB 22/T 318—2002　抗菌皂抑菌效果的检验方法

5.6　隐形眼镜

GB 19192—2003　隐形眼镜护理液卫生要求

YY/T 0719.4—2009　眼科光学接触镜护理产品　第 4 部分：抗微生物防腐有效性试验及测定抛弃日期指南

6. 涂料/乳液抗菌标准

ASTM D 2574—2006（2012）　容器中乳胶漆微生物防腐功效标准测试方法

ASTM D 3273—2016　环境室内部涂层表面抑制霉菌生长的标准试验方法

ASTM D 3274—2009（2013）　通过真菌（真菌类的或藻类的）生长或污物和污垢堆积来评定漆膜表面损坏程度的标准试验方法

ASTM D 4300—2001（2008）　胶粘膜支持或阻止霉菌生长能力的标准试验方法

ASTM D 5589—2009（2013）　测定漆膜的耐及有关涂层藻类污损的标准测试方法

ASTM D 5590—2000（2010）　用加速的四周琼脂平面培养分析测定漆膜及有关涂层耐霉菌损坏的标准试验方法

ASTM D 7338—2014　建筑物真菌生长评估标准指南

BS 3900-G6—1989　涂料试验方法　第 G6 部分：耐长霉评定

GB/T 1741—2007　漆膜耐霉菌性测定法

GB/T 21353—2008　漆膜抗藻性测定法

GB/T 21866—2008　抗菌涂料（漆膜）抗菌性测定法和抗菌效果

GB/T 30792—2014　罐内水性涂料抗微生物侵染的试验方法

GJB 3023—1997　防霉氨基烘漆规范

HG/T 3950—2007　抗菌涂料

JC/T 2177—2013　硅藻泥装饰壁材

SN/T 2936—2011　进出口水性涂料中酚类防霉剂的测定高效液相色离谱法

7. 胶黏剂/密封胶抗菌标准

ASTM D 4783—2001（2013）　在容器内被细菌、酵母菌和霉菌侵染的胶粘剂制备物耐受性的标准试验方法

JC/T 548—2016　壁纸胶粘剂

JC/T 885—2016　建筑用防霉密封胶

8. 塑料/橡胶抗菌标准

ASTM C1338—2014　测量隔热材料和饰面耐霉性的标准试验方法

ASTM G21—2013　合成高分子材料耐真菌的测定

ASTM G29—1996（2010）　塑料膜抗藻类腐蚀性的标准实施规程

ASTM E1428—2015a　用轮枝链霉菌属网（粉红染色生物体）在聚合物中或聚合

物上进行防腐蚀的抗微生物性能评估的测试方法

ASTM E2180—07（2012） 聚合或疏水材料中掺入的杀微生物剂活性测定的标准试验方法

BS ISO 22196—2011 塑料及其他非多孔表面上的抗菌活性测量

ISO 846—1997 塑料——微生物作用的评价

ISO 9252—1989 合成胶乳 微生物的检验

ISO 16869—2008 塑料成分中抑制真菌化合物的效果评价

ISO 22196—2011 塑料与其他无孔表面的抗菌性测定

JIS T 9107—2005 一次性无菌外科用橡胶手套．规范

JIS Z 2801—2010（2012） 抗菌塑料抗菌性能试验方法及抗菌效果

JIS Z 2911—2010 抗霉性试验方法

GB/T 20671.11—2006 非金属垫片材料分类体系及试验方法 第11部分：合成聚合材料抗霉性测定方法

GB/T 24127—2009 塑料抗藻性能试验方法

GB/T 24128—2009 塑料防霉性能试验方法

GB/T 31402—2015 塑料表面抗菌性能试验方法

GB/T 35469—2017 建筑木塑复合材料防霉性能测试方法（20181101实施）

CNS 15823—2015 塑料及非多孔表面抗菌性测定法

DB 44/T 1291—2014 木塑防霉性能测试方法

HG/T 4301—2012 橡胶防霉性能测试方法

JC/T 939—2004 建筑用抗菌塑料管抗细菌性能

SN/T 3124—2012 橡胶及橡胶制品中酚类防霉剂的测定高效液相色谱法

9. 皮革抗菌标准

ASTM D4576—2008（2013） 湿铬鞣革抗霉菌生长的标准试验方法

GJB 2589.11—1996 军用皮革毛皮理化性能试验方法 防霉试验

QB/T 4199—2011 皮革 防霉性能测试方法

QB/T 4341—2012 抗菌聚氨酯合成革 抗菌性能试验方法和抗菌效果

QB/T 4715—2014 合成革用抗菌剂

SN/T 4448—2016 皮革材料中异噻唑啉酮防霉剂的含量测定

10. 纤维/纺织抗菌标准

AATCC 30—2013 纺织品材料上抗真菌活性的测定：防霉防腐

AATCC 90—2011 纺织品抗菌性能测定 琼脂平板法

AATCC 100—2012 纺织材料抗菌整理剂的评定

AATCC 147—2011 纺织品的抗菌性：平行划线法

AATCC 174—2007 地毯抗微生物活性的评定

AATCC 194—2006 纺织品在长期测试条件抗室内尘螨性能的测定

BS EN ISO 20645—2004 纺织织物 抗菌活性的测定 琼脂扩散木片试验
CAS 115—2005 保健功能纺织品
CAS 179—2009 抗菌防螨床垫
CAS 1157.1—1998 抗真菌生长材料的测试方法. 测试的一般原则
CAS 1157.2—1998 抗真菌生长材料的测试方法 抗纺织品真菌生长
CAS 1157.5—1998 抗真菌生长材料的测试方法. 抗木材表面真菌生长
CAS 1157.6—1998 抗真菌生长材料的测试方法. 皮革和湿蓝皮的抗真菌生长
DIN EN ISO 20645—2005 纺织织物 抗菌活性的测定 琼脂扩散木片试验
DIN EN ISO 20743-(2007—10) 纺织品 抗菌成品抗菌活性的测定
EN 14119—2003 纺织品的试验 细菌影响的评估
EN ISO 20645—2004 纺织面料 抗菌活性的测定琼脂扩散木片试验 ISO 20645—2004
ISO11721-1：2001 纤维素纺织品抗菌性的测定土埋试验
第 1 部分：防腐处理的评定
ISO 11721-2：2003 纤维素纺织品抗菌性的测定土埋试验
第 2 部分：防腐处理长期有效性的鉴定
ISO 13629-1—2012 纺织品 抗真菌活性测定 第 1 部分：荧光法
ISO 13629-2—2014 纺织品 抗真菌活性测定 第 2 部分：平板法
ISO 17299-1—2014 纺织品 除臭性能的测定 第 1 部分：总则
ISO 17299-2—2014 纺织品 除臭性能的测定 第 2 部分：检测管法
ISO 17299-3—2014 纺织品 除臭性能的测定 第 3 部分：气相色谱法
ISO 18184—2014 纺织品 纺织产品的抗病毒活性的测定
ISO 20645—2004 纺织物 抗菌活性的测定 琼脂扩散板试验
ISO 20743—2013 纺织品 家纺产品的抗菌活性的测定
KS K 0693—2006 纺织品 抗菌试验法
KS K 0890—2011 纺织品抗菌试验法：平行划线法
KS K ISO 20645—2010 纺织物 抗菌活性的测定 琼脂扩散板试验
JIS L1902—2015 纤维制品抗菌性试验方法、抗菌效果
NF G39-014—2005 纺织织物 抗菌活性的测定 琼脂扩散板试验
NF G39-020—2013 纺织材料 抗菌成品抗菌活性的测定
NF G39-014—2005 纺织物 抗菌活性的测定 琼脂扩散板试验
GB/T 2912.1—2009 纺织品 甲醛的测定
第 1 部分：游离和水解的甲醛（水萃取法）
GB/T 2912.2—2009 纺织品 甲醛的测定
第 2 部分：释放的甲醛（蒸汽吸收法）
GB/T 2912.2—2009 纺织品 甲醛的测定
第 3 部分：高效液相色谱法

GB/T 23164—2008　地毯抗微生物活性测定
GB/T 24253—2009　纺织品　防螨性能的评价
GB/T 24346—2009　纺织品　防霉性能的评价
GB/T 28023—2011　絮用纤维制品抗菌整理剂残留量的测定
GB/T 20944.1—2007　纺织品　抗菌性能的评价　第1部分：琼脂平皿扩散法
GB/T 20944.2—2007　纺织品　抗菌性能的评价　第2部分：吸收法
GB/T 20944.3—2008　纺织品　抗菌性能的评价　第3部分：震荡法
GB/T 31713—2015　抗菌纺织品安全性卫生要求
GB/T 33610.1—2017　纺织品消臭性能的测定　第1部分：总则
GB/T 33610.2—2017　纺织品消臭性能的测定　第2部分：检知管法
GB/T 33610.3—2017　纺织品消臭性能的测定　第3部分：气相色谱法
CNS 13907—1997　纤维制品抗菌性试验法
CNS 14945—2005　一般用途抗菌纺织品性能评估
CNS 2690—2008　纤维制品防霉性能及其物理性能检验法
DB 22/T 337—2002　抗菌织物消毒卫生标准
DB 34/T 1294—2010　抗菌擦拭布
DB 35/T 1058—2010　抗菌涤纶长丝
DB 44/T 1703—2015　耐久性抗菌聚酰胺纤维
FZ/T 52035—2014　抗菌涤纶短纤维
FZ/T 54034—2010　抗菌聚酰胺预取向丝
FZ/T 54035—2010　抗菌聚酰胺弹力丝
FZ/T 62015—2009　抗菌毛巾
FZ/T 62012—2009　防螨床上用品
FZ/T 60030—2009　家用纺织品防霉性能测试方法
FZ/T 73023—2006（2012）　抗菌针织品
HJ/T 307—2006　环境标志产品技术要求　生态纺织品
NY/T 1151.1—2015　农药登记用卫生杀虫剂室内药效试验及评价　第1部分：防蛀剂
NY/T 1151.2—2006　农药登记用卫生杀虫剂室内药效试验及评价　第2部分：灭螨和驱螨剂
NY/T 1151.4—2012　农药登记卫生用杀虫剂室内药效试验及评价　第4部分：驱蚊帐
NY/T 1151.6—2016　农药登记用卫生杀虫剂室内药效试验及评价　第6部分：服装面料用驱避剂
QB/T 4367—2012　衣物防蛀剂　出入境检验检疫
SN/T 2162—2008　壳聚糖抗菌棉纺织品检验规程

SN/T 2558.4—2012　进出口功能性纺织品检验方法
第 4 部分：抗菌性能平板琼脂法

SN/T 2558.9—2015　进出口功能性纺织品检验方法
第 9 部分：抗菌性能　阻抗法

11. 鞋类抗菌标准

BS EN ISO 16187—2013　鞋和鞋类组件　评估抗菌活性的试验方法

ISO 16187—2013　鞋和鞋类组件　评估抗菌活性的试验方法

DB35/T 1048—2010　抗菌鞋用针织间隔织物

HG/T 3663—2014　胶鞋抗菌性能的试验方法

QB/T 2881—2013　鞋类和鞋类部件　抗菌性能技术条件

12. 家用/民用/军用电器设备抗菌标准

ANSI/TIA/EIA 455-56B—1995　评价光导纤维和光缆的抗菌能力

ANSI/TIA-455-56C—2009　评估光缆光纤防霉性的试验方法

AS 157—2007　家用杀菌电冰箱

NSF P172—2006　家用和商用，家庭户型的洗衣机消毒性能

TIA-455-56-B—1995 FOTP-56　评价光缆光纤抗菌落生长的测试方法

TIA-455-56-C—2009　光纤电缆防霉性评估试验方法

GB 21551.1—2008　家用和类似用途电器的抗菌、除菌、净化功能 通则

GB 21551.2—2010　家用和类似用途电器的抗菌、除菌、净化功能 抗菌材料的特殊要求

GB 21551.3—2010　家用和类似用途电器的抗菌、除菌、净化功能 空气净化器的特殊要求

GB 21551.4—2010　家用和类似用途电器的抗菌、除菌、净化功能 电冰箱的特殊要求

GB 21551.5—2010　家用和类似用途电器的抗菌、除菌、净化功能 洗衣机的特殊要求

GB 21551.6—2010　家用和类似用途电器的抗菌、除菌、净化功能 空调器的特殊要求

GB/T 2423.16—2008　电工电子产品环境试验　第 2 部分：试验方法 试验 J 及导则：长霉

GB/T 12085.11—2010　光学和光学仪器　环境试验方法　第 11 部分：长霉

CH/T 8002—1991　测绘仪器防霉、防雾、防锈

GJB 150.10A—2009　军用装备实验室环境试验方法　第 10 部分：霉菌试验

GJB 616A—2001　电子管试验方法

HB 6167.11—2014　民用飞机机载设备环境条件和试验方法　第 11 部分：霉菌试验

HB 6783.8—1993 军用机载设备气候环境 试验箱（室）检定方法 霉菌试验箱（室）

JB/T 5750—2014 气象仪器防盐雾、防潮湿、防霉菌 工艺技术要求

JC/T 1054—2007 抗菌家电标准 镀膜抗菌玻璃

QB/T 1294—1991 家用电冰箱用自封塑胶套

SJ 20115.11—1992 机载雷达环境条件及试验方法 霉菌试验

13. 竹木材抗菌标准

XP X41-549—1999 木材防腐剂现场方法 新锯木材用临时木材防腐剂杀菌效果的评价

GB 22280—2008 防腐木材生产规范

GB/T 13942.1—2009 木材耐久性能 第1部分：天然耐腐性实验室试验方法

GB/T 14019—2009 木材防腐术语

GB/T 18260—2015 木材防腐剂对白蚁毒效实验室试验方法

GB/T 18261—2013 防霉剂对木材霉菌及变色菌防治效力的试验方法

GB/T 23229—2009 水载型木材防腐剂分析方法

GB/T 27651—2011 防腐木材的使用分类和要求

GB/T 27652—2011 防腐木材化学分析前的预处理方法

GB/T 27653—2011 防腐木材中季铵盐的分析方法两相滴定法

GB/T 27654—2011 木材防腐剂

GB/T 27655—2011 木材防腐剂性能评估的野外埋地试验方法

GB/T 29399—2012 木材防虫（蚁）技术规范

GB/T 29900—2013 木材防腐剂性能评估的野外近地面试验方法

GB/T 29902—2013 木材防腐剂性能评估的土床试验方法

GB/T 29905—2013 木材防腐剂流失率试验方法

GB/T 33021—2016 有机型木材防腐剂分析方法三唑及苯并咪唑类

GB/T 33041—2016 中国陆地木材腐朽与白蚁危害等级区域划分

DB 35/T 95.11—1999 毛竹标准综合体 竹林防霉防蛀

LY/T 1283—2011 木材防腐剂对腐朽菌毒性试验室试验方法

LY/T 1635—2005（2010） 木材防腐剂

LY/T 1636—2005（2010） 防腐木材的使用分类和要求

LY/T 1925—2010 防腐木材产品标识

LY/T 1926—2010 抗菌木（竹）质地板 抗菌性能检验方法与抗菌效果

NY/T 1153.4—2013 农药登记用白蚁防治剂药效试验方法及评价 第4部分：农药木材处理预防白蚁

SN/T 2278—2009（2013） 食品接触材料软木中五氯苯酚（五氯酚）的测定 气相色谱-质谱法

SN/T 2308—2009（2013） 木材防腐剂与防腐处理后木材及其制品中铜、铬和砷

的测定　原子吸收光谱法

SN/T 3025—2011（2015）　木材防腐剂杂酚油及杂酚油处理后木材、木制品取样分析方法杂酚油中苯并［a］芘含量的测定

14. 家具抗菌标准

JC/T 2039—2010　抗菌防霉木质装饰板

DB 44/T 2043—2017　家具防霉性能的评价

LY/T 2230—2013　人造板防霉性能评价

QB/T 4371—2012　家具抗菌性能的评价

15. 包装/纸张抗菌标准

ASTM E723—2013　用作造纸工业含水产品防腐剂的抗微生物剂（细菌性腐败）效力的试验方法

ASTM D2020—2003　纸和纸板的耐霉性的测试方法

ASTM E1839—2013　造纸业细菌粘液和真菌粘液用杀粘菌剂效力的试验方法

GM GM9215P—1988　纸及木制品的防霉

GB/T 4768—2008　防霉包装

16. 画材颜料/玩具抗菌标准

ASTM F963-16　玩具安全的标准消费者安全规范

EN 71-7 2011　指画颜料的要求

EN 71-9 2011　玩具中有机化合物通用要求

GB 6675.1—2014　玩具安全　第1部分：基本规范

GB 6675.4—2014　玩具安全　第4部分：特定元素的迁移

GB 6675.14—2014　玩具安全　第14部分：指画颜料技术要求及测试方法

SN/T 2406—2009（2013）　玩具中木材防腐剂的测定

17. 金属加工液抗菌标准

ASTM D3946—1997　评定水稀释金属工作液体的生物阻力的试验方法

ASTM E2169—2012　水溶性加工液用抗菌杀生剂的选择规程

ASTM E2275—2014　水可混金属加工液体抗生物作用和抗微生物杀菌剂性能评定的标准实施规程

18. 工业用水处理抗菌标准

ASTM D4412—2015　水和水形成沉积物中硫酸盐还原菌的标准试验方法

ASTM E645—2013　冷却水系统用杀菌剂效力的测试方法

JIS K 0350-10-10—2002　工业用水和废水中异养细菌的标准细菌殖数的测试方法

JIS K 0350-20-10—2001　工业用水和废水中大肠杆菌有机物检测和计算试验方法

JIS K0350-30-10—2002　工业用水和废水中异养细菌检测和计数的试验方法

JIS K0350-40-10—2002　工业用水和废水中细菌总数计数的试验方法

JIS K0350-50-10—2006　工业用水和废水中军团杆菌检测和计数的试验方法

JIS K0350-60-10—2005 工业用水中硫酸盐还原细菌的检测和计数的试验方法

JIS K0350-70-10—2005 工业用水中球衣细菌属检测的试验方法

JIS K0350-80-10—2005 工业用水中铁细菌检测的试验方法

JIS K0350-90-10—2005 工业用水中硫细菌检测的试验方法

GB/T 22595—2008 杀生剂能效的评价方法-异养菌

GB/T 14643.1—2009 工业循环冷却水中菌藻的测定方法
第1部分：黏液形成菌的测定 平皿计数法

GB/T 14643.2—2009 工业循环冷却水中菌藻的测定方法
第2部分：土壤菌群的测定 平皿计数法

GB/T 14643.3—2009 工业循环冷却水中菌藻的测定方法
第3部分：黏泥真菌的测定 平皿计数法

GB/T 14643.4—2009 工业循环冷却水中菌藻的测定方法
第4部分：土壤真菌的测定 平皿计数法

GB/T 14643.5—2009 工业循环冷却水中菌藻的测定方法
第5部分：硫酸盐还原菌的测定

GB/T 14643.6—2009 工业循环冷却水中菌藻的测定方法
第6部分：铁细菌的测定 MPN法

DL/T 1116—2009 循环冷却水用杀菌剂性能评价

HG/T 4207—2011 工业循环冷却水异养菌菌数测定 平皿计数法

HG/T3657—2017 水处理剂 异噻唑啉酮衍生物

HG/T2230—2006（2012） 水处理剂 十二烷基二甲基苄基氯化铵

19. 备注

19.1 其他领域抗菌标准

ASTM E2111—2012 评定液态化学杀菌剂杀菌、杀真菌、杀分枝杆菌和杀孢子效力的定量带菌体试验方法

ASTM E2149—2013a 在动态接触条件下测定稳态抗菌剂的抗菌行为

ASTM E2783—2011（2016） 水溶性化合物抗菌活性耗时程序评估的标准试验方法

ASTM E2197—2011 测定液体化学杀菌剂杀菌、杀病毒、杀真菌、杀分枝杆菌和杀孢子活性的定量圆盘载体试验方法

DA/T 26—2000 挥发性档案防霉剂防霉效果测定法

DA/T 27—2000 档案防虫剂防虫效果测定法

19.2 各行业有害物质限量

GB 18580—2017 室内装饰装修材料 人造板及其制品中甲醛释放限量

GB 18581—2009 室内装饰装修材料 溶剂型木器涂料中有害物质限量

GB 18582—2008 室内装饰装修材料 内墙涂料中有害物质限量

GB 18583—2008　室内装饰装修材料　胶粘剂中有害物质限量
GB 18584—2001　室内装饰装修材料　木家具中有害物质限量
GB 18585—2001　室内装饰装修材料　壁纸中有害物质限量
GB 18586—2001　室内装饰装修材料　聚氯乙烯卷材地板中有害物质限量
GB 18587—2001　室内装饰装修材料
地毯、地毯衬垫及地毯胶粘剂有害物质释放限量
GB 21550—2008　聚氯乙烯人造革有害物质限量
GB 24408—2009　建筑用外墙涂料中有害物质限量
GB 24409—2009　汽车涂料中有害物质限量
GB 24410—2009　室内装饰装修材料　水性木器涂料中有害物质限量
GB 24613—2009　玩具用涂料中有害物质限量
GB/T 23994—2009　与人体接触的消费产品用涂料中特定有害元素限量
GB/T 34683—2017　水性涂料中甲醛含量的测定
高效液相色谱法（20180501 实施）
JC 1066—2008　建筑防水涂料中有害物质限量
JG/T 528—2017　建筑装饰装修材料挥发性有机物释放率测试方法—测试舱法

19.3　绿色产品评价

GB/T 35601—2017　绿色产品评价　人造板和木质地板
GB/T 35602—2017　绿色产品评价　涂料
GB/T 35603—2017　绿色产品评价　卫生陶瓷
GB/T 35604—2017　绿色产品评价　建筑玻璃
GB/T 35605—2017　绿色产品评价　墙体材料
GB/T 35606—2017　绿色产品评价　太阳能热水系统
GB/T 35607—2017　绿色产品评价　家具
GB/T 35608—2017　绿色产品评价　绝热材料
GB/T 35609—2017　绿色产品评价　防水与密封材料
GB/T 35610—2017　绿色产品评价　陶瓷砖（板）
GB/T 35611—2017　绿色产品评价　纺织产品
GB/T 35612—2017　绿色产品评价　木塑制品
GB/T 35613—2017　绿色产品评价　纸和纸制品

参 考 文 献

[1] 马振瀛. 防霉学. 云南：云南科技出版社，1990.
[2] 井上真由美. 微生物灾害及其防治技术. 彭武厚，马振瀛译. 上海：上海科技出版社，1982.
[3] 马振瀛. 防霉剂手册. 北京：中国轻工业出版社，1998.
[4] 马振瀛. 工业防霉. 北京：中国轻工业出版社，1983.
[5] Microbicides for the Protection of Materials—A Handbook Wilfried Paulus，2004.
[6] Handbook of Preservatives. Michael and Irene Ash.
[7] 张一宾. 农药. 北京：中国物资出版社，1998.
[8] 张一宾，张怿. 工业防霉剂. 北京：中国物资出版社，2001.
[9] 程天恩，张一宾. 防菌防霉剂手册. 上海：上海科学技术文献出版社，1991.
[10] 刘长令. 世界农药大全. 北京：化学工业出版社，2008.
[11] 章思规. 精细有机化学品技术手册. 北京：化学工业出版社，1993.
[12] 王焕民. 新编农药手册. 北京：农业出版社，1997.
[13] 徐浩. 工业微生物学基础及其应用. 北京：科学出版社，1991.
[14] 俞大绂，李季伦. 微生物学. 北京：科学出版社，1985.
[15] 吕嘉枥. 轻化工产品防霉技术. 北京：化学工业出版社，2003.
[16] 薛广波. 现代消毒学. 北京：人民军医出版社，2002.
[17] 薛广波. 实用消毒学. 北京：人民军医出版社，1993.
[18] 陈仪本，欧阳友生，黄小茉，等. 工业杀菌剂. 北京：化学工业出版社，2001.
[19] 康卓. 农药商品信息手册. 北京：化学工业出版社，2017.
[20] 马克比恩. 农药手册. 北京：化学工业出版社，2015.
[21] 王邃，陶艳玲，陈丹峰，等. 胍类消毒剂的制备、性能与应用. 广东化工，2009，36(9)：58-61.
[22] 姜晓辉，于良民，董磊，等. 新型防污剂异噻唑啉酮衍生物的合成、生物毒性与防污性能研究. 精细化工，2007，24(2)：125-128.
[23] 何有节，石碧，陶惟胜，等. 皮革防霉剂施加方式与防霉效果的研究. 皮革科学与工程，2000，10(6)：5-12.
[24] 吕翠玲. 杀菌灭藻剂 U1 的杀菌活性. 石油炼制，1989，(2)：58-62.
[25] 王永仪，李娜. 二氧化氯杀菌杀藻效果的研究. 工业水处理，1994，14(6)：12-14.
[26] 韩应琳. 溴类杀菌灭藻剂的研究现状. 工业水处理，1995，15(2)：5-8.
[27] 冯骏. 新型杀菌灭藻剂 SNA 的研究. 工业水处理，2000，20(2)：12-15.
[28] 林宣益. 涂料用防腐剂和防霉防藻剂及发展. 现代涂料与涂装，2006，1(9)：54-60.
[29] 倪越，严万春，等. 新工业防霉杀菌剂 1，2-苯并异噻唑啉-3-酮的研制. 精细与专用化学品，2004，(20)：20-22.
[30] 谭海燕，陈建英，等. 防腐保鲜剂双乙酸钠制备方法的改进研究. 湖北民族学院学报，2000，18(1)：56-58.
[31] 孙保兴，李莉. 发展中的季铵盐杀菌剂. 精细化工，1990，(1)：8.
[32] 孙保兴，李莉. 双长链烷基甲基叔胺及其季铵盐的制备. 精细化工，1990，7(4，5)：63.
[33] 姚成，卜洪忠，王小康，等. 杀菌剂 DTPC 和 TTPC 的合成及应用研究. 工业水处理，1999，19(3)：16-18.
[34] 吕艳萍，李临生，安秋凤. 织物抗菌整理剂有机硅季铵盐 ASQA 的合成及应用. 印染助剂，2005，(1)：20-23.
[35] 张长荣，金聪玲. 阳离子活性杀菌剂的合成进展及其结构与杀菌力的关系. 陕西化工，1997，(9)：1-7;13.
[36] 安秋凤，肖丽萍，黄玲，等. 季铵化硅烷的合成与应用. 有机硅材料，2003，(4)：16-19.
[37] 肖丽萍. 抗菌性有机硅整理剂的合成与应用. 西安：西北轻工业学院，2001.
[38] 李明威. 二甲海因及其衍生物. 日用化学工业，1992，(4)：46-48.
[39] 李俊娟. 甲基乙内酰脲及其衍生物的应用. 河北化工，1999，(1)：37-38.

[40] 张天宝，岳木生，黄小波，等. 二氯二甲基乙内酰脲复方消毒剂性能的实验室观察. 中国消毒学杂志，1997，14(4)：204.
[41] 杨文博. 微生物学实验. 北京：化学工业出版社，2004.
[42] 崔玉杰，韩艳淑，郭逸秀. 溴氯海因消毒片杀菌性能与腐蚀性的试验研究. 中国消毒学杂志，2005，22(1)：18-21.
[43] 刘继敏，赵通. 溴氯海因杀灭微生物效果稳定性的试验观察. 中国消毒学杂志，2001，18(4)：218-222.
[44] 王伟，周淑清，梁淑敏. 过氧乙酸合成工艺的研究. 黑龙江医药，2006，19(3)：183-184.
[45] 巩育军，姚晓青，梁红冬，等. 光谱高效杀菌剂过氧乙酸的合成工艺研究. 茂名学院学报，2007，17(3)：1-4.
[46] 王维华，吴竞芳. 新型食品防腐剂富马酸二甲酯(DMF)在调味品中防腐作用的研究. 中国调味品，1995，(11)：18-20.
[47] 梅允福. 防霉剂富马酸二甲酯的合成应用和市场前景. 云南化工，2000，(4)：9-11.
[48] 刁香. 富马酸二甲酯合成研究进展. 精细石油化工进展，2007，8(5)：23.
[49] 谭晓军，王党生. 富马酸二甲酯的合成和应用. 饲料工业，2005，26(8)：50.
[50] 辜海彬，李岩，陈武勇，等. 复配型防霉剂在皮革中的应用. 中国皮革，2006，35(1)：36-39.
[51] 王燕，车振明. 食品防腐剂的研究进展. 食品研究与开发，2005，26(5)：167-170.
[52] 宁正祥，高建华. 溴代桂醛和桂酸甲酯的合成及其抗菌特性的研究. 食品与发酵工业，1994，(1)：39-43.
[53] 白莲，易明新，等. 用二氧化氯处理油田污水. 水处理技术，2006，32(12)：84-86.
[54] 张珩，杨维东，高洁，等. 二氧化氯对球形棕囊藻的抑制和杀灭作用. 应用生态学报，2003，14(7)：1173-1176.
[55] 王丽，黄君礼，孙荣芳. 二氧化氯对乙肝表面抗原的灭活效果. 中国给水排水，2003，19(9)：43-44.
[56] 吴昆，沈旻. 常用消毒剂的研究新进展. 动物科学与动物学，2002，19(5)：37-39.
[57] 郭如新. 海因类溴素杀生剂应用现状. 化工科技市场，2005.
[58] 陈越英，徐燕，谈智，王晓蕾，周品众. 二溴海因对水中细菌杀灭效果观察. 中国消毒学杂志，2006，23(5)：429-431.
[59] 李建芬. 二溴氰基乙酰胺的合成及工艺研究. 武汉工业学院学报，2002，69(3)：66-68.
[60] 茅一波，赵长容，曹建明，等. 自配复合型防霉剂对变色移膜革防霉效果的研究. 中国皮革，2007，36(5)：13-16.
[61] 文武，杨伟和，梁斌，等. 新型皮革防霉 3 号药效的研究. 中国皮革，2002，31(13)：29-32.
[62] 李毕忠. 抗菌塑料的发展与应用. 化工新型材料，2000，(6)：8-10.
[63] 朱艳静，李爽，李宇. 纸和纸制品防霉抗菌效果检测方法. 造纸化学品，2004，(3)：33-37.
[64] 李必忠. 国内外抗菌材料及其应用技术的产业发展现状和面临的挑战. 新材料产业，2002，(5)：17-19.
[65] 张东洋，张中华，等. 建筑乳胶涂料防霉性的研究. 涂料工业，2001，31(4)：12-14.
[66] 钟晓东. 防霉剂、抗藻剂在乳胶漆钟的应用. 现代涂料与涂装，2000，3(6)：35-37.
[67] 陈军，赵斌. 防污抗藻材料的研究进展. 材料导报，2002，16(12)：58-60.
[68] 陈仪本. 霉腐真菌抗药性的产生及预防. 霉腐与防治，1985，(1)：15-16.
[69] 陈仪本，欧阳友生，陈娇娣，等. 化妆品防腐体系的构建及其效能评价. 日用化学工业，2001，31(4)：42-46.
[70] 张海涛，梁晓云. 塑木复合材料的现状和前景. 广东省化工学会 2006 年高分子材料与涂料科技创新研讨会论文集，2006：66-77.
[71] 季君晖，史维明. 抗菌材料. 北京：化学工业出版社，2003.
[72] 琳达 R 罗伯逊，熊坤. 造纸过程中由微生物污染所造成的问题及其解决措施. 中国造纸，2000，19(2)：51-55.
[73] 朱玉清. 化妆品防腐剂——布罗波尔. 广州化工，1994，22(2)：8-10.
[74] 小坂璋吾，焦书梅. 杀菌剂的现状和问题. 世界农药，2006，3：33.
[75] 肖剑国. 溴硝基丙二醇的合成和防腐活性研究. 邵阳师范高等专科学校学报，2001，23(2)：49-50.
[76] 姚敏珑. 化妆品专用防腐剂. 上海轻工业，1995，(3)：21-24.

[77] 袁军，曾鹰，向健敏. 布罗波尔的合成新方法. 精细化工，1997，14(5)：47-49.
[78] 秦海生，黎芳. 水处理剂发展方向的探讨. 天津化工，2003，17(2)：47-49.
[79] 赵希荣，夏文水. 对羟基苯甲酸壳聚糖酯的制备、表征和抗菌活性. 食品科学，2005，26(9)：192-196.
[80] 刘润山. 三溴单马的合成. 化工新型材料，1997，(4)：47.
[81] 贾海红，郑纯智，刘玮炜. N-苯基马来酰亚胺的合成及应用进展. 热固性树脂，2004，19(1)：36-38，44.
[82] 于春影，李春喜，王超，等. 马来酰亚胺类杀菌剂的制备与性能评价. 工业水处理，2004，24(7)：36-37，41.
[83] 杨楠，陈洪仪. 三种防腐剂的抑菌效果研究. 食品工业科技，2007，28(1)：189-190.
[84] 蒋明亮，费本华. 木材防腐的现状及研究开发方向. 世界林业研究，2002，15(3)：44-48.
[85] 于钢. 壳聚糖复合防腐剂对桦木的保护作用. 林产化工通讯，2002，(1)：13-15.
[86] 蒋明亮. 新型木材防腐剂——百菌清的研究近况. 木材工业，1997，11(4)：20-27.
[87] 邓炎松. 一种新的二氧化氯使用方法. 化学世界，2000，(5)：235-244.
[88] 完颜华，安奎进，等. 二氧化氯的特性及在水处理中的应用. 铁道劳动安全卫生与环保，1994，21(3)：219-221.
[89] 张长荣，金聪玲. 阳离子活性杀菌剂的合成进展及其结构与杀菌力的关系. 陕西化工，1997，(9)：1-7.
[90] 许立铭. 双季铵盐杀菌剂的研究与性能. 工业水处理，2001，21(2)：7-8.
[91] 江山，王立，俞豪杰，等. 新型有机高分子抗菌剂. 高分子通报，2002，(6)：57-62.
[92] 鲁逸人，赵林，谭欣，等. 我国工业用水杀菌灭藻剂的应用现状与展望. 陕西工学院学报，2004，3(20)：62-68.
[93] 方桂珍. 木材防腐剂使用与环境安全性. 中国安全科学学报，2004，14(2)：66.
[94] 金重为，施振华，张祖雄. ACQ木材防腐剂及防腐处理木材. 木材工业，2004，18(4)：34.
[95] 陆春华，倪亚茹. 无机抗菌材料及其抗菌机理. 南京工业大学学报，2003，25(1)：107-110.
[96] 高海翔，鲁润华，汪汉卿. 胍基化合物研究进展. 有机化学，2001，21(7)：455-492.
[97] 谢孔良，王菊生. 防霉抗菌整理剂的研究进展. 精细化工，1993，10(5)：20-24.
[98] 刘凌云，陈红，江建明. 胍基化合物的合成及应用. 山西化纤，1999，(3)：22-24.
[99] 黄春华，俞斌. 新型抗菌剂长链烷基胍. 精细化工，2002，19(8)：51-53.
[100] 杨栋梁. 纤维用抗菌防臭整理剂. 浙江印染与技术，2003，(8)：46-52.
[101] 韩永生，孙耀强，聂柳慧，等. 抗菌保鲜膜的研究与应用. 食品工业科技，2005，(4)：146-147.
[102] 金宗哲. 无机抗菌材料及应用. 北京：化学工业出版社，2004.
[103] 马楠，季君晖，崔德健，等. 纳米抗菌塑料的抗菌性能测定. 中国消毒学杂志，2006，23(4)：319-321.
[104] 齐登谷. 异噻唑啉酮杀菌剂. 工业水处理，1995，15(2)：9-11.
[105] 王阳. 壳聚糖衍生物抗菌剂的应用. 印染，2005，32(21)：38-41.
[106] 王琳玲，张文清，夏玮，等. 壳聚糖及其衍生物抗菌性质的研究进展. 上海生物医学工程，2006，27(2)：111-114.
[107] 李银涛，蒋晓慧，陈志，等. 单吡啶季铵盐表面活性剂的合成及杀菌性能. 化学研究与应用，2005，17(3)：411-413.
[108] 白云翔，孔洪兴. 杀菌防霉剂在皮革中的应用. 西部皮革，2004，(2)：26-28.
[109] 丁本钊. 皮革制品发霉与包装问题. 上海包装，1994，(1)：44.
[110] 程玉镜，黄玉媛. 主要工业产品的霉变与防霉剂概况. 广东化工，1994，(1)：7.
[111] 文武. 水杨酰胺衍生物的皮革防霉实验. 中国皮革，1994，23(8)：18.
[112] 何湘成，钱威如，等. 皮革防霉剂现状与AC型皮革防霉剂. 皮革科技，2007，18(4)：43.
[113] 李志坚，杨伟和，邱美坚. 皮革防霉剂的现状与发展. 广东化工，2002，(2)：14-19.
[114] 陈彦玲，高丽娟，等. 山梨酸的应用与制取. 长春师范学院学报，2002，21(2)：31.
[115] 杨性愉，王艳荣，陈京珍，等. 山梨酸钾清除超氧阴离子自由基的作用. 内蒙古大学学报(自然转学版)，1998，29(3)：330.
[116] 赵桂芳，孙延忠，马箐毓，等. 防霉防腐剂的抗流失性及防霉效果的研究. 文物保护与考古科学，2006，18(1)：

1-3.
[117] 蒋明亮，刘君良，江泽慧，等. 新的铜三唑木材防腐剂. CN 1633853，2005.
[118] 丁晓京. 新型二甲基异噻唑啉酮 MIT 杀菌剂. 日用化学品科学，2004，(5)：40-41.
[119] 徐园芬，章国强，蒋芬芳，等. 涂布纸涂料中防腐杀菌剂的筛选. 浙江化工，2003，(8)：6-7.
[120] 李焱，马会强，王玉炉. 苯并咪唑及其衍生物合成与应用研究进展. 有机化学，2008，28(2)：210-217.
[121] 谢俊斌. 二氯辛基异噻唑啉酮灭菌杀藻性能研究. 工业水处理，2006，26(11)：42-43.
[122] 杨荣国. *N*,*N*-二甲基-2-巯基烟酰胺的合成研究. 河南化工，2006，23(2)：24-25.
[123] 张淳，史春晖. 船舶防污涂料. 中国修船，2004，(1)：43-45.
[124] 刘刚，赵刚，王小芳. 气相法分析化妆品中的防腐剂. 色谱，2002，20(3)：274-276.
[125] 薛虹宇. 防腐剂的作用及有效性评价方法概述. 日用化学品科学，2004，27(7)：41-44.
[126] 徐霞，李正军，何壮志，等. 皮革抗菌防霉剂的研究进展. 皮革科学与工程，2005，15(4)：31-34.
[127] 楼建新，王鸿儒. 皮革杀菌剂的研究现状. 皮革化工，2004，21(4)：11-14.
[128] 丁本钊. 皮革制品发霉与包装问题. 上海包装，1994，(1)：44.
[129] 黎婉园，姚朔影，等. 脱氢醋酸钠及其抗菌实验. 中国食品添加剂，2004，(2)：41-44.
[130] 黄雪英. 皮革防霉剂的研究进展和应用. 广东化工，2007，34(8)：32-34，47.
[131] 王元祥. 1-羟基-2-吡啶硫酮及其盐类的合成与应用. 江苏化工，1991，(2)：31-33.
[132] 赵玲艳，邓放明，杨细平，等. 生物防腐剂——乳酸菌素. 中国食物与营养，2005，(2)：27，29.
[133] 浮吟梅，吕亚西. 生物防腐剂的应用和发展动向. 中国食品添加剂，2004，(3)：51-53.
[134] 季君晖，史维明. 抗菌材料. 北京：化学工业出版社，2003.
[135] 俞波，王芳. 复合金属离子抗菌沸石的制备及研究. 无机材料学报，2005，20(4)：921.
[136] 季汉国. 邻苯基苯酚的生产与用途. 广东化工，2007，34(176)：72-74.
[137] 金宗哲. 无机抗菌材料及应用. 北京：化学工业出版社，2004.
[138] 王晓慧. 霉菌试验中有关问题的探讨. 装备环境工程，2005，2(1)：59-61.
[139] 李晓英. 抗菌剂及抗菌材料的应用. 中国塑料，2001，15(2)：68-70.
[140] 孙彩霞，陈燕敏，张敏. 杀菌灭藻剂复配工艺研究. 工业水处理，2012，32(12)：69-77
[141] 李程碑，杨杰.氯甲基异噻唑啉酮防腐剂的特性及制备.广东化工，2014，41(10)：53-54.
[142] 杨巍. 新型环境友好杀菌剂四羟甲基硫酸䏲(THPS). 磷酸盐工业，2003，11(2)：1-7.
[143] 丁德润，沈勇.壳聚糖衍生物及其纳米粒的抗菌性能研究.印染，2005,31(14)：12-14.
[144] 孙芳利，吴华平，钱佳佳. 木竹材防腐技术研究概述. 林业工程学报，2017，(5)：7-14.
[145] 张可青，杨俊伟，等. 氧化法制备 1,2-苯并异噻唑啉酮-3-酮. 应用化工，2014，43(9)：1637-1640.
[146] 吕加国，杨济秋. 抗菌药奥替尼啶的合成. 中国医药工业杂志，1991，22(8)：342-343.
[147] 杨婷，侯文龙. 壳聚糖微球的制备及其在生物医药领域的应用. 高分子通报，2011，(5)：51-56.
[148] 孙晓青，王彤，王粟明. 化妆品中防腐剂的特性与法规沿革. 管理法规，2017，40(2)：26-30.
[149] Jacobson A H，Willingham G L. Sea-nine antifoulant：anenvironmentally acceptable alternative to organotin antifoulants. The Science of the Total Environment，2000，258(1)：103-110.
[150] Katarina Abrahamsson，Anja Ekdahl. Volatile halogenated compound and chlorophenols in the Skagerrak. Journal of Sea Research，1996，35：73-79.
[151] Charles F F. Vapor phase hydrogen peroxide inhibits postharvest decay of table grapes. Horst Science，1991，26(12)：1512-1514.
[152] Elsmore R. Development of bromine chemistry in con-trolling microbial growth in water systems. IntBicdeterior Biogegrad，1994，33(3)：245.
[153] D John Faulkner. Marine natural products. Nat prod Rep，1999，(16)：155-198.
[154] David J，Adrew G. Process for the Preparation of Pyrimidine Compound. esticide，2005，7(21)：98-102.

[155] Britton E C. Mehthod for purification of ortho-phenyl-phenol. USP 835755，1930.
[156] Bradford M M. A rapid and sensitive method for the quantitation of icrogram quantities of protein utilizing the principle of proteindye binding. Anal Biochem，1976，72：248-254.
[157] Atlantic R. Charring polymers and moldable compositions containing them. JP 60217217，1985.
[158] Blacow NW，Wade A. Martindel The Ex tra Pharmacopoei a：28rd. London：The Pharmaceutical Press，1982. 500-510.
[159] Ameri can Wood Preservat ives' As sociat ion（AWPA）Standard，2002：2-5.

中文名称索引

T

W

X

英文名称索引

E

F

G

H